国家科学技术学术著作出版基金资助出版

氢键：

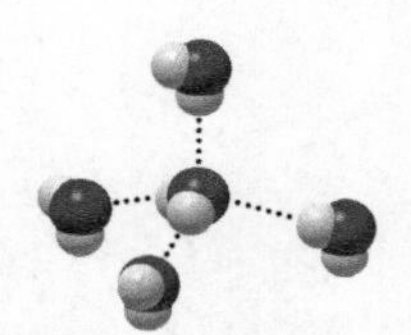

分子识别与自组装

Hydrogen Bond: Molecular Recognition and Self-assembly

黎占亭　张丹维　编著

化学工业出版社

·北京·

本书围绕超分子相互作用中的“氢键相互作用”，全面阐释了氢键相互作用的基本原理、方法、结构与功能及应用。首先引入氢键的定义，阐述了氢键作用的机理、作用方法与模式、分子识别的基本原理及氢键在其中的作用。接下来介绍了10个典型的超分子体系，阐释其氢键作用的机制、设计理念、在分子识别中的应用、组装的过程。最后介绍氢键组装的广泛应用，如在材料和能源方面的应用，应用于太阳能电池、光伏发电、发光二极管等。适合高校和科研院所化学、材料、生物等专业的研究生与科研工作者参考。

图书在版编目（CIP）数据

氢键：分子识别与自组装 / 黎占亭，张丹维编著. —北京：化学工业出版社，2017.3（2022.9 重印）

ISBN 978-7-122-28812-7

Ⅰ.①氢…　Ⅱ.①黎…　②张…　Ⅲ.①氢键　Ⅳ.①O641.2

中国版本图书馆 CIP 数据核字（2017）第 002003 号

责任编辑：李晓红　　装帧设计：王晓宇

责任校对：吴　静

出版发行：化学工业出版社（北京市东城区青年湖南街 13 号　邮政编码 100011）

印　　装：北京建宏印刷有限公司

710mm×1000mm　1/16　印张 24　彩插 6　字数 423 千字

2022 年 9 月北京第 1 版第 2 次印刷

购书咨询：010-64518888　　售后服务：010-64518899

网　　址：http://www.cip.com.cn

凡购买本书，如有缺损质量问题，本社销售中心负责调换。

定　　价：128.00 元

前言

FOREWORD

氢键作为一类非共价键作用力，自从20世纪30年代被化学大师鲍林提出并确定以来，在化学、生物、物理及材料科学研究中一直处于非常重要的地位。由于绝大多数有机分子和大分子、水和大多数有机溶剂以及很多无机化合物和离子等都含有氢原子，氢键几乎可以说是无处不在。从氢键的提出到现在，有关氢键的基础理论研究一直受到化学家的重视。但对于大多数研究人员来说，氢键主要是一类广泛存在的方向性较强的静电作用力，对分子、离子和大分子的物理、化学、生物和材料性质都可以产生很大的影响，被广泛地应用于解释很多重要的物理、化学和生物现象，并被广泛应用于设计新的分子和大分子体系，用于产生和提高需要的性质和功能等。

超分子化学是研究分子以上层次的化学，研究分子聚集体的结构、组分间的相互作用、聚集体形成的过程和综合性质等。分子识别和自组装是超分子化学的主要研究内容，前者强调结合的过程，后者重视集合体的整体结构与性质。超分子化学研究可利用的非共价键作用力包括氢键、配位作用、疏溶剂作用、范德华力、供体-受体相互作用、偶极相互作用及离子对静电作用等。这其中，氢键和配位作用具有较高的方向性，而氢键具有结合基元简单、易于修饰和集成化，能存在于不同溶剂中、结合强度跨越幅度大、结合模式种类多样、可以存在于所有分子和大分子体系中等特点。因此，在超分子化学研究中，以每年发表的论文数计算，以氢键为驱动力的研究约占三分之一，一直占据最大的比例。基于氢键的超分子化学研究范围之广泛，氢键超分子体系功能之复杂多样，应用之广泛，也是其它非共价键作用力所不及的。

目前，国际上已经出版多本以氢键为主题的超分子化学方面的图书，每年都有大量的涉及氢键的综述性文章发表，但国内尚没有专门论述基于氢键的超分子化学方面的著作。我国过去十年来超分子化学研究迅速发展，发表的涉及氢键的研究论文约占整个世界同期发表论文的32%（2016年底SciFinder数据）。出版一本面向中文读者的关于氢键的分子识别和自组装的专题图书显然是非常必要的。

本书编写的主要出发点是面对超分子化学领域的年轻科研人员、研究生和高年级大学生。本书采用的文献以最近十年发表的论文为主。每个章节都尽量简述研究的背景及重要性，具体内容以代表性的工作为主，并尽量收录我国学者发表的研究成果。重要的专题都给出近期发表的代表性综述文章，以方便读者迅速获得更加详细的文献资料。我们希望提供一本类似教科书功能的参考书，为年轻科研人员迅速了解氢键研究的背景、原理和方法，基于氢键的分子识别现象，氢键驱动的自组装结构和功能等提供一个快速通道。全书共包括 13 章，兼顾了氢键分子识别与自组装研究的基础和应用两个方面，有助于其它领域的科研人员了解氢键控制分子及大分子性质与功能的原理和方法。

黎占亭　张丹维

2017 年 1 月

目录

CONTENTS

第 5 章　负离子识别 / 103

第1章 氢键概论

1.1 背景与定义

氢键（hydrogen bond）是一个独特的非共价键结合现象。它具有一定的方向性和强度，其形成具有高度可逆性和可重复性，并且过程快速。形成氢键的单元结构可以非常简单，并且能比较容易地通过共价键合并在一起，形成更强的多氢键体系。而其它非共价键作用，如配位作用、疏溶剂作用和范德华作用等，只拥有其中的部分特征。供体-受体相互作用也拥有这些特征，但只存在于共轭分子体系中。在超分子化学中，氢键能够控制和引导分子聚集体的结构，它可以发生于整个结构，也可以作用于局部特定的部位，其方向性赋予了分子间识别过程的选择性和专一性，而多氢键体系可以提供必要的高稳定性。因此，在超分子化学研究中，氢键作为驱动力始终处于核心的地位。

与氢键相关的非共价键相互作用的概念的提出可以追溯到20世纪早期。1935年，Pauling 首次提出“氢键”这一术语说明冰的残余熵（residual entropy）[1]。1939年，Pauling 在他的《化学键的本质》（The nature of the chemical bond）一书中，明确提出了氢键的概念[2]，并提出了氢键是一种静电吸引作用。从此以后，氢键在化学和生物学领域被广泛接受和运用。但对于氢键的定义，却是一个长期演化的过程。1960年，Pimental 和 McClellan 给出了第一个氢键定义为：“当有证据表明形成了一个键，并且这个键涉及一个已经键联到另外一个原子的氢原子时，可以被认为形成了一个氢键”［*A hydrogen bond is said to exist when (1) there is evidence of a bond, and (2) there is evidence that this bond sterically involves a hydrogen atom already bonded to another atom*］[3]。但这一定义没有明确氢键供体X(X—H)和受体 A 相对于 H 的电负性。1993年，Steiner 和 Saenger 提出了另一个氢键定义，即“当 H 带有正的电荷，A 带有部分或完整的负的电荷，而 X 所带负电荷较 H 更多时，氢键代表固有的 X—H…A 相互作用［a hydrogen bond is “*any cohesive interaction X—H…A where H carries a positive and A a negative (partial or full) charge and the charge on X is more negative than on H*”］[4]。这一定义强调了氢键的静电特征。2011年，一个 IUPAC 工作组给出了有关氢键的最新定义，即“当 X 较 H 更具负电性，并且有证据表明有键的形成时，氢键是一个分子或分子片段 X—H 的一个氢原子和同一或不同分子的一个原子或原子团之间形成的静电吸引”（*The hydrogen bond is an attractive interaction between a hydrogen atom from a molecule or a molecular fragment X—H in which X is more electronegative than H, and an atom or a group of atoms in the same or a different molecule, in which there is evidence of bond formation*）[5]。这是一个广义的氢键的定义。根据这一定义，形

成氢键的氢原子一定带有部分正电荷，而氢键受体可以是一个原子、负离子、分子片段或分子，只要它们有一个富电性的区域。而所谓的支持键形成的证据可以是实验性的，也可以是理论性的。

根据上述 IUPAC 的定义，可以认为氢键是涉及 H 原子的偶极-离子（受体为负离子）或偶极-偶极（受体为中性）静电吸引作用。而范德华作用力是分子间或分子内不同区域间静电吸引和排斥力的总和。根据定义，范德华力不包括涉及离子和杂原子上 H 原子的相互作用。但对于 C—H 类分子，其所产生的范德华静电吸引力也可认为是一种弱的氢键作用。另外，N—H⋯π和 C—H⋯π相互作用也可认为是弱的氢键作用。

1.2 几何参数和定义

氢键的涵义包括几何和能量两个方面。由供体 X—H 和受体 A(—Y)形成的氢键 X—H⋯A—Y，其几何性可以由 d、D、θ和 r 定义（图 1-1）。因为 H 的位置常常不能确定，早期文献强调两个重原子的距离 D。但现在一般使用 d、θ和 r 三个参数，以给出更明确的几何定义。另外一个参数ϕ定义了受体分子形成氢键的角度，单原子受体不存在这一参数。对于多原子受体如苯环等芳环，d 值一般是指 H 到多原子几何中心的距离。

H 原子也可以同时形成两个或三个氢键，相应的氢键被称为分叉型（bifurcated）（图 1-2）和三叉型（trifurcated）氢键，也可以用“三中心”(three-centre)或“四中心”（four-centre）表达[6]。H 原子分叉型氢键的几何定义见图 1-2。受体也可以同时与两个 H 形成类似的分叉型氢键。

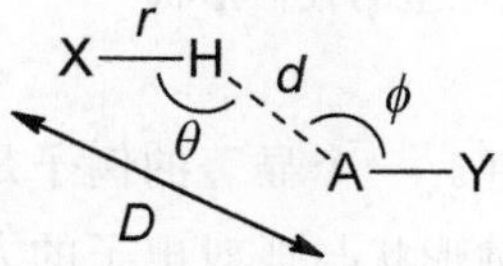

图 1-1 氢键的几何参数 d、D、θ和 r 的定义

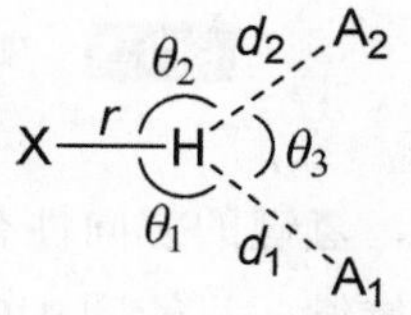

图 1-2 分叉型氢键的几何参数定义

现代X射线衍射技术已经可以精确测定H原子和与其相连的重原子之间的距离(r)。这一距离平均较两个原子核之间的距离短 0.1～0.2 Å。这是因为 X 射线被电子散射，通过 X 射线分析衍生的 H 原子的位置实际上接近电子密度的中心，其与原子核中心不相重叠。中子衍射分析可避免这一问题[7]。尽管中子衍射可以得到更准确的距离，但由于原子的化学行为主要由其外层电子所决定，X 射线衍射

确定的距离可能更具化学意义。当有中子衍射测定的 X—H 键长数据时，X 射线衍射衍生的键长可以进行归一化处理。

在讨论氢键强弱时，一般强调 H 和受体的距离 d。在大多数情况下，X—H 键比 H⋯A 键要强很多。但这并不意味着二者相互之间没有影响。事实上，不但二者之间相互影响，X 和 A 连接的其它原子或基团也会对其强度施加影响，从而影响到 r 和 d。因此，当讨论一个氢键时，实际上不但要考虑三个原子，还需要考虑其所带的取代基，即需要把供体和受体作为一个基团对（group-pair）整体来考虑。

由于氢键是静电作用，几何因素对氢键的影响不如配位键大。但对于一个三原子氢键，理想的几何形状是三个原子呈直线形排列，这样可以最大限度地降低两个重原子之间的静电排斥。但是受体杂原子的孤电子的几何性对氢键的几何形状会产生重要的影响（图 1-3）。对于球形受体如卤素负离子，其倾向于形成直线形的氢键。腈、氰基负离子、氨和胺等的 N 原子带有一对孤对电子，作为受体也形成直线形的氢键。水和醚的 O 原子有两对孤对电子，与 HF 形成的氢键沿着孤对电子的方向发生，而羰基 O 的两对孤对电子与分子骨架共平面，因此在平面内 O 原子的两侧前方形成氢键。这些不同的几何特征可以通过价层电子对互斥模型（VSEPR）加以解释[8]，因为孤对电子出现的地方电子云密度相对较高。

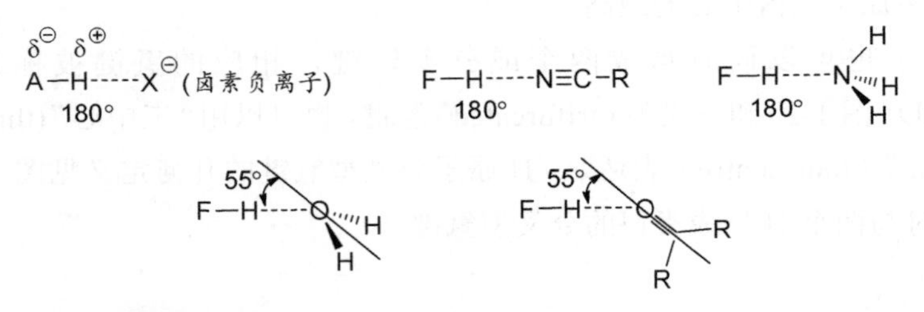

图 1-3　实验确定的几种氢键配合物原型的几何形状

但是，氢键的方向性有限，具有明显的扩散性。一个显著的例子是羰基化合物形成的氢键。尽管图 1-3 显示的 HF 形成的氢键形状与孤对电子的方向一致，对数百个晶体结构中羰基和不同供体间形成的氢键的夹角分析证明了其几何形状的扩散性特征[9]。图 1-4 显示，H⋯O═C 角度 ϕ 在 0°～90°之间，40°的数量最多，这个角度接近于羰基孤对电子的预期角度。但是，也有相当数量的氢键定位在其它角度上，包括与 C═O 垂直的方位（$\phi = 0°$）和其键轴方向（$\phi = 90°$）。这主要是因为，除了受电子云密度的影响，氢键对于立体位阻效应等也很敏感。由于氢键的方向性不是一个支配性的因素，很多桥连的分叉型氢键能够形成。而一个 H 原子或受体形成的氢键的数目很大程度上取决于立体位阻效应。

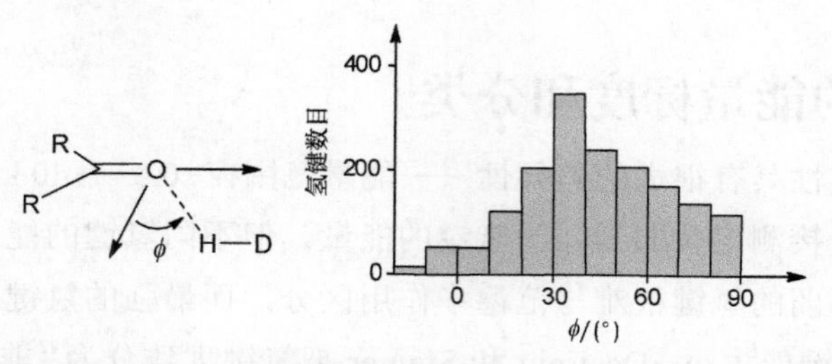

图 1-4　键角ϕ的定义和氢键数目对键角的函数（揭示出氢键的分散性特征）

1.3　能量参数与定义

图 1-5 展示了典型氢键 X—H⋯A 的势能随 H⋯A 距离 d 变化的曲线图。势能在平衡距离 d_0 时最低，在 $d > d_0$ 及稍微较后者短时为负值，只有在非常短的距离时为正值。高于最低势能点 1.0 kcal/mol[❶] 范围内的距离，都是形成氢键的有利区间。图中存在一个零势能线，把势能分割成稳定化（stabilizing, $E < 0$）和去稳定化（destabilizing, $E > 0$）两个区域。偏离平衡距离 d_0 会产生焓惩罚（enthalpic penalty），相应氢键稳定性降低。可以理解为，偏离 d_0 总会产生一个试图拉回到平衡距离的力。当 $d > d_0$ 时，其为吸引力，当 $d < d_0$ 时，其为排斥力。在 d 很短时，这一排斥力变得很大。在晶体中，很少有距离达到平衡距离的例子，但严重偏离平衡距离的情况也很少，因为那样会产生很大的焓惩罚。对于中性的分子，相互吸引可以发生在很大的距离区间内，而排斥力只在距离很短时才产生。另外，图 1-5 只考虑了 d 的变化。当考虑θ 的变化时，会产生二维的势能曲线，θ改变也会导致偏离最低势能点。

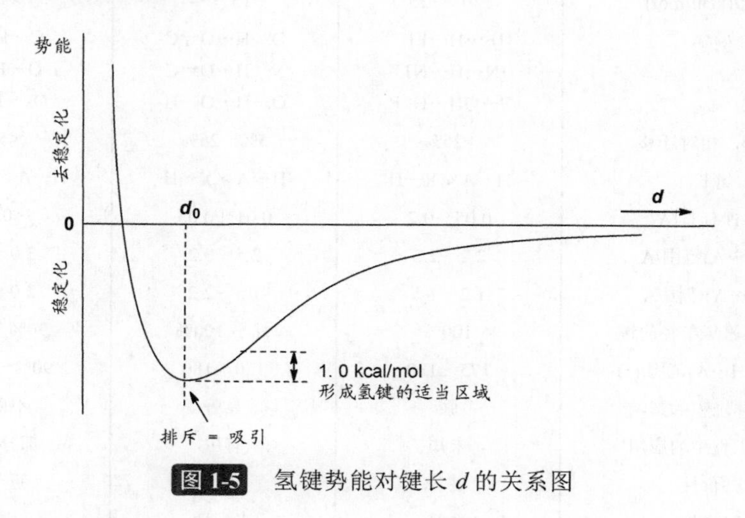

图 1-5　氢键势能对键长 d 的关系图

❶ 1 cal=4.187 J，全书同。

1.4 氢键的能量标度和分类

氢键的稳定性具有很大的差异性——能量范围在−0.5～−40 kcal/mol。没有一个统一的方法直接测定从弱到强的氢键的能量，但不同氢键的能量可以通过计算得到。实际上很弱的氢键很难与范德华作用区分，而最强的氢键比一些弱的共价键还要强。根据键能大小，Desiraju 和 Steiner 把氢键大致分为“非常强的”（−15～−40 kcal/mol）、“强的”（−4～−15 kcal/mol）和“弱的”（0～−4 kcal/mol）氢键，分别对应于不同的性质，如几何性、能量、热力学和功能等（表 1-1）[10]。他们归类的“强”氢键大致对应于 Jeffrey 分类的“中等”氢键[11]。这类氢键也被称为“常规”（conventional）氢键，它们主要是由 OH、NH 供体和 O、N 受体形成的氢键，它们广泛存在于生物分子中，是最初研究的氢键形式。而弱氢键在一些文献中也被称为“非常规”（unconventional）氢键，主要涉及 CH 主体和π体系等受体，它们的确定相对较晚，稳定性总体上较所谓的常规氢键为低。近年来，有关弱氢键研究的成果很多。通过晶体 X 射线衍射分析、光谱实验及理论计算等，很多非常弱的氢键形式得到了证实，它们在晶体工程、化学生物学、药物药理和材料科学研究中得到越来越多的应用。在超分子化学研究中，后两类氢键得到最广泛的应用。

表 1-1　非常强氢键、强氢键和弱氢键的一些性质

项　　目	非常强的氢键	强氢键	弱氢键
键能/(kcal/mol)	−40～−15	−15～−4	> −4
例子	$[F\cdots H\cdots F]^-$ $[N\cdots H\cdots N]^+$ P—OH···O=P	O—H···O=C N—H···O=C O—H···O—H	C—H···O O—H···π Os—H···O
IR(ν)，相对迁移	>25%	5%～25%	<5%
键长	H—A ≈ X—H	H···A > X—H	H···A >> X—H
X–H 延长/Å	0.05～0.2	0.01～0.05	<0.01
D(X···A)范围/Å	2.2～2.5	2.5～3.2	3.0～4.0
d(H···A)范围/Å	1.2～1.5	1.5～2.2	2.0～3.0
短于范德华半径的键	100%	几乎 100%	30%～80%
θ(X—H···A)范围/(°)	175～180	130～180	90%～180%
对晶体堆积的影响	强	显著	不确定
晶体工程中的应用	未知	有用	部分有用
共价性	显著	弱	近于 0
静电性	重要	支配性	中等

氢键可以被分解为静电性（electrostatics）、极化（polarization）、交换排斥（exchange repulsion）和电荷转移（charge transfer）以及色散作用（dispersion）等几个成分[12,13]。其中交换排斥是排斥性的，其它几个无论距离多长，都是吸引性的。在三维空间，它们可分为方向性的（directional）和非方向性的（non-directional）或各向同性的（isotropic）。后者包括交换排斥和色散作用，色散作用的总合也常被称为范德华作用。

在强氢键体系中，静电作用占据支配地位，贡献了 60%～80%的吸引作用。在弱氢键体系中，静电性贡献较小。对于很弱的氢键，比如甲基形成的 C—H⋯O 氢键，其贡献与色散作用相当，甚至于低于后者。这主要是因为，对于一个 X—H 基团来说，随着极性降低，静电作用对分子间相互作用的贡献也降低，而色散作用的贡献没有变化。到最后，当静电作用弱于色散作用时，整个分子间作用的方向性变得非常低，氢键最终弱化为范德华作用。交换排斥是使分子相互间保持距离的作用力，与 r^{-12} 成正比。因此，这一作用在距离很短时很强，距离增加其快速减弱。色散吸引力无处不在，其与 r^{-6} 成正比，被认为是“导致凝聚相形成的万能胶水”[14]。电荷转移涉及电子从一个分子的被占轨道向另一个分子的未占轨道的转移，在概念上和共价作用相似。因此，非常强的氢键有类共价性，即具有大的电荷转移特征。

1.5 强氢键和弱氢键的差异

除了在键能及其它方面显著不同外（表 1-1），强氢键和弱氢键在以下几个方面也有差异。

（1）大多数强氢键的原子间距离落在能量最低点 d_0 左右的 0.1～0.2 Å 范围内，计算能量值大多在高于最佳能量值的 1.0 kcal/mol 内。压缩键长会产生排斥力，但不会进入去稳定化的区域（图 1-5）。但对于弱氢键，压缩键长可能会进入正能量区域。

（2）评判氢键的范德华半径界限标准，即 H⋯A 距离 d 小于范德华半径之和，不适合于弱氢键。这一标准没有实验和理论依据，只是为了方便地评判强氢键。即便如此，对于一些分叉型的强氢键，较弱的氢键也可能根据这一标准被排除在外。另外，在存在位阻的情况下，尽管存在着静电作用，d 值也可能大于两个原子的范德华半径之和。即使 d 值大于范德华半径界限值，很多弱氢键仍然存在，因为 H 和受体 A 之间的作用仍然是静电作用，而不是色散力。

（3）对于弱氢键，晶体和光谱研究结果可能不相一致。氢键是否形成主要根据几何性和能量两个条款判断。强氢键体系的晶体和光谱性质相关性很好。

但弱氢键的几何形状易于变形，势能表面浅，大的变形可能只需要消耗很小的能量。因此，晶体和光谱性质相关具有更大的变化性。并且，氢键越弱，结果分散性越大。

（4）无论是强是弱，氢键总体上可以被认为是质子转移的初期态[15]。但只有强氢键的这些质子转移过程达到了需要关注的程度。

1.6 影响氢键强度的因素

由于氢键是一种静电作用力，在立体及几何因素排除的情况下，很多因素能够影响静电吸引强度。这些因素包括溶剂化效应、电负性、共振、可极化性等。绝大多数分子识别与自组装研究在溶液中进行，因此溶剂选择是研究氢键强度的一个非常重要的因素。在溶液中，直接通过热化学研究测定氢键的强度（焓变）还缺乏系统性的研究。而通过测定结合常数确定的 Gibbs 结合自由能又受到熵效应的影响，不能简单地与焓变相关。即使测定出结合焓，也不能直接反应氢键的固有强度，因为氢键的形成伴随着供体和受体的溶剂化效应的改变。因此，在大多数情况下，超分子化学家利用结合常数及相应的 Gibbs 结合自由能表示氢键的稳定性。

1.6.1 溶剂化效应

溶剂对氢键强度的影响是决定性的。质子性溶剂如水等既是强的氢键供体，也是强的氢键受体，本身可以形成强氢键，也可以与供、受体形成氢键。因此，中性分子在水中形成的氢键强度可以视为 0。当供体或受体带有电荷时，氢键强度可以得到显著增强。非质子性极性溶剂可以作为氢键受体形成氢键，而非极性溶剂也可以通过范德华作用弱化氢键。由于溶液中形成氢键的供体和受体相对于溶剂分子在数量上明显处于低比例，即使极性较弱的溶剂也能降低氢键的稳定性。

在质子性极性溶剂中，供体（D—H）和受体（A）在形成氢键之前已经与溶剂（S）形成氢键。因此，二者形成氢键的过程可以看作是一个氢键交换过程，即伴随着溶剂之间氢键的形成［式（1-1）］。只有当溶剂形成的氢键很弱时，D—H···A 氢键才会具有高的稳定性。而在所谓的竞争性溶剂（competitive solvent）如水和甲醇中，其稳定性应该很低或根本不能形成。因此，在所有溶液相中研究氢键时，其稳定性一定与所用的溶剂有关。分子内氢键的强度也受溶剂化效应影响。溶剂的作用实际上是提供了供、受体形成分子间氢键的可能性。当这些分子间氢键变强时，分子内的氢键就会变弱。对于一些分子内氢键，其强度与溶剂接受氢键的能力存在线性关系[16]。

$$D—H\cdots S + A\cdots H—S \rightleftharpoons D—H\cdots A + S\cdots H—S \tag{1-1}$$

1.6.2 电负性效应

作为一种静电吸引作用，供体的 H 原子上部分正电荷值越大，形成的氢键就越强。因此，对于卤化氢作为供体的氢键的强度，存在着以下趋势：HF > HCl > HBr > HI，而水分子之间形成的氢键也比硫化氢形成的氢键强很多。氢键的强度与氢键主体的酸度——即 D—H 发生异裂形成 D^- 和 H^+ 的能力——不一定具有相关性。但对于同一个原子上的氢而言，强酸的氢带有较多的正电荷，是较好的氢键供体。因此存在着这一氢键强度趋势：CF_3CO_2H > CCl_3CO_2H > CBr_3CO_2H > CI_3CO_2H，氢键强度与酸度的大小趋势一致。对于氢键受体，存在着以下趋势：$H_2O > H_3N > H_2S > H_3P$。中性分子中受体原子的电负性有两面性。一方面它能增加原子的δ^-，这有利于氢键的形成。另一方面，高电负性又使其共享电子对的倾向性降低，不利于形成氢键。所以，虽然中性分子中 F 形成的共价键键极性较高，但有机分子中的 F 是一个弱的氢键受体（弱电子供体）。较大的 S 和 P 原子作为受体形成氢键的能力也较弱，这可能与第三周期元素孤对电子的扩散性有关。表 1-2 列出一些例子[11]，说明在气相和非极性的四氯甲烷溶剂中形成的一些氢键的强度变化趋势。

表 1-2 一些氢键的 $\Delta H^\ominus$ 值

氢　键	涉及化合物	介　质	强度/(kcal/mol)
O—H···O═C	甲酸/甲酸	气相	−7.4
O—H···O—H	甲醇/甲醇	气相	−7.6
O—H···OR_2	苯酚/二氧六环	CCl_4	−5.0
O—H···SR_2	苯酚/正丁基硫醚	CCl_4	−4.2
O—H···SeR_2	苯酚/正丁基硒醚	CCl_4	−3.7
O—H···N(sp^2)	苯酚/吡啶	CCl_4	−6.5
O—H···N(sp^3)	苯酚/三乙胺	CCl_4	−8.4
N—H···SR_2	硫氰酸/正丁基硫醚	CCl_4	−3.6

1.6.3 极化增强效应

当一个氢键供体 D—H 键的极性受相邻的氢键的影响而增大时，其作为供体形成氢键的能力增强，这种现象被称为极化增强效应。典型的例子是水和醇形成的氢键链和氢键环（图 1-6）。

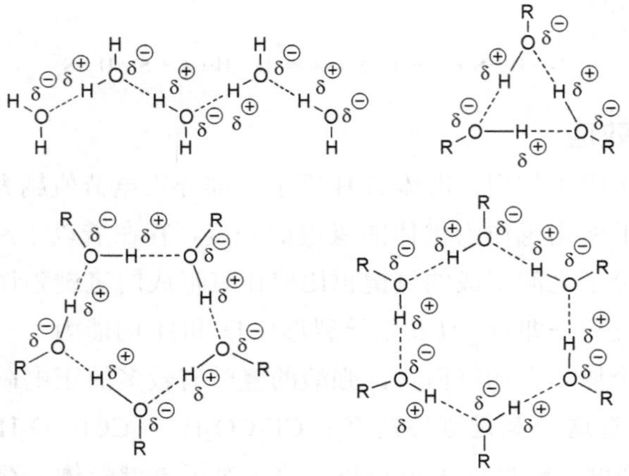

图 1-6 水和醇形成的氢键链和氢键环的极化增强效应

相邻氢键由于互相诱导促进 O—H 键的极性而相互增强。量子化学计算证明了这种极化增强效应的存在。对成环排列的醇的氢键的计算表明，氢键强度从环三聚体的 5.6 kcal/mol 增加到环五聚体的 10.6 kcal/mol，再增加到环六聚体的 10.8 kcal/mol。还有一些证据来自于晶体结构，下面的关联焦点描述的是来自寡糖结构的证据。这种极化增强效应也可以认为是相邻氢键之间的协同作用。

在单糖和寡糖的晶体结构中也可以观察到这样的协同的氢键链。图 1-7 是对硝基苯基α-麦芽六糖苷的晶体结构示意图，该化合物沿着吡喃糖苷的 2,3-邻二醇部分形成一条长氢键链，控制着相邻单体的取向[17]，其相邻氢键存在着明显的协同增强效应。这种线性氢键链形成的协同性可能也部分地来自于熵效应，即邻近的氢键相互固定了供体和受体，从而部分补偿了形成氢键的负熵效应。

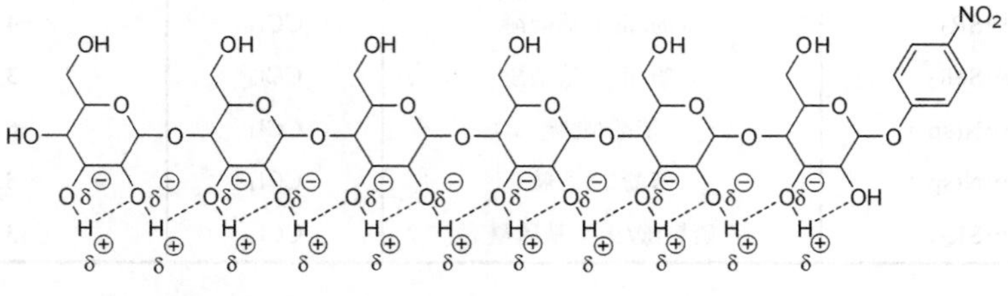

图 1-7 六糖内的糖单元间的分子内协同氢键

1.6.4 共振协助效应

共振协助的氢键（resonance-assisted hydrogen bonding，RAHB）是那些供体

或受体能够从特定共振结构中受益的氢键，是一种强氢键体系，发生于供体和受体通过共轭双键连接的体系[18]。邻硝基苯酚和β-二酮烯醇是两类典型的形成共振协助氢键的分子（图 1-8），其分子内的 O—H···O 氢键被共振结构所强化。这两类分子内氢键都是共平面的六元环氢键，本身氢键就很强，共振协助进一步提高了氢键强度。肽和蛋白质α-螺旋等线性氢键链中的酰胺也被认为存在协同增强作用，因为酰胺基团也存在着两种共振结构（图 1-8），具有增强氢键稳定性的作用。另外，DNA 中的碱基对可以形成共振结构，其氢键也被认为受共振协助增强。

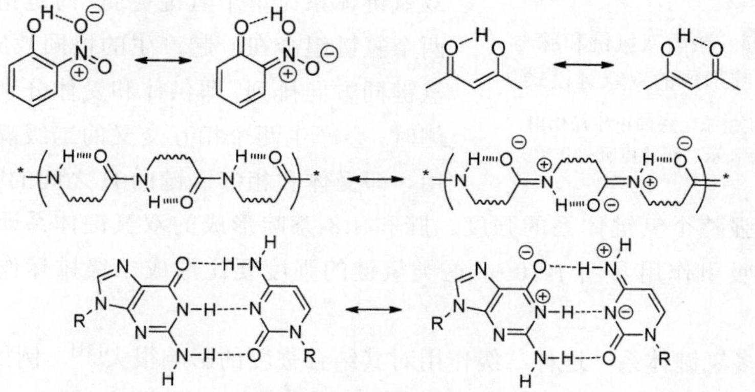

图 1-8 几类共振协助氢键

研究表明，β-二酮烯醇的共振离域程度与其形成的分子间 O—H···O 氢键的强度之间存在着线性关系[19]。β-二酮链的离子性共振结构的贡献越大，相应的键长（d_1、d_2、d_3和 d_4）就越接近（图 1-9）。检验 β-二酮烯醇和其它能够形成分子间氢键的 13 个链分子的晶体结构发现，在其共振离域和氢键距离（被定义为分子间的 O—O 距离）之间存在着线性关系。较小的 O—O 距离意味着较强的氢键，其对应于更多的共振离域。

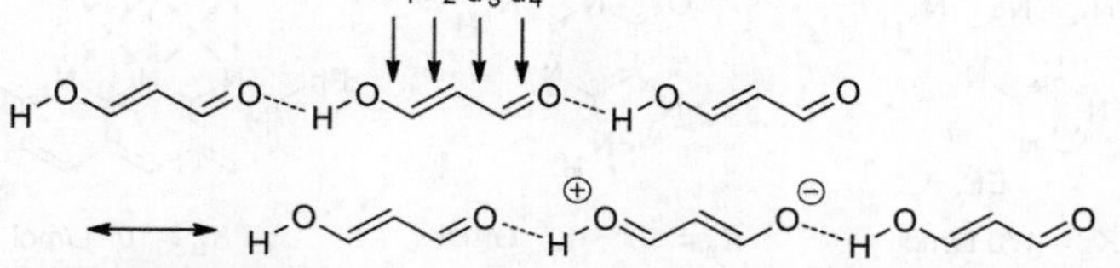

图 1-9 β-二酮烯醇共振式及其形成的分子间氢键

1.6.5 二级相互作用

由于氢键是一种静电吸引作用，当两个或更多氢键近距离排列在一起时，其排列方式对氢键的强度具有重要影响，从而产生所谓的二级相互作用（相对于氢键本身的一级作用）[20]。当两个氢键反方向排列，会产生两个相互交叉的二级静电排斥作用，即 H—H 和受体-受体之间的排斥作用，从而会减弱双氢键体系的稳定性。羧酸形成的氢键二聚体即是一个典型的例子（图 1-10）。这种二级静电排斥并不意味着双氢键体系比单个氢键更弱，而是指其会降低两个氢键组合在一起产生的协同效应。当两个氢键同方向排列，即供体和受体分别排在同一侧时，会产生两个相互交叉的二级静电吸引作用，即受体和相邻氢键的 H 之间的吸引作用，从而会增强整个氢键体系的强度。脒和 1,8-萘啶形成的双氢键体系即可以产生两个二级吸引作用（图 1-10），这类氢键的强度要比形成二级排斥作用的双氢键高。

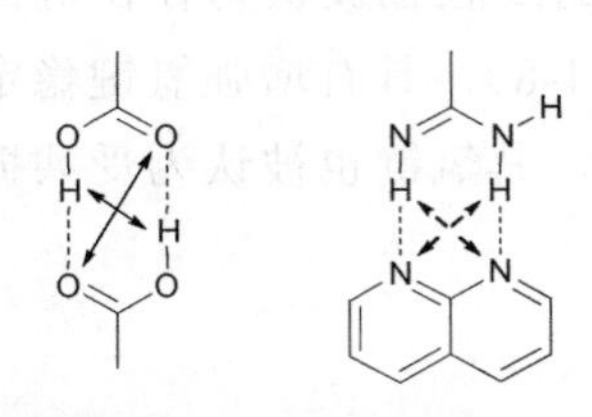

图 1-10 羧酸双氢键和脒与 1,8-萘啶形成的双氢键模式

（实线箭头表示二级静电排斥作用，虚线箭头表示二级静电吸引作用）

对于多氢键体系，这种二级作用对其结合强度的影响很大[21]。例如，三氢键体系可以分为 ADA-DAD、DAA-ADD 和 DDD-AAA 三种类型（图 1-11）。第一类形成四个二级排斥作用，这类氢键二聚体在氯仿中的结合常数（K_a）大都在 10^2～10^3 L/mol，第二类形成两个二级吸引和排斥作用，在氯仿中的 K_a 在 10^3～10^5 L/mol，第三类形成四个二级吸引作用，在氯仿中 $K_a \geqslant 10^5$ L/mol。因此，在设计新的多氢键体系时，二级作用是一个需要考虑的重要因素。二级作用只有在距离很近的氢

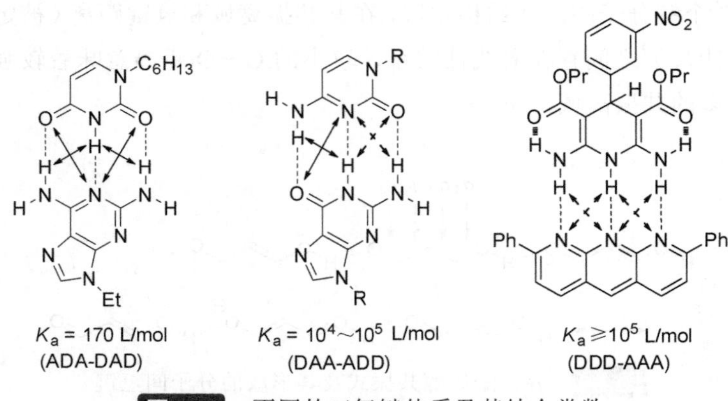

图 1-11 不同的三氢键体系及其结合常数

键之间产生。因此，这些氢键单体都是一些杂环衍生物，所以形成氢键的官能团被密集的合并在一起。

1.7 氢键振动性与短-强氢键

当氢键供体 D—H 与受体 A 形成氢键时，氢键将限制氢原子的运动，因为它被限定在两个原子之间。理论上存在另外一种振动态（图 1-12），即 H 原子转移，与 A 形成共价键，D—H 共价键转变为 D…H 氢键。对于弱氢键及常规氢键，这种可能性很低，因为相应的 A…H—D 氢键形式的势能远低于 A—H…D 氢键的势能，转变的能垒很高［图 1-12（a）］。但当 H…A 键的强度越来越强时，两种氢键形式的势能会越来越接近，向 A…H—D 转变的能垒也越来越低，形成所谓的低障碍氢键（low-barrier hydrogen bond）［图 1-12（b）］。当二者的势能接近时，转变的能垒变得很低甚至接近于 0，成为无障碍氢键（no-barrier hydrogen bond）［图 1-12（c）］。此时，整个体系只有一个宽的势能井，成为一个两电子三中心的价键体系。在溶液中，H 原子在两个杂原子之间快速振动，在固相则表现为形成一个共价键和一个短-强氢键（2.4～2.5 Å）。不同振动态的键伸缩和弯曲振动的波长各不相同，可以通过红外光谱跟踪。

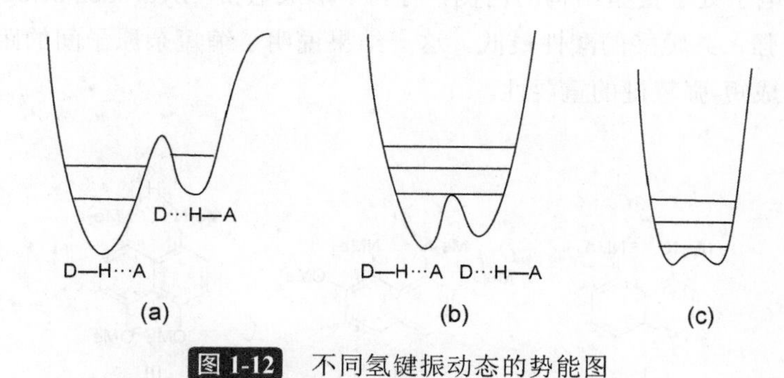

图 1-12 不同氢键振动态的势能图

（a）一般氢键；（b）低障碍氢键；（c）无障碍氢键

要产生上述两个振动态，需要 D 和 A 非常接近，并且 D—H 和 H–A 的 pK_a 值相近，这样产生的 LBHB 的两个势能井的能量就会非常接近。当 A 是一个负离子时，这种情况很常见，但 D—H 和 H—A 的 pK_a 值必须很接近，只有这样才能产生最强的氢键。在这些低障碍和无障碍氢键中，氢、供体和受体原子共享电子的程度很大，相应的键是一个三中心四电子键，具有相当大的共价键特征。这些键的方向性也比传统氢键重要得多，最有利的是线性的 D…H…A 几何排列，最典型的例子是 F—H…F$^-$氢键。图 1-13 列出了一些典型的分子内的短-强氢键。

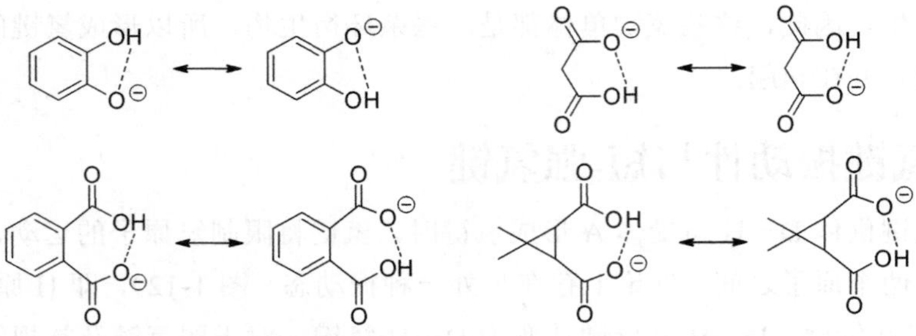

图 1-13 分子内的短-强氢键

质子海绵（proton sponge）是一类独特的短-强氢键[22]，它们是融合在环内的芳二胺，其两个氨基近距离排列，能够协同地结合一个质子。1,8-二(二甲基氨基)萘（Ⅰ）是质子海绵的原型分子。图 1-14 是三个同系质子海绵（Ⅰ～Ⅲ）的共轭酸的结构，其 pK_a 值分别为 12.1、16.1 和 13.9。化合物Ⅱ的酸性比Ⅰ低 10000 倍，而对位取代的异构体Ⅲ不能产生如此大的酸性降低。因此，Ⅱ的两个邻位甲氧基产生了独有的立体压迫，导致化合物Ⅱ的两个氨基更加接近。另外，甲氧基产生的立体位阻也进一步增加了两个二甲氨基的扭曲角，使它们形成面-面相对的构象，其孤对电子处于螯型结构的内侧，有利于形成氢桥（hydrogen bridge）。因此，Ⅱ的碱性最强，共轭酸的酸性最低。这一结果说明了缩短杂原子间的距离和几何匹配对于形成短-强氢键的重要性。

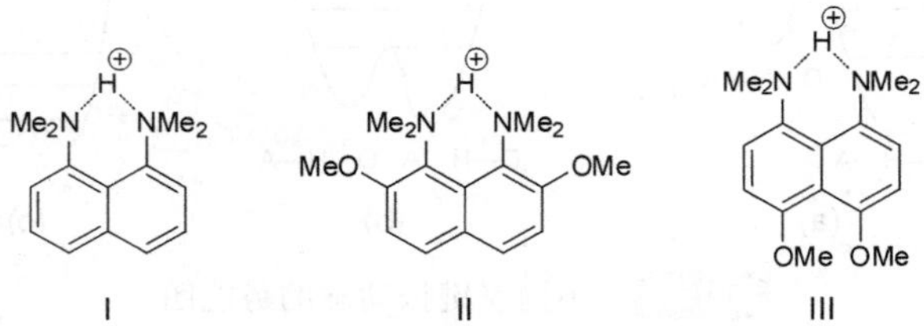

图 1-14 被称为“质子海绵”的化合物Ⅰ、Ⅱ和Ⅲ

1.8 氢键的研究方法

有关氢键的结构、能量以及动力学研究始终是实验和理论研究的重要内容[6,10,11,23]。核磁共振（NMR）和红外（IR）技术是研究分析氢键的常规实验技术。质子在形成氢键后其位移会向低场移动，而形成氢键的分子的振动模式也会发生变化，从而验证氢键的形成。在液相和固相中，氢键的形成会受溶剂及周围其它分子的影响或干扰。在气相中，这些影响得以避免，所得实验结果可以和量子化学计算相互比较。近年来，激光技术发展迅速，使得化学家能够利用超声束形成研究体积和质量选择性的分子簇合物，为研究小分子形成的氢键提供了新的方法[24]。这一技术也可与高分辨红外和紫外光谱结合，为更深入地揭示氢键的结构特征和动力学提供了可能[24,25]。有关水簇（water cluster）和质子化水簇的研究即是这些新技术应用的突出的例子[26,27]。对 H_3O^+-$(H_2O)_n$ 质子水簇的红外光谱研究清晰地揭示出，小体积的簇可以通过氢键形成二维网络，而大的簇（$n\geqslant 21$）则形成纳米尺度的氢键笼[26]。

理论计算也广泛应用于氢键研究[28]。由于计算中使用的基组（basic set）对计算的键长、键角、电子性质、作用能和振动光谱等都有重要影响，不同的方法和基组结合在一起进行计算，有助于找到更可靠的方法，从而获得更为可靠的几何参数和能量值[29]。

晶体结构分析技术提供了更直接的研究氢键的手段。低温技术的广泛应用，程序化的数据分析处理软件，以及衍射仪器的不断改进，使得 X 射线衍射分析的应用快速普及，已经成为几乎所有实验室都能利用的研究氢键和开展结构鉴定的常规手段。中子衍射分析的应用也越来越广泛。

对于弱氢键，衍射分析更为重要，因为光谱方法在很多情况下检测不到弱氢键的存在。大量同类晶体数据的统计处理也是研究氢键的重要手段，不但能提供强弱氢键的 d 和 θ 等参数的分布规律，也能分析晶体中的超分子模式及网络结构等[30-32]。目前国际上有很多晶体数据库，如“the Cambridge Structural Database (CSD)”，“the Protein Data Bank (PDB)”，“the Nucleic Acids Data Bank (NDB)”及“the Inorganic Crystal Structure Database (ICSD)”等。对于超分子化学研究，CSD 数据库可能最重要，它收集了最多的单个分子和配合物的晶体结构。另一个开放数据库“Crystallography Open Database (COD)”也很有用，提供了很多有机、无机及配合物分子的晶体结构。

1.9 结合常数的测定

在溶液相中，一般用结合常数 K_a（association constant 或 binding constant）和相应的自由能变化ΔG 来表示氢键的稳定性。在分子识别研究中，一般需要定量研究的氢键都是多氢键体系，可以人为地用主体 H 和客体 G 表示形成氢键的两个组分。对于结合计量比为 1∶1 的体系，可以用方程式（1-2）表示结合过程，其 K_a 和ΔG 用方程式（1-3）和式（1-4）表达。

$$H + G \rightleftharpoons H \cdot G \tag{1-2}$$

$$K_a = \frac{[\mathrm{H \cdot G}]}{[\mathrm{H}][\mathrm{G}]} \tag{1-3}$$

$$\Delta G^{\circ} = -RT\ln(K_a) \tag{1-4}$$

一些文献详细介绍了结合常数的测定方法[33,34]。早期发展的一些线性回归方法都是基于一定的假设或近似。如 Benesi-Hildebrand 方程假设，加入的过量的客体（变量）的浓度等于没有配合的游离的客体的浓度[35]。由于计算机程序的普及，现在已经没有必要再使用这些过时的方法[34]，尽管这些近似方法仍然在文献中经常被应用。目前广泛应用的是非线性回归方法。这些方法适用于所有通过非共价键作用力驱动形成的超分子体系，前提是结合在动力学上是快速的，能够很快的达到热力学平衡。因此，这些方法也适用于氢键驱动的结合过程。以下总结利用不同实验技术测定结合常数的公式。

1.9.1 异体 1∶1 配合物

对于由两个不同组分形成的配合物，等温滴定实验是应用最广泛的测定结合常数的方法。这种方法固定一个组分 H（设为主体）的浓度，在保持温度和体积恒定的条件下，滴加另一个组分 G（设为客体），测定选定的一个探针 Y_{obs} 随客体浓度增加的变化。对于核磁、吸收光谱（增强或减弱）、荧光（增强或猝灭）和圆二色谱滴定等，探针ΔY_{obs} 对应于相应的化学位移变化（$\Delta\delta$）、吸光度变化（ΔA）、荧光变化（ΔF）和圆二色谱信号强度变化（ΔA），该值无论增加或减小，皆取变化绝对值。把所取得的数据组代入到方程式（1-5），通过非线性回归，即可获得结合常数 K_a 和饱和配合物（主体全部转化为配合物）的探针最大变化$\Delta Y_{\max}$。在方程式（1-5）中，[H]为主体组分的固定浓度，[G]为客体（变量）的已知浓度。

$$\Delta Y_{\mathrm{obs}} = \frac{\Delta Y_{\max}}{\dfrac{2}{K_a[\mathrm{G}] - K[\mathrm{H}] - 1 + \sqrt{(1 - K_a[\mathrm{G}] + K_a[\mathrm{H}])^2 + 4K_a[\mathrm{G}]}} + 1} \tag{1-5}$$

等温滴定量热法（Isotherm titration calorimetry, ITC）提供了另一个高度灵敏和准确的方法，测定溶液相结合的热力学参数。不同于上述波谱、光谱技术，一个系列的自动化的 ITC 实验可以同时给出 K_a、ΔG、ΔH 和ΔS 四个参数。在一个典型的滴定中，一定量的客体 G 的溶液加入到固定量的主体 H 的溶液中，释放的热通过温度变化而测定，随着客体的不断加入，热量释放越来越少，最后趋于 0 而达到结合饱和。释放的热量总和对应于ΔH，而放热曲线形状作为主/客体比例的函数可以提供 K_a，从而进一步导出ΔG 和ΔS。由于量热检测的灵敏性，ITC 能够更直接更准确地获取热力学数据，特别是ΔH，并且避免了使用范特霍夫方程（van't Hoff's plot）带来的ΔH随温度变化引起的误差等。方程式（1-6）是相应的非线性回归方程，其中Q（=[H·G]$V\Delta H$）代表释放的总热量，V代表样品池的体积，[H]和[G]代表主体和客体的浓度。随着客体溶液的增加，整个样品体积会有所增加。但现代仪器能产生Q对[H]/[G]的相关图，校正这一体积变化带来的浓度变化。ITC能够测量的K_a的范围跨越5 L/mol到10^9 L/mol，比通过核磁共振和吸收光谱方法测定的范围广，但利用ITC测定的前提是结合不能是焓中性的，即要有热量释放。

$$Q = [\mathrm{G}]V\Delta H - V\Delta H\left(\frac{-(1-K_\mathrm{a}[\mathrm{G}]+K_\mathrm{a}[\mathrm{H}]\pm\sqrt{(1-K_\mathrm{a}[\mathrm{G}]+K_\mathrm{a}[\mathrm{H}])^2+4K_\mathrm{a}[\mathrm{G}]}}{2K_\mathrm{a}}\right) \quad (1\text{-}6)$$

1.9.2 同体1∶1配合物

对于同体配合物，即两个相同分子形成的配合物，可以使用方程式（1-7）求取K_a。其中ΔY_{obs}和ΔY_{max}的含义同方程式（1-5）。利用核磁和荧光实验测定相应氢键同体二聚体的结合常数较为常见。对于前者，ΔY_{obs}即为$\Delta\delta_{obs}$，指某一浓度下的探针化学位移与未形成配合物的游离单体的探针化学位移之间的差值，大多选择NH信号。确定游离的探针的化学位移是关键，其准确性决定了ΔY_{obs}的准确性。对于稳定性较低的二聚体（$K_a < 10^4$ L/mol），不发生二聚的单体浓度相对较高，测定其探针的化学位移并不困难。但若二聚体的稳定性较高，单体浓度很低时仍有部分形成二聚体，则不能准确测定其位移，从而给K_a的确定带来偏差。尽管可以使用外推法得到无限稀释时的探针化学位移，但这一方法并不总是有效的。在这种情况下，可以选择增加溶剂的极性，如在低极性的氘代氯仿中加入一定量的强极性的氘代二甲亚砜，降低二聚体的稳定性。还可以选择其它方法，如荧光稀释，其灵敏度更高，但需要在单体上引入荧光探针[36]。如果在单体上引入探针，通过测定形成的二聚体内两个荧光基团形成的激基缔合物的强度随浓度的变化，求取K_a值[36]。在此，ΔY_{obs}为ΔF，即激基缔合物的发射强度。

$$\Delta Y_\mathrm{obs} = \left(\frac{\Delta Y_\mathrm{max}}{8K_\mathrm{a}}\right)\left(1+4K_\mathrm{a}[\mathrm{S}]-\sqrt{1+8K_\mathrm{a}[\mathrm{S}]}\right) \quad (1\text{-}7)$$

1.9.3 异体1∶2配合物

若设想一个主体H和两个客体G结合，形成1∶2的配合物，其形成HG和HG_2的结合常数K_1和K_2由方程（1-8）和方程（1-9）表达。方程式（1-10）是核磁滴定实验对应的非线性回归方程，其中[H]是常量，滴定中浓度保持不变，$\Delta\delta_{obs}$、

$\Delta\delta_{HG}$和$\Delta\delta_{HG_2}$分别是探针化学位移变化、配合物 HG 的探针化学位移变化和配合物 HG_2 的探针化学位移变化。$\Delta\delta_{HG}$和$\Delta\delta_{HG_2}$通过非线性回归求取。理论上存在着这样的 1∶2 配合物，通过核磁滴定可以求得 K_1 和 K_2。对于这样的三组分配合物，另一种常用的简化处理方式是求取 1∶1 配合物的表观结合常数。即简单地把主体浓度加倍，因为主体分子中存在两个结合位点。

$$K_1 = \frac{[HG]}{[H][G]} \tag{1-8}$$

$$K_2 = \frac{[HG_2]}{[HG][G]} \tag{1-9}$$

$$\Delta\delta_{obs} = \frac{\Delta\delta_{HG} K_1[G] + \Delta\delta_{HG_2} K_1 K_2 [G]^2}{1 + K_1[G] + K_1 K_2 [G]^2} \tag{1-10}$$

1.9.4 竞争实验方法

利用核磁滴定或稀释得到的氢键稳定的配合物的结合常数一般上限为 10^4～10^5 L/mol。对于结合常数更高的氢键配合物［HG_A，式（1-11）］，可以利用竞争方法测定，即引入另一个已知的结合常数较低的配合物［HG_B，式（1-12）］。这样两个氢键体系的 $K_{a(A)}$和 $K_{a(B)}$即存在式（1-13）的关系。如果单体和配合物的结合在核磁时间尺度上较慢，单体和配合物的探针信号可以分别出现，对其积分可计算出各自的浓度，从而求出 $K_{a(A)}$。

$$H + G_A \xrightleftharpoons{K_{a(A)}} HG_A \tag{1-11}$$

$$H + G_B \xrightleftharpoons{K_{a(B)}} HG_B \tag{1-12}$$

$$\frac{K_{a(A)}}{K_{a(B)}} = \frac{[HG_A][G_B]}{[HG_B][G_A]} \tag{1-13}$$

$$H + G \xrightleftharpoons{K_{a(HG)}} HG \tag{1-14}$$

$$H + H \xrightleftharpoons{K_{a(HH)}} HH \tag{1-15}$$

$$\frac{K_{a(HG)}}{K_{a(HH)}} = \frac{[H][HG]}{[G][HH]} \tag{1-16}$$

若一个单体 H 可以与另一分子单体 G 形成异体二聚体 HG［式（1-14）］，又可以形成同体二聚体 HH［式（1-15）］。当其中一个二聚体的结合常数已知时，也可以通过类似方法求取另一个二聚体的结合常数［式（1-16）］。前提仍然是各个物种在核磁谱图中产生可分离的高分辨的探针信号[37]。当单体和配合物之间快速交换时，探针信号实际上是一个平均值或变宽乃至消失，上述方法即不成立。但对于配体-生物大分子相互作用，使用ITC的竞争方法已经确立[38]。

参考文献

[1] L. Pauling, The structure and entropy of ice and of other crystals with some randomness of atomic arrangement. *J. Am. Chem. Soc.* **1935**, *57*, 2680-2684.

[2] L. Pauling, *The nature of the chemical bond.* Cornell University Press, Ithaca, New York, 1939.

[3] G. C. Pimental, A. L. McClellan, *The hydrogen bond.* W. H. Freeman, San Francisco, 1960.

[4] T. Steiner, W. Saenger, Role of C—H···O hydrogen bonds in the coordination of water molecules. Analysis of neutron diffraction data. *J. Am. Chem. Soc.* **1993**, *115*, 4540-4547.

[5] E. Arunan, G. R. Desiraju, R. A. Klein, J. Sadlej, S. Scheiner, I. Alkorta, D. C. Clary, R. H. Crabtree, J. J. Dannenberg, P. Hobza, H. G. Kjaergaard, A. C. Legon, B. Mennucci, D. J. Nesbitt, *Definition of the hydrogen bond (IUPAC Recommendations 2011). Pure Appl. Chem.* **2011**, *83*, 1637-1641.

[6] G. A. Jeffrey, W. Saenger, *Hydrogen bonding in biological structure.* Springer-Verlag, Berlin, 1991.

[7] F. H. Allen, A systematic pairwise comparison of geometric parameters obtained by X-ray and neutron diffraction. *Acta Crystallography B* **1998**, *54*, 758-771.

[8] W. L. Jolly, *Modern Inorganic Chemistry*, McGraw-Hill, pp. 77-90, 1984.

[9] R. E. Hubbard, Hydrogen Bonding in Globular Proteins. *Prog. Biophys. Molec. Biol.* **1984**, *44*, 97-179.

[10] G. R. Desiraju, T. Steiner, *The weak hydrogen bond in structural chemistry and biology.* Oxford University Press, Oxford, 1999.

[11] G. A. Jeffrey, *An introduction to hydrogen bonding.* Oxford University Press, New York, 1997.

[12] K. Morokuma, Molecular orbital study of hydrogen bonds, Ⅲ. Hydrogen bond in H_2CO—H_2O and H_2CO-$2H_2O$. *J. Phys. Chem.* **1971**, *55*, 1236-1244.

[13] H. Umeyama, K. Morokuma, The origin of hydrogen bonding: an energy decomposition study. *J. Am. Chem. Soc.* **1977**, *99*, 1316-1332.

[14] S. L. Price, Intermolecular forces-from the molecular charge distribution to the molecular stacking. In *Theoretical aspects and computer modeling of the molecular solid state* (ed. A. Gavezzotti), pp. 31-60. Wiley, Chichester, 1997.

[15] H.-B. Bürgi, J. D. Dunitz, From crystal statics to chemical dynamics. *Acc. Chem. Res.* **1983**, *16*, 153-161.

[16] C. Beeson, N. Pham, G. Shipps, Jr., T. A. Dix, A comprehensive description of the free energy of an intramolecular hydrogen bond as a function of solvation: NMR study. *J. Am. Chem. Soc.* **1993**, *115*, 6803-6812.

[17] W. Hindericks, W. Saenger, Crystal and molecular structure of the hexasaccharide complex (*p*-nitrophenyl α-maltohexaoside)BaI_3-$27H_2O$. *J. Am. Chem. Soc.* **1990**, *112*, 2789-2796.

[18] G. Gilli, F. Bellucci, V. Ferretti, V. Bertolasi. Evidence for resonance-assisted hydrogen bonding from crystal-structure correlations on the enol form of the β-diketone fragment. *J. Am. Chem. Soc.* **1989**, *111*, 1023-1028.

[19] G. Gilli, V. Bertolasi, V. Feretti, P. Gilli, Resonance-assisted hydrogen bond. Ⅲ. Formation of intermolecular hydrogen-bonded chains in crystals of β-diketones and its relevance to molecular association. *Acta. Cryst.* **1993**, 564-576.

[20] W. L. Jorgensen, J. Pranata, Importance of secondary interactions in triply hydrogen bonded complexes: guanine-cytosine vs uracil-2,6-diaminopyridine. *J. Am. Chem. Soc.* **1990**, *112*, 2008-2010.

[21] S. C. Zimmerman, P. S. Corbin, Heteroaromatic modules for self-assembly using multiple hydrogen bonds. *Struct. & Bond.* **2000**, *96*, 63-94.

[22] H. A. Staab, C. Kriéger, G. Hieber, K. Oberdorf, 1,8-Bis(dimethylamino)-4,5- dihydroxynaphthalene, a neutral, intramolecularly protonated 'proton sponge' with zwitterionic structure. *Angew. Chem. Int. Ed. Engl.* **1997**, *36*, 1884-1886.

[23] K. Muller-Dethlefs, P. Hobza, Noncovalent interactions: a challenge for experiment and theory, *Chem. Rev.* **2000**, *100*, 143-168.

[24] U. Buck, F. Huisken, Infrared spectroscopy of size-selected water and methanol clusters, *Chem. Rev.* **2000**, *100*, 3863-3890.

[25] H. J. Neusser, K. Siglow, High-resolution ultraviolet spectroscopy of neutral and ionic clusters: hydrogen bonding and the external heavy atom effect. *Chem. Rev.* **2000**, *100*, 3921-3942.

[26] C. Steinbach, P. Andersson, J. K. Kazimirski, U. Buck, V. Buch, T. A. Beu, Infrared predissociation spectroscopy of large water clusters: a unique probe of cluster surfaces, *J. Phys. Chem. A* **2004**, *108*, 6165-6174.

[27] M. Miyazaki, A. Fujii, T. Ebata, N. Mikami, Infrared spectroscopic evidence for protonated water clusters forming nanoscale cages, *Science* **2004**, *304*, 1134-1137.

[28] S. Scheiner, *Hydrogen bonding. a theoretical perspective.* Oxford University Press, Oxford, 1997.

[29] P. Hobza, Theoretical studies of hydrogen bonding, *Annu. Rep. Prog. Chem. Sect. C: Phys. Chem.* **2004**, *100*, 3-27.

[30] G. R. Desiraju, Crystal engineering: from molecule to crystal. *J. Am. Chem. Soc.* **2013**, *135*, 9952-9967.

[31] C. B. Aakeröy, K. R. Seddon, The hydrogen bond and crystal engineering. *Chem. Soc. Rev.* **1993**, *22*, 397-407.

[32] G. R. Desiraju, Crystal engineering: a holistic view. *Angew. Chem. Int. Ed.* **2007**, *46*, 8342-8356.

[33] P. Thordarson, Determining association constants from titration experiments in supramolecular chemistry. *Chem. Soc. Rev.* **2011**, *40*, 1305-1323.

[34] A. Connors, in *Comprehensive Supramolecular Chemistry*, ed. J. L. Atwood, J. E. D. Davies, D. D. MacNicol and F. Vögtle, Pergamon, Oxford, 1996, vol. 3, chapter 6, pp. 205-241.

[35] 王睿, 尉志武, Benesi-Hildebrand 方程的正确性与可靠性. 物理化学学报 **2007**, *23*, 1353-1359.

[36] S. H. M. Söntjens, R. P. Sijbesma, M. H. P. van Genderen, E. W. Meijer, *J. Am. Chem. Soc.* **2000**, *122*, 7487-7493.

[37] X. Zhao, X.-Z. Wang, X.-K. Jiang, Y.-Q. Chen, Z.-T. Li, G.-J. Chen, Novel hydrazide-based quadruply hydrogen bonded heterodimers. structure, assembling selectivity and supramolecular substitution. *J. Am. Chem. Soc.* **2003**, *125*, 15128-15139.

[38] B. W. Sigurskjold, Exact analysis of competition ligand binding by displacement isothermal titration calorimetry. *Anal. Biochem.* **2000**, *277*, 260-266.

第2章 氢键结合模式

2.1 引言

醇、酰胺和酸等有机分子能够形成强的氢键。在溶液或气相中，这些氢键具有一定的方向性，但也始终处于动态。在晶体中，它们的分子堆积具有一定的规律性，尽管分子的体积、形状及取代基官能团等对堆积都能产生重要影响。在超分子化学中，这些单官能团形成的氢键应用广泛。但由于单个氢键的强度较弱，不能满足于不同的分子识别与自组装研究，化学家也发展了数量众多的多氢键模块，其单体主要是酰胺、脲、脒和胍等胺衍生物，强度以结合常数表示，跨度很大。近年来，光谱技术、理论计算及晶体衍生技术的发展也推动了弱氢键模式的研究，很多新的弱氢键模式被确定出来，它们在生命体系中的作用，在晶体工程及溶液相分子识别研究中已经得到广泛重视和应用。本章主要根据形成氢键的官能团类型和氢键数量，分类概述重要的氢键模块。

2.2 氢键供体和受体

任何 D—H 分子中带部分正电荷的 H 原子都可能形成氢键。但当共价键极化较低时，相应的氢键可能很弱，强度相当于范德华作用[1,2]。OH 和 NH 是典型的形成强氢键的供体基团。CH 也可以作为氢键供体，当 C 原子上带有拉电子基团时，C 的有效电负性增加，C—H 键极化增强，会提高其形成氢键的能力[3,4]。比如，氯仿形成氢键的能力高于二氯甲烷。有机分子中的 O 和 N 原子也是最强的氢键受体。其它杂原子如 Cl、Br、I、S 甚至 C 都可以作为受体[5-7]，但相对较弱。富电性的芳环、C═C 和 C≡C 等共轭体系也可以作为受体，形成 N—H…π和 C—H…π氢键[8-10]，但总体上更弱。过渡金属作为氢键受体的例子也已有报道[11,12]。以下列出了一些经实验和理论研究支持的弱氢键模式（**HB-1**～**HB-8**）。由于强度较弱，一些 N—H…π和 C—H…π氢键也被称为 N—H…π和 C—H…π作用，两种表达都意味着静电吸引。

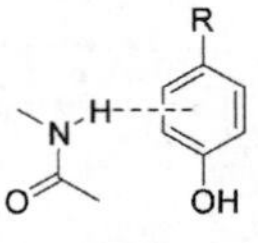

HB-1 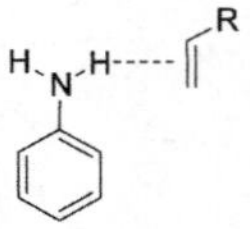 **HB-2** 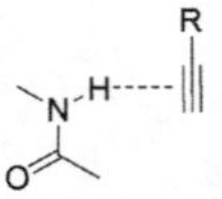 **HB-3** 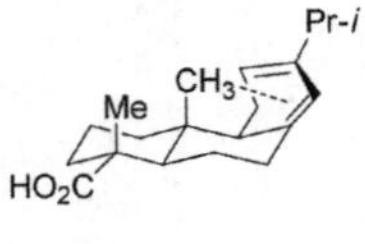 **HB-4** 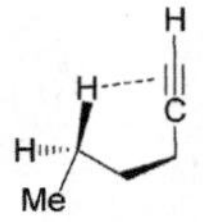 **HB-5**

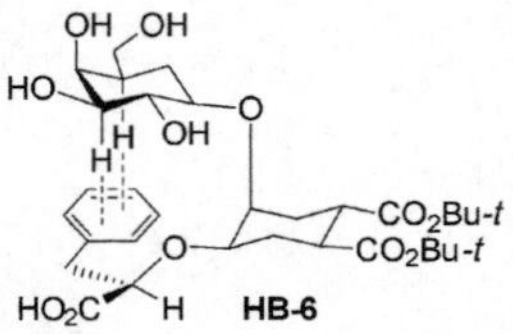

HB-6 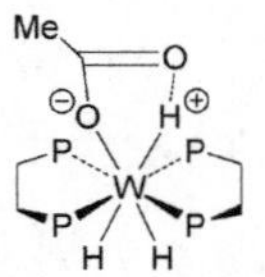 d (H…O) = 2.33 Å **HB-7** 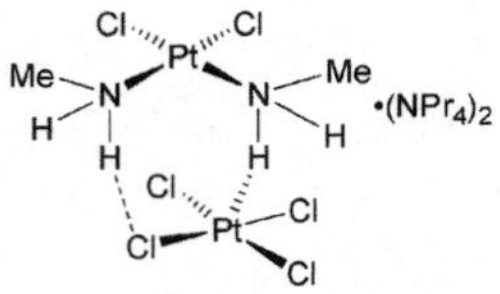 d (H…Pt) = 2.26 Å **HB-8**

在所有元素中，F 原子的电负性最高。F^-是最强的氢键受体，F—H…F^-是最强的氢键。但 BF_4^-和 PF_6^-的 F 原子形成氢键的能力极弱，有机分子中 F 形成氢键的能力远较 O 和 N 弱，被认为是由于其外层电子云密度高，可极化性低造成的[13]。对芳香酰胺和三氮唑衍生物的研究表明，芳香分子中 F 能够形成较为稳定的 N—H…F 和 C—H…F 氢键[14-16]。在所有同系有机分子结构中，卤素原子作为氢键受体的能力逐渐减弱：F > Cl > Br > I。

2.3 单官能团氢键

溶液相的氢键是一个快速变化的动态过程，而在晶体中，影响分子排列的因素很多，包括分子间相互作用、分子的形状、溶剂的存在与否及其产生的分子间相互作用、结晶的条件等。其中分子（包括溶剂）间相互作用的影响最大。对于氢键支配的分子堆积，在可以形成不同形式的氢键时，存在一些经验性的规律[17,18]：①酸性的 H 原子都会形成氢键；②当氢键供体足够时，强的受体都将形成氢键；③最强的供体和最强的受体优先相互结合；④对于同一类氢键或强度相当的不同的氢键，当存在分子间和分子内竞争时，分子内的五元环和六元环氢键优先形成；⑤在形成分子内氢键之后，如果还存在氢键供体和受体，分子间的最强的氢键优先形成。这些经验规律总体上反映一个趋势，即最强的氢键优先形成。

2.3.1 醇和酚

OH 能够形成强的氢键。在晶体中，每个水分子形成四个氢键，产生一个类似金刚石结构的四面体网络结构，在液相中水平均形成 3.5 个氢键。在溶液中，分子始终处于动态，醇和酚的 OH 可以形成不止一个氢键，但缺乏特定的几何特征。在晶体中，分子的运动都受到限制，氢键由于是最强的分子间相互作用而控制分子的排列方式。在晶体中，甲醇（**HB-1P**）和乙醇（**HB-2P**）的每个分子形成两个氢键，形成一个线性的氢键链。我们在这类氢键模式编号中用“P”代表晶体堆积结构，结构中的数据代表两个原子间的距离（Å）。在与水形成的共晶中，醇羟基都作为供体与水分子的 O 形成氢键。苯酚及其类似物在晶体中也形成同样的交替排列的氢键链（**HB-3P**）。尽管曾有文献提出苯酚也可能形成六个分子组成环内的氢键[17]，但这种推测还没有被证实。

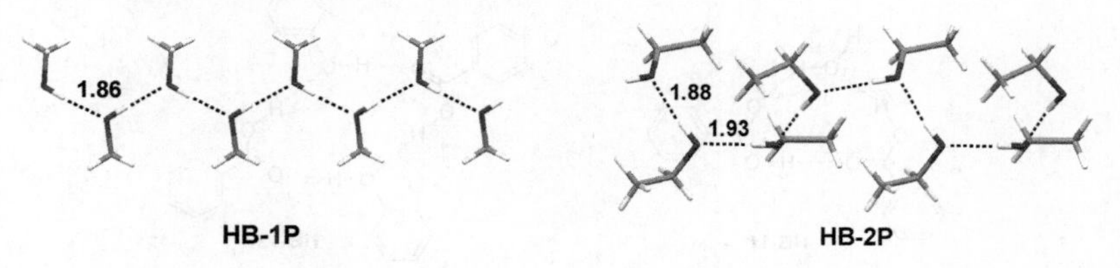

HB-1P HB-2P

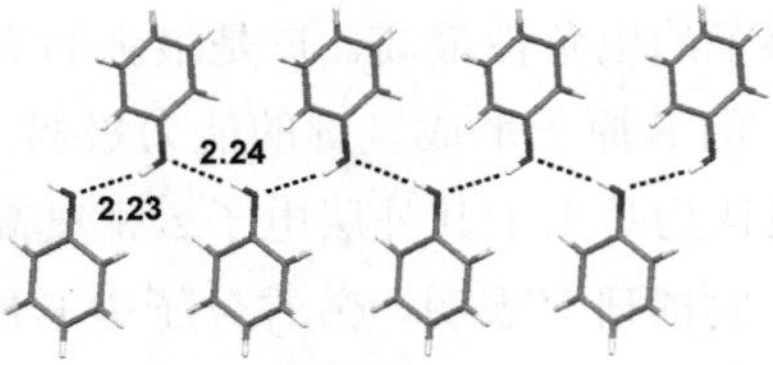

HB-3P

2.3.2 羧酸

有机酸形成八元环的双氢键模式（**HB-9**，**HB-10**）。这一模式存在两个二级静电排斥作用，但仍是最典型的羧基氢键结合模式，说明其比形成一个氢键的链结合模式（**HB-4P**）稳定，尽管后一种模式及其它成环模式也存在。羧基形成八元环的双氢键模式的选择性非常高。因此，在晶体中二羧酸一般形成扩展的线性氢键聚合物，而三羧酸可形成二维的氢键网络。一个典型的例子是间苯三甲酸，在晶体中形成蜂窝型的二维氢键网络（**HB-5P**）[19]。当有乙酸存在时，可以形成异体八元环氢键，说明两个羧基形成的八元环氢键的稳定性相当。当存在其它强氢键供体或受体时，羧酸也可以形成其它氢键模式。如水（**HB-11**）、醇、DMSO、苯酚（**HB-12**）等都能够破坏其八元环氢键。

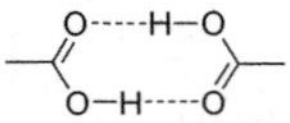

HB-9

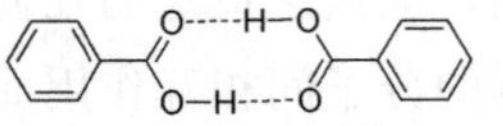

HB-10

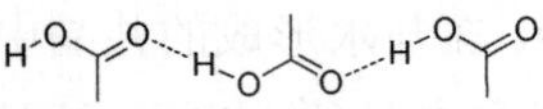

HB-4P

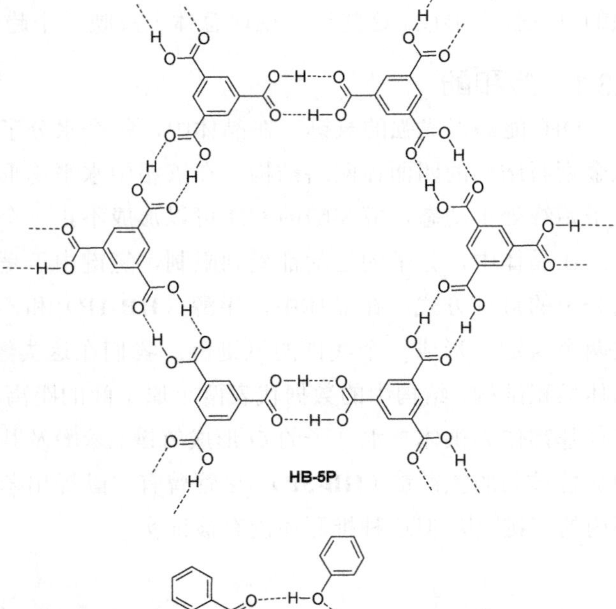

HB-5P

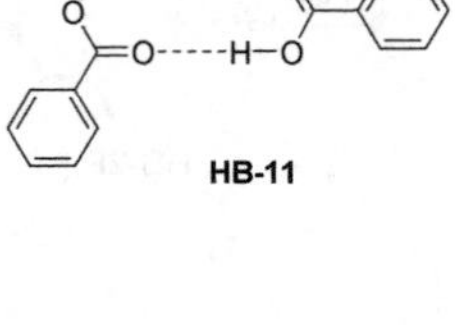

HB-11

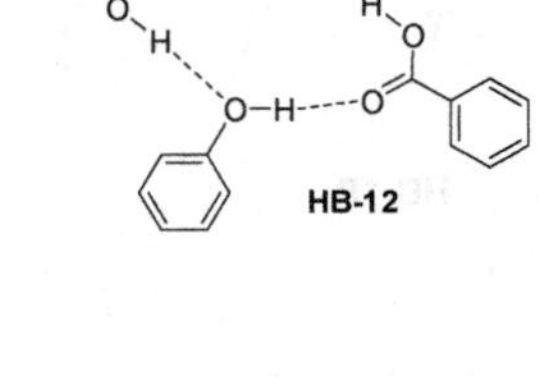

HB-12

2.3.3 酰胺

酰胺衍生物是氢键分子识别与自组装研究中应用最广泛的一类有机分子。N原子上没有取代基的酰胺主要形成两类氢键。处于顺式的羰基O和H形成八元环N—H···O═C双氢键，另一个处于羰基O反式的H形成线性N—H···O═C氢键链。**HB-6P**、**HB-7P**和**HB-8P**是乙酰胺、丁酰胺和苯甲酰胺的晶体中的氢键模式。丙二酰胺的氢键（**HB-9P**）更为复杂，相邻的三个分子形成交替的八元环的三氢键模式，而甲基丙二酰胺形成八元环的双氢键和垂直方向的单氢键链（**HB-10P**）。这些结果表明了酰胺形成氢键的多样性和复杂性。

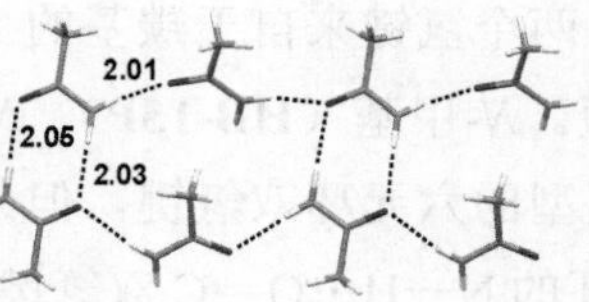

HB-6P 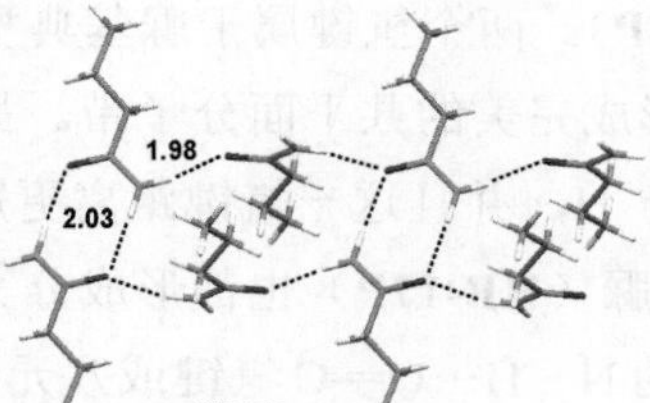　HB-7P 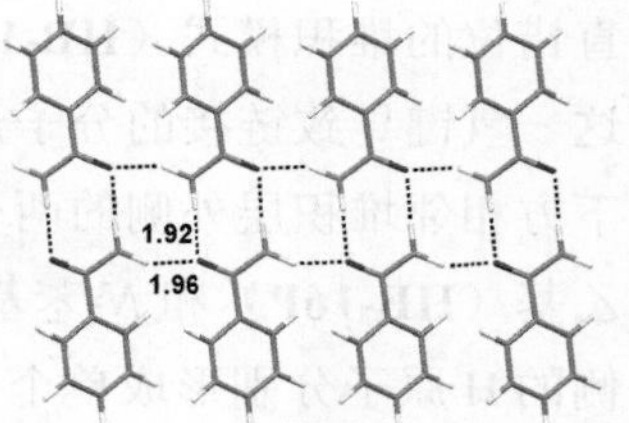　HB-8P

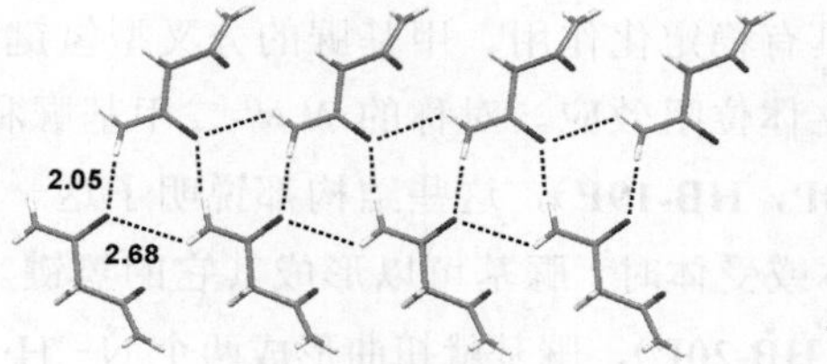

HB-9P 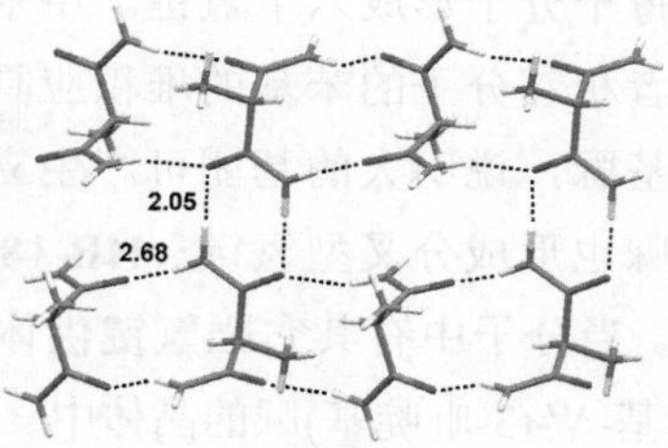　HB-10P

二级酰胺只有一个NH原子，其在晶体中最常见的氢键模式是线性N—H···O═C氢键链。*N*-苯基乙酰胺（**HB-11P**）、*N*-苄基甲酰胺（**HB-12P**）和*N*-苯基苯甲酰胺（**HB-13P**）等都形成这种链式氢键，但分子可能是同向排列或反向交替排列的。烷基和芳基的形状和体积及芳环堆积作用等因素决定了不同的排列方式。这两种堆积方式中，酰胺的O和H原子都采取常规的反向排列。但也有一些分子采取其它的排列方式。例如，*N*-苯基甲酰胺即形成一种独特的四分子氢键环（**HB-13**），其中两个分子的酰胺O和H顺式排列，另外两个分子的酰胺O和H反式排列[20]。

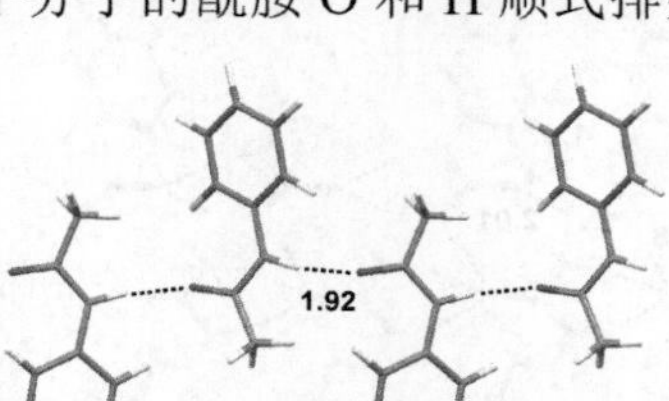

HB-11P 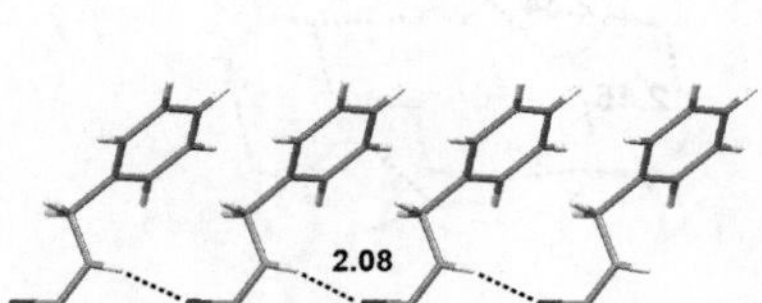　HB-12P

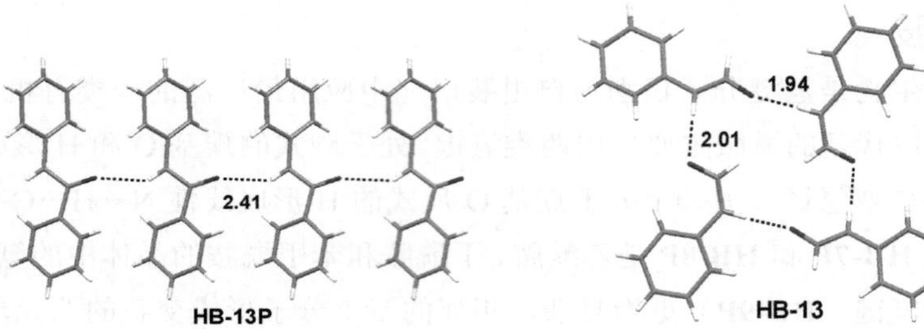

HB-13P

HB-13

2.3.4 脲和硫脲

尿素有四个 H 和一个 O。在晶体中每个分子形成高达八个氢键，形成一个垂直错位的堆积模式（**HB-14P**）。两个氢键属于脲基典型的六元环的分叉型氢键，这一氢键导致链接的分子形成完美的共平面分子带。另两个氢键来自于羰基的上下方相邻堆积层外侧的两个 H，并且这一氢键距离更短。*N*-甲基（**HB-15P**）、*N*-乙基（**HB-16P**）和 *N*-苯基脲（**HB-17P**）也都形成分叉型的六元环双氢键，但外侧的H原子分别形成单个的N—H…O═C 氢键或八元环的 N—H…O═C 双氢键，结果是每个分子形成六个氢键。甲基和乙基采取交替排列，而苯基则采取同侧排列，后者相邻分子的苯基的堆积应具有稳定化作用。甲基脲的分叉型氢键的键长短于乙基脲，说明大的基团可产生立体位阻效应。对称的 *N*,*N′*-二甲基脲和 *N*,*N′*-二苯基脲也形成分叉型氢键（**HB-18P**，**HB-19P**），这些结构都说明了这一氢键的稳定性。当分子中有其它强氢键供体或受体时，脲基可以形成其它的氢键。例如，在 *N*-苯基-*N′*-(3-吡啶基)脲的晶体中（**HB-20P**），脲基就扭曲形成两个 N—H…N(Py) 氢键[21]。水、羧基等也都可能竞争形成其它的氢键。

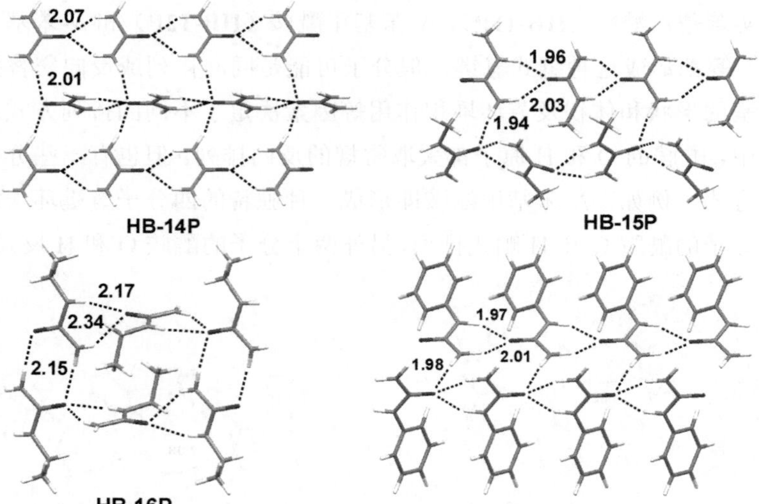

HB-14P

HB-15P

HB-16P

HB-17P

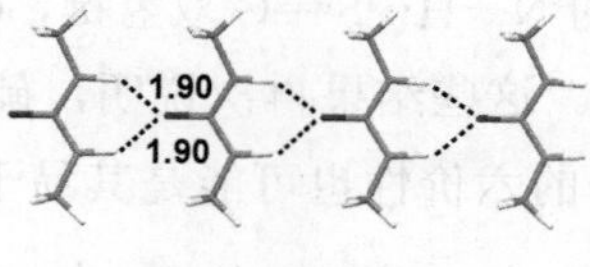

HB-18P

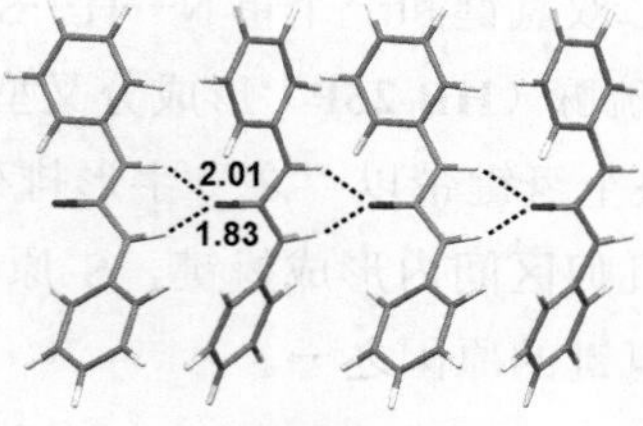

HB-19P

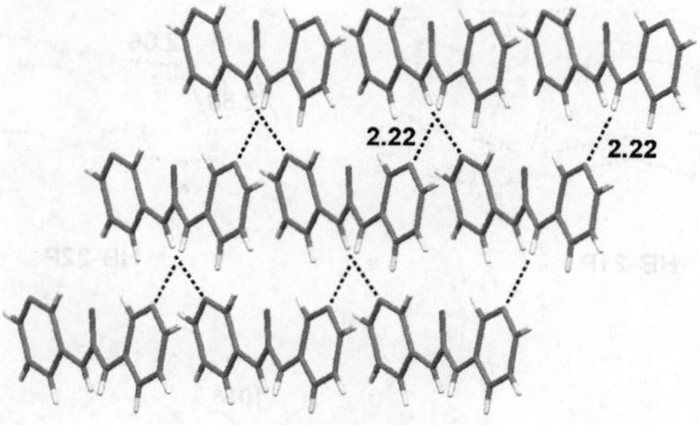

HB-20P

晶体中硫脲形成的氢键模式更复杂（**HB-14**）。虽然与尿素一样，每个分子的S原子也与周围分子形成四个N—H…S═C氢键，S原子形成分叉型双氢键并没有按照共平面型的方式排列，而是采取扭曲、侧向一边的排列方式。另外，内侧的两个H原子和S一起形成八元环的双氢键，形成一个共平面的堆积带。这种差异反映了S的更大的范德华半径和外层电子云的可极化性，这些特征使得S作为一个强氢键受体能够形成更加扭曲的氢键。

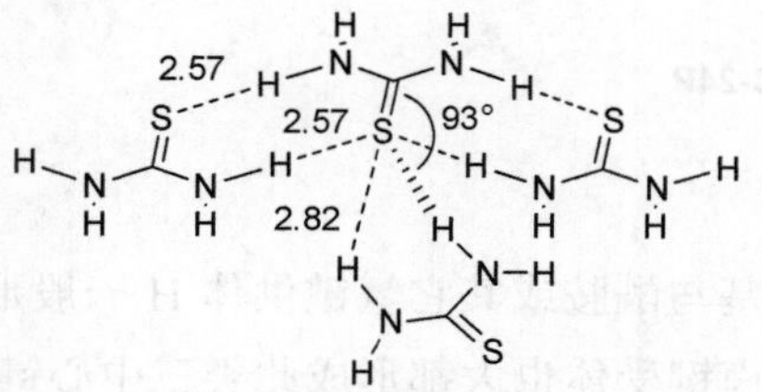

HB-14

每个*N*-甲基硫脲在晶体中形成两组八元环的N—H…S═C双氢键，外侧的H原子进一步形成另外一个单N—H…S氢键（**HB-21P**）。因此，平均起来S形成三个氢键，而H各形成一个氢键。三个氢键位于C═S双键的前上方（C═S…H—N夹角为85°）和左右前侧方。显然，S原子的较大半径保证了不至于产生大的空间排斥。*N*,*N′*-二甲基硫脲在晶体中的氢键排列与丁酰胺相似（**HB-22P**）。*N*,*N′*-二乙基硫脲（**HB-23P**）和*N*,*N′*-二异丙基硫脲（**HB-24P**）也是各自形成一个八元环 N—H⋯S═C 双氢键和一个单 N—H⋯S═C 氢键，而没有形成分叉型的双氢键。但 *N*,*N'*-二苯基硫脲（**HB-25P**）形成分叉型的 N—H⋯S══C 双氢键，C══S⋯H—N 夹角为 92°，整个氢键带以“之”字形排列。这些结果再次说明，硫脲的 S 原子能够在更大的几何区间内形成氢键，S 原子的六价性也可能是其易于在 C═S 面的上下方形成氢键的原因之一。

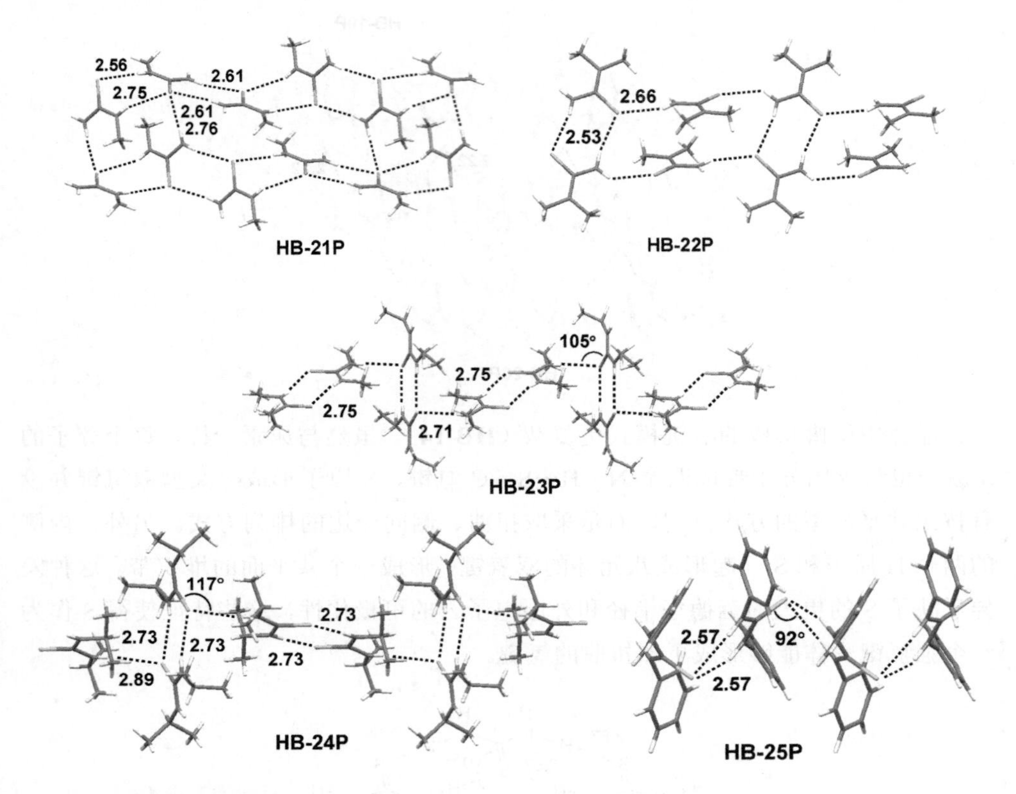

2.3.5 硝基化合物

硝基化合物中的硝基与酰胺或其它氢键供体 H 一般形成分叉型 O⋯H—N 氢键（**HB-15**），硝基作为卤键受体也大都形成此类三中心键，而与 NH_2 则倾向于形成常规的双中心氢键（**HB-16**）。

R–N(=O)(O)⋯H–N<　　R–N(O)(O)⋯H–N(H)–

HB-15　　**HB-16**

2.3.6 1,2,3-三氮唑

1,2,3-三氮唑的 C 原子的有效电负性由于 N 的拉电子作用有所提高，从而增大了其 C—H 键的极化。因此其 C—H 可以作为氢键供体形成分子间 C—H···N 氢键[15]。例如，4-苯基三氮唑（**HB-26P**）和 1,4-二(4-氟苯基)三氮唑（**HB-27P**）都可以形成 C—H···N 氢键。但前者 N 上 H 处于 N-2 位，能形成 N—H···N 氢键，而后者形成了三氮唑典型的分叉型 C—H···N 氢键[15]。对于后者，分子采取了两种堆积方式，因此，N-1 和 C-4 在相同位置出现的概率各为 50%。在 1-(2-吡啶)甲基-4-蒽基-1,2,3-三氮唑的晶体中观察到了 C—H···π相互作用（**HB-17**）[22]，也可认为是一个弱氢键。在一个 CF_3 衍生物的晶体中，也观察到了 N—H···F 氢键（**HB-18**）。三氮唑的 N 原子也可以作为氢键受体，形成弱的 N···H—C-sp^3 氢键（**HB-28P**）[23]。但当有其它更强的氢键受体存在时，这种弱氢键很难形成[24]。

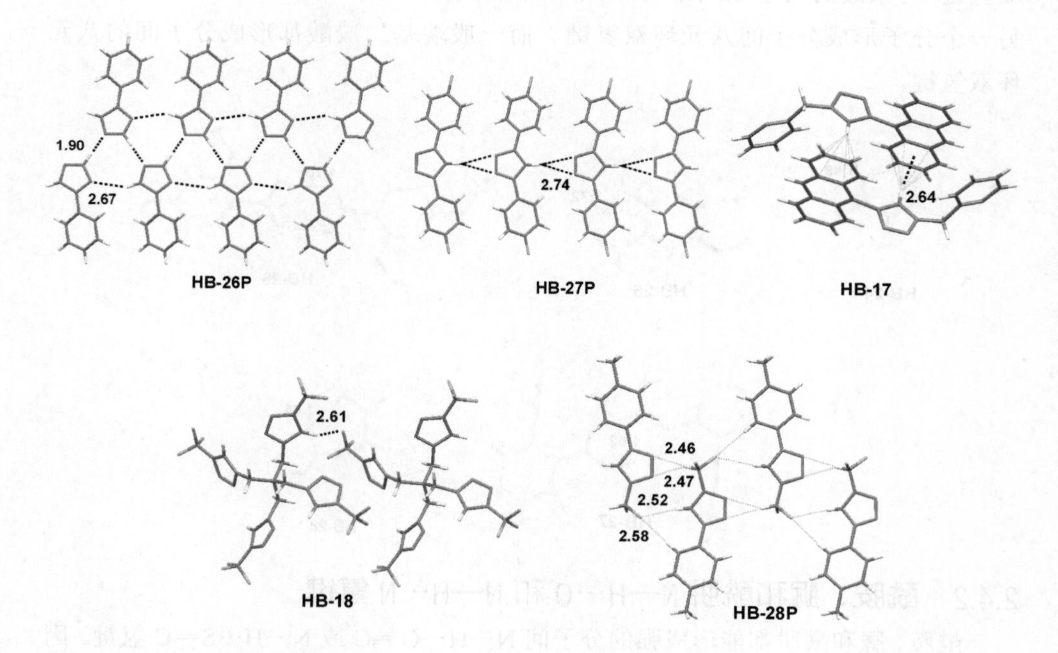

2.4 分子内氢键

2.4.1 醇、酚、羧酸 O—H···O 氢键

由于 OH 是强氢键供体和受体，醇和酚可以形成分子间和分子内氢键，糖类分子是典型的例子。当可以形成分子内五元环或六元环氢键时，分子内氢键优先形成。例如，顺-环丁二醇（**HB-19**）、环已二醇（**HB-20**）、邻甲氧基苯酚（**HB-21**）、水杨醛（**HB-22**）和邻硝基苯酚（**HB-23**）及其衍生物等都形成分子内 O—H···O 氢键。当然，这些分子也可以进一步形成分子间氢键。

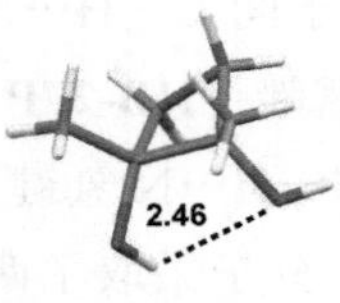

HB-19 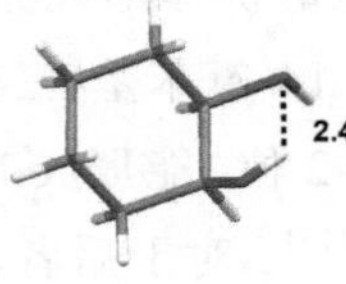 HB-20 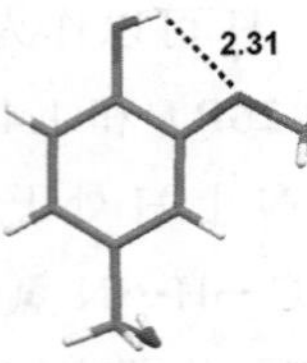 HB-21 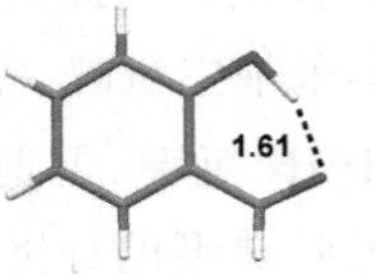 HB-22 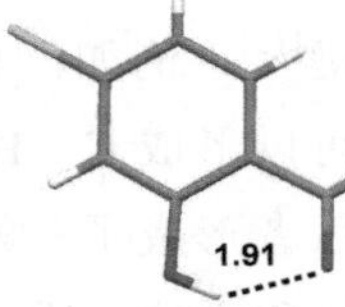 HB-23

水杨酸的羟基形成分子内六元环 O—H···O 氢键（**HB-24**），其羧基形成常规的八元环双氢键。大部分水杨酸衍生物也采用这一氢键模式。2,5-二甲氧基苯甲酸形成分子内六元环氢键（**HB-25**），而 2,4-二甲氧基苯甲酸（**HB-26**）和邻乙酰氧基苯甲酸（阿司匹林）（**HB-27**）没有形成分子内氢键，其羧基形成八元环双氢键。马来酸的羧基顺式排列，其中一个羧基形成七元环分子内氢键（**HB-28**），另一个分子形成分子间八元环双氢键。而一般端基二羧酸都形成分子间的八元环双氢键。

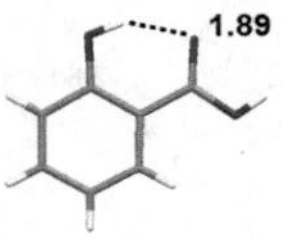

HB-24 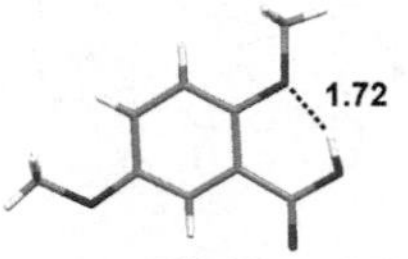 HB-25 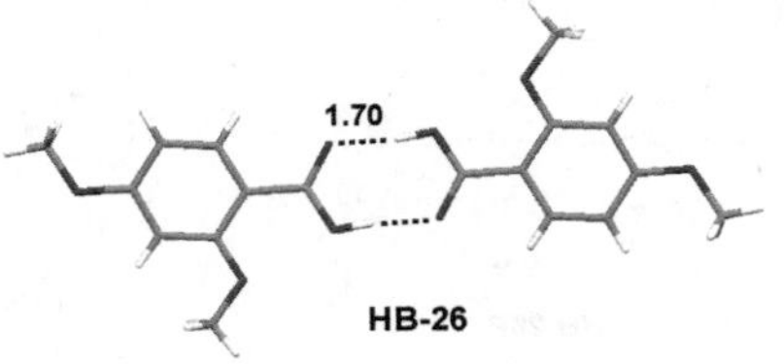 HB-26

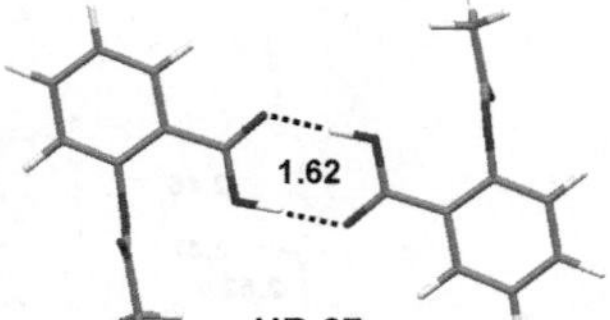

HB-27 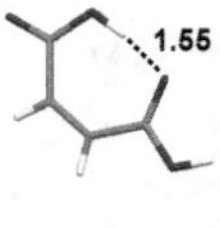 HB-28

2.4.2 酰胺、脲和酰肼 N—H···O 和 N—H···N 氢键

酰胺、脲和酰肼都能形成强的分子间 N—H···O═C 或 N—H···S═C 氢键。因此，任何分子内氢键的形成都取决于与这些分子间氢键的竞争。肽和蛋白质的酰胺分子内和分子间 N—H···O═C 氢键是其α-螺旋和β-折叠二级结构的主要驱动力之一。对模型分子的研究表明，脂肪类酰胺的分子内 N—H···O═C 氢键（**HB-29**，n=1～6）以九元环的结构最为稳定（**HB-29**，n=4）[25]。对于芳酰胺，邻位存在强氢键受体时，形成分子内氢键的可能性很大，五元环和六元环氢键最为稳定，对于氮杂环类酰胺，四元环 N—H···N 氢键也很常见。这类分子内 N—H···X 氢键模式不但广泛地应用于构筑各种人工二级结构[7]，也用于控制酰胺和脲等基团的构象，提高分子间氢键的选择性和强度[26]，在分子识别与自组装研究中处于重要地位。

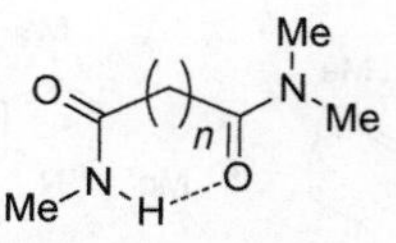

HB-29: n = 1～6

邻氨基苯甲酸形成的酰胺可以形成稳定的六元环 N—H…O═C 氢键（**HB-30**），相应的寡聚体可以形成扩展性的构象[27]。*N*-(2-烷氧基苯基)酰胺和 2-烷氧基苯甲酰胺可以形成稳定的五元环（**HB-31**，**HB-32**）和六元环 N–H…OR（**HB-33**，**HB-34**）氢键。二者并在一起即形成一类典型的三中心氢键（**HB-35**），而同一类氢键并在一起则形成对称性的三中心氢键。2-氨基吡啶和 2-羧基吡啶的酰胺衍生物分别形成稳定的四元环（**HB-36**，**HB-37**）和五元环 N—H…N（**HB-38**，**HB-39**）氢键。相同和不同的氢键单元并在一起，可以产生很多不同的三中心氢键模式，**HB-40** 是其中的一个例子。连续地把这些氢键单元并入在一起可以产生构象可控的不同的二级结构[7]。尽管烷氧基是一个强氢键受体，其它的 O 原子如醌和羰基 O 也是好的氢键受体[7]。2-氨基吡啶甲酰胺没有形成四元环 N—H…N 氢键，其酰胺形成了分子间的八元环 N—H…O═C 双氢键（**HB-41**），分子内的 C—H…N 氢键的形成可能与这一分子间氢键相互促进，整个分子可以形成更多的氢键。其它类型的氮杂环也可以形成分子内 N—H…N 氢键，**HB-42**～**HB-45** 是一些得到晶体结构的例子。脲和酰肼衍生物形成的分子内氢键也非常稳定，**HB-46**～**HB-48** 是其中的一些例子。二苯乙炔可以形成十元环的分子内氢键（**HB-49**）。

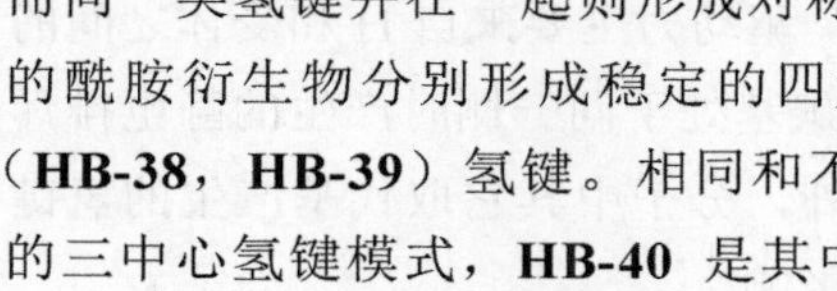

HB-30 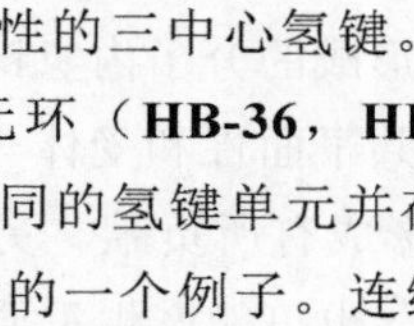　HB-31 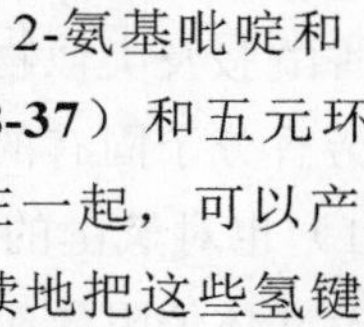　HB-32 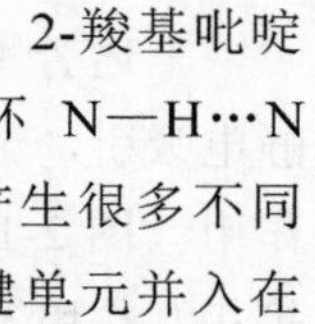　HB-33

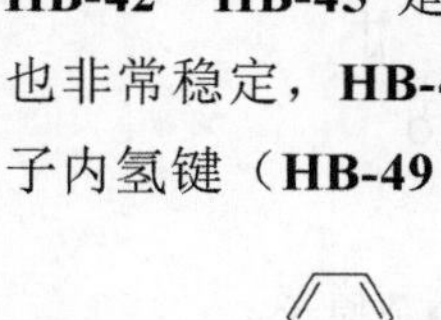

HB-34 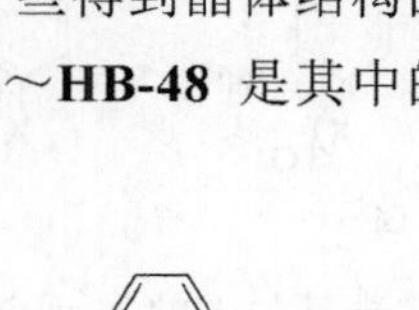　HB-35 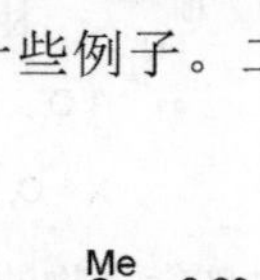　HB-36 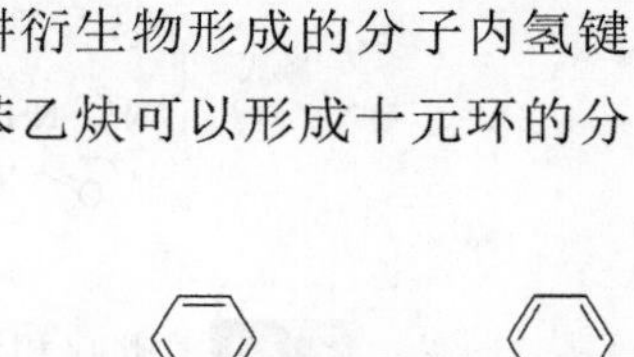　HB-37

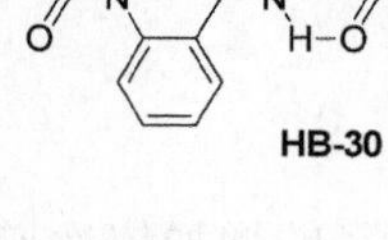

HB-38 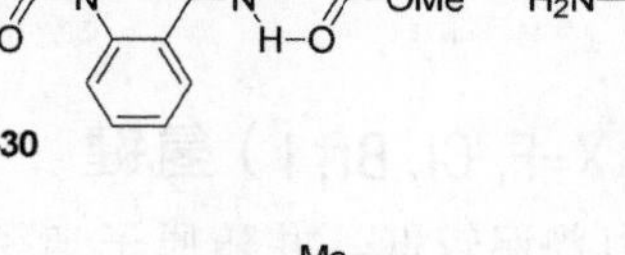　HB-39 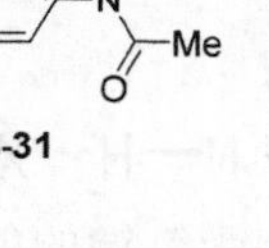　HB-40 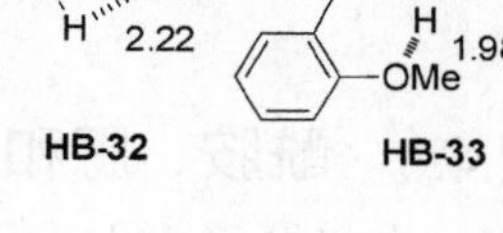　HB-41

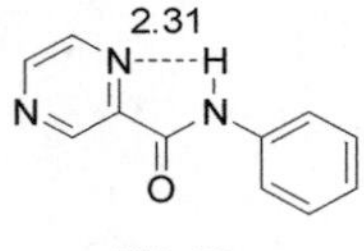

上述芳香酰胺及类似物形成的分子内氢键，驱动力主要来自 H 和受体之间的静电吸引，芳香分子固有的共平面性和受体与羰基处于同一侧时产生的静电排斥作用（图 2-1）也对氢键的形成有所贡献。另外，分子中其它取代基产生的氢键等相互作用及立体位阻效应，也可能产生重要影响。

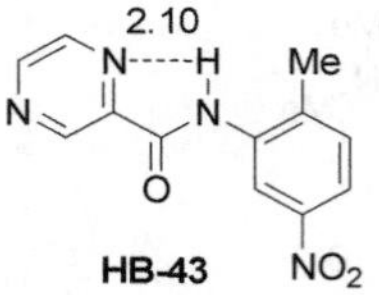

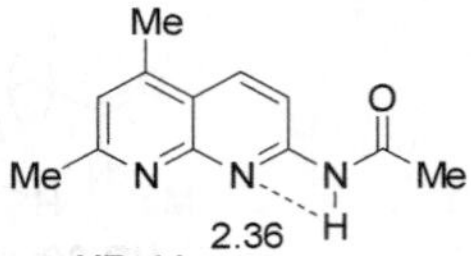

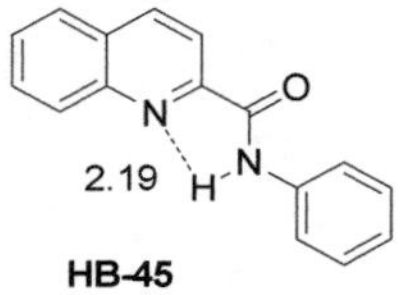

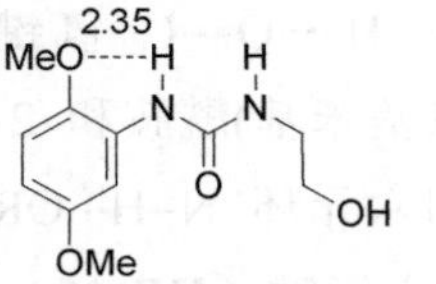

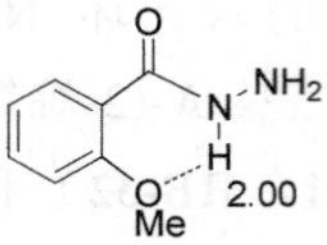

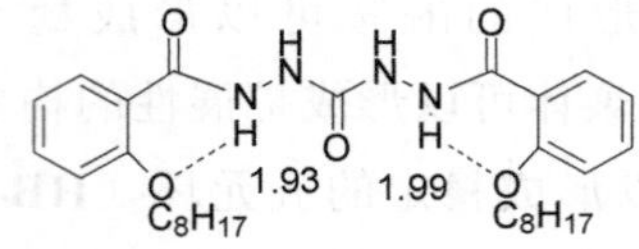

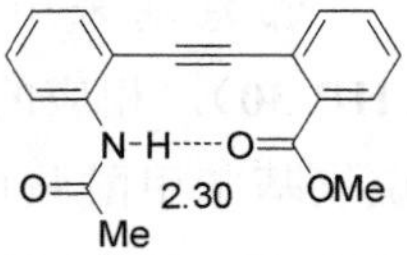

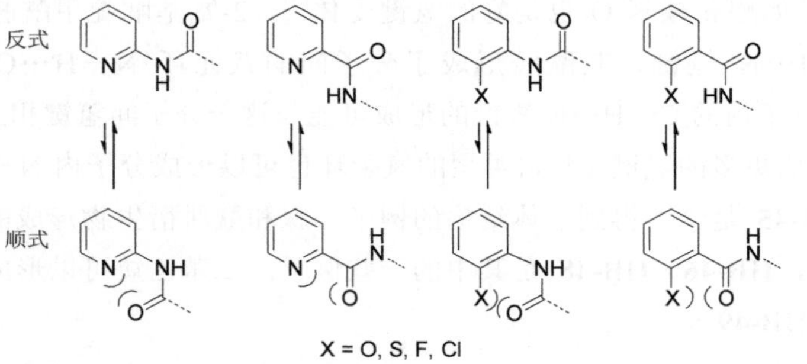

图 2-1 吡啶和苯酰胺衍生物的酰胺羰基与吡啶 N 或邻位杂原子处于同侧（顺式）时产生静电排斥，平衡有利于反式

2.4.3 酰胺、脲和酰肼 N—H···X（X=F, Cl, Br, I）氢键

有机分子中卤素原子接受氢键的能力普遍较低，并随原子半径的增加依次递减[5]。F 的电负性最高，但可极化性低，其形成氢键的能力明显低于 O 和 N。其它的卤原子电负性降低，范德华半径增加，接受 H 的能力进一步降低。尽管强度普遍较弱，在一些α-卤代酰胺分子的晶体中，仍观察到了α-卤原子形成的分子内的五元环 N—H···F（**HB-50**～**HB-55**）、N—H···Cl（**HB-56**～**HB-59**）和 N—H···Br（**HB-60**～**HB-63**）氢键。在所有这些晶体中，酰胺基团都形成分子间 N—H···O═C 氢键。CF_2Cl 取代的酰胺只观察到 F 形成的氢键（**HB-52**），也反映了其形成氢键的能力比 Cl 强。但也有很多α-卤代酰胺的晶体中没有观察到分子内 N—H···X 氢

键的产生，反映了这一氢键模式的低稳定性。化合物 **1**～**6** 是晶体中没有形成这类氢键的一些例子。化合物 **7** 等一些α-碘代酰胺的晶体结构也已经报道，这些分子在晶体中没有形成分子内的 N—H…I 氢键。β-卤代脂肪类酰胺不能形成六元环的分子内氢键。但 **HB-64** 的六元环 N—H…F 氢键在晶体中得到证实。可以推测，苯环的引入提高了骨架刚性，应该有助于这一氢键的形成。在低极性的溶剂中，此类分子内的氢键也应该可以形成，但系统的波谱和光谱研究尚没有文献报道。

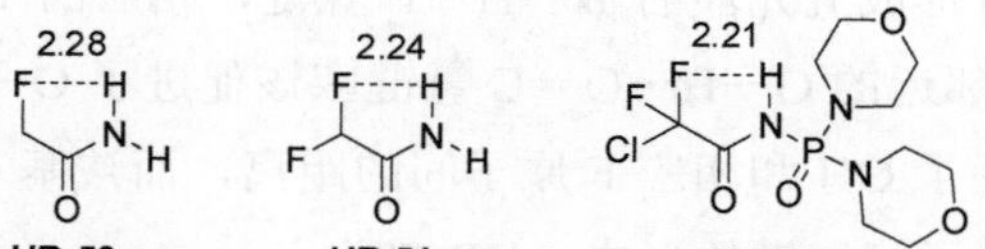

HB-50 **HB-51** **HB-52**

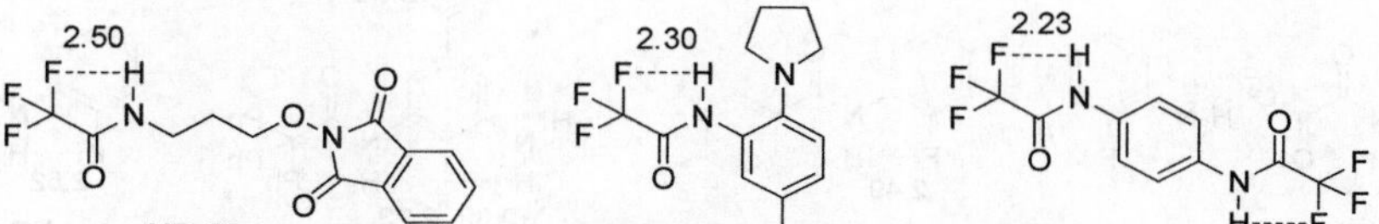

HB-53 **HB-54** **HB-55**

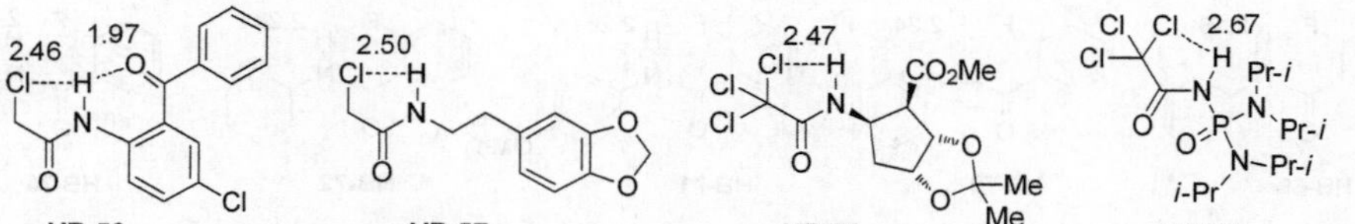

HB-56 **HB-57** **HB-58** **HB-59**

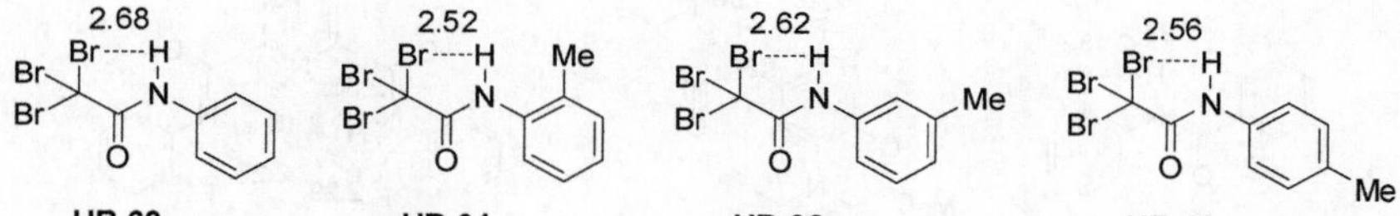

HB-60 **HB-61** **HB-62** **HB-63**

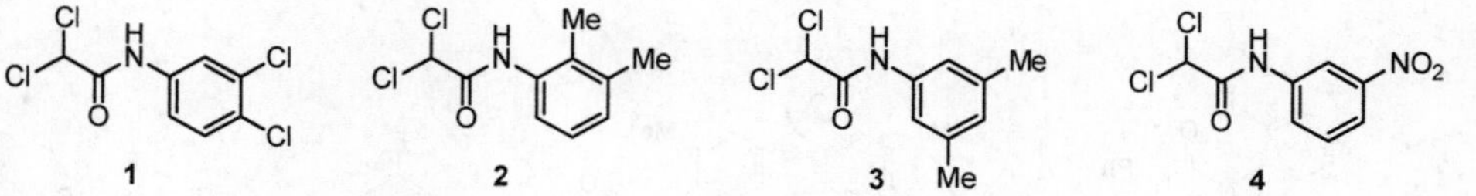

1 **2** **3** **4**

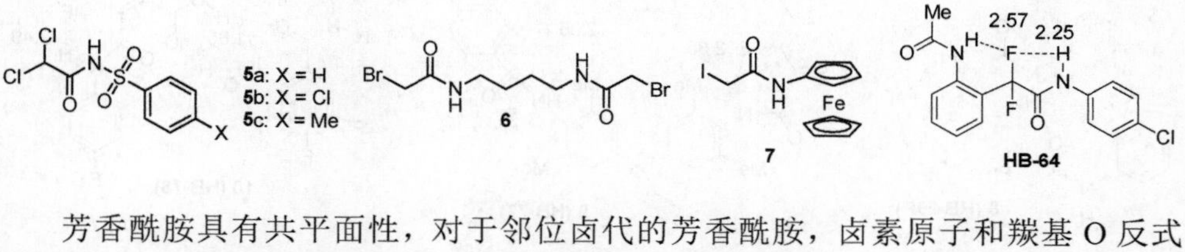

5a: X = H
5b: X = Cl
5c: X = Me
6 **7** **HB-64**

芳香酰胺具有共平面性，对于邻位卤代的芳香酰胺，卤素原子和羰基 O 反式排列可以避免相互间的静电排斥作用。两种因素都有利于分子内 N—H…X 氢键的形成。因此，芳香酰胺内此类氢键总体上比脂肪酰胺的稳定性高。邻位氟代的芳香酰胺在晶体中大部分都形成了相应的五元环（**HB-65**～**HB-68**）和六元环（**HB-69**～**HB-73**）N—H···F 氢键，并且两个氢键单元并在一起也可以形成不同的三中心氢键（**HB-74**～**HB-76**）。但也有少数的晶体中，没有观察到相应的分子内氢键的形成。例如，*N*-(2-氟苯基)苯乙酰胺（**8**）只形成简单的 N—H···O═C 氢键（**HB-29P**），氟代环番（**9**）中 F 原子只与一侧的酰胺形成 N—H···F 氢键（**HB-77**），化合物（**10**）也没有形成五元环的 N—H···F 氢键，相应的 F 原子形成了分子间的 O—H···F 氢键。邻近的 O—H···O═C 氢键应该促进了 O—H···F 氢键的形成，因为这一强氢键拉近了 OH 和相应 F 原子间的距离，而羧基 OH 的供体能力又很强，从而导致这一分子间氢键的形成（**HB-78**）。

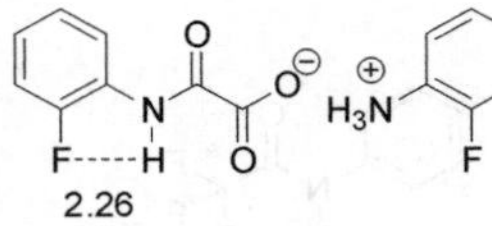

HB-65 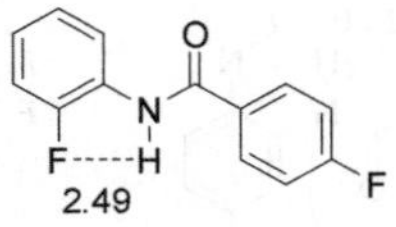 HB-66 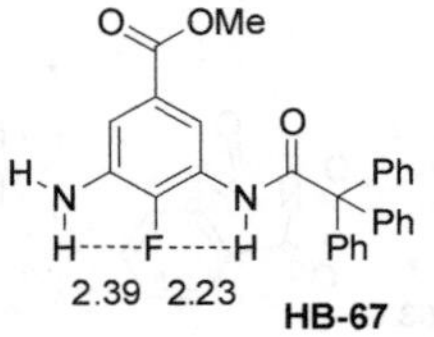 HB-67 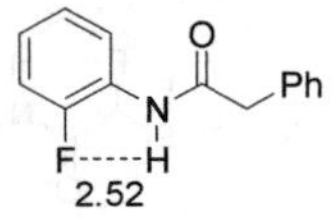 HB-68

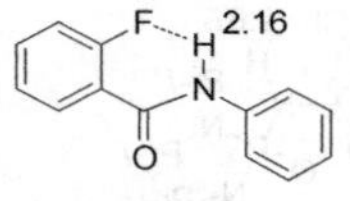

HB-69 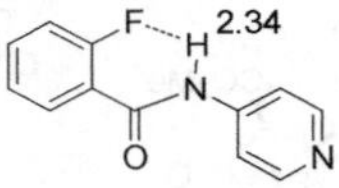 HB-70 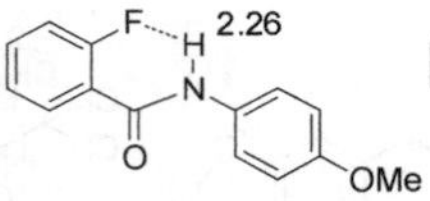 HB-71 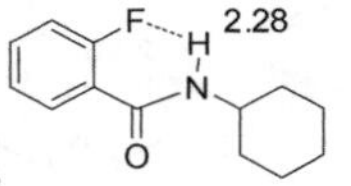 HB-72 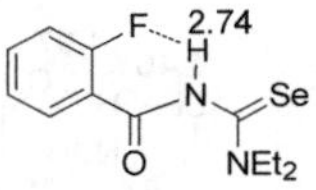 HB-73

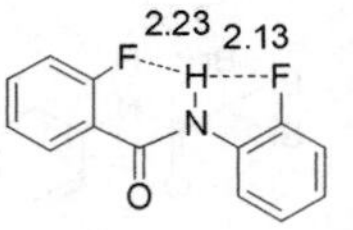

HB-74 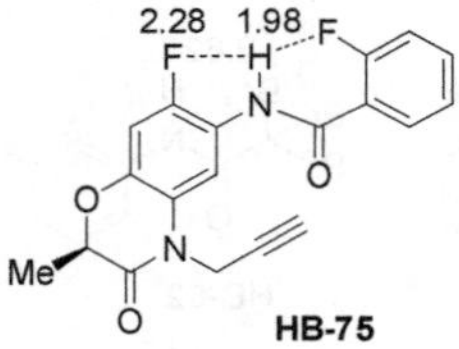 HB-75 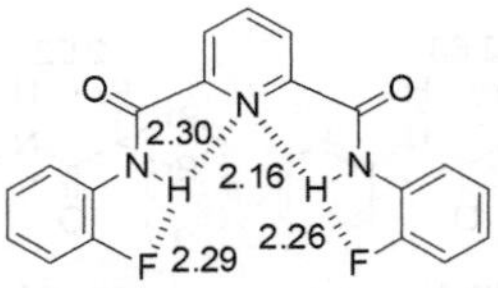 HB-76

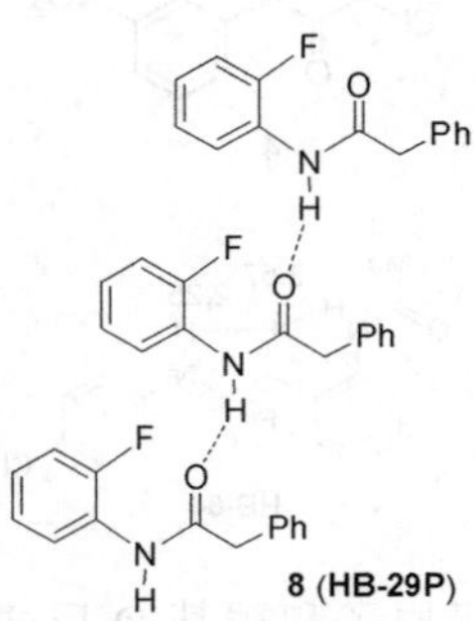

8 (HB-29P) 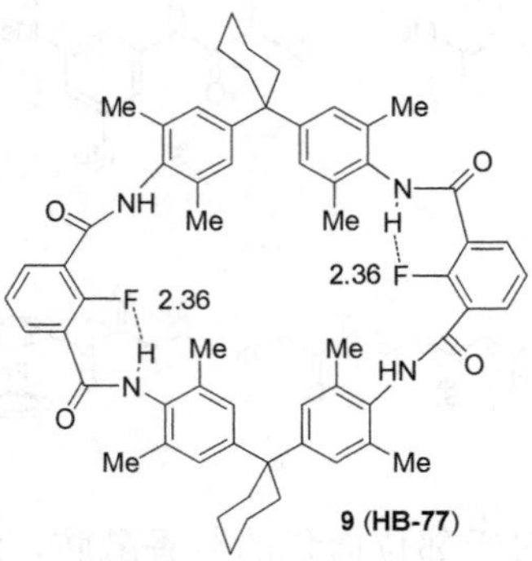 9 (HB-77) 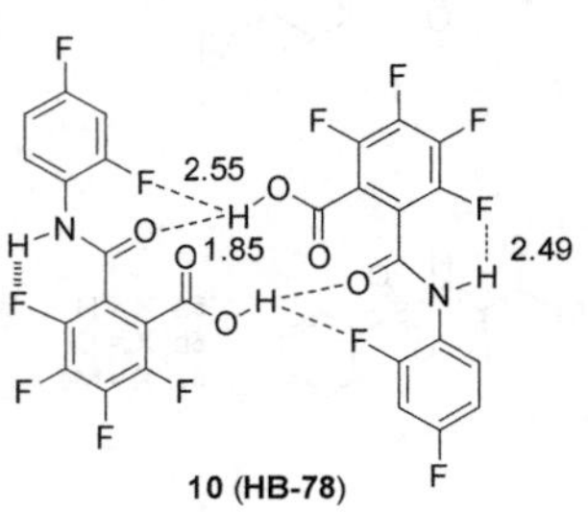 10 (HB-78)

N-(2-氯苯基)酰胺也形成相对稳定的五元环 N—H···Cl 氢键（**HB-79**～**HB-86**）[28]。

在所有晶体中，酰胺α-位上的 Cl 和 Br 原子都不形成分子内的 N—H···Cl 或 N—H···Br 五元环氢键，而酰胺都形成分子间 N—H···O═C 氢键。*N*-(2-溴苯基)酰胺和 *N*-(2-碘苯基)-酰胺也可以形成类似的五元环氢键 N—H···Br（**HB-87～HB-92**）或 N—H···I（**HB-93～HB-100**）氢键[28,29]。对于碘代物，三氟乙酰胺衍生物进一步形成分子内 N—H···F 氢键（**HB-99**），反映了脂肪链上 F 原子较高的接受氢键的能力。这一氢键模式也可以认为是一个弱的三中心体系，其酰胺也形成分子间 N—H···O═C 氢键，这与其它的强三中心氢键不同，后者酰胺不形成分子间氢键。

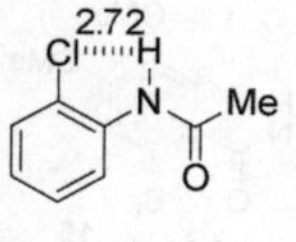

HB-79 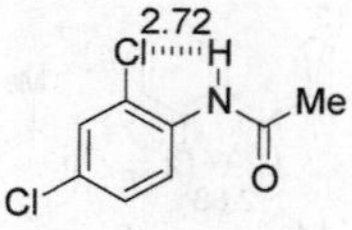 HB-80 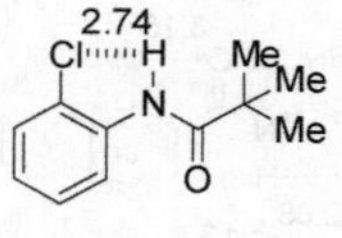 HB-81 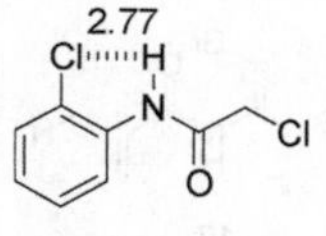 HB-82 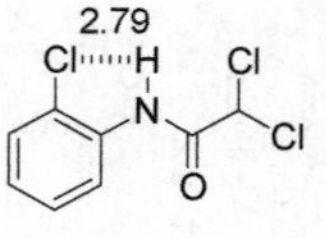 HB-83

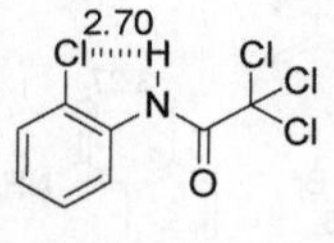

HB-84 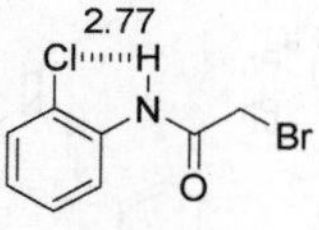 HB-85 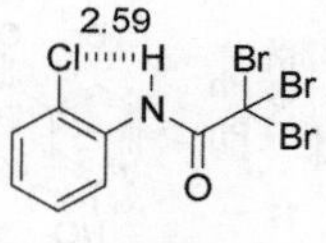 HB-86 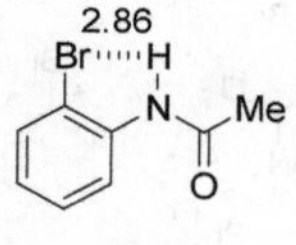 HB-87 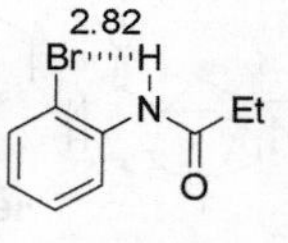 HB-88

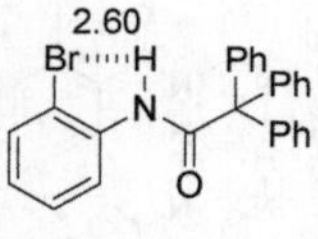

HB-89 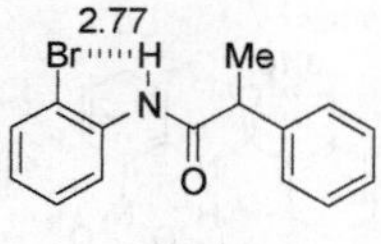 HB-90 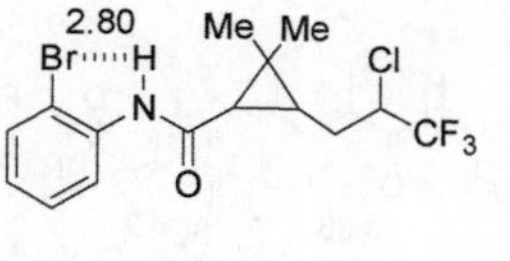 HB-91 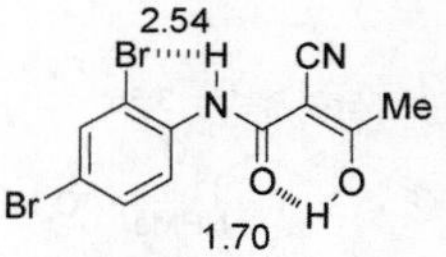 HB-92

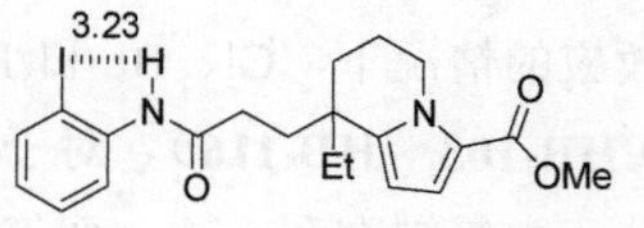

HB-93 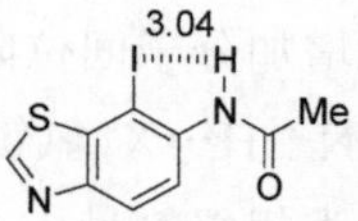 HB-94 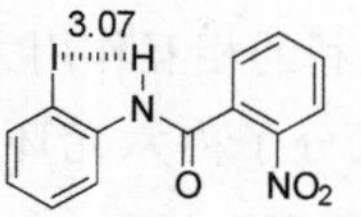 HB-95 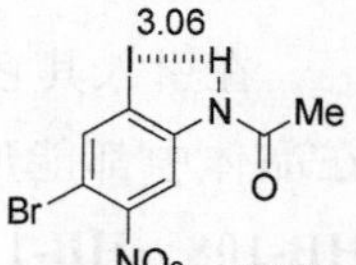 HB-96

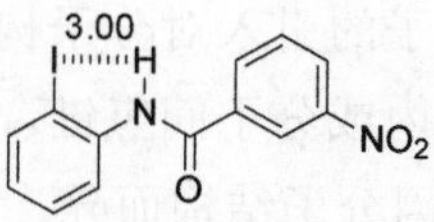

HB-97 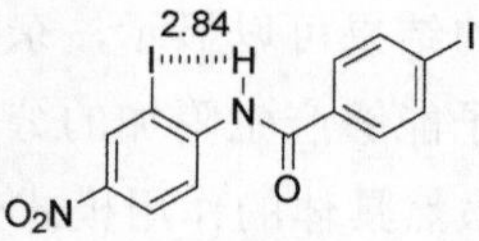 HB-98 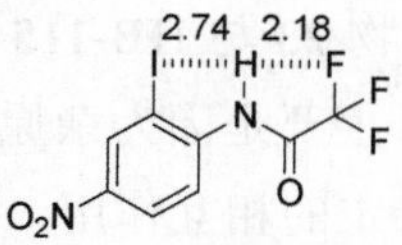 HB-99 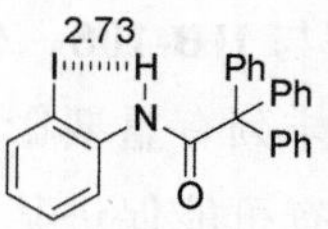 HB-100

也有一些邻氯或溴代苯胺的酰胺没有形成分子内的五元环氢键（**11** 和 **12**）。在不存在其它的有利的相互作用力的情况下，邻位氯、溴及碘代的苯甲酸的酰胺在晶体中一般不形成分子内六元环氢键（**13～25**），分子间的 N—H···O═C 氢键使得酰胺基团与芳环产生很大的扭曲角。化合物 **13** 和 **25** 分别形成了五元环的 N—H···Cl 氢键和四元环的 N—H···N 氢键，而相应的六元环的 N—H···Cl 和 N—H···I 氢键没有形成。可以认为，如果六元环的氢键也能够产生，相应的三中心氢键将限制分子间 N—H···O═C 氢键的形成。六元环氢键没有形成，说明其竞争不过分子间氢键和另一分子内氢键。在只有一个分子内氢键的情况下，分子间氢键仍然能够形成。化合物 **16** 带有两个大的取代基，但仍不能阻止分子间 N—H···O═C 氢键的产生，反映了其分子内 N—H···Br 氢键的弱的特征[29]。化合物 **25** 进一步形成了分子间八元环双氢键。

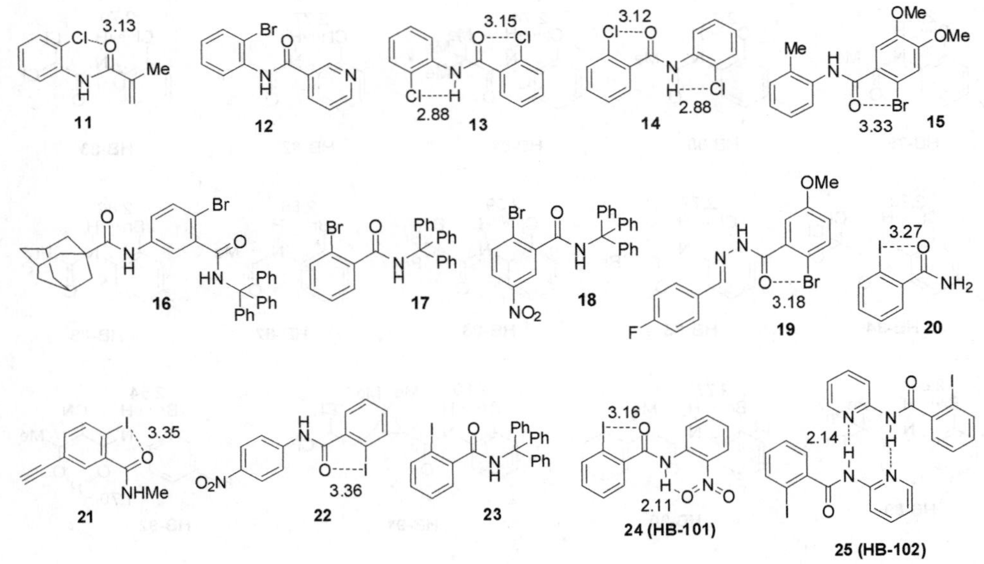

11 **12** **13** **14** **15**

16 **17** **18** **19** **20**

21 **22** **23** **24 (HB-101)** **25 (HB-102)**

在引入其它有利的相互作用力或增加分子间位阻效应的情况下，Cl、Br 和 I 在晶体中都能形成分子内六元环的 N—H···X 氢键（**HB-103**～**HB-116**）。对于 **HB-108**～**HB-110** 和 **HB-116**，可以认为相邻的另一个分子内氢键有利于这一弱氢键的形成，因为它们共同抑制了分子间 N—H···O═C 氢键的产生。比较化合物 **13** 与 **HB-108**、化合物 **23** 与 **HB-115** 的结果可以显示，杂原子的引入对分子构象和排列有重要影响，主要是因为杂原子能够产生附加的分子内或分子间氢键，它们有可能促进某一特定的相互作用，虽然具体的作用模式会因分子结构而异。

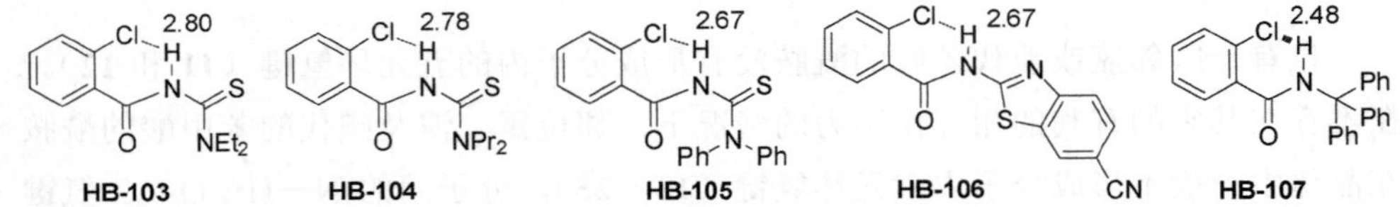

HB-103 **HB-104** **HB-105** **HB-106** **HB-107**

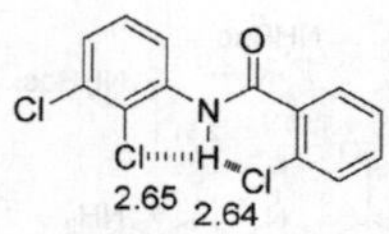

HB-108 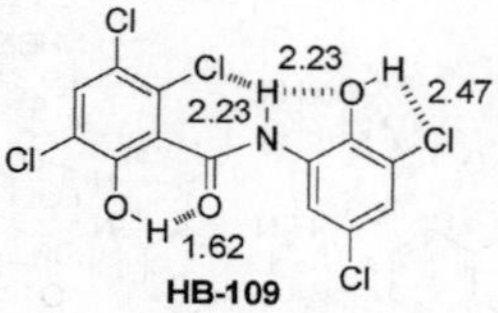　HB-109 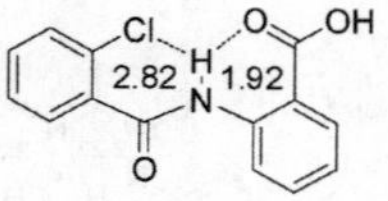　HB-110 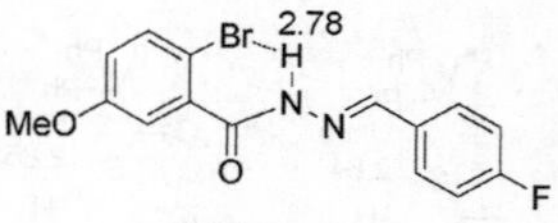　HB-111

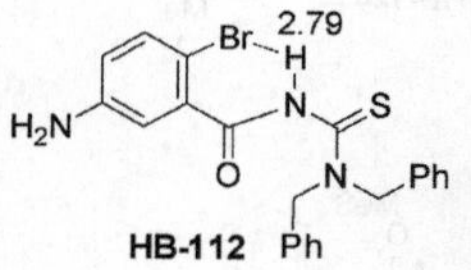

HB-112 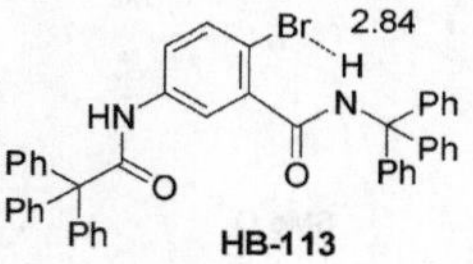　HB-113 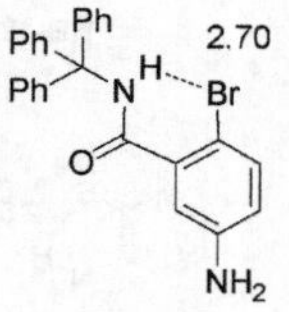　HB-114 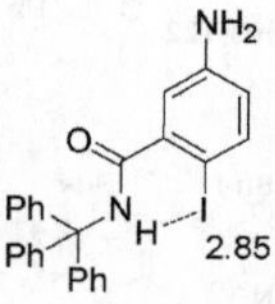　HB-115 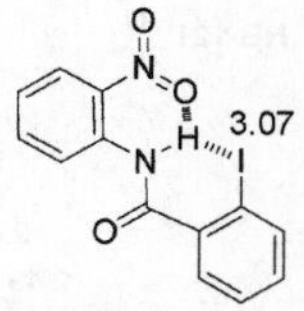　HB-116

总体上，为了在晶体中观察到酰胺的分子内的弱氢键，应抑制分子间的N—H⋯O═C 氢键[5]。主要有两种途径实现这一目标。一是引入其它的分子内或分子间氢键或其它作用力，二是引入大的位阻基团。但要预测一个分子是否能够形成分子内的弱氢键仍比较困难。在溶液中，分子内氢键受溶剂极性的影响较大。在低极性的溶剂中，弱的分子内氢键应该可以存在，并且浓度较低，来自于分子间氢键的竞争会减弱，从而有利于其产生。除了直接研究红外光谱以观察伸缩振动外，也可以比较邻位和对位取代化合物的 ^{1}H NMR。邻位取代化合物的酰胺 NH 化学位移明显向低场移动，可以作为形成分子内氢键的一个依据[7]。

五元环氢键在晶体中出现的频率要大于六元环氢键，溶液相 ^{1}H NMR 研究也表明同一弱氢键受体形成的五元环氢键要强于六元环氢键[28]。但影响氢键形成的外在原因很复杂，很难得出结论说前者一定比后者稳定。形成六元环氢键需要限制两个单键的旋转，而形成五元环氢键只需要限制一个单键，这可能是造成上述差异的一个重要原因。

2.4.4　酰胺 N—H⋯S 氢键

晶体中芳香酰胺的硫醚、硫酯 S 原子形成分子内 N—H⋯S 氢键，文献也有较多报道（**HB-117**～**HB-126**）[6,30]，并且五元环和六元环氢键可以形成三中心分叉型模式，但没有形成相应氢键的例子也有报道（**26**～**28**）。在这些分子的晶体中，受分子间 N—H⋯O═C 氢键的影响，酰胺基团与芳环间产生大的扭曲，导致其远离相应的硫醚 S 原子。

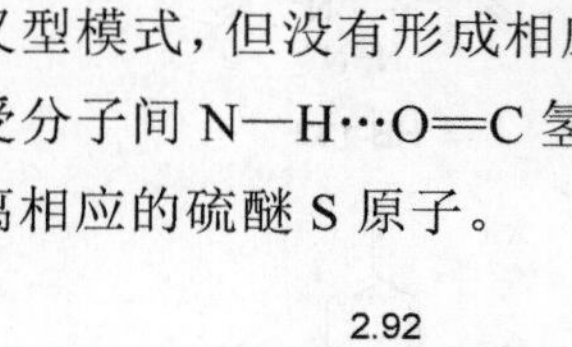

HB-117 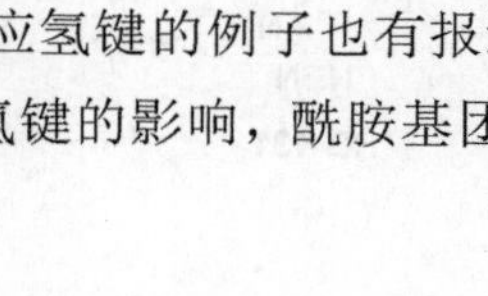　HB-118 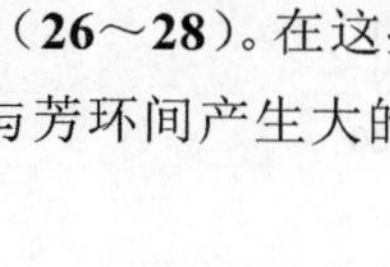　HB-119 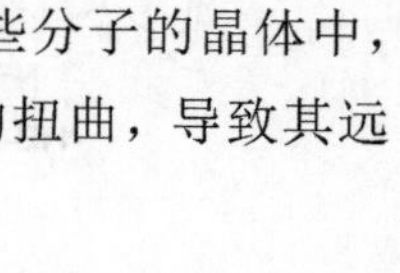　HB-120

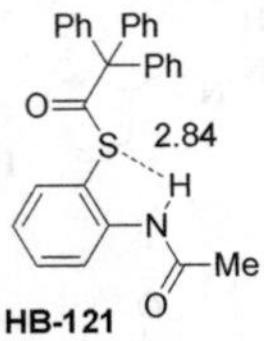

HB-121 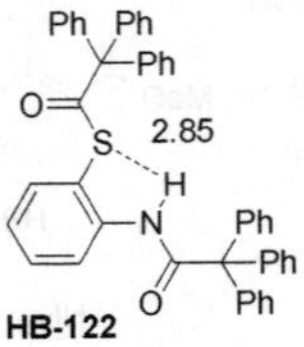　HB-122 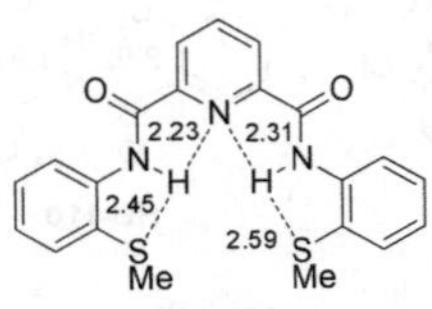　HB-123 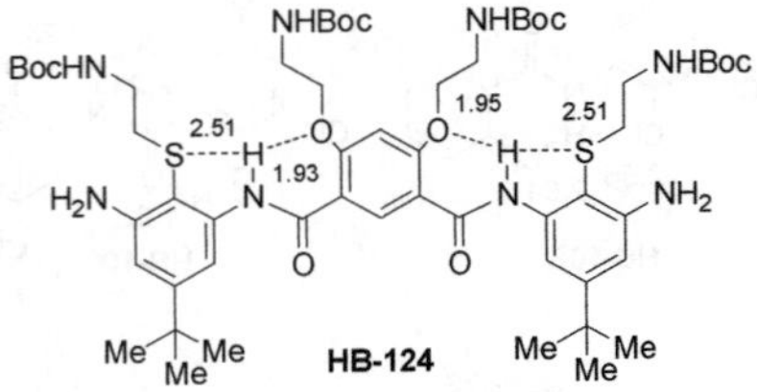　HB-124

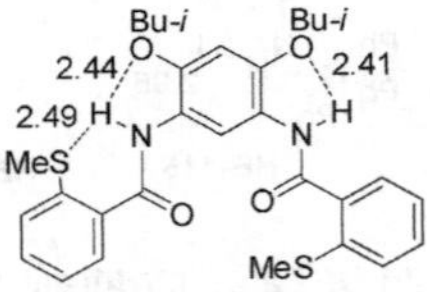

HB-125 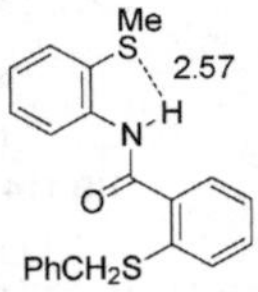　26 (HB-126) 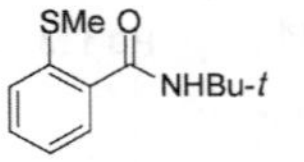　27 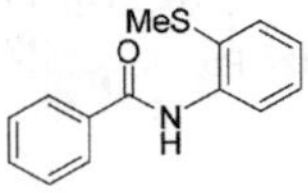　28

2.4.5　三氮唑 C—H···X（X=O, F, Cl, Br）氢键

在前面 2.3.6 节中，我们已经论述，1,2,3-三氮唑可以形成分子间 C—H···N 氢键。1-苯基-或 4-苯基-1,2,3-三氮唑和 1,4-二苯基-1,2,3-三氮唑也可以形成分子内的六元环氢键（**HB-127～HB-134**）[15,16]，并且 C-4 一侧形成的氢键较 N-1 一侧形成的氢键更为稳定。溶液相 ^{1}H NMR 研究表明，Br 原子形成的此类氢键在氯仿中已经很弱，而 I 原子没有形成相应的氢键。吡啶衍生物的晶体结构也有报道（**HB-135**），吡啶 N 原子处于三氮唑 C-5 一侧，但由于分子骨架的刚性，其与 C-5 位 H 原子的距离超过范德华半径之和[31]。可以认为二者之间仍能产生弱的静电吸引作用，但按照氢键基于 H 与受体原子间距离的定义，这一作用不算作氢键。

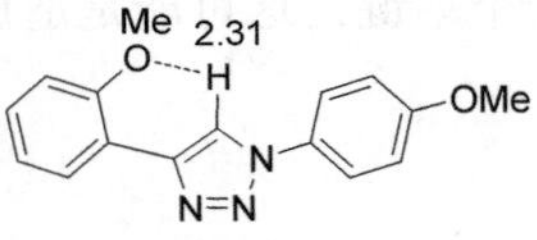

HB-127 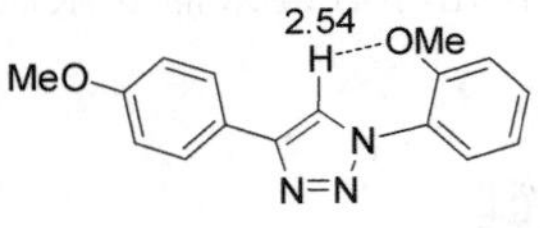　HB-128 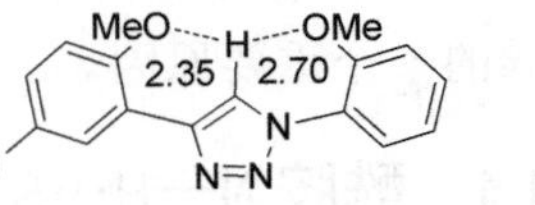　HB-129

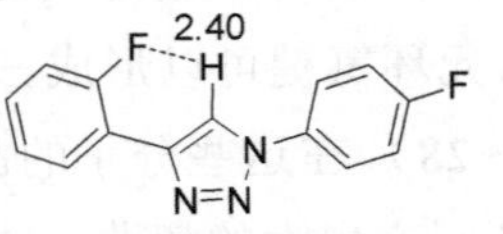

HB-130 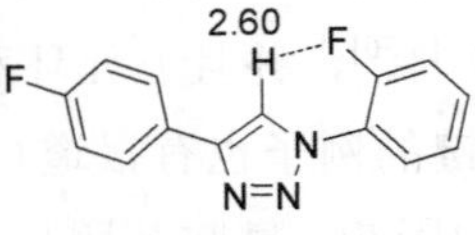　HB-131 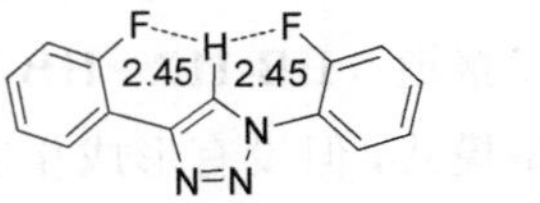　HB-132

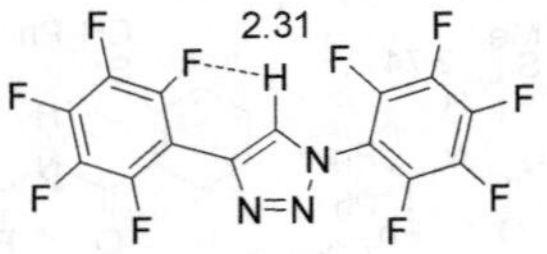

HB-133 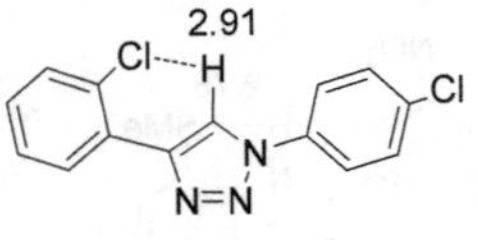　HB-134 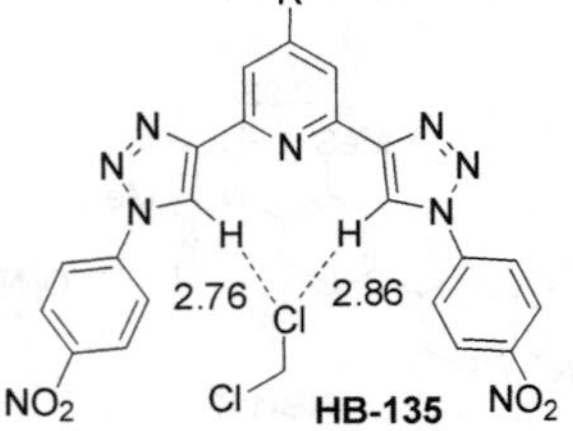　HB-135

2.5 双氢键体系

羧酸和酰胺形成典型的八元环双氢键体系（**HB-9**，**HB-6P**），脲形成分叉型的六元环双氢键模式（**HB-18P**），硝基可以形成八元环或分叉型的双氢键体系（**HB-15**，**HB-16**），1,2,3-三氮唑也可以形成分叉型的分子间氢键（**HB-27P**）。这些氢键可以被认为是由单官能团氢键供体和受体形成的。把这些氢键模块并在一起，由刚性的连接片段连接并使得其能够通过结构预组织同向排列，可以产生更强的氢键体系。在生命体系中，A・T（**HB-136**）和 A・U（**HB-137**）碱基对是最重要的双氢键结合模式，它们是形成 DNA 和 RNA 的两对碱基对之一。这两个碱基对都产生两个静电排斥二级作用。脒和 1,8-萘啶形成的双氢键 **HB-138** 可以形成两个静电吸引二级作用，其稳定性更高。

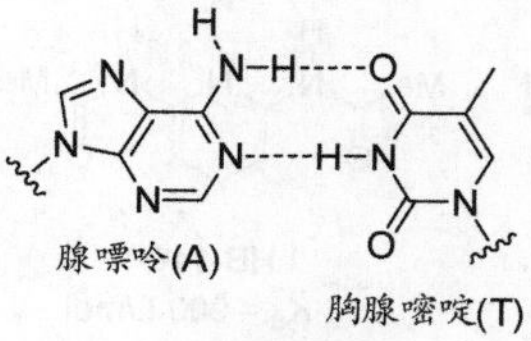

腺嘌呤(A) 胸腺嘧啶(T)

HB-136

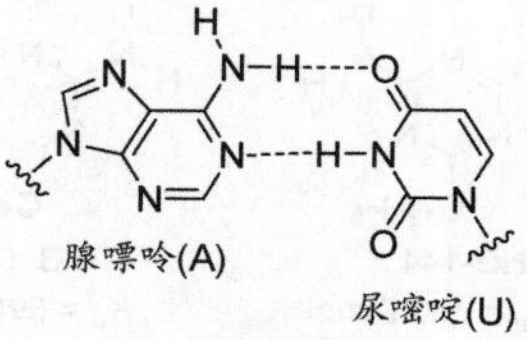

腺嘌呤(A) 尿嘧啶(U)

HB-137

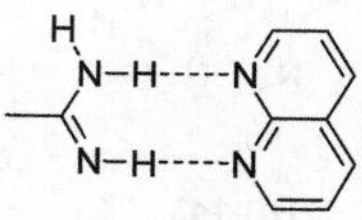

HB-138

2.6 三氢键体系

2.6.1 DAD・ADA 型二聚体

三氢键体系理论上有 DAD・ADA、DDA・AAD 和 DDD・AAA 三种排列方式。DAD・ADA 异体三氢键模式产生四个二级静电排斥作用。因此，这一氢键模式总体上强度较弱。几乎所有的单体都是杂环酰胺衍生物，因为这类分子可以密集的并入氢键供体和受体，通过骨架的刚性和分子内氢键使其同向排列，从而达到协同增强效应。这类分子还易于引入不同的侧链，从而调节在极性和非极性溶剂中的溶解性。在氯仿中，较弱的二聚体的结合常数在 10^2 L/mol（**HB-139**～**HB-142**），而较强的二聚体的结合常数在 10^3 L/mol（**HB-143**～**HB-146**）[32]。把两个氢键模块并在一起，可以产生加倍的结合位点，可以提高二聚体的结合强度。一个例子是所谓的 Hamilton 氢键（**HB-147**）[33]，两个 2,6-二酰胺基吡啶模块由苯环连接，形成一个 V 形的单体，其与巴比妥或三聚氰酸衍生物形成两组 DAD・ADA 三氢键。定量的研究揭示，这一氢键结合模式在氯仿中的结合常数达到 10^5 L/mol（**HB-148**），是早期构筑超分子聚合物的重要的氢键结合模式。氯仿是测定氢键二聚体的常用溶剂。在后面的例子中，如果没有特指，所使用的溶剂皆指氯仿。

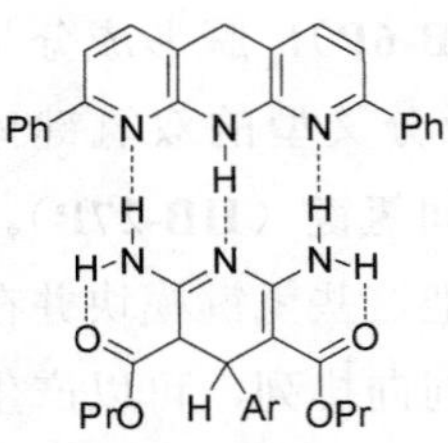

HB-139 K_a = 65 L/mol
HB-140 K_a = 78 L/mol 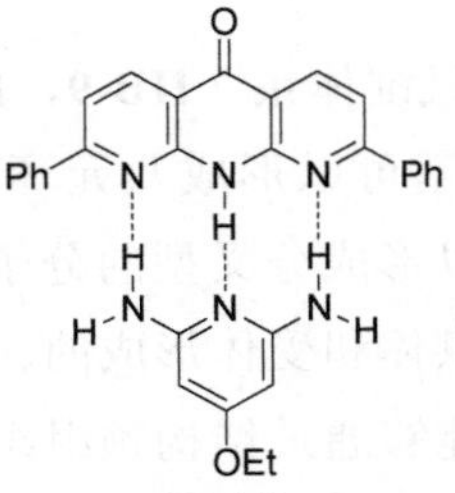
HB-141 K_a = 90 L/mol 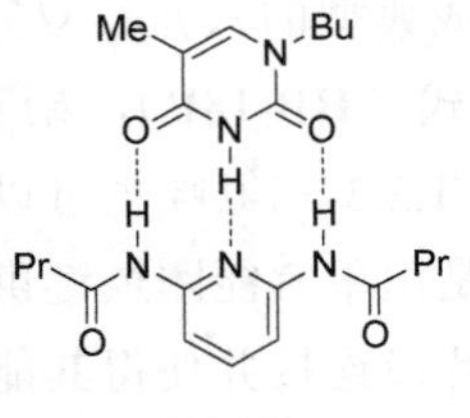
HB-142 K_a = 90 L/mol 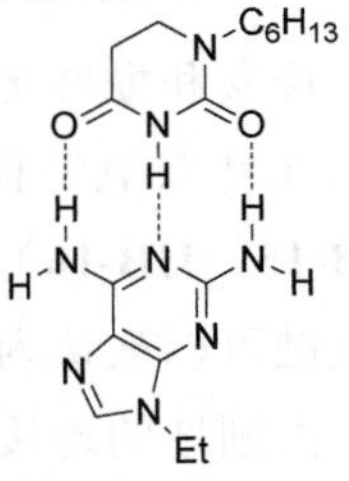
HB-143 K_a = 670 L/mol 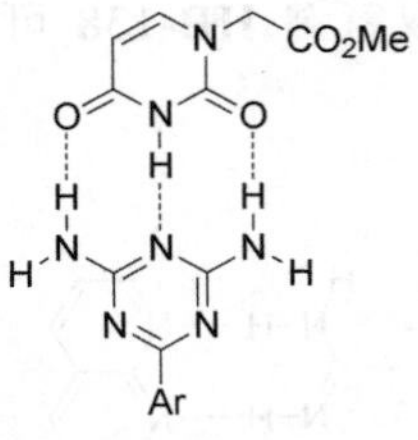
HB-144 K_a = 750 L/mol 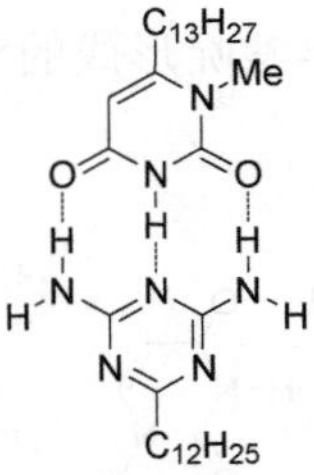
HB-145 K_a = 890 L/mol 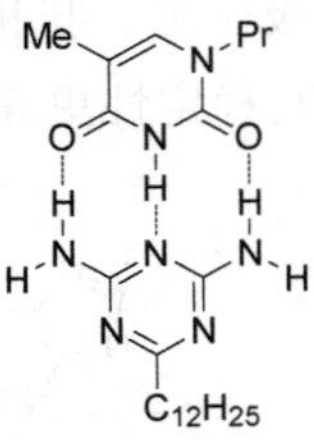
HB-146 K_a = 900 L/mol 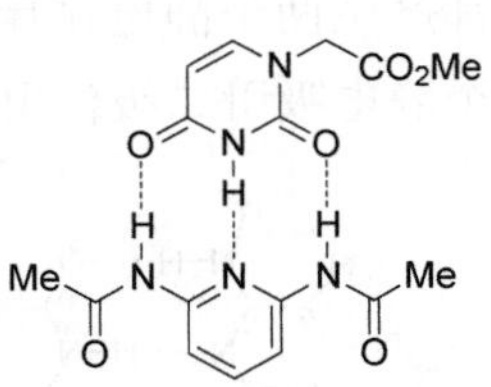
HB-147 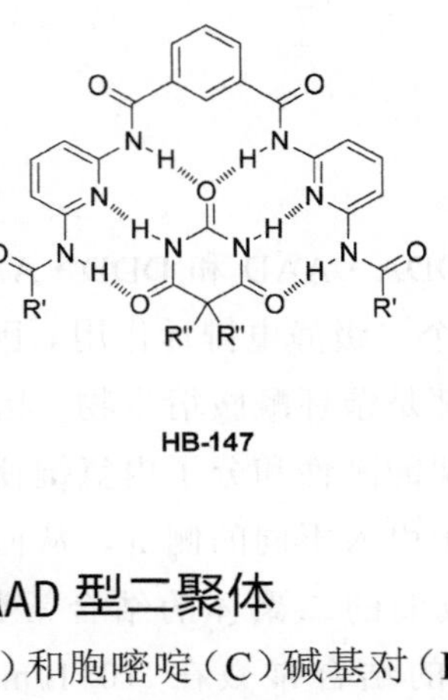
HB-148 $K_a = 6.0 \times 10^5$ L/mol 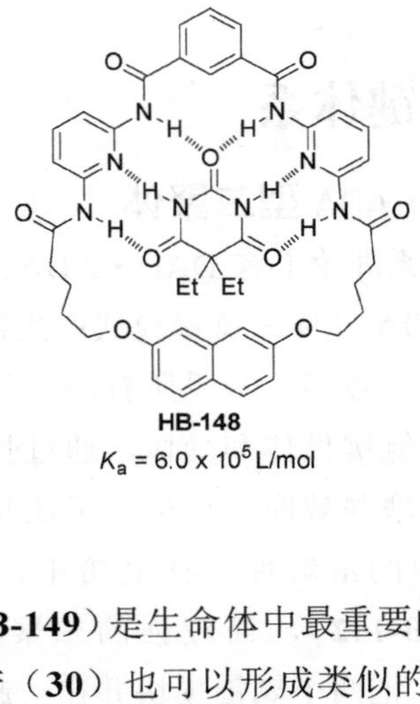

2.6.2 DDA·AAD 型二聚体

鸟嘌呤（G）和胞嘧啶（C）碱基对（**HB-149**）是生命体中最重要的 DDA·AAD 三氢键结合模式。异鸟苷（**29**）和异胞苷（**30**）也可以形成类似的 DDA·AAD 三氢键二聚体（**HB-150**）[34]。并入十二个这一碱基对的核酸的解链温度与同样长度的 G·C 碱基对核酸相同，显示出这两个碱基对具有相当的结合稳定性。这类结合模式产生两个静电吸引二级作用和两个静电排斥二级作用。因此，相对于 DAD·ADA 结合模式，这类结合模式总体上要稳定很多，在氯仿中的结合常数大多在 10^4～10^5 L/mol[32]。**HB-151**～**HB-155** 是其中代表性的例子。

鸟嘌呤(G) 胞嘧啶(C)
HB-149

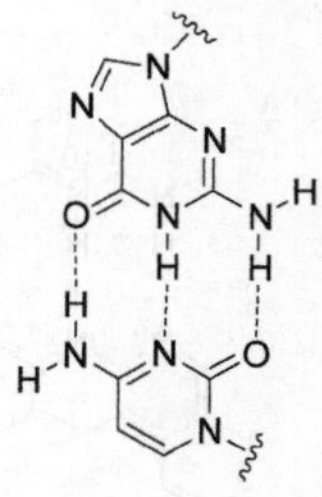

异鸟苷(**29**) 异胞苷(**30**)
HB-150

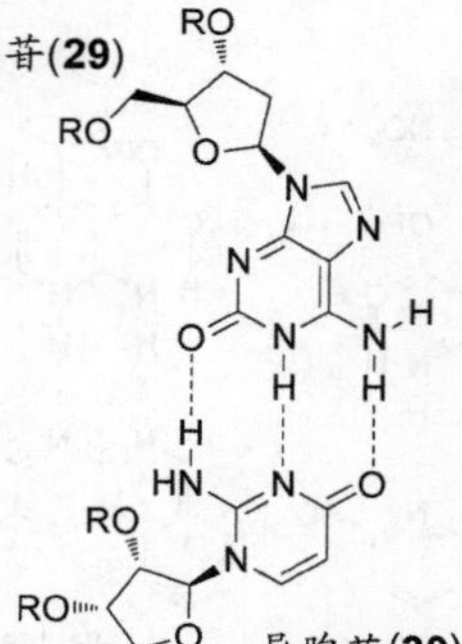

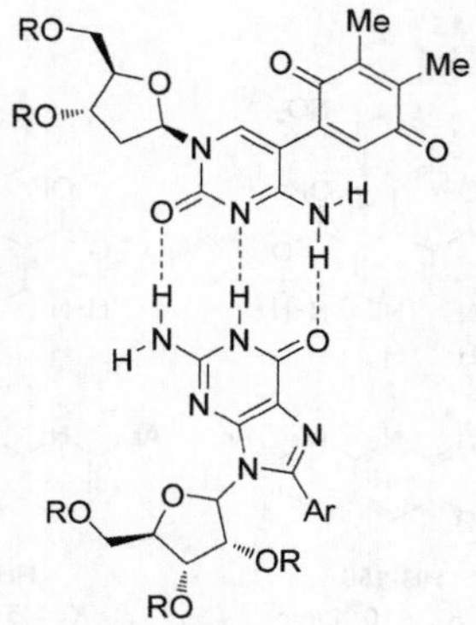

HB-151
$K_a = 9.0 \times 10^3$ L/mol

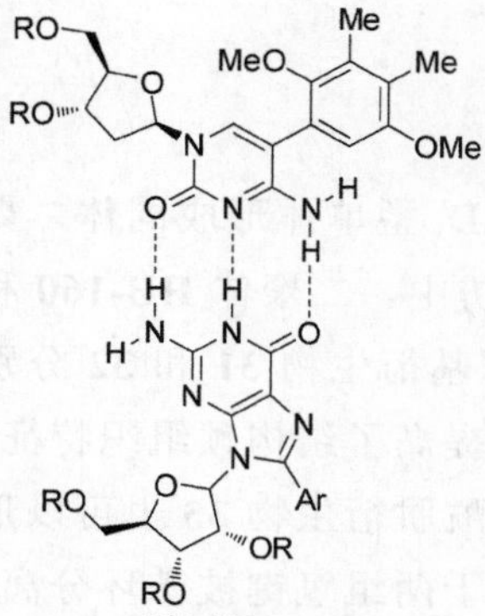

HB-152
$K_a = 1.3 \times 10^4$ L/mol

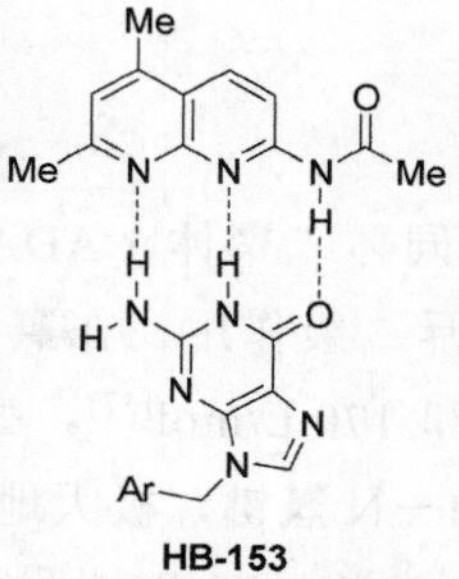

HB-153
$K_a = 10^4$ L/mol

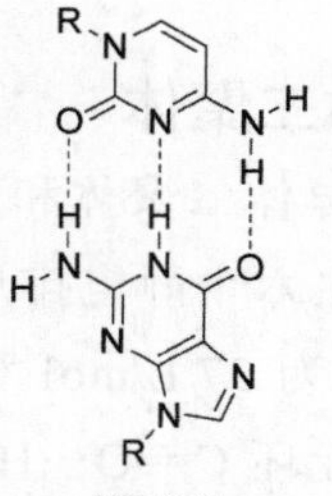

HB-154
$K_a = 10^4 \sim 10^5$ L/mol

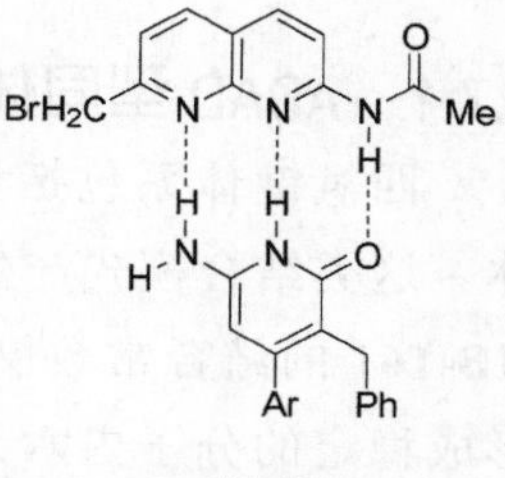

HB-155
$K_a = 1.7 \times 10^4$ L/mol

2.6.3 DDD·AAA 型二聚体

DDD·AAA 三氢键体系产生四个静电吸引二级作用。因此，这类氢键二聚体的稳定性都很高（**HB-156～HB-159**）[35,36]。所有报道的单体的氢键供体或是刚性胺类分子的N—H 基团，或是杂环N 原子质子化形成的N—H 基团，它们并排同向排列，形成一个阵列。酰胺类分子难以构筑全供体单体，因为酰胺羰基O 能够形成稳定的分子内六元环 O···H—N 氢键，阻止酰胺本身的 N—H 同向排列，并锁住相邻的 N—H，会严重降低其作为全氢键供体形成分子间氢键的能力。受体单体都是N 杂芳香多环化合物，其N 原子朝向分子的一侧，有利于相互间的协同。相对于中性的类似物，正离子性的供体形成的氢键显著增强，因为正离子增加了相应 N—H 键的极化性。尽管相应的氢键稳定性高，这些分子单体大都合成困难，缺乏可修饰性，很难得到进一步的应用。但它们作为一类重要的氢键模块，是验证氢键二级作用的理想结合模式。

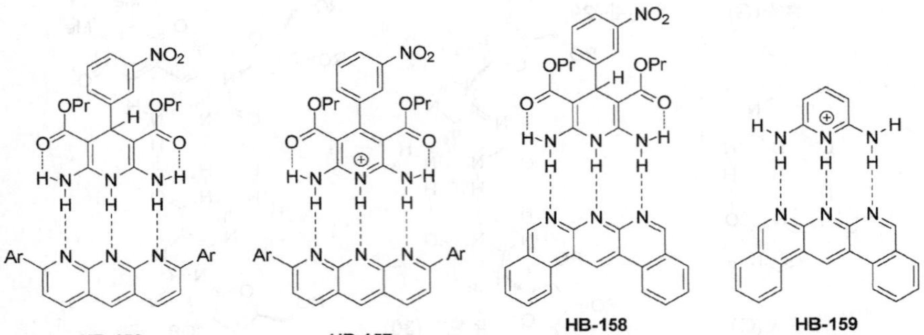

HB-156
$K_a > 10^5$ L/mol

HB-157
$K_a > 5 \times 10^5$ L/mol

HB-158
$K_a = 2 \times 10^7$ L/mol
(CH_2Cl_2, 293 K)

HB-159
$K_a = 3 \times 10^{10}$ L/mol
(CH_2Cl_2, 298 K)

2.7 四氢键体系

2.7.1 ADAD 型同体二聚体

四氢键体系包括异体二聚体和同体二聚体。ADAD 型单体形成同体二聚体。这类结合模式产生六个静电排斥二级作用。在氯仿中，二聚体 **HB-160** 和 **HB-161** 的结合常数仅为 37 L/mol 和 170 L/mol[37]。脲基衍生物 **31** 和 **32** 分别形成稳定的分子内六元环 C═O⋯H—N 氢键，极大地提高了结构预组织特征，其二聚体 **HB-162** 和 **HB-163** 的结合常数显著提高[37]。酰肼衍生物 **33** 也可以形成同体二聚体 **HB-164**，其稳定性数据没有报道[38]。由于两组氢键被苯环分离，中间的两个氢键不应该产生静电排斥二级作用，预期这一二聚体应具有较高的稳定性。

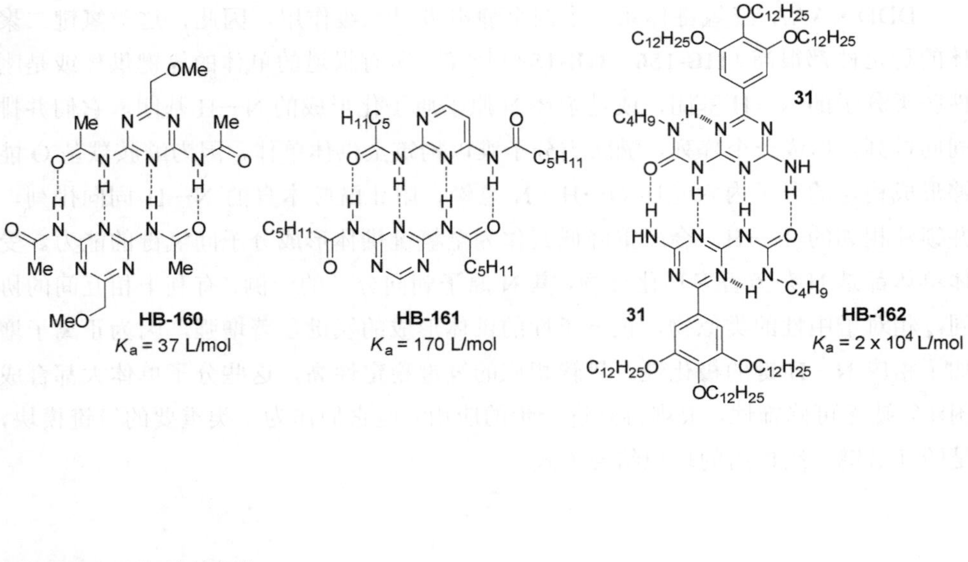

HB-160
$K_a = 37$ L/mol

HB-161
$K_a = 170$ L/mol

HB-162
$K_a = 2 \times 10^4$ L/mol

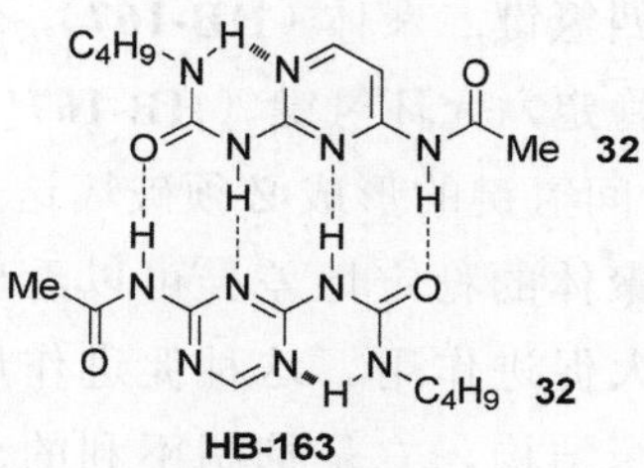

HB-163

K_a = 2 x 10^5 L/mol

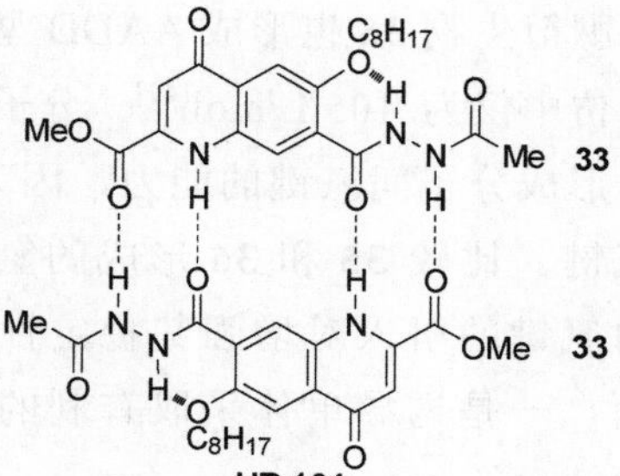

HB-164

2.7.2 AADD型同体二聚体

AADD 型同体四氢键二聚体内存在四个静电吸引二级作用和两个静电排斥二级作用。因此，二级作用总体上提高氢键二聚体的稳定性。**HB-165** 是在自组装研究领域应用最广泛的 AADD 型同体四氢键二聚体[39]，其结合强度高，单体 **34** 合成简单，R′和 R″基团都容易修饰。单体 **34** 可以转化为互变异构体 **34′**，二者的比例取决于两个取代基的性质及溶剂的极性。异构体 **34′**也可以形成二聚体 **HB-165′**，二者交换较慢，在 ^{1}H NMR 图谱中显示出两套信号[40]。由 **35** 形成的同体四氢键二聚体（**HB-166**）的稳定性更高[41]，但单体的合成较复杂。**35** 可以产生另外两个构型异构体 **35′**和 **35″**，它们都可以形成稳定的同体四氢键二聚体（**HB-166′**和 **HB-166″**）。化合物 **34** 和 **35** 及其异构体都形成了一个稳定的分子内六元环氢键，使脲基的 O、N 氢键受体定位于骨架的同一侧，有利于分子间氢键的形成。

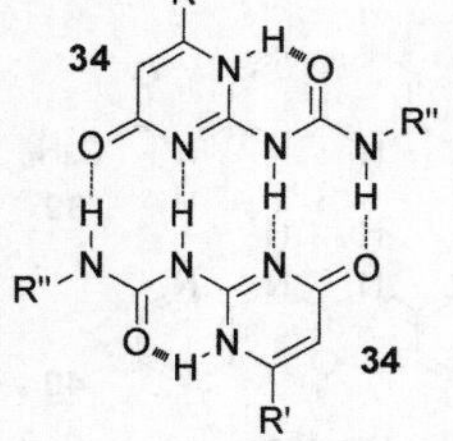

HB-165

K_a = 6 x 10^7 L/mol

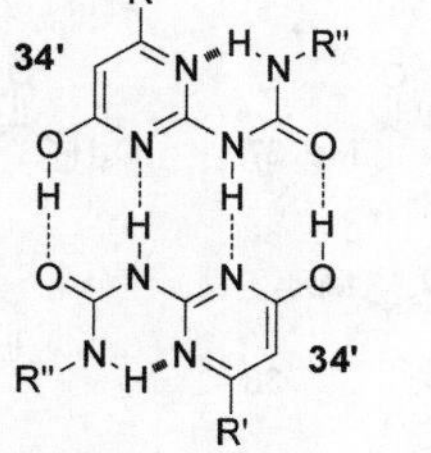

HB-165′

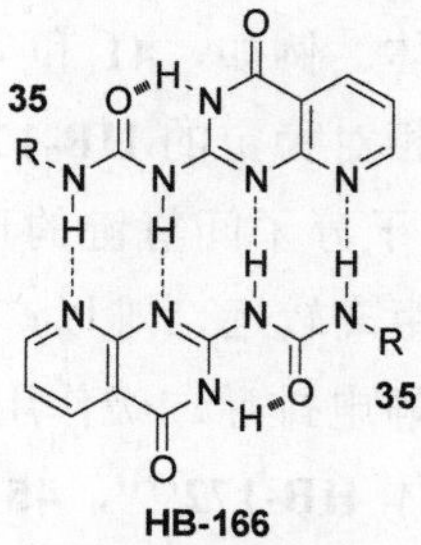

HB-166

K_a > 5 x 10^8 L/mol

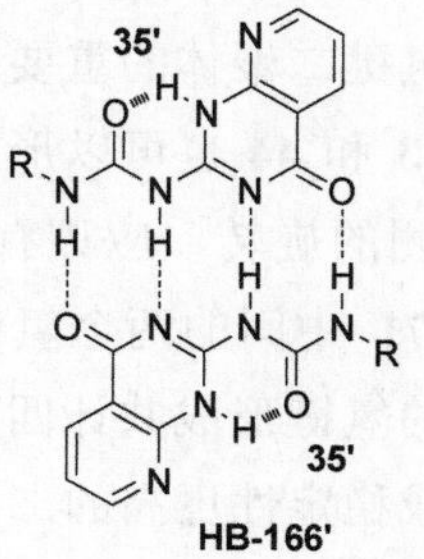

HB-166′

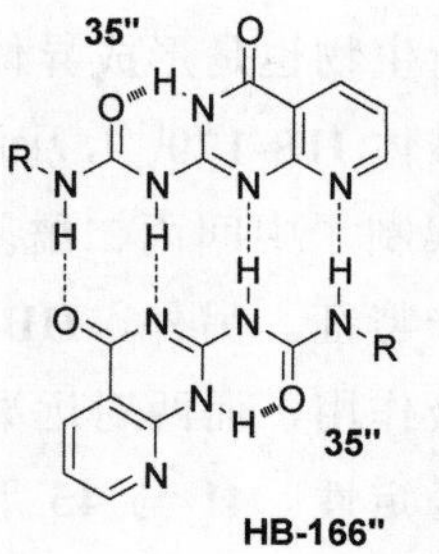

HB-166″

萘啶脲衍生物 **36** 也形成 AADD 型同体四氢键二聚体（**HB-167**），但其结合常数在氯仿中仅为 105 L/mol[42]。分子内的稳定六元环氢键（**HB-167′**）极大地弱化了其形成分子间氢键的能力，因为分子间氢键的形成必须破坏这一稳定性更高的氢键。比较 **35** 和 **36** 形成的氢键二聚体的稳定性差异可以看出，有利的分子内氢键的引入对增强其稳定性的巨大促进作用。这种促进作用主要有两个方面，一是诱导单体采取有利的预组织结构，二是抑制不利的分子内氢键的形成。

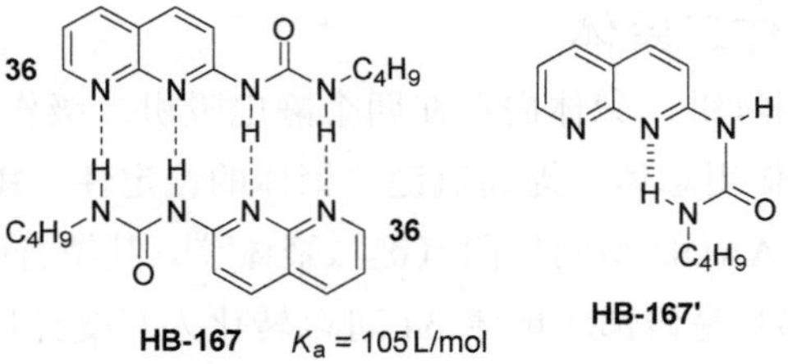

HB-167 K_a = 105 L/mol　　**HB-167'**

2.7.3 DAAD・ADDA 型异体二聚体

异体氢键涉及两个互补的氢键单体。化合物 **37** 和 **38** 形成 DAAD・ADDA 型异体二聚体 **HB-168**，结合常数较低[43]。化合物 **39** 和 **40** 形成的二聚体 **HB-169** 具有相近的结合常数[42]。**38** 和 **40** 分子内氢键的形成（**HB-169′**）应是一个重要的原因[42]。另外，该氢键体系内存在两个静电吸引二级作用和四个静电排斥二级作用，总体上也弱化了二聚体的稳定性。

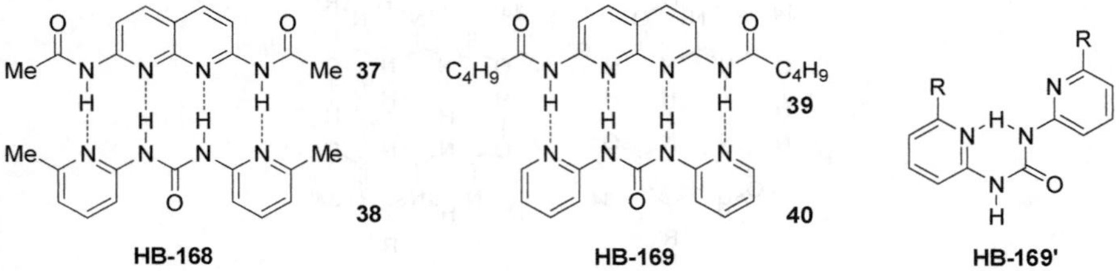

HB-168 K_a = 2000 L/mol　　**HB-169** K_a = 1200 L/mol　　**HB-169'**

酰肼衍生物也是形成异体氢键二聚体的重要单体。例如，**41** 和 **42** 形成非常稳定的二聚体 **HB-170**[44]，而 **43** 和 **44** 也可以形成相对稳定的 **HB-171**[45]。**42** 中的环己烷限制了中间丙二酰基团的旋转，应该有利于分子间氢键的形成。而 **43** 不具备这一特征。另外，**HB-171** 中间的两个氢键距离较远，难以产生有利的静电吸引二级作用，而两对远离的氢键形成共计四个静电排斥二级作用，也降低了二聚体的稳定性。**41** 与 **45** 形成稳定性更高的二聚体 **HB-172**[44]，**45** 的萘啶的刚性有利于二聚体的形成。**46** 的异构体 **34** 形成高度稳定的二聚体 **HB-165**，而其与

45 形成稳定性更高的异体二聚体 **HB-173**[44]，三氮唑脲单体（**47**）也可以与 **45** 形成稳定的氢键二聚体 **HB-174**[46]。

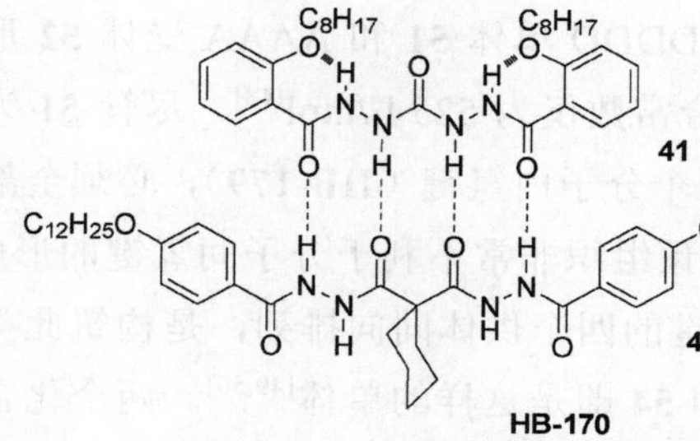

HB-170 $K_a = 5.5 \times 10^4$ L/mol

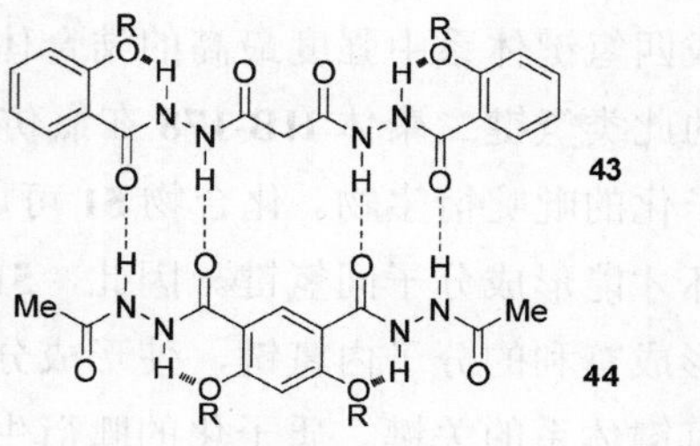

HB-171 $K_a = 1400$ L/mol

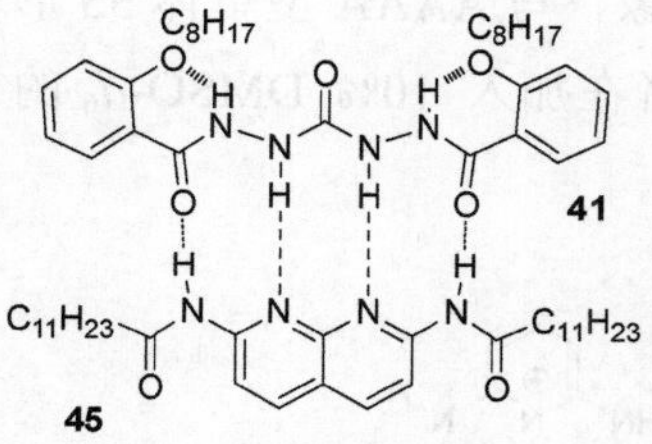

HB-172 $K_a = 6.0 \times 10^5$ L/mol

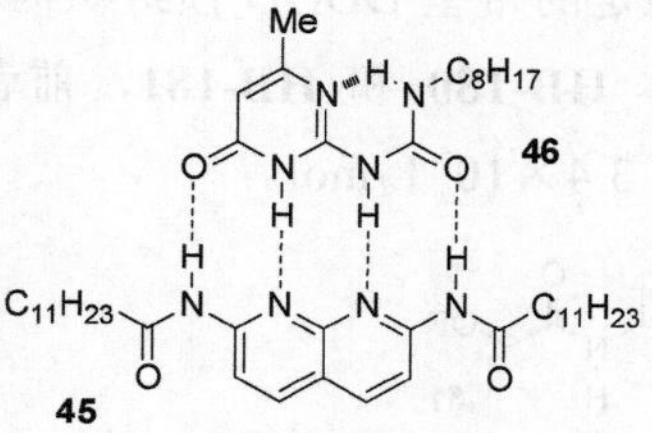

HB-173 $K_a = 1.5 \times 10^9$ L/mol

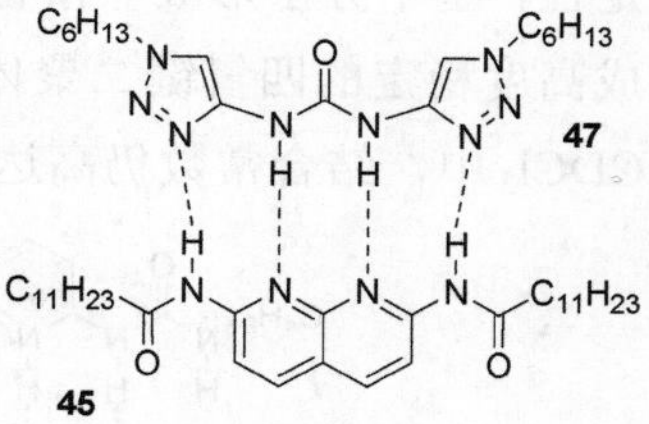

HB-174 $K_a = 2.6 \times 10^5$ L/mol

2.7.4 AADA·DDAD 型异体二聚体

这类氢键二聚体文献报道的很少。设计 DDAD 型单体较为容易，化合物 **48** 和 **49** 是两个简单的例子。它们与互补的单体 **50** 形成稳定性较低的二聚体 **HB-175** 和 **HB-176**[47]。由于没有引入柔性链，化合物 **50** 中的二甲基苯基与杂环骨架间产生大的扭曲，抑制了杂环骨架的堆积，提高了其溶解性。这一结合模式稳定性较低的原因也主要有两个。一是 **48** 和 **49** 能形成分子内氢键（**HB-177**），其打开需要消耗能量。二是该氢键模式内产生有四个静电排斥二级作用和两个静电吸引二级作用。二级作用总体上不利于二聚体的形成。

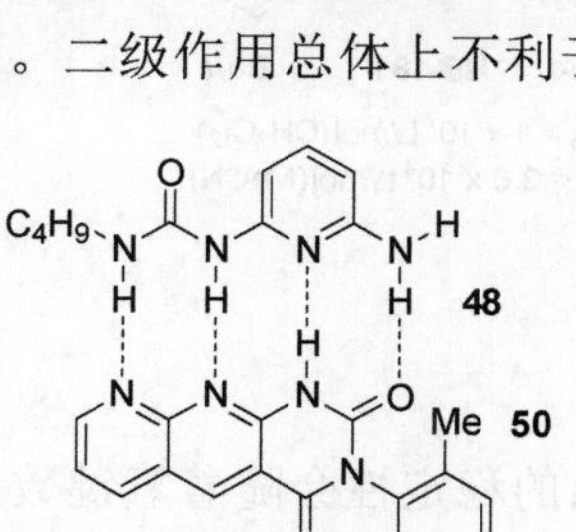

HB-175 $K_a = 120$ L/mol

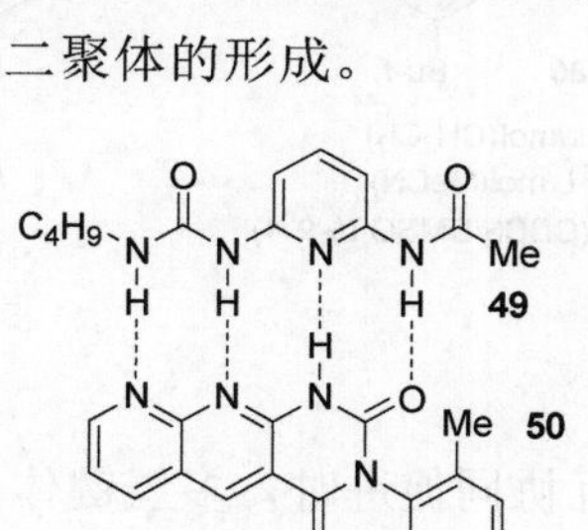

HB-176 $K_a = 590$ L/mol

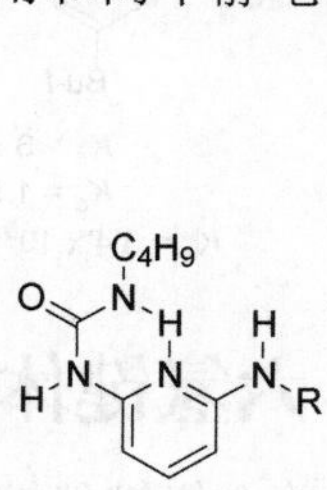

HB-177 R = H, Ac

2.7.5 AAAA · DDDD 型异体二聚体

AAAA·DDDD 氢键二聚体可以产生六个静电吸引二级作用，理论上可以形成四氢键体系中强度最高的结合体系。但 DDDD 单体 **51** 和 AAAA 受体 **52** 形成的此类氢键二聚体 **HB-178** 在氯仿中的结合常数仅为 525 L/mol[48]，尽管 **51** 为质子化的吡啶衍生物。化合物 **51** 可以形成三个分子内氢键（**HB-179**），必须全部破坏才能形成分子间氢键。因此，**51** 的结构预组织非常不利于分子间氢键的形成。形成有利的分子内氢键，使形成分子间氢键的四个供体同向排列，是构筑此类强氢键体系的关键。质子化的胍衍生物 **53** 和 **54** 即是这样的单体[49,50]。两个化合物分别形成两个分子内六元环 N—H…N 氢键，正离子进一步提高了两个氢键的稳定性，整个分子形成非常稳定的带型 DDDD 预组织构象，与 AAAA 型单体 **55** 形成高度稳定的四氢键二聚体 **HB-180** 和 **HB-181**，前者在加入 10% DMSO-d_6 的 $CDCl_3$ 中，结合常数仍高达 3.4×10^5 L/mol。

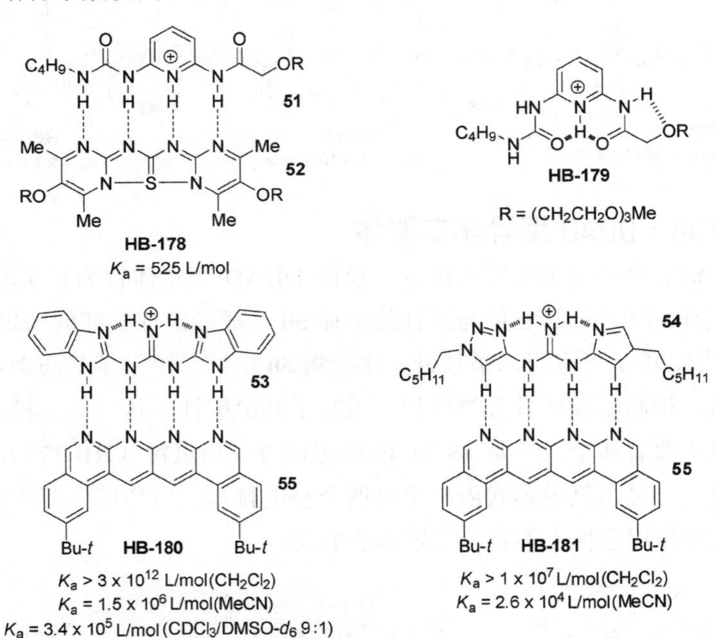

2.8 六氢键体系

当单个氢键能够相互协同促进时，多氢键体系的稳定性会随着氢键数量的增加而增强。多于四个结合位点的全受体单体目前还没有报道。并入氢键供体的单体，如果骨架非完全刚性，相邻的供、受体常可以形成分子内氢键。这类氢键较单个的分子间氢键更强，会严重弱化分子间的氢键。单体 **48**、**49** 和 **51** 即是典型的例子。另外，并入供体和受体的多氢键单体本身也可以形成同体氢键二聚体。尽管这种二聚体不一定利用了所有的供体和受体，但如果要形成氢键数量更多的异体二聚体，就需要破坏这些同体二聚体，从而降低异体二聚体的结合强度。化合物 **56** 和 **57** 形成异体六氢键二聚体 **HB-182**。这一氢键二聚体具有 AADDAA·DDAADD 结合模式，在氯仿中的结合常数为 5×10^5 L/mol[42]。结合强度比前面描述的很多四氢键体系都要低。这一氢键体系内可以产生六个静电吸引二级作用和四个静电排斥二级作用。因此，二级作用总体上促进二聚体的形成。但这两个单体都可以形成分子内氢键（**HB-183** 和 **HB-184**）和同体四氢键二聚体（**HB-185** 和 **HB-186**）。两个同体四氢键二聚体的结合常数都很小，两个单体各自形成稳定的分子内氢键是降低其强度的重要原因。

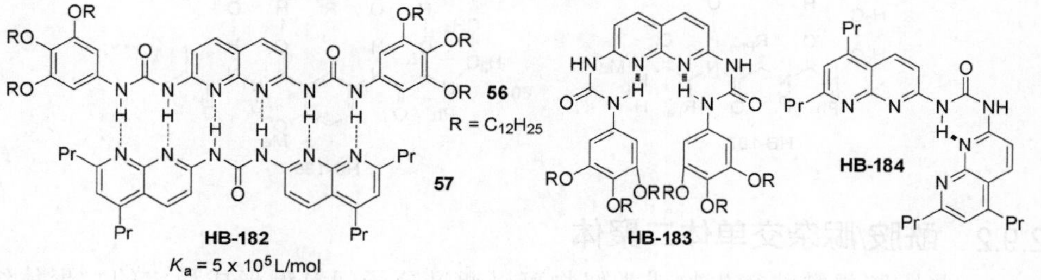

HB-182 $K_a = 5\times10^5$ L/mol　56 $R = C_{12}H_{25}$　57　HB-183　HB-184

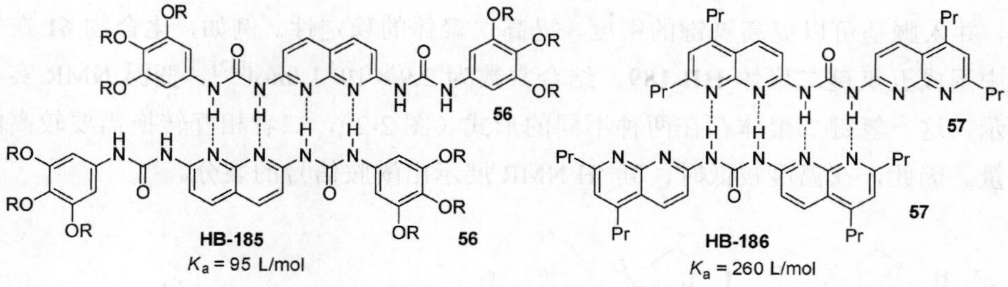

HB-185 K_a = 95 L/mol　HB-186 K_a = 260 L/mol

2.9 寡聚酰胺和酰肼氢键二聚体

2.9.1 人工β-折叠体二聚体

β-折叠和β-转角是肽和蛋白质重要的二级结构形式。模拟这些二级结构是生物有机化学、化学生物学和超分子化学重要的研究内容。基本的研究思路是设计合成非天然的氨基酸、氨氧酸和脲等基元，制备非天然的脂肪类骨架，构筑脂肪和芳香杂交的寡聚酰胺骨架，利用芳香类分子构筑酰胺、脲及芳炔寡聚体等，通过氢键和疏溶剂作用等形成各种人工二级结构。我们将在第 4 章详细论述这一专题。一些氢键诱导的人工β-折叠结构受结构预组织构象的驱动，可以形成氢键二聚体。例如，并入化合物 **58** 的酰胺/脲杂交寡聚体（**59**）可以形成β-折叠二级结构（**HB-187**）。骨架更长的化合物 **60** 也可以形成类似的β-折叠结构（**HB-188**）。由于与脲基相连的肽链片段形成扩展型的结构，可以通过四个 ADAD 自互补氢键形成同体二聚体[51]。

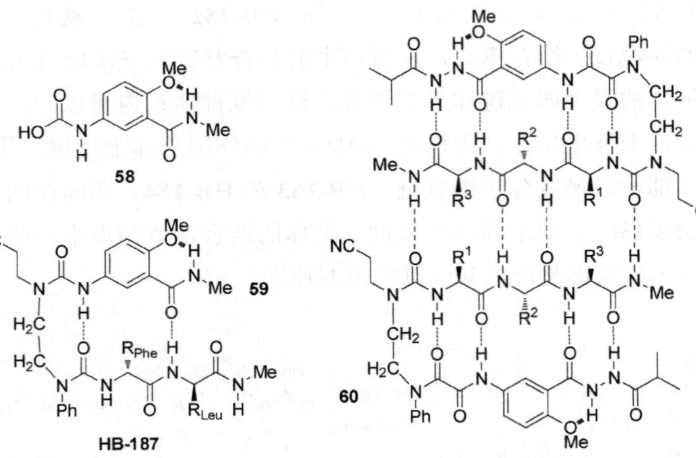

58

59

HB-187

60

HB-188

2.9.2 酰胺/脲杂交单体二聚体

一些脂肪类酰胺衍生物或类似物可以通过分子间氢键形成稳定的二聚体结构，并入脲基可以提高氢键的密度，提高二聚体的稳定性。例如，化合物 **61** 在氯仿中形成五氢键二聚体 **HB-189**，结合常数为 2.9×10^4 L/mol[52]。变温 NMR 实验揭示，这一氢键二聚体存在两种不同的形式（图 2-2），二者相互转换需要较高的能量。因此，在温度较低时，其 ^{1}H NMR 展示出酰胺信号的裂分。

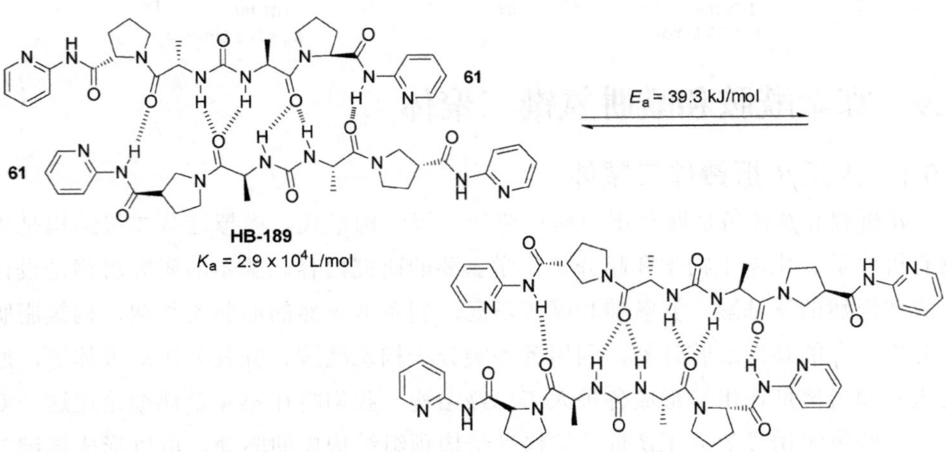

61

HB-189

K_a = 2.9 x 10^{4}L/mol

E_a = 39.3 kJ/mol

图 2-2 **HB-189** 存在两个形式的平衡，二者可以相互转换

2.9.3 基于脂肪/芳香酰胺和酰肼杂交骨架单体的二聚体

杂环类氢键单体具有结构刚性、氢键并入密度高等优点，可以形成高强度的二聚结构。但随着氢键数量的增加，单体的合成难度增加，而溶解性和可修饰性降低。从自组装的角度看，并不总是氢键二聚体的结合常数越高，越有利于组装结构产生需要的更高级结构和功能。因此，脂肪/芳香杂交的单体设计也受到广泛的重视。这类单体由简单的脂肪氨基酸把结构预组织或部分结构预组织的芳香酰胺、脲及酰肼等片段连接在一起，具有合成简单、结构易修饰等特点，其形成的氢键二聚体代表一类重要的氢键组装体[53,54]。芳香酰胺片段可以形成两个分子间氢键，二聚体的结合常数较低。例如，**62** 在氯仿中形成的同体二聚体（**HB-190**）的结合常数仅为 25 L/mol。并入两个芳香单元的单体 **63** 形成的同体四氢键二聚体（**HB-191**）的稳定性显著提高[55]。分子内的氢键锁住相应的酰胺 NH 原子，一方面提供预组织构象，有利于分子间氢键的形成，另一方面避免了酰胺作为供体形成分子间氢键，从而提高分子间氢键的选择性。化合物 **64** 也可以形成稳定性相近的四氢键二聚体（**HB-192**）。用萘环取代苯环，所合成的类似单体也可以形成异体（**65** 和 **66**）和同体（**67**）四氢键二聚体（**HB-193** 和 **HB-194**）[56]，但稳定性有所降低，萘环体积增加带来的熵不利效应可能是一个原因。在所有这些氢键二聚体中，由于相邻的氢键距离较远，都不产生静电二级作用。

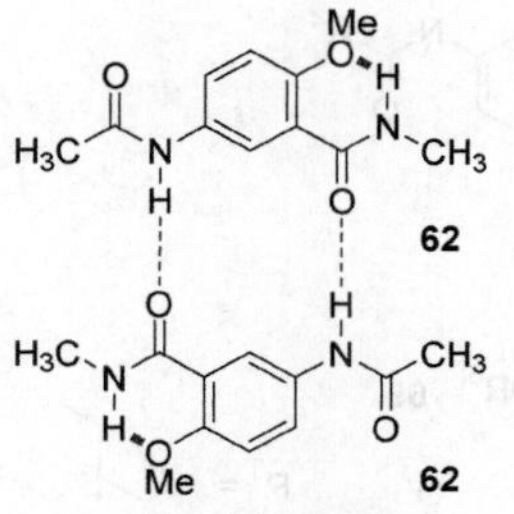

HB-190 K_a = 25 L/mol

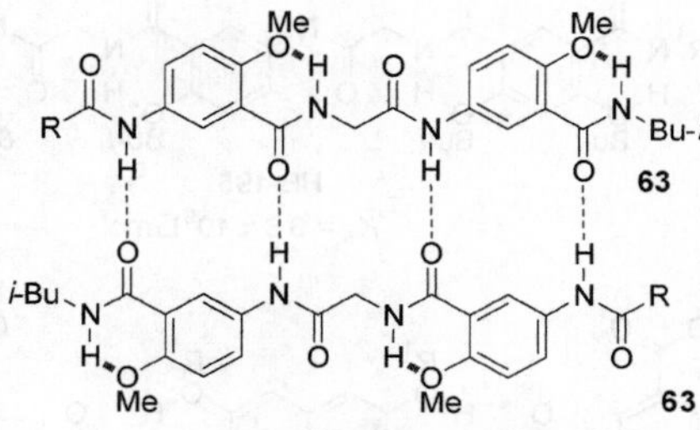

HB-191 $K_a = 4.4 \times 10^4$ L/mol　R = n-C_9H_{19}

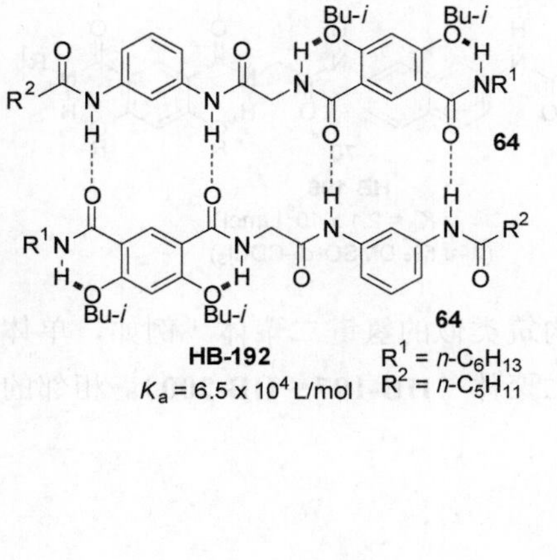

HB-192 $K_a = 6.5 \times 10^4$ L/mol　R^1 = n-C_6H_{13}　R^2 = n-C_5H_{11}

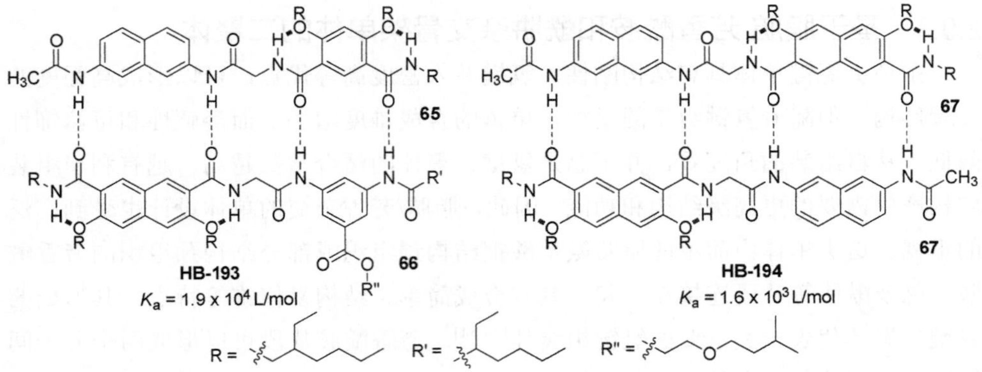

HB-193

$K_a = 1.9 \times 10^4$ L/mol

HB-194

$K_a = 1.6 \times 10^3$ L/mol

进一步延长单体的长度，增加氢键的数量，可以提高相应的氢键二聚体的稳定性。由 **68** 形成的同体六氢键二聚体 **HB-195** 和由 **69** 和 **70** 形成的异体六氢键二聚体 **HB-196** 是代表性的例子[56,57]。在氯仿中，**HB-196** 的稳定性过高，不能用 ^{1}H NMR 稀释方法测定其结合常数，加入极性的 DMSO 后稳定性降低，可以利用 ^{1}H NMR 稀释方法定量评估。

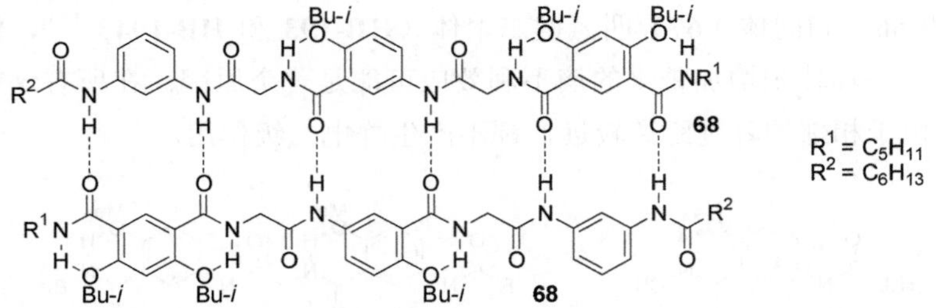

$R^1 = C_5H_{11}$
$R^2 = C_6H_{13}$

HB-195

$K_a = 6.8 \times 10^9$ L/mol

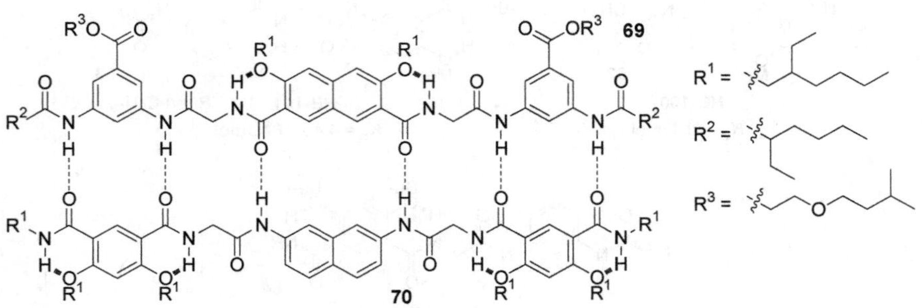

HB-196

$K_a = 2.1 \times 10^5$ L/mol

(溶于5% DMSO-d_6-$CDCl_3$)

酰肼也可以用于构筑类似的氢键二聚体。例如，单体 **71a**～**71d** 可以形成两个到八个氢键的同体二聚体（**HB-197**～**HB-200**）。相邻的一对氢键产生的静电排斥二级作用弱化了这些多氢键体系的稳定性，但 **HB-199** 和 **HB-200** 仍具有很高的结合强度[45]。单体 **72** 和 **73** 可以形成六氢键同体二聚体 **HB-201** 和 **HB-202**，二者混合后则选择性地形成八氢键异体二聚体 **HB-203**[58]。并入萘环的类似单体也可以形成这种多氢键体系[59]。由于结合强度高，难以用 ^{1}H NMR 定量地评估结合常数，但可以证明两个同体六氢键体系的解离和异体八氢键二聚体的形成。AFM 图显示八聚体在表面可以形成双股结构[58]。

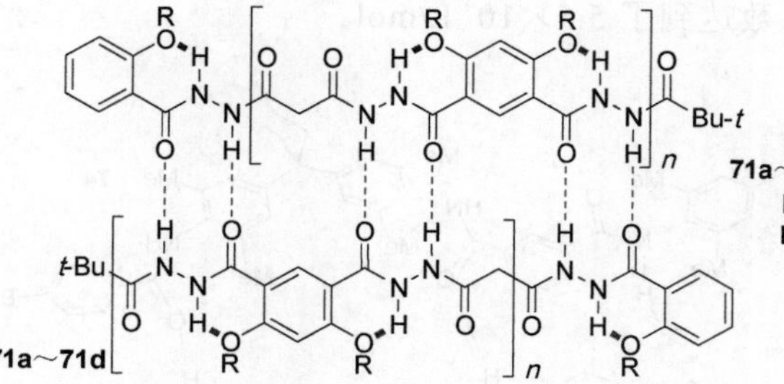

71a～71d
HB-197: $n=0$　HB-198: $n=1$
HB-199: $n=2$　HB-200: $n=3$
R = n-C_8H_{17}

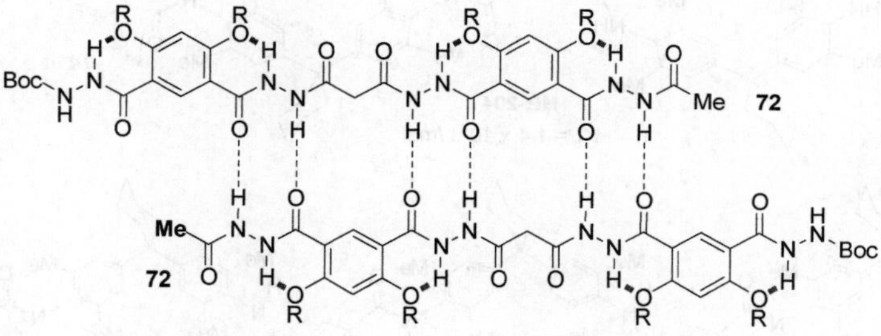

72　HB-201
R = n-C_8H_{17}

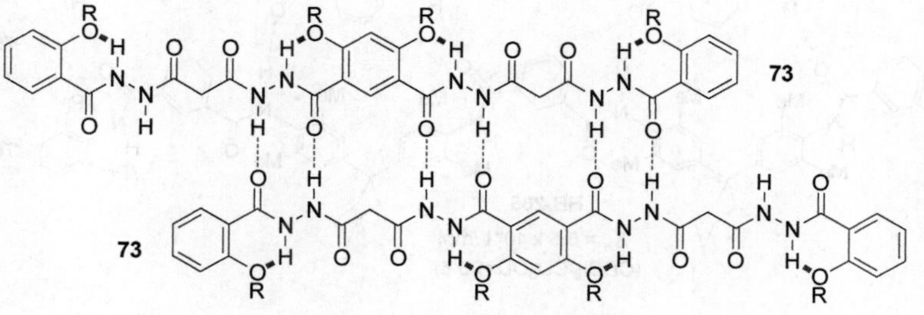

73　HB-202
R = n-C_8H_{17}

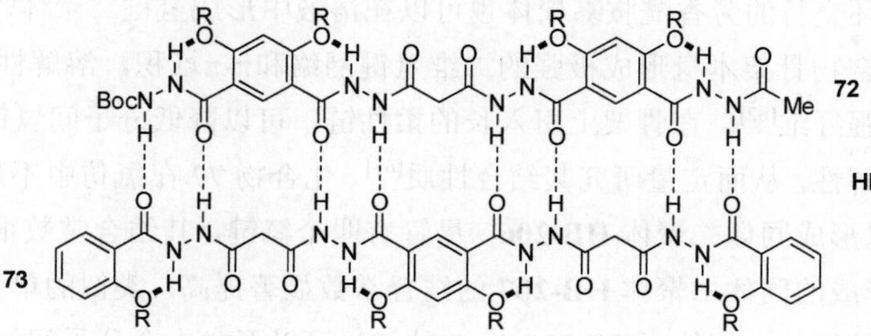

72　73　HB-203

2.9.4 基于芳香酰胺骨架单体的二聚体

芳香酰胺骨架单体主要有两类。一类是芳香酰胺片段通过饱和碳原子连接，另一类是全芳香酰胺骨架。寡聚体 **74** 属于第一类，在氯仿中形成四氢键同体二聚体 **HB-204**，具有较高的结合常数[60]。环己烷的引入限制了相连的两个苯环的自由度，有利于二聚体的形成。化合物 **75** 和 **76** 各自在氯仿中也可以形成同体二聚体，二者混合，可以形成稳定性更高的异体六氢键二聚体 **HB-205**。在加入 5% CD_3OD 的 $CDCl_3$ 中，结合常数达到了 5.5×10^4 L/mol。

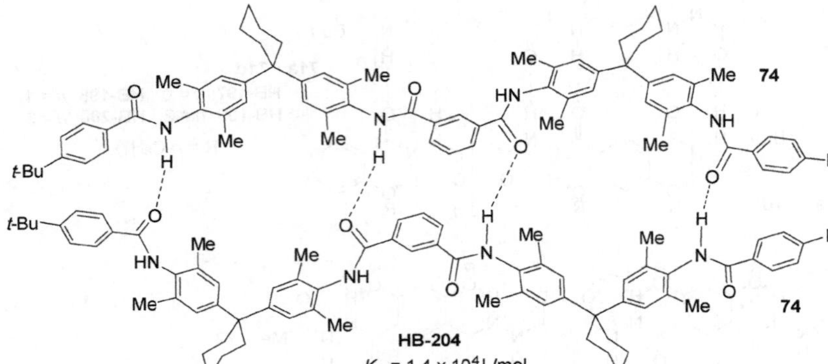

HB-204

K_a = 1.4 x 10^4 L/mol

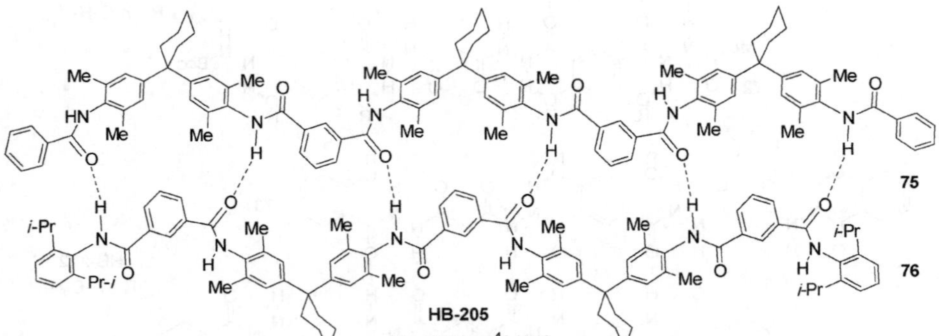

HB-205

K_a = 5.5 x 10^4 L/mol

($CDCl_3$:CD_3OD=95:5)

萘环和苯环交替的芳香酰胺寡聚体也可以在溶液中形成氢键二聚体[61]。芳香酰胺寡聚体和聚合物骨架本身形成极强的二维氢键网络和π-π堆积，溶解性极低，是一种重要的超强纤维[62]。在骨架上引入长的柔性链，可以降低分子间氢键的强度，提高单体的溶解性，从而定量研究其结合性质[63]。化合物 **77** 在氯仿中不形成氢键，而单体 **78** 可以形成同体二聚体 **HB-206**，尽管有四个氢键，其结合常数很小，但更长的单体 **79** 形成的同体二聚体 **HB-207** 的结合常数显著提高。类似的单体 **80** 也形成稳定性相当的同体二聚体（**HB-208**）。单体 **81** 可以形成十个分子间氢键，其二

聚体 **HB-209** 的结合常数高达 3×10^{7} L/mol，ΔG 为−42.6 kJ/mol，平均每个氢键贡献−4.26 kJ/mol 的结合能。对结构类似的单体形成的氢键二聚体的定量研究揭示，这类二聚体的结合自由能与氢键数量呈线性关系，意味着这些氢键之间不存在协同增强效应，长的单体形成的二聚体稳定性高是因为氢键数量多。

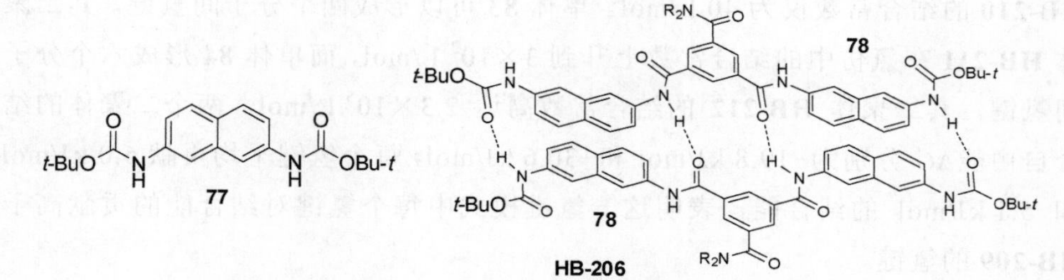

HB-206

K_a = 64L/mol

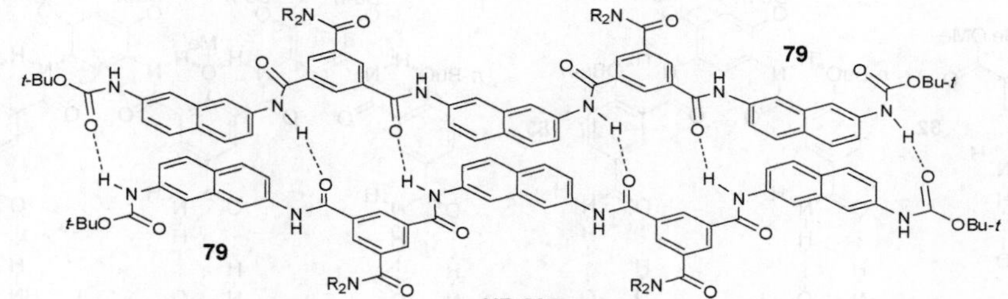

HB-207

K_a = 5.5 x 10^3 L/mol

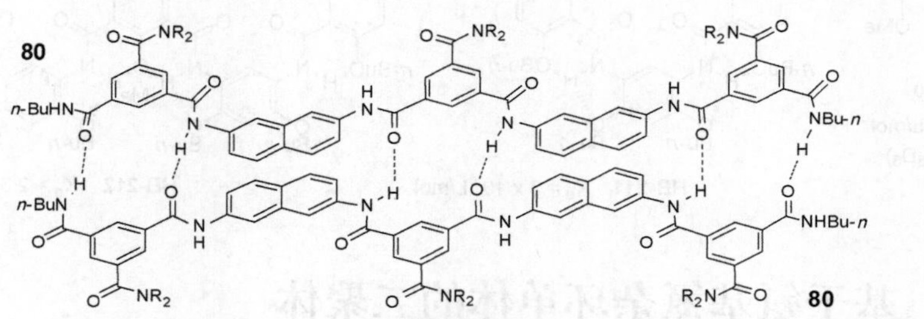

HB-208

K_a = 2.0 x 10^3 L/mol

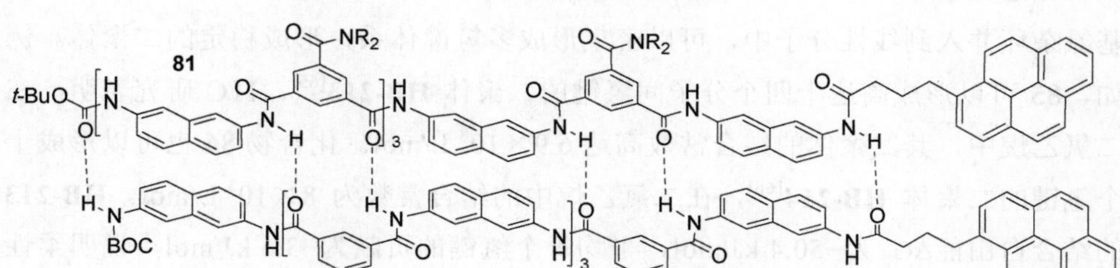

HB-209

K_a = 3 x 10^7 L/mol

R = $(CH_2CH_2O)_3Me$

单体 **78**～**81** 骨架不存在分子内五元环或六元环氢键，形成分子间氢键降低了骨架的旋转自由度，其二聚是一个熵不利过程。通过引入分子内氢键，可以提高单体的结构预组织，从而达到提高二聚体结合强度的目的[64]。例如，化合物 **82** 在氯仿中只形成极弱的二聚体，在极性更低的 C_6D_6 中，其二聚体 **HB-210** 的结合常数仅为 40 L/mol。单体 **83** 可以形成四个分子间氢键，其二聚体 **HB-211** 在氯仿中的结合常数上升到 3×10^3 L/mol，而单体 **84** 形成六个分子间氢键，其二聚体 **HB-212** 的结合常数高达 2.3×10^5 L/mol。两个二聚体的结合自由能ΔG 分别为−19.8 kJ/mol 和−30.6 kJ/mol，每个氢键平均贡献 5.0 kJ/mol 和 5.1 kJ/mol 的结合能，表明这一氢键模式中每个氢键对结合能的贡献高于 **HB-209** 的氢键。

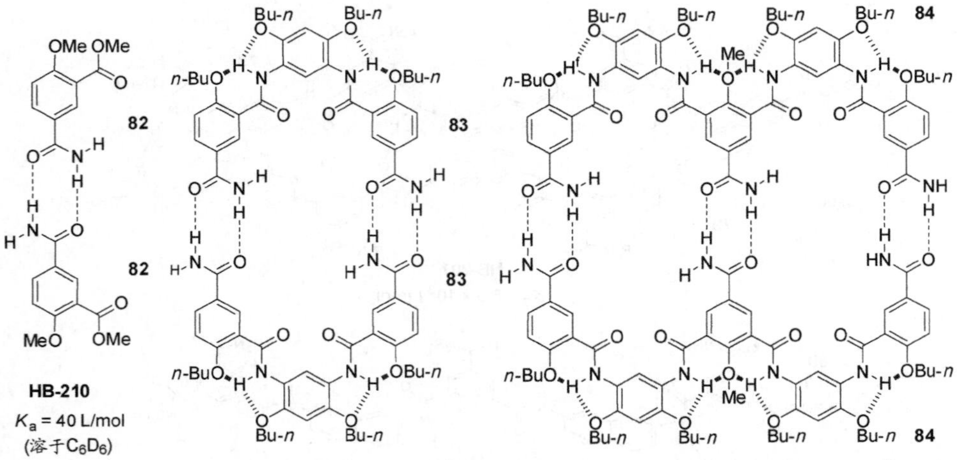

HB-210 K_a = 40 L/mol (溶于C_6D_6)

HB-211 $K_a = 3\times10^3$ L/mol

HB-212 $K_a > 2.3\times10^5$ L/mol

2.10 基于氨基氮杂环单体的二聚体

氨基氮杂环可以形成类似羧基八元环氢键的分子间双氢键。把结构匹配的氨基氮杂环并入到线性分子中，可以密集形成多氢键体系，形成稳定的二聚体。例如，**85** 可以形成高达十四个分子间氢键的二聚体 **HB-213**[65]。ITC 研究表明，在二氯乙烷中，其二聚体的结合常数高达 6.9×10^8 L/mol。化合物 **86** 也可以形成十个氢键的二聚体 **HB-214**[66]，在二氯乙烷中的结合常数为 8×10^5 L/mol。**HB-213** 的结合自由能ΔG 为−50.4 kJ/mol，平均每个氢键的贡献为−3.6 kJ/mol，说明柔性脂肪类的结构流动性不利于二聚体的形成。

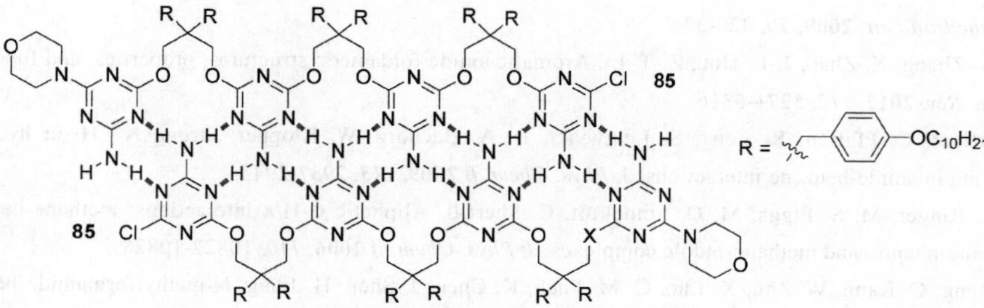

HB-213

$K_a = 6.9 \times 10^8$ L/mol

(溶于$ClCH_2CH_2Cl$)

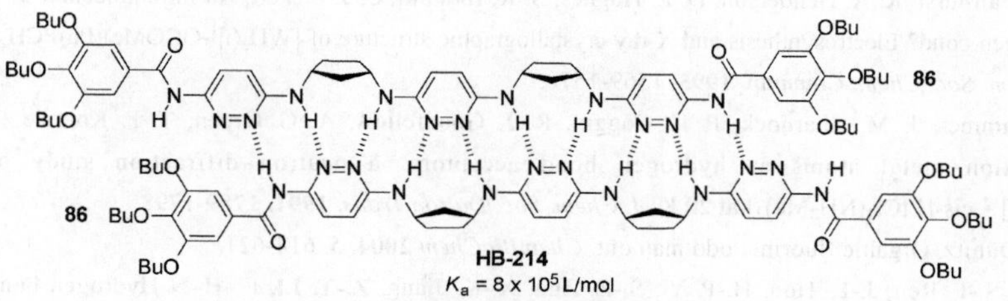

HB-214

$K_a = 8 \times 10^5$ L/mol

(溶于$ClCH_2CH_2Cl$)

本章总结了重要的分子内和分子间氢键结合模式。对于分子间氢键形成的二聚体，增加氢键数量一般会提高其稳定性[67]，二级静电吸引作用会显著提高结合稳定性，而二级静电排斥作用则弱化多氢键体系。当分子内氢键可以固定分子间氢键结合位点的排列，诱导单体的结构预组织，相应单体可以形成高稳定性的多氢键体系。当参与分子间氢键的结合位点可以形成分子内氢键时，形成分子间氢键必须破坏这些分子内氢键。这些分子内氢键会严重弱化分子间氢键的形成。一些多氢键单体可以形成同体二聚体，当它们形成异体二聚体时，必须使同体二聚体解离，也不利于异体二聚体的形成。另外，在定量评估氢键二聚体的稳定性时，必须考虑溶剂中水的含量及酸的含量。尤其是氘代氯仿中经常会产生较多的 DCl，也会严重降低氢键的稳定性，使用之前需做脱酸和干燥处理。

参考文献

[1] G. R. Desiraju, T. Steiner, *The weak hydrogen bond in structural chemistry and biology*. Oxford University Press, Oxford, 1999.

[2] G. A. Jeffrey, *An introduction to hydrogen bonding*. Oxford University Press, New York, 1997.

[3] T. Steiner, G. R. Desiraju, Distinction between the weak hydrogen bond and the van der Waals interaction. *Chem. Commun.* **1998**, 891-892.

[4] G. R. Desiraju, C—H···O and other weak hydrogen bonds. From crystal engineering to virtual screening. *Chem. Commun.* **2005**, 2995-3001.

[5] D.-Y. Wang, J.-L. Wang, D.-W. Zhang, Z.-T. Li, N—H···X (X = F, Cl, Br, and I) Hydrogen bonding in aromatic amide derivatives in crystal structures. *Sci. China Chem.* **2012**, *55*, 2018-2026.

[6] P. Du, X.-K. Jiang, Z.-T. Li, Five- and six-membered N–H···S hydrogen bonding in aromatic amides.

Tetrahedron Lett. **2009**, *50*, 320-324.

[7] D.-W. Zhang, X. Zhao, J.-L. Hou, Z.-T. Li, Aromatic amide foldamers: structures, properties, and functions. *Chem. Rev.* **2012**, *112*, 5271-5316.

[8] P. Ottiger, C. Pfaffen, R. Leist, S. Leutwyler, R. A. Bachorz, W. Klopper, Strong N—H···π hydrogen bonding in amide-benzene interactions. *J. Phys. Chem. B* **2009**, *113*, 2937-2943.

[9] A. L. Ringer, M. S. Figgs, M. O. Sinnokrot, C. Sherrill, Aliphatic C-H/π interactions: methane-benzene, methane-phenol, and methane-indole complexes. *J. Phys. Chem. A* **2006**, *110*, 10822-10828.

[10] J. Cheng, C. Kang, W. Zhu, X. Luo, C. M. Puah, K. Chen, J. Shen, H. Jiang, N-methylformamide-benzene complex as a prototypical peptide N-H···π hydrogen-bonded system: density functional theory and MP_2 studies. *J. Org. Chem.* **2003**, *68*, 7490-7495.

[11] S. A. Fairhurst, R. A. Henderson, D. L. Hughes, S. K. Ibrahim, C. J. Pickett, An intramolecular W—H···O═C hydrogen bond? Electrosynthesis and X-ray crystallographic structure of $[WH_3(\eta^1\text{-OCOMe})(Ph_2PCH_2CH_2PPh_2)_2]$. *J. Chem. Soc. Chem. Commun.* **1995**, 1569-1570.

[12] L. Brammer, J. M. Charnock, P. L. Goggin, R. J. Goodfellow, A. G. Orpen, T. F. Koetzle, The role of transition metal atoms as hydrogen bond acceptors: a neutron diffraction study of $[NPr^n{}_4]_2[PtCl_4]$ • cis-$[PtCl_2(NH_2Me)_2]$ at 20 K. *J. Chem. Soc. Dalton Trans.* **1991**, 1789-1798.

[13] J. D. Dunitz, Organic fluorine: odd man out. *ChemBioChem* **2004**, *5*, 614-621.

[14] C. Li, S.-F. Ren, J.-L. Hou, H.-P. Yi, S.-Z. Zhu, X.-K. Jiang, **Z.-T. Li**, F···H–N Hydrogen bonding driven foldamers: efficient receptors for dialkylammonium ions. *Angew. Chem. Int. Ed.* **2005**, *44*, 5725-5729.

[15] B.-Y. Lu, Y.-Y. Zhu, Z.-M. Li, X. Zhao, Z.-T. Li, Assessment of the intramolecular C–H···X (X = F, Cl, Br) hydrogen bonding of 1,4-diphenyl-1,2,3-triazoles. *Tetrahedron* **2012**, *68*, 8857-8862.

[16] Y.-H. Liu, L. Zhang, X.-N. Xu, Z.-M. Li, D.-W. Zhang, X. Zhao, Z.-T. Li, Intramolecular C-H···F hydrogen bonding-induced 1,2,3-triazole-based foldamers. *Org. Chem. Front.* **2014**, *1*, 494-500.

[17] M. C. Etter, Encoding and decoding hydrogen-bond patterns of organic compounds. *Acc. Chem. Res.* **1990**, *23*, 120-126.

[18] M. C. Etter, Hydrogen bonds as design elements in organic chemistry. *J. Phys. Chem.* **1991**, *95*, 4601-4610.

[19] S. V. Kolotuchin, P. A. Thiessen, E. E. Fenlon, S. R. Wilson, C. J. Loweth, S. C. Zimmerman, Self-assembly of 1,3,5-benzenetricarboxylic (trimesic) acid and its analogues. *Chem. Eur. J.* **1999**, *5*, 2537-2547.

[20] B. Omondi, M. A. Fernandes, M. Layh, D. C. Levendis, Cocrystal of *cis*- and *trans*- *N*-phenyl formamide. *Acta Cryst. C* **2008**, *64*, o137-o138.

[21] L. S. Reddy, S. Basavoju, V. R. Vangala, A. Nangia, Hydrogen bonding in crystal structures of *N,N'*-bis(3-pyridyl)urea. Why is the N—H···O tape synthon absent in diaryl ureas with electron-withdrawing groups? *Cryst. Growth Des.* **2006**, *6*, 161-173.

[22] S. Garg, J. M. Shreeve, Trifluoromethyl- or pentafluorosulfanyl-substituted poly -1,2,3-triazole compounds as dense stable energetic materials. *J. Mater. Chem.* **2011**, *21*, 4787-4795.

[23] M. S. Costa, N. Boechat, V. F. Ferreira, S. M. S. V. Wardell, J. M. S. Skakle, 4-Difluoro-methyl-1-(4-methyl-phenyl)-1*H*-1,2,3-triazole. *Acta Crystallogr. E* **2006**, *62*, o1925-o1927.

[24] D.-Y. Wang, L.-Y. You, J.-L. Wang, H. Wang, D.-W. Zhang, Z.-T. Li, Complexation of two macrocycles for amide, saccharide, and halide derivatives: The capacity of 1,2,3-triazole as hydrogen and halogen bonding acceptors. *Tetrahedron Lett.* **2013**, *54*, 6967-6970.

[25] S. H. Gellman, G. P. Dado, C.-B. Liang, B. R. Adam, Conformation-directing effects of a single intramolecular amide-amide hydrogen bond: variable-temperature NMR and IR studies on a homologous diamide series. *J. Am. Chem. Soc.* **1991**, *113*, 1164-1173.

[26] 齐志齐，绍学斌，赵新，李晓强，王晓钟，张未星，蒋锡夔，黎占亭，四氢键二聚体和分子识别. *有机化学* **2003**, *23*, 403-412.

[27] Y. Hamuro, S. J. Geib, A. D. Hamilton, Oligoanthranilamides. non-peptide subunits that show formation of specific secondary structure. *J. Am. Chem. Soc.* **1996**, *118*, 7529-7541.

[28] Y.-Y. Zhu, H.-P. Yi, C. Li, X.-K. Jiang, Z.-T. Li, The N—H···X (X = Cl, Br and I) hydrogen bonding in aromatic amides: a crystallographic and ^{1}H NMR study. *Cryst. Growth Des.* **2008**, *8*, 1294-1300.

[29] Y.-Y. Zhu, L. Jiang, Z.-T. Li, Intramolecular six-membered N—H···Br and N—H···I hydrogen bonding in aromatic amides. *CrystEngComm* **2009**, *11*, 235-238.

[30] G. N. Tew, R. W. Scott, M. L. Klein, W. F. DeGrado, De novo design of antimicrobial polymers, foldamers, and small molecules: from discovery to practical applications. *Acc. Chem. Res.* **210**, *43*, 30-39.

[31] D. Zornik, R. M. Meudtner, T. El Malah, C. M. Thiele, S. Hecht, Designing structural motifs for clickamers: exploiting the 1,2,3-triazole moiety to generate conforma- tionally restricted molecular architectures *Chem. Eur. J.* **2011**, 17, 1473-1484.

[32] S. C. Zimmerman, P. S. Corbin, Heteroaromatic modules for self-assembly using multiple hydrogen bonds. *Struct. & Bond.* **2000**, *96*, 63-94.

[33] S.-K. Chang, D. V. Engen, E. Fan, A. D. Hamilton, Hydrogen bonding and molecular recognition: Synthetic, complexation, and structural studies on barbiturate binding to an artificial receptor. *J. Am. Chem. Soc.* **1991**, *113*, 7640-7645.

[34] C. Roberts, R. Bandaru, C. Switzer, Theoretical and experimental study of isoguanine and isocytosine: base pairing in an expanded genetic system. *J. Am. Chem. Soc.* **1997**, 119, 4640-4649.

[35] T. J. Murray, S. C. Zimmerman, S. V. Kolotuchin, Synthesis of heterocyclic compounds containing three contiguous hydrogen bonding sites in all possible arrangements. *Tetrahedron* **1995**, *51*, 635-648.

[36] B. A. Blight, A. Camara-Campos, S. Djurdjevic, M. Kaller, D. A. Leigh, F. M. McMillan, H. McNab, A. M. Slawin, AAA-DDD triple hydrogen bond complexes. *J. Am. Chem. Soc.* **2009**, *131*, 14116-14122.

[37] F. H. Beijer, H. Kooijman, A. L. Spek, R. P. Sijbesma, E. W. Meijer, Self- complementarity achieved through quadruple hydrogen bonding. *Angew. Chem. Int. Ed.* **1998**, *37*, 75-78.

[38] Y. Yang, H. J. Yan, C.-F. Chen, L.-J. Wan, Quadruply hydrogen-bonded building block from hydrazide-quinolinone motif and gelation ability of its analogous oxalic monoester-monoamide derivative. *Org. Lett.* **2007**, *9*, 4991-4994.

[39] R. P. Sijbesma, E. W. Meijer, Quadruple hydrogen bonded systems. *Chem. Commun.* **2003**, 5-16.

[40] S. H. M. Söntjens, R. P. Sijbesma, M. H. P. van Genderen, E. W. Meijer, Stability and lifetime of quadruply hydrogen bonded 2-ureido-4[1H]-pyrimidinone dimmers. *J. Am. Chem. Soc.* **2000**, *122*, 7487-7493.

[41] P. S. Corbin, L. J. Lawless, Z. Li, Y. Ma, M. J. Witmer, S. C. Zimmerman, Discrete and polymeric self-assembled dendrimers: Hydrogen bond-mediated assembly with high stability and high fidelity *Proc. Natl. Acad. Sci. USA* **2002**, 99, 5099-5104.

[42] P. S. Corbin, S. C. Zimmerman, P. A. Thiessen, N. A. Hawryluk, T. J. Murray, Complexation-induced unfolding of heterocyclic ureas. Simple foldamers equilibrate with multiply hydrogen-bonded sheetlike structures *J. Am. Chem. Soc.* **2001**, *123*, 10475-10488.

[43] U. Lüning, C. Kühl, Heterodimers for molecular recognition by fourfold hydrogen bonds. *Tetrahedron Lett.* **1998**, *39*, 5735-5738.

[44] X. Zhao, X.-Z. Wang, X.-K. Jiang, Y.-Q. Chen, Z.-T. Li, G.-J. Chen, Hydrazide -based quadruply hydrogen-bonded heterodimers. Structure, assembling selectivity, and supramolecular substitution. *J. Am. Chem. Soc.* **2003**, *125*, 15128-15139.

[45] Y. Yang, Z.-Y. Yang, Y.-P. Yi, J.-F. Xiang, C.-F. Chen, L.-J. Wan, Z.-G. Shuai, Helical molecular duplex strands: multiple hydrogen-bond-mediated assembly of self -complementary oligomeric hydrazide derivatives. *J. Org. Chem.* **2007**, *72*, 4936-4946.

[46] Y. Hisamatsu, N. Shirai, S.-i. Ikeda, K. Odashima, A new quadruple hydrogen- bonding module based on

five-membered heterocyclic urea structure. *Org. Lett.* **2010**, *12*, 1776-1779.

[47] J. Taubitz, U. Lüning, On the importance of the nature of hydrogen bond donors in multiple hydrogen bond systems. *Eur. J. Org. Chem.* **2008**, 5922-5927.

[48] J. Taubitz, U. Lüning, The AAAA • DDDD hydrogen bond dimer. Synthesis of a soluble sulfurane as AAAA domain and generation of a DDDD counterpart, *Aust. J. Chem.* **2009**, *62*, 1550-1555.

[49] B. A. Blight, C. A. Hunter, D. A. Leigh, H. McNab, P. I. T. Thomson, An AAAA- DDDD quadruple hydrogen-bond array. *Nat. Chem.* **2011**, *3*, 244-248.

[50] D. A. Leigh, C. C. Robertson, A. M. Z. Slawin, P. I. T. Thomson, AAAA-DDDD quadruple hydrogen-bond arrays featuring NH···N and CH···N hydrogen bonds. *J. Am. Chem. Soc.* **2013**, *135*, 9939-9943.

[51] J. S. Nowick, Chemical models of protein β-Sheets. *Acc. Chem. Res.* **1999**, *32*, 287-296.

[52] T. Moriuchi, T. Tamura, T. Hirao, Self-assembly of dipeptidyl ureas: A new class of hydrogen-bonded molecular duplexes. *J. Am. Chem. Soc.* **2002**, *124*, 9356-9357.

[53] Y. Yang, W.-J. Chu, J.-W. Liu, C.-F. Chen, Hydrazide as an excellent hydrogen bonding building block in supramolecular chemistry. *Curr. Org. Chem.* **2011**, *15*, 1302-1313.

[54] B. Gong, Molecular duplexes with encoded sequences and stabilities. *Acc. Chem. Res.* **2012**, *45*, 2077-2087.

[55] B. Gong, Y. Yan, H. Zeng, E. Skrzypczak-Jankunn, Y. W. Kim, J. Zhu, H. Ickes, A new approach for the design of supramolecular recognition units: Hydrogen-bonded molecular duplexes. *J. Am. Chem. Soc.* **1999**, *121*, 5607-5608.

[56] P. Zhang, H. Chu, X. Li, W. Feng, P. Deng, L. Yuan, B. Gong, Alternative strategy for adjusting the association specificity of hydrogen-bonded duplexes. *Org. Lett.* **2011**, *13*, 54-57.

[57] H. Zeng, H. Ickes, R. A. Flowers, Ⅱ, B. Gong, Sequence specificity of hydrogen-bonded molecular duplexes. *J. Org. Chem.* **2001**, *66*, 3574-3583.

[58] Y. Yang, J.-F. Xiang, M. Xue, H.-Y. Hu, C.-F. Chen, Supramolecular substitution reactions between hydrazide-based molecular duplex strands: Complexation induced nonsymmetry and dynamic behavior. *J. Org. Chem.* **2007**, *72*, 6369-6377.

[59] Y. Yang, T. Chen, J.-F. Xiang, H.-J. Yan, C.-F. Chen, L.-J. Wan, Mutual responsive hydrazide- based low-molecular-mass organic gelators: Probing gelation on the molecular level. *Chem. Eur. J.* **2008**, *14*, 5742-5746.

[60] A. P. Bisson, F. J. Carver, D. S. Eggleston, R. C. Haltiwanger, C. A. Hunter, D. L. Livingstone, J. F. McCabe, C. Rotger, A. E. Rowan, Synthesis and recognition properties of aromatic amide oligomers: Molecular zippers. *J. Am. Chem. Soc.* **2000**, *122*, 8856-8868.

[61] Y.-X. Xu, T.-G. Zhan, X. Zhao, Z.-T. Li, Hydrogen bonding-driven highly stable homoduplexes formed by benzene/naphthalene amide oligomers. *Org. Chem. Front.* **2014**, *1*, 73-78.

[62] E. R. B. Kabir, E. N. Ferdous, Kevlar-The super tough fiber, *Int. J. Text. Sci.* **2012**, *1*, 78-83.

[63] Z.-M. Shi, S.-G. Chen, X. Zhao, X.-K. Jiang, Z.-T. Li, Meta-substituted benzamide oligomers that complex mono-, di- and tricarboxylates: folding-induced selectivity and chirality. *Org. Biomol. Chem.* **2011**, *9*, 8122-8129.

[64] J. Zhu, J.-B. Lin, Y.-X. Xu, X.-B. Shao, X.-K. Jiang, Z.-T. Li, Hydrogen-bonding- mediated anthranilamide homoduplexes. Increasing stability through preorganization and iterative arrangement of simple amide binding sites. *J. Am. Chem. Soc.* **2006**, *128*, 12307-12313.

[65] E. A. Archer, M. J. Krische, Duplex oligomers defined via covalent casting of a one-dimensional hydrogen-bonding motif. *J. Am. Chem. Soc.* **2002**, *124*, 5074-5083.

[66] H. Gong, M. J. Krische, Duplex molecular strands based on the 3,6-diamino- pyridazine hydrogen bonding motif: Amplifying small-molecule self-assembly preferences through preorganization and iterative arrangement of binding residues. *J. Am. Chem. Soc.* **2005**, *127*, 1719-1725.

[67] J. Sartorius, H.-J. Schneider, A general scheme based on empirical increments for the prediction of hydrogen-bond associations of nucleobases and of synthetic host-guest complexes. *Chem. Eur. J.* **1996**, *2*, 1446-1462.

第3章 生命体系中的氢键

3.1 引言

生命是自组装的最高形式。所有生命都以水为载体，人体中的水占总重量的70%左右，而水是形成氢键能力最强的小分子之一。因此，生命体系中任何组分间形成的氢键都受到水的竞争，而其它的非共价键相互作用也都受到水的影响。生命体中包含有很多的离子和有机小分子，它们在生命体中也发挥着各种不同的重要作用。蛋白质、核酸和多糖是组成生命体的三类主要的生物大分子，它们形成的高级结构是生命现象形成的基础。生命以细胞为基本单元，细胞通过细胞膜形成相对独立的生命体。两亲性的磷脂是细胞膜的基本成分，其通过疏水作用和范德华作用等形成细胞膜的双层自组装结构。所有构成生命的这些离子、分子和大分子之间的识别与相互作用，生物分子从低级到高级、从简单到复杂的组装结构，生物大分子形成的高级结构及进化出的复杂功能等，都直接和间接的与氢键相关。

3.2 无机离子

生命是大量的生物活性物质参与的自组装的总结果，金属离子是其中很重要的一类组分。金属离子本身不能形成氢键，但与水分子通过静电作用形成水合物。形成这些水合物的水分子的氢原子都朝向外侧，它们作为氢键供体与周围的水分子进一步形成氢键（图 3-1）。形成水合物对金属离子参与的任何过程的热力学和动力学都产生很大的影响，因为任何一个过程的发生首先都需要金属离子的去水合或部分去水合。一个典型的过程是 Na^+和 K^+等离子的跨膜输送。这些离子必须去水合才能通过输送蛋白的通道，水合分子数和水合稳定性决定了输送的选择性和速率。另外，水合金属离子相对于金属离子本身的体积明显增大，在水中的运动始终受到结合的水分子与周围水分子之间形成的氢键的“拖拽”。

氨基酸代谢过程中形成铵离子（NH_4^+）或氨，在生物体内很快被转化为尿素。NH_4^+与水形成强的 N—H···O 氢键。NH_4^+的半径与钾离子相近，但钾离子不能形成氢键，与水形成离子-偶极静电相互作用。

氯离子（Cl^-）广泛存在于组织和体液中，是细胞外液含量最高的阴离子，对调节人体内的水分、渗透压和酸碱平衡等有重要作用。Cl^-在水中形成 Cl^-···H—O 氢键（图 3-2）。氟是生命体中的微量元素，与钙磷代谢密切相关。氟负离子（F^-）与水形成 F^-···H—O 氢键。但由于氟的半径远小于氯，F^-···H—O 氢键的强度远高于 Cl^-···H—O 氢键，F^-的水合物的稳定性也高于氯负离子。而溴和碘负离子由于原子半径进一步增加，通过氢键形成水合物的能力逐渐降低。

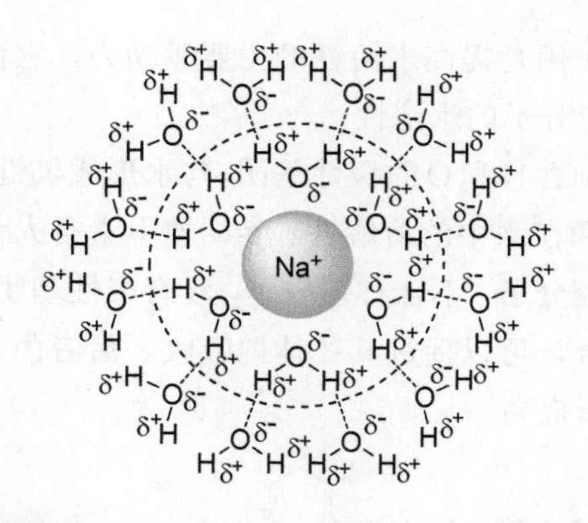

图 3-1 水合钠离子（环内）由离子-偶极静电相互作用驱动，相应水分子作为供体与周围水分子形成氢键

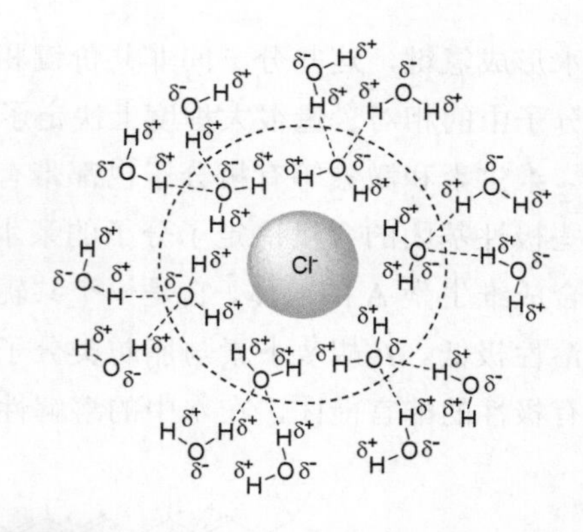

图 3-2 水合氯离子（环内）由 $Cl^-\cdots H—O$ 氢键驱动，相应水分子作为受体与周围水分子形成氢键

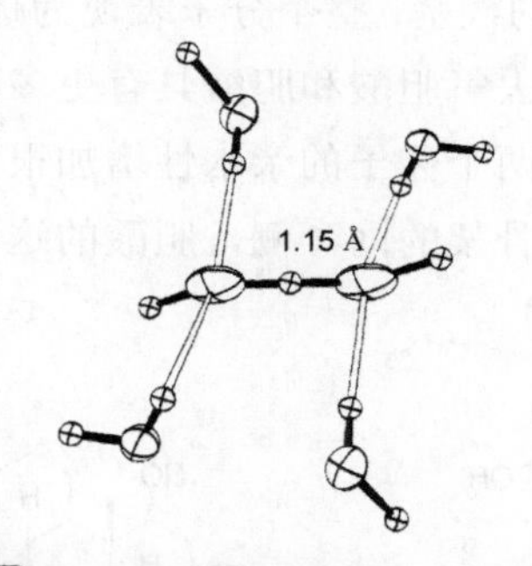

图 3-3 水合氢氧根负离子（$H_3O_2^-$）的晶体结构，显示出超强 $O—H\cdots O^-$ 氢键的形成。两个 O 原子又分别与两个周围的水分子形成两个较弱的氢键

人体血液的 pH 值为 7.40(±0.05)。血液是一个缓冲溶液体系，主要包括 $NaHCO_3/H_2CO_3$、蛋白质钠盐/蛋白质和 Na_2HPO_4/NaH_2PO_4 三个缓冲对，其中以 $NaHCO_3/H_2CO_3$ 最为重要。因此，人体中也含有较低浓度的氢氧根负离子（OH^-）。OH^- 与水形成很强的氢键，单水合物 $H_3O_2^-$（图 3-3）的晶体中，$HO^-\cdots H—OH$ 距离仅为 1.15 Å[1]。单水合物进一步与周围的水形成氢键。这些氢键键长明显增加，表明这些氢键较 $HO^-\cdots H—OH$ 氢键为弱。在溶液中，这是一个动态过程。其它的负离子也可以与水形成氢键，参与的水的数量和结合强度取决于这些离子本身的结构、体积、电荷数及可极化性等。

3.3 有机分子

生命体中的有机分子大都带有 N 和 O 原子，N 原子主要以氨基、酰胺和芳杂环的形式存在，而 O 原子主要以醇酚羟基、醛酮羰基、酸、酰胺、核酸、糖、酯和磷脂等的形式存在。N 和 O 不但作为主要元素参与各种分子的形成，它们的高电负性也为相应分子提供了极性区域，从而提高了有机分子在水中的溶解性。铵盐及酸根离子可以与水产生离子-偶极静电作用和氢键，而中性的有机分子则可以与水形成氢键，这些分子间非共价键相互作用是提高水溶性的主要驱动力，它们在分子中的相对含量很大程度上决定了相应分子的水溶性。

维生素和激素等有机分子也都带有各种含N和O的极性基团，与水形成氢键。这些极性基团的含量决定了分子的亲水性和在水中的溶解性。*β*-胡萝卜素是人体中合成维生素A的前体，它是一个共轭烯烃分子，不含有杂原子，没有极性基团，水溶性极低。*β*-胡萝卜素与脂肪类分子混合，可以促进其在体内吸收。后者由于带有极性的酯官能团，在水中的溶解性有所提高。

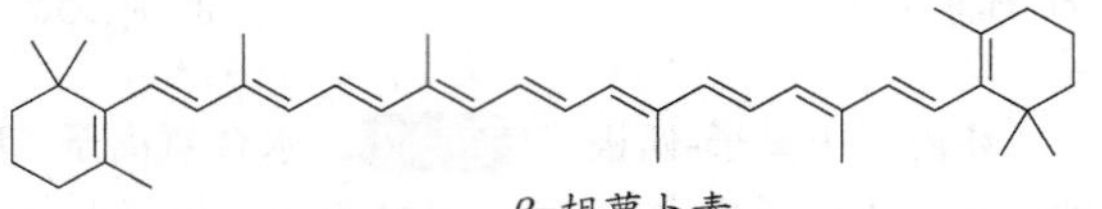

β-胡萝卜素

甾类化合物都具有刚性的四并环骨架，但带有不同数量的极性基团，因此它们的性质差异很大。胆固醇由于只带有一个极性的羟基，整个分子表现为疏水性，其在体内的堆积是动脉粥样硬化的动因之一。而去氧胆酸和胆酸具有更多的羟基和羧基，它们能与水形成更多的氢键。因此，这两个分子的亲水性增加很多，表现出两亲性。由于胆酸的三个羟基处于刚性四环骨架的同一侧，胆酸的这种两亲性被广泛应用于两亲性超分子体系的组装[2]。

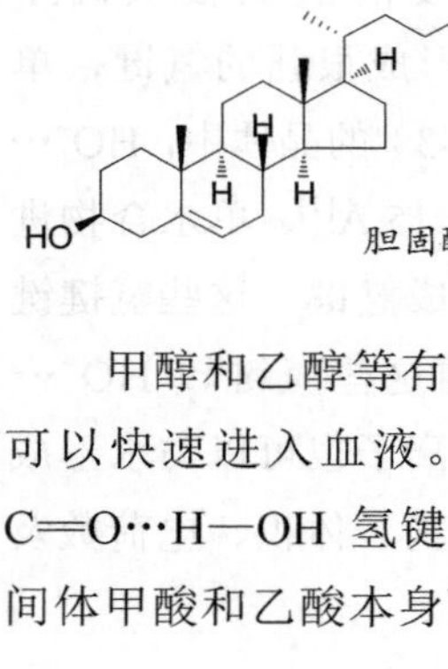

胆固醇 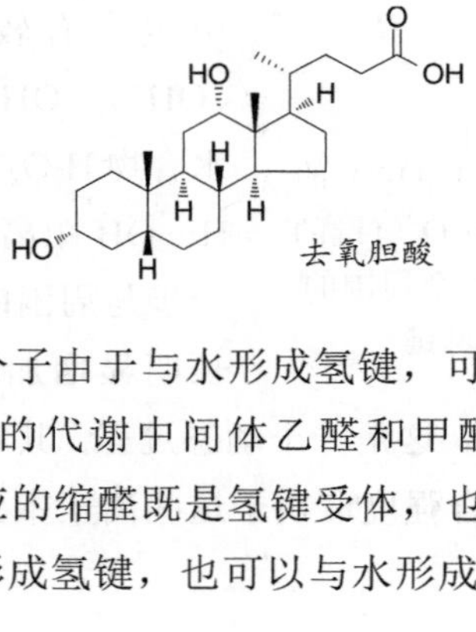　去氧胆酸 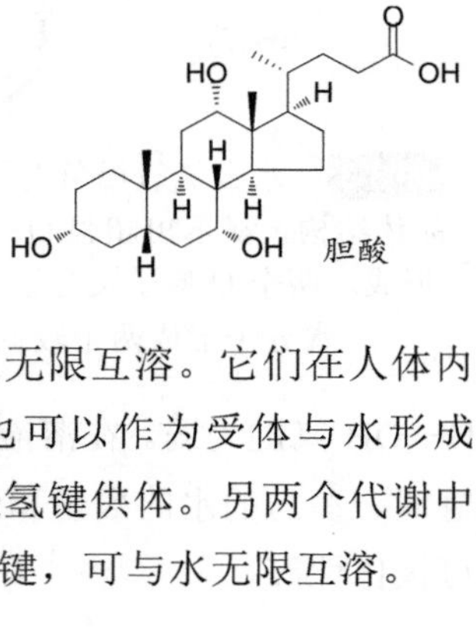　胆酸

甲醇和乙醇等有机小分子由于与水形成氢键，可以无限互溶。它们在人体内可以快速进入血液。它们的代谢中间体乙醛和甲醛也可以作为受体与水形成C═O⋯H—OH 氢键，相应的缩醛既是氢键受体，也是氢键供体。另两个代谢中间体甲酸和乙酸本身可以形成氢键，也可以与水形成氢键，可与水无限互溶。

3.4　肽和蛋白质

在分子、细胞和机体水平上的大部分生物过程，肽和蛋白质都发挥主要作用。肽和蛋白质作为酰胺序列结构，其主链内酰胺基团形成的氢键是稳定各种高级结构的最重要的驱动力。侧链上极性基团形成的氢键、偶极作用和离子对作用等也可以对主链内的氢键产生重要作用，而疏水性的侧链在水中的堆积则是另一个重要的影响因素。因此，尽管能形成高级结构的主链内和主链间的氢键模式已得到系统研究，但具体一个肽链形成的高级结构及相应的键长、键角参数等并不是固定不变的。

3.4.1 氨基酸

肽和蛋白质由大约二十种氨基酸组成，其主链 N 端的氨基和 C 端的羧基在中性 pH 时通常是带电的，即以 NH_3^+和 CO_2^-的形式存在，它们分别是强的氢键供体和受体。中性的氨基和羧基可同时作为供体和受体形成氢键。因此，主链的两个末端始终是亲水的。除了甘氨酸，其它氨基酸α-位都带有取代基。烷基取代基不能形成氢键，苯丙氨酸、酪氨酸和色氨酸的苯环可以形成 N—H…π相互作用，可以看作是一类弱的氢键。酪氨酸的 OH 既可以作为供体，也可以作为受体形成氢键，而色氨酸的 NH 可作为供体形成氢键。半胱氨酸的 SH 是弱的氢键受体和供体，其 S^-形成氢键的能力更强，而甲硫氨酸的 S 原子则是弱的氢键受体。其它带羟基（丝氨酸和苏氨酸）、羧基（天冬氨酸和谷氨酸）、氨基（赖氨酸）、胍基（精氨酸）、酰胺（天冬酰胺和谷氨酰胺）及咪唑（组氨酸）的氨基酸，它们侧链上的官能团都能形成氢键，其强度取决于这些官能团本身。这些氢键及静电作用（离子型官能团）和配位作用（咪唑等）等一起构成了侧链与主链、侧链与侧链、不同主链间分子识别和相互作用的主要动力。对 322 个蛋白的研究表明，苏氨酸、丝氨酸、天冬氨酸和天冬酰胺的短的极性侧链具有较强的倾向性，与邻近的主链酰胺形成分子内氢键，概率分别为 32%、29%、26%和 19%[3]。当这类氢键发生在 N 端时，覆盖了相应的羰基，降低了水的竞争，能够稳定主链的氢键及相应的螺旋构象。当处于中间时，因与主链内酰胺形成的氢键竞争而不利于螺旋构象。氨基酸的脂肪链及芳环等非极性基团受疏水作用驱动，可以发生簇集和堆积，对于稳定高级结构和形成疏水区域等起到重要的作用。

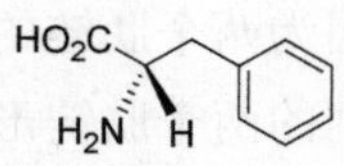

苯丙氨酸 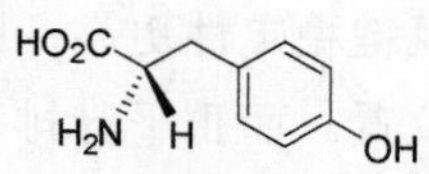　酪氨酸 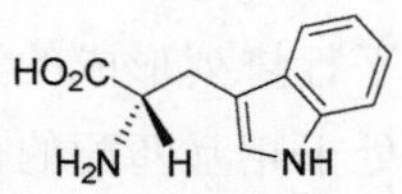　色氨酸 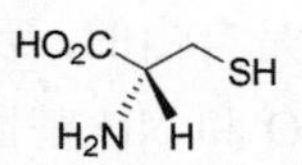　半胱氨酸 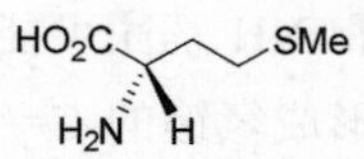　甲硫氨酸

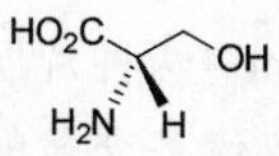

丝氨酸 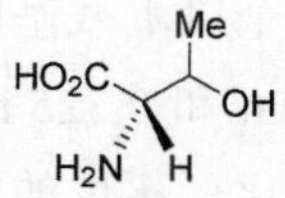　苏氨酸 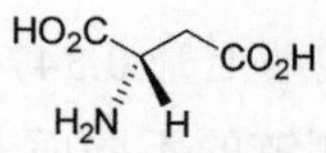　天冬氨酸 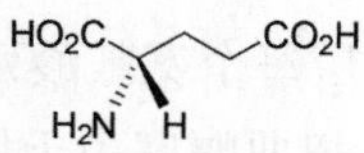　谷氨酸 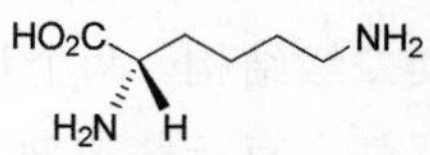　赖氨酸

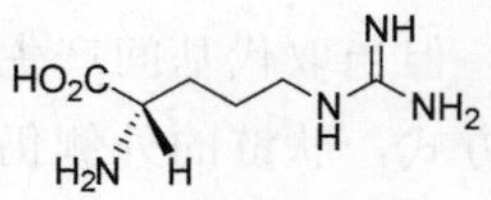

精氨酸 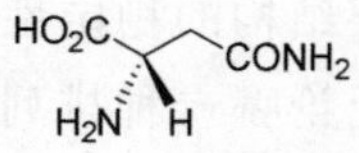　天冬酰胺 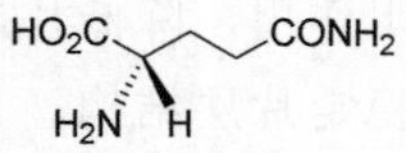　谷氨酰胺 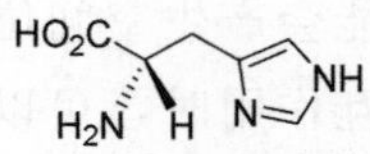　组氨酸

3.4.2 二级结构

3.4.2.1 螺旋

多肽链形成的螺旋（helix）结构最常见的是α-螺旋或3.6_{13}螺旋（图3-4），每圈螺旋由3.6个氨基酸残基形成，每圈螺旋的NH和C═O基团形成的分子内氢键环有13个原子。每个残基有1.5 Å的上升，每圈高度约为5.4 Å。除α-螺旋外，多肽链还可以形成3_{10}螺旋和π-螺旋。3_{10}螺旋中3个残基形成一个循环，氢键环包含10个原子，因此结构比α-螺旋窄。π-螺旋由5个残基形成一个循环，因此要比α-螺旋宽。这两类螺旋的稳定性都相对较低，因此出现的概率也较α-螺旋低，一般都较短，大都在需要产生特定功能的区域产生。各种螺旋都表现出不规则性，主链的氢键模式可能会在端基发生变化。α-螺旋的氢键虽然最为稳定，在其两端也有可能变得更宽或更窄，氢键模式转变为π-螺旋或3_{10}螺旋模式。

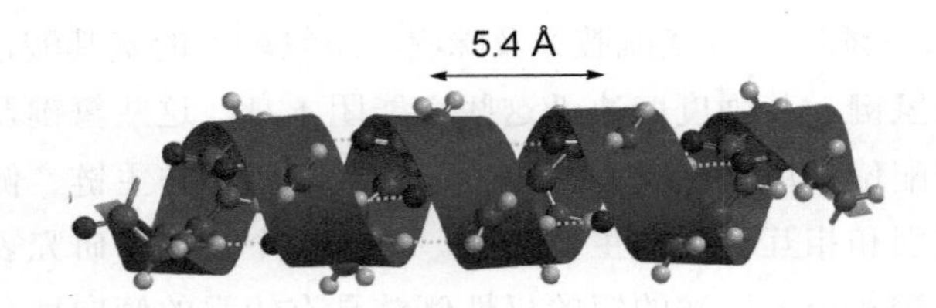

图3-4 α-螺旋结构，每个周期的高度为5.4 Å，每个氢键环有13个原子

3.4.2.2 β-片层

β-片层（sheet）是肽链（β束）通过分子间氢键诱导形成的另一类重要的二级结构，肽链一般有3～10个残基。根据肽链的方向不同，可以分为反平行和正平行两类。理想片层中，内部所有的C═O和NH都形成氢键，而两端的C═O和NH基团可能是自由的。反平行排列形成的氢键稳定性更高，因为两个肽链的形成氢键的C═O和NH基团处于相互匹配的位置。而正平行排列的两个肽链形成氢键的C═O和NH基团相互错位，距离较远，形成氢键还将增加肽链的扭曲。因此，正平行β-片层的氢键相对较弱，一般需要有5个以上残基的肽链才能形成这类二级结构。两个片层每个氨基酸残基上升0.347 nm和0.325 nm。两种片层的骨架都会有一些扭曲，扭曲幅度由于侧链的不同而变化。α-位的取代基交替的指向片层的相反方向。在反平行排列的片层中，分属两个肽链的朝向内侧的取代基可能会产生空间位阻作用，降低片层结构的稳定性。但当取代基间产生附加的相互作用时，可以稳定片层结构。无论哪一种排列方式，肽链的外侧仍有一半的NH是自由的。如果没有被侧链或其它基团阻碍，它们可以进一步形成氢

键，形成多股的片层结构，也可以与其它分子或肽链作用。β-片层间的这种通过氢键驱动的延伸会产生不溶性的淀粉样蛋白纤维，导致一些退行性疾病如阿尔茨海默症的发生。

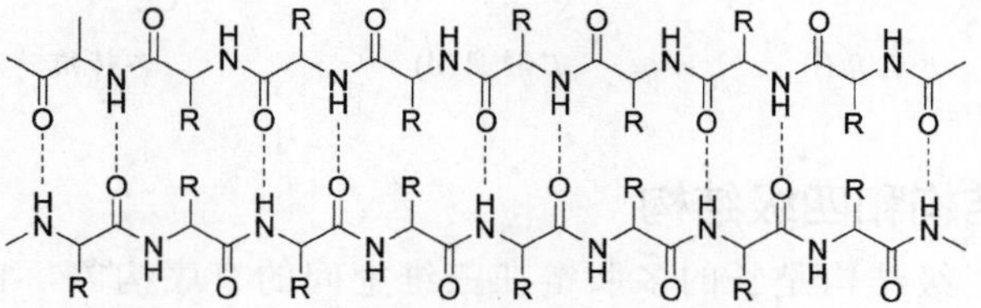

反平行β-片层

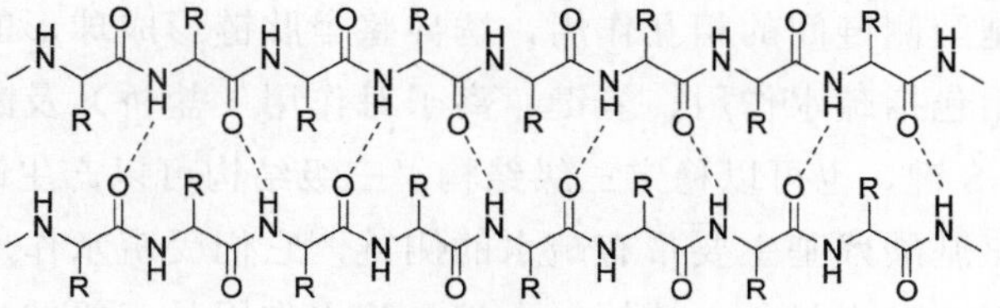

正平行β-片层

在反平行的β-片层结构中，可以观察到某一肽链中多出若干氨基酸残基，产生所谓的β-突起（bulge）。β-突起造成了氨基酸残基排列的错位偏移，更增加了β-片层的扭转。但β-突起也是一类标准的氢键模式，代表一种规则的二级结构。少量的正平行β-片层结构中，也发现有这种突起结构。

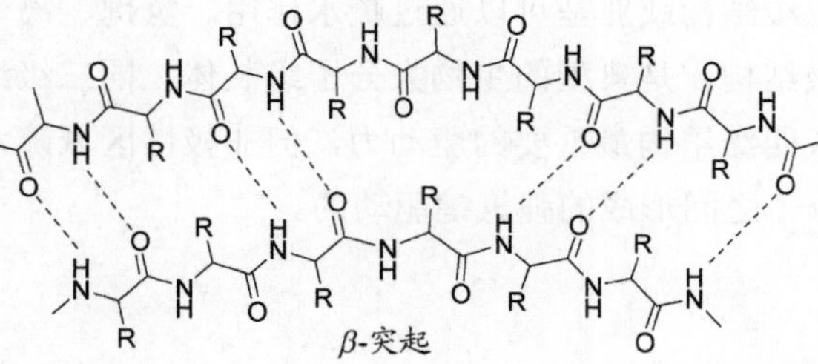

β-突起

3.4.2.3 转角

转角（turn）是肽链另一类重要的规则二级结构。典型的β-转角由肽链中 n 残基的 C═O 与 n+3 残基的 NH 形成氢键，主要有两类（Ⅰ，Ⅱ），它们的差别在于 n+1 残基的 C═O 和与之相连的 n+2 残基的 NH 的取向。而γ-转角的氢键由 n 残基的 C═O 与 n+2 残基的 NH 形成。β-转角结构限制了 n+1 和 n+2 残基的构象，因此大的侧链不利于转角的形成。脯氨酸和甘氨酸残基形成的转角最为常见。脯氨酸的 N 原子并入到五元环中，其刚性构象有利于回转构象。

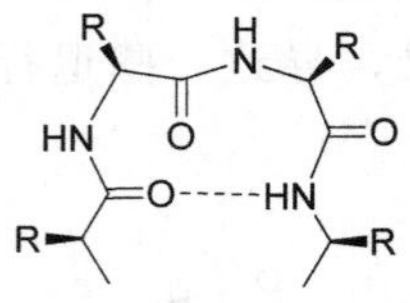

β-转角(I)　　β-转角(II)　　γ-转角

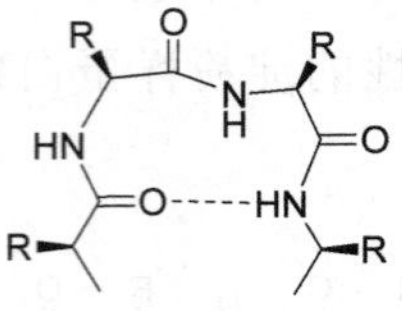

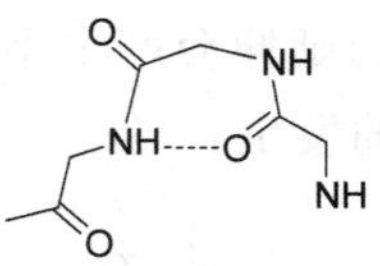

3.4.3 三级结构和四级结构

蛋白质的三级结构是长的多肽链在三维空间的有序构象，它包含有不同的螺旋、片层及转角等二级结构域，相互间通过柔性的肽链连接。不同结构域间通过氢键及氨基酸侧链间的相互作用，诱导整个肽链形成球形的三级结构。侧链间的相互作用包括疏水作用、氢键、离子对作用（盐桥）及配位作用等。半胱氨酸形成 S—S 键，也可以稳定三级结构。三级结构可以产生疏水的内核，这一区域的肽链氨基酸残基主要带有疏水的侧链，它们受疏水作用驱动聚集在一起可以形成笼形，减少了与水的接触面积。疏水作用是三级结构形成的最重要的驱动力，但它需要其它方向性的相互作用力协助，才能形成规则的堆积结构。与水接触的外围的肽链的氨基酸残基则大都带有亲水的极性基团，它们可以和水形成静电偶极作用和氢键，提高了蛋白的水溶性。亲水的肽链也可以结合在一起，形成空穴或孔道，里面可以被水分子占据。这种区域可以形成水通道或离子通道。

几个蛋白质三级结构或亚基可以通过疏水作用、氢键、离子键等驱动进一步形成更复杂的四级结构，是典型的生物大分子组装体。同三级结构的形成一样，疏水作用也是形成四级结构最重要的驱动力，但非极性区域疏水作用的产生主要是由于极性的水分子之间形成的强氢键驱动的。

3.5 核酸

核酸是由核苷酸缩合形成的另一类重要的生物大分子。每个核苷酸单体由磷酸、碱基和脱氧核糖或核糖组成。碱基由嘌呤和嘧啶构成，脱氧核糖核酸（DNA）中含有腺嘌呤（A）、鸟嘌呤（G）、胞嘧啶（C）和胸腺嘧啶（T）四个碱基和脱氧核糖，而核糖核酸（RNA）中包含腺嘌呤（A）、鸟嘌呤（G）、胞嘧啶（C）和尿嘧啶（U）四个碱基和核糖。所有这些基团都是极性的，可以和水形成氢键，共同提高核酸大分子在水中的溶解性。脱氧核糖和核糖作为手性基团，决定了 DNA 和 RNA 的手性及双螺旋结构的手性。

鸟嘌呤(G)　胞嘧啶(C)　　腺嘌呤(A)　胸腺嘧啶(T)　　腺嘌呤(A)　尿嘧啶 (U)

DNA 形成 G•C 和 A•T 两个碱基对，RNA 形成 G•C 和 A•U 两个碱基对。DNA 一般以双螺旋结构存在，双螺旋结构是一类典型的生物自组装结构。由于 G•C 碱基对有三个氢键，而 A•T 碱基对只有两个，G•C 碱基对的稳定性高于 A•T 碱基对，G•C 含量高的核酸稳定性也较高。除了碱基对间的氢键，碱基对的堆积对于双螺旋结构的形成也起到决定性的作用。这种堆积一方面增加了碱基对的共平面性，有利于氢键的形成，更重要的是，堆积使得水分子不能从氢键对的上下两个方向接近，也稳定了氢键。

由于嘌呤和嘧啶碱都是杂环，嘌呤可以从 Watson-Crick、Hoogsteen 及糖三个侧面形成氢键，而嘧啶也可以从前两个侧面形成氢键（图 3-5）。从 Watson-Crick 侧面形成的上述氢键是核酸碱基标准的氢键模式。但每个碱基都存在不同的形成氢键的受体（N 原子）和供体（NH）位点，受体 N 原子在质子化后也可以转化为供体。因此，除了上述氢键碱基对外，这些碱基还可以形成其它形式的氢键，如 G•C（反）、A•U（Hoogsteen）、A•U（反 Hoogsteen）、A•U（反 Watson-Crick）、G•U（摇摆）、G•U（反摇摆）、i-模体和 A-模体等[4]。i-模体为胞嘧啶在酸性介质中质子化后与另一个胞嘧啶形成的三氢键碱基对，由其构成的两个双股结构可以形成互穿的四股结构[5]。RNA 形成这类非标准碱基对的概率远高于 DNA。这些配对模式也可以同时发生，形成三联碱基。例如，胸腺嘧啶和腺嘌呤形成 T×A•T 三联碱基，质子化的胞嘧啶可以和鸟嘌呤形成 C^+×G•C 三联碱基等。这些非 Watson-Crick 碱基对提供了更多的多碱基相互作用选择性，是多股 DNA 重要的结合模体[4,6]。

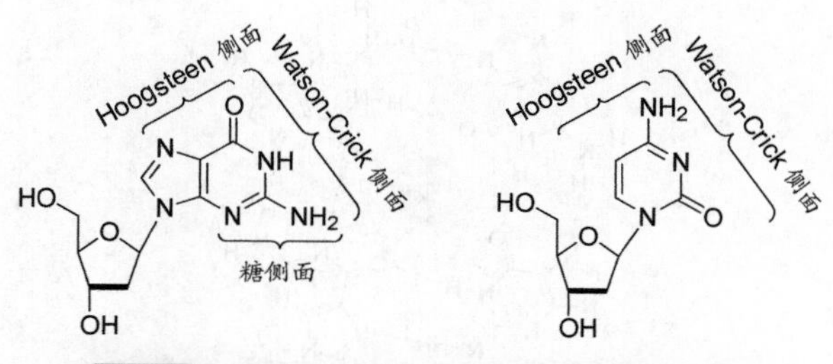

图 3-5　核酸的嘌呤和嘧啶碱基侧面的定义

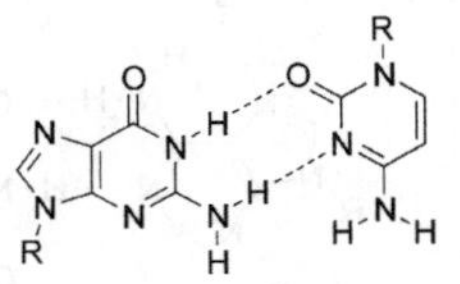

G·C (反) 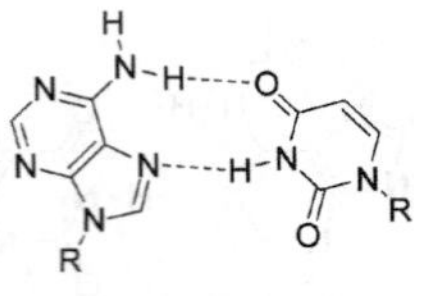　　A·U (Hoogsteen) 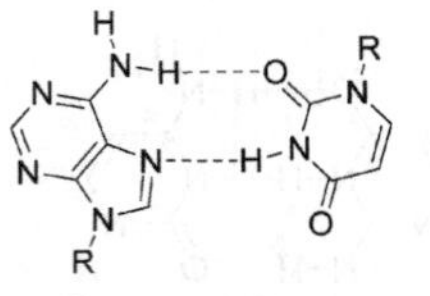　　A·U (反Hoogsteen)

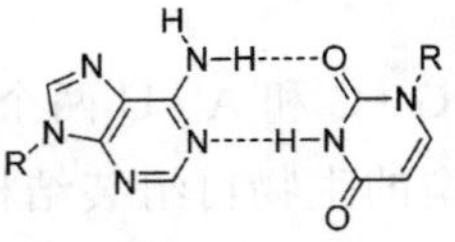

A·U (反Watson-Crick) 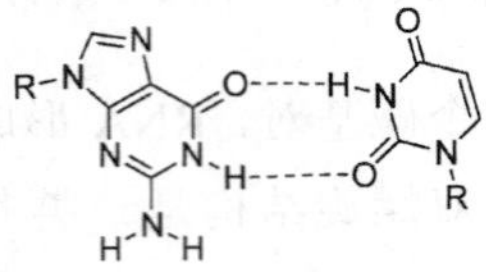　　G·U (摇摆) 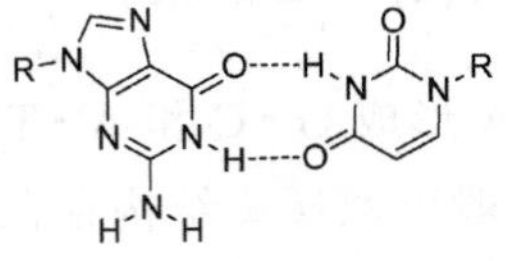　　G·U (反摇摆)

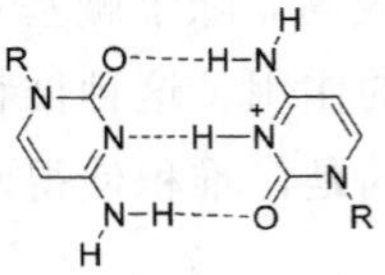

i-motif (模体) 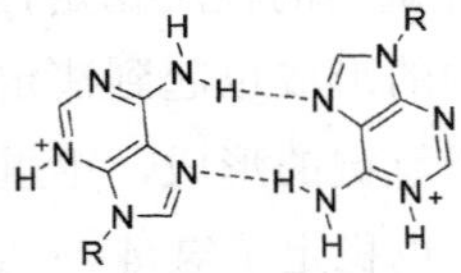　　A-motif (模体)

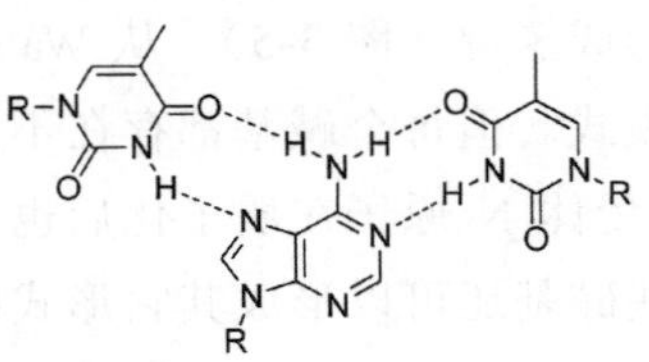

T x A·T 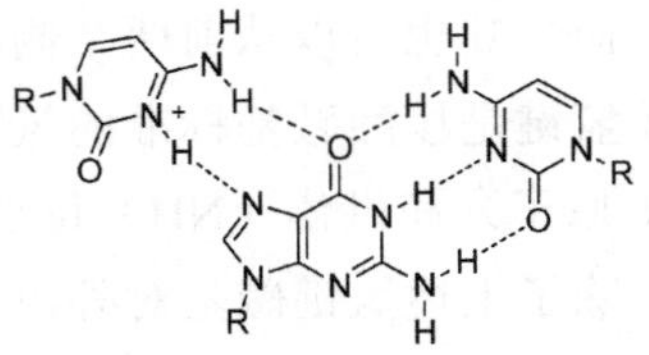　　C^+ x G·C

在形成一个碱基对后，碱基的其它部位的氢键供体和受体还可以进一步被利用。比如可以与蛋白质氨基酸的侧链或核苷酸链中的磷酸二酯O原子等相互作用，这对于核酸与蛋白间的相互作用及维持RNA分子的三级结构等非常重要。

在正离子比如 K^+的存在下，鸟嘌呤可以通过Hoogsteen氢键形成平面的G-四聚体（tetrad），金属离子与羰基O之间的静电作用稳定了这一氢键组装体。如果一个核酸序列含有连续的鸟嘌呤碱基，它们可以形成四聚体的四重复合物（G-quadruplex）。

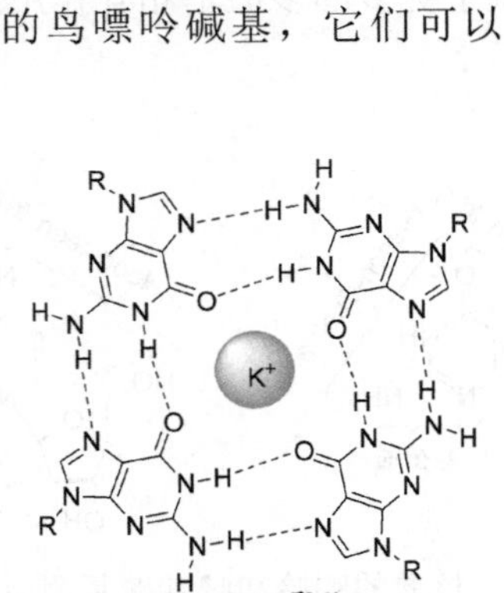

G-四聚体

3.6 糖、寡糖和多糖

糖也被称为碳水化合物，是自然界含量最丰富的有机分子。糖化合物最为典型的结构特征是含有高密度的亲水的 OH 基团。因此，糖分子可以自身或与水形成氢键。例如，α-D-吡喃葡萄糖和β-D-吡喃半乳糖在晶体中可以形成 10 个和 11 个分子间氢键（图 3-6）。与水形成多氢键使得单糖和寡糖分子在水中具有较高的溶解度。

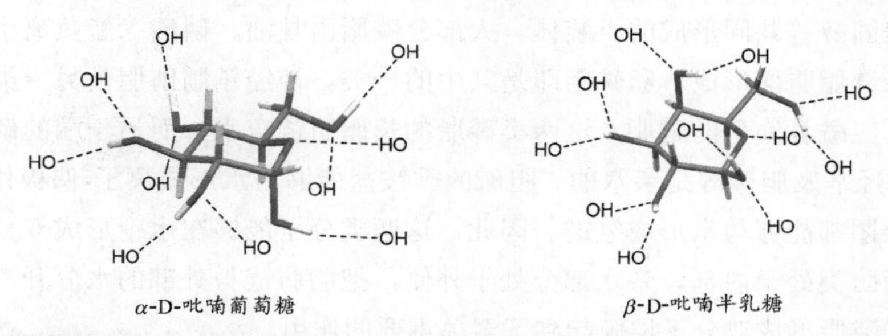

图 3-6　α-D-吡喃葡萄糖和β-D-吡喃半乳糖在晶体中形成的分子间氢键

单糖分子缩合可以形成聚合度不等的寡糖和多糖。麦芽糖和淀粉即是葡萄糖通过α-(1,4)糖苷键连接的二糖和多糖链。直链淀粉可以形成螺旋管结构，是多糖聚合物中最为典型的二级结构。无论是否形成有序的二级结构，多糖的糖单元如同单糖一样可以形成广泛的分子间氢键，同一糖链中相邻的单元也可以形成分子内氢键（图 3-7）。当聚合物高到一定程度时，这种分子间的氢键使得糖链形成坚

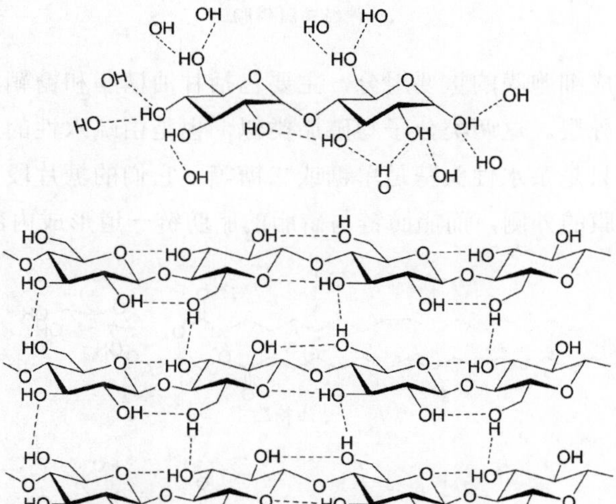

图 3-7　麦芽糖（上）和纤维素（构象 Iα）（下）形成的分子间和分子内氢键网络

固的可互相缠绕的堆积结构，从而使其失去水溶性，木材和棉花等纤维素即是典型的例子。一些纤维素的晶体结构已被解析出来，它们都揭示出羟基形成的分子间和分子内的氢键网络结构[7]。

3.7 生物膜

生物膜是由不同磷脂形成的双分子层及嵌入到双分子层的膜蛋白、糖蛋白、糖脂和胆固醇等共同形成的组装体。大部分磷脂由甘油、磷酸二酯负离子、胆碱和两个长链脂肪酸形成，卵磷脂即是其中的一类。神经鞘髓磷脂是另一类组成生物膜的非三酰甘油型的磷脂。这两类磷脂的长脂肪链疏水，而另一端的磷酸负离子、酯、羟基及胆碱等是亲水的。胆碱的季铵盐能够与水形成离子-偶极作用，其它各官能团都能够与水形成氢键。因此，这两类分子能够在水中形成双分子层，疏水的脂肪类处于内部，亲水部分处于外侧，把脂肪链与外部的水分开。因此，氢键对于磷脂形成双分子层膜起到了至关重要的作用。

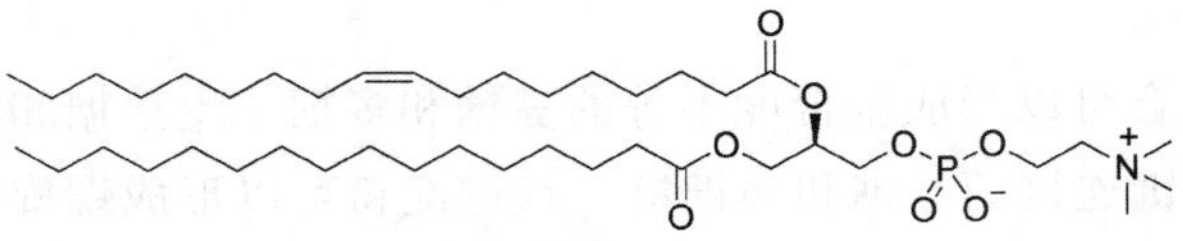

卵磷脂

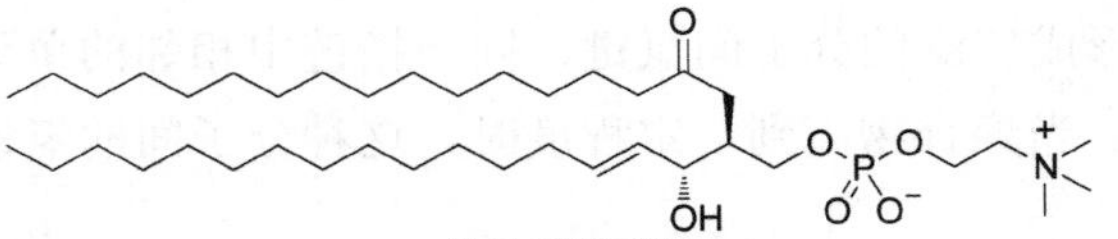

神经鞘髓磷脂

糖脂也是构成细胞膜的重要组分，主要包括甘油糖脂和糖鞘脂两大类，它们分布于细胞膜的外层。这两类分子与磷脂类似，也是由疏水性的脂肪链和亲水性的头基组成的。只是亲水性头基是单糖或二糖等。它们的糖片段上的羟基与水形成氢键，暴露于膜的外侧，而脂肪链与磷脂的脂肪链一道形成内部的疏水区域。

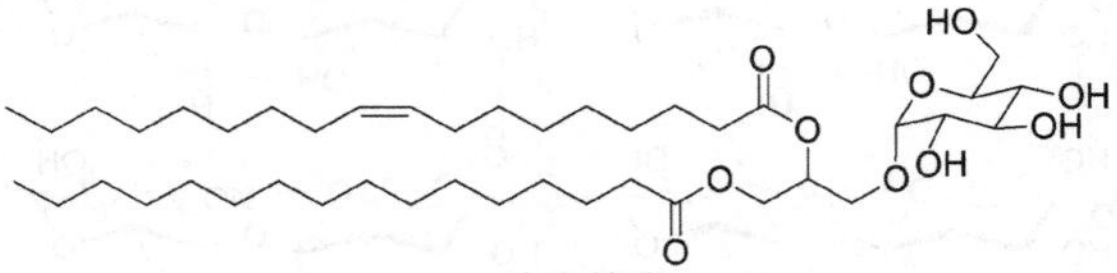

甘油糖脂

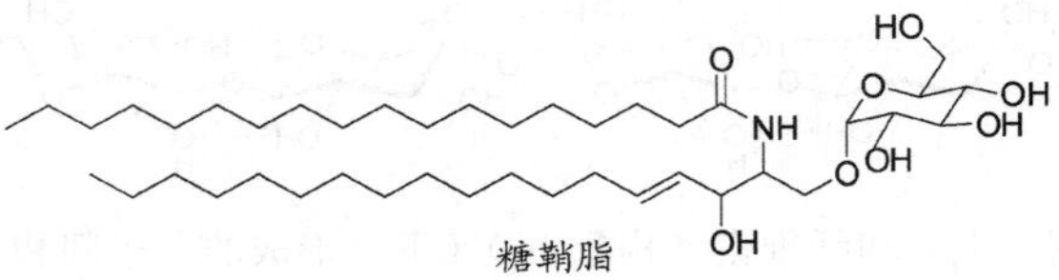

糖鞘脂

胆固醇是动物细胞膜的重要组成分子，占人体细胞膜重量的20%左右。胆固醇只带有一个亲水性的羟基，仅微溶于水。在细胞膜内，它的羟基始终朝向膜的外侧，与水和周围的极性基团形成氢键，而疏水的四环骨架和脂肪链则包埋在磷脂双层的内部。

两亲性也是参与形成生物膜的生物大分子的基本特征。膜蛋白不但是组成细胞膜的重要成分，也介导细胞与外界之间的信号传导，是各种神经信号分子、激素和其它底物的受体，并构成各种离子跨膜的通道、呼吸链和转运蛋白等。膜蛋白可分为两种，即外周膜蛋白和内在膜蛋白。外周膜蛋白一般是水溶性的，多数构成氨基酸残基的侧链具有亲水性，可以和水形成氢键。而内在膜蛋白包埋于膜脂双层的疏水区域中，主要为α-螺旋和β-片层，后者可形成β-桶形结构。对于α-螺旋蛋白，在整个跨膜区域，绝大多数的氨基酸残基侧链是疏水的，而对于β-片层结构，每隔一个氨基酸残基，其侧链需要是疏水的，以保证形成一个与脂双层接触的疏水面。α-螺旋和β-片层本身的形成则主要由序列内酰胺基团形成的分子内 N—H···O═C 氢键驱动。膜蛋白也可以与糖形成糖蛋白复合物。由于糖端具有亲水性，这一端总是插入到水相中。

参考文献

[1] K. Abu-Dari, K. N. Raymond, D. P. Freyberg. The bihydroxide ($H_3O_2^-$) anion. A very short, symmetric hydrogen bond. *J. Am. Chem. Soc.* **1979**, *101*, 3688-3689.

[2] Y. Zhao, H. Cho, L. Widanapathirana, S. Zhang, Conformationally controlled oligocholate membrane transporters: Learning through water play. *Acc. Chem. Res.* **2013**, *46*, 2763-2772.

[3] M. Vijayakumar, H. Qian, H. X. Zhou, Hydrogen bonds between short polar side chains and peptide backbone: prevalence in proteins and effects on helix-forming propensities. *Proteins* **1999**, *34*, 497-507.

[4] J. Choi, T. Majima, Conformational changes of non-B DNA. *Chem. Soc. Rev.* **2011**, *40*, 5893-5909.

[5] M. Guéron, J.-L. Leroy, The i-motif in nucleic acids. *Curr. Opin. Struct. Biol.* **2000**, *10*, 326-331.

[6] D. E Gilbert, J. Feigon, Multistranded DNA structures. *Curr. Opin. Struct. Biol.* **1999**, *9*, 305-314.

[7] Y. Nishiyama, P. Langan, H. Chanzy, Crystal structure and hydrogen-bonding system in cellulose Iβ from synchrotron X-ray and neutron fiber diffraction. *J. Am. Chem. Soc.* **2002**, *124*, 9074-9082.

第4章 人工二级结构：单分子组装体及其功能

4.1 引言

天然肽和蛋白质的结构与关系在很大程度上取决于其二级结构。蛋白质二级结构主要包括α-螺旋、β-折叠和β-转角等。这些二级结构组合在一起，形成更高级的三级结构和四级结构，赋予蛋白质识别、电子转移、信号传导和催化等功能。化学家基于合成分子发展人工的二级结构，以研究控制生物高级结构的非共价键作用规律，建立序列-结构规律，以用于指导生物活性分子和药物分子设计。一些人工二级结构可以作为序列和形状明确的分子骨架，固定功能基团的空间排列，从而产生功能性的分子体系，并可以用于构筑复杂的组装结构和开展分子识别研究等。

人工二级结构的构筑可以看作是一个单分子自组装过程。所有的非共价键相互作用都可以用于构筑人工二级结构[1-5]。部分由于氢键在形成蛋白二级结构时的重要性，以及酰胺及其类似物的结构多样性和可修饰性，以氢键为驱动力构筑人工二级结构一直是生物结构模拟最重要的研究内容[2,3,6-13]。脂肪类和芳香类的氨基酸、氨氧酸和脲等衍生物是重要的构筑基元[2,3]。基于非芳香类酰胺和脲骨架构筑的二级结构在化学生物学和药物设计研究领域得到广泛的应用[14,15]，而芳香类酰胺骨架在阻断蛋白-蛋白相互作用[16,17]、抗微生物活性分子设计[18]、有序组装结构的构筑[3,19]和刚性大环体系的合成[20,21]等方面应用广泛。本章将介绍代表性的结构，并简要介绍典型结构的功能、活性或应用。

4.2 脂肪氨基酸序列

天然的α-氨基酸组成的肽链（α-肽）可形成α-螺旋，每 3.6 个氨基酸残基上升一圈，在氢键封闭的环内共包含十三个原子，故被描述为3.6_{13} α-螺旋。另外，α-肽还可以形成 3_{10} 螺旋，即每个氢键相隔三个氨基酸残基，在氢键封闭环内共有十个原子（图 4-1）。而更短的六元环和七元环氢键则不易形成。对非天然的β-氨基酸构筑的β-肽的模拟研究表明，这类结构倾向于形成封闭环内有十二个原子

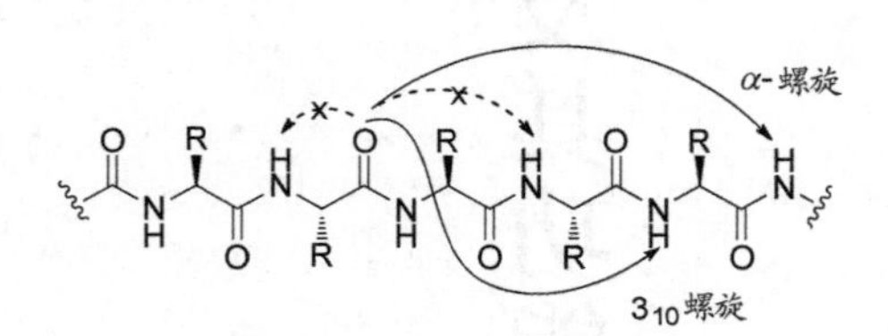

图 4-1 聚α-氨基酸骨架：实线箭头表示蛋白中两种类型的形成螺旋二级结构的氢键，虚线箭头表示更近的但不易形成的分子内氢键

和十四个原子的氢键（图 4-2），而不形成原子数更少或更多的氢键[6,22]。并入环己烷和环戊烷的氨基酸形成的β-肽 **1** 和 **2** 分别形成稳定的十四原子和十二原子的氢键，它们分别诱导酰胺骨架形成螺旋二级结构[23]。前者主要通过 ^{1}H NMR 实验验证，后者在晶体中形成了螺旋结构。

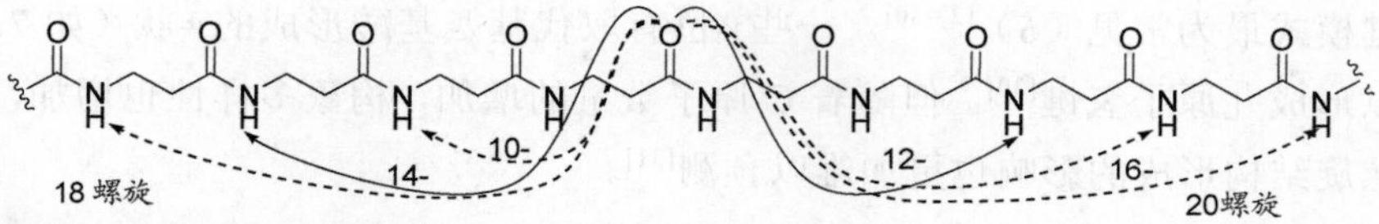

18 螺旋 10- 14- 12- 16- 20螺旋

图 4-2　聚β-氨基酸骨架：实线箭头表示倾向于形成的两类螺旋二级结构的氢键，虚线箭头表示更近或更远的不易形成的分子内氢键

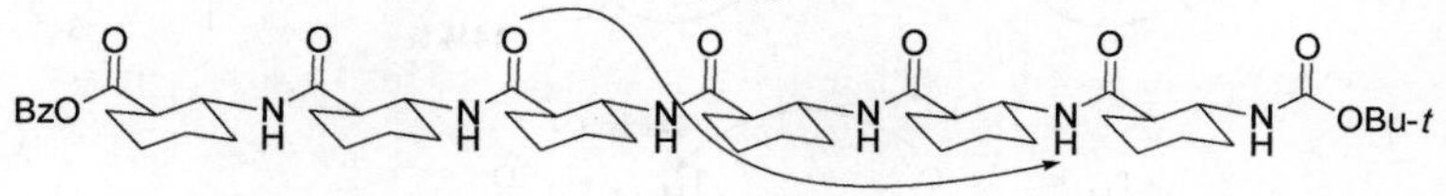

14螺旋

BzO　OBu-*t*

1

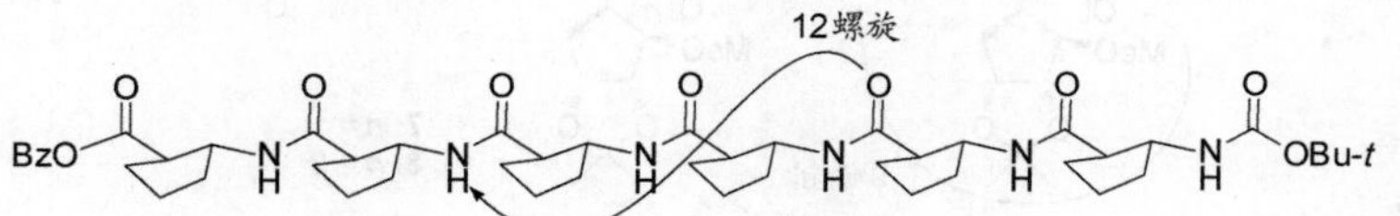

12螺旋

BzO　OBu-*t*

2

其它一些手性β-氨基酸的合成方法文献也已经报道。对并入这些非天然氨基酸的β-肽的溶液相［主要通过 ^{1}H NMR 和圆二色谱（CD）］和晶体结构的研究表明，这些分子都可以形成稳定的螺旋二级结构[24]。化合物 **3** 和 **4** 是早期报道的两个例子[25,26]。很多β-肽也可以形成折叠（pleated sheet）和转角结构[27,28]。当在α-位引入羟基时（**5**），还可以形成独特的八元环的分子内氢键，整个分子骨架形成交替折叠构象[28]。羟基与邻位羰基的特殊构象决定了整个分子骨架的构象。羟基与羰基倾向于顺式共平面。

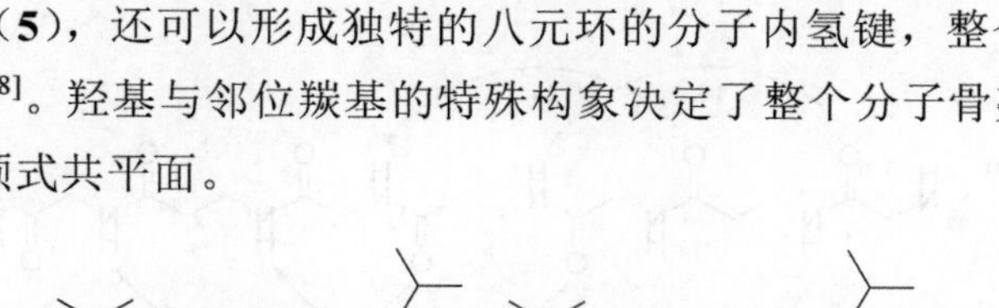

3
(以TFA盐形式)

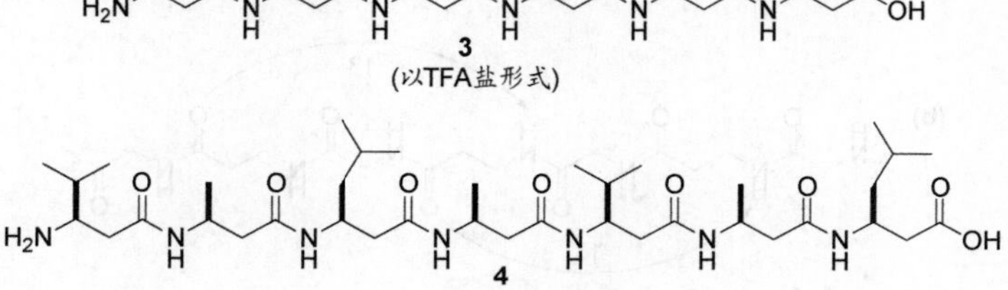

4
(以TFA盐形式)

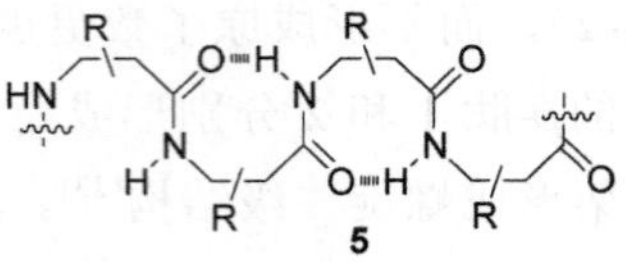

有关γ-肽的二级结构研究也有很多报道，它们可以形成螺旋结构，以十四原子氢键模式最为常见（**6**）[28-30]。一些γ-位有取代基氨基酸形成的γ-肽（如 **7** 和 **8**）也可以形成九原子氢键[30]。但随着 C 原子数量的增加，构象多样性也增加，取代基对螺旋结构形成的影响也更加难以预测[31]。

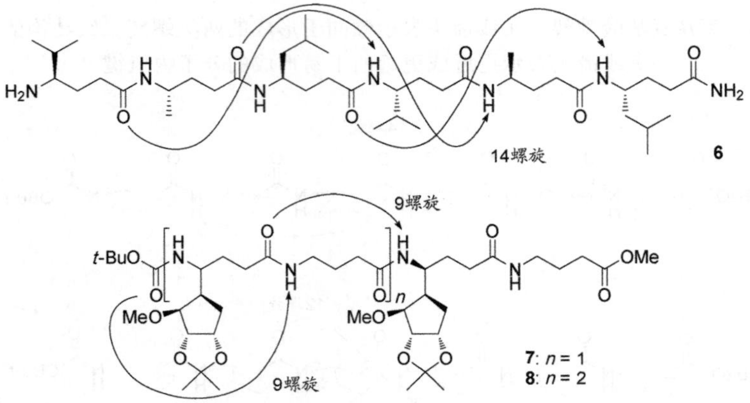

利用α-氨基酸和β-氨基酸杂交构筑氨基酸序列是人工二级结构设计的另一个重要思路[6]。由于α-氨基酸和β-氨基酸结构繁多，相应的杂交序列具有丰富的多样性。对α-氨基酸和β-氨基酸残基交替排列形成的α/β-肽的研究表明，这类杂交肽可以形成多种不同的分子内氢键（图 4-3），诱导产生不同的螺旋二级结构。α-位和β-位取代基及取代基上的官能团决定了形成哪一类螺旋结构。

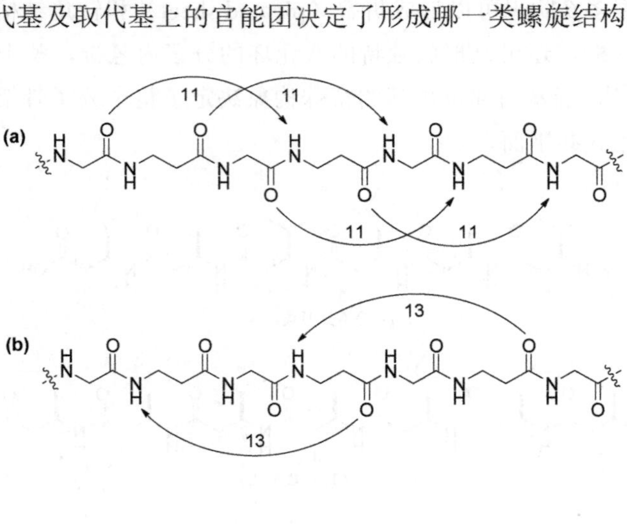

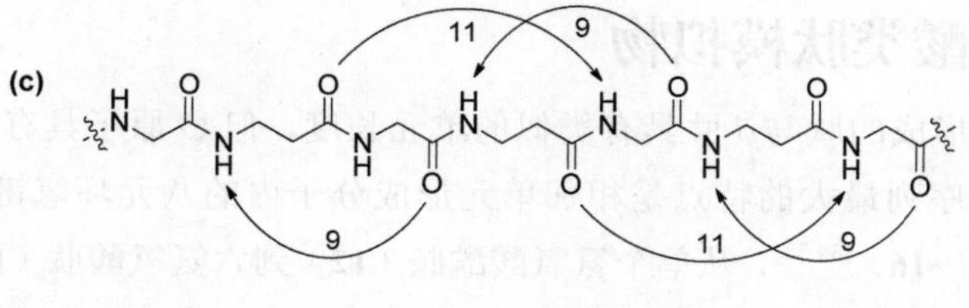

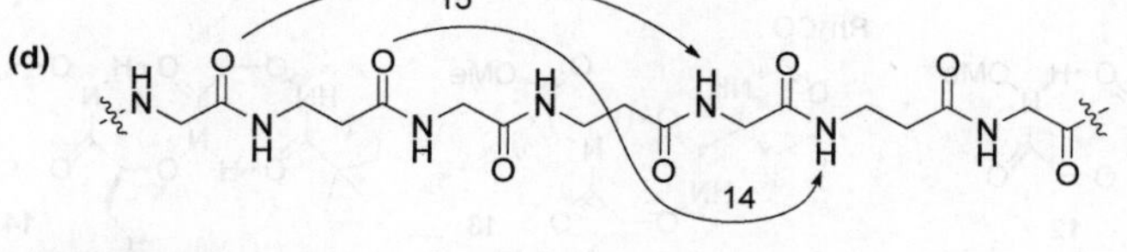

图 4-3　α/β-肽形成的螺旋的氢键模式：（a）11-螺旋；（b）13-螺旋；（c）9/11-螺旋；（d）14/15-螺旋

α-氨基酸和γ-氨基酸及更长的氨基酸残基形成的杂交肽也可以形成螺旋二级结构（**9**）[30,32]。已知的α-肽片段的构象倾向性可用于研究这类杂交肽的二级结构，因为这些片段的氢键模式在杂交序列中可以得到保持。γ-氨基酸残基还可以作为诱导基团诱导α/γ-肽骨架产生回转结构，序列 **10** 即是一个典型的例子。α/γ-肽还可以形成类β-折叠结构。例如，在α/γ-肽 **11** 中，脯氨酸残基促进折叠结构的形成，γ-氨基酸残基是其扩展片段的一部分[30]。

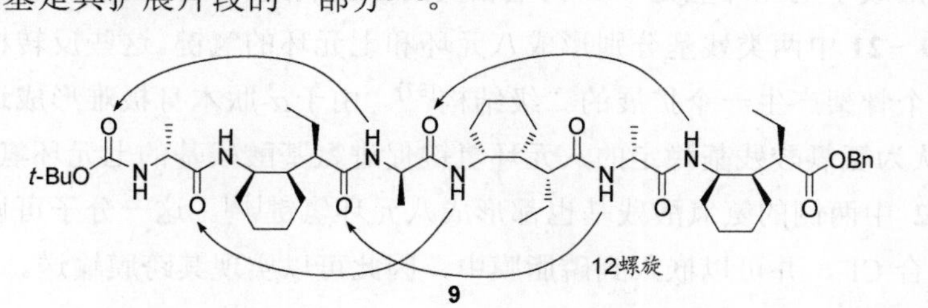

9

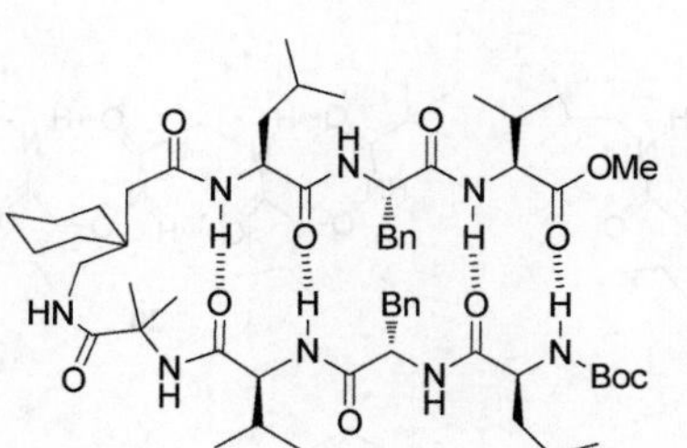

10 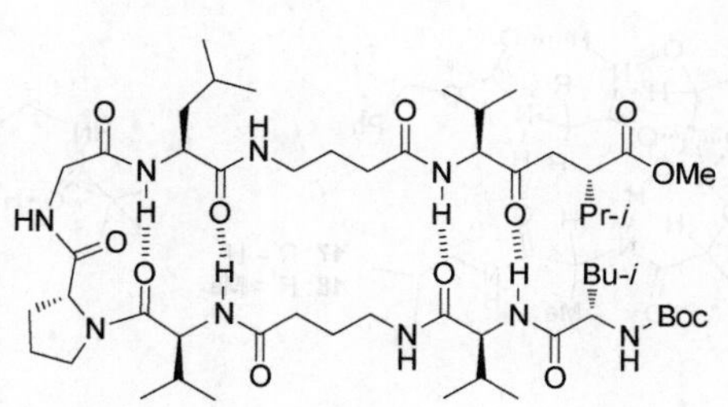　　**11**

对β-肽骨架的理论模拟研究揭示[33]，10/12-螺旋结构最稳定，对于四肽和六肽，14-螺旋、12-螺旋和 10-螺旋结构的稳定性相当。

4.3 氨氧酸类肽模拟物

α-氨氧酸形成的肽与β-肽具有类似的单元长度，但 O 原子具有比亚甲基更大的刚性。这一序列最大的特点是相邻单元形成分子内的八元环氢键，构成一个α N–O 转角（**12**～**16**）[34,35]，从单个氨氧酸酰胺（**12**）到六氨氧酸肽（**16**）都是如此。

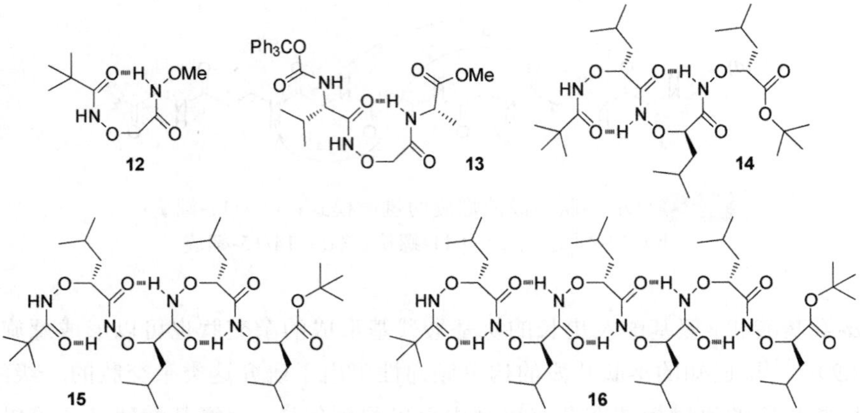

由α-氨氧酸（两个氨氧酸单元构型相反）和α-氨基酸残基形成的杂交肽 **17** 和 **18** 形成相同的反转构象，氨氧酸残基仍然形成八元环氢键，而 *N*-端氨基酸残基被诱导形成了七元环氢键[36]。构型相反的α-氨氧酸和α-氨基酸残基交替形成的杂交肽 **19**～**21** 中两类残基分别形成八元环和七元环的氢键。这些反转构象并在一起，使整个骨架产生一个扩展的二级结构[37]。由于α-肽本身极难形成这种扩展结构，可以认为氨氧酸残基稳定的八元环氢键促进氨基酸残基的七元环氢键的产生。化合物 **22** 中两侧的氨氧酸残基也都形成八元环氢键[38]。这一分子可以通过分子间氢键配合 Cl^-，并可以嵌入到磷脂膜中，因此可以实现其跨膜输送。

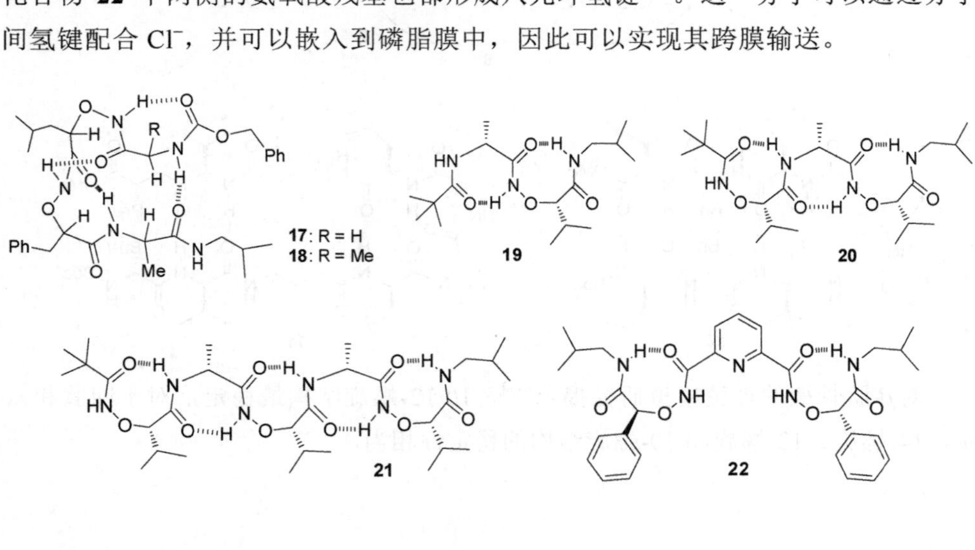

17: R = H
18: R = Me

4.4 脂肪脲寡聚体

具有$\mathrm{-\!\!\!\!\!\!\!\![NH—CH(R)—CH_2—NH—CO]\!\!\!\!-_{n}}$手性重复单元的 *N*,*N'*-连接的脲寡聚体也可以形成稳定的螺旋结构[39]。在形式上，这类寡聚体是γ-肽的模拟物，即后者的氨基酸残基的α-CH_2被 NH 所取代。因此，十四原子氢键是其典型的分子内氢键模式，而另一个 NH 可以形成十二原子氢键，即羰基 O 形成分叉型分子内氢键（图 4-4），平均 2.5 个残基可以形成一个螺旋周期[40]。^{1}H NMR 和 CD 光谱研究表明，在低极性溶剂中，四到五聚体即可以形成螺旋结构。

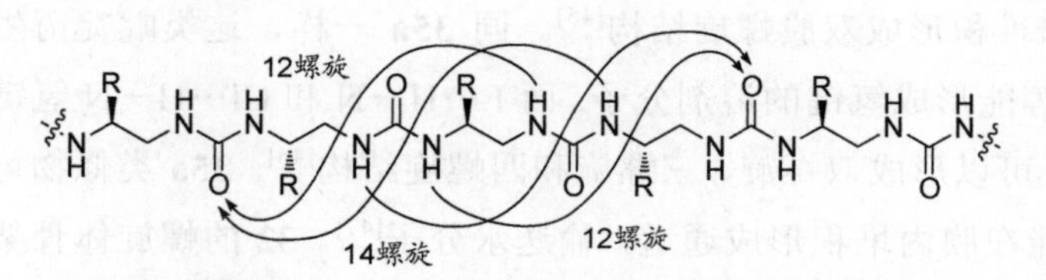

图 4-4 脲寡聚体形成的螺旋结构的氢键模式

由脂肪链连接的脲二聚体和三聚体还可以作为连接转角基团构筑人工的β-折叠结构，化合物 **23** 即是一个典型的例子[41]，α-肽链还可以进一步延长。在亚乙基连接的双脲片段中引入环结构可以提高其刚性，进一步提高其引发形成转角结构的能力。例如，化合物 **24** 即可以通过两个分子内氢键形成稳定的发夹转角结构[42]。由脯氨酸连接的两个脲基也可以形成两个分子内氢键，诱导化合物 **25** 产生转角结构[41]。

4.5 芳香酰胺寡聚体

氢键诱导的芳香酰胺寡聚体及其类似物形成的折叠结构代表一大类的人工二级结构[3]。酰胺衍生物形成的二级结构最为常见，芳香酰肼和脲等的寡聚体形成的二级结构也有很多报道。理论上，第 2 章介绍的芳香酰胺分子内氢键都可以用于构筑此类人工二级结构，但绝大多数报道的结构都是以 O、N 和 F 为氢键受体的。这些原子接受氢键的能力较强，形成的氢键比较稳定。

化合物 **26a** 和 **26b** 是最早报道的利用分子内氢键诱导产生芳香酰胺折叠或螺旋结构的两个例子[3]。这类螺旋结构没有内穴。此后报道的很多螺旋结构（**27**～**35**）具有尺度不一的内穴[3]。这些螺旋体可以作为非环的主体，通过分子间的氢键配合不同的客体。例如，**27** 可以配合胍及其衍生物[43]，**31** 和 **32** 可以配合铵离子[3]，**33** 可以配合糖衍生物[3]，而 **35** 可以配合水分子等[44]。化合物 **28** 通过分子间氢键和π–π堆积形成双股螺旋结构[45]。同 **35a** 一样，这类吡啶衍生的螺旋体倾向于配合水等能形成氢键的溶剂分子。而 F…H—N 和 Cl…H—N 氢键驱动的螺旋体 **34a**～**34d** 可以形成双螺旋、三螺旋和四螺旋结构[46]。**35a** 类似物可以嵌入到磷脂膜内，并能在膜内堆积形成通道，输送水分子[47]。**32** 的螺旋体骨架还可以从外围修饰，其重复排列的苯环单元可以固定外围引入的官能团的距离与夹角，从而极大地促进更高级组装体的形成[3]。

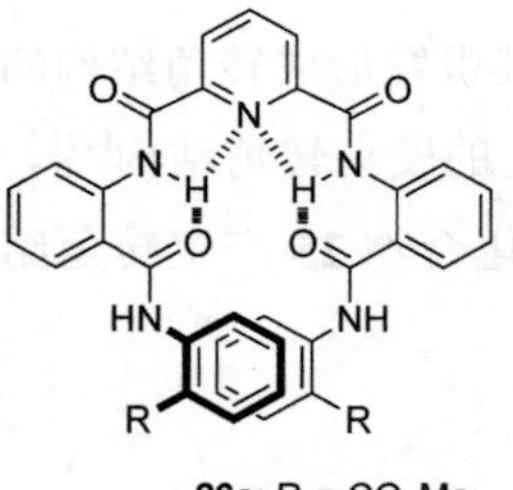

26a: R = CO_2Me
26b: R = H

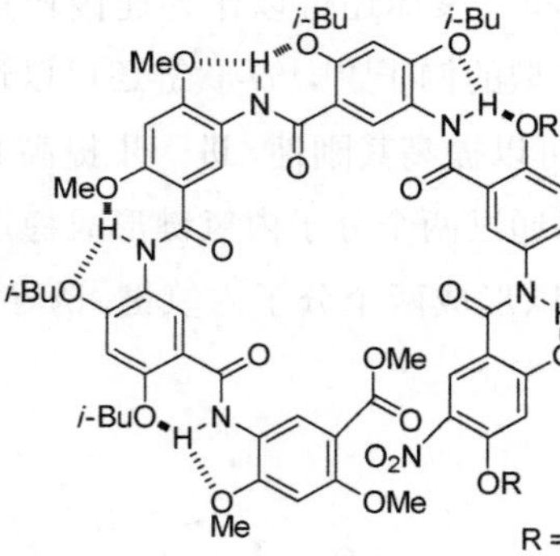

27
R = n-C_8H_{17}

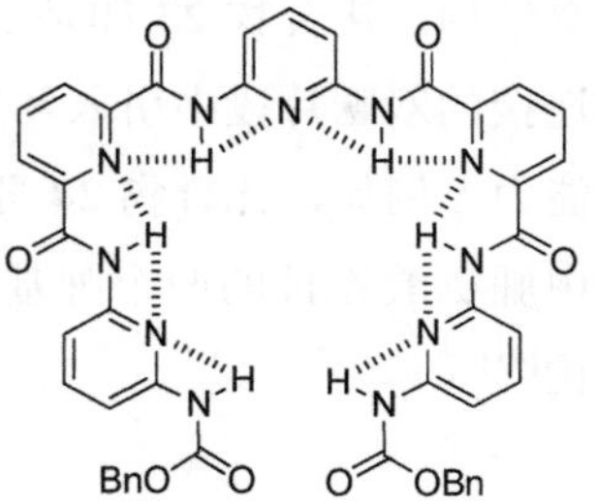

28

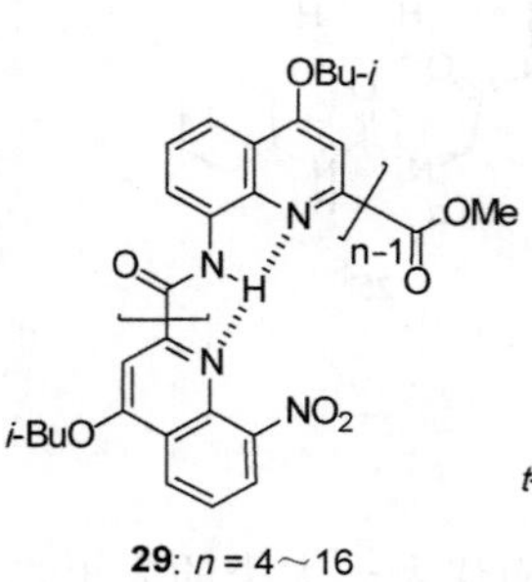

29: n = 4～16

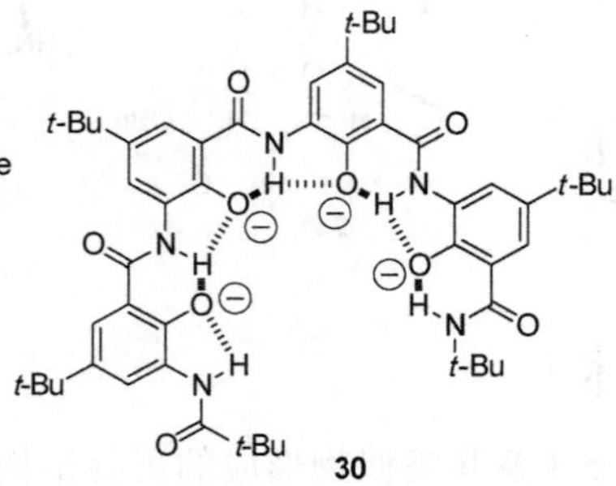

30

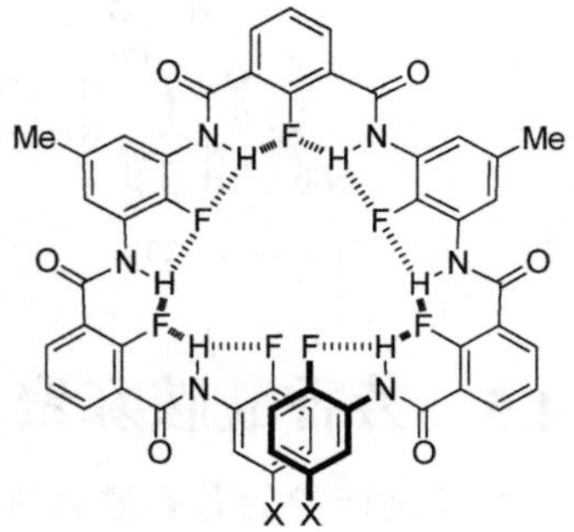

X = $CON(C_8H_{17})_2$
31

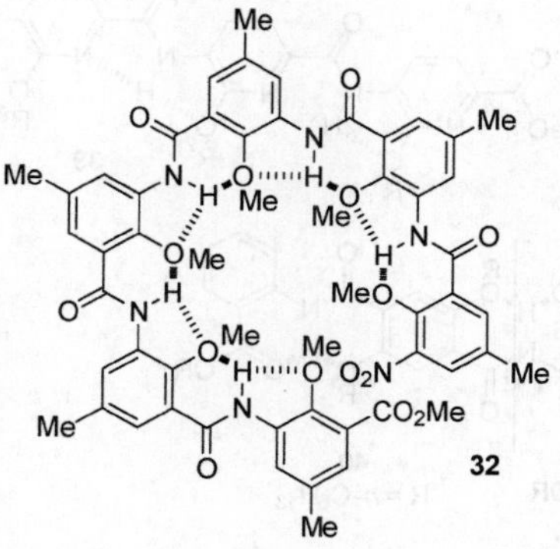

32

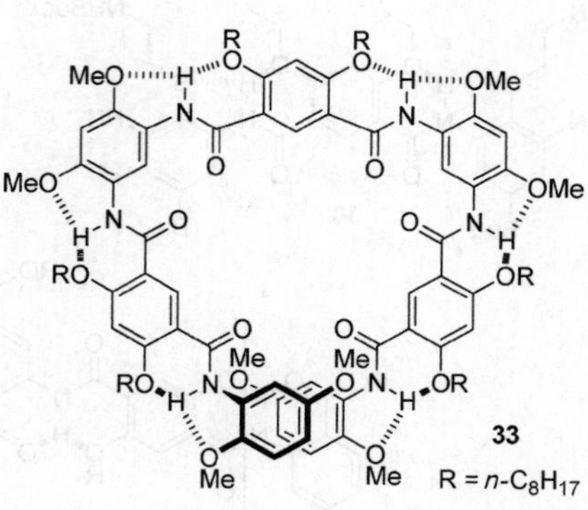

33

R = n-C_8H_{17}

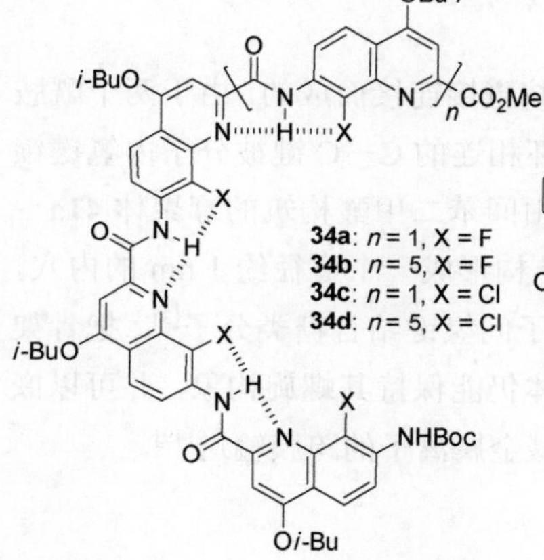

34a: n = 1, X = F
34b: n = 5, X = F
34c: n = 1, X = Cl
34d: n = 5, X = Cl

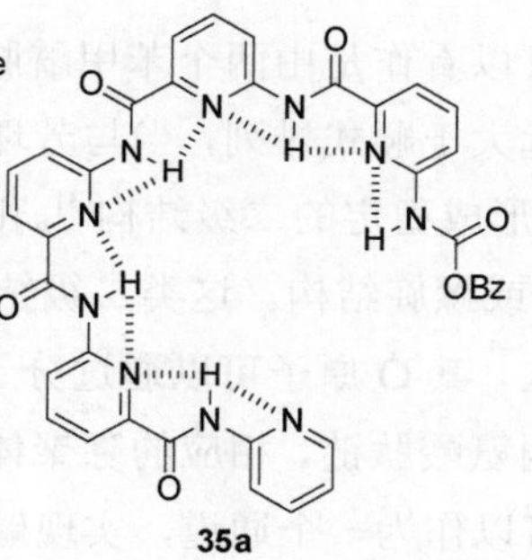

35a

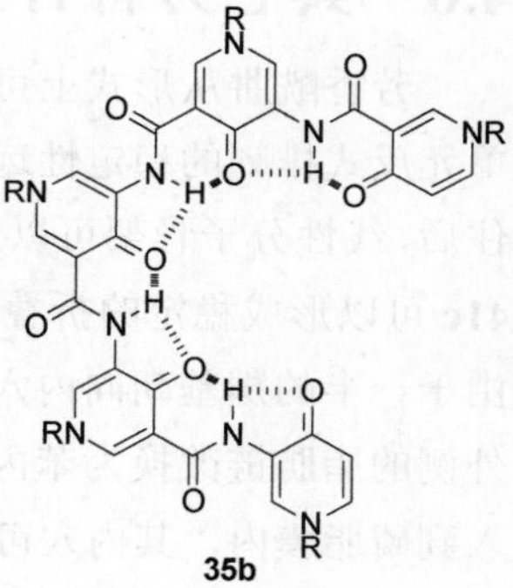

35b

在上述芳香螺旋体骨架内，连接芳环与两个酰胺官能团的 C—C 和 C—N 单键具有一定的夹角（120°左右）。对于苯环和吡啶环体系，两个酰胺取代基处于芳环的间位。改变两个酰胺官能团的位置可以控制线性骨架形成不同的二级结构，**36**～**40** 是代表性的例子[3]。这些扩展性的人工二级结构可以在骨架本身及侧链上进一步修饰，引入不同的官能团，是设计新的功能性分子的非常有用的平台[48]。例如，**37** 和 **40** 可以用于设计新的主体分子，用于分子识别研究[3]。**38** 是一类有效的抗菌试剂[18]，其活性氨基都处于分子骨架的一侧。**39** 也被用于设计 α-螺旋体模拟物，用于抑制蛋白-蛋白相互作用[16]。

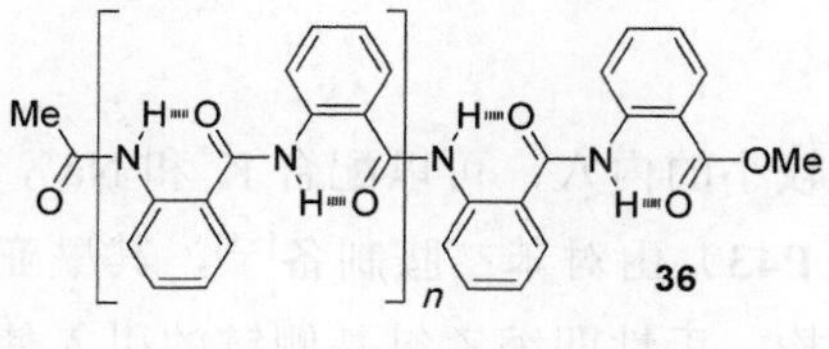

36

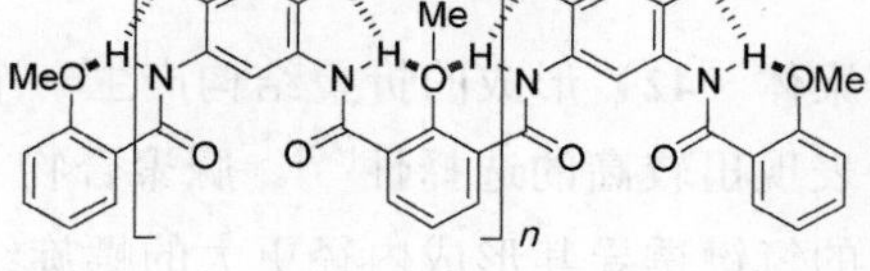

37a: n = 0
37b: n = 1
37c: n = 2
37d: n = 3

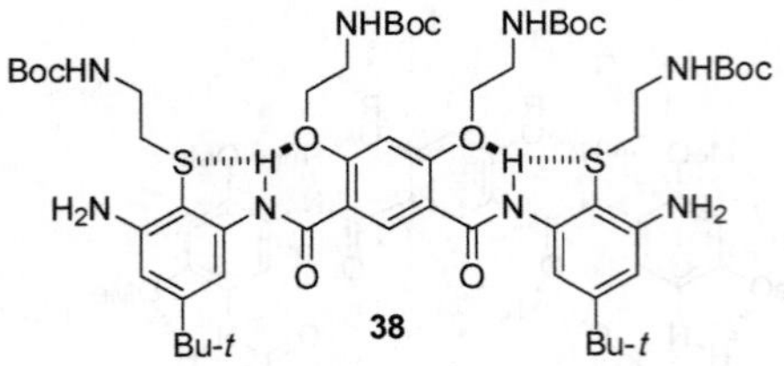

38

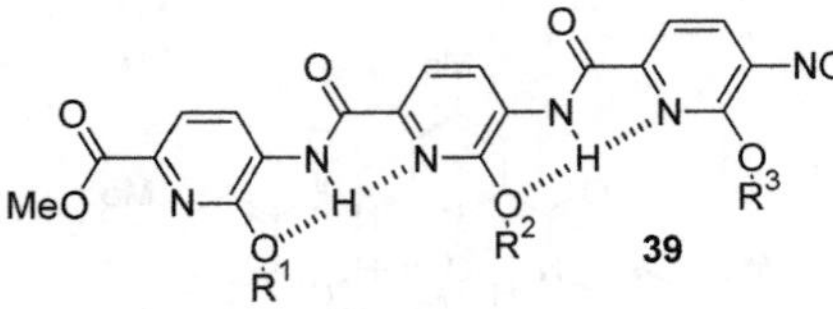

39

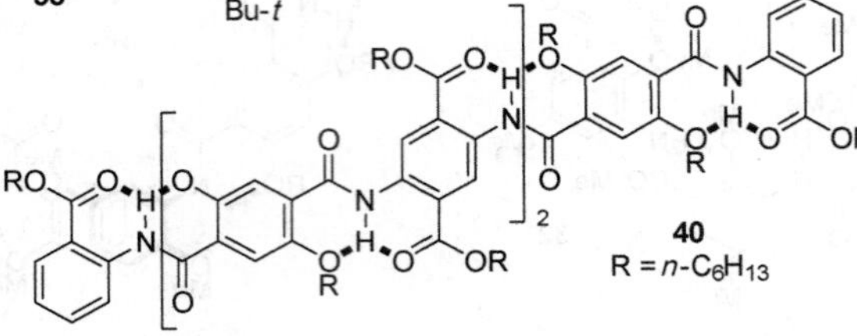

40

R = n-C_6H_{13}

4.6 其它芳香骨架寡聚体

芳香酰肼从形式上可以看作是由两个苯甲酰胺直接连接而成的。由于两个酰胺单元反式排列的稳定性远大于顺式排列，当与芳环相连的 C—C 键被分子内氢键锁住后，线性分子骨架可以形成稳定的二级结构[3]。由间苯二甲酸构筑的寡聚体 **41a**～**41c** 可以形成稳定的折叠或螺旋结构。这类二级结构形成一个直径约 1 nm 的内穴，由于一半的羰基朝向内穴，其 O 原子可以通过分子间氢键结合糖类分子[3]。把骨架外侧的脂肪链改换为苯丙氨酸肽链，相应的寡聚体仍能保持其螺旋构象，并可以嵌入到磷脂膜内，其内穴可以作为一个通道，实现碱金属离子的跨膜输送[49]。

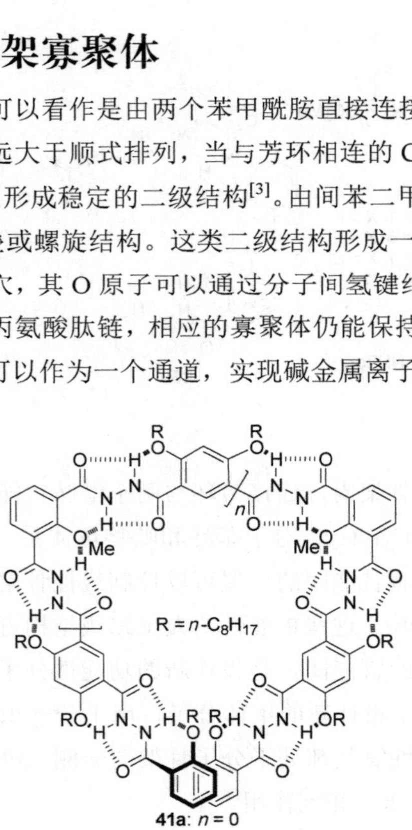

41a: $n = 0$
41b: $n = 1$
41c: $n = 2$

脲寡聚体（**42**）形成的折叠结构产生一个较小的内穴，可以配合 K^+和 Na^+，并对前者表现出较高的选择性[50]。脲聚合物（**P43**）由对苯二胺制备[51]，其酰亚胺分子内的氢键诱导其形成内径更大的螺旋结构，手性四缩乙氧基侧链的引入使得螺旋结构在水中产生手性偏差（helicity bias）。

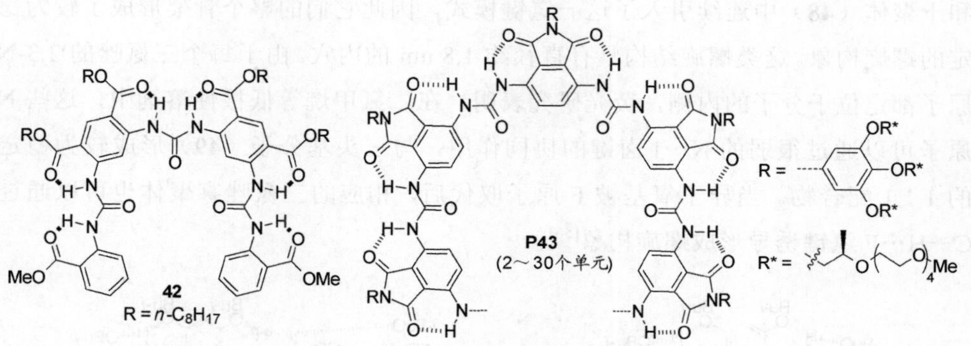

二甲酰亚胺寡聚体 **44** 和并入两个磺酰胺基团的寡聚体 **45** 也可以受分子内氢键驱动形成螺旋结构[52,53]。**44** 骨架具有平面的结构特征。由于磺酰胺基团只有一个 O 原子形成分子内氢键，而磺酰胺具有立体结构，**45** 的两个端基苯环与中间的三聚体骨架形成大的扭曲，但整个骨架仍具有螺旋特征。

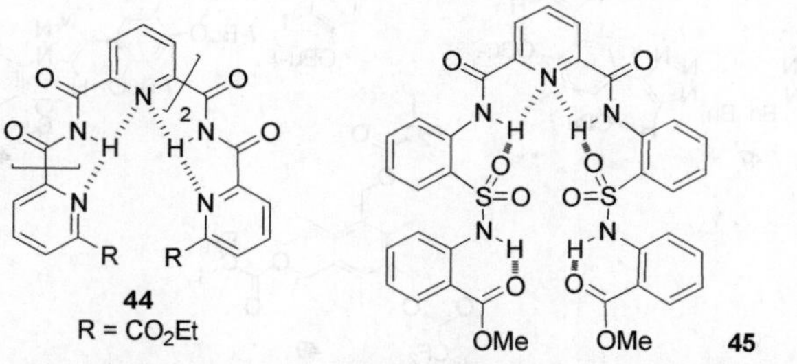

寡聚体 **46a**～**46d** 的骨架是间苯乙炔寡聚体，在其外侧引入酰胺和酯取代基，二者形成分子内十元环氢键，诱导寡聚苯乙炔骨架形成螺旋结构[54]。超过六元环的分子内氢键一般不稳定，难以与分子间氢键竞争。这类十元环氢键的稳定性较高，主要是因为二苯乙炔骨架刚性，两个苯环可以共平面，两个取代基的几何构型也非常有利于分子内氢键的形成。对这类螺旋二级结构的功能研究尚没有文献报道。

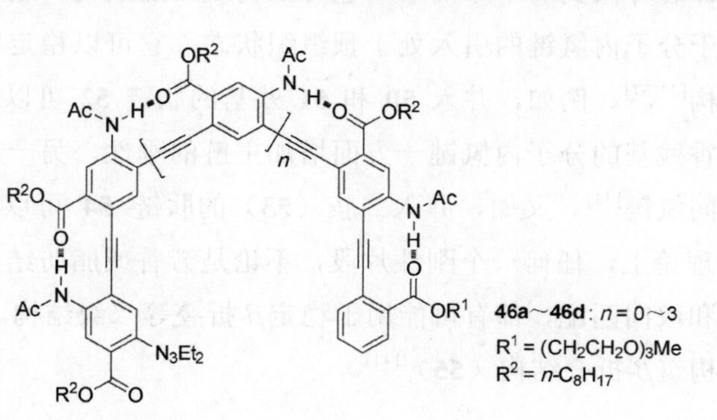

三氮唑可以形成较弱的 C—H…O 氢键（见 2.3.6 节）[55]。三氮唑八聚体（**47**）和十聚体（**48**）中连续引入了这一氢键模式，因此它们的整个骨架形成了较为稳定的螺旋构象。这类螺旋结构具有直径约 1.8 nm 的内穴。由于每个三氮唑的 2,3-N 原子都定位于分子的内侧，荧光研究表明，在二氯甲烷等低极性溶剂中，这些 N 原子可以通过很弱的 N…I 卤键的协同作用，与三头基分子（**49**）形成较为稳定的 1∶1 配合物。当异丁氧基被 F 原子取代后，相应的三氮唑寡聚体也可以通过 C—H…F 氢键诱导形成螺旋构象[56]。

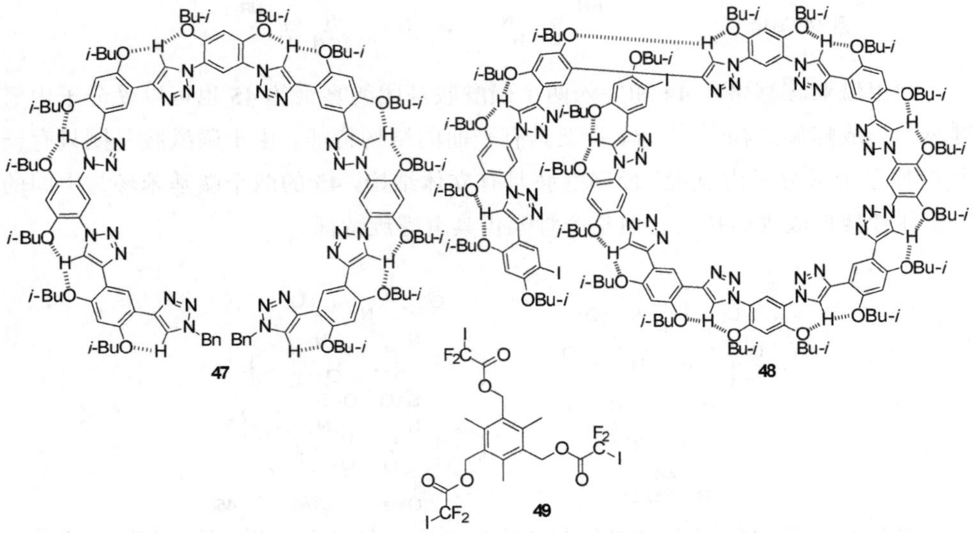

47

48

49

4.7 脂肪-芳香酰胺杂交序列

利用酰胺类单体构筑人工二级结构的主要研究工作集中于纯脂肪链和纯芳香类骨架。但把二者并入到一个序列中，也可以构筑新的杂交二级结构。如果芳香片段的构象由于分子内氢键的引入处于预组织状态，它可以稳定脂肪酰胺链形成扩展的二级结构[41,57]。例如，并入 **50** 和 **51** 残基的肽链 **52** 可以形成转角型的β-折叠结构，芳香残基的分子内氢键一方面增加主链的刚性，另一方面抑制了相应酰胺形成分子间氢键[41]。又如，并入二胺（**53**）的肽链 **54** 可以形成双转角的β-折叠结构[58]。理论上，任何一个刚性片段，不论是芳香或脂肪结构，只要形成氢键的酰胺位置和取向匹配，都有可能用于稳定β-折叠等二级结构。例如，反-丁烯二酸即被用于构筑β-折叠结构（**55**）[41]。

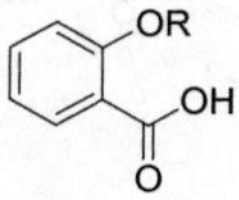

50

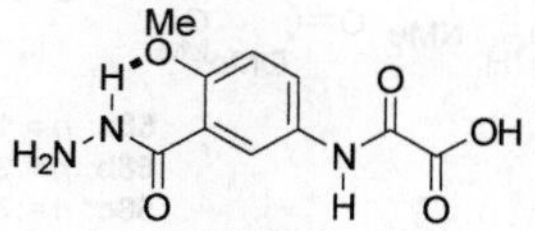

51

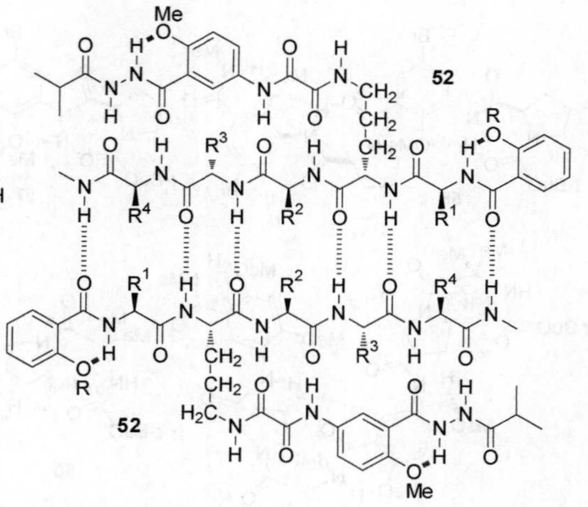

52

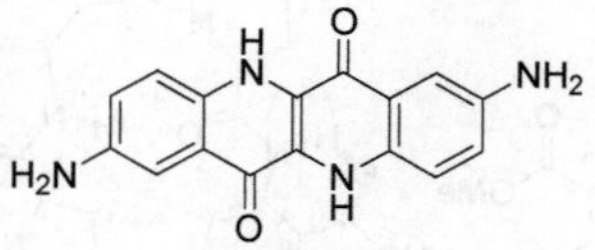

53

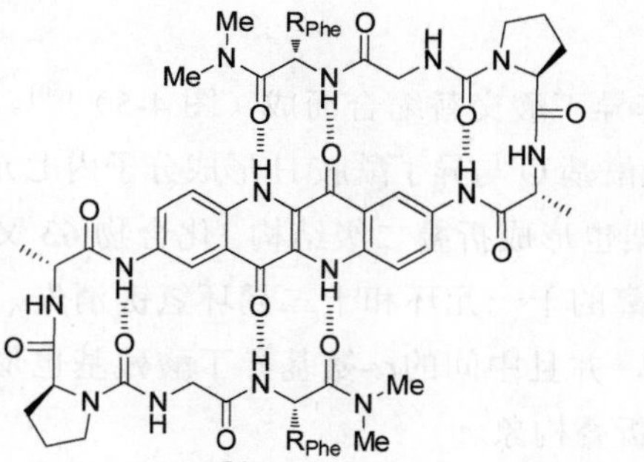

54

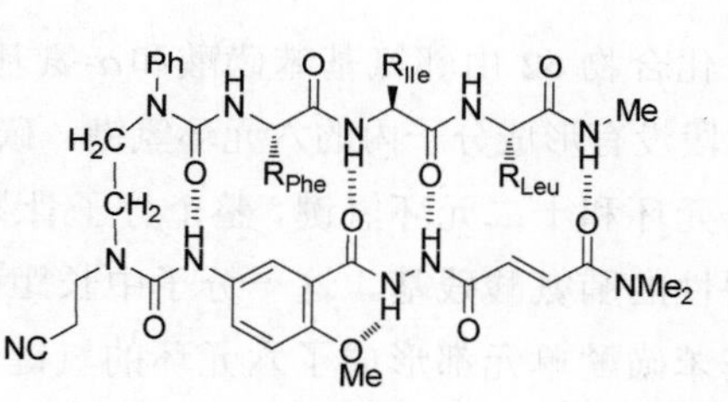

55

当脂肪类和芳香类氨基酸残基交替并入一个序列内时，整个骨架的构象倾向性取决于引入的单体的结构特征[59]。例如，脯氨酸和间氨基苯甲酸交替构筑的肽链 **56** 和 **57** 通过相邻酰胺间分子内三中心氢键形成类螺旋结构。由α-氨基异丁酸构筑的寡肽 **58a**～**58c** 也形成类似构象。较长的 **58b** 和 **58c** 产生“之”字型的扩展结构。并入三个氨基酸残基的序列 **59** 形成更为复杂的分子内氢键。首先，芳香单元仍形成稳定的分子内五元环和六元环氢键，而脯氨酸和α-氨基异丁酸二肽片段形成了少见的分子内十元环氢键，整个骨架形成一个转角结构。控制化合物 **60** 形成类似的氢键模式，说明在这一骨架中，这些分子内氢键是稳定的。化合物 **61** 由邻氨基苯甲酸和脯氨酸交替缩合而成。中间的苯环没有形成常见的分子内六元环氢键，而是和脯氨酸形成分子内九元环氢键，诱导整个分子形成一个转角二级结构。这些结果说明，对于脂肪类和芳香类氨基酸杂交形成的肽序列，芳香片段形成的分子内氢键最为稳定，而脂肪类片段形成的分子内氢键的稳定性较低，其模式随片段本身及与其相连的残基的变化而可能发生变化。

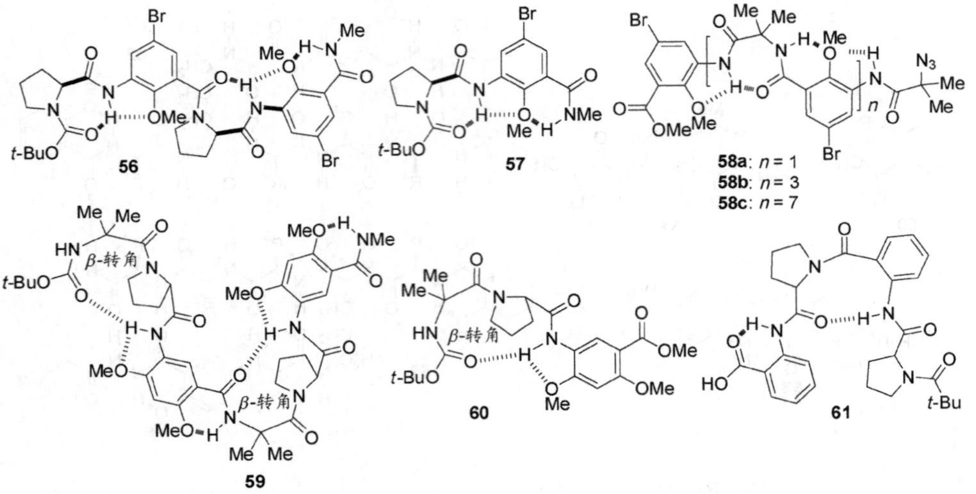

化合物 **62** 由邻氨基苯磺酸和α-氨基异丁酸交替缩合而成（图 4-5）[60]。其芳环片段没有形成分子内的六元环氢键，磺酰基 O 与异丁酰胺 H 形成分子内七元环、十一元环和十二元环氢键，整个分子骨架也形成折叠二级结构。化合物 **63** 又引入了手性的脯氨酸残基。这一分子中长距离的十一元环和十二元环氢键消失，两个氨基苯磺酰单元都形成了六元环的氢键，并且中间的α-氨基异丁酸残基也形成了分子内的五元环氢键。整个分子也保持折叠构象。

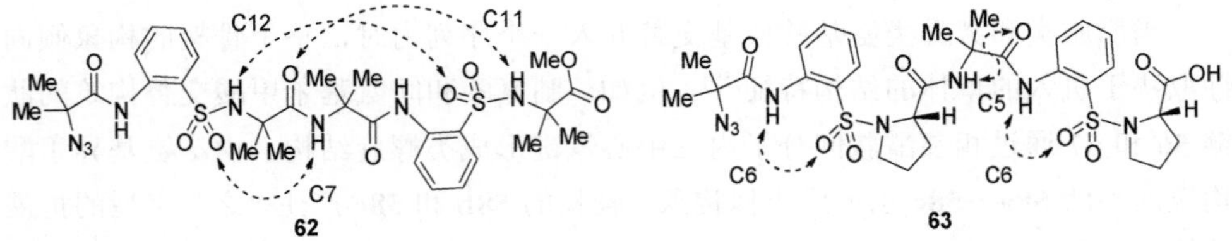

图 4-5 线性磺酰胺/酰胺寡聚体 **62** 和 **63** 形成的螺旋结构的氢键模式

化合物 **64** 的芳香酰胺骨架形成稳定的扩展型结构[61]，其两个短肽链定位于骨架的同一侧，两个分子的四个侧链形成反平行的折叠结构，在氯仿中 25℃时结合常数为 10 L/mol，在−20℃时为 330 L/mol。

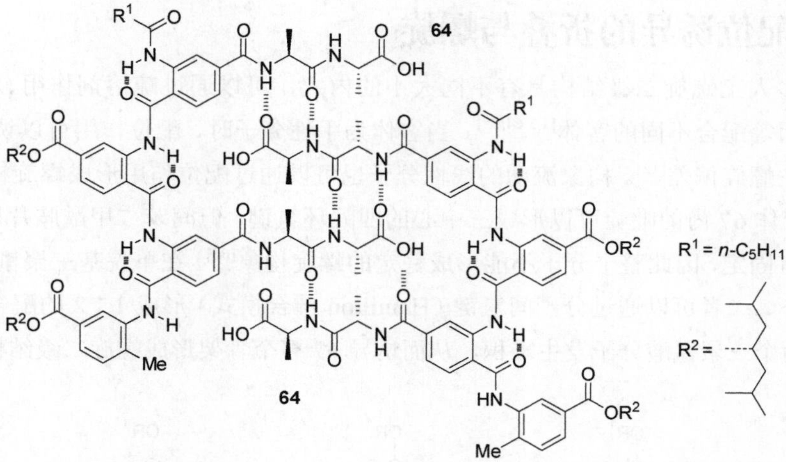

4.8 折叠体树枝状分子

氢键诱导的芳香酰胺折叠片段可以连续并入到一个分子中，形成树枝状大分子[62]。例如，化合物 **65** 可以认为是一个三代树枝状大分子，由 7 个三聚体的折叠片段组成。由于折叠片段的结构预组织和芳香酰胺的共平面性，这类分子产生较强的分子间堆积作用，芳环骨架也产生较大的扭曲。而化合物 **66** 是一个五代树枝状分子，并入了 21 个三聚体的折叠片段。由于这类树枝状结构具有紧密的三维结构，在其结构内部或外侧引入催化活性基团或配体，可以制备新的手性催化剂[63]。一些催化剂具有显著的树枝状分子效应，即同一催化剂引入到不同代的树枝状分子上时，其催化活性显著不同，引入到高代树枝状分子上的催化剂催化活性或选择性更高。

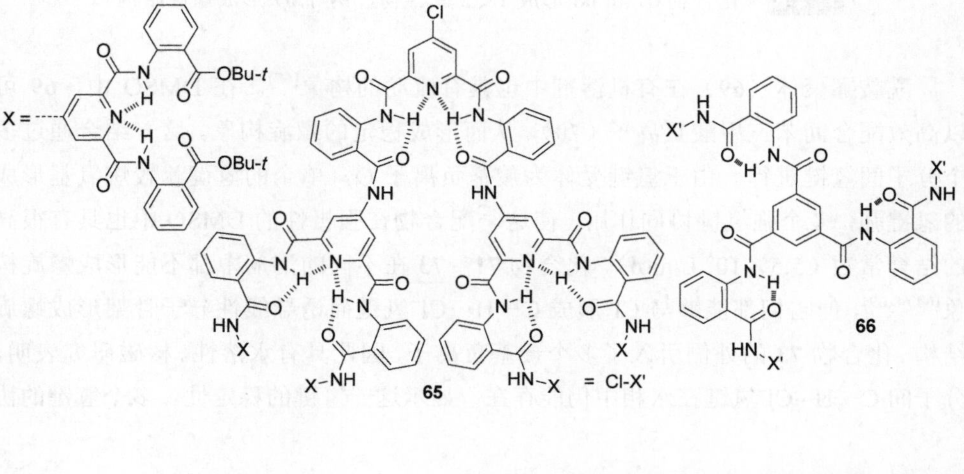

4.9 配位诱导的折叠与螺旋

很多人工螺旋二级结构具有不同大小的内穴，可以通过疏溶剂作用、氢键及静电作用等配合不同的客体[1,3,64,65]。当客体为手性分子时，配位作用可以诱导螺旋结构产生螺旋偏差[12]。构象流动的线性分子也可以通过配位作用形成螺旋构象。例如，七聚体 **67** 内的吡啶可以形成三中心的四元环氢键，但间苯二甲酰胺片段 C—C 单键没有固定，因此整个分子不能形成稳定的螺旋构象[66]。在单烷基三聚氰酸（**68**）的存在下，二者可以通过分子间氢键（Hamilton 结合模式）形成 1∶2 的配合物（图 4-6）。两个三聚氰酸分子发生堆积，从而诱导 **67** 整个骨架形成螺旋二级结构。

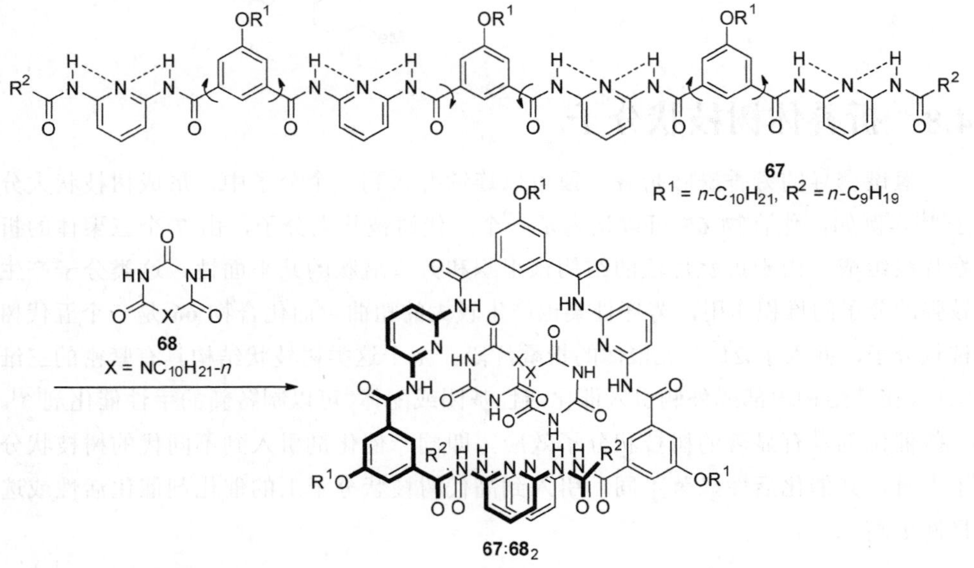

图 4-6 化合物 **67** 和 **68** 形成 1∶2 配合物，诱导 **67** 形成螺旋结构

酰胺寡聚体（**69**）在有机溶剂中也具有流动的构象[67]。在 DMSO 中，**69** 可以高效配合间苯三甲酸负离子（**70**），从而形成稳定的螺旋构象。这一结合通过多个分子间氢键进行。由于氢键受体为羧基负离子 O，单个的氢键就较烷氧基形成的氢键强，多个强氢键协同作用，使这一配合物在强极性的 DMSO 中也具有很高的结合常数（5.5×10^6 L/mol）。化合物 **71**～**73** 在不同的溶剂中都不能形成螺旋构象[64,68,69]，但它们都能够与 Cl^-形成 C—H…Cl^-氢键而诱导线性分子骨架形成螺旋结构。化合物 **73** 的外侧引入了多个羧基负离子，因此具有水溶性。核磁研究表明，分子间 C—H…Cl^-氢键在水相中仍能存在，显示这一氢键的稳定性。多个氢键的协

同作用及**73**形成的内穴的刚性及结构匹配性等都应该促成这一水相结合。这些通过折叠线性分子实现的配合代表了一类重要的响应性主-客体结合体系[12]。

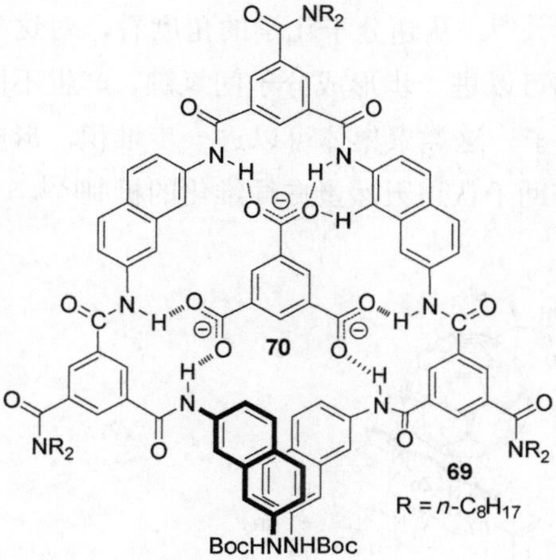

70　69

$R = n\text{-}C_8H_{17}$

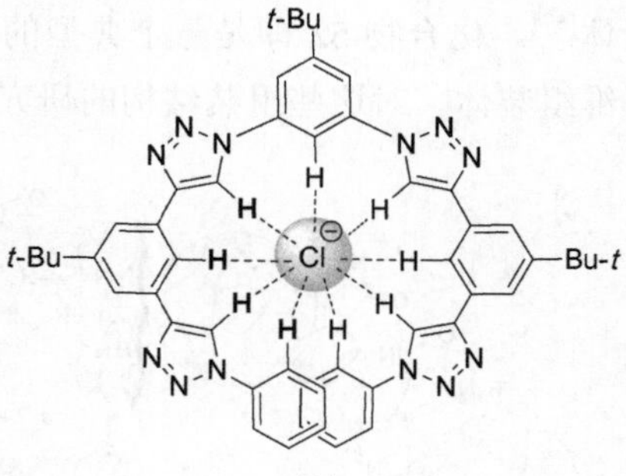

71

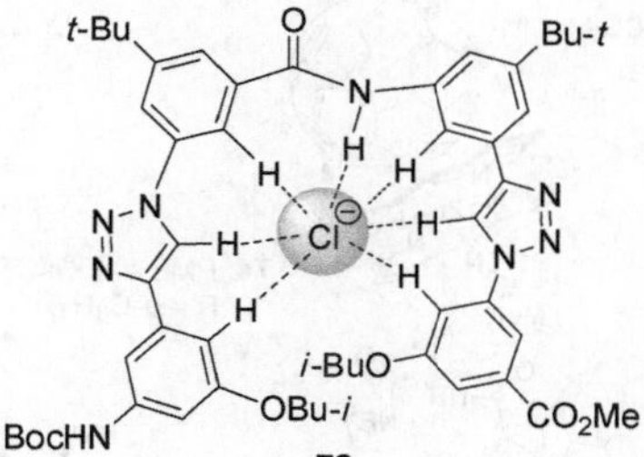

72

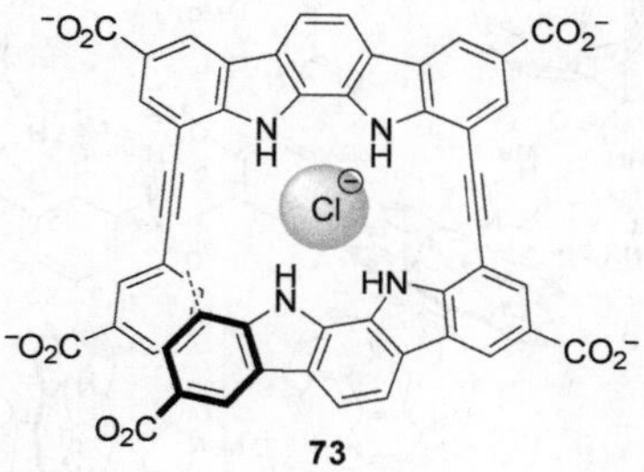

73

4.10 氢键诱导的人工二级结构的功能与应用

4.10.1 生物功能和药物设计

脂肪类人工二级结构的构筑研究的一个主要目的是发展人工的体系，模拟天然肽和蛋白质的各种二级结构，揭示控制人工二级结构的各种结构因素和非共价键作用力的作用机制和规律，其中对*β*-肽和*γ*-肽的研究最为深入[24,28]。这些非天然二级结构很多能抵抗生物酶的代谢，因此在生物活性分子和药物先导分子设计中得到广泛应用[14,15]。芳香酰胺形成的折叠、螺旋或扩展结构也可以进一步修饰，引入与生物分子结合的位点。因此，它们在化学生物学研究中也得到广泛应用[2,16-18]。在此类分子中，分子内氢键诱导芳香酰胺骨架产生可预测的刚性骨架，用于提高结合和活性官能团的选择性或生物活性。本书主要介绍基于氢键的分子识别和自组装研究。因此，这方面的研究进展将不做系统介绍。

4.10.2 分子识别

脂肪类人工二级结构的生物功能在很大程度上也是通过其在生物体系中的分子间相互作用或分子识别来实现的[14-18,24,28,70]。从超分子化学的角度看，对这类结构的应用研究较为少见。一些β-折叠结构可以进一步形成分子间氢键，产生不同的二聚体[57]。化合物 **52** 即是一个典型的例子。这类聚集体可以进一步堆积，形成长的纤维组装体。对这些组装结构的研究有助于认识天然蛋白纤维化的机制[57]。

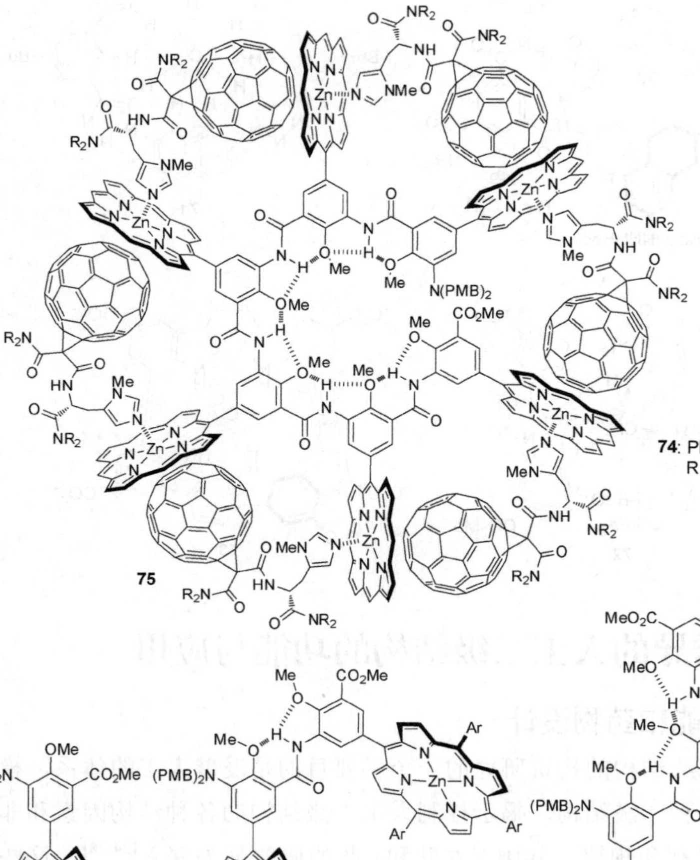

74: PMB =对甲氧苯甲基
R = n-C_8H_{17}

75

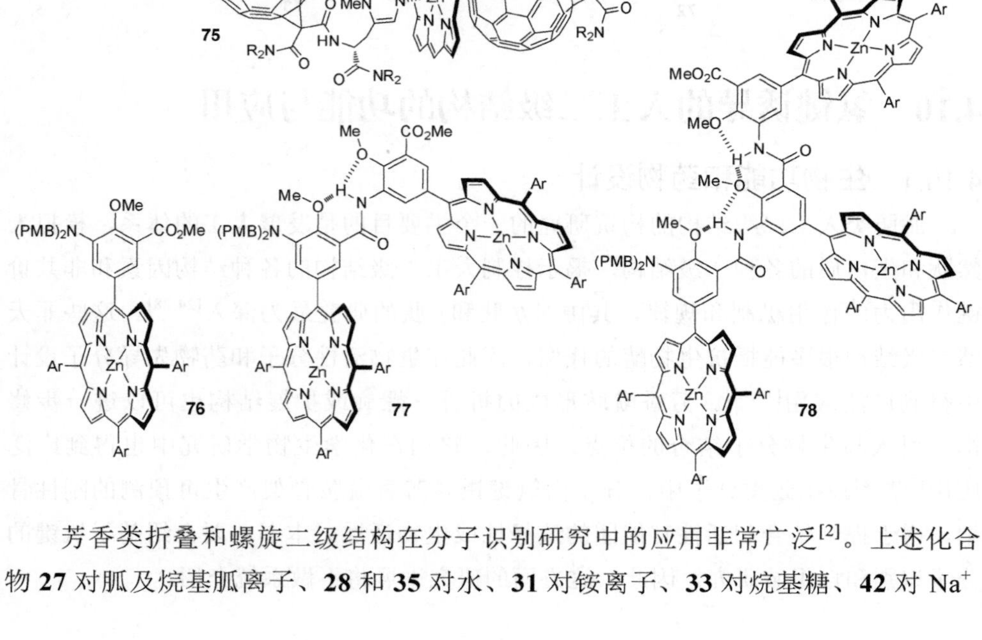

76 **77** **78**

芳香类折叠和螺旋二级结构在分子识别研究中的应用非常广泛[2]。上述化合物 **27** 对胍及烷基胍离子、**28** 和 **35** 对水、**31** 对铵离子、**33** 对烷基糖、**42** 对 Na^+

和 K^+及 **48** 对 **49** 的结合等即是典型的例子。对折叠或螺旋骨架进行修饰，可以形成很多新的主体分子。例如，化合物 **74** 并入六个锌卟啉，内部的六聚体折叠结构使得六个锌卟啉在外侧大致等距离排列，相邻两个锌卟啉的夹角也非常近似[71]。因此，**74** 可以同时配合六个 C_{60}-组氨酸衍生物（***R*-75**），驱动力来自于咪唑 N 与锌卟啉的配位作用和 C_{60} 与锌卟啉的堆积作用。在氯仿中表观结合常数为 3.5×10^4 L/mol。控制化合物 **76**～**78** 也可以配合 ***R*-75**，（表观）结合常数分别为 5.9×10^3 L/mol、1.1×10^4 L/mol 和 2.1×10^4 L/mol。可以看出，随着主体分子长度的增加，对 ***R*-75** 的结合能力逐渐增强，表现出明显的结合协同性。这一协同性来源于较长的主体分子分子内氢键诱导的芳香酰胺结构预组织，这种折叠构象使得相邻的两个锌卟啉的空间取向有利于双结合模式。由于组氨酸有一个手性中心，这种协同结合还导致整个体系产生超分子手性（图 4-7），两个对映体客体 ***R*-75** 和 ***S*-75** 形成对称的诱导 CD 信号，信号强度从 **77**、**78** 到 **74** 随着折叠结构长度的增加而增强。

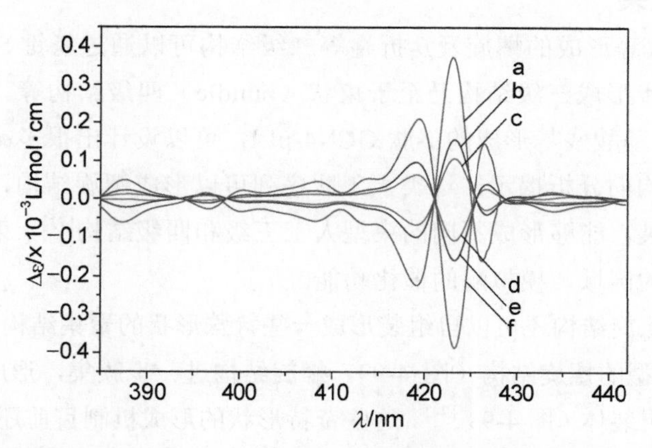

图 4-7 折叠体 **74**（a,f）、**77**（c,d）和 **78**（b,e）的氯仿溶液在 ***R*-75** 和 ***S*-75** 存在下的圆二色谱（锌卟啉浓度为 20 μmol/L，客体浓度为 5.0 mmol/L）

当螺旋结构具有较深的内穴时，它们可以结合线性的客体分子，形成互穿轮烷结构。与传统的轮烷结构不同的是，这类超分子体系的环组分为非环的螺旋体。例如，十五聚体的螺旋体 **79** 就可以和线性化合物 **80** 形成这类结构独特的主客体配合物体系 **79⊃80**（图 4-8）[72]。核磁共振波谱分析研究表明，受分子间氢键的驱动，螺旋体组分 **79** 在 **80** 的两个氧甲酰胺基团间来回运动，**79** 可通过去折叠脱离 **80**，但这一过程较上述分子梭运动要慢得多。

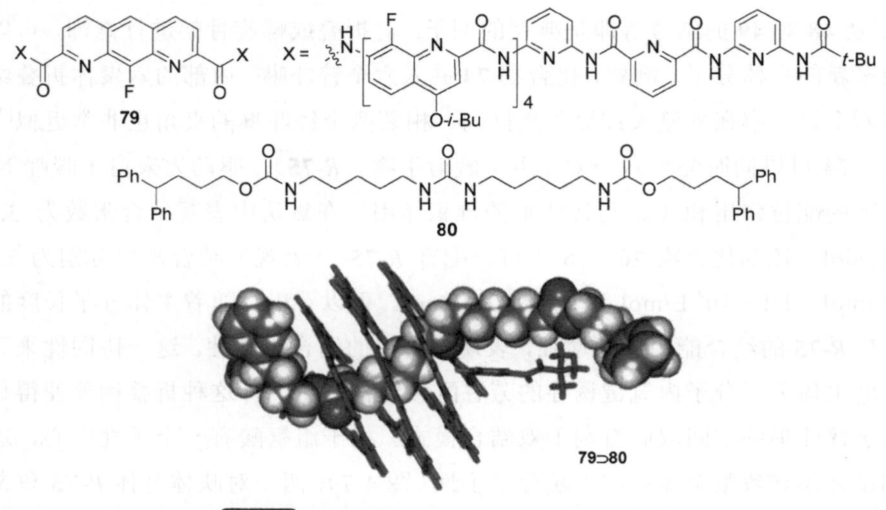

图 4-8 **79** 和 **80** 形成的[2]轮烷晶体结构

4.10.3 自组装

β-肽和γ-肽等形成的螺旋及β-折叠等二级结构可以通过氢键、疏水作用及静电作用等进一步形成三级结构乃至于束状（bundle）四级结构等。例如，通过模拟有 33 个α-氨基酸残基形成的α-肽 GCN4-pLI，可以设计出很多α/β-杂交肽。对它们的晶体结构的分析揭示，这类人工肽序列可以形成螺旋结构，多个螺旋结构可以进一步组装，能够形成不同的束型人工三级和四级结构[73]。束型结构的内部可以形成疏水的区域，模拟酶的催化功能。

一些人工螺旋结构还可以自组装形成一些特殊形状的聚集结构。例如，β-六肽 **81** 本身形成典型的螺旋结构（图 4-9），螺旋结构进一步簇集，形成微米尺度的具有牙齿形状的组装体（图 4-9）[74]。这些奇特形状的形成机制目前还没有完全揭示。

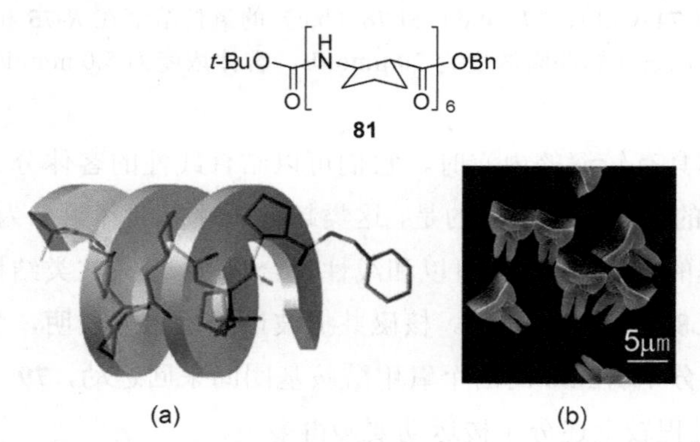

图 4-9 化合物 **81** 的（a）晶体结构及（b）堆积形成牙齿形聚集体（SEM 图）

由于芳香酰胺衍生物形成的二级结构具有稳定的预组织构象，当在其骨架上引入多个结合位点时，这些结合位点可以协同作用，从而达到提高结合稳定性和选择性的目的。例如，在 **37a** 和 **37b** 的一侧引入酰胺基团，相应的化合物 **82a** 和 **82b** 可以通过这些酰胺间的氢键形成二聚体[75]。在氯仿中，两个二聚体的结合常数分别为 3.0×10^3 L/mol 和 2.3×10^5 L/mol。而控制化合物 **83** 在氯仿中不能形成二聚体，而极性更低的苯中，形成的二聚体的结合常数仅为 40 L/mol。这些结果说明，**82a** 和 **82b** 的分子内氢键能够通过控制分子骨架的构象，使得所有的酰胺基团定位于骨架的一侧，从而促进分子间氢键的形成。

(**82a**)$_2$　(**82b**)$_2$　(**83**)$_2$

喹啉芳香酰胺四聚体（**84a**）的晶体结构揭示，这一螺旋体自结合形成四股聚集体[76]。两个分子头尾堆积形成双股结构，再进一步相互缠绕形成四股结构，并显示出不同的沟槽（图 4-10）。在氯仿中，**84a** 形成的二聚体的结合常数为 66 L/mol。因此，在氯仿中，只有少量的分子形成了二聚体，而形成四聚体的比例可以忽略。

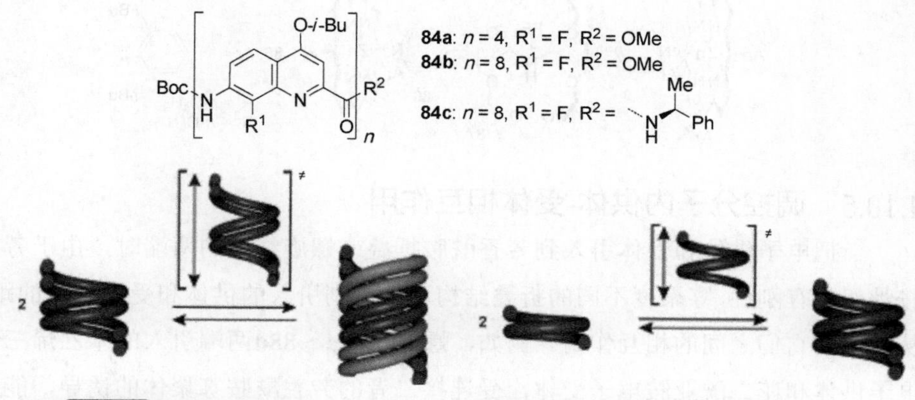

图 4-10　喹啉酰胺螺旋体 **84a** 和 **84b** 分别形成螺旋四股和双股结构

其在晶体中可以形成四股螺旋结构，主要驱动力来自于芳环之间的堆积作用。更长的八聚体（**84b**）在吡啶和氯仿中形成的二聚体的结合常数分别为 3.6×10^5 L/mol 和 8.5×10^5 L/mol。但在晶体中，其只形成双股二聚结构。化合物 **84c** 中引入了一个手性基团，圆二色谱研究表明，它可以诱导螺旋骨架产生螺旋偏差，形成 P 形螺旋体。

4.10.4 动态[2]索烃

化合物 **85** 的芳香酰胺骨架由分子内氢键诱导形成“V”字型构象，从而使两端的锌卟啉在同侧平行排列[77]。两个锌卟啉可以通过配位作用配合双吡啶配体（**86**），在氯仿中的结合常数为 5.7×10^6 L/mol。当浓度较高时，二者可以定量形成 1∶1 配合物。化合物 **86** 中间的铵离子可以进一步与 24-冠-8（**87**）通过分子间 N—H···O 氢键形成互穿配合物。由于配位作用是一个动态过程，当在 **85** 和 **86** 的配合物溶液中加入 **87** 时，**86** 可以进一步与 **87** 配合，从而形成动态的[2]索烃结构。当三者的浓度为 3 mmol/L 时，约 55%的 **87** 形成了索烃结构。降低温度到−13℃，并增加 **87** 的浓度到 6 mmol/L 时，索烃结构可以定量的形成。在 ^{1}H 核磁谱图中，配合的 **87** 和未配合的 **87** 分别形成一个单一信号峰，可以方便地定量二者的比例。

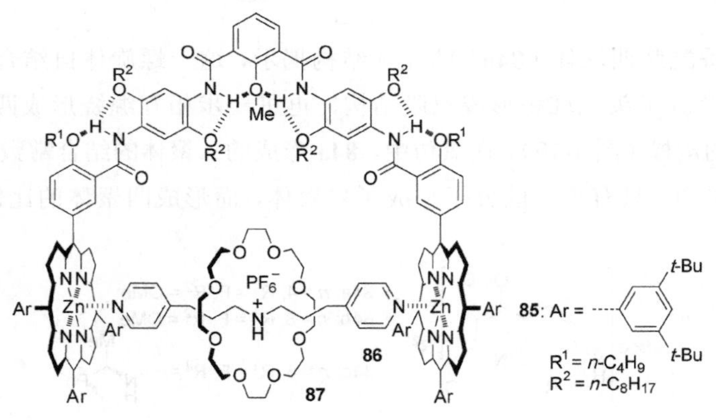

4.10.5 调控分子内供体-受体相互作用

当把电子供体和受体引入到芳香酰胺折叠或螺旋结构的两端时，由于芳香酰胺骨架具有刚性，寡聚度不同的折叠结构可以控制引入的供体和受体之间的距离，从而控制它们之间的相互作用。例如，螺旋体**88a**～**88d**两端引入的苯乙烯三聚体电子供体和苝二酰亚胺电子受体，受连接二者的芳香酰胺寡聚体的诱导，能够采取近距离接触[78]。因此，激发二者之一后，其激发态都几乎能定量地被对方猝灭，表明二者之间能快速产生电荷分离。

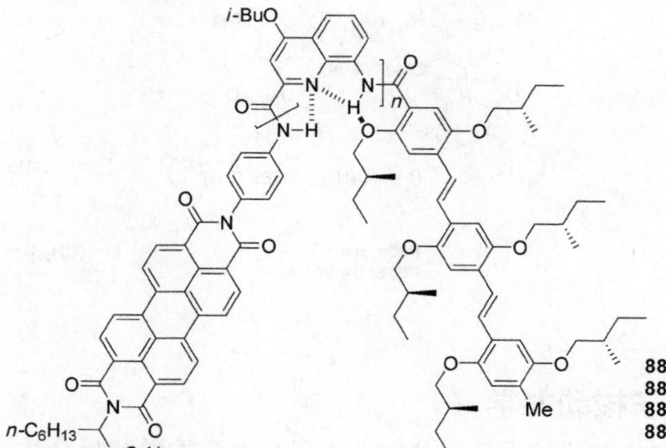

比较化合物**89a**～**89c**两端引入的锌卟啉和C_{60}之间的相互作用也揭示出折叠体结构预组织的重要性[79]。化合物**89a**由于芳香酰胺片段内引入了四个氢键采取折叠构象，诱导两个发色团相互靠近，因此，其锌卟啉具有显著的减色效应（44%）。少一个氢键的化合物**89b**的锌卟啉受C_{60}影响产生的减色效应降为16%，而少两个氢键的**89c**相应的减色效应仅为2%。

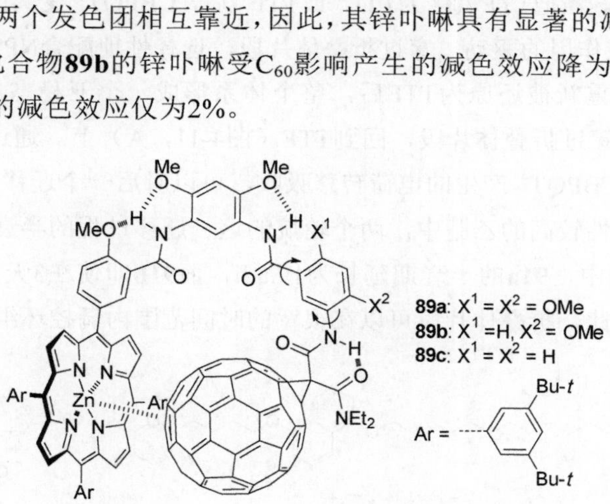

4.10.6 调控聚合物力学性能

甲基丙烯酸酯共聚物 **P90a** 和 **P90b** 中引入了芳香酰胺折叠片段作为交联剂[80]。这两个聚合物分别被制备成厚度为0.1 mm的薄膜。动态力学实验和蠕变/应力实验表明，相对于并入没有分子内氢键的同样大小的芳香酰胺交联剂的聚合物，这两个聚合物的力学性能得到很大的提高。折叠体片段的分子内氢键的可逆去折叠和折叠过程发挥了能量池的作用，显著提高了聚合物的弹性。

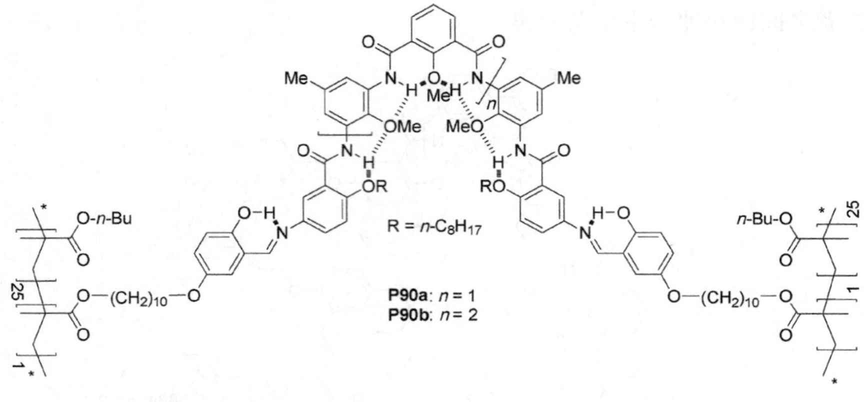

4.10.7 调控分子梭动力学

[2]轮烷**91a**和**91b**的线性组分中分别并入了一个芳香酰胺折叠体片段，两边分别连接四硫富瓦烯（TTF）和萘（NP）两个富电子单元[81]。由于TTF的富电性比NP更强，四正离子环番$CBPQT^{4+}$选择性地配合TTF（图4-11，稳态A），并产生特征的电荷转移吸收带。当把TTF氧化为TTF^{2+}或$TTF^{\bullet+}$后，$CBPQT^{4+}$受其静电排斥及与NP的供体-受体相互作用的驱动，穿过折叠体片段，选择性地配合NP（图4-11，D）。当TTF^{2+}或$TTF^{\bullet+}$重新被还原为TTF后，整个体系形成一个亚稳态（图4-11，B），$CBPQT^{4+}$又重新穿过折叠体片段，回到TTF（图4-11，A）上。通过紫外-可见吸收光谱记录TTF和$CBPQT^{4+}$产生的电荷转移吸收，可以对后一个迁移过程进行跟踪。结果表明，在极性较高的乙腈中，两个轮烷的这一迁移过程的半衰期分别为66 s和930 s。而在氯仿中，**91a**的半衰期延长为19.5 h，而**91b**即使在3天后也没有观察到迁移的发生。因此，折叠体片段可以在很宽的时间范围内调控环组分的穿梭运动。

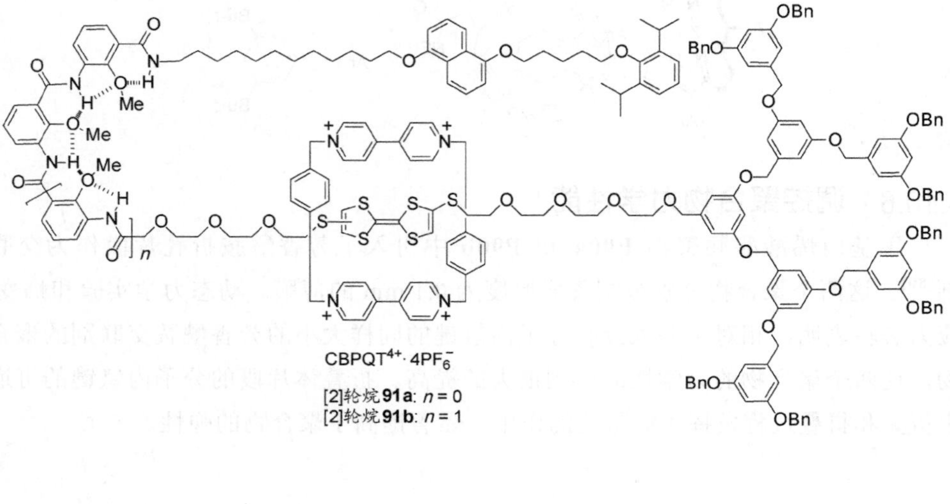

$CBPQT^{4+}\cdot 4PF_6^-$
[2]轮烷**91a**: $n = 0$
[2]轮烷**91b**: $n = 1$

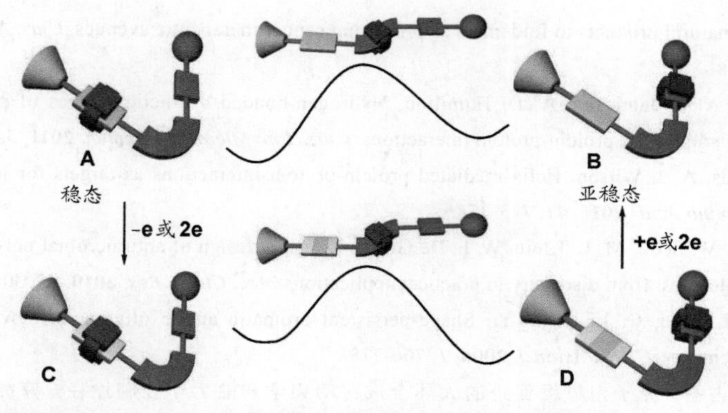

图 4-11 折叠体调控的双稳态轮烷 **91a** 和 **91b** 内 $CBPQT^{4+}$环组分在 TTF 和 NP 两个位点间穿梭过程的示意图。这一过程受 TTF 的可逆氧化-还原控制

参考文献

[1] D. J. Hill, M. J. Mio, R. B. Prince, T. S. Hughes, J. S. Moore, A field guide to foldamers. *Chem. Rev.* **2001**, *101*, 3893-4012.

[2] R. P. Cheng, S. H. Gellman, W. F. DeGrado, β–Peptides: from structure to function. *Chem. Rev.* **2001**, *101*, 3219-3232.

[3] D.-W. Zhang, X. Zhao, J.-L. Hou, Z.-T. Li, Aromatic amide foldamers: structures, properties, and functions. *Chem. Rev.* **2012**, *112*, 5271-5316.

[4] A. D. Q. Li, W. Wang, L.-Q. Wang, Folding versus self-assembling. *Chem. Eur. J.* **2003**, *9*, 4594-4601.

[5] Y. Zhao, H. Cho, L. Widanapathirana, S. Zhang, Conformationally controlled oligocholate membrane transporters: learning through water play. *Acc. Chem. Res.* **2013**, *46*, 2763-2772.

[6] W. S. Horne, S. H. Gellman, Foldamers with heterogeneous backbones. *Acc. Chem. Res.* **2008**, *41*, 1399-1408.

[7] P. G. Vasudev, S. Chatterjee, N. Shamala, P. Balaram, Gabapentin: a stereochemically constrained γ-amino acid residue in hybrid peptide design. *Acc. Chem. Res.* **2009**, *42*, 1628-1639.

[8] B. Gong, Aggregation and assembly of crescent foldamers. *Sci. China* **2010**, *53*, 45-51.

[9] Q. Gan, Y. Wang, H. Jiang, Aromatic oligoamide foldamers: a paradigm for structure- property relationship. *Curr. Org. Chem.* **2011**, *15*, 1293-1301.

[10] G. Guichard, I. Huc, Synthetic foldamers. *Chem. Commun.* **2011**, *47*, 5933-5941.

[11] Z.-T. Li, Hydrogen bonded arylamide foldamers: from conformational control to functional evolution. *Huaxue Jinzhan* **2011**, *23*, 1-12.

[12] D.-W. Zhang, X. Zhao, Z.-T. Li, Aromatic amide and hydrazide foldamer-based responsive host-guest systems. *Acc. Chem. Res.* **2014**, *47*, 1961-1970.

[13] H.-Y. Hu, C.-F. Chen, Artificial supersecondary structures based on aromatic oligomides. *Methods Mol. Biol.* **2013**, *932*, 219-234.

[14] W. S. Horne, Peptide and peptoid foldamers in medicinal chemistry. *Expert Opin. Drug Discov.* 2011, 6, 1247-1262.

[15] M. De Giorgi, A. S. Voisin-Chiret, S. Rault, Targeting the BH3 domain of Bcl-2 family proteins. A brief

history from natural products to foldamers as promising cancer therapeutic avenues. *Curr. Med. Chem.* **2013**, *20*, 2964-2978.

[16] M. J. Adler, A. G. Jamieson, A. D. Hamilton, Hydrogen-bonded synthetic mimics of protein secondary structure as disruptors of protein-protein interactions. *Curr. Top. Microbiol. Immun.* **2011**, *348*, 1-23.

[17] T. A. Edwards, A. J. Wilson, Helix-mediated protein-protein interactions as targets for intervention using foldamers. *Amino Acids* **2011**, *41*, 743-754.

[18] G. N. Tew, R. W. Scott, M. L. Klein, W. F. De Grado, De novo design of antimicrobial polymers, foldamers, and small molecules: from discovery to practical applications. *Acc. Chem. Res.* **2010**, *43*, 30-39.

[19] Z.-T. Li, J.-L. Hou, C. Li, H.-P. Yi, Shape-persistent aromatic amide oligomers: new tools for supramolecular chemistry. *Chem. Asian J.* **2006**, *1*, 766-778.

[20] 张丹维，黎占亭，分子内氢键促进的大环合成：动力学和热力学控制途径. *有机化学* **2012**, *32*, 2009-2017.

[21] H. Fu, Y. Liu, H. Zeng, Shape-persistent H-bonded macrocyclic aromatic pentamers. *Chem. Commun.* **2013**, *49*, 4127-4144.

[22] G. P. Dado, S. H. Gellman, Intramolecular hydrogen bonding in derivatives of β-alanine and γ-amino butyric acid: model studies for the folding of unnatural polypeptide backbones. *J. Am. Chem. Soc.* **1994**, *116*, 1054-1062.

[23] S. H. Gellman, Foldamers: a manifesto. *Acc. Chem. Res.* **1998**, *31*, 173-180.

[24] D. Seebach, J. Gardiner, β–Peptidic peptidomimetics. *Acc. Chem. Res.* **2008**, *41*, 1366-1375.

[25] D. Seebach, M. Overhand, F. N. M. Kühnle, B. Martinoni, L. Oberer, U. Hommel, H. Widmer, β-Peptides. Synthesis by Arndt-Eistert homologation with concomitant peptide coupling. Structure determination by NMR and CD spectroscopy and by X-ray crystallography. Helical secondary structure of a β-hexapeptide in solution and its stability towards pepsin. *Helv. Chim. Acta* **1996**, 79, 913-941.

[26] D. Seebach, J. L. Matthews, β-Peptides: a surprise at every turn. *Chem. Commun.*, 1997, 2015-2022.

[27] D. Seebach, S. Abele, K. Gademann, B. Jaun, Pleated sheets and turns of β-peptides with proteinogenic side chains. *Angew. Chem. Int. Ed.* 1999, *38*, 1595-1597.

[28] D. Seebach, A. K. Beck, D. J. Bierbaum, The world of β- and γ-peptides comprised of homologated proteinogenic amino acids and other components. *Chem. Biodiversity* 2004, *1*, 1111-1239.

[29] V. Semetey, D. Rognan, C. Hemmerlin, R. Graff, J.-P. Briand, M. Marraud, G. Guichard, *Angew. Chem. Int. Ed.* **2002**, *41*, 1893-1895.

[30] F. Bouillère, S. Thétiot-Laurent, C. Kouklovsky, V. Alezra, Foldamers containing c-amino acid residues or their analogues: Structural features and applications. *Amino Acids* **2011**, *41*, 687-707.

[31] J.-L. Wang, J.-S. Xu, D.-Y. Wang, H. Wang, Z.-T. Li, D.-W. Zhang, Anti-parallel sheet structures of side-chain-free γ-, δ-, and ε-dipeptides stabilized by benzene- pentafluorobenzene stacking. *CrystEngComm* **2014**, *16*, 2078-2084.

[32] G. V. M. Sharma, V. B. Jadhav, K. V. S. Ramakrishna, P. Jayaprakash, K. Narsimulu, V. Subash, A. C. Kunwar, 12/10- and 11/13-Mixed helices in α/γ- and β/γ-hybrid peptides containing C-linked carbo-γ-amino acids with alternating α- and β-amino acids. *J. Am. Chem. Soc.* **2006**, *128*, 14657-14668.

[33] Y.-D. Wu, W. Han, D.-P. Wang, Y. Gao, Y.-L. Zhao, Theoretical analysis of secondary structures of β-peptides. *Acc. Chem. Res.* **2008**, *41*, 1418-1427.

[34] X. Li, D. Yang, Peptides of aminoxy acids as foldamers. *Chem. Commun.* **2006**, 3367-3379.

[35] X. Li, Y.-D. Wu, D. Yang, α-Aminoxy acids: New possibilities from foldamers to anion receptors and channels. *Acc. Chem. Res.* **2008**, *41*, 1428-1438.

[36] D. Yang, J. Qu, W. Li, D.-P. Wang, Y. Ren, Y.-D. Wu, A reverse turn structure induced by a D,L-α-aminoxy acid dimer. *J. Am. Chem. Soc.* **2003**, *125*, 14452-14457.

[37] D. Yang, W. Li, J. Qu, S. W. Luo, Y. D. Wu, A new strategy to induce γ-turns: Peptides composed of alternating R-aminoxy acids and R-amino acids. *J. Am. Chem. Soc.* **2003**, *125*, 13018-13019.

[38] X. Li, B. Shen, X.-Q. Yao, D. Yang, A small synthetic molecule forms chloride channels to mediate chloride transport across cell membranes. *J. Am. Chem. Soc.* **2007**, *129*, 7264-7265.

[39] L. Fischer, G. Guichard, Folding and self-assembly of aromatic and aliphatic urea oligomers: Towards connecting structure and function. *Org. Biomol. Chem.* **2010**, *8*, 3101-3117.

[40] N. Pendem, C. Douat, P. Claudon, M. Laguerre, S. Castano, B. Desbat, D. Cavagnat, E. Ennifar, B. Kauffmann, G. Guichard, Helix-forming propensity of aliphatic urea oligomers incorporating noncanonical residue substitution patterns. *J. Am. Chem. Soc.* **2013**, *135*, 4884-4892.

[41] J. S. Nowick, Exploring β-sheet structure and interactions with chemical model systems. *Acc. Chem. Res.* **2008**, *41*, 1319-1330.

[42] M. J. Soth, J. S. Nowick, A peptide/oligourea/azapeptide hybrid that adopts a hairpin turn. *J. Org. Chem.* **1999**, *64*, 276-281.

[43] K. Yamato, L. Yuan, W. Feng, A. J. Helsel, A. R. Sanford, J. Zhu, J. Deng, X. C. Zeng, B. Gong, Crescent oligoamides as hosts: conformation-dependent binding specificity. *Org. Biomol. Chem.* **2009**, *7*, 3643-3647.

[44] W. Q. Ong, H. Zhao, X. Fang, S. Woen, F. Zhou, W. Yap, H. Su, S. F. Y. Li, H. Zeng, Encapsulation of conventional and unconventional water dimers by water-binding foldamers. *Org. Lett.* **2011**, *13*, 3194-3197.

[45] V. Berl, I. Huc, R. G. Khoury, M. J. Krische, J.-M. Lehn, Interconversion of single and double helices formed from synthetic molecular strands, *Nature* **2000**, *407*, 720-723.

[46] Q. Gan, F. Li, G. Li, B. Kauffmann, J. Xiang, I. Huc, H. Jiang, Heteromeric double helix formation by cross-hybridization of chloro-and fluoro-substituted quinoline oligoamides. *Chem. Commun.* **2010**, *46*, 297-299.

[47] H. Zhao, Sh. Sheng, Y. Hong, H. Zeng, Proton gradient-induced water transport mediated by water wires inside narrow aquapores of aquafoldamer molecules. *J. Am. Chem. Soc.* **2014**, *136*, 14270-14276.

[48] D.-W. Zhang, W.-K. Wang, Z.-T. Li, Hydrogen bonding-driven aromatic foldamers: The structural and functional evolution. *Chem. Rec.* **2015**, **15**, 233-251.

[49] P. Xin, P. Zhu, P. Su, J.-L. Hou, Z.-T. Li, Hydrogen bonded helical hydrazide oligomers and polymer that mimic the ion transport of Gramicidin A. *J. Am. Chem. Soc.* **2014**, *136*, 13078-13081.

[50] A. Zhang, Y. Han, K. Yamato, X. C. Zeng, B. Gong, Aromatic oligoureas: Enforced folding and assisted cyclization. *Org. Lett.* **2006**, *8*, 803-806.

[51] R. W. Sinkeldam, M. H. C. J. van Houtem, K. Pieterse, J. A. J. M. Vekemans, E. W. Meijer, Chiral poly(ureidophthalimide) foldamers in water. *Chem. Eur. J.* **2006**, *12*, 6129-6137.

[52] X. Li, C. Zhan, Y. Wang, J. Yao, Pyridine-imide oligomers. *Chem. Commun.* **2008**, 2444-2446.

[53] Z.-Q. Hu, C.-F. Chen, Self-assembly of aromatic sulfonamide-amide hybridized molecules: formation of 2D layers and 3D microporous networks in the solid state *Tetrahedron* **2006**, *62*, 3446-3454.

[54] X. Yang, A. L. Brown, M. Furukawa, S. Li, W. E. Gardinier, E. J. Bukowski, F V. Bright, C. Zheng, X. C. Zeng, B. Gong, A new strategy for folding oligo(*m*-phenylene ethynylenes). *Chem. Commun.* **2003**, 56-57.

[55] L.-Y. You, S.-G. Chen, X. Zhao, Y. Liu, W.-X. Lan, Y. Zhang, H.-J. Lu, C.-Y. Cao, Z.-Ti. Li, C—H···O hydrogen bonding-induced triazole foldamers: Efficient halogen bonding receptors for organohalogens. *Angew. Chem. Int. Ed.* **2012**, *51*, 1657-1661.

[56] Y.-H. Liu, L. Zhang, X.-N. Xu, Z.-M. Li, D.-W. Zhang, X. Zhao, Z.-T. Li, Intramolecular C—H···F hydrogen bonding-induced 1,2,3-triazole-based foldamers. *Org. Chem. Front.* **2014**, *1*, 494-500.

[57] P.-N. Cheng, J. D. Pham, J. S. Nowick, The supramolecular chemistry of β-sheets. *J. Am. Chem. Soc.* **2013**, *135*, 5477-5492.

[58] D. S. Kemp, B. R. Bowen, C. C. Muendel, Synthesis and conformational analysis of epindolidione-derived peptide models for β-sheet formation. *J. Org. Chem.* **1990**, *55*, 4650-4657.

[59] A. Roy, P. Prabhakaran, P. K. Baruaha, G. J. Sanjayan, Diversifying the structural architecture of synthetic oligomers: the hetero foldamer approach. *Chem. Commun.* **2011**, *47*, 11593-11611.

[60] S. S. Kale, S. M. Kunjir, R. L. Gawade, V. G. Puranik, P. R. Rajamohanan, G. J. Sanjayan, Conformational modulation of peptide secondary structures using β-aminobenzenesulfonic acid. *Chem. Commun.* **2014**, *50*, 2886-2888.

[61] Y. Hamuro, A. D. Hamilton, Functionalized oligoanthranilamides: Modular and conformationally controlled scaffolds. *Bioorg. Med. Chem.* **2001**, *9*, 2355-2363.

[62] J. W. Lockman, N. M. Paul, J. R. Parquette, The role of dynamically correlated conformational equilibria in the folding of macromolecular structures. A model for the design of folded dendrimers. *Progr. Polym. Sci.* **2005**, *30*, 423-452.

[63] K. Mitsui, S. A. Hyatt, D. A. Turner, C. M. Hadad, J. R. Parquette, Direct aldol reactions catalyzed by intramolecularly folded prolinamide dendrons: dendrimer effects on stereoselectivity. *Chem. Commun.* **2009**, 3261-3263.

[64] H. Juwarker, J.-m. Suk, K.-S. Jeong, Foldamers with helical cavities for binding complementary guests. *Chem. Soc. Rev.* **2009**, *38*, 3316-3325.

[65] Y.-Y. Zhu, G.-T. Wang, Z.-T. Li, Molecular recognition with linear molecules as receptors. *Curr. Org. Chem.* **2011**, *15*, 1266-1292.

[66] V. Berl, M. J. Krische, I. Huc, J.-M. Lehn, M. Schmutz, Template-induced and molecular recognition directed hierarchical generation of supramolecular assemblies from molecular strands. *Chem. Eur. J.* **2000**, *6*, 1938-1946.

[67] Y.-X. Xu, X. Zhao, X.-K. Jiang, Z.-T. Li, Helical folding of aromatic amide-based oligomers induced by 1,3,5-benzenetricarboxylate anion in DMSO. *J. Org. Chem.* **2009**, *74*, 7267-7273.

[68] K. P. McDonald, Y. Hua, S. Lee, A. H. Flood, Shape persistence delivers lock-and-key chloride binding in triazolophanes. *Chem. Commun.* **2012**, *48*, 5065-5075.

[69] Y. Wang, J. Xiang, H. Jiang, Halide-guided oligo(aryl-triazole-amide)s foldamers: Receptors for multiple halide ions. *Chem. Eur. J.* **2011**, *17*, 613-619.

[70] W. S. Horne, W. L. M. Johnson, T. J. Ketas, P. J. Klasse, M. Lu, J. P. Moore, S. H. Gellman, Structural and biological mimicry of protein surface recognition by α/β-peptide foldamers. *Proc. Natl. Acad. Sci. USA* **2009**, *106*, 14751-14756.

[71] J.-L. Hou, H.-P. Yi, X.-B. Shao, C. Li, Z.-Q. Wu, X.-K. Jiang, L.-Z. Wu, C.-H. Tung, Z.-T. Li. Helicity induction in hydrogen bonding-driven Zinc porphyrin foldamers by chiral C_{60}-incorporated histidines. *Angew. Chem. Int. Ed.* **2006**, *45*, 796-800.

[72] Q. Gan, Y. Ferrand, C. Bao, B. Kauffmann, A. Grélard, H. Jiang, I. Huc, Helix-rod host-guest complexes with shuttling rates much faster than disassembly. *Science* **2011**, *331*, 1172-1175.

[73] J. L. Price, W. S. Horne, S. H. Gellman, Structural consequences of β-amino acid preorganization in a self-assembling α/β-peptide: fundamental studies of foldameric helix bundles. *J. Am. Chem. Soc.* **2010**, *132*, 12378-12387.

[74] S. Kwon, H. S. Shin, J. Gong, J.-H. Eom, A. Jeon, S. H. Yoo, I. S. Chung, S. J. Cho, H.-S. Lee, Self-assembled peptide architecture with a tooth shape: folding into shape. *J. Am. Chem. Soc.* **2011**, *133*,

17618-17621.

[75] J. Zhu, J.-B. Lin, Y.-X. Xu, X.-B. Shao, X.-K. Jiang, Z.-T. Li, Hydrogen-bonding -mediated anthranilamide homoduplexes. Increasing stability through preorganization and iterative arrangement of simple amide binding sites. *J. Am. Chem. Soc.* **2006**, *128*, 12307-12313.

[76] Q. Gan, C. Bao, B. Kauffmann, A. Grelard, J. Xiang, S. Liu, I. Huc, H. Jiang, Quadruple and double helices of 8-fluoroquinoline oligoamides. *Angew. Chem. Int. Ed.* **2008**, *47*, 1715-1718.

[77] J. Wu, J.-L. Hou, Ch. Li, Z.-Q. Wu, X.-K. Jiang, Z.-T. Li, Y.-H. Yu, Dynamic [2]catenanes based on hydrogen bonding-mediated bis-Zinc porphyrin foldamer tweezer: a case study. *J. Org. Chem.* **2007**, *72*, 2897-2905.

[78]M. Wolffs, N. Delsuc, D. Veldman, V. A. Nguyexn, R. M. Williams, S. C. J. Meskers, R. A. J. Janssen, I. Huc, A. P. H. J. Schenning, Helical aromatic oligoamide foldamers as organizational scaffolds for photoinduced charge transfer. *J. Am. Chem. Soc.* **2009**, *131*, 4819-4829.

[79] K. Wang, Y.-S. Wu, G.-T. Wang, R.-X. Wang, X.-K. Jiang, H.-B. Fu, Z.-T. Li, Hydrogen bonding-mediated foldamer-bridged zinc porphyrin-C_{60} dyads. ideal face-to-face orientation and tunable donor-acceptor interaction. *Tetrahedron* **2009**, *65*, 7718-7729.

[80] Z.-M. Shi, J. Huang, Z. Ma, Z. Guan, Z.-T. Li, Foldamers as cross-links for tuning the dynamic mechanical property of methacrylate copolymers. *Macromolecules* **2010**, *43*, 6185-6192.

[81] K.-D. Zhang, X. Zhao, G.-T. Wang, Y. Liu, Y. Zhang, H.-J. Lu, X.-K. Jiang, Z.-T. Li, Foldamer-tuned switching kinetics and metastability of [2]rotaxanes. *Angew. Chem. Int. Ed.* **2011**, *50*, 9866-9870.

第5章 负离子识别

5.1 引言

负离子识别在生物、医学、分析及环境学科中都具有重要意义。因此，长期以来，有关负离子识别的研究一直是超分子化学的重要研究内容[1-8]。尽管一些负离子如 PF_6^-和 BF_4^-形成氢键的能力很弱，所有负离子都是潜在的氢键受体。因此，除了以静电作用及配位作用为驱动力外，氢键在负离子识别研究中的应用非常广泛。酰胺、磺酰胺及脲和硫脲衍生物是最为常见的负离子氢键供体。脲和硫脲由于可以和负离子同时形成两个氢键，结合稳定性一般高于简单的二级酰胺基团。吡咯、吲哚及咔唑等杂环 NH 也是常见的负离子氢键供体。正离子型的胍基是另一个重要的与负离子形成氢键的官能团，相互间的结合还存在着离子对静电作用。当连接有拉电子基团时，C—H 键的极化得到强化。因此，近年来基于 1,2,3-三氮唑的负离子受体研究也受到重视。

由于负离子与单一受体形成的氢键都相对较弱，绝大多数的负离子受体都是多官能团的。这些受体主要是多齿型、线性、大环及三维的穴状结构。很多负离子受体内引入了不同类型的氢键主体官能团，本章将基于主要氢键官能团的种类，分类总结利用氢键开展负离子识别方面的研究进展。由于负离子都是氢键受体，任何一个氢键主体都可以结合不同的负离子。因此，对大多数的主体分子而言，结合强度和选择性是两个同等重要的评价参数。

在文献中，一般用人工或合成受体（artificial/synthetic receptor）描述主体分子。结合负离子的人工受体都是氢键供体，为避免混乱，本章主要使用“人工主体”描述主体分子。负离子识别在很多情况下会测定形成的相应配合物在不同溶剂中的结合常数（K_a）。在没有特指的情况下，本章描述的数据都是指室温即 25℃下测定的数据。在负离子识别中，配对正离子对结合性质有很大的影响。大多数研究在有机溶剂中进行，为了保证负离子的浓度，一般使用四烷基铵离子为配对离子。这类正离子由于烷基的屏蔽效应，与负离子的静电作用较弱，很多四烷基铵盐可以溶解在极性很低的有机溶剂中。

5.2 酰胺和磺酰胺主体

5.2.1 非环主体

二级酰胺是构成肽和蛋白质的核心单元，也是结合负离子的主要位点。二级酰胺作为氢键供体广泛应用于负离子主体分子的设计。三酰胺 **1a**～**1d** 即是早期报道的一类负离子主体分子[9]。这类分子在乙腈中选择性地结合磷酸根。磺酰胺类似物 **1e** 和 **1f** 也具有类似的选择性。在乙腈中，**1f** 与 $H_2PO_4^-$形成的配合物的稳定性最高，结合常数（K_a）为 1.4×10^4 L/mol。除了形成分子间的氢键外，萘环分子内的 π-π 堆积作用提高了主体分子的结构预组织，被认为是其配合物稳定性最高的另一个因素。

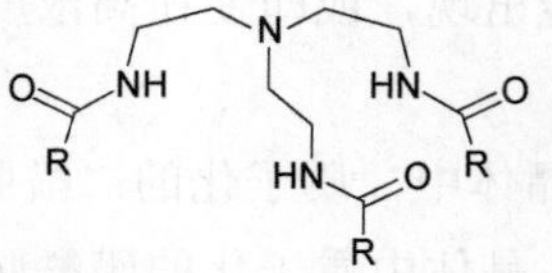

1a: R = ClCH₂
1b: R = (CH₂)₄Me
1c: R = Ph
1d: R = 4-MeOC₆H₄
1e: R = 4-MeC₆H₄
1f: R = 2-萘基

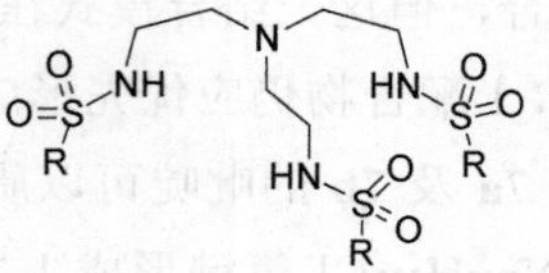

间位取代的芳基二酰胺也可以通过氢键结合负离子。例如，在晶体结构中，化合物 **2a** 与 Br^- 通过两个 N—H…Br^- 氢键形成 1∶1 配合物[10,11]，吡啶二酰胺（**2b**）也可以配合负离子，其与 F^- 形成的配合物在二氯甲烷中 K_a 为 2.4×10^4 L/mol[10]。在酰胺的邻位引入羟基可以形成分子内 O—H…O═C 氢键，从而诱导酰胺形成汇聚式构象，有利于配合负离子。化合物 **2c** 即是一个典型的例子，在氯仿中与 Cl^- 形成 1∶1 配合物，K_a 为 5.2×10^3 L/mol，**2c** 并可以实现 Cl^- 的跨膜输送。而化合物 **2d** 不能结合负离子，它的两个邻位 MeO 基团与酰胺形成分子内 N—H…OMe 氢键，抑制了分子间 N—H…X^- 氢键的形成[12]。

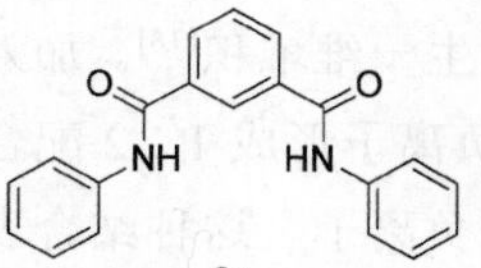

2a 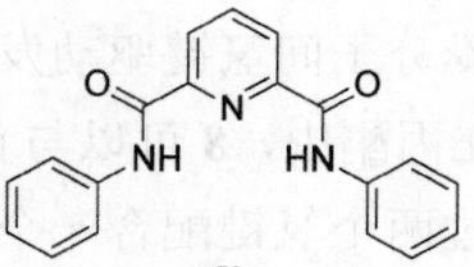 **2b** 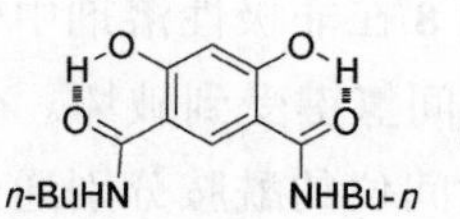 **2c** 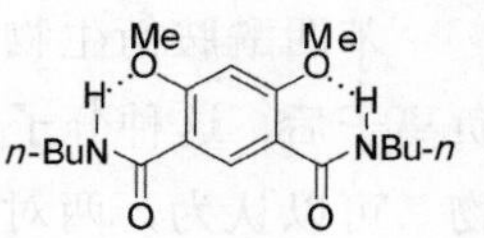 **2d**

在酰胺邻位引入硼酸酯基团，也可以通过 B…O═C 配位使化合物 **3** 的两个 NH 基团处于双顺式构象，并且增加酰胺基团的酸性，从而促进对负离子的结合[13]。在 22℃下，在 DMSO 中，其与乙酸根负离子形成的配合物的 K_a 为 2.1×10^3 L/mol，而不带有硼酸酯的二酰胺 **2a** 在同样条件下与乙酸根形成的配合物的 K_a 为 1.1×10^2 L/mol，显示出硼酸酯的引入明显提高了这类主体分子的结合能力。

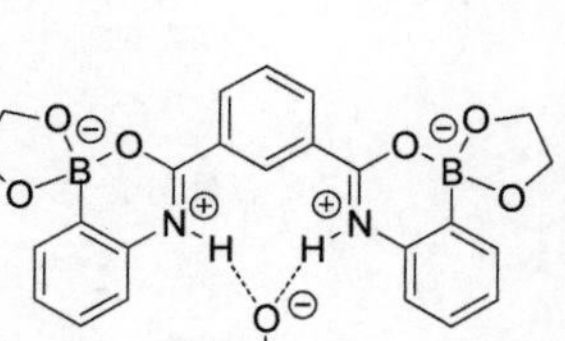

3
4a: R = *n*-Bu 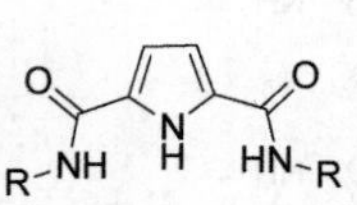
4b: R = C₆H₅
5a: R = *n*-Bu
5b: R = C₆H₅
(**5b**·Cl^-)₂

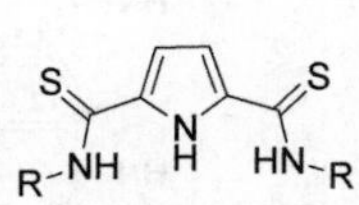

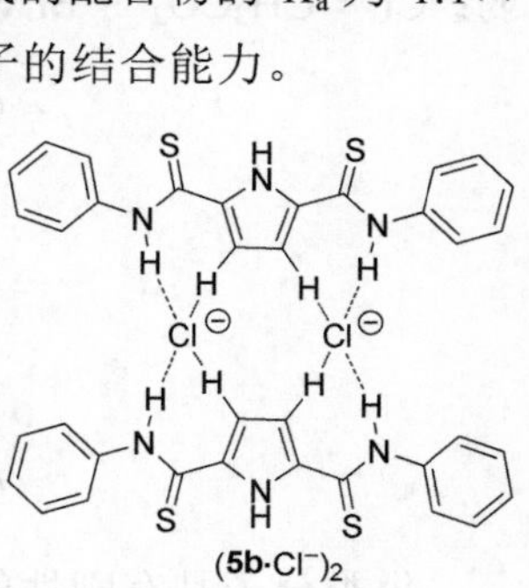

吡咯-2,5-二酰胺（**4a**,**4b**）及二硫酰胺（**5a**,**5b**）也可以结合不同的负离子[14,15]。当形成 1∶1 配合物时，二者可以形成三个分子间 N—H…X^- 氢键，但结合模式与

2a～**2d** 相同。虽然硫酰胺 NH 的酸性较酰胺 NH 的酸性强，**4b** 和 **5b** 对 $PhCO_2^-$、Cl^-及 $H_2PO_4^-$在溶液中的结合能力大致相当。化合物 **5b** 与 Cl^-形成的晶体结构显示[15]，二者在固态形成了 2+2 的结合模式，每个 Cl^-通过两个 N—H…X^-和 C—H…X^-氢键与 **5b** 结合，但这一结合模式在溶液相不太可能出现，或即使在高浓度下存在，简单的 1∶1 配合物仍应优先形成。

化合物 **6** 和 **7a** 及 **7b** 的吡啶可以质子化[16,17]。在晶体中，质子化的二酰胺 **6** 与 Cl^-通过三个 N—H…Cl^-氢键形成 1∶1 配合物，但在晶体中质子化的磺酰胺衍生物 **7a** 和 **7b** 与 Cl^-及 Br^-都形成 2+2 配合物。这与 **5b** 和 Cl^-的结合相似。在稀溶液中，1∶1 配合物应该优先形成。

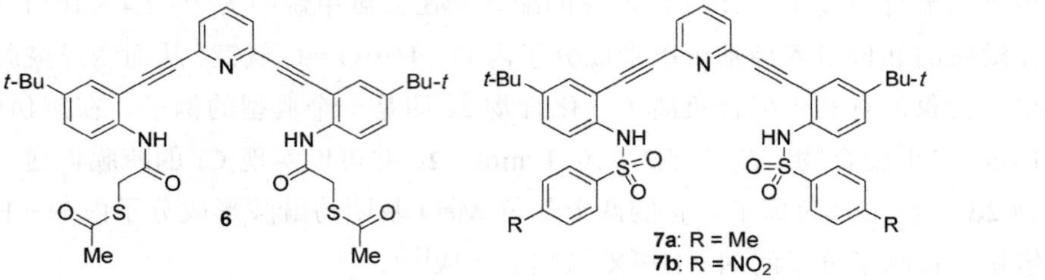

6

7a: R = Me
7b: R = NO_2

苯四酰胺衍生物 **8** 在非极性溶剂中受分子间氢键驱动发生一维堆积[18]。加入负离子后，这种分子间氢键受到破坏。在丙酮中，**8** 可以与负离子形成 1∶2 配合物。可以认为，两对间位的酰胺分别通过两个氢键配合一个负离子。这种结合表现为负的协同性，即第一个负离子的结合不利于第二个负离子的结合。可以推测，两个相邻的酰胺由于空间排斥作用采取扭曲构象。第一个负离子结合导致两个酰胺基团与苯环共平面性增加，增加了另外两个酰胺基团的扭曲，不利于进一步的负离子结合。核磁共振波谱分析研究表明，化合物 **8** 对负离子的结合随以下次序减弱：$Cl^- < CH_3CO_2^- < Br^- < NO_3^- \approx I^-$。

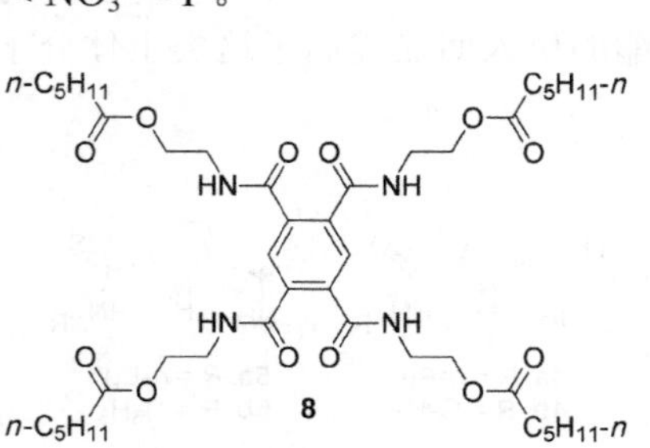

8

甾类分子具有刚性的骨架，对骨架的内侧进行修饰，可以引入多个结合位点，其刚性结构赋予其协同结合特征。例如，化合物 **9** 和 **10** 上三个磺酰胺及酰胺基团都定位在四环骨架的一侧，它们都可以形成一个汇聚的结合区域，通过分子间氢键配合负离子[19]。在氯仿中，**9** 与 F^-形成的配合物的 K_a 为 1.5×10^4 L/mol，而化合物 **10** 对卤素负离子的配合能力更高，超出了利用核磁共振波谱定量研究的范围。

通过芳环连接的酰胺寡聚体可以形成折叠或螺旋的构象，多个酰胺 NH 朝向骨架的内侧，从而通过氢键配合不同的客体[20]。例如，化合物 **11** 在 DMSO 中可以折叠配合 1,3,5-苯三甲酸根负离子（BTA^{3-}）。由于每个羧酸根可以与酰胺分子形成两个 N—H···O 氢键和一个 C—H···O 氢键，这类 1∶1 的氢键配合物的稳定性较高。用萘环取代苯环，相应的酰胺寡聚体可以形成更大的内穴配合不同的羧酸根负离子，但结合稳定性更高[21]。

5.2.2 大环主体

结构匹配的大环主体的结合能力及选择性一般比相应的非环主体高。芳香酰胺大环 **12** 的刚性较高，但其 NH 由于与苯环共平面，可以朝向大环的内部，通过氢键与负离子结合[22]。在氯仿/DMSO-d_6 (2%)中及 23℃，其与对甲苯磺酸根负离子的配合物的 K_a 为 2.6×10^5 L/mol。同样条件下，**12** 和线性化合物 **13** 与 NO_3^-形成的配合物的 K_a 分别为 4.6×10^5 L/mol 和 620 L/mol。可以看出，大环主体具有明显高的结合能力。

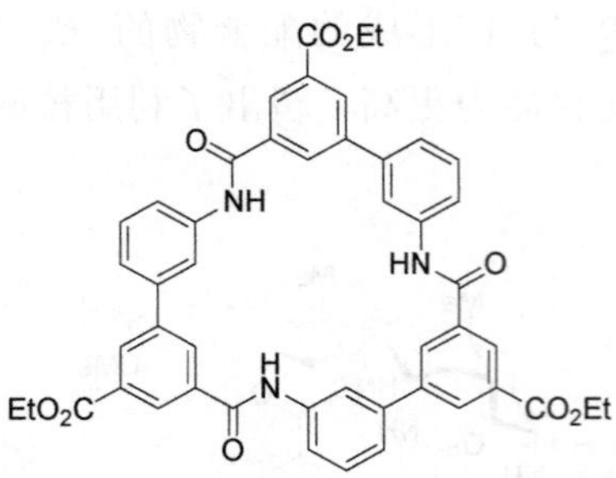

12

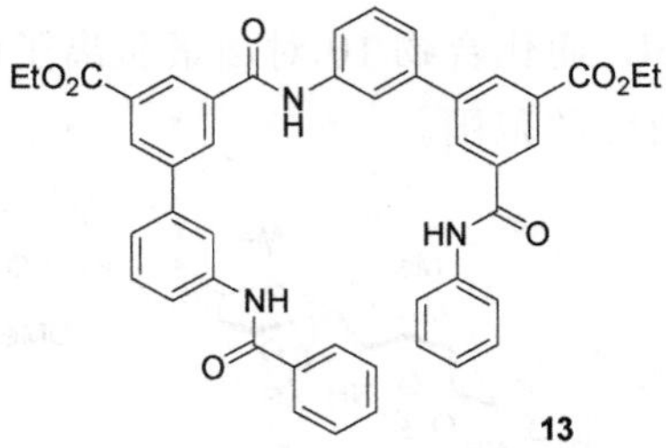

13

由间苯二酰胺及吡啶-2,6-二甲酰胺构筑的酰胺大环及硫酰胺类似物是另一类得到广泛研究的负离子主体。例如，环状化合物**14a**～**14e**及**15**可以结合卤素负离子[23,24]。小环**14a**与F^-或Cl^-形成1∶1配合物，在氯仿中K_a分别为830 L/mol和65 L/mol。而非环的类似的四酰胺分子的结合能力降低很多。大环**16a**与球形的硫酸根负离子通过八个N—H…O氢键形成2∶1的三明治型夹心配合物[25]，而在晶体中**16b**的大环扭曲，通过形成四个N—H…O氢键可以结合$Cr_2O_7^{2-}$[26]。四硫酰胺大环**17a**和**17b**在氯仿中倾向于结合$H_2PO_4^-$（$\lg K_a = 4.97$和4.63）和HSO_4^-（$\lg K_a = 3.15$和4.99）[27]。

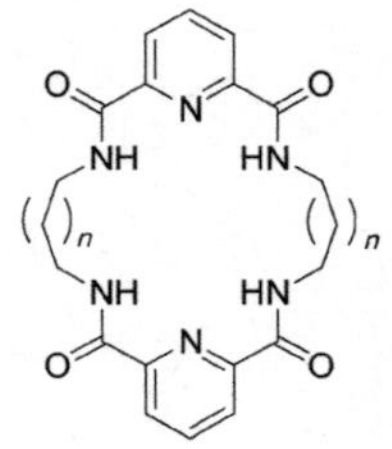

14a: $n = 0$
14b: $n = 1$
14c: $n = 2$
14d: $n = 3$
14e: $n = 4$

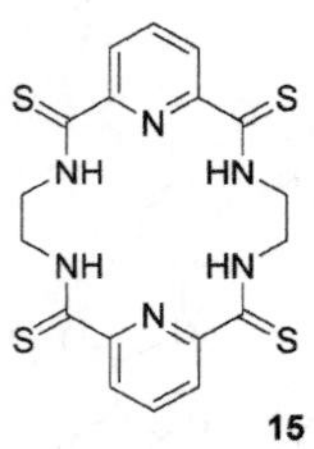

15

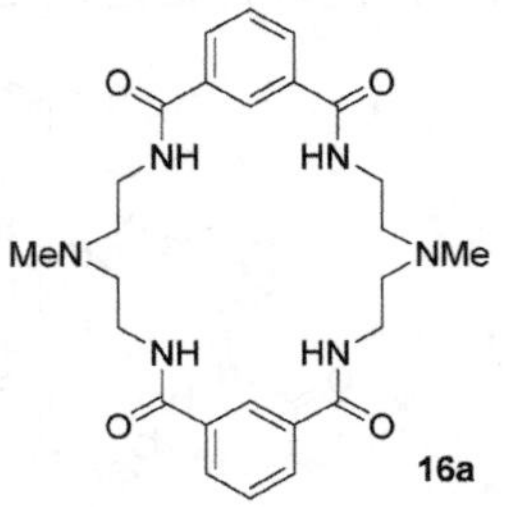

16a

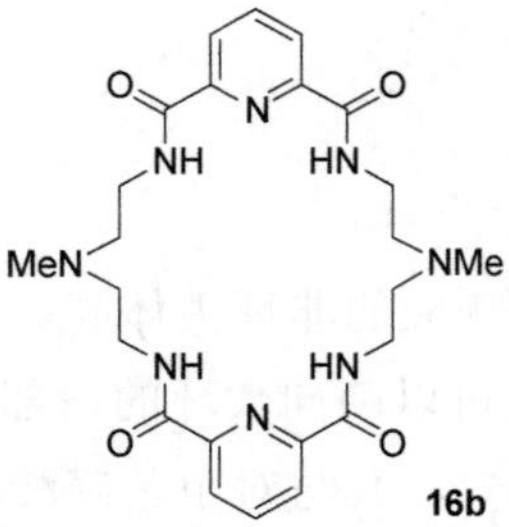

16b

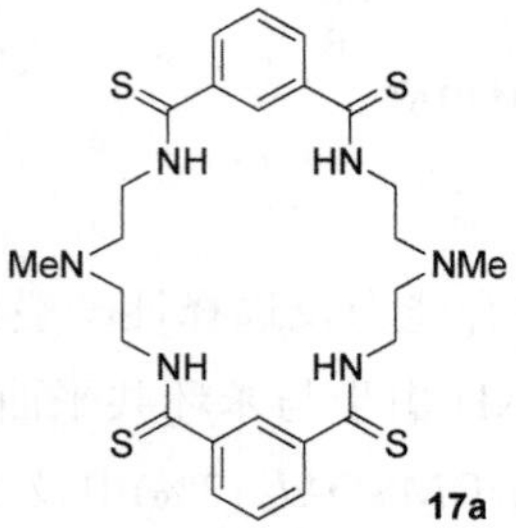

17a

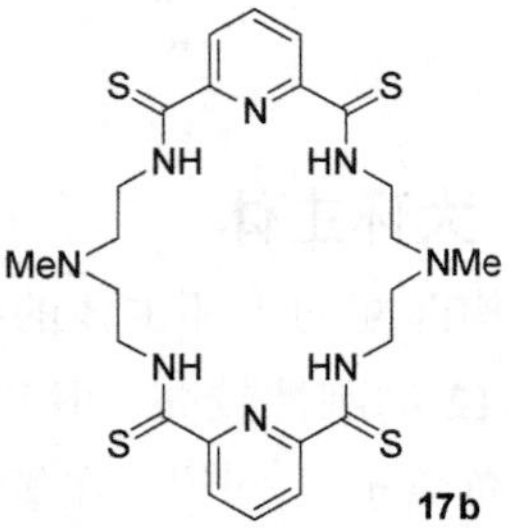

17b

并入芳环的环肽也可以结合负离子。这类大环与全部由脂肪类氨基酸构筑的大环不同，刚性的芳环诱导整个大环形成一种平面构象，使得酰胺NH能够朝向环的内部排列，而没有并入芳环的酰胺大环受分子间氢键驱动，易于发生一维堆积，形成桶状结构，从而不利于其NH与负离子形成氢键。大环**18**在溶液中与苯磺酸根（$PhSO_3^-$）形成 1∶1 配合物，而与卤素及 SO_4^{2-} 形成 2∶1（主体/客体）的三明治型夹心配合物[28]。

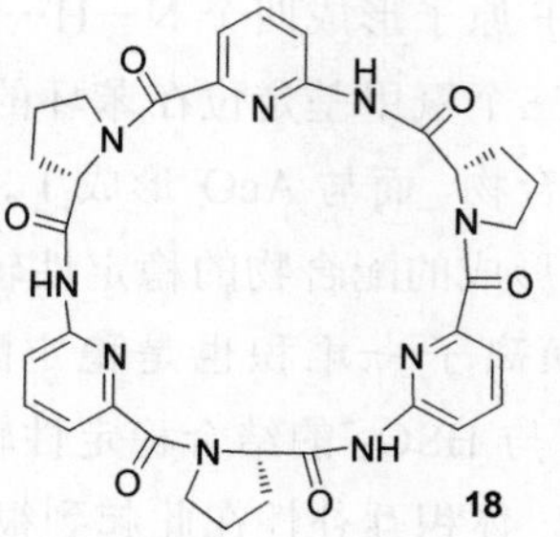

18

5.2.3　穴型主体

三维的穴型主体可以使氢键主体的结合位点在立体空间配合负离子，实现稳定性和选择性的进一步提高。很多的穴型酰胺主体已经被报道出来。化合物 **19a**～**19c** 即是早期报道的这类穴型结构[29,30]。这些空穴结构在氯仿中对 F^- 的结合能力明显高于其它负离子（$K_a = 10^4$～10^5 L/mol）。在晶体中，F^- 被配合于空穴的内部，其与六个酰胺 NH 基团形成 N—H…F^- 氢键。由亚丙基连接可以形成更大的空穴化合物 **20a**[31]。但同 **19a**～**19c** 一样，在溶液中 **20a** 也表现出对 F^- 的结合选择性，这可能是由于其与 NH 形成的氢键更强。在晶体中，**20a** 可以包结两个 Cl^- 或者一个 SO_4^{2-}，但 SO_4^{2-} 通过两个水分子形成氢键桥与 **20a** 结合。在晶体中，吡啶质子化的 **20b** 也配合两个 Cl^-，两个 Cl^- 通过一个水分子桥连[31]。

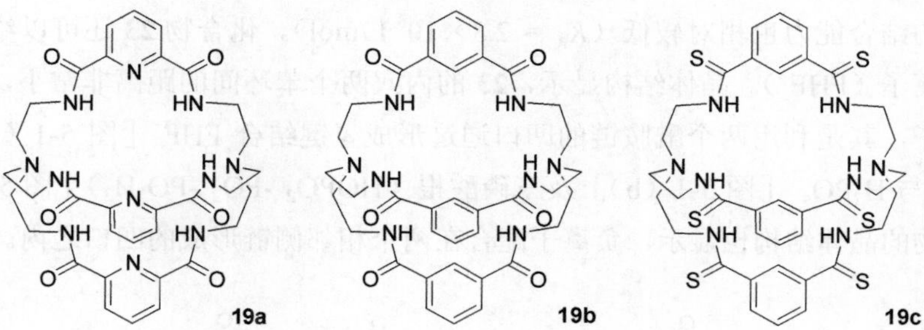

19a　19b　19c

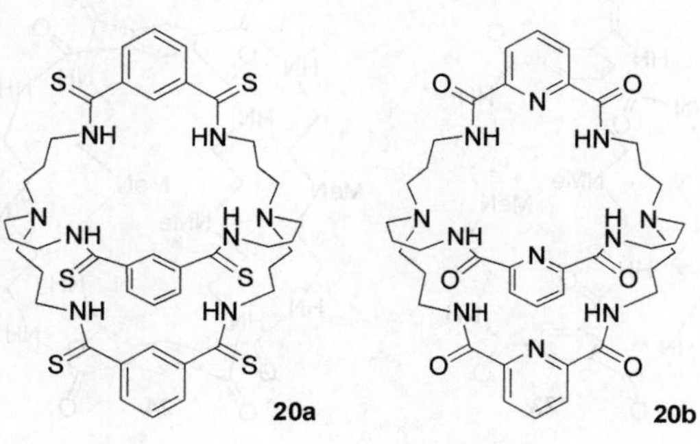

20a　20b

空穴化合物 **21** 由两个大环分子通过两个亚乙基连接而成[32]。这一分子对双头基的 FHF^-显示出高亲和性，在 DMSO 中 K_a 为 5500 L/mol，在氯仿中 K_a 为 10^4～10^5 L/mol。在晶体中，每个 F 原子形成四个 N—H…F 氢键。大环 **22** 的苯环上的三个乙基通过位阻效应迫使三个氨甲基定位在苯环的同一侧[33]。在晶体中，这一空穴分子与 Cl^-形成 1∶2 配合物，而与 AcO^-形成 1∶1 的配合物。在二氯甲烷中，**22** 与平面型的 NO_3^-及 AcO^-形成的配合物的稳定性较高（$K_a = 10^4$～10^5 L/mol）。除了形成分子间氢键外，负离子-π堆积也是稳定配合物的一个重要因素。在 DMSO 中，内穴较大的 **20b** 与 HSO_4^-的结合稳定性较高，而较小的 **19a** 与 Cl^-的结合稳定性较高。可以认为，体积互补性在此起到很大的作用。

21　**22**

穴型化合物 **23** 和 **24** 由三个和四个氨基链连接[34]。在氯仿中，**23** 能配合 F^-（$K_a = 2.1\times10^4$ L/mol）和 $H_2PO_4^-$（$K_a = 3.0\times10^3$ L/mol），而 **24** 不能有效结合 F^-，对 $H_2PO_4^-$的结合能力也相对较低（$K_a = 2.3\times10^3$ L/mol）。化合物 **23** 还可以结合二氟化氢负离子（FHF^-）。晶体结构显示，**23** 的内穴两个苯环间的距离非常小，不能容纳负离子，其是利用两个酰胺链的凹口通过形成氢键结合 FHF^-［图 5-1（a）］。化合物 **24** 与 $H_2PO_4^-$［图 5-1（b）］及三磷酸根（$HOPO_2^-$-PO_2^--PO_3H_2）［图 5-1（c）］的配合物的晶体结构也显示，负离子配合在两个相邻侧链形成的凹口之内。

23　**24**

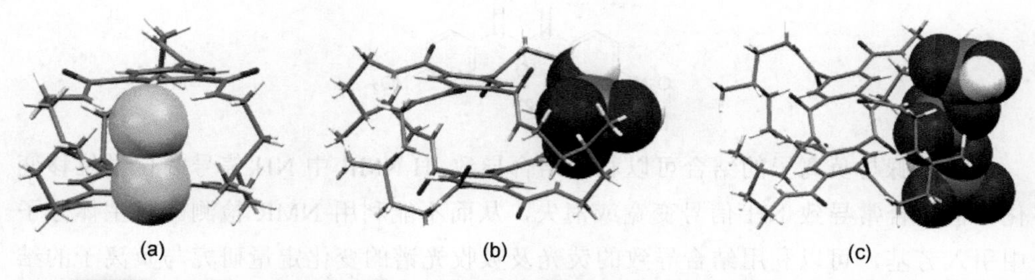

图 5-1　（a）化合物 **23** 与 FHF^-形成的配合物的晶体结构；（b），（c）化合物 **24** 与 $H_2PO_4^-$及三磷酸根形成的配合物的晶体结构（见彩图）

5.3　脲及硫脲类主体

5.3.1　非环主体

N,*N'*-取代的脲类分子的两个 NH 同向平行排列，可以同时形成氢键。因此，脲类化合物作为负离子主体分子，也受到广泛重视。硫脲的酸性较脲强，在其它因素排除的情况下，硫脲与负离子的结合应更强一些。化合物 **25** 在氯仿中可以配合羧酸、磷酸和硫酸根及其衍生物等负离子，与苯甲酸根负离子配合物的 K_a 为 2.7×10^4 L/mol[35]。对化合物 **26a**～**26c** 的结合性能的研究表明[36]，左侧苯环上取代基的位置对负离子结合有重要的影响。邻位取代基一方面可以形成附加的氢键，另一方面也可能对脲基的结合产生空间位阻作用。

酰胺及脲对 F^-的结合可能导致质子转移，形成 FHF^-[37]。当主体分子中引入拉电子基团时，这种情况更容易发生。化合物 **27** 与 O^-结合时，形成 1∶1 配合物的稳定性顺序为：$AcO^- > PhCO_2^- > H_2PO_4^- > NO_2^- > HSO_4^- > NO_3^-$。这一顺序与负离子的碱性强度相一致，可能反映了结合会导致部分的质子转移[38]。在低浓度下，F^-可以形成 1∶1 配合物，当 F^-浓度高（2 倍量）时，^1H NMR 显示生成了 FHF^-，吸收光谱也显示出一个新的吸收带（475 nm），支持质子转移[39]。

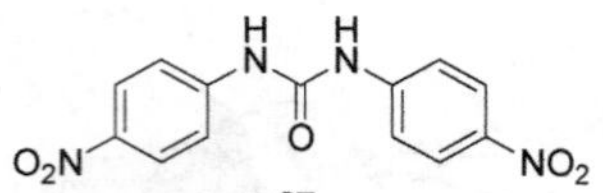

27

检测脲与负离子的结合可以利用结合导致 ^{1}H NMR 中 NH 信号的化学位移变化，但结合常导致 NH 信号变宽或消失，从而不能利用 NMR 检测。在主体分子中引入芳基，可以利用结合导致的荧光及吸收光谱的变化定量研究与负离子的结合。引入萘环和蒽环（**28**～**30**）是常用的策略。例如，化合物 **28a** 和 **28b** 可通过比色及荧光光谱检测与 F^- 及 $P_2O_7^{4-}$ 的结合[40]。化合物 **29** 被用于检测 F^-、AcO^- 及 $H_2PO_4^-$ 等负离子[41]。化合物 **30a**～**30d** 是理想的荧光 PET（光诱导电子转移）传感器，可以检测 F^-、AcO^- 及 $H_2PO_4^-$ 等[42]。而 Cl^- 和 Br^- 则不能结合，因此也没有诱导荧光变化。

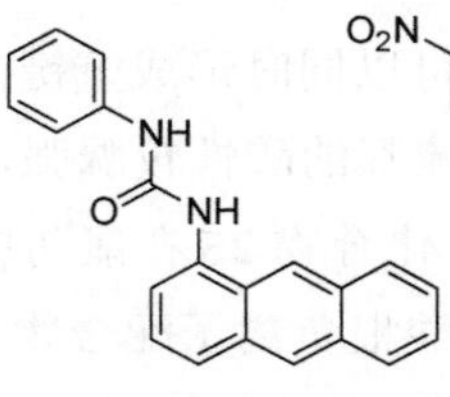

28a 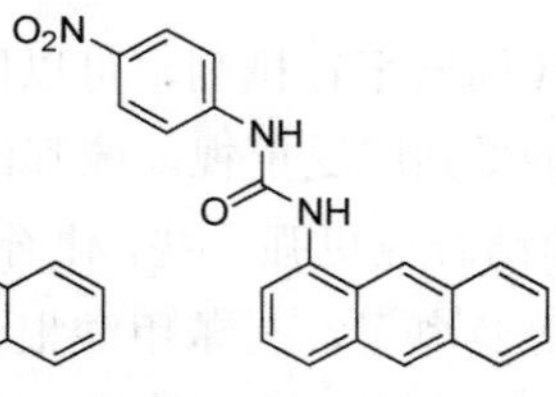　28b 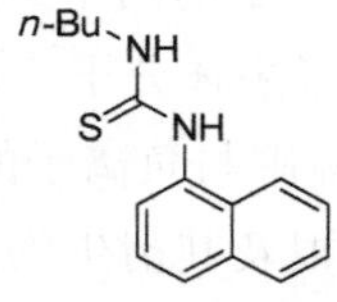　29

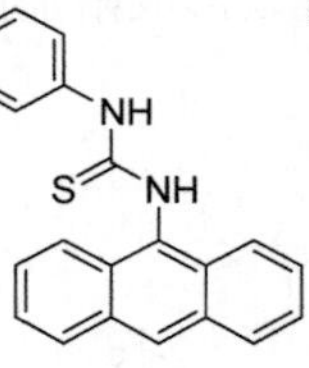

30a 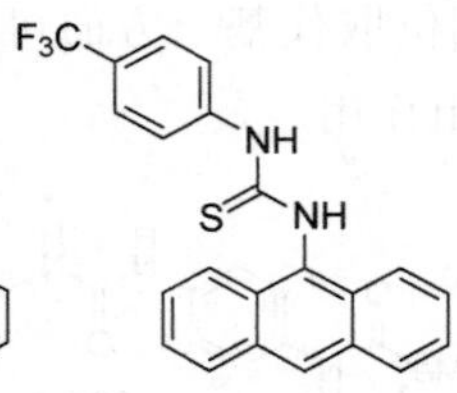　30b 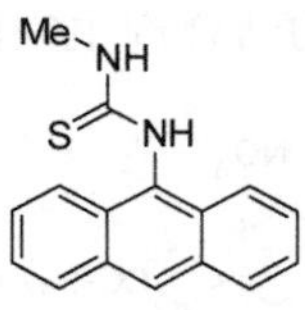　30c 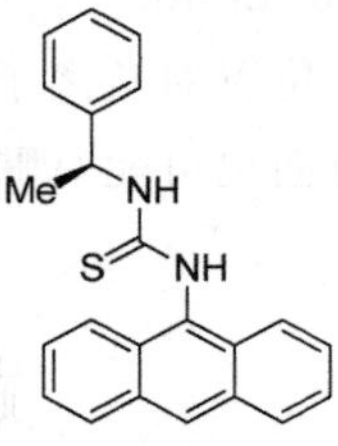　30d

在脲基连接的芳环的邻位引入氢键主体，一方面可以增强结合强度，另一方面也可能改变结合模式。例如，在晶体中，双吲哚脲（**31**）与 CO_3^{2-} 形成 2∶1 配合物，每个碳酸根 O 原子形成三个 N—H…O 氢键，而硫脲衍生物 **32** 则与 HCO_3^- 形成 2+2 配合物，每个碳酸氢根 O 原子形成两个 N—H…O 氢键（图 5-2）[43]。

双脲主体分子与双头基负离子的结合可以产生正的协同效应。例如，在 DMSO 中，**33** 与戊二酸根形成稳定配合物，K_a 为 640 L/mol [44]。而简单的 *N,N'*-二甲基脲与乙酸根形成的配合物的 K_a 仅为 45 L/mol。但邻位取代的双脲化合物 **34** 与苯甲酸根形成 1∶1 配合物[45]，空间位阻效应不利于 **34** 结合另外一个羧酸根。手性环己二胺衍生的双脲 **35** 可以配合 RCO_2^- 及 PO_4^{3-}[46]，并可以配合两个 $H_2PO_4^-$，并且对第二个 $H_2PO_4^-$ 的配合较第一个为强。晶体结构分析表明，两个 $H_2PO_4^-$ 间形成了两个强的O—H…O氢键（图5-3），这应是在溶液中配合第二个$H_2PO_4^-$的重要促进因素。化合物**36**具有汇聚式的构象[47]，两个脲基协同配合一个Cl^-。吡啶质子化后，配合稳定性进一步提高。在晶体结构中可以发现，二者通过五个N—H…Cl^-氢键结合。

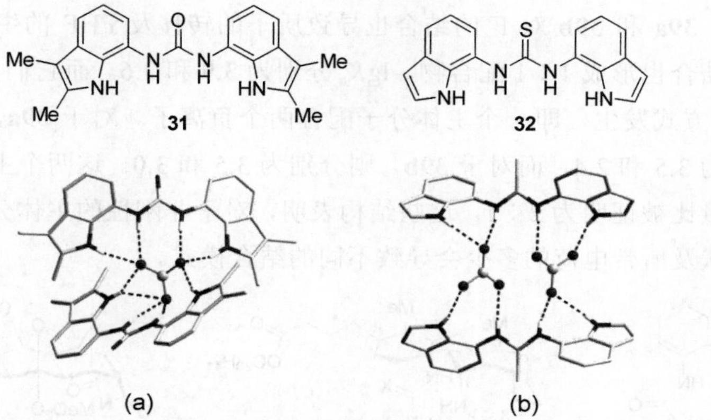

图5-2 （a）化合物**31**与碳酸根形成2∶1配合物；（b）化合物**32**与碳酸氢根负离子形成2∶2配合物

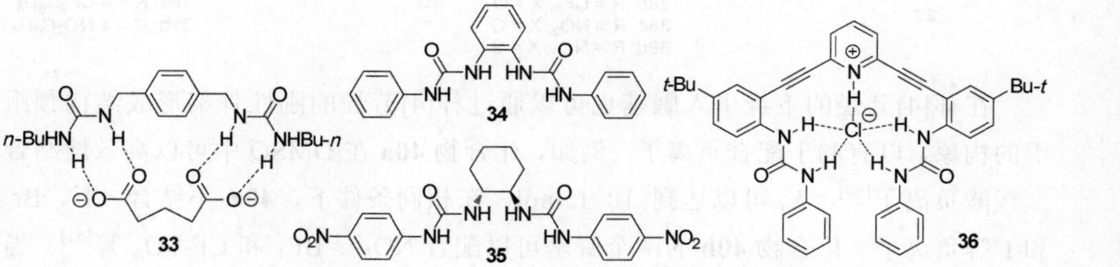

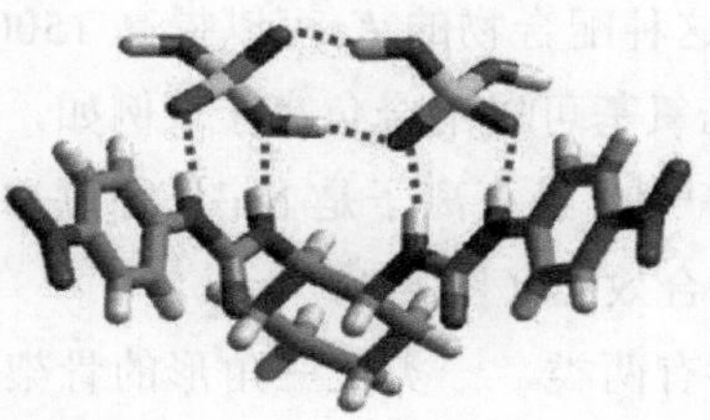

图5-3 化合物**35**与两个$H_2PO_4^-$通过氢键形成的2∶1配合物的晶体结构

把两个脲基侧链引入到刚性的预组织的骨架上，可以使两个脲基处于骨架的同一侧，从而有利于协同结合同一个负离子，达到提高结合稳定性的目的。例如，双脲基主体在DMSO中与F^-、Br^-及$P_2O_7^{4-}$形成1∶1配合物[40]，K_a值分别为1.1

$\times 10^5$ L/mol、9.7×10^3 L/mol 和 6.0×10^3 L/mol，而 **28b** 与 F^-形成的 1∶1 配合物的 K_a 值仅为 4.0×10^3 L/mol，说明 **37** 的双脲基结合存在显著的协同效应。在水饱和的氯仿中，**38a**～**38d** 系列对 Cl^-和 Br^-的结合能力持续增加[48]，这可以归结于芳环的拉电子效应引起的 NH 酸性增加及硫脲 NH 的较高酸性。从 **38a**、**38c** 到 **38d**，与 Cl^-的 1∶1 配合物的 K_a 从 1.6×10^7 L/mol、4.8×10^8 L/mol 增加到 1.1×10^9 L/mol。**39a** 和 **39b** 对 F^-的结合也导致质子的转移及 FHF^-的生成[49]，它们与 $H_2PO_4^-$的结合也形成 1∶1 配合物，lgK_a 分别为 3.9 和 3.6。而它们与 AcO^-的配合以 1∶2 的方式发生，即一个主体分子配合两个负离子。对于 **39a**，lgK_{a1} 和 lgK_{a2} 分别测定为 3.5 和 2.4，而对于 **39b**，则分别为 3.5 和 3.0。这两个主体与 $H_2P_2O_7^{2-}$的结合计量比被证明为 2∶1。这些结构表明，对于非刚性的主体分子，负离子的大小、形状及所带电荷的多少会导致不同的结合模式。

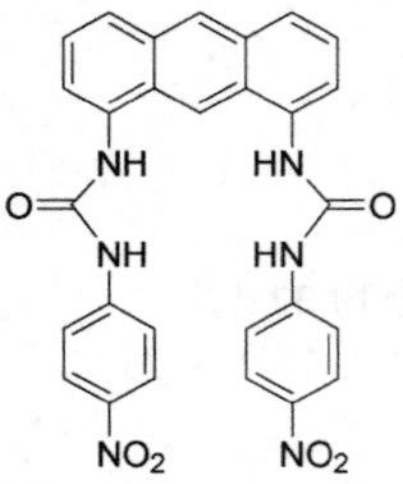

37

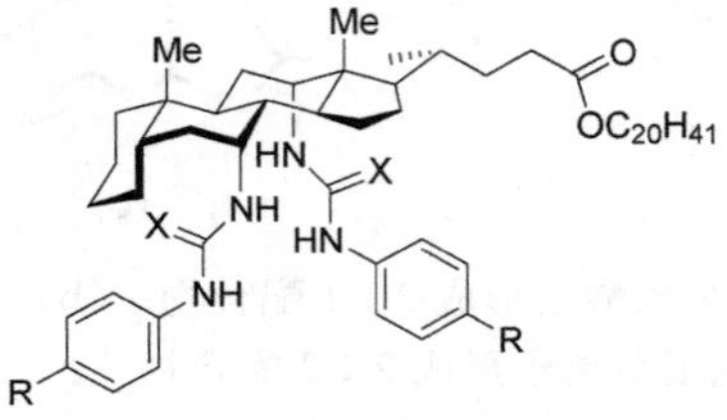

38a: R = H, X = O
38b: R = CF_3, X = O
38c: R = NO_2, X = O
38d: R = NO_2, X = S

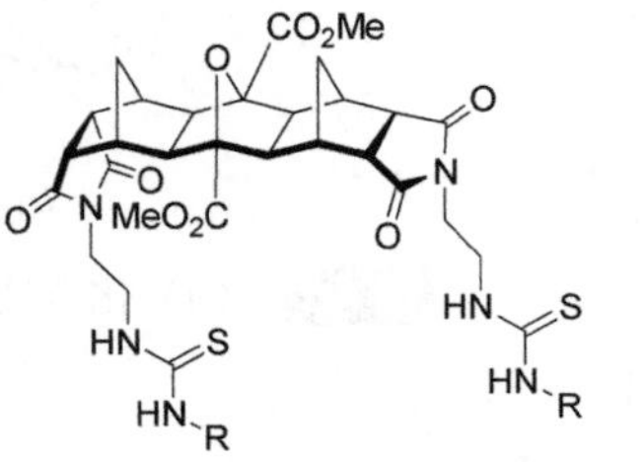

39a: R = 4-$CF_3C_6H_4$
39b: R = 4-$NO_2C_6H_4$

在杯[4]芳烃的下缘引入脲基也可以通过杯[4]芳烃的刚性骨架形成结构预组织的构象，以有利于配合负离子。例如，化合物 **40a** 在 DMSO 中可以高效地结合二羧酸负离子[50]，K_a 可以达到 10^4 L/mol。在相同条件下，**40a** 不结合 Cl^-、Br^-和 I^-等负离子。化合物 **40b** 的两个脲基可以配合 NO_3^-、BF_4^-和 $CF_3SO_3^-$等[51]。当正离子是 Na^+和 Ag^+时，这种配合物的 K_a 可以提高 1500 倍及 2000 倍，原因是杯[4]芳烃的下缘四个氧及乙氧基可以配合负离子。例如，化合物 **40b** 的两个脲基可以配合 NO_3^-和 $CF_3SO_3^-$等[51]。当正离子是 Na^+，而联二吡啶可以配合 Ag^+，由此产生显著的离子对协同结合效应（图 5-4）。

三头基的脲主体主要有两类，一类是三角形的骨架，另一类是在刚性的甾体内侧同时引入三个脲基侧链。柔性的三角形的 **41a**～**41e** 展示出不同的结合性能[52]。**41a** 对 F^-的结合能力明显高于其它卤素负离子，在 DMSO 中 1∶1 配合物的 K_a 值为 1.1×10^4 L/mol。在晶体中，F^-与 **41a** 通过六个 N—H…F^-氢键结合，而其与 SO_4^{2-}的结合则是以 2∶1 模式形成一个胶囊型配合物，两者之间形成了十一个 N—H…O 氢键。在 **41b** 与硫酸盐［Mn（Ⅱ），Zn］形成的晶体中，两个 **41b** 分子形成一个

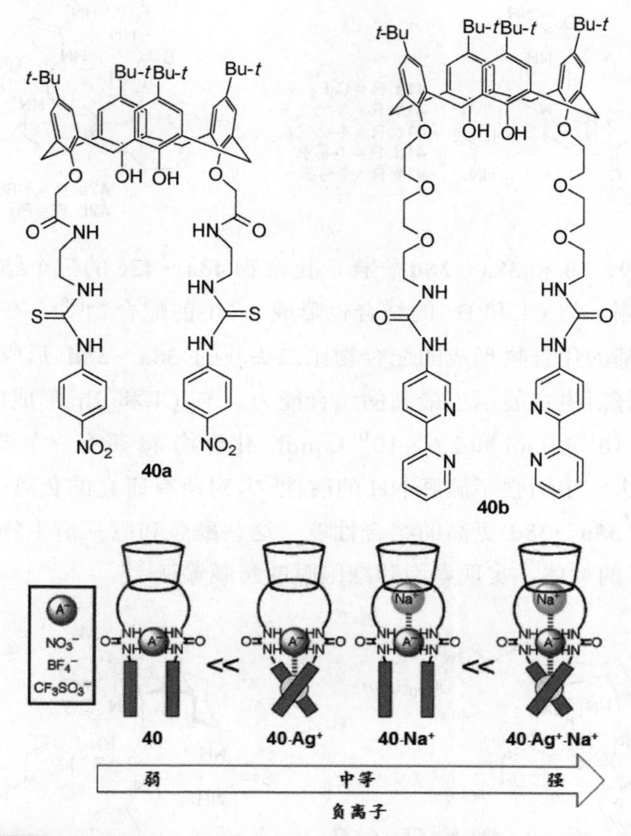

图 5-4　化合物 **40** 的离子对结合揭示显著的协同增强结合效应

笼，通过十二个 N—H…O 氢键包合一个 SO_4^{2-}[53]。**41b** 的异构体 **41c** 也可以和 O^-（SO_4^{2-}，CO_3^{2-}）及球形的卤素负离子结合[54]。对于卤化物，当配对正离子是 Na^+、K^+、Mg^{2+}及 Ca^{2+}时，这些金属离子不与吡啶 N 配位，而 Mn^{2+}和 Co^{2+}可以与吡啶直接配位，在氢键配合物之间形成配位网络。**41d** 引入了三个荧光活性的萘环[55]，在 DMF 中与 $H_2PO_4^-$和 HSO_4^-结合导致其萘环荧光增强，因此负离子配合可以通过荧光光谱监测。引入喹啉环的 **41e** 对负离子的结合也可以产生类似的荧光增强效应[56]。三头基的化合物 **42a** 和 **42b** 的三个硫脲基团处于苯环的一侧[57]。在二氯乙烷中，**42a** 与 AcO^-和 Cl^-形成 1∶1 配合物，K_a 分别为 3030 L/mol 和 3700 L/mol。但在强极性的 DMSO 中，**42a** 不能结合负离子，而 **42b** 仍能结合 AcO^-和 $H_2PO_4^-$。苯环的拉电子效应增强了 **42b** 的硫脲基 NH 的酸性，应是主要的原因。

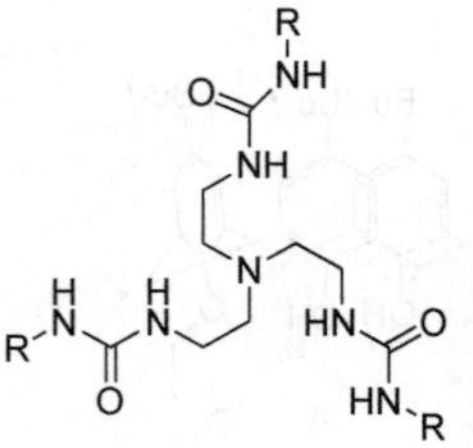

41a: R = C_6F_5
41b: R = 3-吡啶基
41c: R = 4-吡啶基
41d: R = 1-萘基
41e: R = 喹啉基

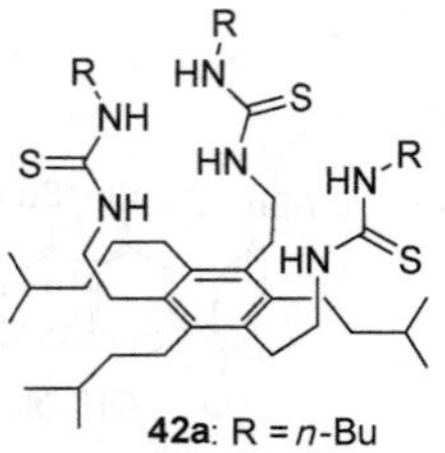

42a: R = *n*-Bu
42b: R = Ph

与化合物 **9**、**10** 和 **38a**～**38d** 一样，化合物 **43a**～**43c** 的三个结合位点也处在四环骨架的内侧，与 Cl^-和 Br^-的结合也形成 1∶1 的配合物[48]。在水饱和的氯仿中，这些三头基的化合物形成的配合物比二头基的 **38a**～**38d** 形成的相应配合物更稳定。而硫脲衍生物展示出最高的结合能力，与 Cl^-和 Br^-形成的配合物的 K_a 值分别为 1.0×10^{11} L/mol 和 2.6×10^{10} L/mol。化合物 **44** 带有三个硫脲基团，拉电子的对硝基苯进一步增强了硫脲 NH 的酸性[58]。对所有研究的负离子，除了 AcO^-，**44** 都表现出比 **38a**～**38d** 更高的结合性能。这些酰胺和脲基衍生物还可以作为负离子尤其是 Cl^-的载体，实现囊泡和细胞膜的跨膜输送[59]。

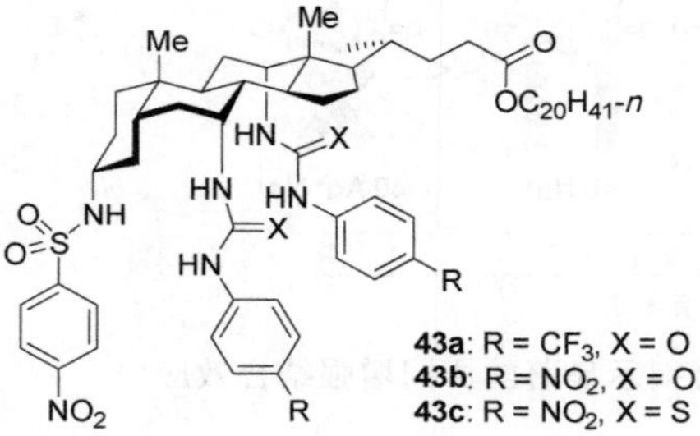

43a: R = CF_3, X = O
43b: R = NO_2, X = O
43c: R = NO_2, X = S

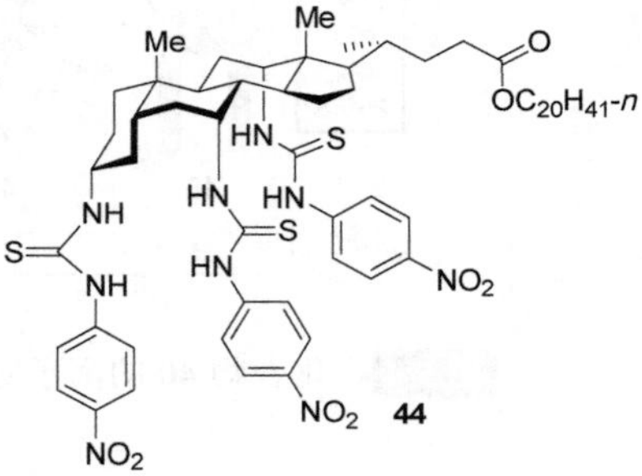

44

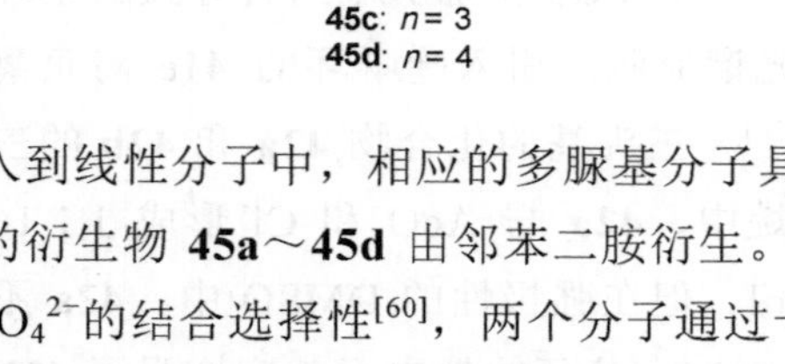

45a: *n* = 1
45b: *n* = 2
45c: *n* = 3
45d: *n* = 4

把多个脲基并入到线性分子中，相应的多脲基分子具有更为复杂的负离子结合模式。一类重要的衍生物 **45a**～**45d** 由邻苯二胺衍生。化合物 **45a** 展示出对四面体形的 PO_4^{3-}和 SO_4^{2-}的结合选择性[60]，两个分子通过十二个 N—H⋯O 氢键配合一个负离子。**45a**～**45d** 对 Cl^-的结合形成折叠构象，可以是单链或双链折叠模式，这取决于线性分子的长度，后者可以认为是一种特殊的双螺旋结构。**45b** 通过单链螺旋构象配合两个 Cl^-，每个负离子形成四个 N—H⋯Cl^-氢键（图 5-5）[61]。两个负离子之间的距离小于其范德华半径之和，说明配合克服了二者之间产生的静电排斥作用。

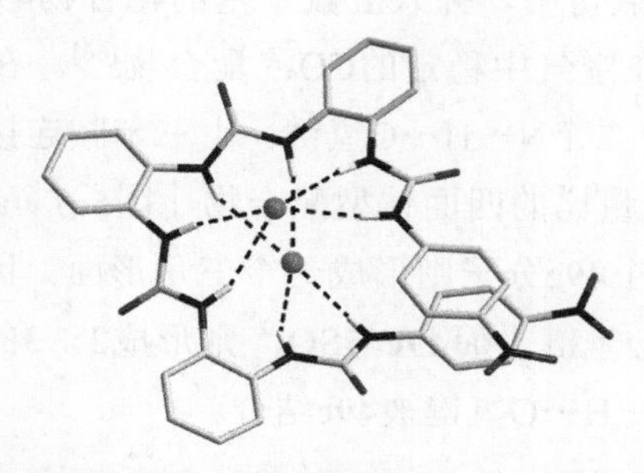

图 5-5　化合物 **45b** 通过螺旋构象与两个 Cl^-形成的单核配合物晶体结构

用亚乙基或 1,2-环己基取代苯环可以提高骨架的柔韧性及改变相连接的两个脲基的取向，从而对负离子结合模式产生影响[62]。例如，不同于 **45a**，化合物 **46a** 与四面体的 PO_4^{3-}结合，形成了一个独特的双核三螺旋结构，每个负离子被六个脲基结合，形成十二个氢键，在 DMSO-水（5%）溶液中，主要配合物的计量比也是 3∶2。而在晶体中，**46b** 可与 Cl^-和 Br^-形成不同的配合物，在其中一种结构中，一个 **46b** 分子通过形成桶状螺旋构象配合两个 Cl^-。手性的 *R*,*R*-化合物 **47** 在晶体中发展构象折叠，与 HPO_4^{2-}及 SO_4^{2-}形成 1∶1 的配合物，每个负离子通过八个 N—H⋯O 氢键与一个 **47** 分子结合。而两个 HPO_4^{2-}又通过两个 O—H⋯O 氢键形成一个二聚体[63]。化合物 **48** 的中间引入一个 1,5-萘二胺[64]，它与 SO_4^{2-}形成三种不同的配合物，其中两个为 1∶2 配合物，即一个主体结合两个负离子，而另一个则为线性配位聚合物。**48** 与 AcO^-及对苯二甲酸根也都形成线型配位聚合物，但与 $PhCO_2^-$、Cl^-及 Br^-等则形成双核配合物。

46a: $n = 1$　**46b**: $n = 2$　　**47**　　**48**

把双脲基片段并入到三头基连接链，相应的化合物展示出新的负离子结合性质。例如，在晶体结构中，**49a**通过形成十二个N—H…O氢键包结一个SO_4^{2-}[65]。这一配合物的稳定性非常高，因此，**49a**可以从硝酸钠和硫酸钠的混合水溶液中把硫酸钠选择性地提取到氯仿中。并入五氟苯基的化合物**49b**的碱性非常强，可以吸收大气中的CO_2形成在空气中稳定的CO_3^{2-}配合物[66]。在晶体结构中，CO_3^{2-}被一个**49b**包结，也形成十二个N—H…O氢键。由三苯胺连接而成的化合物**49c**在晶体中与PO_4^{3-}形成4∶4计量比的四面体型配合物［图5-6（a）］[67]。四个负离子占据四面体的顶点，而每个**49c**分子则形成一个三角形面。因此，每个PO_4^{3-}也是与**49c**形成十二个N—H…O氢键。而**49c**与SO_4^{2-}则形成2∶3的夹心型配合物［图5-6（b）］，每个SO_4^{2-}通过N—H…O氢键被**49c**结合。

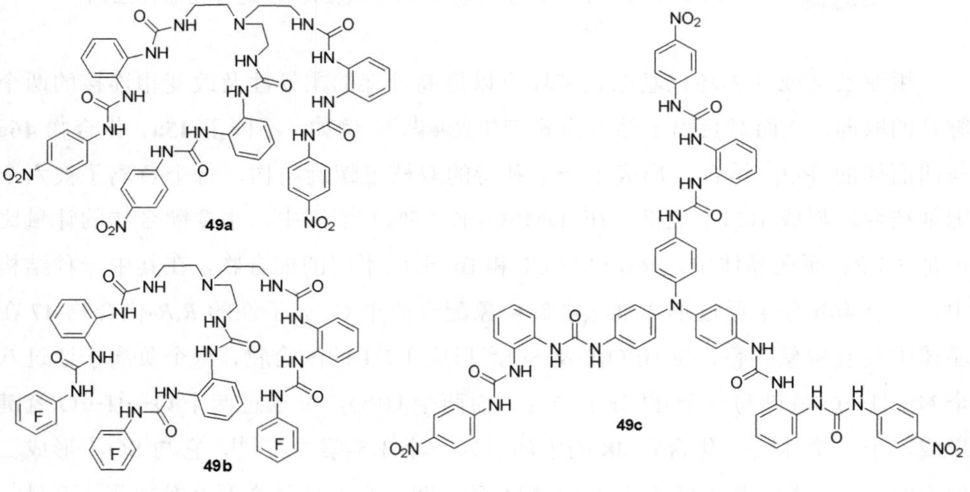

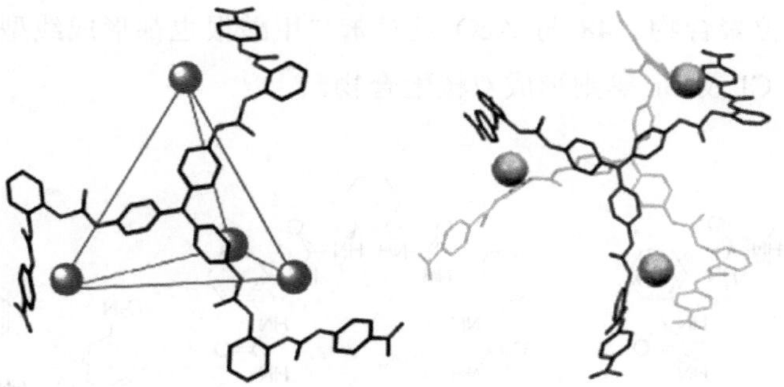

图5-6 （a）**49c**与PO_4^{3-}形成的计量比为4∶4的四面体型配合物的晶体结构；（b）**49c**与SO_4^{2-}形成的计量比为2∶3的夹心型配合物的晶体结构

卟啉衍生物**50a**和**50b**的四个脲基处于卟啉环的一侧，由于位阻效应不能旋转到另一侧，因此有利于四个脲基协同配合负离子[68,69]。它们在DMSO中对Cl^-（K_a大于10^3～10^5 L/mol）和Br^-有较高的结合倾向性，计量比为1∶1。在极性更高的DMSO/水（88∶12，体积比）中也是如此，而锌卟啉的结合能力显著降低。**50a**和**50b**对于四面体形的负离子$H_2PO_4^-$和HSO_4^-及三角形的负离子NO_3^-的结合能力较低。晶体结合分析表明，Cl^-通过四个N—H…Cl^-氢键与邻位的两个脲基结合，而四个脲基侧链形成的一个口袋内结合有一个DMSO分子（图5-7）。DMSO的存在促进对Cl^-的结合，这类似于酶利用水分子作为其结合单元的一部分促进对底物的结合。在二氯甲烷中，它们对$H_2PO_4^-$的结合能力更比Cl^-高。定量研究表明，埋在四个脲基口袋内的DMSO为负离子配合物的形成提供了一个中等强度的氢键的稳定性。

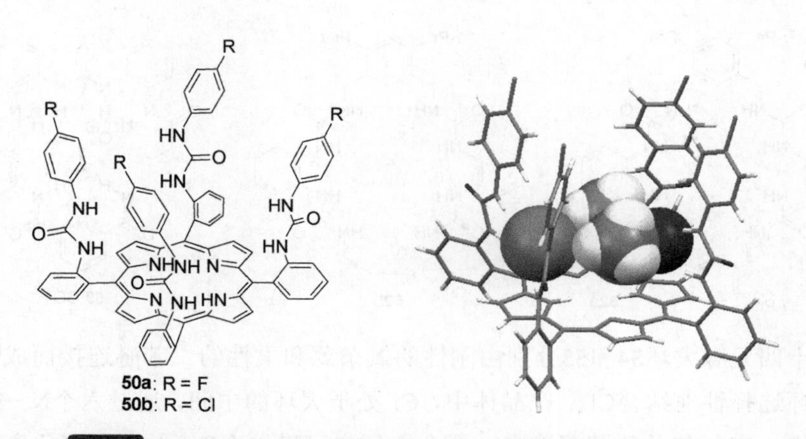

图 5-7　卟啉主体 **50b** 通过配合一个 DMSO 稳定对 Cl^-的结合

由二苯乙炔连接形成的线性脲衍生物**51a**～**51d**与负离子结合后也形成折叠或螺旋构象[70]。在**51a**与SO_4^{2-}形成的1∶1配合物的晶体中，负离子处于**51a**的内穴中间，二者形成四个N—H…O氢键和两个O—H…O氢键。较长的这类分子形成的螺旋体刚性较强，能选择性地配合SO_4^{2-}。

51a～**51d**
n = 1, 2, 3, 4

5.3.2 大环和穴型主体

大环脲衍生物也是一类受到重视的负离子主体。例如，**52a**和**52b**能够选择性地结合$H_2PO_4^-$和Cl^-，计量比都为1∶1[71]。而相应的线性的类似结构与$H_2PO_4^-$形成1∶2型的配合物。在DMSO中，它们与$H_2PO_4^-$形成的配合物的K_a分别为2500 L/mol和 4000 L/mol，而与Cl^-形成的配合物的K_a值较低，分别为500 L/mol和50 L/mol。在含有0.5%及5%水的DMSO中，53对羧酸根负离子的配合能力比$H_2PO_4^-$及Cl^-高[72]。在含有0.5%水的DMSO中，与AcO^-形成的配合物的K_a大于10^4 L/mol，与$PhCO_2^-$形成的配合物的K_a为6430 L/mol。而在含5%水的DMSO中，对两个负离子的K_a分别为5170 L/mol和1830 L/mol。在尝试得到F^-的配合物晶体的实验中，却得到了一个CO_3^{2-}配合物的晶体。在此晶体结构中，二者共形成六个N—H…O氢键。CO_3^{2-}被认为是来源于空气中的CO_2。

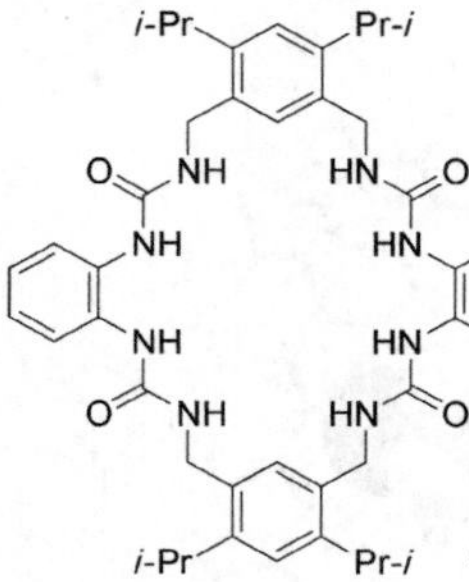

52a 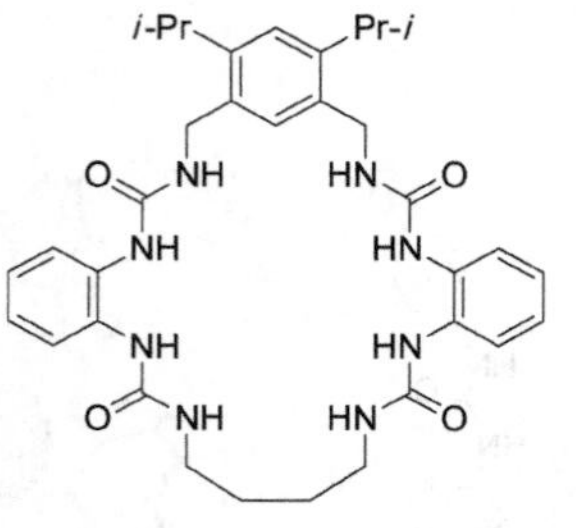　　**52b** 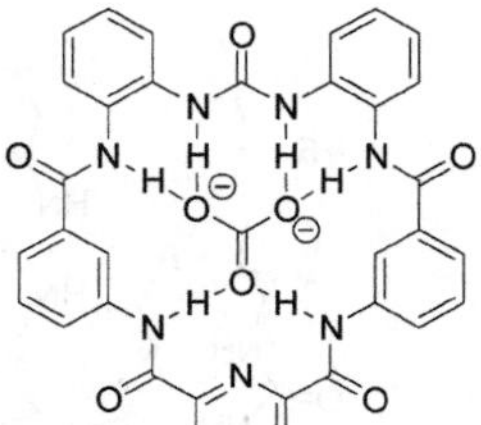　　**53**·CO_3^{2-}

二十四元脲大环**54**和**55**分别由刚性的氧杂蒽和柔性的二苯醚连接而成[73]。这两个大环选择性地结合Cl^-。在晶体中，Cl^-处于大环的中间，通过六个N—H…Cl^-氢键稳定。在氯仿及乙腈溶液中，两个大环也可以结合Br^-及AcO^-等负离子。在氯仿中，大环可以形成分子内的N—H…O氢键，从而不利于对负离子的结合。在乙腈中，没有观察到这种分子内氢键，但其溶剂化仍弱化了对负离子的结合。

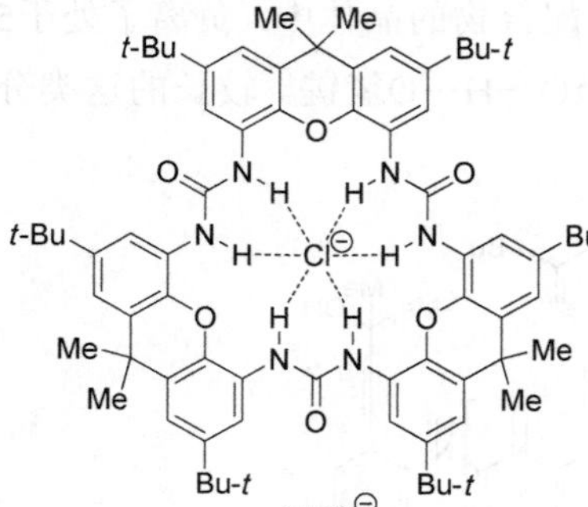

54·$Cl^{\ominus}$ 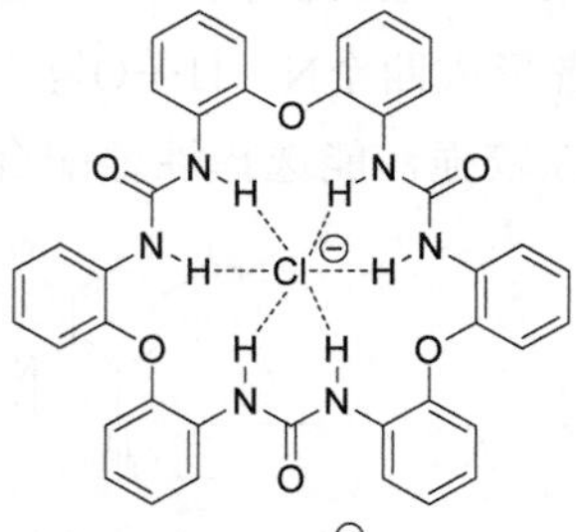　　**55**·$Cl^{\ominus}$

脲大环**56**的两个二苯醚连接片段赋予其较高的结构可扭曲性[74]。这一大环化合物有六个脲基，在晶体中配合两个Cl^-。两个Cl^-都形成六个N—H…Cl^-氢键，而大环形成一个“**8**”字形的扭曲构象，两个苯甲醚片段的两个苯环以交错式排列（图5-8）。

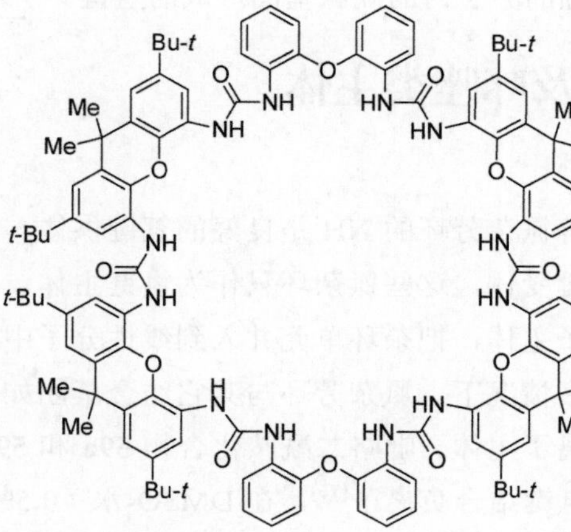

56

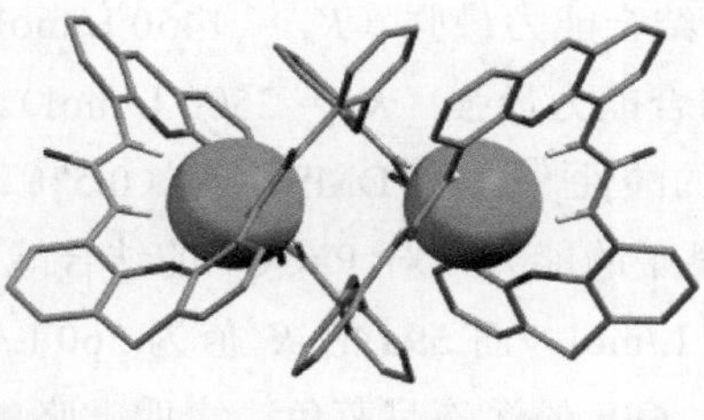

图 5-8 大环 **56** 与 Cl^-形成的 1∶2 配合物的晶体结构

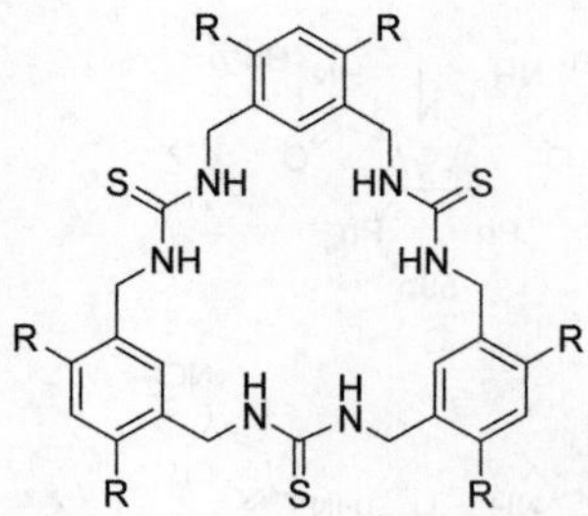

57a: R = H
57b: R = Et

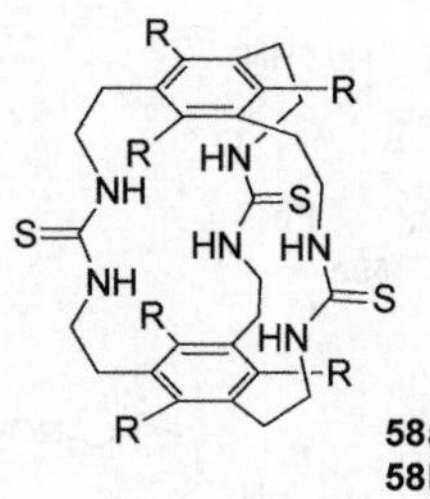

58a: R = Me
58b: R = $CH_2CH_2CHMe_2$

硫脲大环**57a**和**57b**的硫脲基由间苯二亚甲基连接[75]。这类大环的构象流动性较高。在DMSO中，**57a**选择性地结合$H_2PO_4^-$，K_a为800 L/mol。**57a**也可以配合AcO^-及Cl^-，K_a值分别为320 L/mol和40 L/mol。而**57b**对AcO^-的结合能力较$H_2PO_4^-$高，K_a值分别为5300 L/mol和1600 L/mol。

空穴化合物 **58a** 和 **58b** 在不同溶剂中的核磁图谱中信号都很宽，说明形成了分子内氢键，不同构象在核磁时间规模上交换较慢[57]。在 100℃时，**58b** 的核磁分辨率高，可以定量滴定。在氘代四氯乙烷中，其与 AcO^-和 Cl^-形成的 1∶1 配合物的 K_a 被测定为 116 L/mol 和 112 L/mol。在同样条件下，三角形的主体 **42a** 形成的配合物的 K_a 为 3030 L/mol 和 3700 L/mol。**58b** 对两个负离子的较低的结合稳定性被归因于它的更强的分子内的硫脲基间形成的氢键。

5.4 吡咯、吲哚及咔唑类主体

5.4.1 非环主体

吡咯、吲哚和咔唑等氮杂芳环的 NH 是良好的氢键供体，不同于酰胺或脲基既是氢键供体，也是氢键受体，这些氮杂环只作为氢键主体。并入这些杂环的分子是另一类重要的负离子主体，把杂环单元并入到线性分子中，是设计这类主体的主要策略之一。在很多情况下，氮杂芳环与其它结合基团如酰胺及脲基等结合在一起，形成有效的负离子主体。吡咯二酰胺化合物 **59a** 和 **59b** 形成一个汇聚式的结构，可以通过三个氢键结合负离子[76]。在 DMSO-水（0.5%）中，**59a** 可以结合 O^-，其中对 $H_2PO_4^-$的结合能力最强（K_a = 1450 L/mol）。在乙腈中，**59b** 也结合 O^-，但对 $PhCO_2^-$的结合能力最强（K_a = 2500 L/mol）。**60a** 和 **60b** 的硝基拉电子效应提高了酰胺 NH 的酸性[77]。在 DMSO-水（0.5%）中的研究表明，硝基的引入提高了它们结合负离子的能力，对 $PhCO_2^-$的结合能力增强，相应的 K_a 值分别为 4150 L/mol 和 4200 L/mol，而 **59a** 的 K_a 值为 560 L/mol。**59a** 和 **60b** 也结合 F^-。在 F^-过量的情况下，**60b** 的溶液呈蓝色，表明吡咯的 NH 质子发生转移。定量研究揭示，**60a** 与 F^-形成的配合物的 K_a 值为 1245 L/mol。

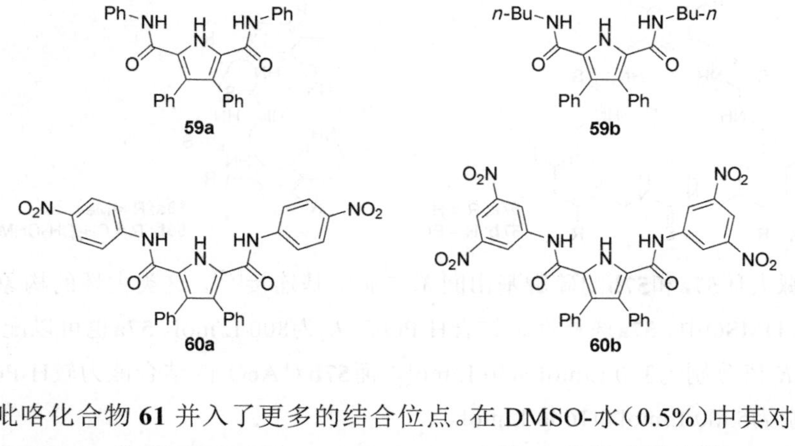

59a　59b

60a　60b

三吡咯化合物 **61** 并入了更多的结合位点。在 DMSO-水（0.5%）中其对 $H_2PO_4^-$（K_a = 10300 L/mol）和 $PhCO_2^-$（K_a = 5500 L/mol）等 O^-的结合能力较 **59a** 更高[78]。在化合物 **62a** 和 **62b** 中，吡啶 N 与 2,6-位的酰胺 NH 形成稳定的分子内氢键，从

而诱导两个吡咯 NH 形成汇聚式的构象[79]。在二氯甲烷中，**62b** 能结合 AcO^-，K_a 值为 13900 L/mol，而 **62a** 能结合 $PhCO_2^-$、AcO^-、NO_2^-和 CN^-等，K_a 分别为 43000 L/mol、19000 L/mol、13000 L/mol 和 5600 L/mol。但总体来说，吡啶的引入减少了 NH 的数量，在 DMSO 中的结合能力降低。

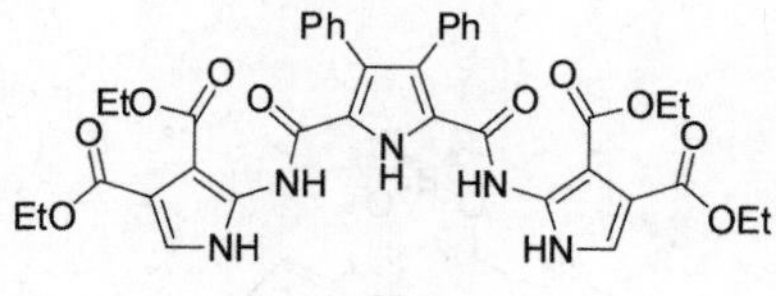

61

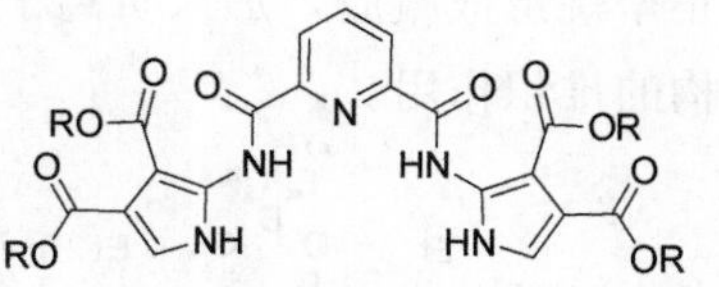

62a: R = Et
62b: R = CH₂CH₂CHMe₂

双吡咯酰胺（**63a** 和 **63b**）在强极性的 DMSO-水（25%）中能够选择性地结合 $H_2PO_4^-$，K_a 分别为 234 L/mol 和 20 L/mol[80]。这两个主体分子在空气中不稳定，易被氧化为共轭的衍生物。在中间的亚甲基上引入两个甲基后，相应的化合物 **64a** 和 **64b** 的稳定性得到提高[81]。在 DMSO-水（5%）中，化合物 **64b** 对 $H_2PO_4^-$（K_a = 1092 L/mol）表现出很好的选择性，而对 $PhCO_2^-$的结合能力较低（K_a = 124 L/mol），对其它负离子的结合能力都较 **63b** 弱。双吡咯（**65** 和 **66**）及三吡咯（**67a** 和 **67b**）都能够配合 Cl^-[82]。在 **65a** 和 **67a** 与 Cl^-形成的 1∶1 配合物的晶体结构中，分别形成了两个和三个 N—H···Cl^-氢键。这些吡咯衍生物都能够以载运机制实现 Cl^-的跨膜输送。

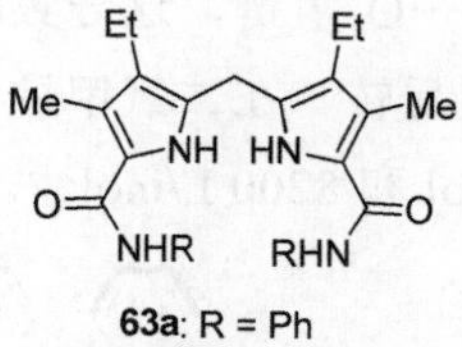

63a: R = Ph
63b: R = *n*-Bu

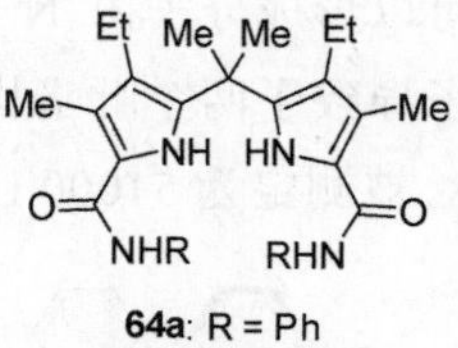

64a: R = Ph
64b: R = *n*-Bu

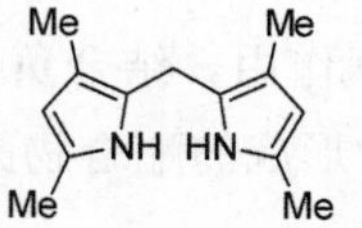

65

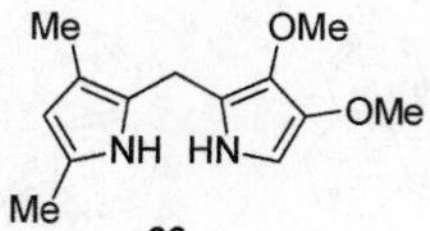

66

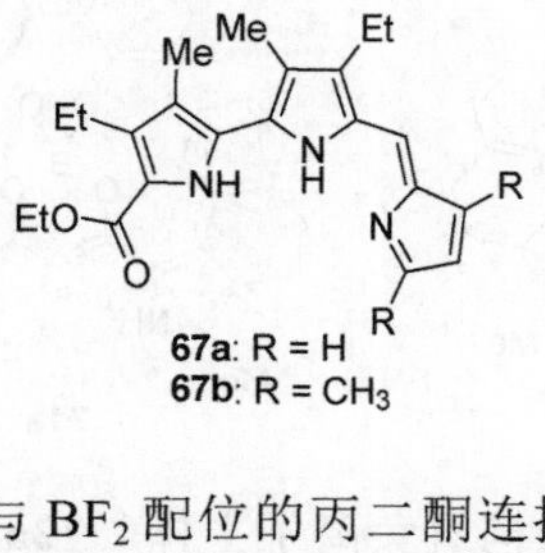

67a: R = H
67b: R = CH₃

化合物 **68a** 和 **68b** 的两个吡咯由与 BF_2 配位的丙二酮连接，整个骨架成为一个共轭体系[83]。这两个化合物也可以配合 Cl^-，**68a** 的配合物的晶体结构显示，两个 NH 都与 Cl^-形成氢键，并且中间的 CH 也作为供体与 Cl^-形成氢键。因此，中间的硼配合物的作用实际上与苯环类似。但这一硼配合物具有荧光，可作为探针在溶液中定量研究负离子配合。类似化合物 **69a**～**69c** 在二氯甲烷中可以配合 Cl^-、Br^-、AcO^-、$H_2PO_4^-$和 HSO_4^-，但结合能力逐渐降低[84]。这可以归因于苯环上邻位甲基的位阻效应、供电子效应降低了吡咯 NH 的酸性及苯环上邻位 H 与负离子形成了附加的氢键的消失。当苯环上引入长脂肪链如十六烷基时，相应的化合物可以与正辛烷形成凝胶，加入负离子破坏凝胶，这可以归因于负离子配合抑制了共轭结构的堆积作用。

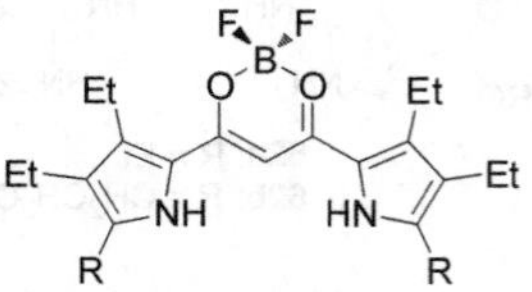

68a: R = H
68b: R = CO_2Et

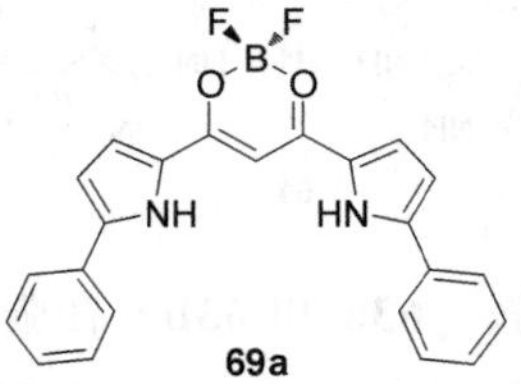

69a

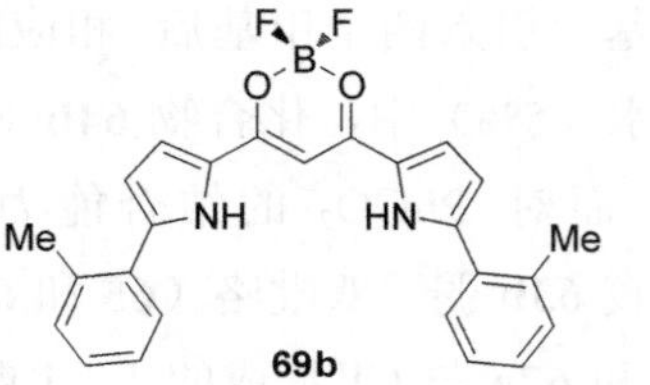

69b

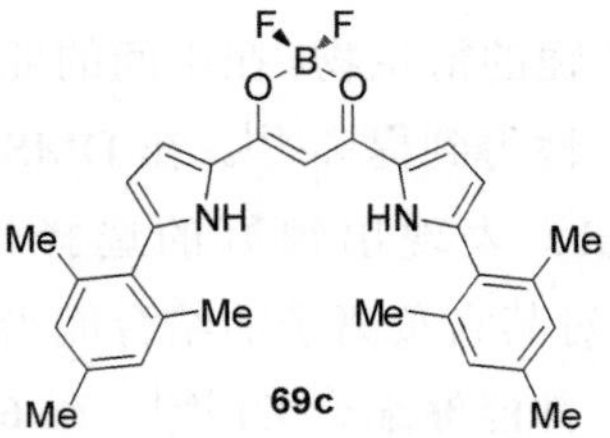

69c

二酚也可以作为配体形成硼酸酯配合物。相应的主体 **70** 和 **71a** 及 **71b** 在二氯甲烷中可以配合 AcO^-和 Cl^- [85]。配合物晶体结构显示，结合模式与 **68** 和 **69** 系列相同。但这类化合物本身可以形成分子内 N—H…O 氢键，这导致吡咯上的苯环产生堆积作用。结合负离子导致了两个吡咯构型反转。在二氯甲烷中，**71b** 与 AcO^-和 Cl^-形成的配合物的 K_a 被测定为 51000 L/mol 和 8200 L/mol。

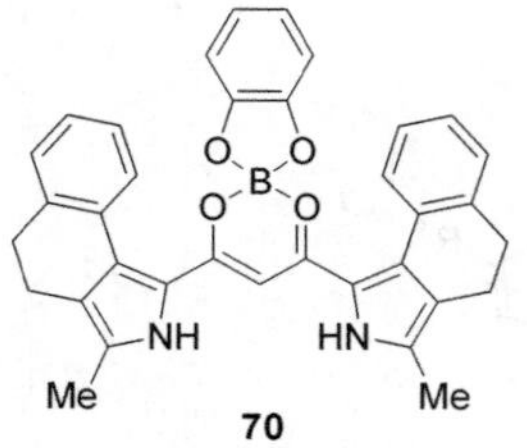

70

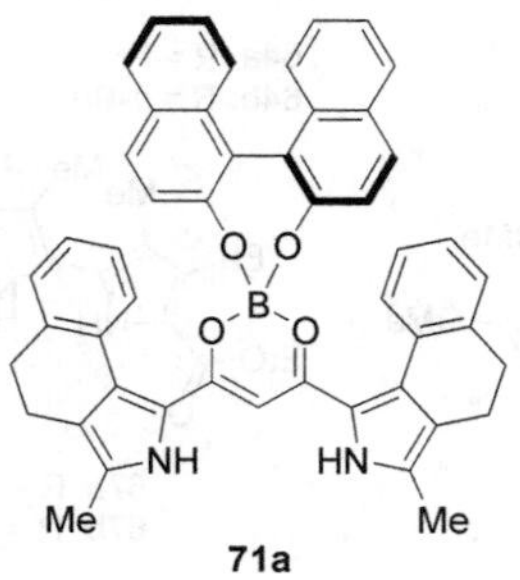

71a

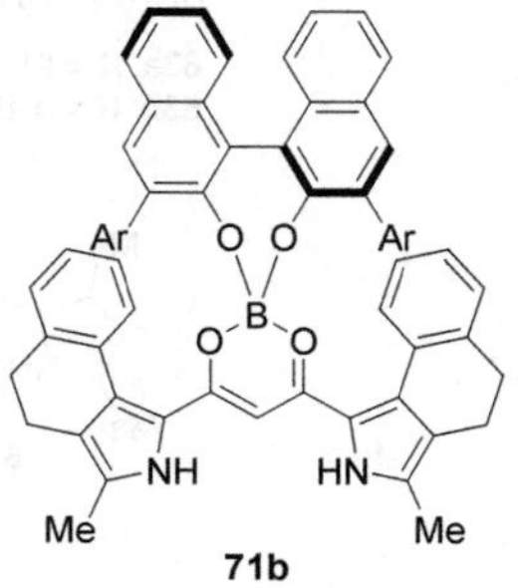

71b

咔唑也可以用来构筑负离子主体。**72a** 和 **72b** 分别带有两个酰胺基团，它们与咔唑 NH 形成一个汇聚的结合口袋[86]。在 DMSO-水（0.5%）中，**72b** 对负离子的结合能力比 **72a** 更强。这可以认为是由于苯甲酰胺的 NH 的酸性更强引起的差异。前者与 Cl^-和 $PhCO_2^-$形成的配合物的 K_a 值分别为 115 L/mol 和 8340 L/mol，

后者与 Cl^-和 AcO^-形成的配合物的 K_a 值分别为 13 L/mol 和 1230 L/mol。吲哚并咔唑（**73a**～**73c**）也可以配合负离子[87]。溴原子的拉电子效应提高了 **73c** 的 NH 的酸性。因此，**73c** 的结合能力最高。在二氯甲烷中与 $PhCO_2^-$、$H_2PO_4^-$、F^-和 Cl^-形成的配合物的 K_a 值分别为 7.8×10^5 L/mol、2.0×10^5 L/mol、1.0×10^5 L/mol 和 7.9×10^4 L/mol。**73a** 和 **73b** 对这些负离子的结合能力也依次降低。

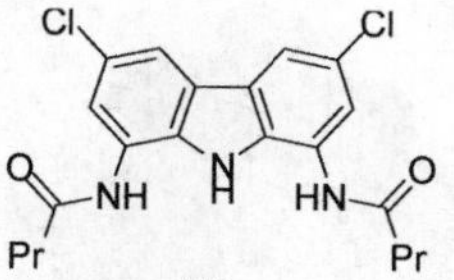

Cl Cl NH N H HN O O Pr Pr **72a** Cl Cl NH N H HN O O Ph Ph **72b**

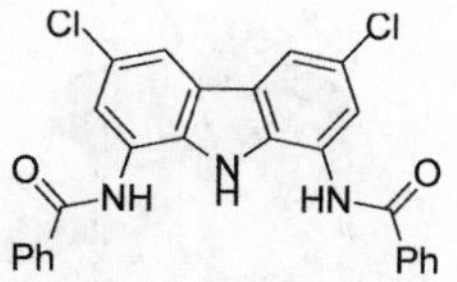

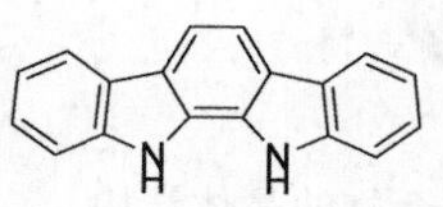

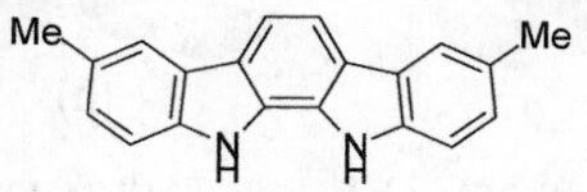

N H N H **73a** Me Me N H N H **73b** Br Br N H N H **73c**

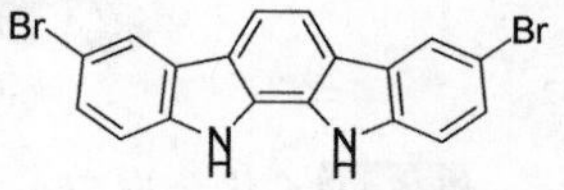

化合物 **74a** 和 **74b** 的两个吲哚相邻排列，从形式上看与 **73** 系列类似，但两个吲哚的 C^2—H 原子有空间位阻，因此两个吲哚相互扭曲[88]。在二氯甲烷中，两个化合物能结合 $H_2PO_4^-$、F^-、$PhCO_2^-$、Cl^-及 HSO_4^-等负离子，但对 $H_2PO_4^-$的结合能力最高，K_a 分别为 6800 L/mol 和 20000 L/mol。化合物 **74b** 结合 $H_2PO_4^-$后溶液颜色发生变化，因此可以肉眼监测。

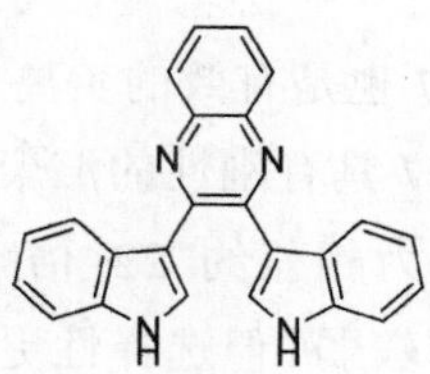

N N N H N H **74a** NO_2 N N N H N H **74b**

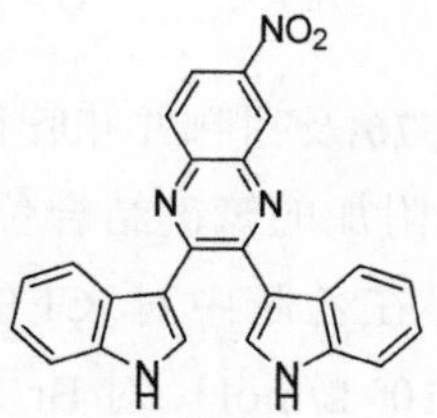

化合物 **75a** 和 **75b** 的四个 NH 形成了一个汇聚结合环境[89]。在 DMSO-水（0.5%）中，这两个钳形分子都可以结合负离子，而对 F^-的结合最强。**75a** 与 F^-形成的配合物的 K_a 大于 10^4 L/mol。在 DMSO-水（5%）中它们的负离子结合能力降低，但对 F^-的结合也都最强。**75a** 与 F^-形成 1∶1 的配合物，K_a 为 1360 L/mol，而 **75b** 则形成 1∶2 型配合物，K_{a1} 和 K_{a2} 分别为 940 L/mol 和 21 L/mol。可以预期，第二个负离子的结合将使得每个负离子只形成两个氢键。**75a** 和 **75b** 与 Cl^-及 F^-形成的配合物的晶体结构都显示 1∶1 的结合模式（图 5-9）。负离子被配合在主体分子的内穴中，通过四个氢键稳定。

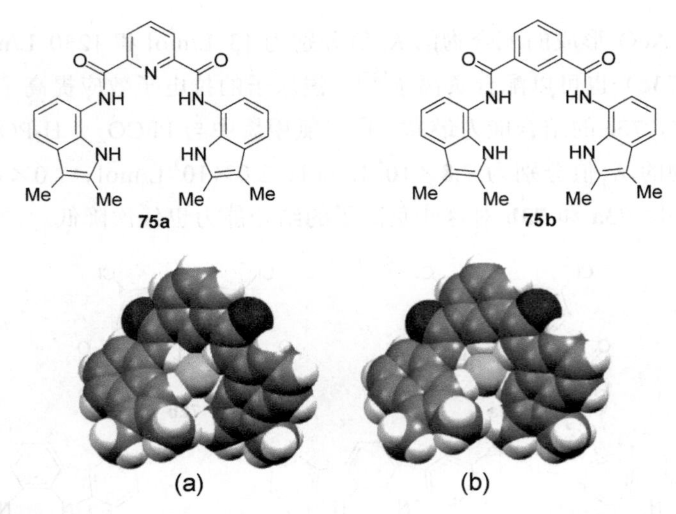

图 5-9 化合物 **75a**（a）和 **75b**（b）与 F^-形成的 1∶1 配合物的晶体结构

双吲哚衍生物 **76** 及吲哚并咔唑衍生物 **77** 也是有效的负离子主体[90]，其苯环上间位酰胺提供了附加的氢键结合位点，但 **77** 具有刚性的汇聚式构象，因此更有利于负离子结合。在乙腈中对 Cl^-的结合能力相差约 22 倍（K_a 分别为 1.1×10^5 L/mol 和 5.1×10^3 L/mol），对 Br^-的结合都较弱，但选择性更高，达到 41 倍（K_a 分别为 8700 L/mol 和 210 L/mol）。由于苯乙炔骨架的刚性，在结合负离子后，两个端基酰胺会发生部分堆积。因此，整个骨架形成了一个螺旋构象。

5.4.2 大环主体

大部分的氮杂大环主体都是以吡咯环为基础的。大环 **78a** 和 **78b** 是早期报道的两个例子。这两个大环都具有刚性共轭平面结构，双质子化后可以作为主体形成五个氢键，结合负离子。在甲醇中，双质子化的 **78a** 可以与 F^-、Cl^-及 Br^-形成 1∶1 配合物，K_a 值分别为 2.8×10^5 L/mol、约 10^2 L/mol 及<10^2 L/mol[91]。**76b** 在甲醇中可以结合磷酸及苯基膦酸，K_a 值分别为 1.8×10^4 L/mol 和 1.3×10^4 L/mol[92]。

大环 **79a** 和 **79b** 包含吡咯和酰胺单元，但也是共平面的共轭结构，拥有一个比 **78** 更大的内穴。在乙腈中，**79a** 对 Cl^-、Br^-、CN^-及 NO_3^-具有弱的结合能力，但与 HSO_4^-可以形成 1∶1 的稳定配合物，K_a 值为 6.4×10^4 L/mol，表明这一四面体形的负离子更能与大环形成结构匹配的配合物[93]。在乙腈中，**79b** 不配合 Cl^-、Br^-及 NO_3^-，但能与 AcO^-和 $H_2PO_4^-$形成稳定的 1∶1 配合物，K_a 值分别为 1.2×10^4 L/mol 和 2.9×10^4 L/mol，对 HSO_4^-配合的能力更高，1∶1 配合物的 K_a 值为 1.1×10^5 L/mol[94]。

杯[4]吡咯（**80**）是一类重要的基于吡咯的负离子主体的基本骨架，四个吡咯交替排列，形成一个马鞍形构象[95]。这一大环可以通过四个氢键结合负离子，并对 F^-和 Cl^-具有高的结合稳定性。在二氯甲烷中，其与 Cl^-形成的配合物的 K_a 在 $10^2\sim10^4$ L/mol。形成配合物后，所有吡咯环的 NH 朝向一个方向，通过氢键结合负离子（图 5-10）。基于 **80** 大环衍生出很多负离子主体[96]。在这一骨架的一侧引入附加的结合位点可以形成三维的主体分子，进一步提高对负离子的结合能力。

图 5-10　化合物 **80** 与 Cl^-形成的 1∶1 配合物的晶体结构

对吡咯进一步修饰也可以衍生出很多氧化-还原型及荧光感应型的主体分子。骨架本身还可以进一步扩展，形成内穴更大的主体分子。

化合物 **81** 即是一个典型的例子[97]。**81** 与荧光染料 **82** 结合后导致后者的荧光猝灭。F^-可以与 **81** 形成更稳定的配合物，从而释放被结合的 **82**，恢复其荧光，由此可以实现 F^-的检测。基于同样的原理，通过 **83** 也可以在溶液中检测焦磷酸氢根负离子（$HP_2O_7^{3-}$）[98]。在乙腈-水（30%）溶液中，**83** 对 $HP_2O_7^{3-}$感应的灵敏度远大于 F^-和 $H_2PO_4^-$，二者 1∶1 配合物的 K_a 值高达 2.6×10^7 L/mol。中性的大环 **84** 也可以结合 $HP_2O_7^{3-}$，但 K_a 值明显降低（5.3×10^5 L/mol）。因此，*N*-甲基吡啶正离子与负离子之间的静电吸引作用应提高了主体结构对负离子的结合能力。

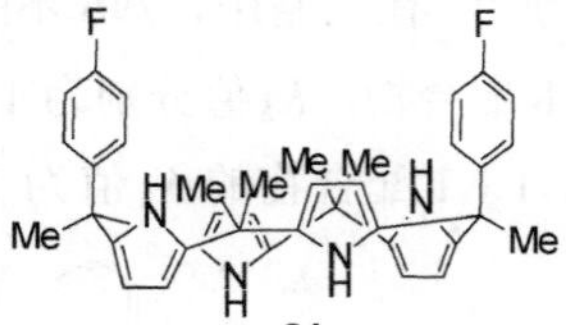

81 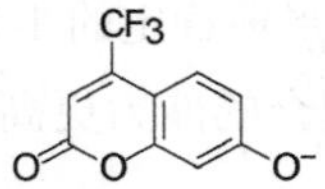 **82**

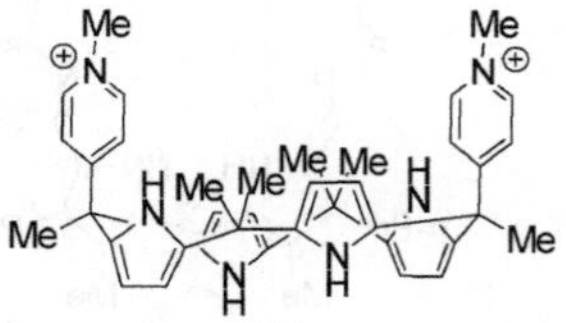

83 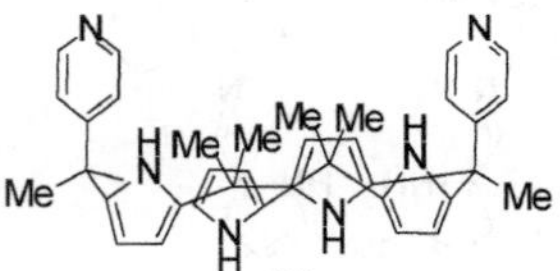 **84**

化合物 **85a** 和 **85b** 并入了新的共轭片段，对负离子的结合可以引起其吸收光谱变化，从而实现定量的负离子结合研究[99]。这两个化合物在 DMSO 中可以结合不同的负离子。

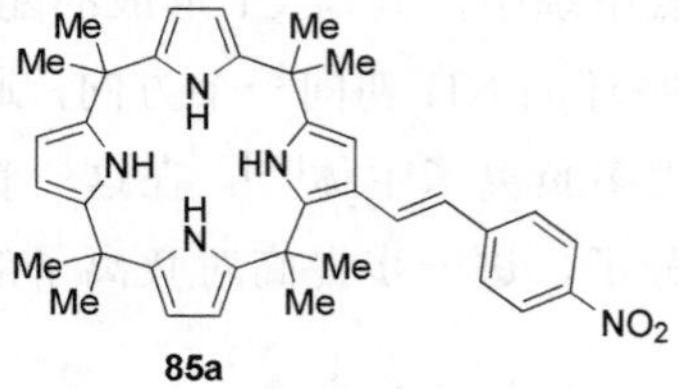

85a 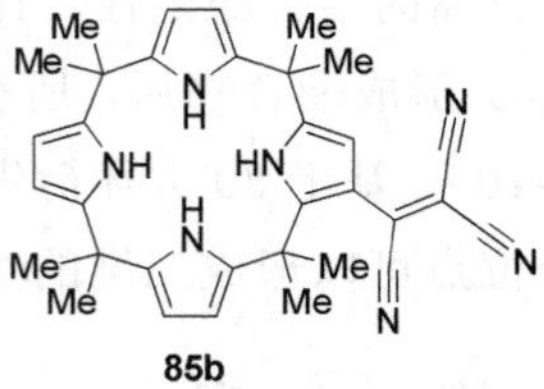 **85b**

化合物 **86a**～**86c** 分别并入一个、两个及四个富电性的四硫富瓦烯（TTF）片段。在二氯甲烷中，它们对 Cl^-和 Br^-等负离子的结合可以通过循环伏安法检测[100]。化合物 **86c** 在配合 Cl^-后形成的碗型结构可以进一步配合 C_{60}，计量比为 2∶1[101]。这意味着两个 **86c** 分子形成一个胶囊型结构，包结球形的 C_{60}。在不加 Cl^-时，这种碗型结构不能形成。

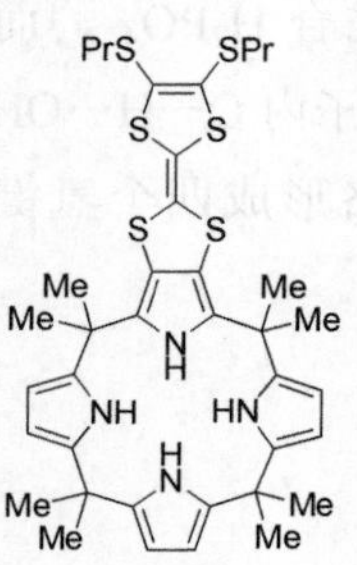

86a

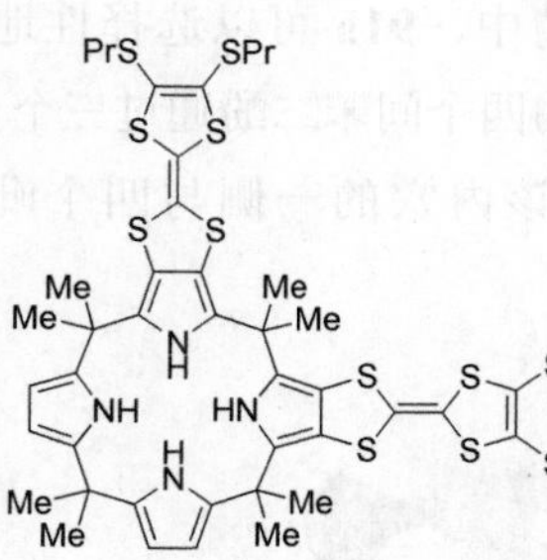

86b

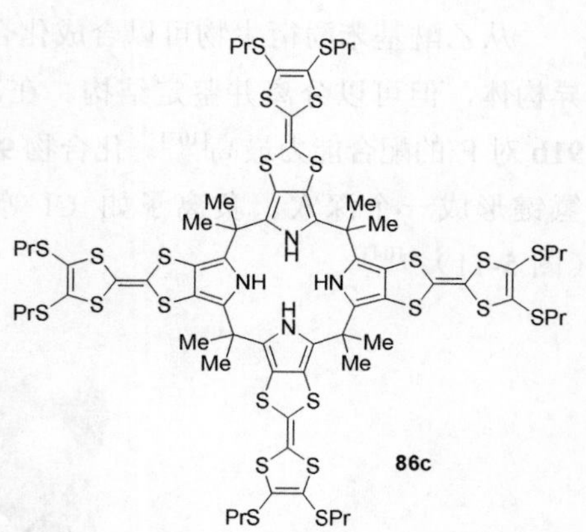

86c

杯[4]吡咯的一个吡咯环 N 可以处于大环骨架的外侧，形成新的系列主体分子 **87～90**。这类主体对负离子的配合能力比吡咯环上没有取代基的骨架分子有所提高[102]，负离子结合也引起共轭发色团的颜色变化，可以利用吸收光谱定量研究它们对负离子的结合行为[99]。但在所有这些主体分子的结合中，异构化的吡咯 NH 不能与负离子形成氢键。因此，它们与 **80** 系列相比，并没有明显的优势。

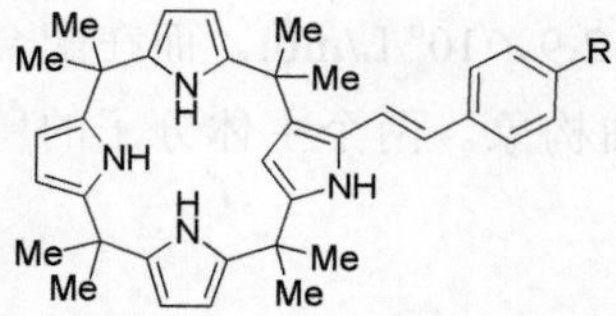

87a: R = H　**87b**: R = OMe
87c: R = Br　**87d**: R = NO$_2$

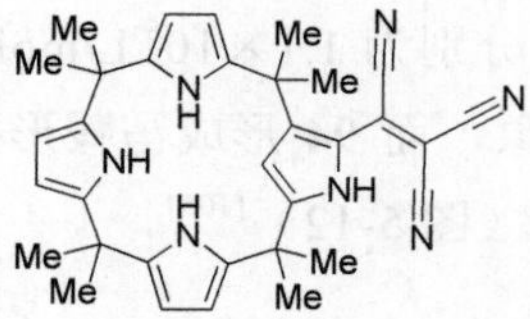

88

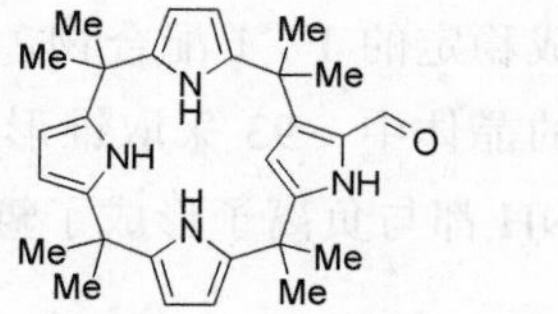

89

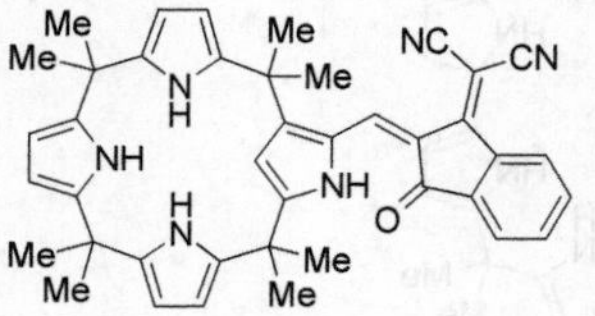

90a

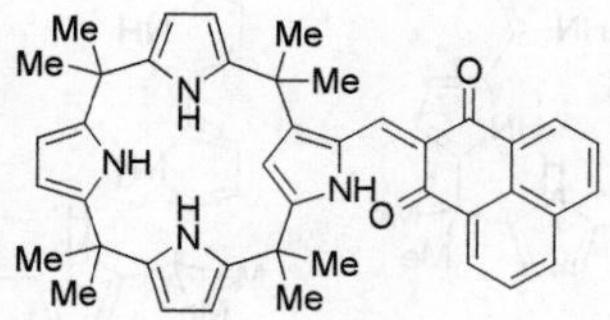

90b

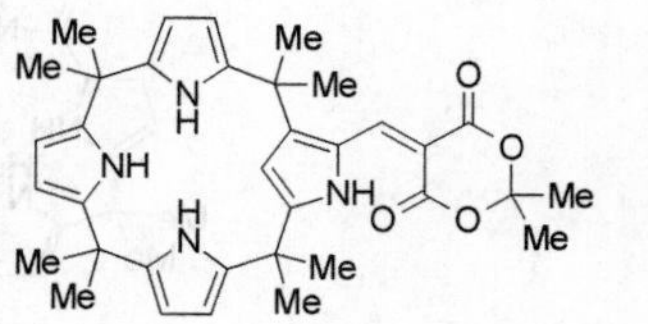

90c

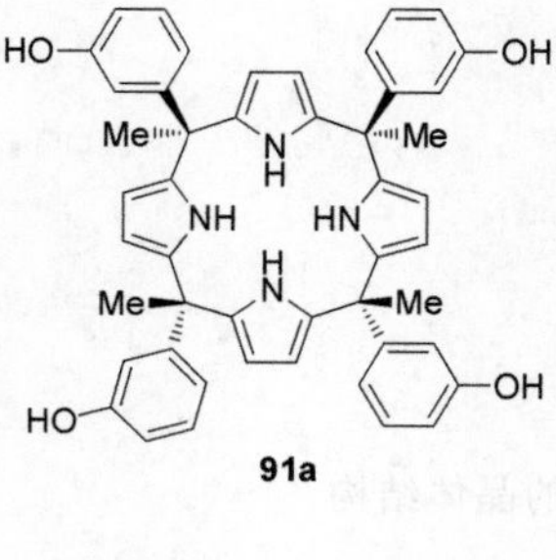

91a

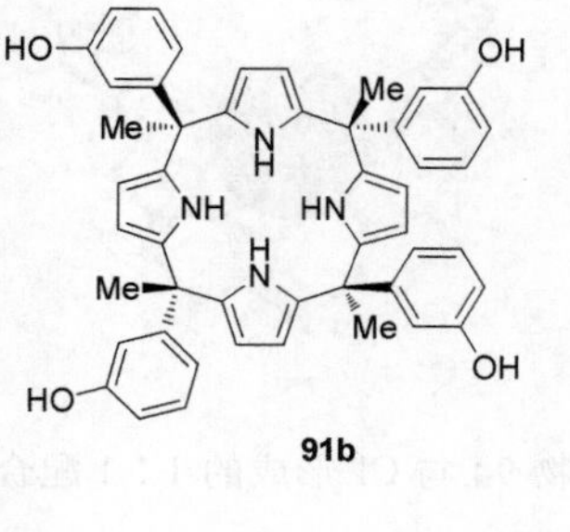

91b

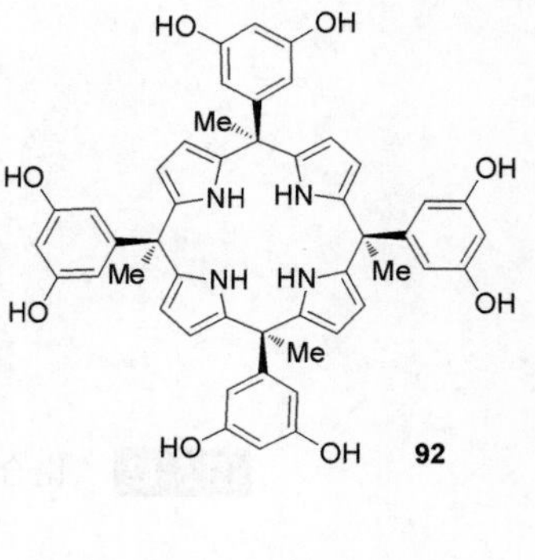

92

从乙酰基苯酚衍生物可以合成化合物**91a**、**91b**和**92**。这些大环具有多种构型异构体，但可以分离并鉴定结构。在乙腈中，**91a**可以选择性地结合 $H_2PO_4^-$，而**91b**对 F^- 的配合能力最高[103]。化合物**92**的四个间苯二酚通过三个分子内 O—H…OH 氢键形成一个深穴。负离子如 Cl^- 等从该内穴的一侧与四个吡咯形成四个氢键（图 5-11）[104]。

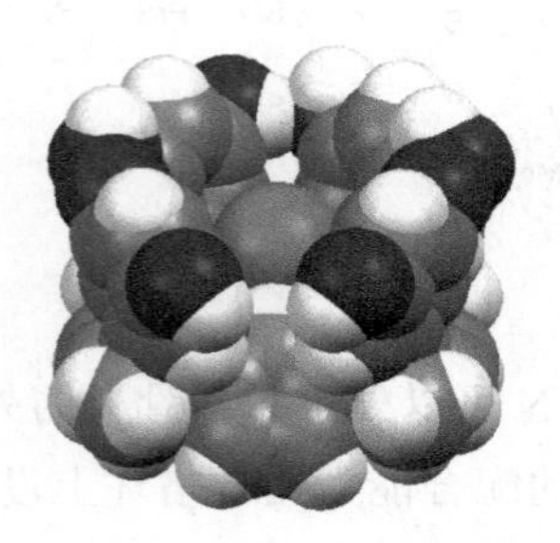

图 5-11　化合物**92**与 Cl^- 形成的口袋型配合物的晶体结构

大环内穴可以通过并入更多吡咯环扩展，一个方法是使用二吡咯为前体，与丙酮缩合。化合物**93**和**94**即是典型的例子[105,106]。在乙腈中，**93**和**94**与 Cl^- 形成稳定的 1∶1 配合物，K_a 分别为 1.1×10^6 L/mol 和 2.9×10^6 L/mol。而在配合物的晶体中，**93**采取锥形构象，而**94**形成马鞍形扭曲构象。两个主体分子的所有 NH 都与负离子形成了氢键（图 5-12）[105]。

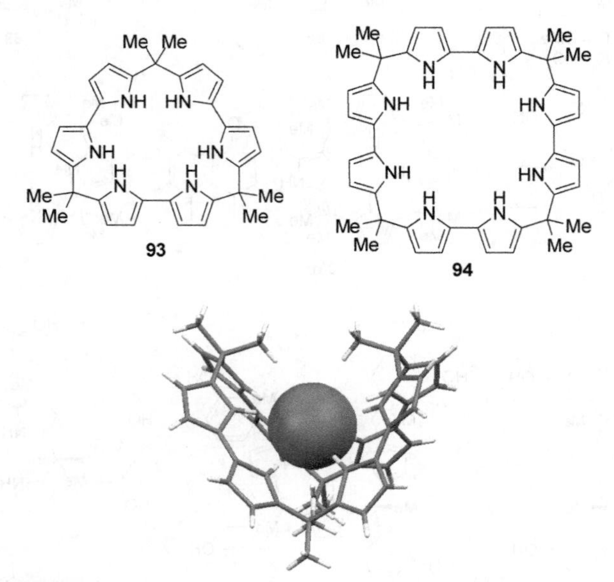

图 5-12　化合物**94**与 Cl^- 形成的 1∶1 配合物的晶体结构

联二吡咯也可以直接由氧化剂如三氯化铁等氧化偶联形成吡咯大环主体 **95a** 和 **95b**[107]。以 F^-、Cl^-、Br^-、NO_3^-、BF_4^-、HSO_4^-及 ClO_4^-为模板，在二氯甲烷中也可以通过电化学氧化合成这些大环化合物[108]。以 HSO_4^-为模板，大环产量可以达到 68%。**95b** 与硫酸形成的配合物的晶体结构显示，其两个亚胺 N 质子化，硫酸根与八个 NH 形成氢键。

95a　　**95b**

双质子化的 **96a** 和 **96b** 也可以配合负离子。在丙酮中，**96a** 与 F^-、Cl^-和 Br^-形成 1∶1 配合物，K_a 值分别为 10000 L/mol、4800 L/mol 和 320 L/mol[109]。四个亚乙基的存在使得整个骨架具有构象流动性，但与负离子配合后所有 NH 应形成汇聚式的构象。**96a** 双质子化后与 SO_4^{2-}形成的 1∶1 配合物的晶体结构显示，大环的所有 NH 都朝向负离子形成氢键，整个骨架形成一个冠状构象，而负离子处于大环的一侧上方（图 5-13）。

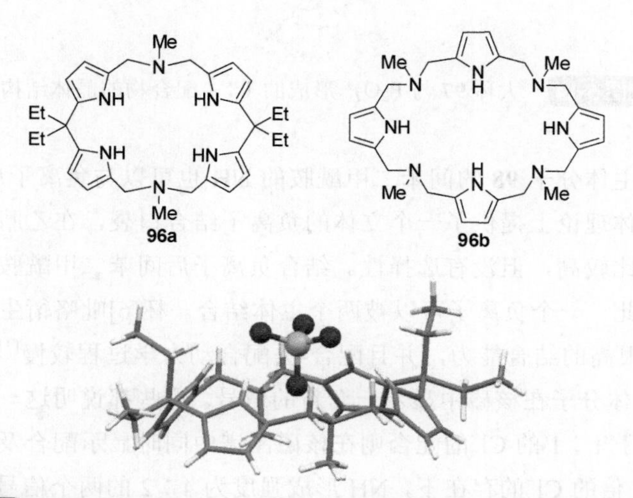

图 5-13　化合物 **96a** 双质子化后与 SO_4^{2-}形成 1∶1 配合物的晶体结构

大环 **97** 通过 1,3-环加成反应形成三氮唑合成[110]。这一大环的内穴较大，并且三氮唑 C^5—H 也作为供体形成氢键。在晶体中，**97** 通过形成一个夹形构象配合一个焦磷酸根（$P_2O_7^{4-}$）（图 5-14），二者之间共形成八个氢键。在氯仿中，二者结合也是以 1∶1 的计量比进行的，K_a 值为 2.3×10^6 L/mol。**97** 还可以配合 HSO_4^-、$H_2PO_4^-$、Cl^-及 Br^-等负离子，但稳定性依次降低。在核磁图谱中，配合导致苯环的 C^2—H 及三氮唑 C^5—H 的信号向低场移动，可以认为这些 H 原子也与负离子形成了氢键，虽然它们没有 NH 形成的氢键强。

97

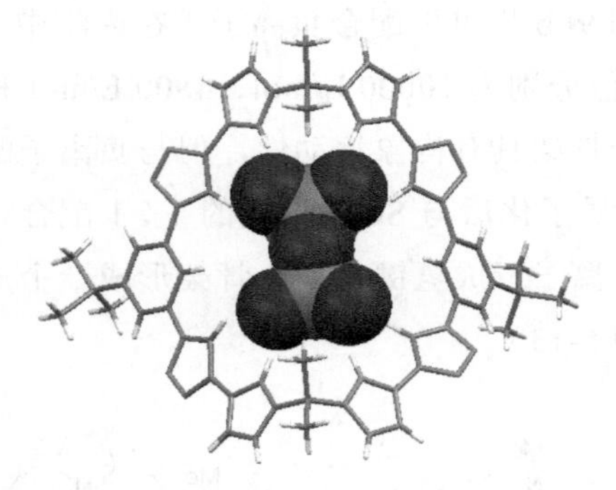

图 5-14 大环 **97** 与 $P_2O_7^{4-}$形成的 1∶1 配合物的晶体结构

提篮形的主体分子 **98** 的间苯二甲酰胺的 NH 也可以与负离子形成氢键[111]。因此，这类主体理论上提供了一个立体的负离子结合口袋，在乙腈中对 Cl^-、Br^-和 I^-的结合都比较高，但没有选择性。结合负离子后间苯二甲酰胺实际上侧移到环的一侧。因此，一个负离子可以被两个主体结合。杯[6]吡咯衍生的胶囊形分子 **99** 对 F^-展示很高的结合能力，并且配合-去配合动力学过程较慢[112]。加入 1∶1 的 F^-即诱导主体分子在核磁中显示一套新的信号。这些都说明这一配合物的高度稳定性。而对于 1∶1 的 Cl^-的配合则在核磁图谱中同时显示配合及自由的主体信号。在过量 12 倍的 Cl^-的存在下，NH 形成强度为 4∶2 的两个信号峰。这一结果说明，只有四个 NH 参与了对 Cl^-的配合。

98　　　99

100a　　　100b　　　100c

提篮形的化合物 **100a**～**100c** 在乙腈中都可以配合 Cl^-[113]。但其中 **100b** 的配合能力最高，比 **100c** 高 95 倍，这归因于 **100b** 的侧链内的吡咯 NH 能够与 Cl^-形成稳定的氢键。**100a** 与 Cl^-形成的配合物的晶体结构显示（图 5-15），除了吡咯 NH 与 Cl^-形成氢键外，苯环及侧链上的 CH 也形成了三个 C—H…Cl^-氢键。在 DMSO 中，**100b** 也能配合 Cl^- [114]，并且配合和游离的主体分子在核磁图谱中展示两套峰，表明二者在核磁时间规模上交换较慢，也说明了这一配合物的高稳定性。

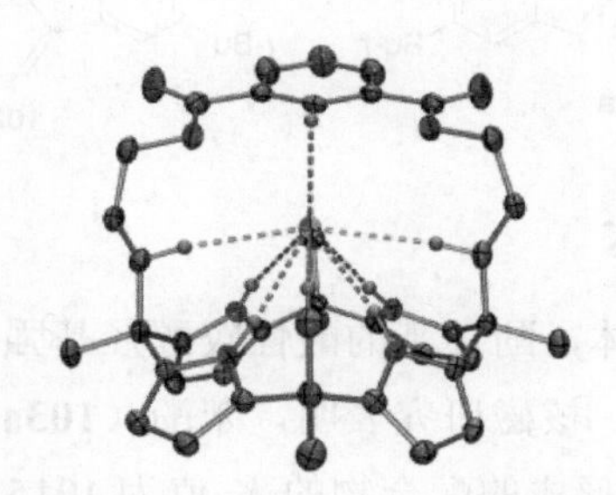

图 5-15　化合物 **100a** 与 Cl^-形成的 1∶1 配合物的晶体结构，显示 C—H…Cl^-氢键稳定配合物

化合物 **101a** 形成一个较小的内穴，连接三个吡咯的两个碳原子上的氢原子都朝向穴的内侧。在晶体结构中，**101a** 包结水及二氯甲烷等小分子[115]。**101a** 与 F^-形成 1∶1 配合物，而与 Cl^-及 NO_3^-形成 2∶1 型配合物。这意味着负离子在 **101a**

内穴的外侧与其结合。在二氯甲烷中，**101a** 与 NO_3^-形成的 2∶1 配合物的 K_{a1} 和 K_{a2} 分别为 1740 L/mol 和 420 L/mol。化合物 **101b** 的连接三个吡咯的两个碳原子上的氢原子一个朝向穴的内侧，另一个朝向穴的外侧[116]。**101b** 在二氯甲烷中可以配合 F^-、Cl^-、NO_3^-、HSO_4^-、AcO^-和 $H_2PO_4^-$等负离子，但对 F^-的配合能力最高。

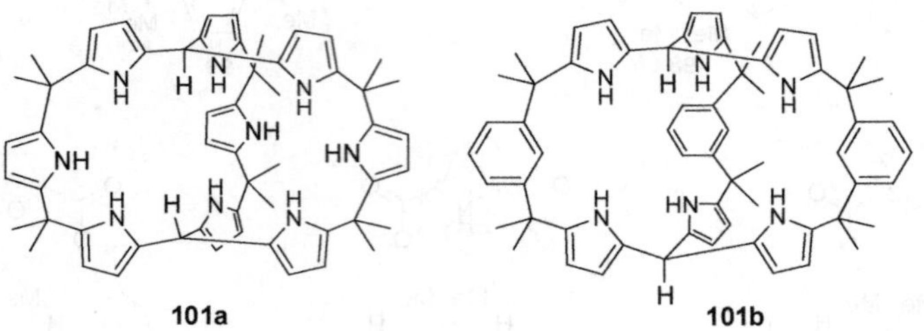

101a　　101b

双吲哚大环 **102a** 和并咔唑大环 **102b** 具有非常刚性的共平面内穴[117]。在乙腈中，这两个大环可以与不同的负离子形成稳定的配合物。而对于卤素负离子，二者都展示显著的体积选择性，对于小的 F^-和 Cl^-的结合能力比大的 Br^- 和 I^-要强。总体上，大环分子对于负离子的配合能力也高于相应的非环主体 **76** 和 **77**。

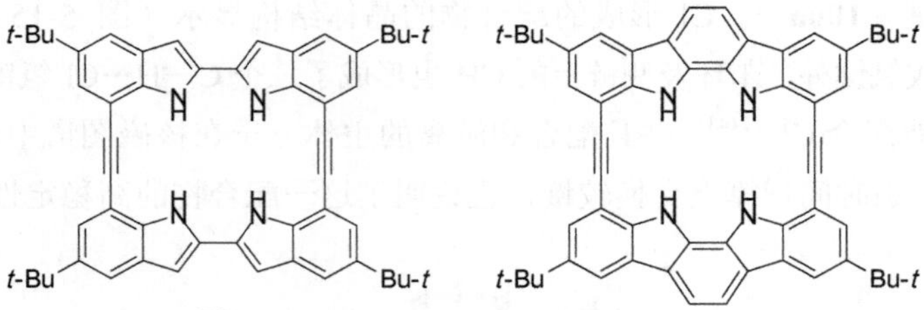

102a　　102b

5.5 酚及醇类主体

羟基是良好的氢键主体，酚羟基的酸性较醇羟基强，作为供体与负离子形成的氢键也较强。在乙腈中，核磁研究表明，苯酚（**103a**）及二酚（**103b**～**103c**）都能与 Cl^-结合[118]。**103b** 形成的配合物的 K_a 值为 1015 L/mol，而 **103c** 的结合能力较低，K_a 值为 145 L/mol。双头基化合物 **104a**～**104c** 也是有效的负离子主体[119]。在乙腈-DMSO（10%）中，它们与 Cl^-形成的配合物的 K_a 值分别为 110 L/mol、1105 L/mol 和 235 L/mol。这些分子的 NH 和 OH 基团都能够形成不同的稳定的分子内氢键，这些氢键会影响两个苯环上羟基和酰胺 NH 的取向。因此，在结合负离子时，这些分子内氢键的作用比较复杂。

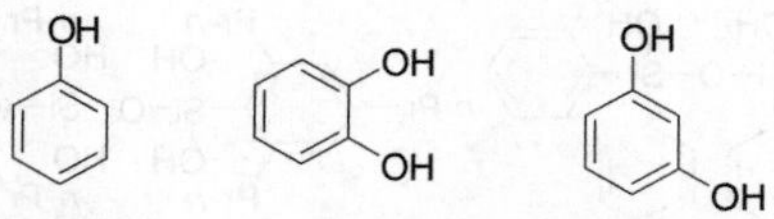

103a 103b 103c

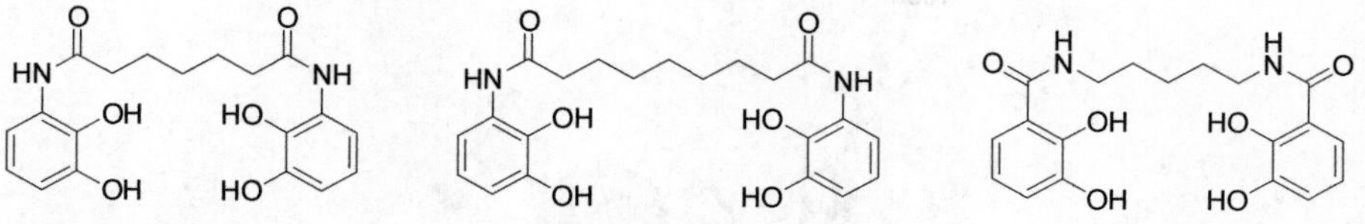

104a 104b 104c

化合物 **105a** 和 **105b** 的杯芳烃骨架上两个三氟乙醇基团处于骨架的一侧[120]。由于 CF_3 的拉电子效应，这两个化合物的羟基的酸性比普通的醇羟基更强，作为氢键供体的能力也更强。三氟乙醇基团实际上是外消旋体，但不影响对负离子的结合。在氯仿中，两个化合物都可以结合 RCO_2^-、$H_2PO_4^-$、HSO_4^-、Br^- 及 CN^- 等负离子。但对前两个负离子的结合能力更强。化合物 **105b** 的乙氧基链降低了连接的两个苯环的构象流动性，其对 AcO^- 的结合能力比 **105a** 要高出 5 倍。

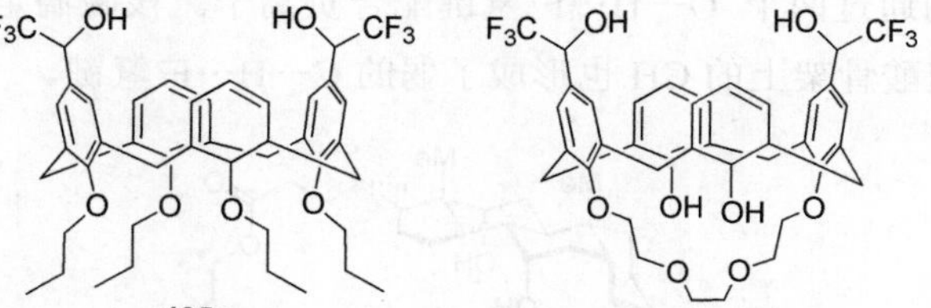

105a 105b

简单的戊糖衍生物 **106a** 和 **106b** 在氯仿和乙腈中也可以通过其两个羟基结合负离子[121]。但 **106b** 的结合能力比 **106a** 高。这可以归因于 **106a** 的顺式-甲氧基与邻位羟基形成氢键以及其本身也会对负离子产生空间位阻及静电排斥作用。在氯仿中，它们对 AcO^-、$H_2PO_4^-$、Cl^- 和 Br^- 的结合稳定性逐渐降低，与 AcO^- 形成的配合物的 K_a 值分别为 72 L/mol 和 2450 L/mol。

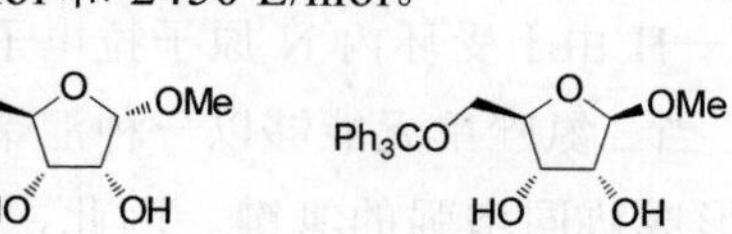

106a 106b

硅二醇化合物 **107** 在氯仿中也可以通过其羟基配合负离子[122]。在晶体中，化合物 **107** 通过两个氢键与 Cl^- 结合，Cl^- 并与两个氯仿分子形成另外两个 C—H⋯Cl^- 氢键（图 5-16）。化合物 **108a**～**108c** 也可以配合卤素负离子[123]。四羟基的 **108b** 和 **108c** 比双羟基的 **107** 和 **108a** 的结合能力高，说明四个羟基与负离子形成的氢键具有协同性。

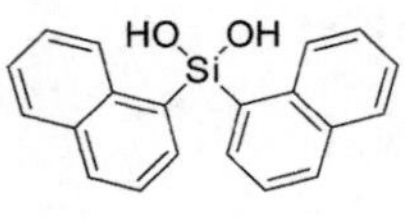

107

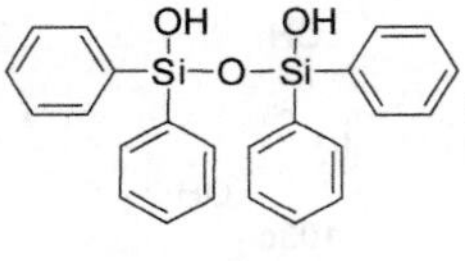

108a

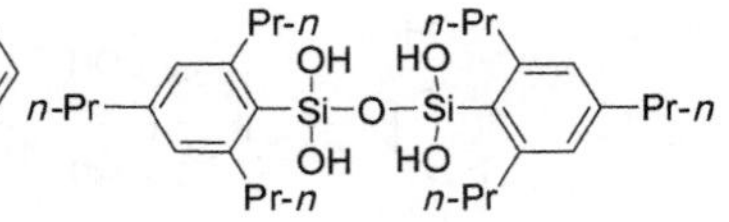

108b

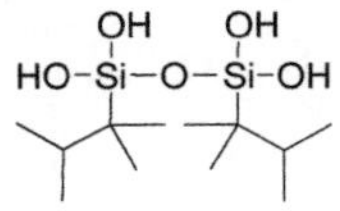

108c

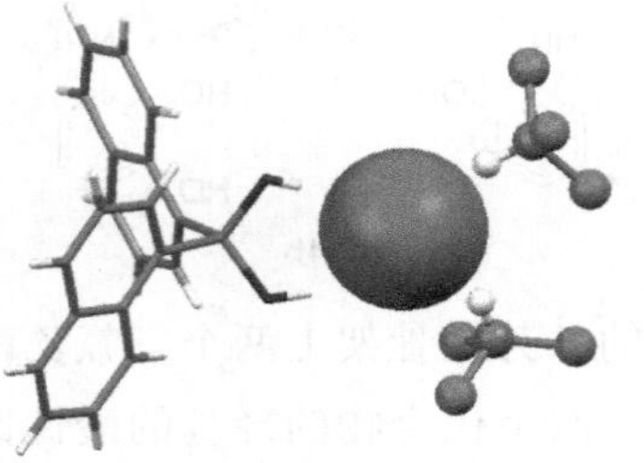

图 5-16 化合物 **107** 与 Cl^- 及两个氯仿分子在晶体结构中形成四个氢键（见彩图）

基于胆酸的大环 **109** 是一个强的 F^- 受体[124]。在氯仿中，核磁滴定表明 **109** 可以结合两个 F^-，K_{a1} 和 K_{a2} 值分别为 1800 L/mol 和 250 L/mol。这一结果说明两个胆酸片段分别通过两个 O—H…F^- 氢键配合负离子。核磁滴定表明，除了这一预期的氢键，胆酸骨架上的 CH 也形成了弱的 C—H…F^- 氢键。

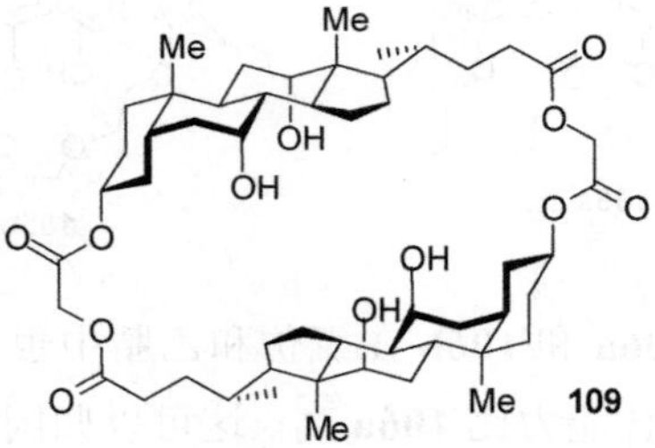

109

5.6 中性 C—H 氢键类主体

1,2,3-三氮唑的 C^5—H 由于受环内 N 原子拉电子效应的影响，作为供体可以形成相对稳定的氢键。当三氮唑单元能够以一种汇聚式的方式排列时，这些三氮唑与球形负离子可以形成协同增强的氢键。因此，线性及大环的三氮唑分子从 2008 年以来被广泛应用于负离子特别是卤素负离子的研究[125,126]。

化合物**110**是早期报道的能结合卤素负离子的三氮唑主体[127]。这一分子在溶液中具有构象流动性。在丙酮中可以通过 C^5—H…X^- 氢键结合 Cl^-、Br^- 及 I^-，K_a 值分别为 1.7×10^4 L/mol、1.2×10^4 L/mol 和 1.3×10^3 L/mol。对负离子的结合使得核磁谱图中 C^5—H 信号向低场区移动达到 1.2～2.0。延长骨架可产生更深的螺旋空间，有可能配合两个或更多的负离子。用吡啶取代苯环可通过分子内C^5—H…N（吡啶）氢键及吡啶和三氮唑N原子之间的静电排斥作用，直接诱导形成折叠或螺旋构象[128]。但这类分子的吡啶N会对负离子产生静电排斥作用。与负离子的结合采取2∶1即夹心型的配合方式。避开这一静电排斥作用可能是一个重要因素。在连接三氮唑的苯环的邻位引入NH或OH氢键供体，可以通过分子内氢键使线性分子**111a**和**111b**采取折叠的预组织构象[129]。这两个分子都能够配合Cl^-。在二氯甲烷中，**111a**与Cl^-形成的配合物的K_a值为4.7×10^4 L/mol。

110
R = $(CH_2CH_2O)_4CH_3$

111a

111b

化合物 **112a**～**112c** 由三氮唑和酰胺交替连接而成[130]。这类杂交系列在有机溶剂中也不能形成有规则的折叠构象。在有机溶剂中可以通过螺旋构象配合所有的卤素负离子。在吡啶中，化合物 **112b** 与 Cl^-、Br^-及 I^-形成的 1∶1 配合物的 K_a 值分别为 4700 L/mol、590 L/mol 和 76 L/mol。而 **112c** 可以和 Cl^-和 Br^-形成 1∶2 型配合物，驱动力是三氮唑形成的 C—H…X^-氢键和酰胺形成的 N—H…X^-氢键。

112a: n = 1
112b: n = 2
112c: n = 3

113a: $R^1 = R^2 = t$-Bu
113b: $R^1 = t$-Bu, R^2 = OTg
113c: R^1 = OTg, $R^2 = t$-Bu
113d: $R^1 = R^2$ = OTg

113e: R = OTg
113f: R = t-Bu
Tg = $(CH_2CH_2O)_3Me$

114

大环化合物 **113a**～**113d** 具有非常刚性的内穴。在二氯甲烷中，**113a** 选择性地结合 Cl^-，K_a 值为 1.3×10^5 L/mol[131]。在二氯甲烷中，**113b**～**113d** 对 Cl^-和 Br^-都表现出很高的结合性能，K_a 值大于 10^6 L/mol，而对于 F^-和 I^-的结合则要弱 1.5 个及 3 个数量级，这种差异可能是由于 F^-较小，而 I^-较大，都与主体分子的内穴不匹配引起的。大环 **113e** 和 **113f** 内的两个吡啶 N 对负离子有静电排斥作用，不利于 1∶1 配合物的形成[132]。它们与卤素负离子形成 2∶1 夹心型配合物。并且 **113e** 的乙氧基侧链能够促进夹心型配合物的形成。这种夹心型配合还具有正的协同性，即第一个主体的配合有利于第二个主体的配合，而体积最大的 I^-表现出最强的协同效应，F^-、Cl^-和 Br^-依次降低。

大环**114**的分子内氢键进一步刚性化芳香骨架[133]。这一大环可以选择性地配合直线形的二氟化氢负离子（FHF^-）。核磁实验表明，所有向内排列的三氮唑和苯环上的H原子都参与C—H…F氢键。结构模拟表明，**114**的构象流动性比母体大环**113**系列要高，不需要骨架倾斜即可以配合FHF^-，而后者则需要采取倾斜的方式结合FHF^-。

间醛基苯乙腈在碳酸铯的作用下发生缩合反应可以合成苯乙烯大环**115a**[134]。大环骨架整体上是一个全共轭体系，形成一个非常刚性的内穴。穴内侧的H原子都带有部分正电荷，它们可以与负离子形成氢键。而氰基的引入提高了这类氢键的强度。在溶液中，这类大环与BF_4^-、ClO_4^-及PF_6^-形成稳定的2∶1夹心型配合物。而这些负离子通常表现出非常弱的配位能力。**115a**还可以与二烷基磷酸根配合，形成互穿的轮烷配合物。化合物**115a**与ClO_4^-形成的2∶1型配合物的晶体结构显示（图5-17），负离子的两个O原子处于穴的内部，而整个负离子处于穴的上方，二者通过氢键稳定。化合物**115b**在有机溶剂中的溶解性提高，它也可以配合PF_6^-，形成夹心型配合结构[135]。

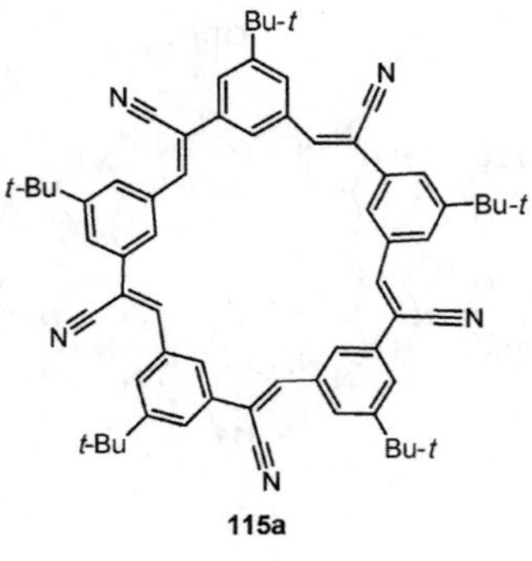

Bu-*t*　N　N　*t*-Bu　Bu-*t*　N　N　*t*-Bu　N　Bu-*t*

115a

CO_2Me　MeO_2C　OR　Bu-*t*　OR　*t*-Bu　Bu-*t*　RO　CO_2Me　RO　MeO_2C　*t*-Bu　Bu-*t*　R = *n*-C_8H_{17}　RO　CO_2Me

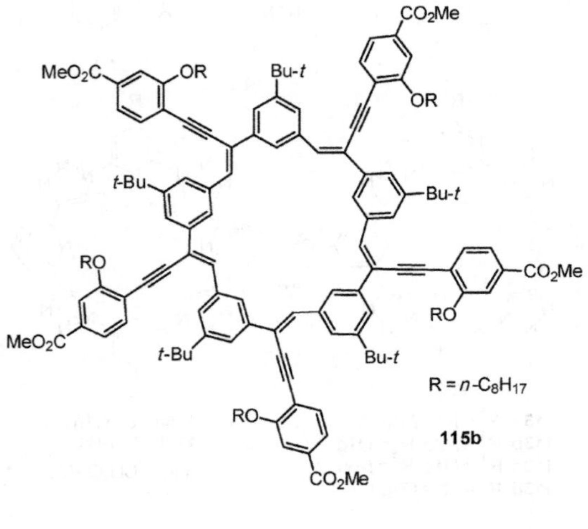

115b

图 5-17　化合物 **115a** 与 ClO_4^-形成的 2∶1 夹心型配合物的晶体结构（见彩图）

氟原子的拉电子效应增强了大环化合物**116**的C—H键的极化，这一大环可以通过C—H⋯F^-氢键与F^-形成1∶1配合物[136]。在三氯氟甲烷中的^{1}H NMR和^{19}F NMR实验表明，在溶液中二者也形成了C—H⋯F^-氢键，因为可以观察到明显的化学位移。晶体结构证实1∶1的结合模式，F^-被配合在**116**的大环内部（图5-18），二者共形成四个C—H⋯F^-氢键。^{1}H NMR实验也揭示，在低温下，配合导致**116**的构象翻转受阻，CH_2信号分裂为AB峰。

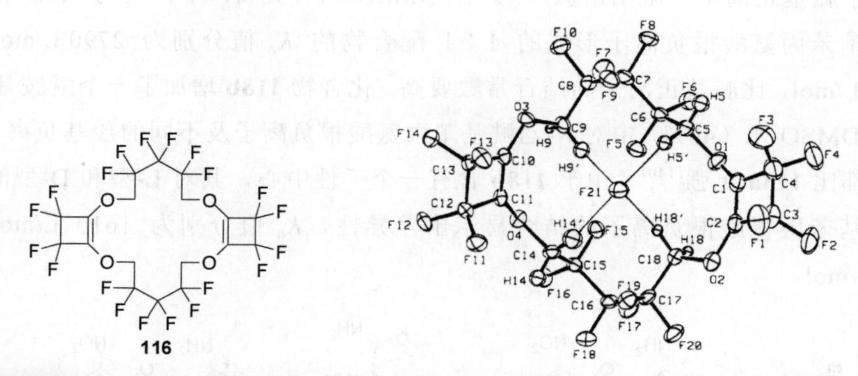

图 5-18　大环化合物 **116** 与 F^-通过 C—H⋯F^-氢键形成的 1∶1 配合物的晶体结构

5.7　正离子型主体

基于正离子的主体分子与负离子产生静电吸引作用，带有 NH 和 CH 的正离子单元还可以通过氢键进一步提高相互间的结合稳定性。胍盐和氮杂环（咪唑和三氮唑等）是应用最广泛的两类正离子。

5.7.1　基于胍基正离子的主体

胍基正离子与脲基相似，两个 NH 基团平行同向排列，能够与 O 负离子形成较强的氢键[137]。由于还能产生静电作用，胍基正离子对负离子的结合一般比脲基更强。在生物体内，精氨酸上的胍基正离子与羧酸根和磷酸根的作用很常见。

117a 和 **117b** 是两个早期报道的胍盐类负离子主体[138]。在乙腈中及 30℃，两个化合物（碘盐）与苯甲酸根负离子（四乙基铵盐）形成的配合物的 K_a 值为 2.8×10^5 L/mol 和 2.0×10^5 L/mol。改变配对离子对于苯甲酸根负离子的结合有重要影响。当配对离子为 BF_4^-和 Cl^-时，K_a 值分别为 4.4×10^5 L/mol 和 3.8×10^4 L/mol。很显然，Cl^-与胍基正离子存在明显的静电吸引和 N—H…Cl^-氢键，不利于羧酸根负离子的结合。

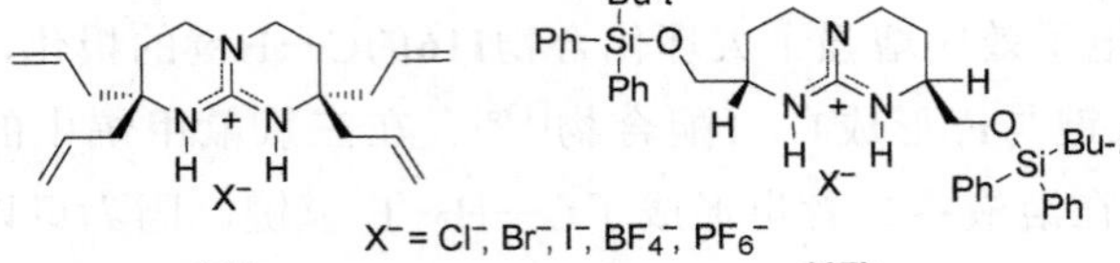

X^- = Cl^-, Br^-, I^-, BF_4^-, PF_6^-

117a **117b**

引入胍基正离子的线性分子的合成难度较大。把胍基与其它负离子结合基团并入到一个分子中，是一个常用的设计胍基类主体分子的策略。例如，**118a** 并入了胍基正离子和吡咯酰胺[139]。在 DMSO-水（40%）中，其与 AcO^-和 *N*-乙酰基苯丙氨酸根负离子形成的 1∶1 配合物的 K_a 值分别为 2790 L/mol 和 1700 L/mol，比胍基正离子的结合常数要高。化合物 **118b** 增加了一个酰胺基团，其在 DMSO-水（40%）中对 *N*-乙酰基苯丙氨酸根负离子及不同的羧基负离子的结合都比 **118a** 更强[140]。由于 **118b** 含有一个手性中心，其对 L-型和 D-型的 *N*-乙酰基苯丙氨酸根负离子的结合显示出差异性，K_a 值分别为 1610 L/mol 和 930 L/mol。

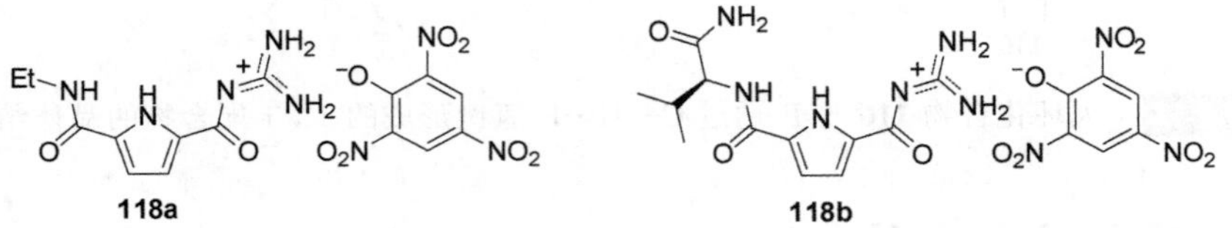

118a **118b**

三头基 **119** 的胍基正离子和吡咯酰胺杂交体结合单元处于苯环的一侧，其与三羧酸根负离子在水中形成 1∶1 型配合物，与柠檬酸根（**120**）和间苯三甲酸根（**121**）形成的配合物的 K_a 值都大于 10^5 L/mol[141]。

非环化合物 **122** 和大环化合物 **123a**～**123c** 对 NO_3^-的结合结果表明，环状化合物的结合能力更高[142]。在 30℃，**123a**～**123c** 的结合能力依次增加，**123a** 和 **123c** 的 K_a 值分别为 7.3×10^3 L/mol 和 7.4×10^4 L/mol，说明内径大的 **123c** 的结构与 NO_3^-最匹配。

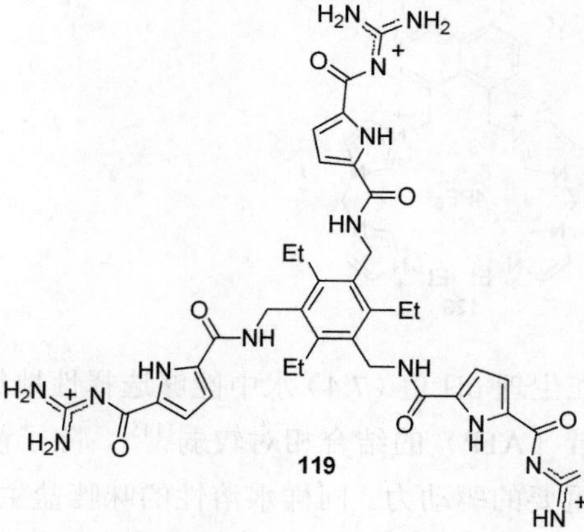

119

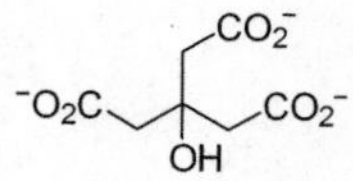

120

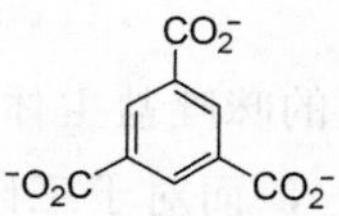

121

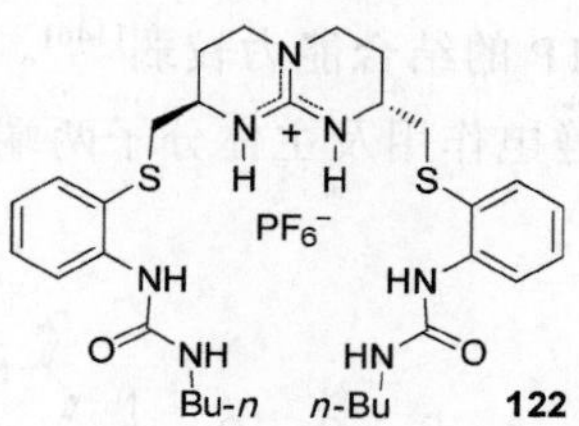

122

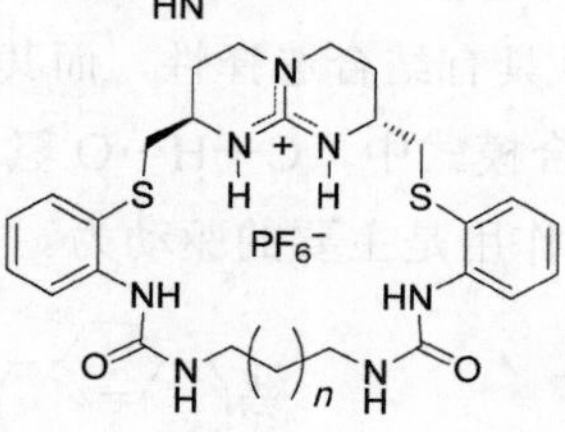

123a: $n = 2$
123b: $n = 3$
123c: $n = 4$

手性大环 **124** 对四面体型的 O⁻具有很高的结合能力[143]，可以从水中萃取二苯基磷酸根负离子（**125**）到氯仿中，在水中二者形成的 1∶1 型配合物的 K_a 值大于 10^5 L/mol。当以 Cl^-为配对离子时，K_a 值测定为 1000 L/mol，说明大环对 **125** 的结合能力强于 Cl^-。在低温下，核磁图谱显示，配合物的大多数信号分裂，表明 **125** 的两个苯环处于大环主体的一侧。

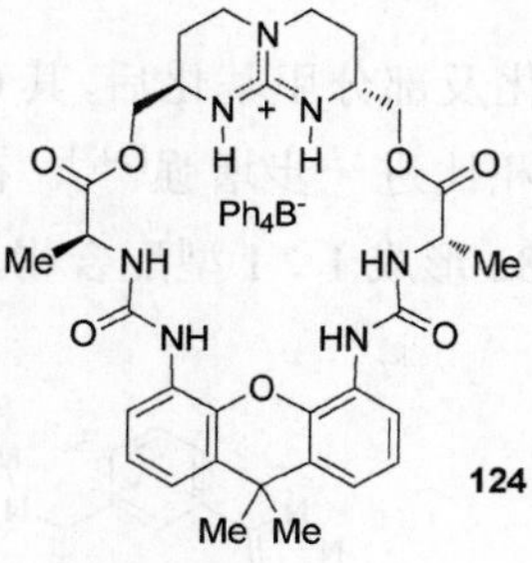

124

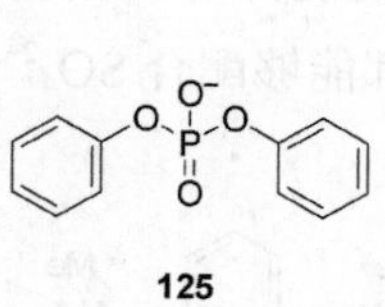

125

5.7.2 基于氮杂环正离子的主体

分子模拟研究显示，化合物 **126** 的四个咪唑盐单元可以形成一个汇聚式的穴，咪唑的 C^2—H 指向穴的内部[144]。在 DMSO-CH_3CN（90%）中，**126** 能够结合 Cl^-、Br^-和 I^-（四丁基铵盐），形成 1∶1 配合物，K_a 值分别为 185 L/mol、243 L/mol 和 5000 L/mol。这一结果表明，尽管 C^2—H⋯X^-氢键是重要的驱动力，结构匹配可能起到了更重要的作用。

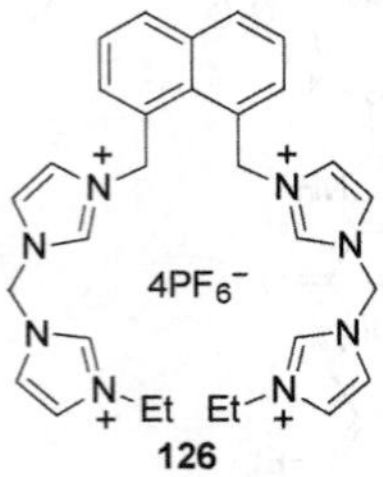

126

蒽衍生的咪唑盐主体 **127a** 在生理 pH 值（7.4）水中能够选择性地结合鸟苷三磷酸（GTP），而对于三磷酸腺苷（ATP）的结合相对较弱[145]。除了静电作用，强的 C—H…O 氢键也被认为是重要的驱动力。同样水溶性的咪唑盐主体 **127b** 在类似条件下对 ATP 具有结合选择性，而其对 GTP 的结合能力较弱[146]。在提出的 **127b** 对 ATP 的结合模式中，C—H…O 氢键、静电作用及主体分子两端的芘环与腺嘌呤之间的堆积作用是主要的驱动力。

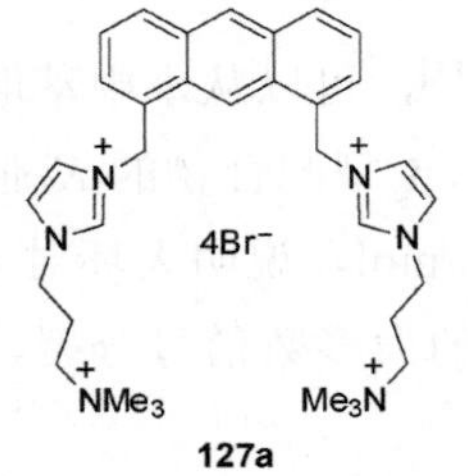
127a

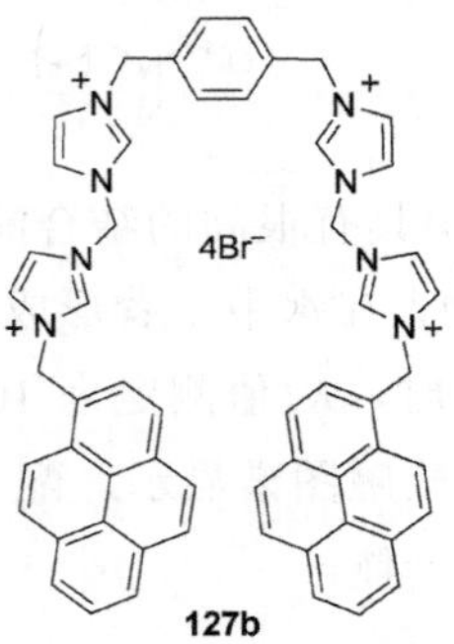
127b

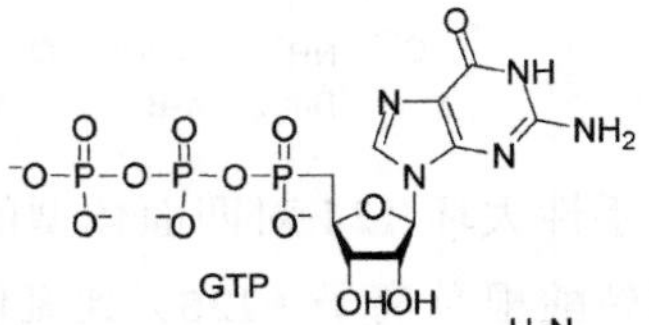
GTP

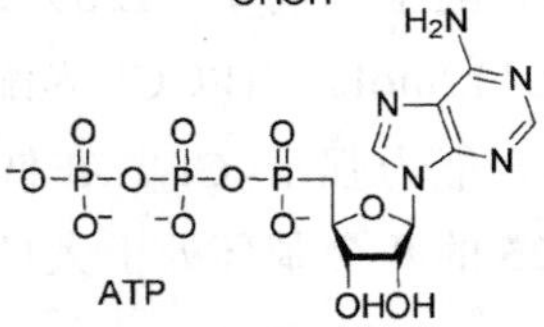
ATP

化合物 **128a** 和 **128b** 的三氮唑甲基化及部分甲基化后，其 C^5—H 键极化增强，与负离子形成氢键的能力与三氮唑本身相比进一步增强[147]。在丙酮-甲醇（20%）及纯丙酮中，二者都能够配合 SO_4^{2-}，**128a** 形成 1∶1 型配合物，而 **128b** 形成 2∶1 型配合物。

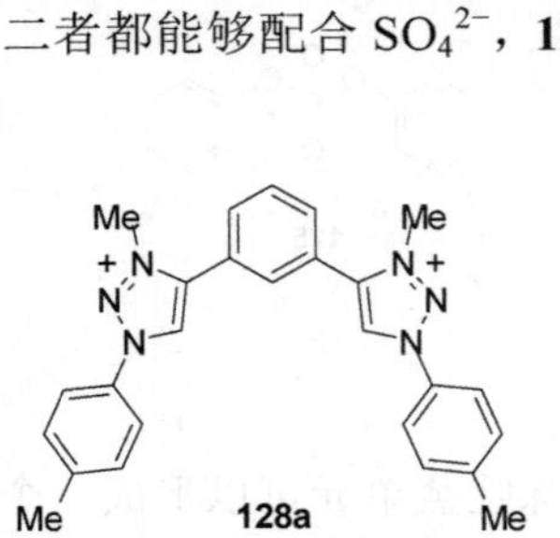
128a

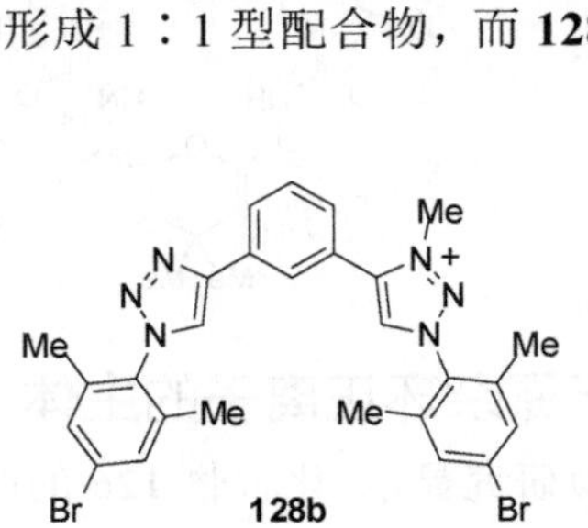
128b

受三个乙基的空间排斥作用，化合物 **129** 的三个咪唑盐-联二吡啶链处于苯环的同一侧[148]。在 Fe^{2+}存在下，三个联二吡啶形成六配位配合物，从而形成一个咪唑盐内穴，可以配合 N_3^-、NCO^-及 NCS^-等棒状的负离子和卤素负离子 Cl^-、Br^-

及 I^-，驱动力来自于这些负离子与咪唑 C^2—H 之间形成的氢键。在乙腈-水（20%）中，N_3^-（Na^+盐）形成的配合物最稳定，K_a 值为 5.0×10^5 L/mol，而 Cl^-形成的配合物的 K_a 值也达到 6300 L/mol。

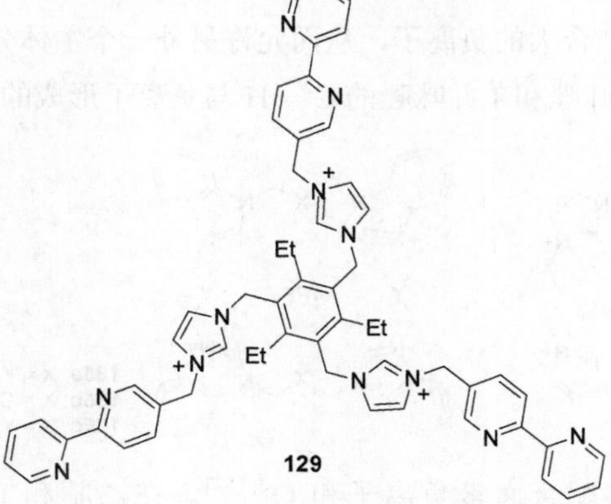

129

基于咪唑及三氮唑盐的大环主体的骨架更加刚性。当结合单元的位置与负离子匹配时，可以形成更稳定的配合物。双蒽连接的大环 **130** 在 CH_3CN-DMSO（10%）中可以配合 $H_2PO_4^-$、F^-、Cl^-和 Br^-，其中对 $H_2PO_4^-$和 F^-的结合能力最高，K_a 值分别达到 1.6×10^6 L/mol 和 3.4×10^5 L/mol。而 Cl^-和 Br^-的配合物的 K_a 值仅为 2000 L/mol 和 780 L/mol[149]。荧光滴定实验表明，在 1.5 倍量的 F^-存在下，对 $H_2PO_4^-$的结合造成的荧光变化不受 F^-的影响。而相应的单个蒽环连接的非环主体对 F^-的结合比 $H_2PO_4^-$更高。亚甲基连接的双咪唑盐大环 **131** 的结构流动性较高[150]。核磁研究表明，在乙腈或 DMSO 中，**131** 的咪唑 C—H 键可以与负离子形成氢键。在 DMSO 中这一大环与 AcO^-形成的配合物的 K_a 值为 359 L/mol。吡啶盐大环 **132** 在水中能结合三羧酸负离子[151]。核磁研究表明，其对三羧酸根（**133**）的结合能力较高。二者形成的 1∶1 配合物的 K_a 值为 1.3×10^5 L/mol。但核磁滴定显示，吡啶上 H 信号受负离子的影响产生的化学位移很小，表明这一结合形成的分子间 C—H…O 氢键即使存在，也是很弱的。主要的结合驱动力应来自于静电作用。

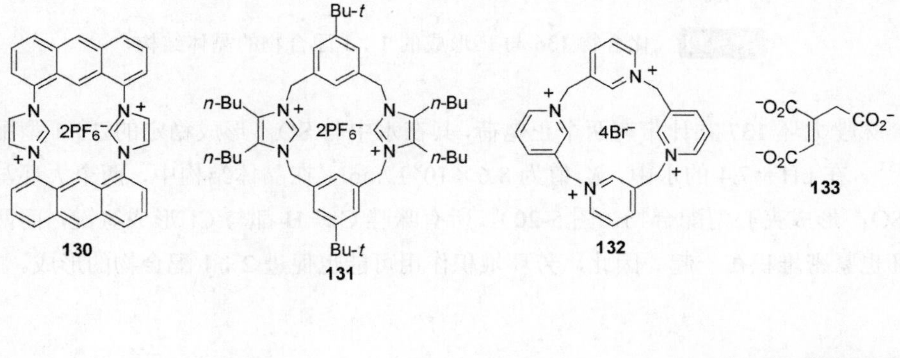

130　**131**　**132**　**133**

咪唑盐大环 **134** 和苯并咪唑盐大环 **135a**～**135c** 具有柔性的构象。核磁研究表明，这些大环在乙腈-水（10%）中都能够配合卤素负离子[152]，而 **135a** 和 **135b** 对 F^-的结合能力最强，K_a 都大于 10^4 L/mol。**135c** 与 I^-的结构匹配，K_a 值最高，为 900 L/mol。$PhCO_2^-$也可以与这些咪唑盐主体结合，但是以 1∶2 的方式进行，说明这些主体分子只能部分结合大的负离子，从而允许另外一个主体分子的接近并结合负离子。核磁研究也证实，咪唑和苯并咪唑的 C^2—H 与负离子形成的氢键是主要的驱动力。

$4PF_6^-$　**134**

$4PF_6^-$

135a: X = Y = CH_2
135b: X = CH_2, Y = CH_2CH_2
135c: X = Y = CH_2CH_2

大环 **136** 也能够配合卤素负离子和 O^-[153]。在乙腈和 DMSO 中，F^-能诱导 C^2—H 核磁信号向低场移动。核磁实验也证实了，在 DMSO 中二者以 1∶1 的方式结合，相应配合物的 K_a 值为 2.9×10^4 L/mol。而 **136** 与 Cl^-的结合以 1∶2 的模式进行，K_{a1} 和 K_{a2} 值分别为 2030 L/mol 和 2790 L/mol。晶体结构也证实，**136** 与 F^-和 Cl^-形成 1∶1 和 1∶2 型配合物。在前者，F^-处于 **136** 的空穴内，形成四个 C^2—H⋯F^-氢键（图 5-19），而在后者，大环形成扭曲构象，分别与两个咪唑盐通过 C^2—H⋯Cl^-氢键结合。

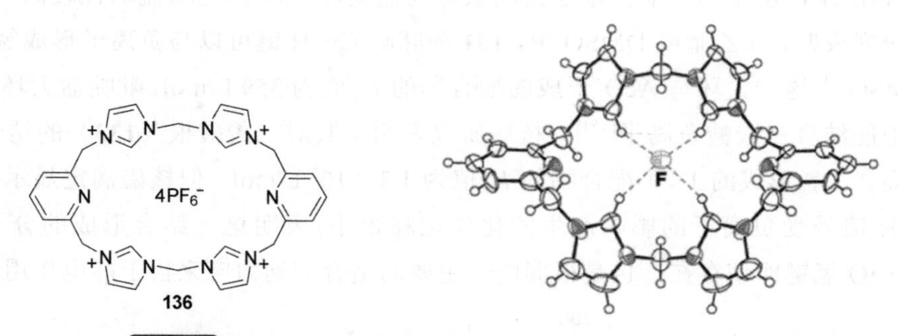

图 5-19　化合物 **136** 与 F^-形成的 1∶1 配合物的晶体结构

咪唑大环 **137** 共计带有两个正电荷，其在水中与 SO_4^{2-}形成稳定的 2∶1 型配合物[154]。在 pH = 7.4 的水中，K_a 值为 8.6×10^9 L/mol。在晶体结构中，两个大环与一个 SO_4^{2-}形成夹心型配合物（图 5-20），所有咪唑 C^2—H 都与 Cl^-形成氢键，而两个大环也紧密堆积在一起。因此，芳环堆积作用可能也促进 2∶1 配合物的形成。

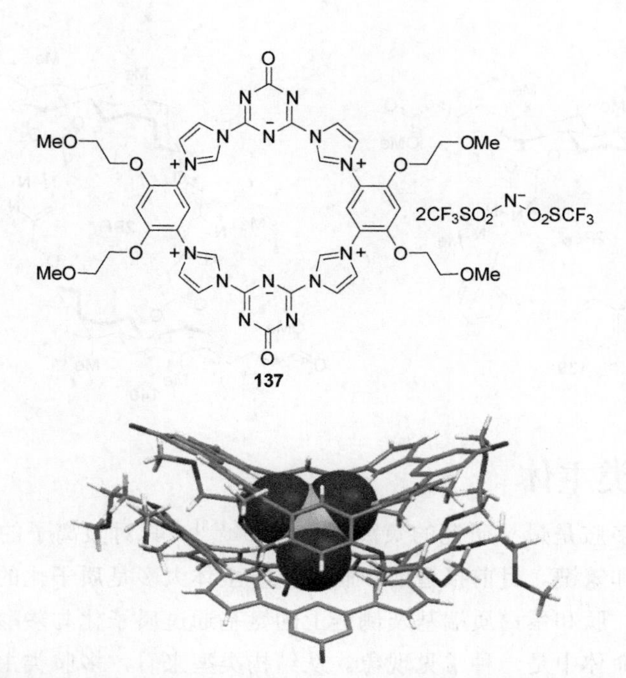

图 5-20 化合物 **137** 与 SO_4^{2-}形成的 2∶1 配合物的晶体结构（见彩图）

胆汁酸衍生的三氮唑盐大环 **138a** 和 **138b** 和非环化合物 **139** 在氯仿中能够结合 $H_2PO_4^-$、卤素负离子和 AcO^-[155]。其中 **138b** 和 **139** 与 $H_2PO_4^-$形成的配合物的 K_a 值最高，分别为 1100 L/mol 和 1920 L/mol。而对于卤素负离子的结合能力，**138b** 都高于 **139**。**138a** 对卤素负离子的结合能力随后者体积的增加而降低。三个主体分子对 AcO^-的结合普遍较弱。在氯仿中加入负离子（四丁基铵盐）诱导三个分子中三氮唑 C^5—H 和连接三氮唑的 CH_2 的核磁信号明显向低场移动，说明 C—H⋯X^-氢键是其主要的驱动力。而双胆汁酸大环 **140** 在氯仿中对 Cl^-的结合最强，K_a 值为 3700 L/mol，这被归因于二者具有良好的结合体积匹配性[156]。**140** 对 HSO_4^-、$H_2PO_4^-$、F^-、Br^-、AcO^-和 I^-也有结合，结合能力依次降低。

Me Me OMe $2PF_6^-$ Me Me **138a**

Me Me OMe $2PF_6^-$ Me Me **138b**

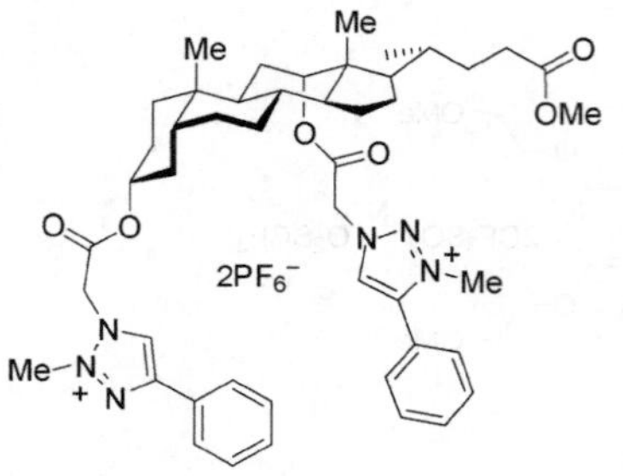

139

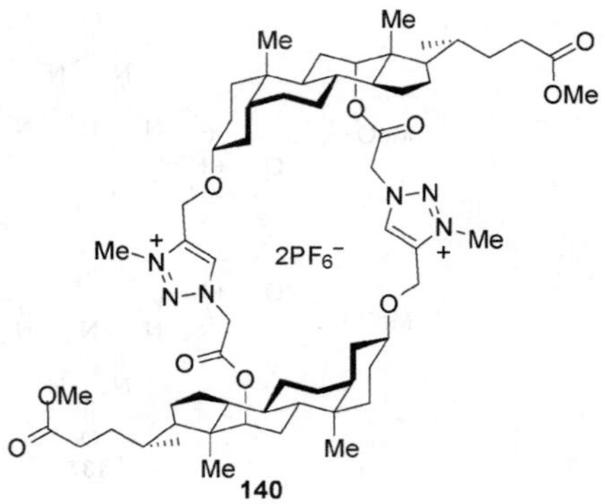

140

5.8 多胺类主体

质子化的多胺是最早研究的负离子主体[157,158]，其对负离子的结合驱动力主要是静电作用和氢键。目前报道的多胺负离子主体大多是质子化的，但也有一些中性的胺主体。肽和蛋白质端基及侧链上的氨基通过质子化与羧酸及磷酸根负离子结合，在生命体中是一种常见现象。从结构类型来看，多胺类主体可以分为非环、单环、双环及多环类。

5.8.1 中性多胺主体

方酸酰胺衍生物 **141a**～**141d** 作为中性的双氨主体可以配合卤素负离子、AcO^-及 OH^-等，配合能力总体上比脲更强[159]。对负离子的结合导致方酸酰胺的颜色及吸收光谱发生变化，吸收光谱的变化可用于检测二者的结合。**141d** 与 Cl^-［图 5-21（a）］和 Br^-的配合物晶体结构显示，**141d** 通过 NH 形成两个氢键与负离子结合。两个 NH 采取汇聚式的排列，非常有利于结合卤素负离子等球形客体，而羰基的拉电子特性和与其相连的 sp^2-C 比 sp^3-C 更高的有效电负性都增强了 N–H 键的极化。苯基邻位 CH 也形成两个氢键，进一步提高了对负离子的结合稳定性。而 *N,N'*-二(4-氯苯基)脲（**142**）的两个 NH 采取大致平行的构象，在与 Cl^-形成的配合物的晶体中［图 5-21（b）］，不存在类似的 C—H···Cl^-氢键。

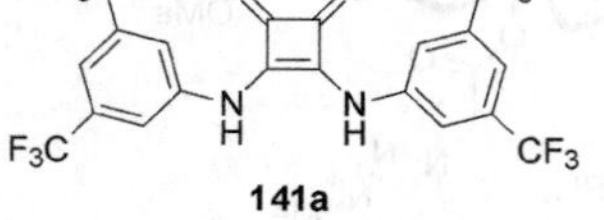

141a

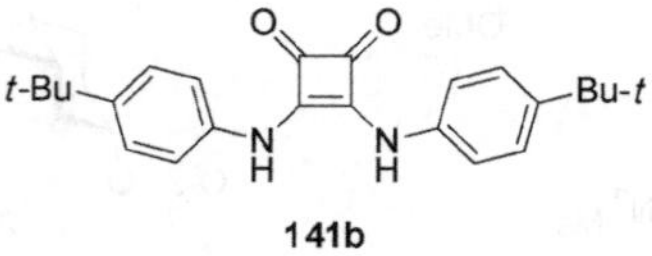

141b

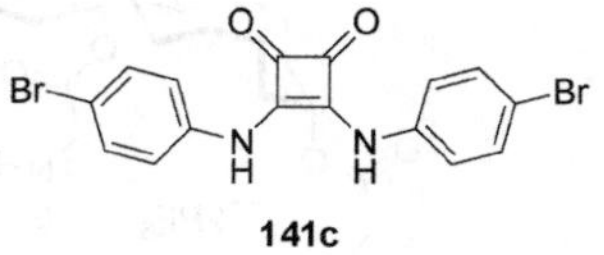

141c

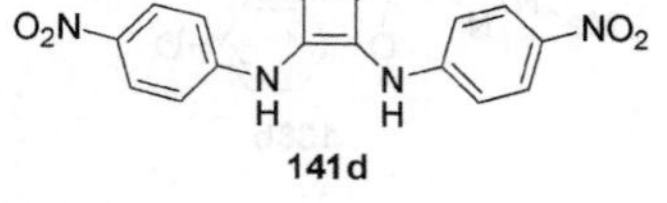

141d

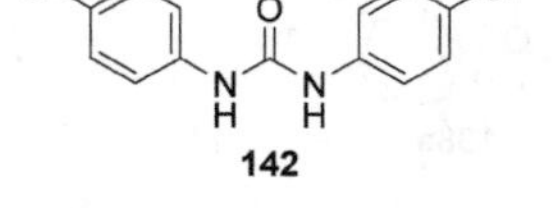

142

图 5-21　化合物 **141d**（a）和 **142**（b）与 Cl^-形成的配合物的晶体结构

5.8.2　非环质子化多胺主体

中性胺的 NH 作为氢键供体的能力与酰胺和脲 NH 相比较弱。因此，非质子化的中性多胺作为主体结合负离子的研究文献报道较少，而质子化的多胺由于其高效率和结构多样性长期以来受到重视。在生命体系中，精胺部分质子化（端基伯胺）和腐胺（1,4-丁二胺）质子化结合磷酸根，这种结合具有重要的生物学意义。最简单的乙二胺在质子化后也可以与柠檬酸结合[157]。由于质子化后，氨基相互间会产生静电排斥作用，大多数多胺在酸性较弱的介质中并不是完全质子化的，这可以从多胺盐与负离子的晶体结构中反映出来。而即使在中性条件下，多胺也是部分质子化的。通过调节 pH 值可以控制多胺质子化的程度，达到调控负离子结合的目的。

H_2N　H　N　N　H　NH_2

143

化合物 **144** 和 **145** 分子中引入一个蒽环，它们与羧酸、磷酸、硫酸、ATP 等在水中发生质子转移，导致蒽荧光增强，由此可以检测二者的结合[160]。在不同 pH 下的结合能力变化很大，在较低 pH 下结合作用增强。

144　**145**

5.8.3　单环质子化多胺主体

单环多胺主体在质子化后可以结合不同的负离子，但选择性一般不高，一个重要原因是这种作用的驱动力主要是静电吸引作用，其强弱主要取决于二者的结构、形状和大小等。质子化的六氮杂大环 **146** 在水中与 NO_3^-及 Cl^-形成的配合物的 K_a 在 10^2 L/mol 左右[161]。在晶体结构中，负离子与 NH_2 形成氢键网络。四质子化的氮氧杂大环 **147** 可以结合 NO_3^-[162]。在晶体结构中形成折叠型的构象，中间通过 N—H…O 氢键结合一个 NO_3^-［图 5-22（a）］。但在溶液中，溶剂化作用降低了静电作用，大环结构的流动性增强。并入两个苯环的大环 **148** 质子化后可以配合 NO_3^-、SO_4^{2-}、Br^-及 F^-等负离子[163]。与 NO_3^-形成的配合物的晶体结构显示［图 5-22（b）］，二者通过 N—H…O 氢键配合，但 NO_3^-并不处于大环的穴的内部，而是处于其穴的上下方。在水相中，大环多胺对很多无机和有机负离子都能够结合，结合强度在 10^1～10^3 L/mol[157]。

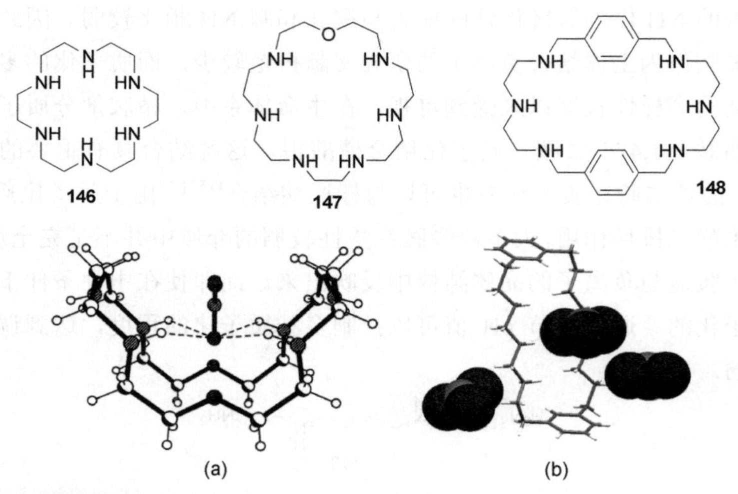

图 5-22 质子化的大环 **147**（a）和 **148**（b）通过 N—H…O 氢键与 NO_3^-形成的配合物的晶体结构

5.8.4 双环质子化多胺主体

双环多胺主体可以在其穴的内部，也可以在一个环的内部或外部结合负离子。当负离子被结合在整个穴的内部时，氢键可以在三维空间形成，从而产生更为稳定的配合物。一个典型的例子是仲氨基六质子化的 **149**[163]。在其与 NO_3^-的配合物的晶体结构中［图 5-23（a）］，每个分子的内穴包结两个 NO_3^-，而在穴的外侧，朝向外侧的 NH 又分别通过氢键结合四个 NO_3^-。而在其与对甲苯磺酸根形成的配合物的晶体结构中［图 5-23（b）］，一个磺酸根在一个环的内部与 NH 形成两个氢键，而另外五个磺酸根在环的外侧与 NH 形成一个氢键。**150** 的仲氨基也可以全部质子化[157]。晶体结构显示，质子化的 **150** 能够在其穴内部配合一个 N_3^-、Cl^-或 Br^-。

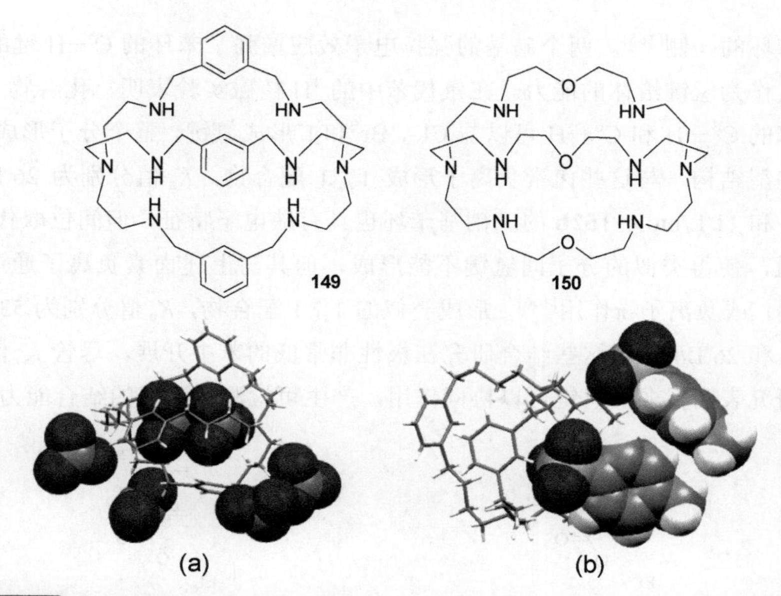

图 5-23 六质子化的双环主体 **149** 与 NO_3^-（a）和 TsO^-（b）通过 N—H…O 氢键形成的配合物的晶体结构（见彩图）

5.8.5 多环质子化多胺主体

在 pH = 1.5 的水溶液中，球形分子 **151** 部分质子化[157,164]。这一分子选择性地配合 Cl^-，K_a 值约为 10^4 L/mol，而其对于 Br^- 的配合要弱 1000 倍，对 NO_3^-、$CF_3CO_2^-$、ClO_4^- 及 I^- 等负离子则没有配合作用。这一 K_a 值也明显高于双环的类似多胺主体。除了静电作用和氢键外，体积和形状匹配应是其选择性结合 Cl^- 的一个重要的因素。

151

5.9 其它类型主体

由于能够作为氢键供体的分子结构众多，文献中报道很多结构独特及简单的负离子主体，它们在不同的条件下可以结合不同的负离子。以下举一些例子说明负离子主体设计研究的多样性。

三角形化合物 **152a** 和 **152b** 的三个二硝基苯单元由于乙基的空间排斥效应处

于中间苯环的一侧[165]。两个硝基的强拉电子效应增强了苯环的 C—H 键的极化，提高了其作为氢键给体的能力。在氘代苯中的 ^{1}H 核磁实验表明，化合物 **152a** 的二硝基苯的 C^5—H 和 C^6—H 可以与 Cl^-、Br^-和 I^-形成氢键，整个分子形成一个汇聚式的碗型结构，与这些卤素负离子形成 1∶1 配合物，K_a 值分别为 26 L/mol、28 L/mol 和 11 L/mol。**152b** 的二硝基苯环也具有缺电子特征，但间位取代方式增加了位阻，使得类似的分子间氢键不能形成，但其与上述卤素负离子通过弱的σ相互作用，或负离子-π作用[166]，形成类似的 1∶1 配合物，K_a 值分别为 53 L/mol、35 L/mol 和 26 L/mol。这些结合研究在极性非常低的苯中开展，尽管 K_a 值很低，但这一研究表明很弱的氢键可以协同作用，产生可检测的较强的结合能力。

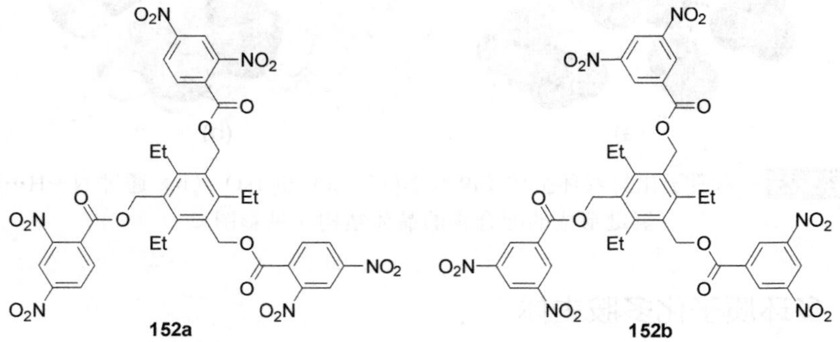

152a **152b**

硫脲衍生物可以通过形成两个氢键结合负离子。化合物 **153a**～**153h** 由于苯甲酰胺基团的拉电子效应，硫脲 NH 的酸性增强，可以和负离子形成更稳定的氢键[167]。在乙腈中，AcO^-、F^-和 $H_2PO_4^-$能够诱导其吸收光谱大幅度红移，而控制化合物 **154a**～**154h** 的红移幅度则小很多。对 AcO^-的定量结合研究表明，**153a**～**153h** 与其形成的 1∶1 配合物的 K_a 值在 10^5～10^7 L/mol，比相应的控制化合物 **154a**～**154h** 高出 13～590 倍。

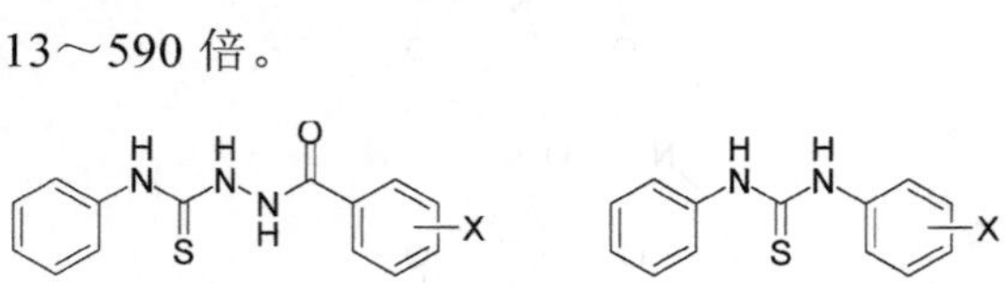

153a～**153h** **154a**～**154h**

X = *p*-OEt (**a**), *p*-Me (**b**), *m*-Me (**c**), H (**d**), *p*-Cl (**e**), *p*-Br (**f**), *m*-Cl (**g**), *p*-NO_2 (**h**)

基于胱氨酸的环肽 **155** 并入了四个酰胺基团[168]。这一小的环肽在溶液中具有构象流动性。在氯仿中，其可以通过氢键结合 F^-、Cl^-、Br^-和 I^-等卤素负离子，形成 1∶1 配合物，K_a 值分别为 444 L/mol、991 L/mol、191 L/mol 和 80 L/mol。在环骨架中再并入两个甘氨酸单元后，相应大环不能在氯仿中溶解，在强极性的 DMSO 中没有观察到对卤素负离子的配合作用。

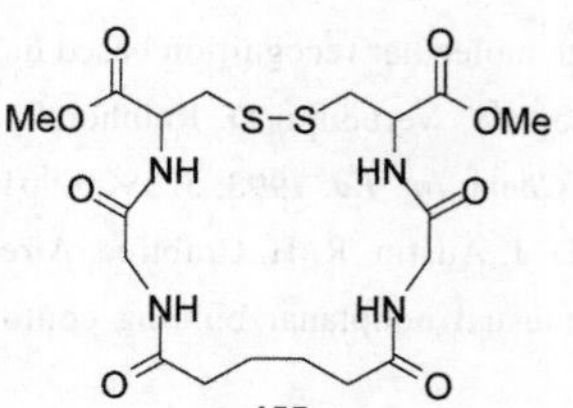

腙（**156**）的合成相对简单，整个分子骨架为共轭体系，其二硝基苯基拉电子效应提高了 NH 的酸性，增强了其与负离子形成氢键的能力[169]。吸收光谱实验揭示，在 DMSO 中，**156** 可以和 AcO^-、F^-、$H_2PO_4^-$、OH^-、Cl^-、Br^-和 I^-等负离子形成 1∶1 配合物，稳定性逐渐降低。与 AcO^-形成的配合物的 K_a 值达到 7.2×10^4 L/mol。这一配合导致吸收光谱发生显著变化，溶液颜色也发生相应变化。化合物 **157** 和 **158** 也可以有效地配合负离子[170]。在 DMSO-水（10%）中，双臂型分子 **158** 选择性配合 Cl^-。在 DMSO-水（25%）中，二者都能选择性地配合 AcO^-，配合也导致其颜色由橙色变化为红色。而 F^-、Cl^-、Br^-、I^-、HSO_4^-及 $H_2PO_4^-$都不能引起类似的颜色变化。对控制化合物的研究表明，苯环上的羟基通过氢键参与了结合。

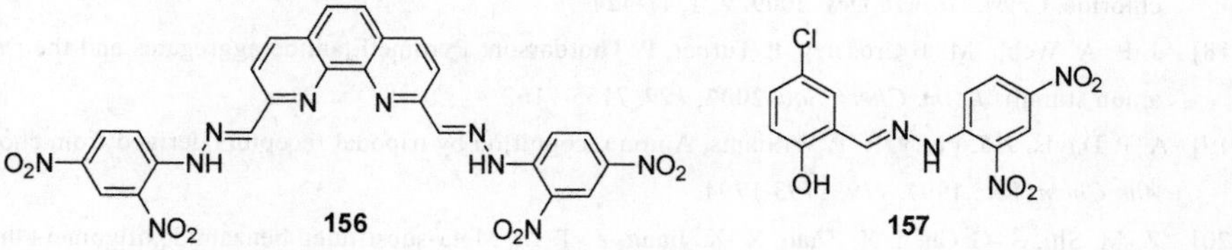

参考文献

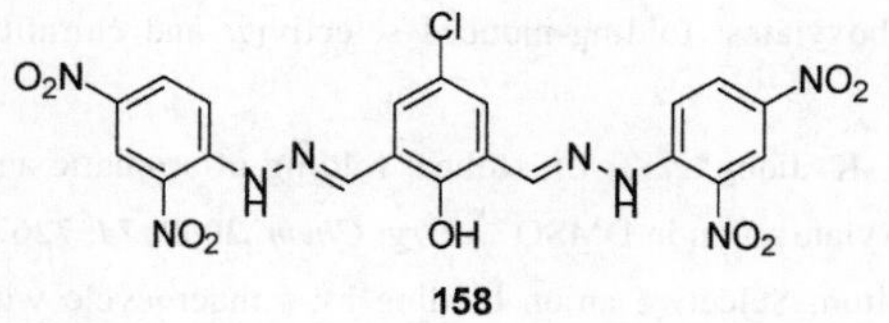

[1] R. Vilar (ed.), *Recognition of Anions*, 261 pages, Springer, Berlin, 2008.

[2] P. A. Gale, W. Dehaen (eds.), *Anion Recognition in Supramolecular Chemistry*, 378 pages, Springer, Heidelberg, 2010.

[3] 吴芳英，温珍昌，江云宝，硫脲类阴离子受体的研究进展. 化学进展 **2004**, *16*, 776-784.

[4] 许胜，刘斌，田禾，阴离子荧光化学传感器新进展. 化学进展 **2006**, *18*, 687-697.

[5] 韩军，颜朝国，杯芳烃衍生物对阴离子的识别作用. 化学进展 **2006**, *18*, 1668-1676.

[6] 魏梅莹，李少光，贾传东，吴彪，脲类受体对阴离子的结合、识别和分离. 高等学校化学学报 **2011**, *32*, 1939-1949.

[7] 王颖，甘泉，江华，负离子协同组装折叠体. 高等学校化学学报 **2011**, *32*, 1928-1938.

[8] T. Tu, W. Fang, Z. Sun, Visual-size molecular recognition based on gels. *Adv. Mater.* **2013**, *25*, 5304-5313.

[9] S. Valiyaveettil, J. F. J. Engbersen, W. Verboom, D. Reinhoudt, Synthesis and Complexation Studies of Neutral Anion Receptors. *Angew. Chem. Int. Ed.* **1993**, *32*, 900-901.

[10] K. Kavallieratos, S. R. de Gala, D. J. Austin, R. H. Crabtree, A readily available non-preorganized neutral acyclic halide receptor with anunusual nonplanar binding conformation. *J. Am. Chem. Soc.* **1997**, *119*, 2325-2326.

[11] K. Kavallieratos, C. M. Bertao, R. H. Crabtree, Hydrogen bonding in anion recognition. A family of versatile, non-preorganized, neutral and acyclic receptors. *J. Org. Chem.* **1999**, *64*, 1675-1683.

[12] P. V. Santacroce, J. T. Davis, M. E. Light, P. A. Gale, J. C. Iglesias-Sanchez, P. Prados, R. Quesada, Conformational control of transmembrane Cl^- transport. *J. Am. Chem. Soc.* **2007**, *129*, 1886-1887.

[13] M. P. Hughes, B. D. Smith, Enhanced Carboxylate Binding Using Urea and Amide-Based Receptors with Internal Lewis Acid Coordination: A Cooperative Polarization Effect. *J. Org. Chem.* **1997**, *62*, 4492-4499.

[14] S. Camiolo, P. A. Gale, M. B. Hursthouse, M. E. Light, A. J. Shi, Solution and solid-state studies of 3,4-dichloro-2,5-diamidopyrroles: formation of an unusual anionic narcissistic dimer. *Chem. Commun.* **2002**, 758-759.

[15] T. Zielinski, J. Jurczak, Thioamides versus amides in anion binding. *Tetrahedron* **2005**, *61*, 4081-4089.

[16] O. B. Berryman, C. A. Johnson, Ⅱ, L. N. Zakharov, M. M. Haley, D. W. Johnson, *Angew. Chem. Int. Ed.* **2008**, *47*, 117-120.

[17] C. A. Johnson, O. B. Berryman, A. C. Sather, L. N. Zakharov, M. M. Haley, D. W. Johnson, Anion binding induces helicity in a hydrogen-bonding receptor: Crystal structure of a 2,6-bis(anilinoethynyl)pyridinium chloride. *Cryst. Growth Des.* **2009**, *9*, 4247-4249.

[18] J. E. A. Webb, M. J. Crossley, P. Turner, P. Thordarson, Pyromellitamide aggregates and their response to anion stimuli. *J. Am. Chem. Soc.* **2007**, *129*, 7155-7162.

[19] A. P. Davis, J. J. Perry, R. P. Williams, Anion recognition by tripodal receptors derived from cholic Acid. *J. Am. Chem. Soc.* **1997**, *119*, 1793-1794.

[20] Z.-M. Shi, S.-G. Chen, X. Zhao, X.-K. Jiang, Z.-T. Li, Meta-substituted benzamide oligomers that complex mono-, di- and tricarboxylates: folding-induced selectivity and chirality. *Org. Biomol. Chem.* **2011**, *9*, 8122-8129.

[21] Y.-X. Xu, X. Zhao, X.-K. Jiang, Z.-T. Li, Helical folding of aromatic amide-based oligomers induced by 1,3,5-benzenetricarboxylate anion in DMSO. *J. Org. Chem.* **2009**, *74*, 7267-7273.

[22] K. Choi, A. D. Hamilton, Selective anion binding by a macrocycle with convergent hydrogen bonding functionality. *J. Am. Chem. Soc.* **2001**, *123*, 2456-2457.

[23] A. Szumna, J. Jurczak, A new macrocyclic polylactam-type neutral receptor for anions-structural aspects of anion recognition. *Eur. J. Org. Chem.* **2001**, 4031-4039.

[24] M. J. Chmielewski, J. Jurczak, Anion recognition by neutral macrocyclic amides. *Chem. Eur. J.* **2005**, *11*, 6080-6094.

[25] M. A. Hossain, J. M. Llinares, D. Powell, K. Bowman-James, Multiple hydrogen bond stabilization of a sandwich complex of sulfate between two macrocyclic tetraamides. *Inorg. Chem.* **2001**, *40*, 2936-2937.

[26] S. Ghosh, B. Roehm, R. A. Begum, J. Kut, M. A. Hossain, V. W. Day, K. Bowman-James, Versatile host for metallo anions and cations. *Inorg. Chem.* **2007**, *46*, 9519-9521.

[27] M. A. Hossain, S. O. Kang, J. M. Llinares, D. Powell, K. Bowman-James, Elite new anion ligands: polythioamide macrocycles. *Inorg. Chem.* **2003**, *42*, 5043-5045.

[28] S. Kubik, R. Goddard, R. Kirchner, D. Nolting, J. Seidel, A cyclic hexapeptide containing L-proline and

6-aminopicolinic acid subunits binds anions in water. *Angew. Chem. Int. Ed.* **2001**, *40*, 2648-2651.

[29] S. O. Kang, M. A. Hossain, D. Powell, K. Bowman-James, Encapsulated sulfates: insight to binding propensities. *Chem. Commun.* **2005**, 328-330.

[30] S. O. Kang, D. VanderVelde, D. Powell, K. Bowman-James, *J. Am. Chem. Soc.* **2004**, *126*, 12272-12273.

[31] S. O. Kang, D. Powell, K. Bowman-James, Anion binding motifs: topicity and charge in amidocryptands. *J. Am. Chem. Soc.* **2005**, *127*, 13478-13479.

[32] S. O. Kang, V. W. Day, K. Bowman-James, Tricyclic host for linear anions. *Inorg. Chem.* **2010**, *49*, 8629-8636.

[33] A. P. Bisson, V. M. Lynch, M. K. C. Monahan, E. V. Anslyn, Recognition of anions through NH-π hydrogen bonds in a bicyclic cyclophane–selectivity for nitrate. *Angew. Chem. Int. Ed.* **1997**, *36*, 2340-2342.

[34] S. O. Kang, V. W. Day, K. Bowman-James, Cyclophane capsule motifs with side pockets. *Org. Lett.* **2008**, *10*, 2677-2680.

[35] P. J. Smith, M. V. Reddington, C. S. Wilcox, Ion pair binding by a urea in chloroform solution. *Tetrahedron Lett.* **1992**, *33*, 6085-6088.

[36] C. M. G. dos Santos, T. McCabe, G. W. Watson, P. E. Kruger, T. Gunnlaugsson, The recognition and sensing of anions through "positive allosteric effects" using simple urea-amide receptors. *J. Org. Chem.* **2008**, *73*, 9235-9244.

[37] T. Gunnlaugsson, P. E. Kruger, P. Jensen, F. M. Pfeffer, G. M. Hussey, Simple naphthalimide based anion sensors: deprotonation induced colour changes and CO_2 fixation. *Tetrahedron Lett.* **2003**, *44*, 8909-8913.

[38] M. Boiocchi, L. D. Boca, D. Esteban-Gómez, L. Fabbrizzi, M. Licchelli, E. Monzani, Nature of urea-fluoride interaction: incipient and definitive proton transfer. *J. Am. Chem. Soc.* **2004**, *126*, 16507-16514.

[39] V. Amendola, D. Esteban-Gómez, L. Fabbrizzi, M. Licchelli, What anions do to N–H-containing receptors. *Acc. Chem. Res.* **2006**, *39*, 343-353.

[40] J. Y. Kwon, Y. J. Jang, S. K. Kim, K.-H. Lee, J. S. Kim, J. Yoon, Unique hydrogen bonds between 9-anthracenyl hydrogen and anions. *J. Org. Chem.* **2004**, *69*, 5155-5157.

[41] S.-I. Kondo, M. Nagamine, Y. Yano, Synthesis and anion recognition properties of 8,8'-dithioureido-2, 2'-binaphthalene. *Tetrahedron Lett.* **2003**, *44*, 8801-8804.

[42] T. Gunnlaugsson, A. P. Davis, G. M. Hussey, J. Tierney, M. Glynn, Design, synthesis and photophysical studies of simple fluorescent anion PET sensors using charge neutral thiourea receptors. *Org. Biomol. Chem.* **2004**, *2*, 1856-1863.

[43] C. Caltagirone, J. R. Hiscock, M. B. Hursthouse, M. E. Light, P. A. Gale, 1,3-Diindolylureas and 1,3-diindolylthioureas: anion complexation studies in solution and the solid State. *Chem. Eur. J.* **2008**, *14*, 10236-10243.

[44] E. Fan, S. A. Van Arman, S. Kincaid, A. D. Hamilton, Molecular recognition: hydrogen- bonding receptors that function in highly competitive solvents. *J. Am. Chem. Soc.* **1993**, *115*, 369-370.

[45] S. J. Brooks, P. A. Gale, M. E. Light, Carboxylate complexation by 1,1'-(1,2-phenylene) bis(3-phenylurea) in solution and the solid state. *Chem. Commun.* **2005**, 4696-4698.

[46] V. Amendola, M. Boiocchi, D. Esteban-Gómez, L. Fabbrizzi, E. Monzani, Chiral receptors for phosphate ions. *Org. Biomol. Chem.* **2005**, *3*, 2632-2639.

[47] C. N. Carroll, O. B. Berryman, C. A. Johnson, L. N. Zakharov, M. M. Haley, D. W. Johnson, Protonation activates anion binding and alters binding selectivity in new inherently fluorescent 2,6-bis(2-anilinoethynyl)

pyridine bisureas. *Chem. Commun.* **2009**, 2520-2522.

[48] A. J. Ayling, N. Pérez-Payán, A. P. Davis, New “cholapod” anionophores: high- affinity halide receptors derived from cholic acid. *J. Am. Chem. Soc.* **2001**, *123*, 12716-12717.

[49] F. M. Pfeffer, T. Gunnlaugsson, P. Jensen, P. E. Kruger, Anion recognition using preorganized thiourea functionalized [3]polynorbornane receptors. *Org. Lett.* **2005**, *7*, 5357–5360.

[50] S.-Y. Liu, Y.-B. He, J.-L. Wu, L.-H. Wei, H.-J. Qin, L.-Z. Meng, L. Hu, Calix[4]arenes containing thiourea and amide moieties: neutral receptors towards α,ω-dicarboxylate anions. *Org. Biomol. Chem.* **2004**, *2*, 1582-1586.

[51] T. Nabeshima, T. Saiki, J. Iwabuchi, S. Akine, Stepwise and dramatic enhancement of anion recognition with a triple-site receptor based on the calix[4]arene framework using two different cationic effectors. *J. Am. Chem. Soc.* **2005**, *127*, 5507-5511.

[52] I. Ravikumar, P. S. Lakshminarayanan, M. Arunachalam, E. Suresh, P. Ghosh, Anion complexation of a pentafluorophenyl-substituted tripodal urea receptor in solution and the solid state: selectivity toward phosphate. *Dalton Trans.* **2009**, 4160-4168.

[53] B. Wu, J. Liang, J. Yang, C. Jia, X.-J. Yang, H. Zhang, N. Tang, C. Janiak, Sulfate ion encapsulation in caged supramolecular structures assembled by second-sphere coordination. *Chem. Commun.* **2008**, 1762-1764.

[54] R. Zhang, Y. Zhao, J. Wang, L. Ji, X.-J. Yang, B. Wu, Chloride encapsulation by a tripodal tris(4-pyridylurea) ligand and effects of countercations on the secondary coordination sphere. *Cryst. Growth Des.* **2014**, *14*, 544-551.

[55] H. Xie, S. Yi, X. Yang, S. Wu, Study on host-guest complexation of anions based on a tripodal naphthylurea derivative. *New J. Chem.* **1999**, *23*, 1105-1110.

[56] Y. Hao, C. Jia, S. Li, X. Huang, X.-J. Yang, C. Janiak, B. Wu, Sulphate binding by a quinolinyl-functionalised tripodal tris-urea receptor. *Supramol. Chem.* **2012**, *24*, 88-94.

[57] I. Hisaki, S.-I. Sasaki, K. Hirose, Y. Tobe, Synthesis and anion-selective complexation of homobenzylic tripodal thiourea derivatives. *Eur. J. Org. Chem.* **2007**, 607-615.

[58] J. P. Clare, A. J. Ayling, J.-B. Joos, A. L. Sisson, G. Magro, M. N. Pérez-Payán, T. N. Lambert, R. Shukla, B. D. Smith, A. P. Davis, Substrate discrimination by cholapod anion receptors: geometric effects and the “affinity-selectivity principle”. *J. Am. Chem. Soc.* **2005**, *127*, 10739-10746.

[59] A. V. Koulov, T. N. Lambert, R. Shukla, M. Jain, J. M. Boon, B. D. Smith, H. Li, D. N. Sheppard, J.-B. Joos, J. P. Clare, A. P. Davis, Chloride transport across vesicle and cell membranes by steroid-based receptors. *Angew. Chem. Int. Ed.* **2003**, *42*, 4931-4933.

[60] C. Jia, B. Wu, S. Li, Z. Yang, Q. Zhao, J. Liang, Q. S. Li, X.-J. Yang, A fully complementary, high-affinity receptor for phosphate and sulfate based on an acyclic tris(urea) scaffold. *Chem. Commun.* **2010**, *46*, 5376-5378.

[61] B. Wu, C. Jia, X. Wang, S. Li, X. Huang, X.-J. Yang, Chloride coordination by oligoureas: from mononuclear crescents to dinuclear foldamers. *Org. Lett.* **2012**, *14*, 684-687.

[62] S. Li, M. Wei, X. Huang, X.-J. Yang, B. Wu, Ion-pair induced self-assembly of molecular barrels with encapsulated tetraalkylammonium cations based on a bis-trisurea stave. *Chem. Commun.* **2012**, *48*, 3097-3099.

[63] M. Wei, B. Wu, L. Zhao, H. Zhang, S. Li, Y. Zhao, X.-J. Yang, A bis-bisurea receptor with the *R*,*R*-cyclohexane-1,2-diamino spacer for phosphate and sulfate ions. *Org. Biomol. Chem.* **2012**, *10*, 8758-8761.

[64] J. Wang, S. Li, P. Yang, X. Huang, X.-J. Yang, B. Wu, From anion complexes to anion coordination

polymers (ACPs): assembly with a 1,5-naphthylene bridged bis-bisurea ligand. *CrystEngComm* **2013**, *15*, 4540-4548.

[65] C. Jia, B. Wu, S. Li, X. Huang, Q. Zhao, Q.-S. Li, X.-J. Yang, Highly efficient extraction of sulfate ions with a tripodal hexaurea receptor. *Angew. Chem. Int. Ed.* **2011**, *50*, 486-490.

[66] A. Pramanik, M. E. Khansari, D. R. Powell, F. R. Fronczek, M. A. Hossain, *Org. Lett.* **2014**, *16*, 366-369.

[67] B. Wu, F. Cui, Y. Lei, S. Li, N. de Sousa Amadeu, C. Janiak, Y.-J. Lin, L.-H. Weng, Y.-Y. Wang, X.-J. Yang, Tetrahedral anion cage: self-assembly of a $(PO_4)_4L_4$ complex from a tris(bisurea) ligand. *Angew. Chem. Int. Ed.* **2013**, *52*, 5096-5100.

[68] K. Calderon-Kawasaki, S. Kularatne, Y. H. Li, B. C. Noll, W. R. Scheidt, D. H. Burns, Synthesis of urea picket porphyrins and their use in the elucidation of the role buried solvent plays in the selectivity and stoichiometry of anion binding receptors. *J. Org. Chem.* **2007**, *72*, 9081-9087.

[69] R. C. Jagessar, M. Shang, W. R. Scheidt, D. H. Burns, Neutral ligands for selective chloride anion complexation: (α,α,α,α)-5,10,15,20-tetrakis(2-(arylurea)phenyl)porphyrins. *J. Am. Chem. Soc.* **1998**, *120*, 11684-11692.

[70] M. J. Kim, H.-W. Lee, D. Moon, K.-S. Jeong, Helically foldable diphenylureas as anion receptors: modulation of the binding affinity by the chain length. *Org. Lett.* **2012**, *14*, 5042-5045.

[71] B. H. M. Snellink-Ruël, M. M. G. Antonisse, J. F. J. Engbersen, P. Timmerman, D. N. Reinhoudt, Neutral anion receptors with multiple urea-binding sites. *Eur. J. Org. Chem.* **2000**, 165-170.

[72] S. J. Brooks, P. A. Gale, M. E. Light, Anion-binding modes in a macrocyclic amidourea. *Chem. Commun.* **2006**, 4344-4366.

[73] D. Meshcheryakov, F. Arnaud-Neu, V. Böhmer, M. Bolte, V. Hubscher-Bruder, E. Jobin, I. Thondorf, S. Werner, Cyclic triureas-synthesis, crystal structures and properties. *Org. Biomol. Chem.* **2008**, *6*, 1004-1014.

[74] D. Meshcheryakov, V. Böhmer, M. Bolte, V. Hubscher-Bruder, F. Arnaud-Neu, H. Herschbach, A. Van Dorsselaer, I. Thondorf, W. Mögelin, Two chloride ions as a template in the formation of a cyclic hexaurea. *Angew. Chem. Int. Ed.* **2006**, *45*, 1648-1652.

[75] K. H. Lee, J.-I. Hong, C_3-Symmetric metacyclophane-based anion receptors with three thiourea groups as linkers between aromatic groups. *Tetrahedron Lett.* **2000**, *41*, 6083-6087.

[76] P. A. Gale, S. Camiolo, G. J. Tizzard, C. P. Chapman, M. E. Light, S. J. Coles, M. B. Hursthouse, 2-amidopyrroles and 2,5-diamidopyrroles as simple anion binding agents. *J. Org. Chem.* **2001**, *66*, 7849-7853.

[77] S. Camiolo, P. A. Gale, M. B. Hursthouse, M. E. Light, Nitrophenyl derivatives of pyrrole 2,5-diamides: structural behaviour, anion binding and colour change signalled deprotonation. *Org. Biomol. Chem.* **2003**, *1*, 741-744.

[78] J. L. Sessler, G. D. Pantos, P. A. Gale, M. E. Light, Synthesis and anion binding properties of *N,N'*-bispyrrol-2-yl-2,5-diamidopyrrole. *Org. Lett.* **2006**, *8*, 1593-1596.

[79] J. L. Sessler, N. M. Barkey, G. D. Pantos, V. M. Lynch, Acyclic pyrrole-based anion receptors: design, synthesis, and anion-binding properties. *New J. Chem.* **2007**, *31*, 646-654.

[80] I. E. D. Vega, S. Camiolo, P. A. Gale, M. B. Hursthouse, M. E. Light, Anion complexation properties of 2,2'-bisamidodipyrrolylmethanes. *Chem. Commun.* **2003**, 1686-1687.

[81] I. E. D. Vega, P. A. Gale, M. B. Hursthouse, M. E. Light, Anion binding properties of 5,5'-dicarboxamido-dipyrrolylmethanes. *Org. Biomol. Chem.* **2004**, *2*, 2935-2941.

[82] J. L. Sessler, L. R. Eller, W. S. Cho, S. Nicolaou, A. Aguilar, J. T. Lee, V. M. Lynch, D. J. Magda,

Synthesis, anion-binding properties, and in vitro anticancer activity of prodigiosin analogues. *Angew. Chem. Int. Ed.* **2005**, *44*, 5989-5992.

[83] H. Maeda, Y. Kusunose, Dipyrrolyldiketone difluoroboron complexes: novel anion sensors with C-H···X⁻ interactions. *Chem. Eur. J.* **2005**, *11*, 5661-5666.

[84] H. Maeda, Y. Haketa, T. Nakanishi, Aryl-substituted C_3-bridged oligopyrroles as anion receptors for formation of supramolecular organogels. *J. Am. Chem. Soc.* **2007**, *129*, 13661-13674.

[85] H. Maeda, Y. Bando, K. Shimomura, I. Yamada, M. Naito, K. Nobusawa, H. Tsumatori, T. Kawai, Chemical-stimuli-controllable circularly polarized luminescence from anion-responsive π-conjugated molecules. *J. Am. Chem. Soc.* **2011**, *133*, 9266-9269.

[86] M. J. Chmielewski, M. Charon, J. Jurczak, 1,8-Diamino-3,6-dichlorocarbazole: a promising building block for anion receptors. *Org. Lett.* **2004**, *6*, 3501-3504.

[87] D. Curiel, A. Cowley, P. D. Beer, Indolocarbazoles: a new family of anion sensors. *Chem. Commun.* **2005**, 236-238.

[88] J. L. Sessler, D.-G. Cho, V. Lynch, Diindolylquinoxalines: effective indole-based receptors for phosphate anion. *J. Am. Chem. Soc.* **2006**, *128*, 16518-16519.

[89] G. W. Bates, P. A. Gale, M. E. Light, Isophthalamides and 2,6-dicarboxamidopyridines with pendant indole groups: a 'twisted' binding mode for selective fluoride recognition. *Chem. Commun.* **2007**, 2121-2123.

[90] K.-J. Chang, M. K. Chae, C.-H. Lee, J.-Y. Lee, K.-S. Jeong, Biindolyl-based molecular clefts that bind anions by hydrogen-bonding interactions. *Tetrahedron Lett.* **2006**, *47*, 6385-6388.

[91] M. Shionoya, H. Furuta, V. Lynch, A. Harriman, J. L. Sessler, Diprotonated sapphyrin: a fluoride selective halide anion receptor. *J. Am. Chem. Soc.* **1992**, *114*, 5714-5722.

[92] V. Kral, H. Furuta, K. Shreder, V. Lynch, J. L. Sessler, Protonated sapphyrins. Highly effective phosphate receptors. *J. Am. Chem. Soc.* **1996**, 118, 1595-1607.

[93] J. L. Sessler, E. Katayev, G. D. Pantos, Y. A. Ustynyuk, Synthesis and study of a new diamidodipyrromethane macrocycle. An anion receptor with a high sulfate-to-nitrate binding selectivity. *Chem. Commun.* **2004**, 1276-1277.

[94] J. L. Sessler, E. Katayev, G. D. Pantos, P. Scherbakov, M. D. Reshetova, V. N. Khurstalev, V. M. Lynch, Y. A. Ustynyuk, Fine tuning the anion binding properties of 2,6-diamidopyridine dipyrromethane hybrid macrocycles. *J. Am. Chem. Soc.* **2005**, *127*, 11442-11446.

[95] G. W. Bates, P. A. Gale, M. E. Lighta, Ionic liquid-calix[4]pyrrole complexes: pyridinium inclusion in the calixpyrrole cup. *CrystEngComm* **2006**, *8*, 300-302.

[96] J. L. Sessler, S. Camiolo, P. A. Gale, Pyrrolic and polypyrrolic anion binding agents. *Coord. Chem. Rev.* **2003**, *240*, 17-55.

[97] P. Sokkalingam, J. Yoo, H. Hwang, P. H. Lee, Y. M. Jung, C. H. Lee, Salt (LiF) regulated fluorescence switching. *Eur. J. Org. Chem.* **2011**, 2911-2915.

[98] P. Sokkalingam, D. S. Kim, H. Hwang, J. L. Sessler, C. H. Lee, A dicationic calix[4]pyrrole derivative and its use for the selective recognition and displacement-based sensing of pyrophosphate. *Chem. Sci.* **2012**, *3*, 1819-1824.

[99] R. Nishiyabu, M. A. Palacios, W. Dehaen, P. Anzenbacher, Jr. Synthesis, structure, anion binding, and sensing by calix[4]pyrrole isomers. *J. Am. Chem. Soc.* **2006**, *128*, 11496-11504.

[100] K. A. Nielsen, W. S. Cho, J. Lyskawa, E. Levillain, V. M. Lynch, J. L. Sessler, J. O. Jeppesen, Tetrathiafulvalene-calix[4]pyrroles: synthesis, anion binding, and electrochemical properties. *J. Am. Chem. Soc.* **2006**, *128*, 2444-2451.

[101] K. A. Nielsen, W. S. Cho, G. H. Sarova, B. M. Petersen, A. D. Bond, J. Becher, F. Jensen, D. M. Guldi, J. L. Sessler, J. O. Jeppesen, Supramolecular receptor design: anion-triggered binding of C_{60}. *Angew. Chem. Int. Ed.* **2006**, *45*, 6848-6853.

[102] R. Gu, S. Depraetere, J. Kotek, J. Budka, E. Wagner-Wysiecka, J. F. Biernat, W. Dehaen, Anion recognition by α-arylazo-N-confused calix[4]pyrroles. *Org. Biomol. Chem.* **2005**, *3*, 2921-2923.

[103] A. F. Danil de Namor, M. Shehab, I. Abbas, M. V. Withams, J. Zvietcovich-Guerra, New insights on anion recognition by isomers of a calix pyrrole derivative. *J. Phys. Chem. B* **2006**, *110*, 12653-12659.

[104] G. Gil-Ramírez, J. Benet-Buchholz, E. C. Escudero-Adán, P. Ballester, Solid-state self-assembly of a calix[4]pyrrole-resorcinarene hybrid into a hexameric cage. *J. Am. Chem. Soc.* **2007**, *129*, 3820-3821.

[105] J. L. Sessler, D. An, W. S. Cho, V. Lynch, M. Marquez, Calix[4]bipyrrole—a big, flexible, yet effective chloride-selective anion receptor. *Chem. Commun.* **2005**, 540-542.

[106] J. L. Sessler, D. An, W. S. Cho, V. Lynch, Calix[n]bipyrroles: synthesis, characterization, and anion-binding studies. *Angew. Chem. Int. Ed.* **2003**, *42*, 2278-2281.

[107] D. Seidel, V. Lynch, J. L. Sessler, Cyclo[8]pyrrole: A simple-to-make expanded porphyrin with no meso bridges. *Angew. Chem. Int. Ed.* **2002**, *41*, 1422-1425.

[108] M. Buda, A. Iordache, C. Bucher, J. C. Moutet, G. Royal, E. Saint-Aman, J. L. Sessler, Electrochemical Syntheses of Cyclo[n]pyrrole. *Chem. Eur. J.* **2010**, *16*, 6810-6819.

[109] G. Mani, T. Guchhait, R. Kumar, S. Kumar, Macrocyclic and acyclic molecules synthesized from dipyrrolylmethanes: receptors for anions. *Org. Lett.* **2010**, *12*, 3910-3913.

[110] J. L. Sessler, J. Cai, H. Y. Gong, X. Yang, J. F. Arambula, B. P. Hay, A pyrrolyl-based triazolophane: a macrocyclic receptor with CH and NH donor groups that exhibits a preference for pyrophosphate anions. *J. Am. Chem. Soc.* **2010**, *132*, 14058-14060.

[111] C. H. Lee, J. S. Lee, H. K. Na, D. W. Yoon, H. Miyaji, W. S. Cho, J. L. Sessler, Cis- and trans-strapped calix[4]pyrroles bearing phthalamide linkers: synthesis and anion-binding properties. *J. Org. Chem.* **2005**, *70*, 2067-2074.

[112] D.-W. Yoon, S.-D. Jeong, M.-Y. Song, C.-H. Lee, Calix[6]pyrroles capped with 1,3,5-trisubstituted benzene. *Supramol. Chem.* **2007**, *19*, 265-270.

[113] D.-W. Yoon, D. E. Gross, V. M. Lynch, C.-H. Lee, P. C. Bennett, J. L. Sessler, Real-time determination of chloride anion concentration in aqueous-DMSO using a pyrrole-strapped calixpyrrole anion receptor. *Chem. Commun.* **2009**,1109-1111.

[114] D.-W. Yoon, D. E. Gross, V. M. Lynch, J. L. Sessler, B. P. Hay, C.-H. Lee, Benzene-, pyrrole-, and furan-containing diametrically strapped calix[4]pyrroles—an experimental and theoretical study of hydrogen-bonding effects in chloride anion recognition. *Angew. Chem. Int. Ed.* **2008**, *47*, 5038-5042.

[115] C. Bucher, R. S. Zimmerman, V. Lynch, J. L. Sessler, First cryptand-like calixpyrrole: synthesis, X-ray structure, and anion binding properties of a bicyclic[3,3,3]nonapyrrole. *J. Am. Chem. Soc.* **2001**, *123*, 9716-9717.

[116] G. Cafeo, H. M. Colquhoun, A. Cuzzola, M. Gattuso, F. H. Kohnke, L. Valenti, A. J. P. White, Synthesis, X-ray structure, and anion-binding properties of a cryptand-like hybrid calixpyrrole. *J. Org. Chem.* **2010**, *75*, 6263-6266.

[117] K.-J. Chang, D. Moon, M. S. Lah, K.-S. Jeong, Indole-based macrocycles as a class of receptors for anions. *Angew. Chem. Int. Ed.* **2005**, *44*, 7926-7929.

[118] D. K. Smith, Rapid NMR screening of chloride receptors: uncovering catechol as a useful anion binding motif. *Org. Biomol. Chem.* **2003**, *1*, 3874-3877.

[119] K. J. Winstanley, D. K. Smith, Ortho-Substituted Catechol Derivatives: The effect of intramolecular hydrogen-bonding pathways on chloride anion recognition. *J. Org. Chem.* **2007**, *72*, 2803-2815.

[120] A. Casnati, A. Sartori, L. Pirondini, F. Bonetti, N. Pelizzi, F. Sansone, F. Ugozzoli, R. Ungaro, Calix[4] arene anion receptors bearing 2,2,2-trifluoroethanol groups at the upper rim. *Supramol. Chem.* **2006**, *18*, 199-218.

[121] S. I. Kondo, Y. Kobayashi, M. Unno, Anion recognition by d-ribose-based receptors. *Tetrahedron Lett.* **2010**, *51*, 2512-2514.

[122] S. I. Kondo, T. Harada, R. Tanaka, M. Unno, Anion recognition by a silanediol-based receptor. *Org. Lett.* **2006**, *8*, 4621-4624.

[123] S. I. Kondo, N. Okada, R. Tanaka, M. Yamamura, M. Unno, Anion recognition by 1,3-disiloxane-1,1, 3,3-tetraols in organic solvents. *Tetrahedron Lett.* **2009**, *50*, 2754-2757.

[124] S. Ghosh, A. R. Choudhury, T. N. Row, U. Maitra, Selective and unusual fluoride ion complexation by a steroidal receptor using OH···F^- and CH···F^- interactions: a new motif for anion coordination? *Org. Lett.* **2005**, *7*, 1441-1444.

[125] Y. Hua, A. H. Flood, Click chemistry generates privileged CH hydrogen-bonding triazoles: the latest addition to anion supramolecular chemistry. *Chem. Soc. Rev.* **2010**, *39*, 1262-1271.

[126] J. Cai, J. L. Sessler, Neutral CH and cationic CH donor groups as anion receptors. *Chem. Soc. Rev.* **2014**, *43*, 6198-6213.

[127] H. Juwarker, J. M. Lenhardt, D. M. Pham, S. L. Craig, 1,2,3-Triazole CH···Cl contacts guide anion binding and concomitant folding in 1,4-diaryl triazole oligomers. *Angew. Chem. Int. Ed.* **2008**, *47*, 3740-3743.

[128] R. M. Meudtner, S. Hecht, Helicity inversion in responsive foldamers induced by achiral halide ion guests. *Angew. Chem. Int. Ed.* **2008**, *47*, 4926-4930.

[129] S. Lee, Y. Hua, H. Park, A. H. Flood, Intramolecular hydrogen bonds preorganize an aryl-triazole receptor into a crescent for chloride binding. *Org. Lett.* **2010**, *12*, 2100-2102.

[130] Y. Wang, J. Xiang, H. Jiang, Halide-guided oligo(aryl-triazole-amide)s foldamers: receptors for multiple halide ions. *Chem. Eur. J.* **2011**, *17*, 613-619.

[131] Y. Li, A. H. Flood, Pure C-H hydrogen bonding to chloride ions: a preorganized and rigid macrocyclic receptor. *Angew. Chem. Int. Ed.* **2008**, *47*, 2649-2652.

[132] Y. Li, M. Pink, J. A. Karty, A. H. Flood, Dipole-promoted and size-dependent cooperativity between pyridyl-containing triazolophanes and halides leads to persistent sandwich. *J. Am. Chem. Soc.* **2008**, *130*, 17293-17295.

[133] R. O. Ramabhadran, Y. Liu, Y. Hua, M. Ciardi, A. H. Flood, K. Raghavachari, An overlooked yet ubiquitous fluoride congenitor: binding bifluoride in triazolophanes using computer-aided design. *J. Am. Chem. Soc.* **2014**, *136*, 5078-5089.

[134] S. Lee, C.-H. Chen, A. H. Flood, A pentagonal cyanostar macrocycle with cyanostilbene CH donors binds anions and forms dialkylphosphate [3]rotaxanes. *Nat. Chem.* **2013**, *5*, 704-710.

[135] B. E. Hirsch, S. Lee, B. Qiao, C.-H. Chen, K. P. McDonald, S. L. Tait, A. H. Flood, Anion-induced dimerization of 5-fold symmetric cyanostars in 3D crystalline solids and 2D self-assembled crystals. *Chem. Commun.* **2014**, *50*, 9827-9830.

[136] W. B. Farnham, D. C. Roe, D. A. Dixon, J. C. Calabrese, R. L. Harlow, Fluorinated macrocyclic ethers as fluoride ion hosts. novel structures and dynamic properties. *J. Am. Chem. Soc.* **1990**, *112*, 7707-7718.

[137] P. Blondeau, M. Segura, R. Pérez-Fernández, J. de Mendoza, Molecular recognition of oxoanions based on guanidinium receptors. *Chem. Soc. Rev.* **2007**, *36*, 198-210.

[138] M. Haj-Zaroubi, N. W. Mitzel, F. P. Schmidtchen, The rational design of anion host compounds: an exercise in subtle energetics. *Angew. Chem. Int. Ed.* **2002**, *41*, 104-107.

[139] C. Schmuck, Side chain selective binding of N-acetyl-α-amino acid carboxylates by a 2-(guanidiniocarbonyl) pyrrole receptor in aqueous solvents. *Chem. Commun.* **1999**, 843-844.

[140] C. Schmuck, Carboxylate binding by 2-(guanidiniocarbonyl)pyrrole receptors in aqueous solvents: improving the binding properties of guanidinium cations through additional hydrogen bonds. *Chem. Eur. J.* **2000**, *6*, 709-718.

[141] C. Schmuck, M. Schwegmann, A molecular flytrap for the selective binding of citrate and other tricarboxylates in water. *J. Am. Chem. Soc.* **2005**, *127*, 3373-3379.

[142] P. Blondeau, J. Benet-Buchholz, J. de Mendoza, Enthalpy driven nitrate complexation by guanidinium-based macrocycles. *New J. Chem.* **2007**, *31*, 736-740.

[143] V. Alcázar, M. Segura, P. Prados, J. de Mendoza, A preorganized macrocycle based on a bicyclic guanidinium subunit with six convergent hydrogen bonds for anion recognition. *Tetrahedron Lett.* **1998**, *39*, 1033-1036.

[144] H. Kim, J. Kang, Iodide selective fluorescent anion receptor with two methylene bridged bis-imidazolium rings on naphthalene. *Tetrahedron Lett.* **2005**, *46*, 5443-5445.

[145] J. Y. Kwon, N. J. Singh, H. N. Kim, S. K. Kim, K. S. Kim, J. Yoon, Fluorescent GTP-sensing in aqueous solution of physiological pH. *J. Am. Chem. Soc.* **2004**, *126*, 8892-8893.

[146] Z. Xu, N. J. Singh, J. Lim, J. Pan, H. N. Kim, S. Park, K. S. Kim, J. Yoon, Unique sandwich stacking of pyrene-adenine-pyrene for selective and ratiometric fluorescent sensing of ATP at physiological pH. *J. Am. Chem. Soc.* **2009**, *131*, 15528-1533.

[147] B. Schulze, C. Friebe, M. D. Hager, W. Günther, U. Köhn, B. O. Jahn, H. Görls, U. S. Schubert, Anion complexation by triazolium "ligands": mono- and bis-tridentate complexes of sulfate. *Org. Lett.* **2010**, *12*, 2710-2713.

[148] V. Amendola, M. Boiocchi, B. Colasson, L. Fabbrizzi, M. R. Douton, F. Ugozzoli, A metal-based trisimidazolium cage that provides six C···H hydrogen-bond-donor fragments and includes anions. *Angew. Chem. Int. Ed.* **2006**, *45*, 6920-6924.

[149] J. Yoon, S. K. Kim, J. Singh, J. W. Lee, Y. J. Yang, K. Chellappan, K. S. Kim, Highly effective fluorescent sensor for $H_2PO_4^-$. *J. Org. Chem.* **2004**, *69*, 581-583.

[150] E. Alcalde, N. Mesquida, L. Perez-Garcia, Imidazolium-based [14]heterophanes as models for anion recognition. *Eur. J. Org. Chem.* **2006**, 3988-3996.

[151] S. Shinoda, M. Tadokoro, H. Tsukube, R. Arakawa, One-step synthesis of a quaternary tetrapyridinium macrocycle as a new specific receptor of tricarboxylate anions. Chem. Commun. **1998**, 181-182.

[152] W. W. H. Wong, M. S. Vickers, A. R. Cowley, R. L. Paul, P. D. Beer, Tetrakis(imidazolium) macrocyclic receptors for anion binding. *Org. Biomol. Chem.* **2005**, *3*, 4201-4208.

[153] K. Chellappan, N. J. Singh, I.-C. Hwang, J. W. Lee, K. S. Kim, A calix[4]imidazolium[2]pyridine as an anion receptor. *Angew. Chem. Int. Ed.* **2005**, *44*, 2899-2903.

[154] H. Zhou, Y. Zhao, G. Gao, S. Li, J. Lan, J. You, Highly selective fluorescent recognition of sulfate in water by two rigid tetrakisimidazolium macrocycles with peripheral chains. *J. Am. Chem. Soc.* **2013**, *135*, 14908-14911.

[155] A. Kumar, P. S. Pandey, Anion recognition by 1,2,3-triazolium receptors: application of click chemistry in anion recognition. *Org. Lett.* **2008**, *10*, 165-168.

[156] R. K. Chhatra, A. Kumar, P. S. Pandey, Synthesis of a bile acid-based click-macrocycle and its application

in selective recognition of chloride ion. *J. Org. Chem.* **2011**, *76*, 9086-9089.

[157] J. M. Llinares, D. Powell, Kristin Bowman-James, Ammonium based anion receptors. *Coord. Chem. Rev.* **2003**, *240*, 57-75.

[158] S. O. Kang, J. M. Llinares, V. W. Day, K. Bowman-James, Cryptand-like anion receptors. *Chem. Soc. Rev.* **2010**, *39*, 3980-4003.

[159] V. Amendola, G. Bergamaschi, M. Boiocchi, L. Fabbrizzi, M. Milani, The squaramide versus urea contest for anion recognition. *Chem. Eur. J.* **2010**, *16*, 4368-4380.

[160] M. E. Huston, E. U. Akkaya, A. W. Czarnik, Chelation enhanced fluorescence detection of non-metal ions. *J. Am. Chem. Soc.* **1989**, *40*, 8735-8737.

[161] J. Cullinane, R. I. Gelb, T. N. Margulis, L. J. Zompa, Hexacyclen complexes of inorganic anions: bonding forces, structure, and selectivity. *J. Am. Chem. Soc.* **1982**, *104*, 3048-3053.

[162] G. Papoyan, K.-J. Gu, J. Wiorkiewicz-Kuczera, K. Kuczera, K. Bowman-James. Molecular dynamics simulations of nitrate complexes with polyammonium macrocycles: insight on phosphoryl transfer catalysis. *J. Am. Chem. Soc.* **1996**, *118*, 1354-1364.

[163] T. Clifford, A. Danby, J.M. Llinares, S. Mason, N.W. Alcock, D. Powell, J.A. Aguilar, E. García-España, K. Bowman-James, Anion binding with two polyammonium macrocycles of different dimensionality. *Inorg. Chem.* **2001**, *40*, 4710-4720.

[164] E. Graf, J.-M. Lehn, Anion cryptates: highly stable and selective macrotricyclic anion inclusion complexes. *J. Am. Chem. Soc.* **1976**, *98*, 6403-6405.

[165] O. B. Berryman, A. C. Sather, B. P. Hay, J. S. Meisner, D. W. Johnson, Solution phase measurement of both weak σ and C—H···X^- hydrogen bonding interactions in synthetic anion receptors. *J. Am. Chem. Soc.* **2008**, *130*, 10895-10897.

[166] D.-X. Wang, M.-X. Wang, Anion−π interactions: generality, binding strength, and structure. *J. Am. Chem. Soc.* **2013**, *135*, 892-897.

[167] L. Nie, Z. Li, J. Han, X. Zhang, R. Yang, W.-X. Liu, F.-Y. Wu, J.-W. Xie, Y.-F. Zhao, Y.-B. Jiang, Development of *N*-benzamidothioureas as a new generation of thiourea-based receptors for anion recognition and sensing. *J. Org. Chem.* **2004**, *69*, 6449-6454.

[168] W. Guo, J. Wang, J. He, Z. Li, J.-P. Cheng, Polymethylene-bridged cystine-glycine-containing cyclopeptides as hydrogen-bonding electroneutral anion receptors: design, synthesis, and halide ion recognition. *Supramol. Chem.* **2004**, *16*, 171-174.

[169] Y.-H. Qiao, H. Lin, H.-K. Lin, A novel colorimetric sensor for anions recognition based on disubstituted phenylhydrazone. *J. Incl. Phenom. Macrocycl. Chem.* **2007**, *59*, 211-215.

[170] Y.-M. Zhang, Q. Lin, T.-B.Wei, D.-D.Wang, H. Yao, Y.-L.Wang, Simple colorimetric sensors with high selectivity for acetate and chloride in aqueous solution. *Sens. Actuators B* **2009**, *137*, 447-455.

第6章 晶体工程

6.1 引言

晶体工程研究分子在非共价键作用力的控制下形成的特定固态结构，研究通过控制分子在固态的结构实现所需要的物理和化学性质，是固态下的超分子化学[1-3]。X 射线衍射技术的普及使得测定分子在晶体中的结构越来越快速方便。因此，设计所谓的超分子合成子（supramolecular synthons），研究它们在固态的结构与性质成为超分子化学研究的一个重要领域[4]，氢键和配位作用是用于晶体工程研究的两种主要的非共价键作用力。

在不考虑分子间相互作用的情况下，分子在固态的堆积在一定程度上是由体积和形状控制的，这被称为“紧密堆积”（close-packing）原理[5]。但当分子间存在强的相互作用如氢键时，后者的作用更加重要，能够在更大程度上决定分子的排列与取向。而氢键的方向性使得化学家能够开展晶体设计的研究，即通过分子间氢键控制分子在固体中形成在零维、一维、二维及三维空间的有序排列。但分子在晶体中的精确排列是各种不同分子间相互作用力平衡的结果。结构及官能团位置的改变可能会导致完全不同的相互作用模式。因此，目前还不能完全预测一个分子在晶体中的堆积模式。

超分子合成子在晶体工程研究中是一个有用的概念[4]，它是指超分子内由已知或合理设想的分子间相互作用形成的结构单元，是互补官能团之间形成的分子间相互作用的空间排列。超分子合成子是分子晶体工程设计的核心。合成子的概念非常有助于理解超分子结构。在晶体网络中，氢键超分子合成子易于确定，它们形成了氢键网络内分子间紧密接触或识别的节点。理论上，在第 2 章中讨论的各种氢键模块都可以用于构筑超分子合成子，而简单且稳定的单氢键和双氢键模块应用最为广泛。分子晶体工程化学家还提出了超分子反合成分析（supramolecular retrosynthesis）的概念[6]，用以描述晶体结构中对合成子设计的分析。不同于天然产物的反合成分析的复杂性，超分子反合成分析只是一个相对直观的一步过程。

氢键介质的晶体工程一方面探究分子在晶体中的排列规律，理解发现控制分子排列的氢键的作用机制和规律，揭示固态下的分子识别现象与规律，以发展控制分子理化性质及生物活性（包括药物活性）的新方法，另一方面探索在溶液相通过氢键控制不能实现的各种拓扑及复杂结构[7-10]。另外，构筑不同的固体空穴及网格结构也是氢键晶体工程的重要研究内容。这方面的研究可能导致新的分离（包括手性异构体拆分）、吸附、包结及感应材料的发现。

当有机分子存在多个氢键供体和受体基团时，它们在晶体中形成氢键的次序有一个大致的规律[11]：①强的供体和受体优先形成氢键；②五元环和六元环的分子内氢键较分子间氢键稳定，一般优先形成，这一倾向性对于芳香类分子尤其明显；③分子内氢键形成后剩余的强供体和受体优先形成分子间氢键。但这一规律也有例外。例如，阿脲（四氧嘧啶，**1**）在晶体中就没有形成分子间 N—H⋯O═C 氢键[12]，尽管其有两个 NH 和四个 C═O 基团。在晶体中，分子间最重要的相互作用是 C═O⋯C═O 偶极作用（图 6-1）。可以认为，这一堆积模式能够形成比氢键堆积模式能量更低的高密度堆积。

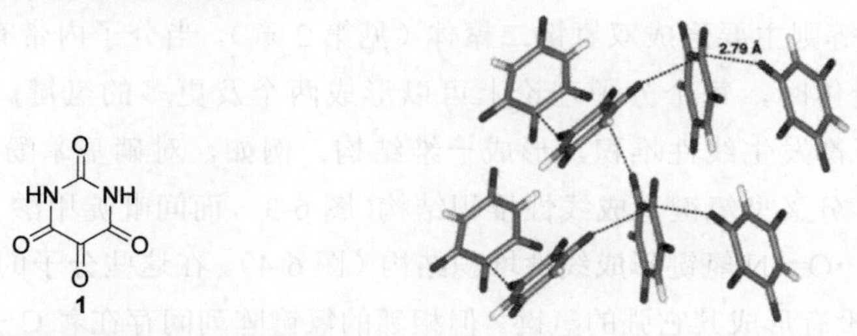

图 6-1　阿脲（**1**）的晶体结构显示分子间 C═O⋯C═O 接触（见彩图）

一些分子在晶体中可以以不同的构象存在，从而产生所谓的多晶（polymorphism）现象[13,14]。多晶现象起源于分子或混合组分动力学控制的结晶产物和热力学控制的结晶产物结构的不一致性。通过选择不同的结晶条件，同一分子或混合物可以得到不同的晶体。例如，化合物 **2** 即存在三种不同的结晶方式（图 6-2）[15]。在晶体 A 中，其通过磺酰胺基团形成一个 N—H⋯O═S 二聚体合成子，而晶体 B 和 C 没有形成类似的强氢键。晶体 A 和 C 分别被指定为动力学和热力学结晶形式，后者被证明具有更低的能量，其熔点和密度也较高。共晶在改进药物溶解性及控制释放方面得到重视，大部分的研究工作以氢键为驱动力。

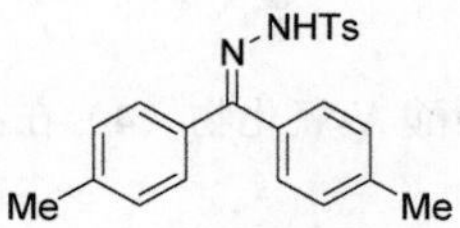

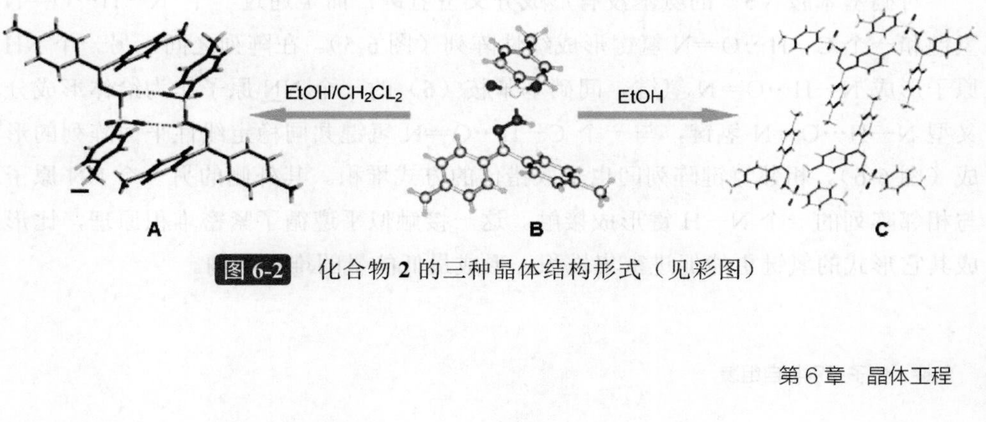

图 6-2　化合物 **2** 的三种晶体结构形式（见彩图）

本章将主要描述分子在一维、二维和三维空间形成网络结构——包括互穿型网络结构——的晶体工程研究，然后论述晶体工程应用于固态光化学反应控制、气体吸收与分离及药物改性等方面的应用。有关轮烷、索烃、超分子胶囊及自组装管状结构的内容在其它章节中单独论述。

6.2 强氢键和弱氢键驱动的一维堆积

酰胺及脲基可以同时作为氢键给体和受体，它们的衍生物很多都形成线性氢键链，而羧酸等则主要形成双氢键二聚体（见第 2 章）。当分子内带有两个或更多氢键供体和受体时，每个分子理论上可以形成两个及更多的氢键。这类分子在大多数情况下都发生线性堆积，形成一维结构。例如，对硝基苯酚（**3**）即通过 O—H…O═N 分叉型氢键形成线性堆积结构（图 6-3），而间吡啶甲酸 *N*-氧化物（**4**）也通过 O—H…O═N 氢键形成线性堆积结构（图 6-4）。在这些分子的晶体结构中，OH 作为供体没有形成其它强的氢键。但相邻的氢键阵列间存在着 C—H…O 氢键。

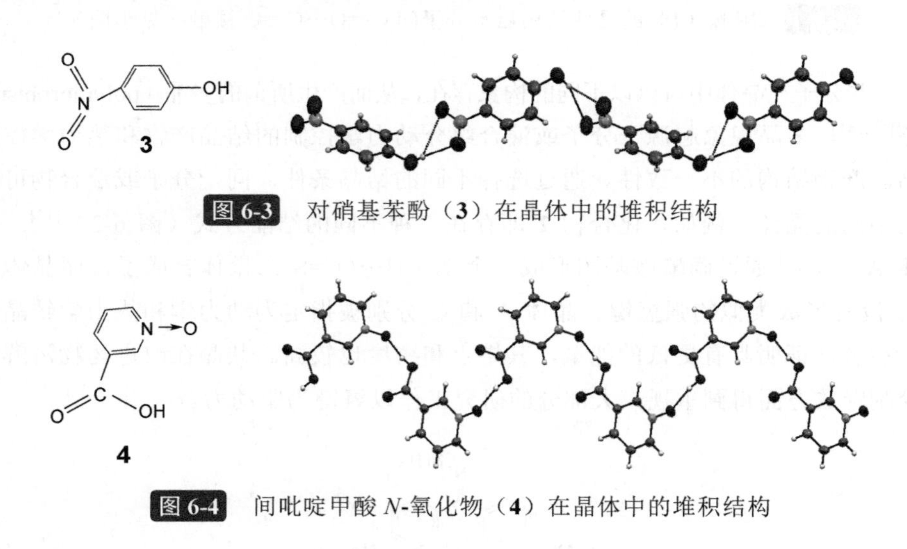

图 6-3 对硝基苯酚（**3**）在晶体中的堆积结构

图 6-4 间吡啶甲酸 *N*-氧化物（**4**）在晶体中的堆积结构

对硝基苯胺（**5**）的氨基没有形成分叉型氢键，而是通过一个 N—H…O═N 氢键和一个 C—H…O═N 氢键形成线性阵列（图 6-5）。在阵列之间，另一个 NH 原子形成 N—H…O═N 氢键。间硝基苯胺（**6**）的一个 N<u>N</u> 原子作为给体形成分叉型 N—H…O═N 氢键，与一个 C—H…O═N 氢键共同稳定线性平面阵列的形成（图 6-6）。相邻氢键阵列间也采取错位的方式堆积。其外侧的另一个 N<u>N</u> 原子与相邻阵列的一个 N—H 键形成接触。这一接触似乎遵循了紧密堆积原理，比形成其它形式的氢键更能促进密集堆积，形成最低能量的堆积结构。

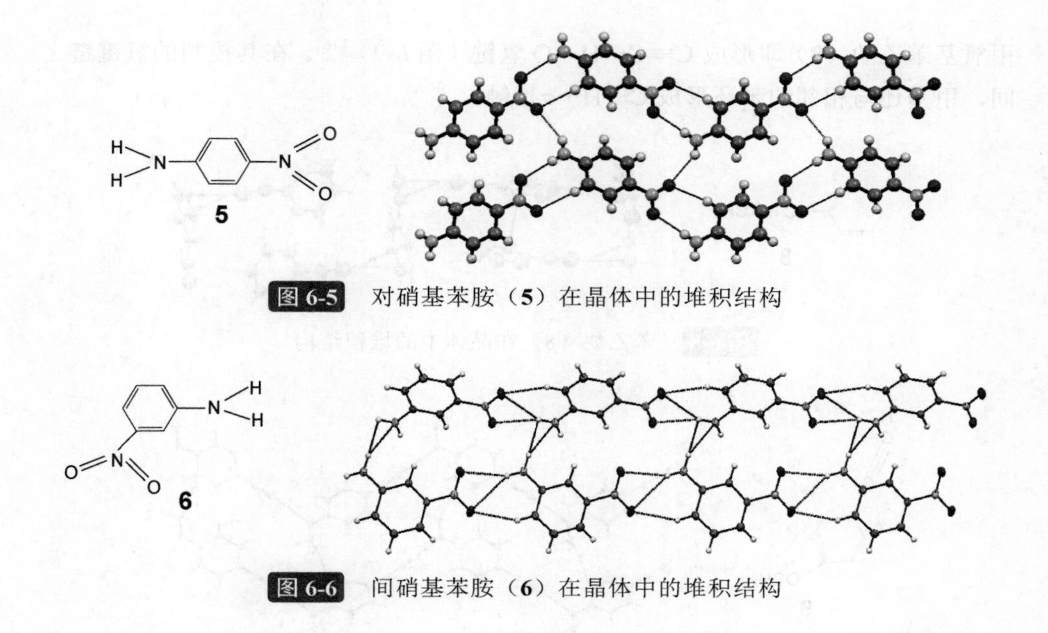

图 6-5 对硝基苯胺（**5**）在晶体中的堆积结构

图 6-6 间硝基苯胺（**6**）在晶体中的堆积结构

在 NH 和 OH 形成的强氢键控制的晶体结构中，CH 形成的氢键常存在于其氢键簇集体和阵列之间。但在没有其它强氢键存在时，CH 氢键也可以控制分子在晶体中的排列，以芳环 CH 最为常见。例如，苯（**7**）在低温下形成的晶体中，C—H…π相互作用即是其分子间最重要的作用力（图 6-7），这可认为是一类弱的氢键，导致相邻的苯环都是以相互接近垂直的方式排列的。在晶体中，苯没有形成堆积结构，这种结构不能形成有效的 C—H…π相互作用。

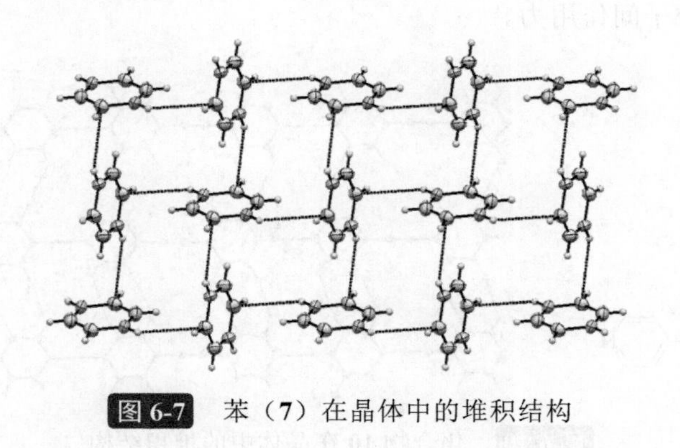

图 6-7 苯（**7**）在晶体中的堆积结构

苯乙炔（**8**）在晶体中形成 C≡C—H…(C≡C)相互作用（图 6-8），而没有形成 C≡C—H…π（苯环）相互作用，说明前者可以形成能量更低及堆积致密的结构。当分子内存在更强的受体时，炔基 CH 一般与其形成更强的氢键。例如，对甲氧基苯乙炔（**9**）即形成 C≡C—H…O 氢键（图 6-9）[16]。在其控制的氢键链之间，甲基还与相邻的苯环形成 C—H…π接触。

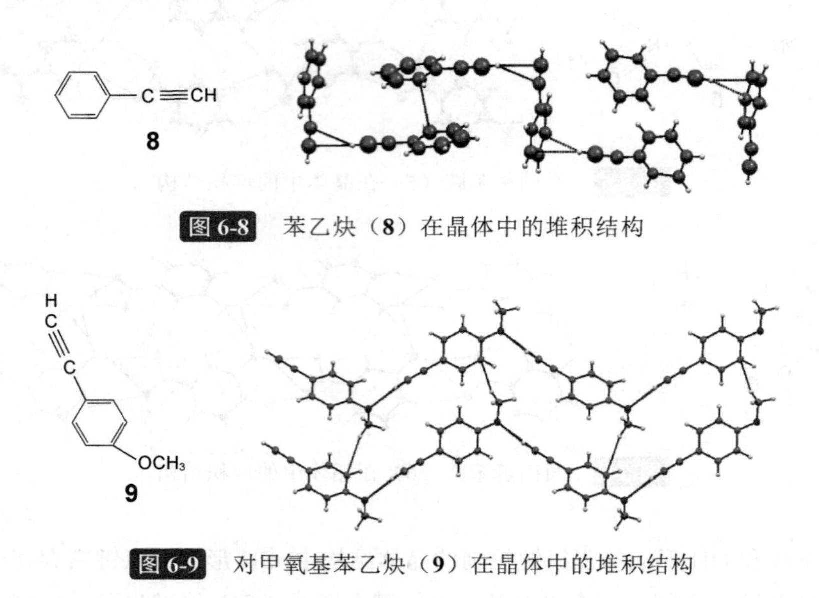

图 6-8　苯乙炔（**8**）在晶体中的堆积结构

图 6-9　对甲氧基苯乙炔（**9**）在晶体中的堆积结构

四氟苯乙炔衍生物 **10** 的苯环上 H 原子可以形成 C—H…N 氢键，诱导形成一维排列结构（图 6-10）[17]。四个 F 原子的拉电子作用增强了 C—H 键的极化，提高了该氢键的强度，而相邻的线性阵列之间则形成弱的 C—H…F 氢键。在其它的不同数量的氟取代的类似结构及 3-或 2-取代吡啶衍生物的晶体中，C–H…N 氢键也是其最强的分子间作用力。

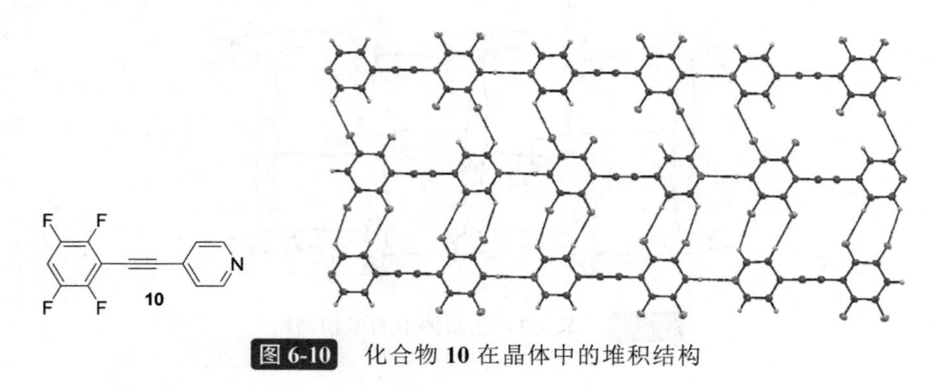

图 6-10　化合物 **10** 在晶体中的堆积结构

不但 N、O 和 F 可以作为氢键受体，有机分子中其它卤素原子也可以作为受体形成弱的 C—H…X 氢键。例如，立方烷化合物 **11** 在晶体中不但形成强的 O—H…O

氢键，其 sp^3-CH 也可以形成 C—H⋯Cl 氢键（图 6-11）[17]。立方烷的高张力应该提高了其 C—H 键的极化，有利于这一弱氢键的形成。

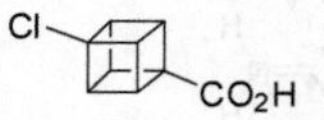

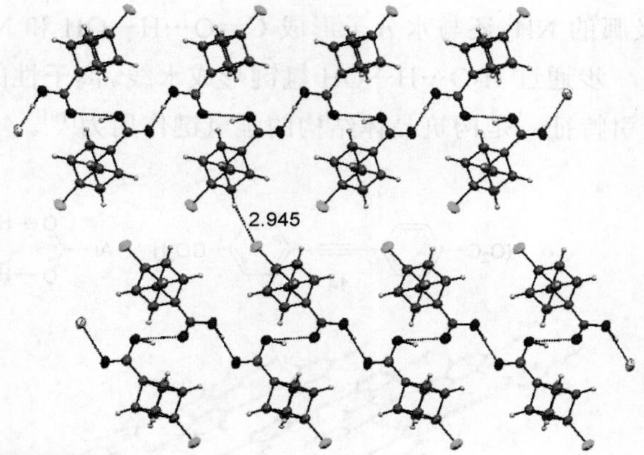

图 6-11 化合物 **11** 在晶体中的堆积结构

双分子形成的共晶也可以形成一维的堆积阵列。很多晶体中包含有溶剂，这些晶体即是广义上的共晶。但设计的共晶主要是指带有互补氢键单元（例如酸和碱）的两个或两个以上分子形成的晶体。在不存在其它强氢键的情况下，弱的 CH 氢键可用于控制共晶内分子的空间排列。例如，化合物 **12** 和 **13** 在晶体中即形成 C—H⋯N 氢键（图 6-12）[17]。这一共晶与化合物 **10** 的晶体结构类似，相邻线性氢键链之间也存在着弱的 C—H⋯F 氢键。

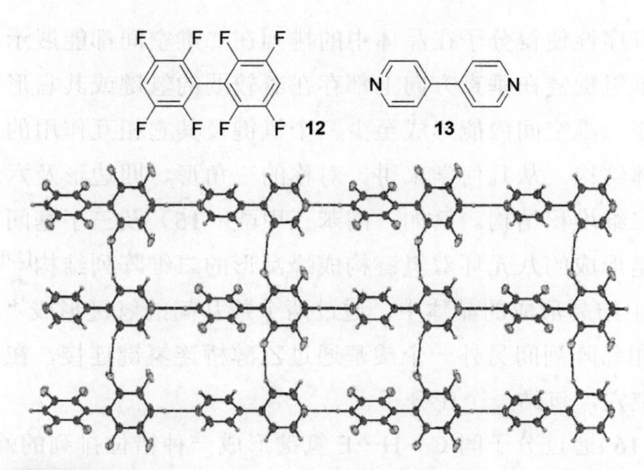

图 6-12 化合物 **12** 和 **13** 在共晶中的堆积结构（见彩图）

由双分子形成的共晶中常可以包结极性溶剂分子如水。因此，这些晶体也可以视为三组分共晶。例如，一分子二酸 **14** 与两分子胍发生质子转移形成盐[18]。在晶体中羧酸根负离子与胍正离子形成两个 C═O⋯H—N 氢键（图 6-13），但羧酸根 O 及胍的 NH_2 还与水分子形成 C═O⋯H—OH 和 N—H⋯OH 氢键。相邻水分子间进一步通过 H_2O⋯H—OH 氢键形成水线。离子性的给体和受体增强了氢键的静电吸引特征，是构筑晶体结构的强氢键作用力[19]。

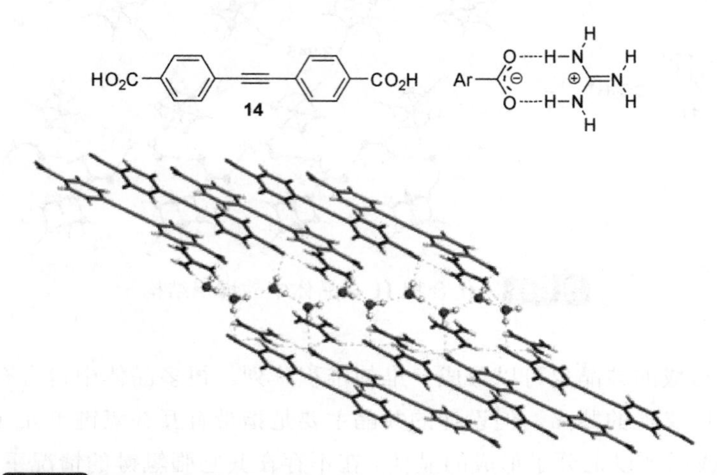

图 6-13 化合物 **14** 和胍在共晶中的堆积结构，水分子通过与羧酸根形成氢键，其自身通过氢键形成水线排列

6.3 二维结构、互穿及包结现象

三维长程有序性使得分子在晶体中的排列在二维空间都能展示有序的阵列。前面论述的一维氢键链在垂直方向上都存在着较弱的氢键或其它形式的接触。本节将举例说明在二维空间内能形成至少三个氢键及其它相互作用的分子或多分子体系形成的晶体结构。从几何学来讲，对称的三角形、四边形及六边形单体可以形成最完美的二维堆积结构。例如，间苯三甲酸（**15**）及三丁基间苯三甲酸等在晶体中通过羧基形成的八元环双氢键构成蜂窝形的二维阵列结构[20]。在芘的存在下，**15** 从乙醇中结晶形成的晶体中，通过两个羧基间的氢键形成“之”字形阵列（图 6-14），而相邻阵列间另外一个羧基通过乙醇桥连氢键连接，在二维空间形成更大的六边形空穴，包结一个芘分子。

间三氟苯（**16**）通过分子间 C—H⋯F 氢键形成一种错位排列的蜂窝形结构（图 6-15）。每个 F 原子与两个相邻的 H 原子通过两组 C—H⋯F 氢键与另外两个分子作用。这种堆积方式与共平面堆积方式相比，每个分子允许更多的氢键形成。

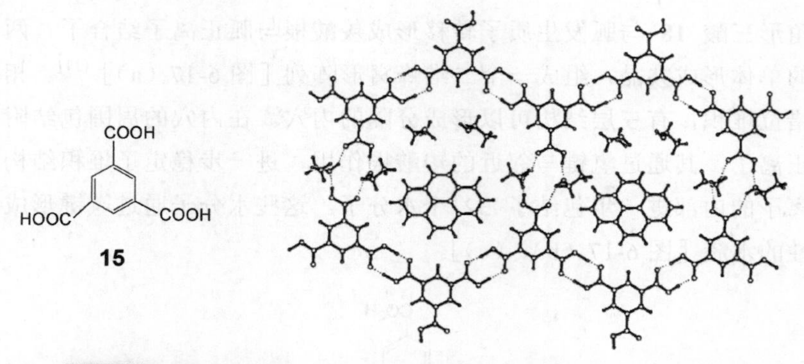

图 6-14　间苯三甲酸（**15**）和芘形成的包结配合物的晶体结构

注：乙醇参与形成氢键，扩大了 **15** 形成的氢键蜂窝形空穴的内径

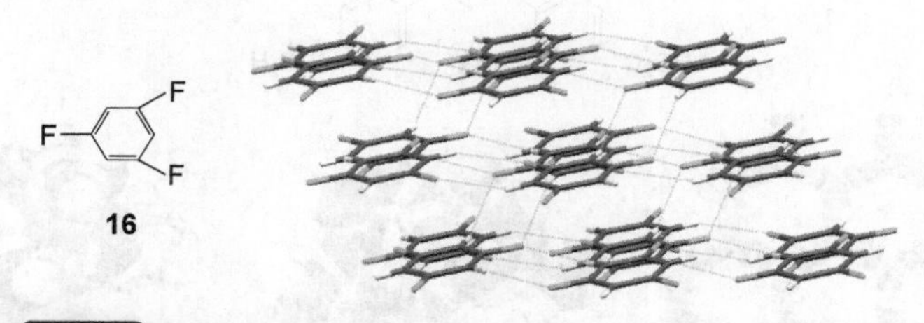

图 6-15　间三氟苯（**16**）在晶体中的堆积结构（见彩图）

间苯三酚（**17**）采用一种不同的堆积方式（图 6-16）。在其晶体结构中，每个分子的两个羟基在平面内与其它分子形成“之”字形排列，而这两个羟基又和与之垂直的另一堆积层的分子形成氢键。通过这种堆积方式，每个羟基能够分别作为给体和供体形成两个氢键。

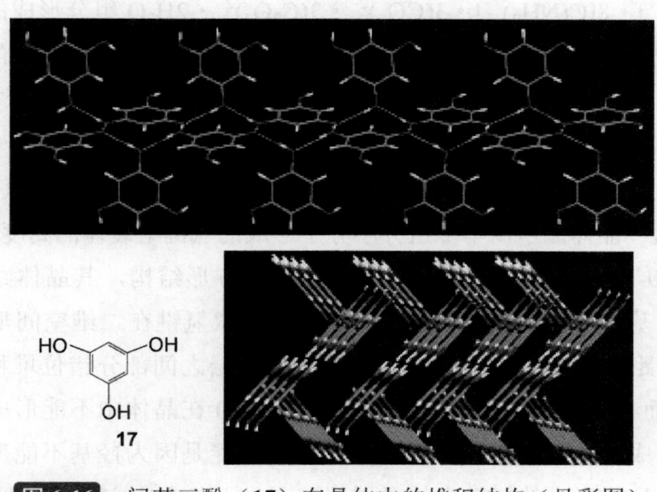

图 6-16　间苯三酚（**17**）在晶体中的堆积结构（见彩图）

三角形三酸 **18** 与胍发生质子转移形成羧酸根与胍正离子结合子。两个刚性三角形的单体形成共晶，组成一个二维蜂窝形阵列［图 6-17（a）］[21]。相邻的二维阵列错位堆积，有三层结构可以形成分隔的内穴。在内穴的周围包结附加的站立型胍正离子，其通过氢键与邻近的羧酸根作用，进一步稳定了堆积结构。在这些胍正离子的内部进一步包结了 32 个水分子。这些水分子通过氢键形成了一个 S_6 对称性的水簇［图 6-17（b）、（c）］。

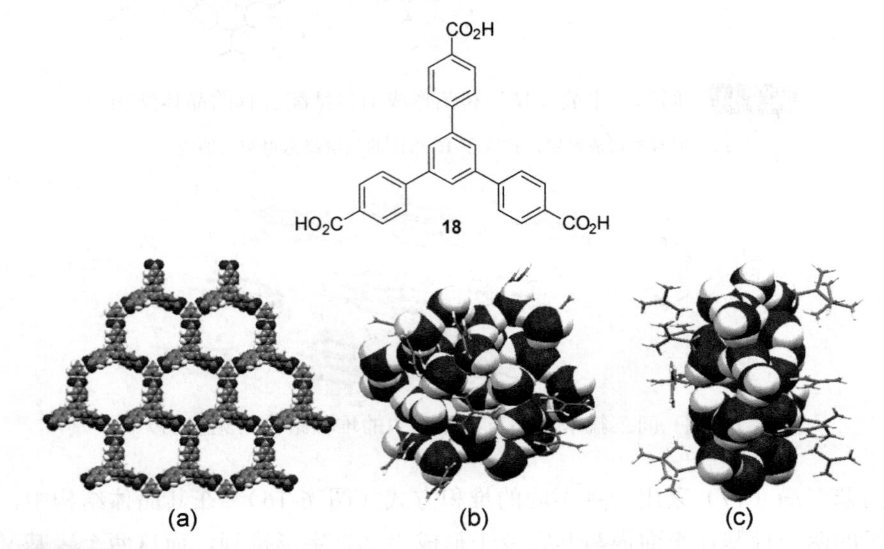

图 6-17　三酸 **18** 和胍的共晶中二维蜂窝形结构（a）及在其相邻层状结构错位堆积形成的空穴中包结的 32 个水分子形成的水簇（b、c）（见彩图）

以 $4[Et_4N^+]\cdot 8[C(NH_2)^{3+}]\cdot 3(CO_3)^{2-}\cdot 3(C_2O_4)^{2-}\cdot 2H_2O$ 组分形成的晶体中（图 6-18），胍正离子和碳酸根负离子通过 N^+—H⋯O^-强氢键形成非平面的“之”字形带状结构［图 6-18（a）］[22]。相邻的反平行排列的$\{[C(NH_2)^{3+}]\cdot CO_3^{2-}\}$进一步通过 N^+—H⋯O^-强氢键连接，形成一类独特的波纹状的玫瑰花瓣层，再进一步通过胍正离子结合折叠形成平面-波浪条带。条带之间通过草酸根与水形成的氢键链连接［图 6-18（b）］。这一晶体显示简单多组分小分子形成的氢键组装体的高度复杂性。

5,10,15,20-四苯基卟啉（**19**）具有完美的正方形结构，其晶体结构显示，这一分子通过羧基间形成的八元环 C═O⋯H—O 双氢键在二维空间形成正方形网格结构，面间距约为 2.5 nm（图 6-19）[23]。层与层之间部分错位堆积，但仍能形成大的孔道。而类似的四羟基取代的卟啉衍生物 **20** 在晶体中不能形成相应的空穴结构，而是形成更加致密的交替堆积模式。这可能是因为羟基不能形成互补的双氢键模式，并且其形成的氢键也相对较弱，不足于稳定空穴结构的形成。

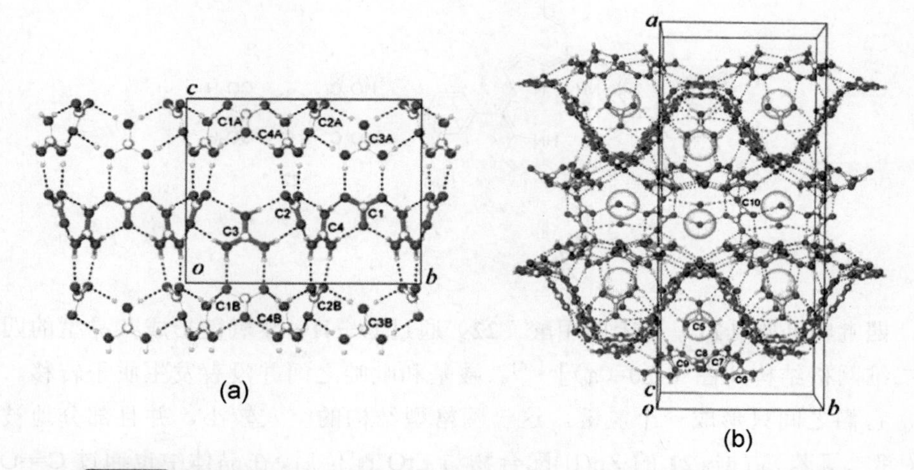

图 6-18　$4[Et_4N^+] \cdot 8[C(NH_2)^{3+}] \cdot 3(CO_3)^{2-} \cdot 3(C_2O_4)^{2-} \cdot 2H_2O$ 形成的晶体的投射图（a）及投射图（b）（见彩图）

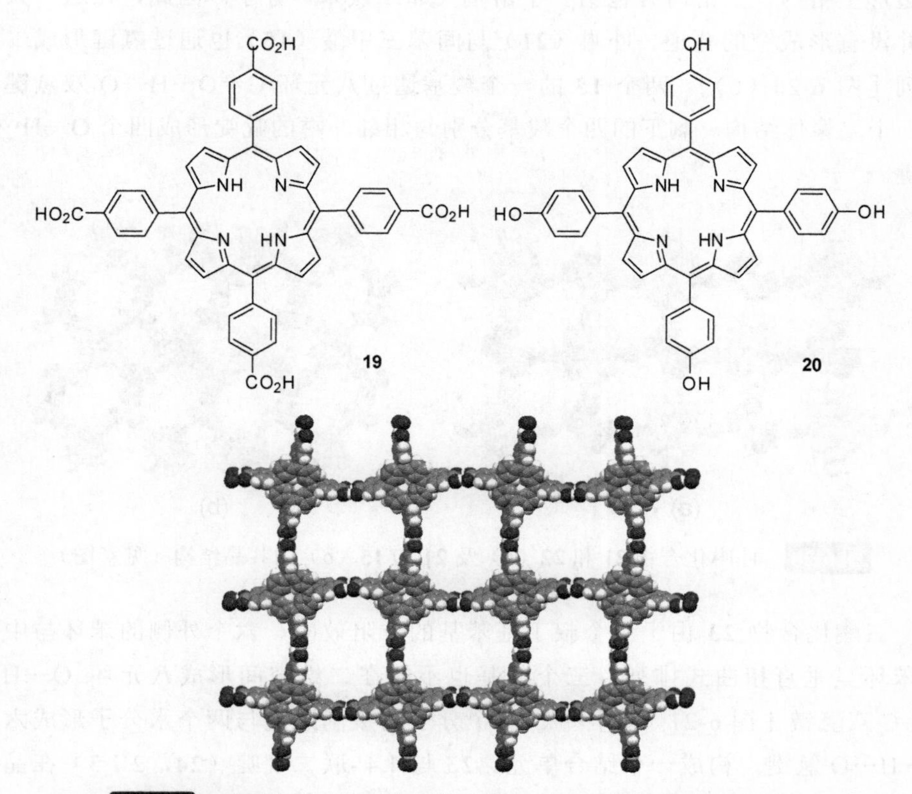

图 6-19　卟啉化合物 **19** 在晶体中的正方形堆积结构（见彩图）

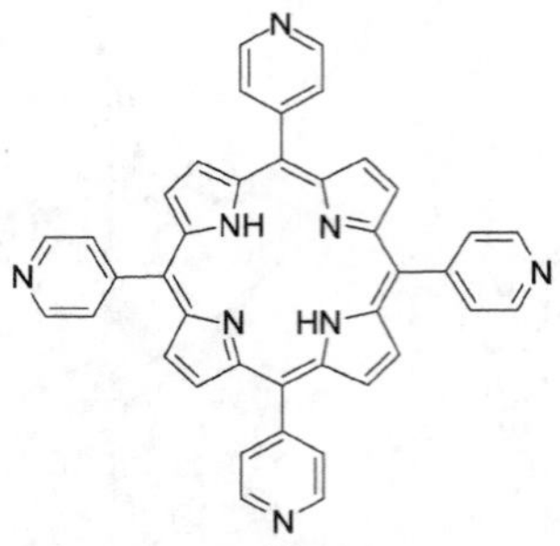

四吡啶卟啉（**21**）与苯四甲酸（**22**）通过 O—H…N 氢键形成共晶型的四边形二维网格结构［图 6-20（a）］[24]。羧基和吡啶之间并没有发生质子转移。因此，它们之间只形成一个氢键。这一网格型结构的空穴较小，并且部分地被溶剂（邻二氯苯）占据。**21** 的 Zn(II)配合物与 EtO^-配位后，在晶体中也通过 C═O…H—O 氢键在二维空间形成类似的正方形阵列。配位的乙氧基插入到相邻一层的四边形空格内，空格内并包结一个溶剂（邻二氯苯）分子。因此，在这一共晶内并没有形成空的孔道。卟啉（**21**）与间苯三甲酸（**15**）也通过氢键形成二维阵列［图 6-20（b）］。两个 **15** 的一个羧基通过八元环 C═O…H—O 双氢键形成一个二聚体结构。剩下的四个羧基分别与相邻卟啉的吡啶形成四个 O—H…N 氢键。

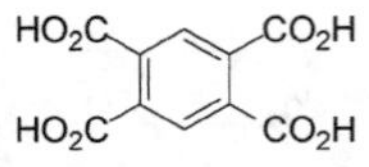

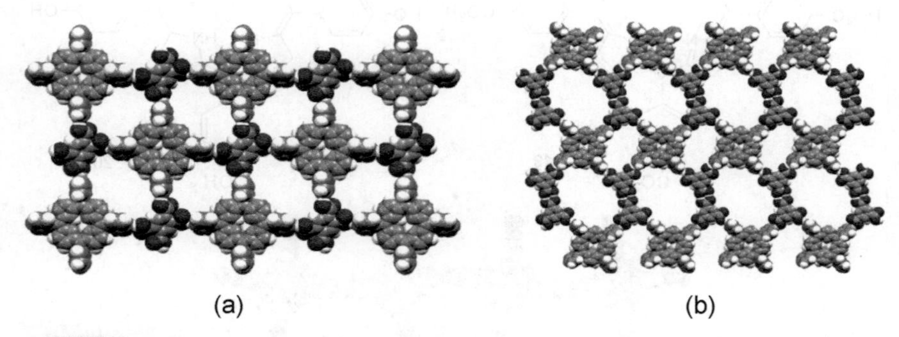

图 6-20　卟啉化合物 **21** 和 **22**（a）及 **21** 和 **15**（b）的共晶结构（见彩图）

三酸化合物 **23** 由于三个叔丁基苯基的位阻效应，六个外侧的苯环与中心的苯环呈垂直扭曲式排列，三个羧基也不能在二维空间形成八元环 O—H…O═C 双氢键［图 6-21（a）］[25]。三个分子的羧基通过与两个水分子形成六个 O—H…O 氢键，构成一个结合单元。**23** 与 4,4′-联二吡啶（**24**，2∶3）在晶体结构中形成互穿结构。**23** 仍形成二维层结构，但在羧基节点上，羧基与 **24** 的吡啶及水分子一起形成氢键结合子，使得两个分子相互垂直［图 6-21（b）］。

由于层层之间具有较大的间距，这种双层结构进一步互穿，形成更复杂的结构模式。

CO_2H *t*-Bu Bu-*t* HO_2C CO_2H Bu-*t* N N

23 **24**

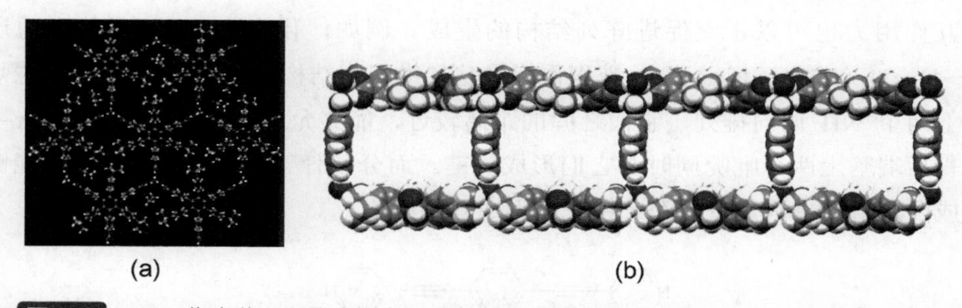

图 6-21 （a）化合物 **23** 通过与水形成氢键形成蜂窝形二维结构；（b）**23** 与 4,4′-联二吡啶（**24**）形成的共晶结构（见彩图）

形成互穿结构的另一种策略是利用碗形的分子为前体。例如，金刚烷衍生的三酸（**25**）在晶体中通过 O—H⋯O═C 氢键形成二维椅式-环己烷构象型（波形）的蜂窝形二维结构［图 6-22（a）］[26]。在甲醇存在下，两个甲醇分子插入到两个羧基中间，通过氢键形成双羧基-双甲醇结合结点。但堆积模式与不存在甲醇体系一样。通过π−π堆积，三个结点依次向同一方向互穿，形成一种 Borromean（任意两个分支环都不互相锁套，但所有的分支环都锁套在一起，而形成不可分开的多环体系）型编织结构。**25** 和 **24** 的共晶中，二者也形成类似的互穿结构［图 6-22（b）］，其中后者处于两个相邻的羧基之间，二者通过 O—H⋯N 氢键连接。用其它的刚性双吡啶分子取代 **24**，生成的相应的共晶也形成类似的互穿结构。

HO_2C CO_2H HO_2C

25

图 6-22 （a）**25** 形成的 Borromean 型互穿结构；（b）**25** 和 **24**（2∶3）在共晶中形成的 Borromen 型互穿结构（见彩图）

分子在二维空间通过氢键形成阵列结构的形式是多种多样的，不同形式的弱相互作用力也可以正交促进阵列结构的生成。例如，化合物 **26** 在晶体中通过 N—H···N（吡啶）氢键和π-π堆积作用稳定二维阵列结构（图 6-23）[27]。苷脲片段上两个 NH 同向排列，它们之间的距离较近，能够允许另外两个分子发生π-π堆积后端基上两个吡啶同时与它们形成氢键。而分子骨架的刚性特征使得其能够形成四边形的排列，进而在二维空间形成阵列结构。

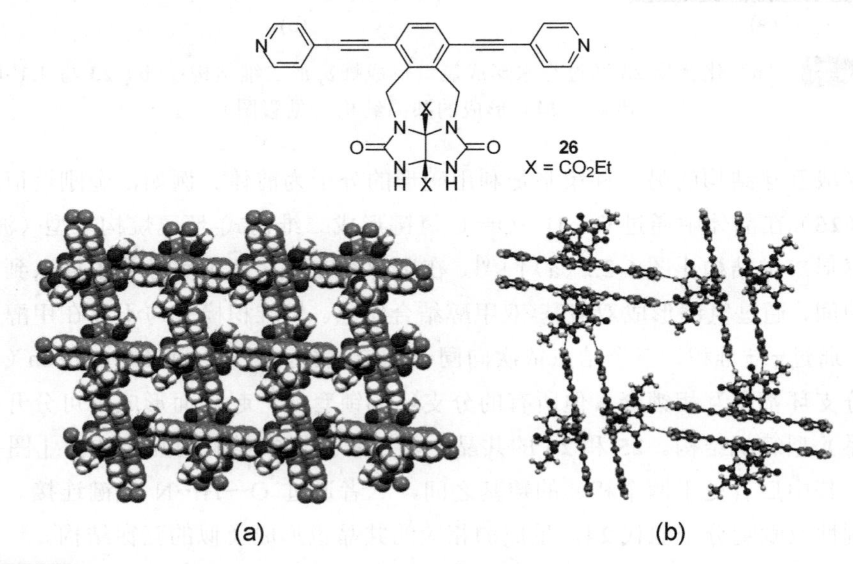

图 6-23 （a）化合物 **26** 在晶体中形成的菱形格子结构；（b）通过 N—H···N 氢键和π-π堆积形成的菱形单元（见彩图）

氢键结合配位作用设计晶体结构方面的研究文献报道更多。由于配位作用远强于氢键，一般配位作用决定了晶体的结构框架，而氢键起到进一步稳定组装结构及条件分子空间取向的作用。例如，在双吡唑配体（**27**）和对苯二甲酸（**28**）与Co(II)形成的配位聚合物晶体中，Co(II)形成稳定的六配位配合物，吡唑未配合的NH基团与邻近的C═O形成稳定的氢键，稳定了配位聚合物在x轴方向的排列（图6-24）[28]。

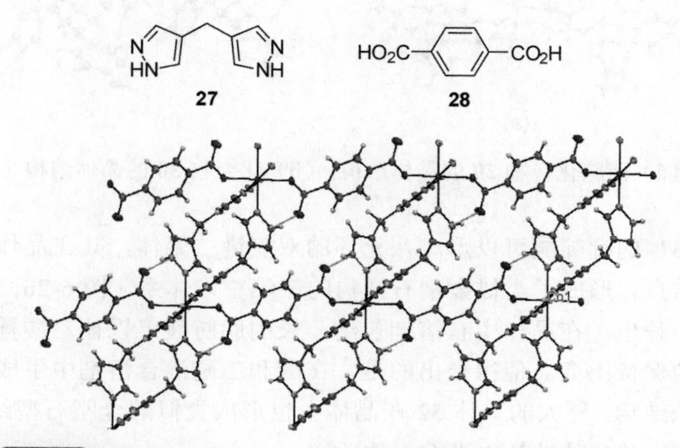

图 6-24　配体 **27** 和 **28** 与 Co(II)形成的配位配合物的晶体结构

6.4　三维及互穿结构

四面体型单体是构筑三维组装结构的理想分子单元。四胺化合物 **29** 在晶体中每个NH_2作为给体和受体形成两个氢键，两个相邻的分子形成一对氢键，但没有形成金刚石型的三维网络结构［图 6-25（a）］[29]。化合物 **30** 的核也是四面体结构，但其在晶体中形成另一种堆积形式。四个分子的一个氨基形成一个四氨基八元环四氢键结点［图 6-25（b）］。氨基形成的氢键相对较弱，形成金刚石型的网络结构需要更强的氢键结合模式。

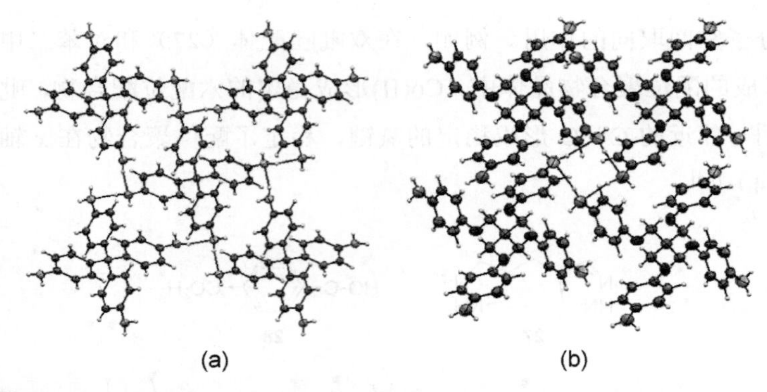

图 6-25 （a）四胺化合物 **29** 的晶体结构；（b）化合物 **30** 的晶体结构（见彩图）

化合物 **31** 的吡啶酮可以形成八元环的双氢键二聚体，其在晶体中以这一氢键二聚体为结点，形成了类似金刚石结构的三维空穴体系（图 6-26）[30]。晶体从短链脂肪酸中长出，在晶体中有溶剂包结，长的脂肪酸可以被乙酸置换，而晶体的周期性结构保持不变。值得指出的是，在酸和乙醚混合溶剂中生成的晶体形成非孔型的堆积结构。更大的单体 **32** 在晶体中也形成类似的金刚石型结构，但却是互穿的。因此，其晶体结构中没有大的孔道。

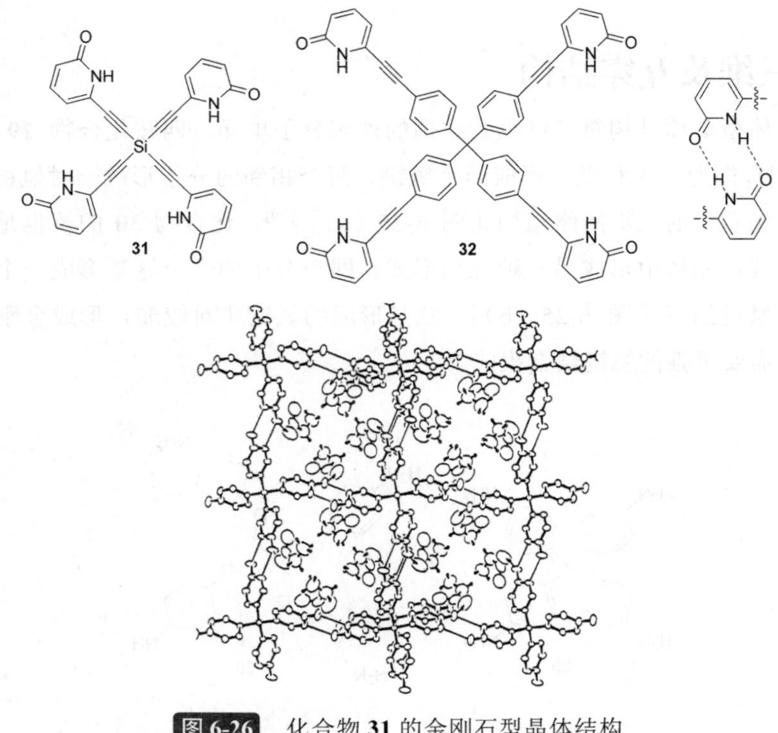

图 6-26 化合物 **31** 的金刚石型晶体结构

金刚烷四酸（**33**）在晶体中也形成金刚石型网络结构，相邻分子通过羧基形成的八元环双氢键接触[31]。为了填补大的孔穴，这一金刚石型氢键网络共形成五重互穿结构。更大的四酸（**34**）在晶体中形成了一维的带状结构，尽管羧基仍然形成了八元环氢键[32]。在**34**与4,4′-联二吡啶（**24**）及吩嗪（**35**）形成的共晶中，二者都形成了金刚石型三维网络结构，**34**处于网格的结点。**34**和**24**通过O—H…N氢键接触［图6-27（a）、（b）］[32]，形成的网络结构产生大的空穴，因此以三重互穿结构的形式存在。在**34**和**35**形成的共晶中［图6-27（c）、（d）］，每个**34**分子与两个**35**分子形成O—H…N氢键，又与另外两个**34**分子形成O—H…O═C氢键。这一结合模式导致网络结构变形，从而产生一个七重互穿结构。

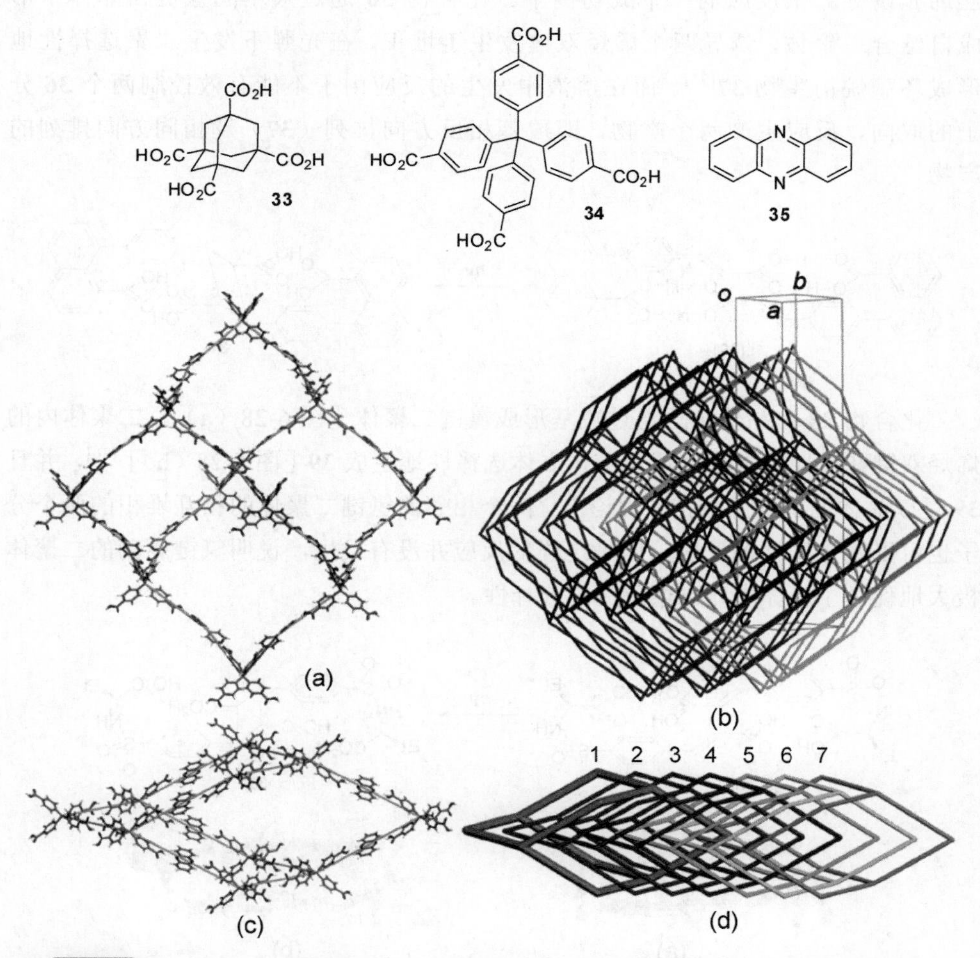

图6-27 （a）**34**和**24**共晶中形成的金刚石笼结构；（b）三重互穿结构示意图；（c）**34**和**35**共晶中形成的金刚石笼结构；（d）七重互穿结构示意图（见彩图）

6.5 光致化学反应选择性控制

分子在晶体中排列固定，当相邻分子的反应位点处于相互接近并且几何取向有利于发生反应时，能够发生选择性的反应[33,34]。这类固态反应成功的关键是反应物结构的合理设计，能够在晶体中让反应基团排列在一起。晶体中的反应熵有利，不需要溶剂，副产物也少，但适合发生固态反应的类型较少，光诱导 4+4 加成反应是其中最重要的一类反应。氢键、配位作用和芳环堆积作用等都能够应用于控制烯烃在晶体中的堆积，但氢键的应用最为广泛。

利用羧基形成的氢键二聚体控制分子在晶体中的排列，是早期开展晶体内乙烯光诱导二聚反应的一个成功例子。化合物 **36** 通过羧基间氢键在晶体中形成自结合二聚体，诱导两个烯烃双键发生 J-堆积，在光照下发生二聚选择性地形成环丁烷衍生物 **37**[35]。而在溶液中发生的反应由于不能有效控制两个 **36** 分子的取向，反应生产两个产物，即羧基相反方向排列（**37**）及相同方向排列的产物。

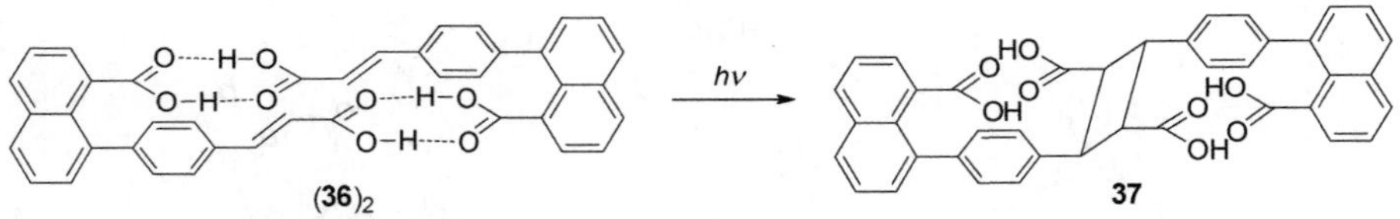

$(\mathbf{36})_2$ $\xrightarrow{h\nu}$ **37**

化合物 **38** 在晶体中也通过羧基形成氢键二聚体［图 6-28（a）］，二聚体内的烯烃双键在光照下发生加成反应，立体选择性地生成 **39**［图 6-28（b）］[36]，并且 **39** 是以晶体的方式生成的。理论上，两个相邻的氢键二聚体的相互堆积的两个分子也可以发生同样的反应，但是这样的反应并没有发生，说明氢键驱动的二聚体极大地促进了晶体中光二聚反应的选择性。

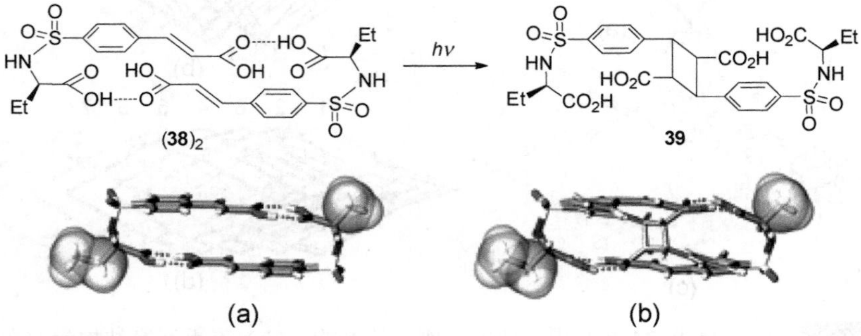

$(\mathbf{38})_2$ $\xrightarrow{h\nu}$ **39**

(a) (b)

图 6-28 化合物 **38**（a）和 **39**（b）的晶体结构（见彩图）

化合物**40**和**41**在共晶中通过羧基间的氢键形成异体二聚体。两个二聚体又通过供体（**41**）和受体（**40**）相互作用堆积在一起[37]。堆积在一起的两个分子的烯烃双键上下排列在一起。晶体光照60h，可以60%的产率形成环丁烷二酸（**42**），晶体结构证实了两个芳环及两个羧基的顺式排列（图6-29）。

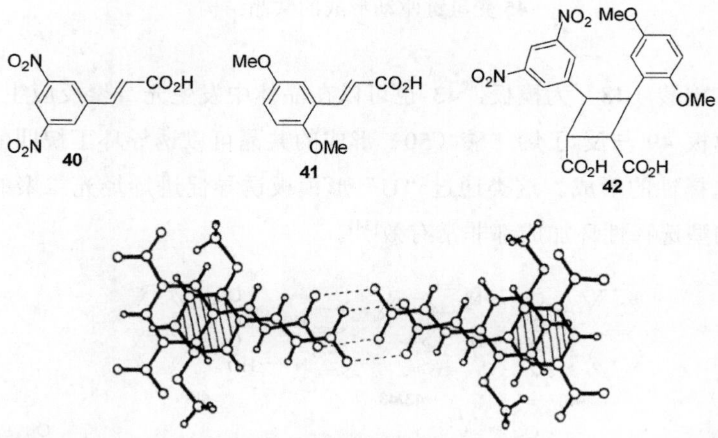

图6-29 化合物**40**和**41**受氢键和供体-受体相互作用驱动形成的共晶结构

通过另外一个分子与烯烃衍生物分子之间的氢键控制烯烃反应物在晶体中的排列，进而促进其在晶体中的选择性光二聚，是另一种控制烯烃固态光二聚反应的有效策略。例如，二吡啶乙烯（**43**）与间苯二酚（**44**）在晶体中通过四个N…H—O氢键诱导二者形成［2+2］配合物［图6-30（a）］，从而控制两个烯烃上下堆积[38]。在光诱导下，堆积的**43**发生二聚反应，立体选择性的定量的形成四吡啶环丁烷（**45**），并且在其与**44**的共晶中，二者也形成四氢键的配合物［图6-30（b）］。更长的双烯（**46**）也可以与**44**形成共晶，光照下发生两个烯烃环加成反应形成**47**，其构型也得到与**44**形成的共晶证实。

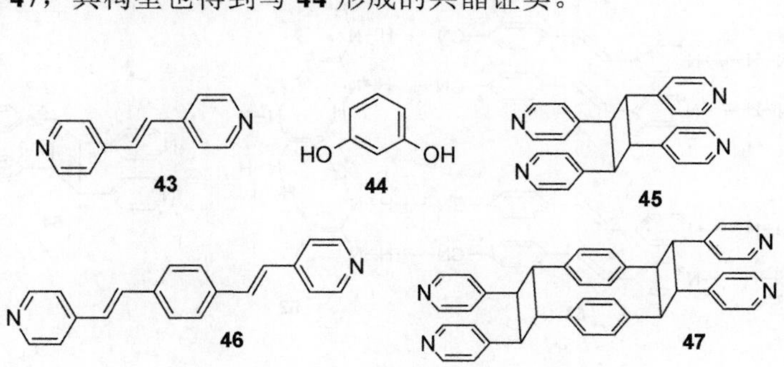

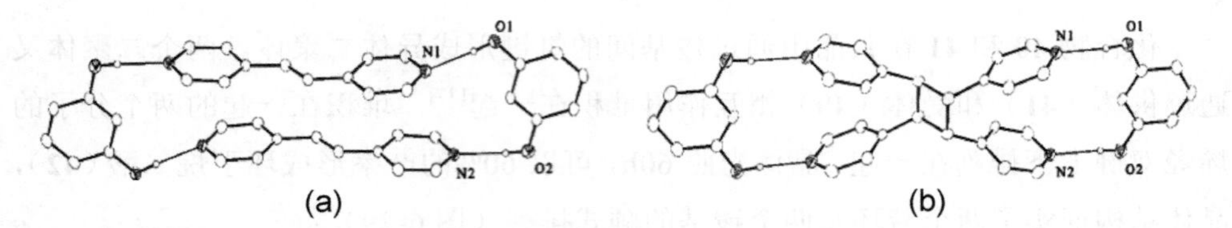

图 6-30 （a）化合物 **43** 和 **44** 受氢键驱动形成的共晶结构；（b）化合物 **44** 和 **45** 受氢键驱动形成的共晶结构

以萘二羧酸（**48**）为模板，**43** 也可以在晶体中发生光二聚反应生成 **45**[39]。而双吡啶模板 **49** 与反-丁烯二酸（**50**）形成的共晶可以诱导环丁烷四酸（**51**）的光致构型选择性的形成。这类通过“U”形模板诱导促进烯烃光二聚的方式对很多烯烃的构型选择性环加成都非常有效[34]。

48　43/43　48

49　50/50　49　51

硫脲 **52** 在晶体中通过形成 C═S···H—N 双氢键带，其朝向两侧的 NH 可以与 **53** 在共晶中形成 N—H···N 氢键，控制后者同向堆积［图 6-31（a）］[40]。这一共晶在光照下 **53** 的烯烃发生 2+2 环加成反应，选择性地生成 **54**。化合物 **55** 与 **52** 也可以形成共晶，但 **55** 采取反向排列方式上下堆积［图 6-31（b）］。因此，在光照下其发生同样的环加成反应生成反式排列的环丁烷衍生物 **56**。

52　53　52　54

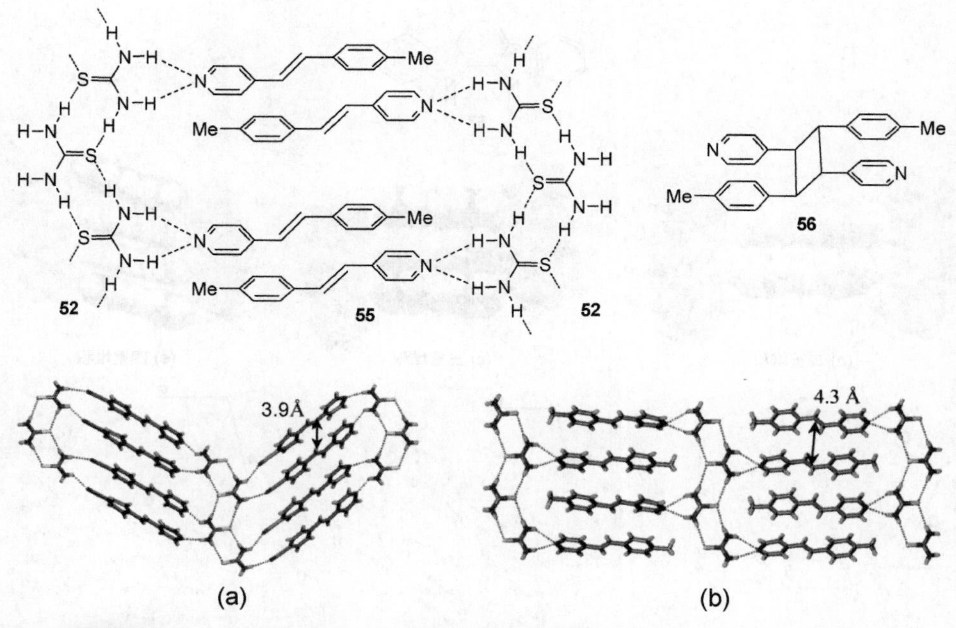

图 6-31 （a）化合物 **52** 和 **53** 受氢键驱动形成的共晶结构；（b）化合物 **52** 和 **55** 受氢键驱动形成的共晶结构（见彩图）

在不同的结晶条件下，化合物 **57** 与 **43** 可以生成三种不同的共晶，二者的摩尔比分别为 2∶2、2∶3 及 2∶4（图 6-32）[41]。在所有这些共晶中，两个分子通过 N—H⋯N 氢键结合，**57** 作为模板诱导 **43** 分子上下堆积使得其烯烃相互接近。在光照下，前两个共晶内的 **43** 不能发生环加成反应，而第三个共晶内的 **43** 分子发生环加成反应生成 **45**，产率为 40%。有证据表明，是这一共晶内的两个排列在内部的 **43** 分子发生了光二聚反应。这两个分子被认为排列有序度较低，可以在晶体内运动，发生光二聚反应。

并入两个脲基的大环分子在晶体中通过脲基间的 C═O⋯H—N 氢键可以形成孔道结构[42]。当通过加热把孔道内的溶剂分子去除后，这类大环晶体可以吸收结构匹配的有机分子到其孔道内部。一些烯烃可以在内部发生光致二聚反应，立体及构型选择性可以得到很大提高。例如，大环 **58** 在晶体中受 C═O⋯H—N 氢键和芳环堆积作用驱动形成内径约 0.9 nm 的孔道（图 6-33），包结的 DMSO 和硝基苯溶剂可以在 125℃以上被去除而晶体框架保持不变[43]。这一孔道可以容纳两个香豆素（**59**）分子在其内部堆积。在光照下，**59** 发生二聚形成 **60**～**63**。简单的用紫外光照射 **59** 的固体 96 h 只得到 4%～5%的二聚产物，四个异构体的比

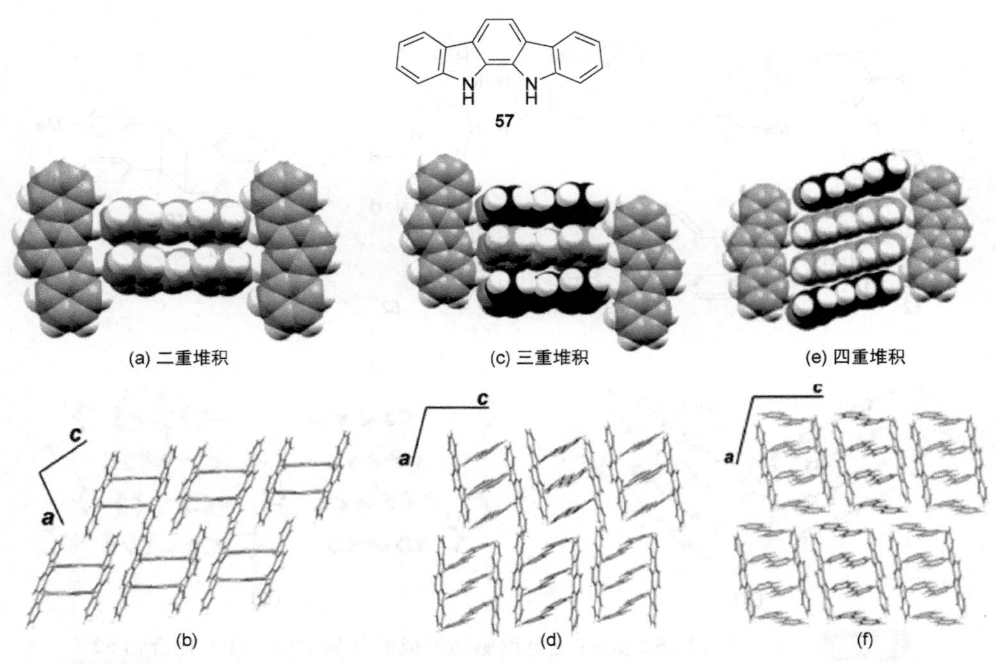

图 6-32 化合物 **57** 和 **43** 形成的共晶结构：(a)，(b) **57**∶**43** = 2∶2，*b* 轴扩展堆积结构；(c)，(d) **57**∶**43** = 2∶3，*b* 轴扩展堆积结构；(e)，(f) **57**∶**43** = 2∶4，*b* 轴扩展堆积结构

例分别为 30%、20%、30%和 10%。当 **59** 被吸附到 **58** 的晶体内部后，同样反应时间光致二聚反应的转化率可以提高到 55%，反应的选择性也大幅度提高：**62** 的比例达到 97%，**60** 和 **63** 的比例仅为 1%，而 **61** 没有生成。通过调节双脲大环的孔径，其它不同大小和形状的烯烃衍生物也可以发生类似的立体和构型选择性二聚反应[42]。

58　59　hv　60　61　62　63

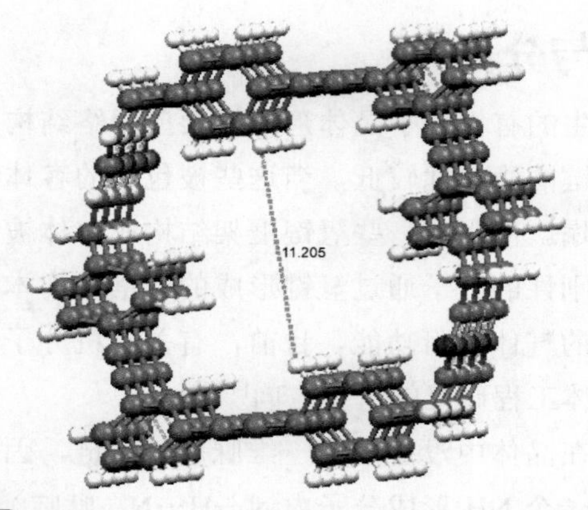

图 6-33 化合物 **58** 在晶体中受氢键驱动形成的孔道结构

虽然固体光化学研究大部分都集中在烯烃的选择性光二聚，其它的一些研究也显示氢键控制的分子晶体可以提高反应的效率和选择性。例如，二苯酮大环 **64** 通过脲基间氢键在固态形成小的管状通道，可以包含 **65** 和 **67**[44]。在氧气存在下，光照悬浮这些配合物晶体可以通过二苯酮敏化，产生单线态氧 $^1O_2$，进一步氧化 **65** 和 **67** 为醇 **66** 和 **68**（图 6-34），转化率分别为 80%和 63%，选择性达到 90%和 60%。但是，在二苯酮存在下，光照产生的 $^1O_2$ 与 **65** 和 **67** 反应只生成过氧化物，而不能生成 **66** 和 **68**。在 **64** 的固体自组装空穴中 $^1O_2$ 与它们反应产生的自由基稳定化被认为是产生醇类产物的重要原因。

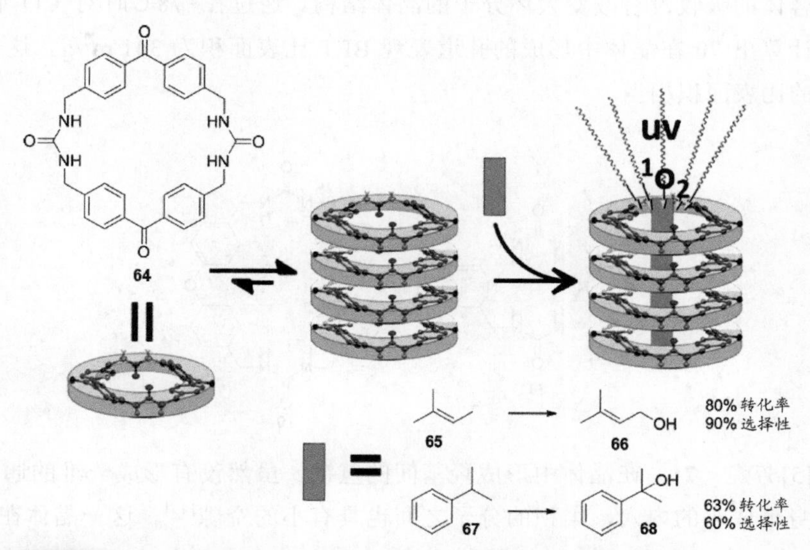

图 6-34 大环 **64** 通过分子间氢键组装形成管状结构，光照下其二苯酮敏化产生 $^1O_2$，选择性地把 **65** 和 **67** 氧化为醇 **66** 和 **68**

6.6 气体吸收与分离

很多氢键诱导产生的有机分子晶体形成框架型网络结构，网格内包结溶剂和有机小分子。由于氢键的稳定性较低，当这些被包结的客体分子去除后，大多数氢键网络框架就会坍塌。但也有一些氢键框架结构在客体被移除后仍能够保持其有序性。另外，一些刚性的分子通过氢键形成的网格结构本身即形成大的空穴及比表面积，具有良好的气体吸附功能。目前，有关有机分子晶体的吸附与分离功能的研究已经成为晶体工程研究的重要方向[45,46]。

双吡啶大环 **69** 在晶体中没有形成一维脲基氢键链，因此也没有形成空穴结构[47]。其两个脲基的一个 NH 形成分子内 N—H…N（吡啶）氢键，另一个 NH 形成分子间 N—H…O═C 氢键。而羰基 O 作为氢键受体与三氟甲醇、苯酚及五氟苯酚形成 O…H—O 氢键，因此可以以晶体的形式从溶液中吸收 2 mol 量的这些羟基小分子。这些有机小分子可以重复的释放及吸收。而在相同条件下，**69** 的晶体只吸收 1 mol 的乙二醇，证实这一吸收过程是以与羰基 O 形成氢键为驱动力的。**69** 的晶体也可以吸收五氟碘苯，驱动力是羰基 O 与 I 形成的卤键。所有吸收配合物都具有有序结构，被吸收的客体分子并没有改变 **69** 的晶体结构。大环 **70** 在乙酸中结晶形成的晶体中，其脲基通过形成分子间氢键诱导其形成一维孔道结构，孔道内平均每个大环包结一个乙酸分子[48]。加热可以除去包结的乙酸，所形成的相应的空的孔道可以可逆吸收和释放二氧化碳、DMSO、对二甲苯及丙酸等。同样，对客体的吸收没有改变大环分子的晶体结构。通过在−78℃时对 CO_2 的吸附量可以计算出 **70** 在晶体中形成的孔道表观 BET 比表面积为 341 m^2/g。这一数值与沸石的比表面积相当。

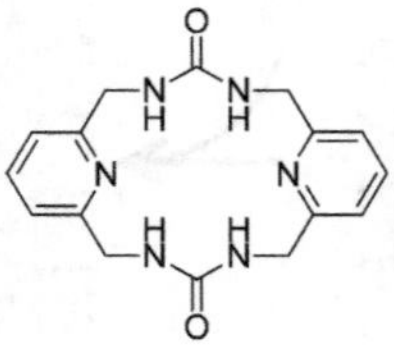

69 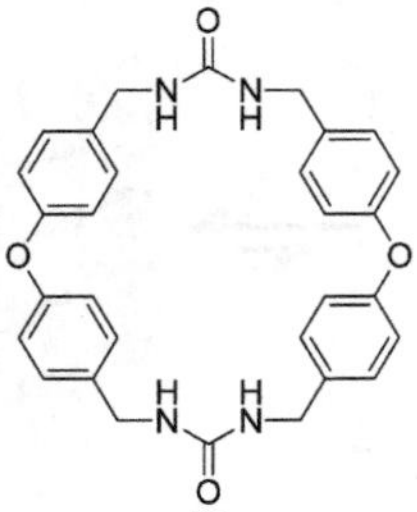　　**70**

柱[5]芳烃（**71**）在晶体中形成羟基间的氢键。虽然没有形成一维的通道，**71** 分子本身形成小的内穴，堆积的分子之间也具有小的空隙[49]。这一晶体在 1 atm（1.01325×10^5 Pa）CO_2 下，可以在室温（25℃）选择性地吸收 CO_2，达到 88 mg/g，对应于每克晶体吸收 45 mL 的 CO_2。而在相同压力下，**71** 几乎不吸收 N_2 或 CH_4。

与 **71** 的 OH 形成氢键，应是 CO_2 被选择性吸附的重要原因。

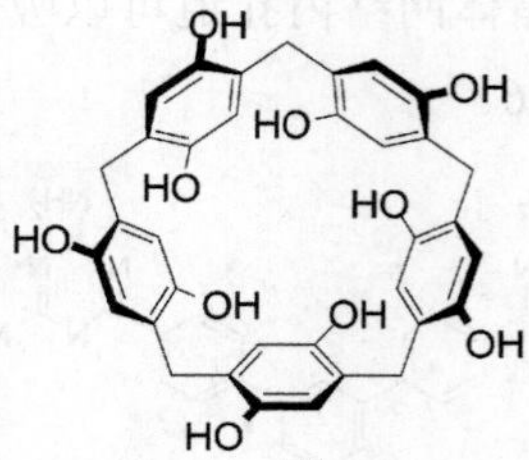

更复杂的刚性分子 **72** 在晶体中也通过分子间氢键形成空穴网络结构[50]。在 **72** 的晶体中，吡啶与 NH 形成稳定的 N⋯H—N 氢键。去溶剂化后，在这类被称为超分子有机框架（supramolecular organic framework, SOF）晶体中形成空穴，能够吸收 C_2H_2、CO_2、CH_4 和 N_2，吸收量逐渐降低。加热 **72** 和 **73** 的混合物导致 **72** 被氧化脱氢形成 **74**[51]。这一混合物形成的共晶中，两个分子的羧基和吡啶形成 O—H⋯N 氢键，诱导产生四重互穿的三维网络。去溶剂化后，这一空穴框架能够选择性地吸收 CO_2，与酰胺 NH 形成氢键被认为是主要的驱动力。

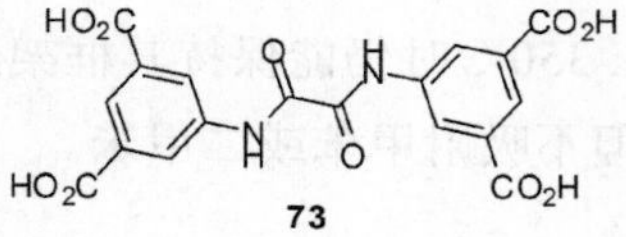

连接四个二氨基三嗪的手性联萘 **75** 在晶体中通过 N–H⋯N 氢键形成三维网络，并在 *c* 轴方向形成一维的六角形通道，直径约为 0.5 nm[52]。这一被称为 HOF（hydrogen bonded organic framework）的空穴型晶体能够用于分离小的仲醇对映体。手性 HPLC 分析揭示，其对 1-苯基乙醇、1-(4-氯苯基)乙醇、2-丁醇、1-(3-氯苯基)乙醇、2-戊醇、3-己醇及 2-庚醇的对映体解析的 *ee* 值（%）分别为 92、79、77、66、48、<10 和<4。三角形的二氨基三嗪衍生物 **76** 在晶体中通过 N–H⋯N 氢键形成二维蜂窝形网络，再进一步堆积形成直径为 0.7 nm 的六边形通道[53]。由这一晶体作为填充料的色谱柱可以在室温下从 C_2H_2 和 CO_2 混合气中分离 C_2H_2。四面体型单体 **77** 也在晶体中形成三维的网络结构，每个分子通过八个 N—H⋯N 氢键与周围四个分子接触，整个结构沿 *c* 轴形成直径约 0.8 nm 的通道[54]。在这一

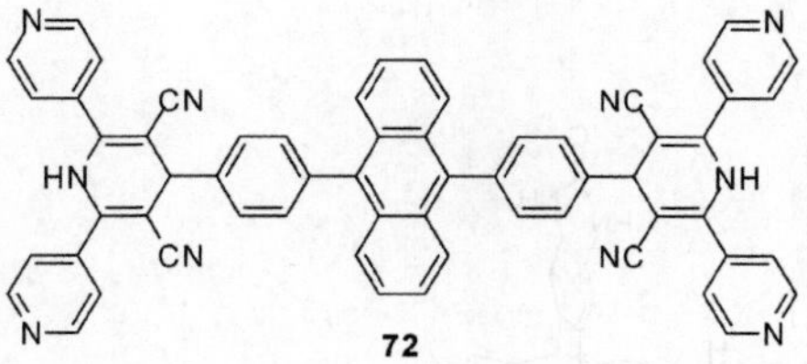

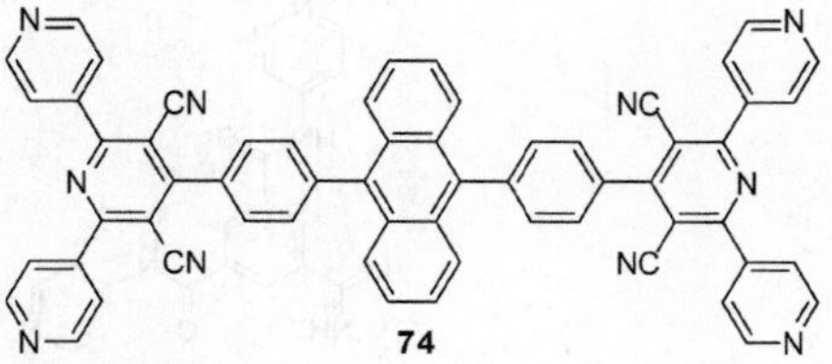

晶体网络中，每个三嗪上有一个 NH 没有形成氢键，可以结合客体分子。在 100 °C 高真空下去溶剂化后，**77** 的晶体网络内孔道可以吸收 C_2H_2 和 C_2H_4，在 0℃时对二者的吸收分离选择性达到 7.6。

三角形分子 **78** 通过分子间 N—H⋯N_{Py} 氢键形成另一类高度稳定的 HOF 网络结构[55]。六个分子通过酰胺十二个氢键形成一个双层六角形空穴（0.68 nm×0.45 nm），这些酰胺在外侧进一步形成同样的氢键，从而构成一类独特的双层蜂窝形网络结构（图 6-35），穴内被无序的溶剂和水分子占据。这一 HOF 结构非常稳定，在 350℃时仍能保持其框架结构。去溶剂化的网络结构在室温即能吸附 CO_2 和苯，但不吸附甲苯或二甲苯。

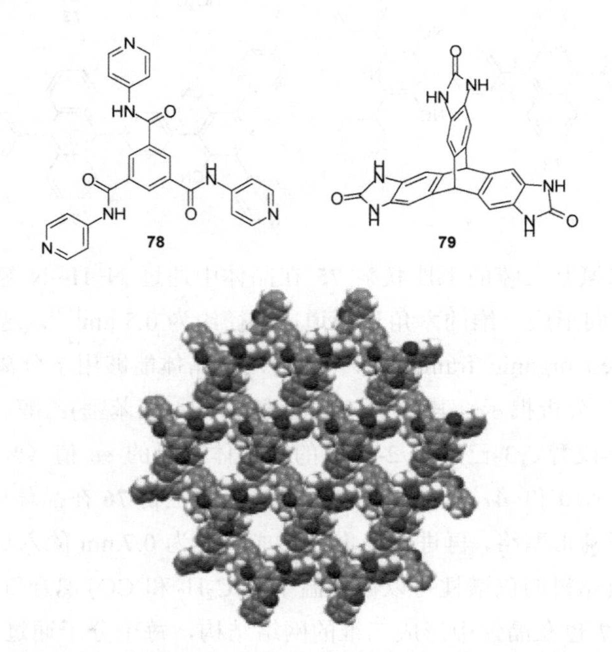

图 6-35 化合物 **78** 在晶体中受氢键驱动形成的蜂窝形 HOF 孔道结构（见彩图）

三蝶烯衍生物 **79** 通过上下交错的 N—H···O═C 氢键形成具有两个不同孔道的框架结构（图 6-36）[56]。形成单个大孔道的分子间氢键单元平行排列，而构成狭缝型孔道的分子间氢键单元以接近垂直的角度排列。大的孔道内径约为 1.4 nm，而小的狭缝型孔道的两个相对的 O 原子间距约为 0.38 nm，最宽处间距约为 0.58 nm，狭缝长约 2.0 nm。两个孔道都被无序排列的溶剂分子占据。通过 N_2 吸附实验测定的 BET 比表面积高达 2796 m^2/g。这一框架结构在去溶剂化后可以吸附 CO_2（15.9%）、CH_4（1.5%）和 H_2（2.2%）。

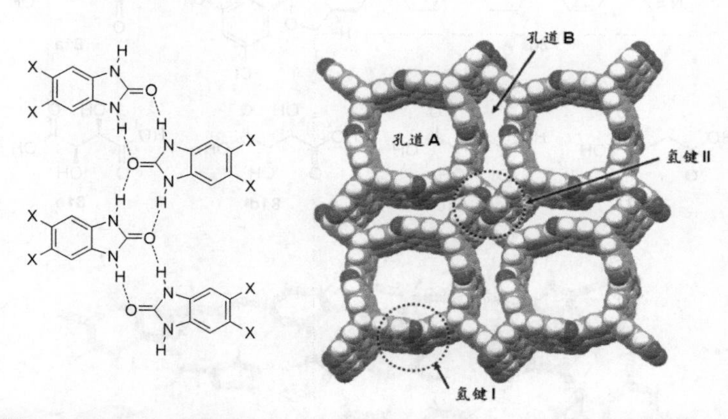

图 6-36 化合物 **79** 在晶体中的氢键结合模式（左）及双孔道晶体结构（右）

6.7 药物共晶

药物共晶（pharmaceutical co-crystals）是指由一个分子或离子活性药物成分（active pharmaceutical ingredient，API）和一个常温下是固态的组分形成的共晶[57-59]。考虑到储存、服用、携带及成本等因素，大部分药物都是以固体剂型为商品的。晶型药物具有稳定性、重现性和可操作性高等方面的优势。当药物与其它有机分子通过氢键等相互作用形成共晶后，药物本身的结晶性能、物化性质、溶解性、吸湿性、释放及药效等都可能得到改善或改变。选择共晶分子的一个主要原则是其应是无毒的。因此，天然的辅料、氨基酸、维生素及食品添加剂等都是好的选择。药物共晶为新剂型设计提供了新的选择，新的药物共晶还可以获得知识产权保护[60]。所以，有关药物共晶方面的研究也成为近年来晶体工程领域研究的一个重要方向。中性的有机分子间氢键的强度最强。因此，氢键在药物共晶设计中一直是最重要的驱动力。以下举几个例子说明药物共晶对提高药物的一些性能参数方面的作用。

伊曲康唑（itraconazole, **80**）是一类抗菌药物，几乎不溶于水，商品为无定形胶囊，需要用酸性饮料增加其口服利用度。**80** 与富马酸（**81a**）、琥珀酸（**81b**，图 6-37）、L-苹果酸（**81c**）、L-酒石酸（**81d**）及 D-酒石酸（**81e**）通过形成两个 O—H⋯N 氢键形成 2∶1 型共晶[61]，但不能与丙二酸或戊二酸形成共晶。这些共晶的水溶性与无定形的纯的 **80** 相近，但优于结晶型的纯的 **80**。

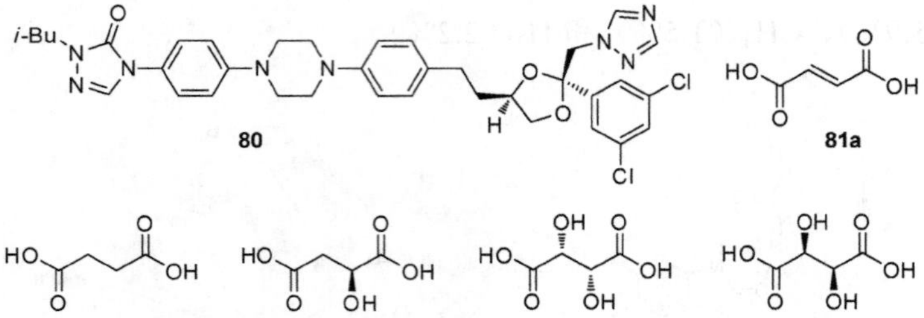

80 **81a**

81b **81c** **81d** **81e**

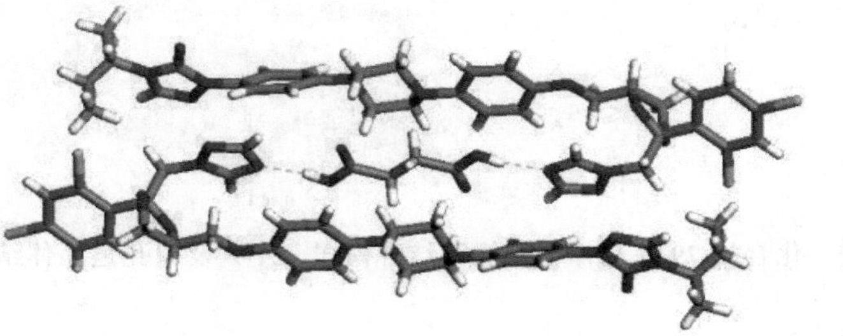

图 6-37 伊曲康唑（**80**）与琥珀酸（**81b**）通过两个 O—H⋯N 氢键形成的 2∶1 型共晶结构

青蒿素（**82**）是一类抗疟疾的倍半萜内酯药物，带有一个过氧基团，对强酸和强碱都不稳定。青蒿素与间苯二酚（**83a**）及 5-甲基-1,3-苯二酚（**83b**）能形成 2∶1 及 1∶1 的共晶[62]。在与 **83a** 的共晶中，一个 **83a** 分子通过两个 O—H⋯O═C 氢键与青蒿素分子连接。而在与 **83b** 形成的共晶中，**83b** 通过 O—H⋯O—H 氢键形成一维交替带型结构，每个分子又通过一个 O—H⋯O═C 氢键与青蒿素分子接触（图 6-38）。两个共晶的熔点与青蒿素的熔点相比下降了 40℃以上。

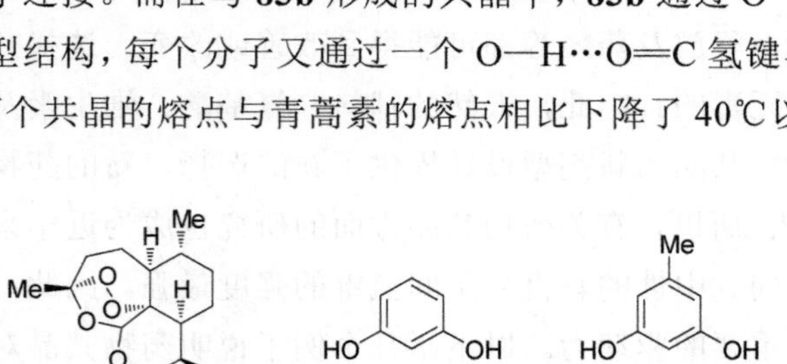

82 **83a** **83b**

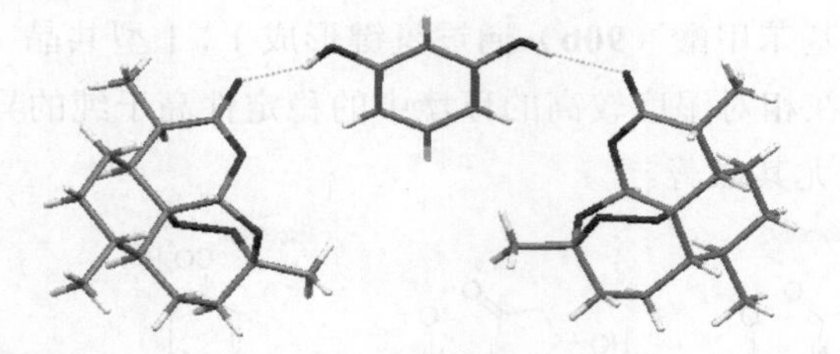

图 6-38 青蒿素（**82**）与二酚（**83a**）通过两个 C═O···H—O 氢键形成的 2∶1 型共晶结构

卡马西平（carbamazepine，**84**）是一类抗癫痫及镇痛药物，固体口服制剂水溶性低（17.7 μg/mL），生物利用度低。**84** 通过两个酰胺间的八元环双氢键形成二聚体，在两侧的 NH 由于苯环的位阻不能进一步形成氢键［图 6-39（a）］。有两种方法可以使 **84** 产生共晶[63]。第一种方法是在两侧引入对羟基苯甲酸［**85**，图 6-39（b）］、4,4′-联二吡啶（**24**）或异烟酰胺（**86**）在二聚体两侧形成氢键。另一种方法是引入苯甲酸［**87**，图 6-39（c）］、琥珀酸（**81b**）或糖精（saccharin，**88**）等直接破坏其酰胺间氢键，形成更稳定的酰胺-羧基间双氢键。一些共晶与卡马西平相比，在稳定性、溶解性及生物利用度等方面都有明显提高，达峰时间与商品药物 tegretol 接近，但血药峰浓度提高。

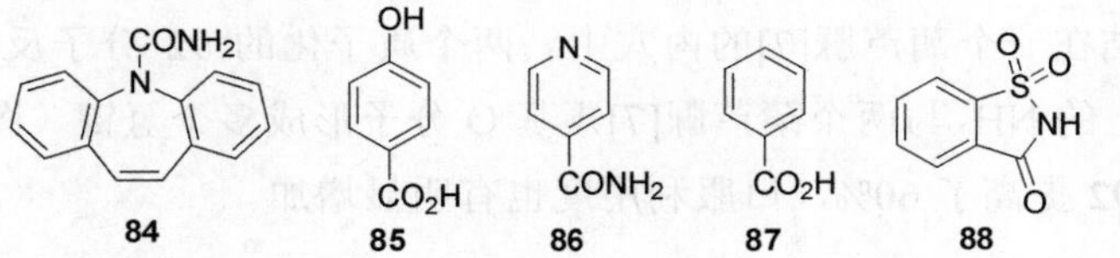

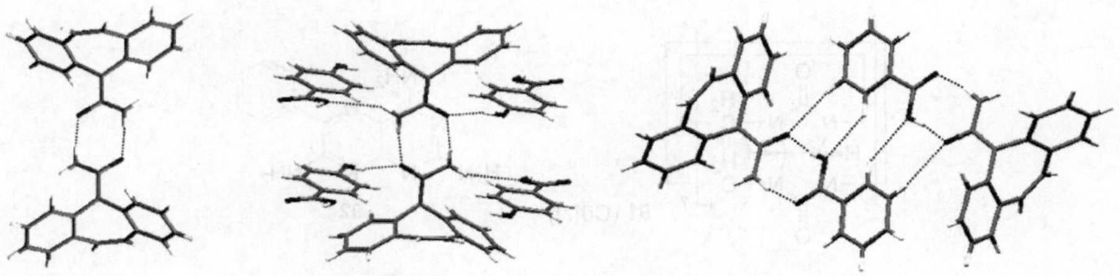

(a) (b) (c)

图 6-39 （a）卡马西平（**84**）在晶体中的二聚体结构；（b）**84** 与 **85** 形成的共晶结构；（c）**84** 与 **87** 形成的共晶结构

奥拉西坦（oxiracetam, **89**）作为治疗记忆与智能障碍的药物为一外消旋产品。有研究表明其 *S*-异构体对认知功能障碍病的治疗效果比消旋体高，但 *S*-异构体在室温下吸潮严重，在相对湿度 87%下 3 天即吸湿为液体，而消旋体稳定。这种现象被归因于消旋体的密度更高，分子堆积更有效，稳定性更高。*S*-**89** 与没食子酸

（**90a**）及 3,4-二羟基苯甲酸（**90b**）通过氢键形成 1∶1 型共晶（图 6-40）[64]。吸湿实验表明，共晶在相对湿度较高的环境中的稳定性高于纯的异构体的晶体，**90a** 的共晶稳定性提高尤其显著。

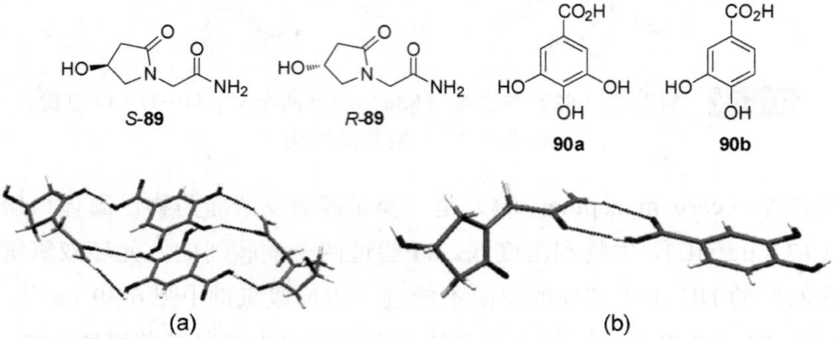

图 6-40 奥拉西坦（**89**）与（a）**90a** 及（b）**90b** 形成的共晶结构

大部分的药物共晶是药物和能与之形成氢键的有机分子形成的。葫芦脲具有一个疏水空腔，在水中通过疏水作用包结非极性的结构匹配的有机分子。葫芦脲[7]（**91**）的这一疏水作用与氢键一起可以驱动其与氨苯蝶啶（triamterene，**92**）形成药物共晶[65]。**92** 是治疗水肿性疾病的药物，水溶性较低（45 mg/L），其疏水的苯环被包结在一个葫芦脲[7]的内穴中。两个质子化的 **92** 分子反向堆积形成二聚体，杂环上的 NH_2 与两个葫芦脲[7]羰基 O 分子形成多个氢键（图 6-41）。共晶的溶解度较 **92** 提高了 60%，口服利用度也有明显增加。

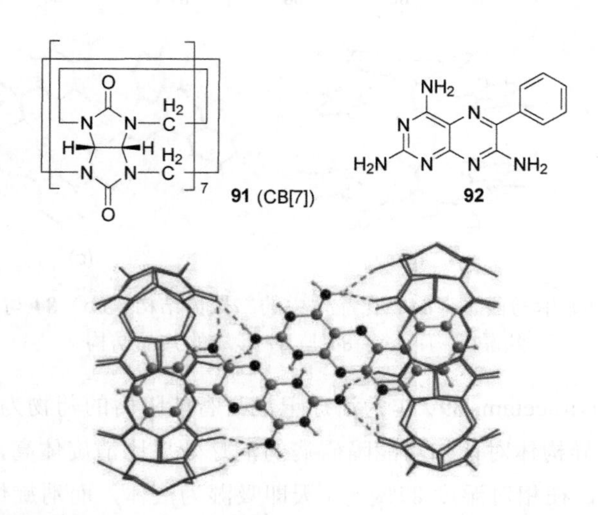

图 6-41 葫芦脲[7]（**91**）与氨苯蝶啶（**92**）形成的共晶结构（见彩图）

参 考 文 献

[1] G. R. Desiraju, Crystal engineering: solid state supramolecular synthesis. *Curr. Opin. Solid State Mater. Sci.* **1997**, *2*, 451-454.

[2] M. D. Hollingsworth, Crystal engineering: From structure to function. *Science* **2002**, *295*, 2410-2413.

[3] G. R. Desiraju, Crystal engineering: From molecule to crystal. *J. Am. Chem. Soc.* **2013**, *135*, 9952-9967.

[4] G. R. Desiraju, Supramolecular synthons in crystal engineering - A new organic synthesis. *Angew. Chem. Int. Ed. Engl.* **1995**, *34*, 2311-2327.

[5] Kitaigorodskii, A. I. *Molecular Crystals and Molecules*. Academic Press: New York, 1973.

[6] V. R. Thalladi, B. S. Goud, V. J. Hoy, F. H. Allen, J. A. K. Howard, G. R. Desiraju, Supramolecular synthons in crystal engineering. Structure simplification, synthon robustness and supramolecular retrosynthesis. *Chem. Commun.* **1996**, 401-402.

[7] S. Subramanian, M. J. Zaworotko, Exploitation of the hydrogen bond: Recent developments in the context of crystal engineering. *Coord. Chem. Rev.* **1994**, *137*, 357-401.

[8] C. B. Aakeroy, K. R. Seddon, The hydrogen bond and crystal engineering. *Chem. Soc. Rev.* **1993**, *22*, 397-407.

[9] G. R. Desiraju, Hydrogen bridges in crystal engineering: Interactions without borders. *Acc. Chem. Res.* **2002**, 35, 565-573.

[10] G. R. Desiraju, Crystal engineering: A holistic view. *Angew. Chem. Int. Ed.* **2007**, *46*, 8342-8356.

[11] M. C. Etter, Encoding and decoding hydrogen-bond patterns of organic compounds. *Acc. Chem. Res.* **1990**, *23*, 120-126.

[12] K. Müller, F. Diederich, R. Paulini, *Angew. Chem. Int. Ed.* **2005**, *44*, 1788-1805.

[13] B. Moulton, M. J. Zaworotko, From molecules to crystal engineering. Supramolecular isomerism and polymorphism in network solids. *Chem. Rev.* **2001**, *101*, 1629-1658.

[14] A. Nangia, Conformational polymorphism in organic crystals. *Acc. Chem. Res.* **2008**, *41*, 595-604.

[15] S. Roy, A. Nangia, Kinetic and thermodynamic conformational polymorphs of bis(*p*-tolyl) ketone *p*-tosylhydrazone: The Curtin−Hammett principle in crystallization. *Cryst. Growth Des.* **2007**, *7*, 2047-2058.

[16] C. Dai, Z. Yuan, J. C. Collings, T. M. Fasina, R. L. Thomas, K. P. Roscoe, L. M. Stimson, D. S. Yufit, A. S. Batsanov, J. A. K. Howard, T. B. Marder, Crystal engineering with *p*-substituted 4-ethynylbenzenes using the C—H···O supramolecular synthon. *CrystEngComm* **2004**, *6*, 184-188.

[17] S. S. Kuduva, D. C. Craig, A. Nangia, G. R. Desiraju, Cubanecarboxylic acids. Crystal engineering considerations and the role of C—H···O hydrogen bonds in determining O—H···O networks. *J. Am. Chem. Soc.* **1999**, *121*, 1936-1944.

[18] Z.-B. Yu, J. Sun, Z.-T. Huang, Q.-Y. Zheng, One dimensional infinite water wires incorporated in isostructural organic crystalline supermolecules with zwitterionic channels. *CrystEngComm* **2011**, *13*, 1287-1290.

[19] M. D. Ward, Charge-assisted hydrogen-bonded networks. *Struct. Bond.* **2009**, *132*, 1-23.

[20] S. V. Kolotuchin, P. A. Thiessen, E. E. Fenlon, S. R. Wilson, C. J. Loweth, S. C. Zimmerman, Self-assembly of 1,3,5-benzenetricarboxylic (trimesic) acid and its analogues. *Chem. Eur. J.* **1999**, *5*, 2537-2547.

[21] W.-Z. Xu, J. Sun, Z.-T. Huang, Q.-Y. Zheng, Molecular encapsulation of a discrete $(H_2O)_{32}$ cluster with S_6 symmetry in an organic crystalline supermolecule. *Chem. Commun.* **2009**, 171-173.

[22] C.-K. Lam, F. Xue, J.-P. Zhang, X.-M. Chen, T. C. W. Mak, Hydrogen-bonded anionic rosette networks assembled with guanidinium and C_3-symmetric oxoanion building blocks. *J. Am. Chem. Soc.* **2005**, *127*,

11536-11537.

[23] S. George, I. Goldberg, Self-assembly of supramolecular porphyrin arrays by hydrogen bonding: New structures and reflections. *Cryst. Growth Des.* **2006**, *6*, 755-762.

[24] R. Koner, I. Goldberg, Crystal engineering of molecular networks. Hydrogen bonding driven two-dimensional assemblies of tetrapyridylporphyrin with benzene tri- and tetra-carboxylic acids. *CrystEngComm* **2009**, *11*, 1217-1219.

[25] L.-C. Wang, J. Sun, Z.-T. Huang, Q.-Y. Zheng, Observation of a persistent supramolecular synthon involving carboxyl groups and H_2O that guides the formation of polycatenated Co-crystals of a tritopic carboxylic acid and bis(pyridyls). *Cryst. Growth Des.* **2013**, *13*, 1−5.

[26] Y.-B. Men, J. Sun, Z.-T. Huang, Q.-Y. Zheng, Rational construction of 2D and 3D Borromean arrayed organic crystals by hydrogen-bond-directed self-assembly. *Angew. Chem. Int. Ed.* **2009**, *48*, 2873-2876.

[27] N.-F. She, M. Gao, X.-G. Meng, G.-F. Yang, J. A. A. W. Elemans, A.-X. Wu, L. Isaacs, Supramolecular rhombic grids formed from bimolecular building blocks. *J. Am. Chem. Soc.* **2009**, *131*, 11695-11697.

[28] S. Sengupta, S. Ganguly, A. Goswami, S. Bala, S. Bhattacharya, R. Mondal, Construction of Co(Ⅱ) coordination polymers comprising of helical units using a flexible pyrazole based ligand. *CrystEngComm* **2012**,*14*, 7428-7437.

[29] D. Laliberté, T Maris, E. Demers, F. Helzy, M. Arseneault, J. D. Wuest, Molecular tectonics. Hydrogen-bonded networks built from tetra- and hexaanilines. *Cryst. Des. Growth.* **2005**, *5*, 1451-1456.

[30] X. Wang, M. Simard, J. D. Wuest, Molecular tectonics. Three-dimensional organic networks with zeolitic properties. *J. Am. Chem. Soc.* **1994**, *116*, 12119-12120.

[31] O. Ermer, Five-fold diamond structure of adamantane-1,3,5,7-tetracarboxylic acid. *J. Am. Chem. Soc.* **1988**, *110*, 3747-3754.

[32] Y.-B. Men, J. Sun, Z.-T. Huang, Q.-Y. Zheng, Organic hydrogen-bonded interpenetrating diamondoid frameworks from modular self-assembly of methanetetrabenzoic acid with linkers. *CrystEngComm* **2009**, *11*, 978-979.

[33] L. R. MacGillivray, Organic synthesis in the solid state via hydrogen-bond-driven self-assembly. *J. Org. Chem.* **2008**, *73*, 3311-3317.

[34] K. Biradha, R. Santra, Crystal engineering of topochemical solid state reactions. *Chem. Soc. Rev.* **2013**, *42*, 950-967.

[35] K. S. Feldman, R. F. Campbell, Efficient stereo- and regiocontrolled alkene photodimerization through hydrogen bond enforced preorganization in the solid state. *J. Org. Chem.* **1995**, *60*, 1924-1925.

[36] R. C. Grove, S. H. Malehorn, M. E. Breen, K. A. Wheeler, A photoreactive crystalline quasiracemate. *Chem. Commun.* **2010**, *46*, 7322-7324.

[37] C. V. K. Sharma, K. Panneerselvam, L. Shimoni, H. Katz, Q. H. L. Camell, G. R. Desiraju, 3-(3',5'-Dinitrophenyl)-4-(2',5'-dimethoxyphenyl)cyclobutane-1,2-dicarboxylic acid: Engineered topochemical synthesis and molecular and supramolecular properties. *Chem. Mater.* **1994**, *6*, 1282-1292.

[38] L. R. MacGillivray, J. L. Reid, J. A. Ripmeester, Supramolecular control of reactivity in the solid state using linear molecular templates. *J. Am. Chem. Soc.* **2000**, *122*, 7817-7818.

[39] T. Friscic, L. R. MacGillivray, Reversing the code of a template-directed solid-state synthesis: A bipyridine template that directs a single-crystal-to-single-crystal [2+2] photodimerisation of a dicarboxylic acid. *Chem. Commun.* **2005**, 5748-5750.

[40] B. R. Bhogala, B. Captain, A. Parthasarathy, V. Ramamurthy, Thiourea as a template for photodimerization of azastilbenes. *J. Am. Chem. Soc.* **2010**, *132*, 13434-13442.

[41] J. Stojaković, A. M. Whitis, L. R. MacGillivray, Discrete double-to-quadruple aromatic stacks: Stepwise integration of face-to-face geometries in cocrystals based on indolocarbazole. *Angew. Chem. Int. Ed.* **2013**, *52*, 12127-12130.

[42] L. S. Shimizu, S. R. Salpage, A. A. Korous, Functional materials from self-assembled bis-urea macrocycles. *Acc. Chem. Res.* **2014**, *47*, 2116-2127.

[43] S. Dawn, M. B. Dewal, D. Sobransingh, M. C. Paderes, A. C. Wibowo, M. D. Smith, J. A. Krause, P. J. Pellechia, L. S. Shimizu, Self-assembled phenylethynylene bisurea macrocycles facilitate the selective photodimerization of coumarin. *J. Am. Chem. Soc.* **2011**, *133*, 7025-7032.

[44] M. F. Geer, M. D. Walla, K. M. Solntsev, C. A. Strassert, L. S. Shimizu, Self-assembled benzophenone bisurea macrocycles facilitate selective oxidations by singlet oxygen. *J. Org. Chem.* **2013**, *78*, 5568-5578.

[45] M. Mastalerz, Permanent porous materials from discrete organic molecules—towards ultra-high surface areas. *Chem. Eur. J.* **2012**, *18*, 10082-10091.

[46] J. Tian, P. K. Thallapally, B P. McGrail, Porous organic molecular materials. *CrystEngComm* **2012**, *14*, 1909-1919.

[47] K. Roy, A. C. Wibowo, P. J. Pellechia, S. Ma, M. F. Geer, L. S. Shimizu, Absorption of hydrogen bond donors by pyridyl bisurea crystals. *Chem. Mater.* **2012**, *24*, 4773-4781.

[48] M. B. Dewal, M. W. Lufaso, A. D. Hughes, S. A. Samuel, P. Pellechia, L. S. Shimizu, Absorption properties of a porous organic crystalline apohost formed by a self-assembled bis-urea macrocycle. *Chem. Mater.* **2006**, *18*, 4855-4864.

[49] L.-L. Tan, H. Li, Y. Tao, S. X.-A. Zhang, B. Wang, Y.-W. Yang, Pillar[5]arene- based supramolecular organic frameworks for highly selective CO_2-capture at ambient conditions. *Adv. Mater.* **2014**, *26*, 7027-7031.

[50] W. Yang, A. Greenaway, X. Lin, R. Matsuda, A. J. Blake, C. Wilson, W. Lewis, P. Hubberstey, S. Kitagawa, N. R. Champness, M. Schröder, Exceptional thermal stability in a supramolecular organic framework: Porosity and gas storage. *J. Am. Chem. Soc.* **2010**, *132*, 14457-14469.

[51] J. Lü, C. Perez-Krap, M. Suyetin, N. H. Alsmail, Y. Yan, S. Yang, W. Lewis, E. Bichoutskaia, C. C. Tang, A. J. Blake, R. Cao, M. Schröder, A robust binary supramolecular organic framework (SOF) with high CO_2 adsorption and selectivity. *J. Am. Chem. Soc.* **2014**, *136*, 12828-12831.

[52] P. Li, Y. He, J. Guang, L. Weng, J. C.-G. Zhao, S. Xiang, B. Chen, A homochiral microporous hydrogen-bonded organic framework for highly enantioselective separation of secondary alcohols. *J. Am. Chem. Soc.* **2014**, *136*, 547-549.

[53] P. Li, Y. He, Y. Zhao, L. Weng, H. Wang, R. Krishna, H. Wu, W. Zhou, M. O'Keeffe, Y. Han, B. Chen, A rod-packing microporous hydrogen-bonded organic framework for highly selective separation of C_2H_2/CO_2 at room temperature. *Angew. Chem. Int. Ed.* **2015**, *54*, 574-577.

[54] Y. He, S. Xiang, B. Chen, A microporous hydrogen-bonded organic framework for highly selective C_2H_2/C_2H_4 separation at ambient temperature. *J. Am. Chem. Soc.* **2011**, *133*, 14570-14573.

[55] X.-Z. Luo, X.-J. Jia, J.-H. Deng, J.-L. Zhong, H.-J. Liu, K.-J. Wang, D.-C. Zhong, A microporous hydrogen-bonded organic framework: Exceptional stability and highly selective adsorption of gas and liquid. *J. Am. Chem. Soc.* **2013**, *135*, 11684-11687.

[56] M. Mastalerz, I. M. Oppel, Rational construction of an extrinsic porous molecular crystal with an extraordinary high specific surface area. *Angew. Chem. Int. Ed.* **2012**, *51*, 5252-5255.

[57] N. Shan, M. J. Zaworotko, The role of cocrystals in pharmaceutical science. *Drug Discov. Today* **2008**, *13*, 440-446.

[58] N. Schultheiss, A. Newman, Pharmaceutical cocrystals and their physicochemical properties. *Cryst. Growth*

Des. **2009**, *9*, 2950-2967.

[59] 陈嘉媚，吴传斌，鲁统部，超分子化学在药物共晶中的应用. *高等学校化学学报* **2011**, *32*, 1996-2009.

[60] A. V. Trask, An overview of pharmaceutical cocrystals as intellectual property. *Mol. Pharmaceutcs* **2007**, *4*, 301-309.

[61] J. F. Remenar, S. L. Morissette, M. L. Peterson, B. Moulton, J. M. MacPhee, H. R. Guzmán, O. Almarsson, Crystal engineering of novel cocrystals of a triazole drug with 1,4-dicarboxylic acids. *J. Am. Chem. Soc.* **2003**, *125*, 8456-8457.

[62] S. Karki, T. Friscic, L. Fabian, W. Jones, New solid forms of artemisinin obtained through cocrystallisation. *CrystEngComm* **2010**, *12*, 4038-4011.

[63] S. L. Childs, P. A. Wood, N. Rodríguez-Hornedo, L. S. Reddy, K. I. Hardcastle, Analysis of 50 crystal structures containing carbamazepine using the *materials* module of *Mercury CSD*. *Cryst. Growth Des.* **2009**, *9*, 1869-1888.

[64] Z.-Z. Wang, J.-M. Chen, T.-B. Lu, Enhancing the hygroscopic stability of *S*-oxiracetam via pharmaceutical cocrystals. *Cryst. Growth Des.* **2012**, *12*, 4562-4566.

[65] W.-J. Ma, J.-M. Chen, L. Jiang, J. Yao, T.-B. Lu, The delivery of triamterene by cucurbit[7]uril: Synthesis, structures and pharmacokinetics study. *Mol. Pharmaceutics* **2013**, *10*, 4698-4705.

第7章 水溶液中的分子识别与自组装

7.1 引言

水等质子性极性溶剂能作为给体和受体形成氢键，二甲基亚砜等非质子性极性溶剂也能作为受体形成氢键。因此，极性溶剂会弱化甚至完全破坏被研究的分子的分子间和分子内的氢键。生命以水为介质，所有生物医用材料都必须在水相或水的存在下发挥功能。其它功能的超分子材料如果能够在水中组装形成，也将会具有绿色环保和降低成本的双重意义。因此，研究水相氢键识别与自组装从基础和应用两方面都非常重要。在其它极性溶剂中研究氢键驱动的分子识别与自组装，对于全面理解非共价键作用的机制与规律，构筑新的超分子结构及发展新的超分子材料等也都具有重要意义。生命体系进化了多种途径可以提高氢键的稳定性：产生疏水的微环境降低或排除水的竞争，利用多个氢键的加合与配位作用、静电作用及疏水作用的结合等。化学家开展极性溶剂中以氢键为驱动力的自组装研究，主要思路是师法自然，并利用氢键的方向性发现新的识别原理，发展新的结合模块，构筑新的有序结构并探索它们的功能与应用。以下主要是根据形成氢键的官能团分类论述利用氢键在水中开展自组装研究的进展。

7.2 核酸碱基及模拟结构：配对与识别

DNA 双螺旋结构通过碱基对之间的氢键及堆积作用稳定。碱基对之间的堆积不但通过提高共平面性稳定氢键，更重要的是阻止了水分子从氢键的两侧接近，从而排除了水分子对双螺旋结构的破坏。但简单的核酸碱基及其衍生物在水中不能有效地形成三氢键或双氢键碱基对，需要至少四个碱基寡聚体才能形成稳定的氢键二聚体[1]。在生命体内，酶通过其疏水口袋屏蔽水的影响，从而稳定简单碱基间的氢键。化学家也可以通过疏水的笼状结构促进碱基之间的氢键配对。例如，胸腺嘧啶季铵盐 **1a**～**1d** 能够被表面活性剂十二烷基磺酸钠（SDS）形成的胶束包埋，侧链嵌入到胶束层中[2]。被包埋的胸腺嘧啶单元在内部的疏水空腔中可以与腺嘌呤衍生物 **2a**～**2d** 形成氢键碱基对（图 7-1）。在重水中 ^{1}H NMR 滴定实验确定二者形成 1∶1 配合物，结合常数（K_a）为 33 L/mol。不加 SDS，二者不能相互结合。因此，SDS 形成的胶束降低了溶剂水分子的竞争，稳定了氢键配合物的形成。中性的胸腺嘧啶衍生物 **3a**～**3d** 也可以和 **2a**～**2d** 同时被包埋在胶束中形成氢键碱基对[3]。引入烷基侧链及乙酰基可以降低单体的亲水性，但碱基对的稳定性取决于胶束的浓度、碱基本身的极性及侧链的长度。

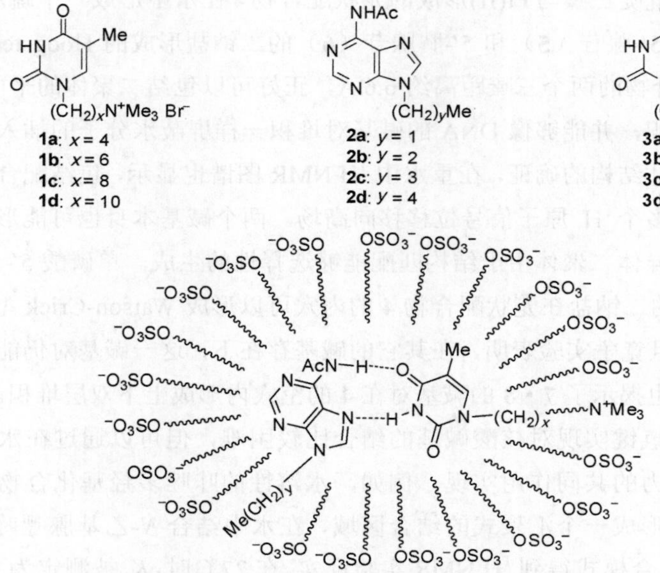

1a: $x = 4$
1b: $x = 6$
1c: $x = 8$
1d: $x = 10$

2a: $y = 1$
2b: $y = 2$
2c: $y = 3$
2d: $y = 4$

3a: $z = 1$
3b: $z = 3$
3c: $z = 5$
3d: $z = 7$

图 7-1 胶束稳定的化合物 **1** 和 **2** 形成的氢键碱基对

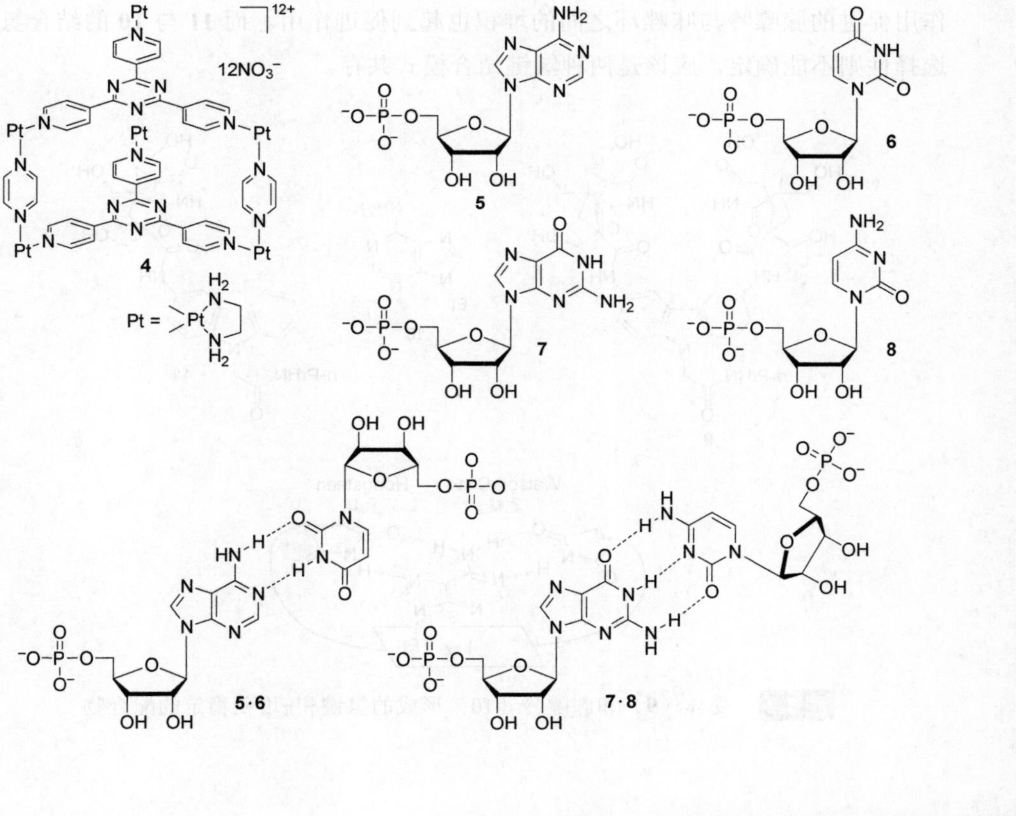

4

$12NO_3^-$

5

6

7

8

5·6

7·8

由吡嗪和三吡啶三嗪与Pt(II)形成的笼状配合物**4**在水中形成一个疏水的内穴，可以稳定单磷酸5′-腺苷（**5**）和5′-胸腺苷（**6**）的二钠盐形成的Hoogsteen碱基对**5·6**[4]。笼状配合物的两个三嗪距离约6.6 Å，正好可以包结二聚体的平面碱基对，上下形成双重堆积，并能够像DNA的碱基对堆积一样屏蔽水分子的插入。这一包结配合物得到晶体结构的确证，在重水中 ^{1}H NMR图谱也显示，包结配合物的形成诱导两个碱基上多个H原子信号位移移向高场。两个碱基本身也可能形成双氢键同体二聚体，但异体二聚体由于结构匹配能够选择性的生成。单磷酸5′-鸟苷（**7**）和5′-胞苷（**8**）的二钠盐在笼状配合物**4**的内穴可以形成Watson-Crick型G·C碱基对**7·8**[5]，并且竞争实验表明，在其它的碱基存在下，这一碱基对仍能选择性地生成。晶体结构也揭示了**7·8**的碱基对在**4**的空穴内形成上下双层堆积。

在水中通过氢键实现对核酸碱基的结合比较困难，但可以通过在水中较强的其它形式的作用力的共同作用实现。例如，水溶性的咔唑多羟基化合物**9**的两个酰亚胺片段可以形成一个汇聚式的结合区域，在水中结合*N*-乙基腺嘌呤（**10**，图7-2）[6]。1∶1的结合模式得到 ^{1}H NMR实验证实。在27℃时，K_a 被测定为28 L/mol，而控制化合物**11**与**10**形成的1∶1配合物的 K_a 在同样温度下被测定为21 L/mol。**9**与**10**的结合被认为是通过Watson-Click氢键及Hoogsteen氢键所稳定的，疏水作用促进的腺嘌呤与咔唑环之间的堆积也起到促进作用。而**11**与**10**的结合氢键选择性则不能确定，应该是两种氢键结合模式共存。

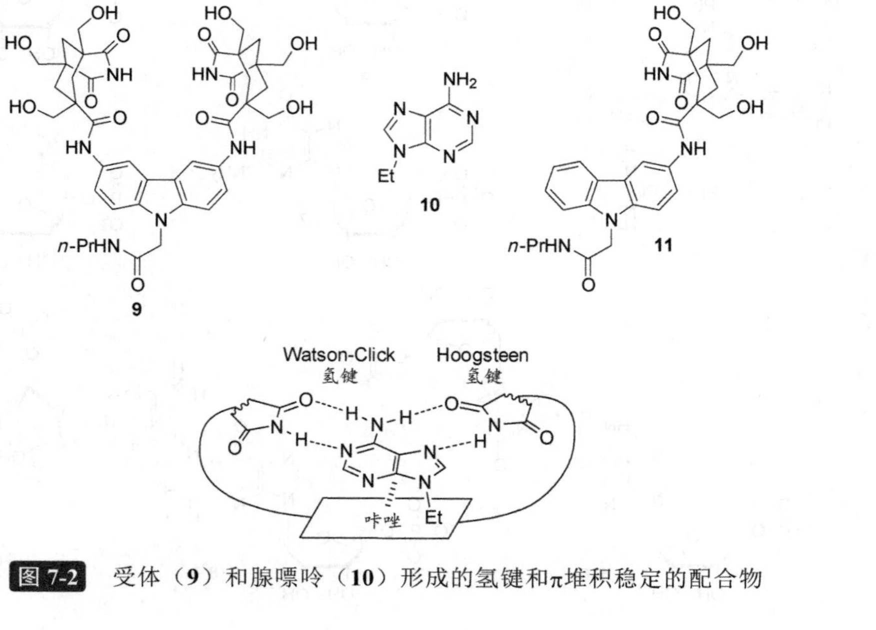

图7-2　受体（**9**）和腺嘌呤（**10**）形成的氢键和π堆积稳定的配合物

多种非共价键作用力协同作用可以实现五质子化氮杂大环衍生物（**12**）与三磷酸腺苷（**13**，ATP）在水中的结合（图 7-3）[7]。磷酸根负离子与铵正离子间的静电吸引和氢键是主要的结合驱动力，吖啶与腺嘌呤之间的堆积作用也提供稳定作用。配合还促进了 ATP 端基磷酸根的水解，其机理是非质子化的氨基对端基磷酸根进攻形成相应的磷酸酰胺负离子，后者再进一步水解。单磷酸腺苷和双磷酸腺苷也可以通过同样的作用模式结合。

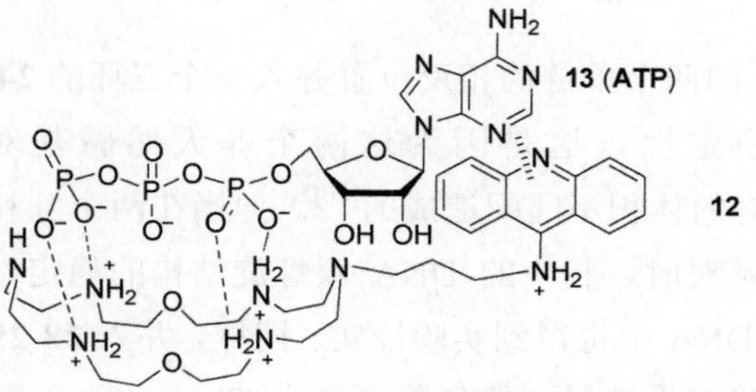

图 7-3 化合物 **12** 与 ATP 通过静电作用、氢键和芳环堆积作用驱动形成 1∶1 配合物

对核酸碱基、核糖及主链的修饰是合成生物学的重要内容，这方面的研究有助于理解生命体系的演化及功能。对碱基的修饰与改造尤其受到化学家的重视。这方面的研究包括对碱基形状的模拟、构筑疏水的碱基对模拟物、金属介质的碱基对、扩展碱基体积及具有改变的氢键结合模式的碱基对等。后两种修饰物仍然以氢键为驱动力。化合物 **14**～**17** 是 DNA 的四个碱基的类似物，差异是都在碱基中并入了一个苯环，增加了约 2.4 Å 的宽度，而氢键结合模式保持不变[8]。这些碱基和四个核酸碱基可以形成总共八对互补的碱基对。由这些碱基单独配对及与四个天然碱基配对形成的扩展型 xDNA，目前合成的长度已经达到 20 个碱基对，它们都可以形成双螺旋结构，即使在 xDNA-DNA 碱基连接处存在明显的张力。对单链 xDNA 的研究表明，扩展碱基较天然碱基具有更强的堆积作用，能够提高双螺旋结构的稳定性。

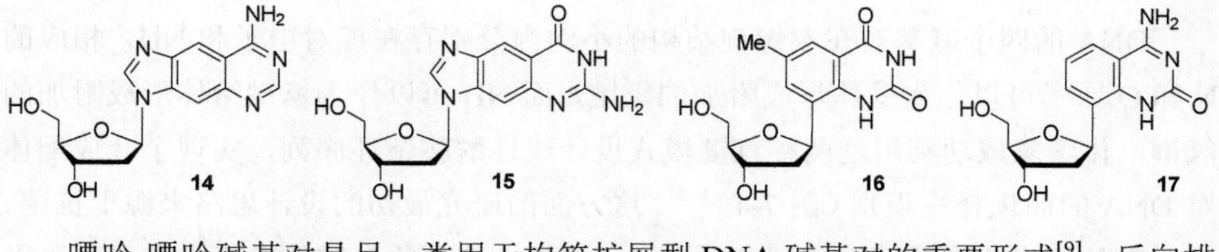

嘌呤-嘌呤碱基对是另一类用于构筑扩展型 DNA 碱基对的重要形式[9]。反向排列时，嘌呤-嘌呤碱基对比 Watson-Click 嘧啶-嘌呤碱基对更宽一些。全部由嘌呤-

嘌呤碱基对（**18-19** 和 **20-21**）取代的 DNA 双螺旋结构的热稳定性和自由能与相应的嘌呤-嘧啶 DNA 双螺旋结构相近。单链寡核苷酸 **22**（5′-d^{C7}XGG^{C7}XG^{C7}X^{C7}XG-3′）和 **23**（5′-diGDGiGDiGiGD-3′）互补结合，但它们不能自身结合。

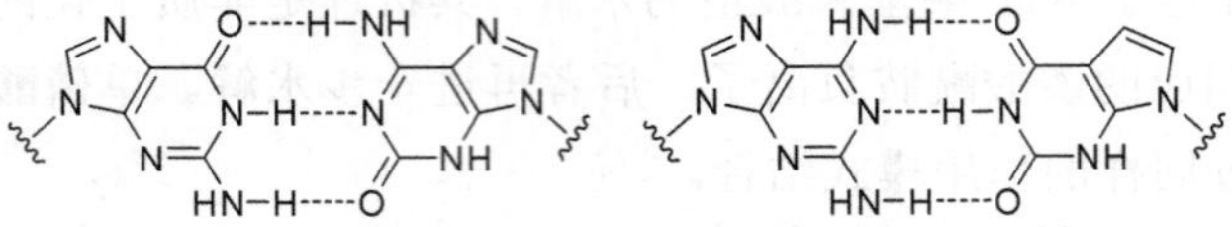

18 **19** G - iG　　**20** **21** D - ^{C7}X

在正常的 DNA 的两个单链的相反位置并入一个三环的 **24-25** 或 **26-27** 碱基对会降低 DNA 的稳定性，这是因为这两个非天然碱基对的体积与相邻的 Watson-Click 碱基对的体积不匹配造成的[10]。但当在两个互补单链中相反位置连续引入三个这类碱基对时，相应的 DNA 双螺旋结构的稳定性会得到提高。这种四氢键结合模式在 DNA 中也得到实验证实。同样，并入 **28-29** 和 **30-31** 四氢键碱基对的 DNA 的热稳定性也得到了显著提高［ΔT_m：+(8～9)℃］[11]。四氢键模式的高度稳定性、增强的堆积作用及碱基对之间的结构适配性被认为是这类碱基对稳定双螺旋结构的主要原因。**28** 和 **30** 可以看作是嘌呤向小沟方向扩环的类似物，而 **29** 和 **31** 是嘧啶向大沟方向扩环的类似物。

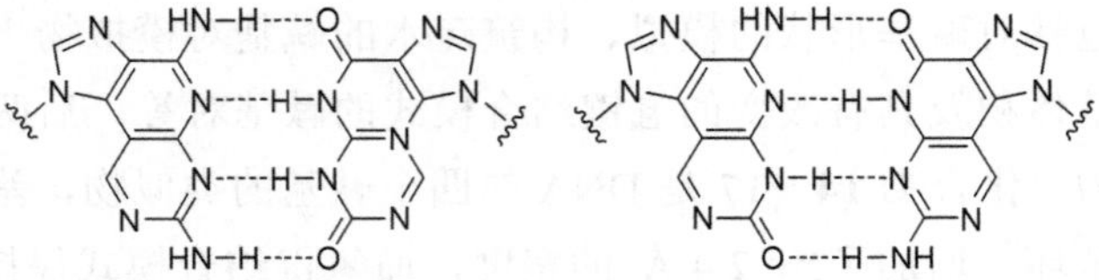

24 **25**　　**26** **27**

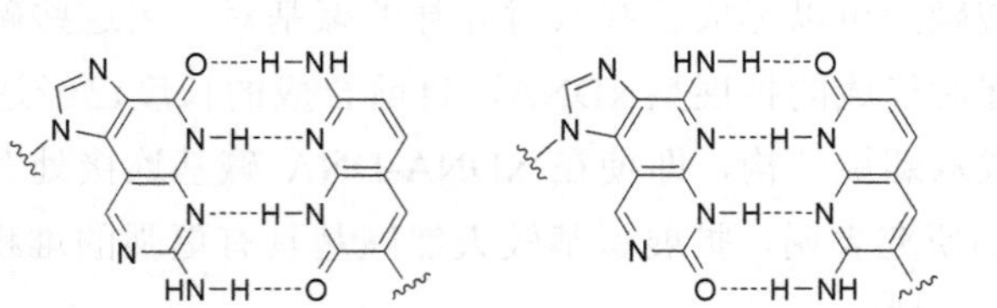

28 **29**　　**30** **31**

DNA 的四个碱基对在双螺旋结构的小沟内分别存在孤对电子和 NH，相应的 N 和 O 原子可以作为受体形成附加的氢键，而 NH 可以作为氢键给体形成附加的氢键。化学家成功利用这两种氢键模式设计线性酰胺杂环序列，实现了合成配体对 DNA 的高选择性识别（图 7-4）[12]。这方面的研究最初的设计思路来源于抗菌、抗病毒及抗癌药物偏端霉素（distamycin，**32**）。这一化合物的吡咯酰胺序列可以在 DNA 小沟的腺嘌呤（A）和胸腺嘧啶（T）丰富的区域通过形成第一类氢键结合 DNA。^{1}H NMR 研究表明，其可以形成反平行的 2∶1 配合物［图 7-5（a）］或 1∶1 配合物[13]。基于 **32** 的结合原理，化学家设计合成了很多更长的序列，进一步对杂环进行修饰并把两个序列合并在一起，由此发展了回转型的杂环酰胺序列，可以实现很多 DNA 片段的区域选择性结合。例如，并入吡咯和咪唑的线性配体（**33**）通过回转构象，结合 5′-AGTACT-3′和 5′-AGTATT-3′双螺旋结构［图 7-5（b）］，K_a 值分别为 3.7×10^{10} L/mol 和 4.1×10^{8} L/mol，结合度和选择性堪比蛋白质转录因子[12]。除了多氢键结合加合性，两个杂环序列正好覆盖住 DNA 的小沟，屏蔽了水分子的接近，也是一个重要的稳定性因素。

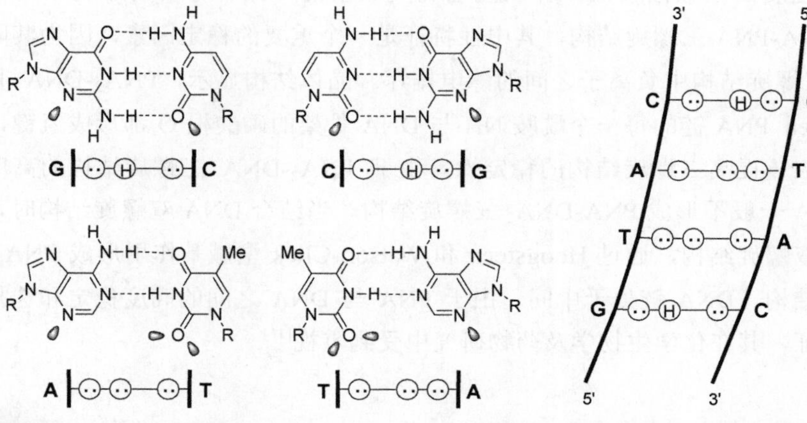

图 7-4 DNA 小沟的分子识别：小沟 Watson-Click 碱基对氢键模式，圈内双点代表嘌呤 N(3)和嘧啶 O(2)的孤对电子，圈内 H 代表鸟嘌呤 2-氨基上的 H

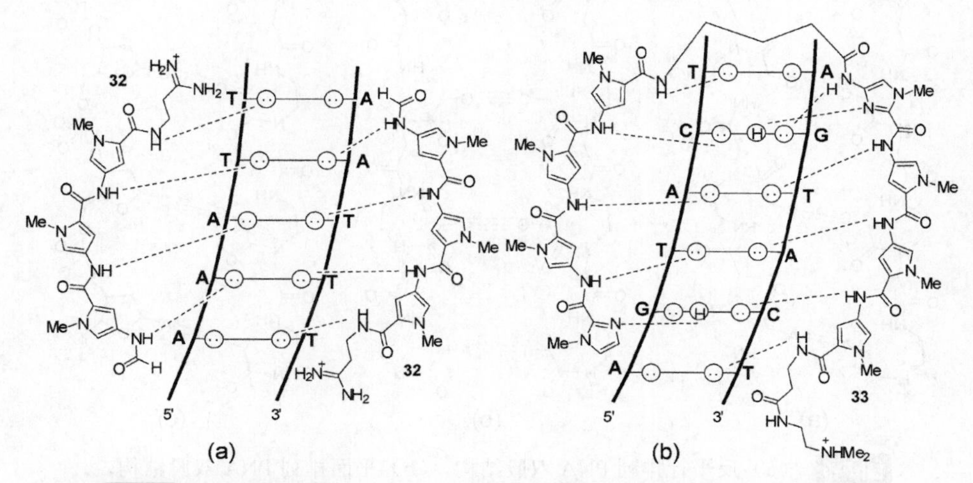

图 7-5 （a）偏端霉素（**32**）与 DNA 形成的 2∶1 配合物；（b）八杂环配体（**33**）与位点匹配的 DNA 结合

肽核酸（PNA, peptide nucleic acid）是一类重要的 DNA 模拟结构[14,15]。PNA 由带有核酸碱的 *N*-(2-氨基乙基)甘氨酸缩合形成，原子排列符合 DNA 的“6 + 3”成键数，即主链六个重复共价键数和三个连接主链与碱基的共价键数。PNA 寡聚体可以选择性地与碱基互补的另一个 PNA、DNA 和 RNA 形成稳定的二聚体结构。相同序列的杂交体的热稳定性顺序是：PNA-PNA > PNA-RNA > PNA-DNA（> RNA-DNA > DNA-DNA）（图 7-6）。PNA 杂交体可以形成反平行和平行两种构型［图 7-6（a），（b）］，反平行排列结构的稳定性较高，每增加一个碱基对可以提高 1～2℃的ΔT_m。由于 PNA 是中性的，其杂交体的稳定性与 DNA-DNA 和 DNA-RNA 相比对离子强度的依赖性较低。并入全嘧啶类碱基的 PNA 与核酸形成极其稳定的 PNA-DNA-PNA 三螺旋结构，其中性特征是一个重要的稳定因素，因为其降低了 DNA 双螺旋结构中负离子之间的静电排斥。晶体结构显示，PNA_2-DNA 骨架的 Hoogsteen PNA 链的每一个酰胺 NH 与 DNA 骨架的磷酸根 O 都形成氢键，这一氢键也应该提高三螺旋结构的稳定性。由于 PNA_2-DNA 三螺旋结构的高度稳定性，PNA 一般不形成 PNA-DNA_2 三螺旋结构。当结合 DNA 双螺旋结构时，PNA 破坏其双螺旋结构，通过 Hoogsteen 和 Watson-Click 型碱基作用形成 PNA_2-DNA 三螺旋结构，DNA 链处于中间。由于 PNA 与 DNA 之间的高度稳定和选择性的结合特征，其在化学生物学及药物研究中受到重视[16]。

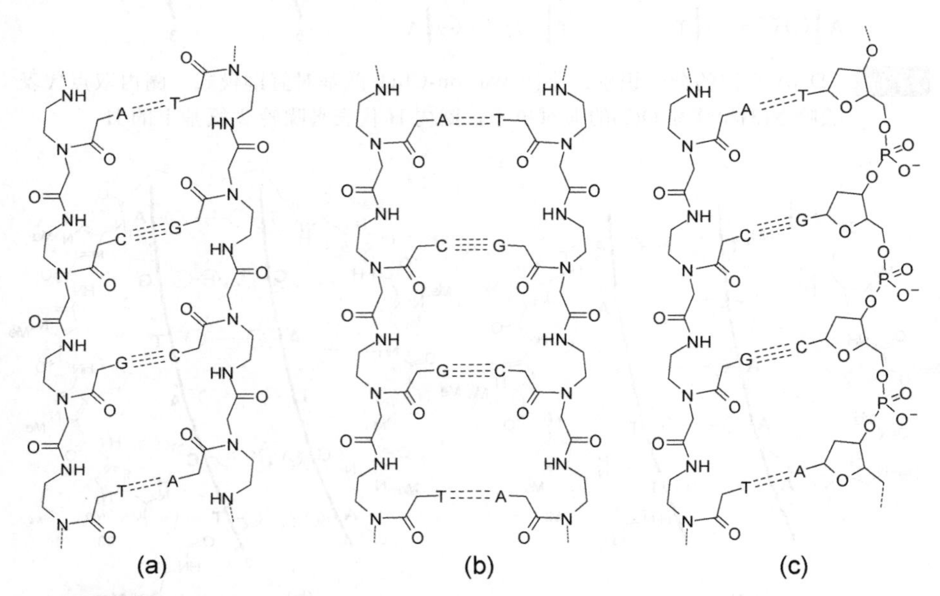

图 7-6 （a）反平行排列 PNA 双股结构，（b）平面排列 PNA 双股结构，（c）PNA-DNA 杂交双股结构。A、C、G 和 T 分别代表腺嘌呤、胞嘧啶、鸟嘌呤和胸腺嘧啶四个核酸碱

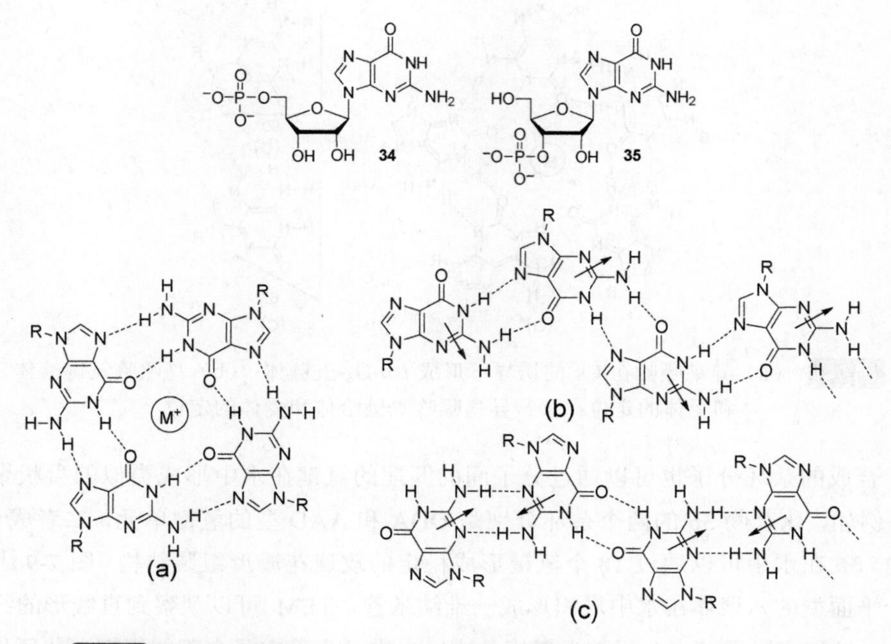

图 7-7 （a）碱金属离子诱导的鸟嘌呤 G_4-四链体；（b），（c）亲脂型鸟嘌呤衍生物形成的带状组装体

鸟嘌呤核苷酸 **34**（3′-GMP）和 **35**（5′-GMP）的碱基的两个侧面可以作为双氢键受体和给体面，它们在水中能够形成平面四聚体 G_4-四链体（G_4-quartet）[图 7-7（a）]，进一步堆积可以形成一维柱状簇集体，并形成水凝胶[17]。四链体的内部有四个羰基 O 原子，可以配合碱金属离子，小的碱金属离子如 Na^+可以插入到穴的内部，大的碱金属离子如 K^+则形成夹心型结构。在不存在金属离子时，鸟嘌呤也可以形成“之”字形带状结构［图 7-7（b）、（c）］，取代基和溶剂极性对采取哪一种形式有重要影响。前者产生净的偶极，后者相邻两个分子对称排列，不产生偶极。鸟嘌呤核酸也可以通过 G-四链体形成四股螺旋结构。根据 G 碱基的排列和核酸的长度，可以设计形成四分子、双分子和单分子的四股螺旋结构[18]，不同形式的四股螺旋结构都被加入的 Na^+稳定。

在有机溶剂中，Cs^+能诱导异鸟嘌呤衍生物形成 *iso*-G_5-五链体结构（图 7-8）。相应的异鸟嘌呤寡核苷酸在水中可以被 Cs^+诱导形成 *iso*-G_5-五股螺旋结构。在小的 K^+或 Na^+的存在下，五股螺旋体可以被诱导转变为四股螺旋体，体现出氢键组装体的动态特征。造成这种组装体选择性差异的原因是，鸟嘌呤的给体和受体单元形成 90°夹角，而异鸟嘌呤的两个结合单元形成 67°夹角[18]。

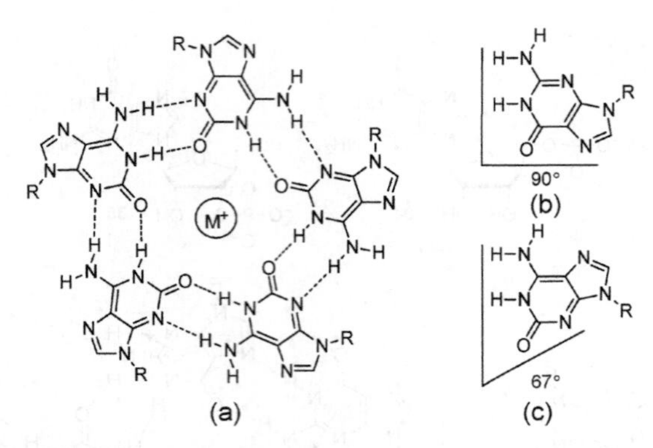

图 7-8 （a）异鸟嘌呤在 Cs^+ 的诱导下形成 *iso*-G_5-五链体；（b）鸟嘌呤氢键给体和受体的定位；（c）异鸟嘌呤氢键给体和受体的定位

合成的杂环分子也可以通过分子间的匹配的氢键在水中形成类似的盘状聚集体。例如，化合物**36**的两个杂环分别是 DDA 和 AAD 型的氢键单元，二者成 60° 夹角。**36** 在水中可以通过 18 个氢键形成稳定的玫瑰花瓣形组装结构（图 7-9）[19]。这一平面型的六聚体在水中堆积形成一维纳米管，TEM 可以观察到直线形的纤维结构。堆积可以屏蔽水分子接近氢键位点，也进一步稳定了内部的氢键。杂环骨架可以进一步扩展，相应的单体 **37** 可以通过同样的氢键模式形成更大的堆积结构[20]。

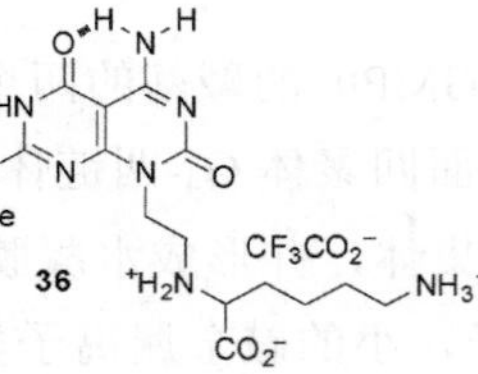

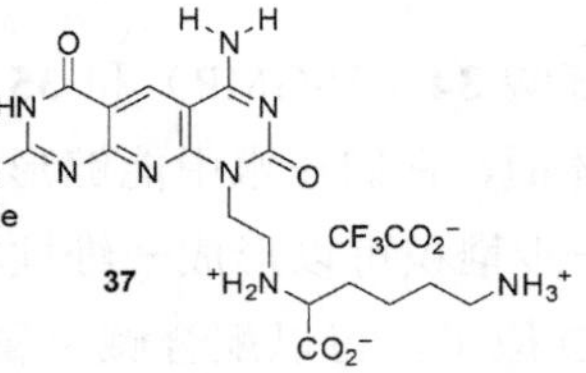

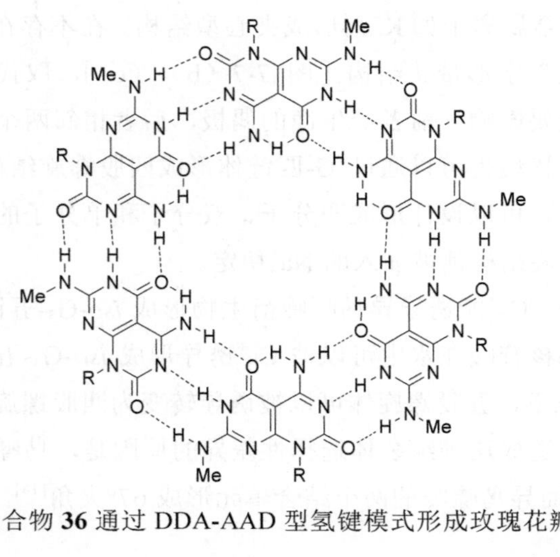

图 7-9 化合物 **36** 通过 DDA-AAD 型氢键模式形成玫瑰花瓣形六聚体

离子型侧链的引入提高了其水溶性。当在侧链上引入手性中心时，圆二色谱实验表明，玫瑰花瓣形的六聚体在水中可以产生螺旋手性偏差。

由于碱基对之间的结合具有高度的专一性，基于DNA的生物自组装一直受到高度重视，成为纳米科学研究的重要研究领域[21,22]。寡聚核苷酸一般需要有四个碱基对才能形成双股结构。但通过不同结合模块间的协同作用，更短的片段也可以形成稳定的氢键。例如，四头基单体**38**和**39**只引入了GC两个碱基，其在水中仍能形成稳定的二聚体结构，从而诱导产生超分子聚合物网络结构[23]。这一分子间的G·C氢键的结合强度相当高，加热到95℃时两个分子仍为固体。两个分子的四面体刚性骨架应是增强其分子间氢键的一个关键因素。

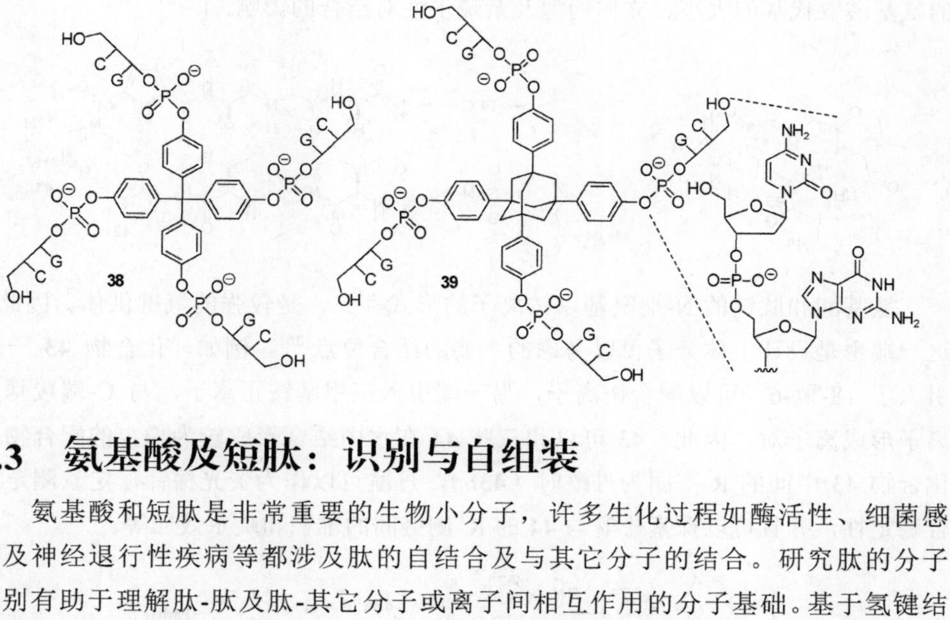

7.3 氨基酸及短肽：识别与自组装

氨基酸和短肽是非常重要的生物小分子，许多生化过程如酶活性、细菌感染及神经退行性疾病等都涉及肽的自结合及与其它分子的结合。研究肽的分子识别有助于理解肽-肽及肽-其它分子或离子间相互作用的分子基础。基于氢键结合氨基酸主要是利用其氨基（部分质子化）作为给体和羧基（部分去质子化）作为受体设计结合模式，侧链上芳环可以产生附加的堆积及供体-受体作用，而羟基、羧基、氨基、胍基及咪唑基团可以形成附加的氢键或盐桥参与结合。寡肽的识别除了利用端基形成氢键外，中间酰胺及侧链上的取代基提供了更多的形成氢键的位点，但侧链多样性及骨架构象流动性可以导致选择性主体结构设计的复杂化。对于并入组氨酸寡肽，可以利用其咪唑基团的配位作用设计识别主体。

7.3.1 氨基酸和短肽及其衍生物的识别

肽的C-端氨基酸羧基在生理条件下以负离子形式存在，羧基负离子在水相中能够形成较强的氢键。因此，氨基酸识别中羧基负离子是主要的结合位点。为了提高氢键的强度，可以利用正离子型的氢键受体。一个成功的例子是在主体分子中引入胍基正离子。例如，引入胍基正离子的吡咯衍生物 **40** 在水中能与羧酸负离子形成配合物[24]。两个酰胺 NH 也形成氢键，协同提高配合物的稳定性。主体分子骨架呈平面性，也有利于多个氢键的形成。化合物 **40** 与醋酸根负离子的结合常数为 3380 L/mol，与 *N*-乙酰化氨基酸负离子配合的结合常数也达到 600～1600 L/mol。这一羧基负离子-胍基正离子结合模式可以扩展到短肽间的识别。例如，通过固相合成可以快速建立一个 125 个三肽组成的受体库（**41**）[25]。通过研究它们与引入荧光探针丹酰片段的 *C*-端四肽 **42** 的结合，可以系统揭示两个序列的氨基酸取代基的大小、立体构型及亲疏水性对结合的影响。

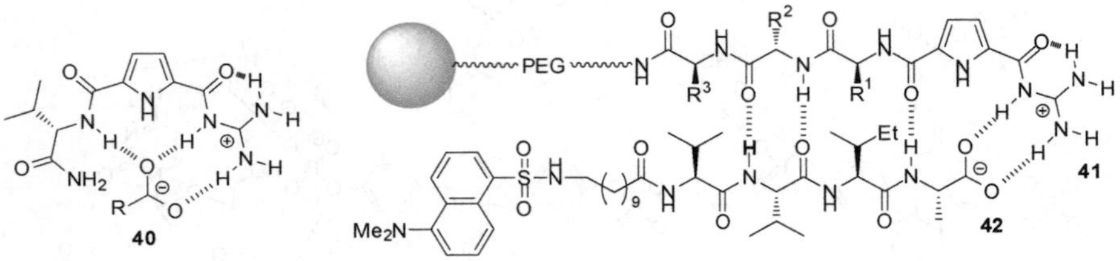

氨基酸和肽链的 N-端氨基以铵离子的形式存在，是较强的氢键供体。因此，这一端也是设计主体分子可以考虑的主要的结合位点[26]。例如，化合物 **43** 一端引入了 18-冠-6，可以配合铵离子，另一端引入三甲基铵正离子，与 C-端羧基负离子形成离子对。因此，**43** 可以和三肽 **44** 在水中结合形成较为稳定的配合物。化合物 **43** 中间的 R 基团为丹酰时（**43b**），丹酰可以作为荧光探针，定量测定结合稳定性，并且可以探索丹酰与 **44** 的 R^2 侧链间的堆积和疏水效应等。

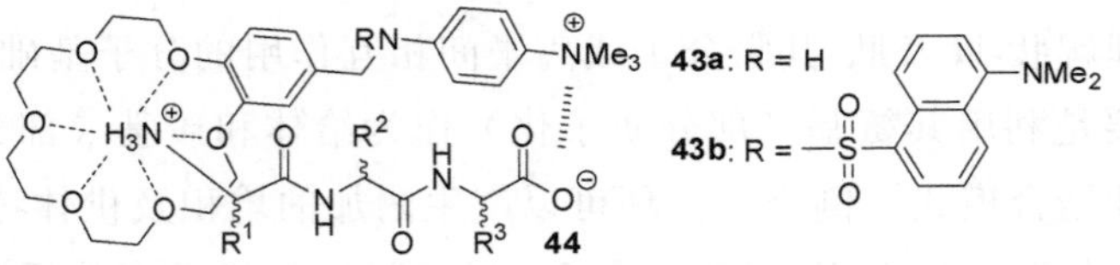

氨基酸侧链的种类众多，有疏水的脂肪链，也有亲水及可离子化的氨基、羧基、咪唑及胍基等。对这些侧链的结合可以用于设计新的主体。但侧链的大小、手性及主链骨架的构象变化等都增加了主体设计的不确定性。因此，水相氨基酸及肽结合受体的设计仍然是一个极具挑战性的课题。

7.3.2 基于短肽及其衍生物的自组装

肽及其衍生物的自组装研究有助于了解生物大分子形成的机理和机制[27]，是产生高级纳米结构及生物医用材料的重要途径[28,29]，也是纳米科学一个主要的“自下而上”（bottom-up）组装策略。由于肽类分子骨架可以形成丰富的分子间氢键，侧链间也可以产生疏水作用、氢键、静电作用及配位作用等。因此，长期以来，有关肽及其衍生物的研究一直是自组装研究的重要内容[30,31]。单个氨基酸主要是以内盐的形式存在的，分子间的氢键或盐桥是其主要的驱动力。对于肽及其衍生物，若不通过分子内氢键形成螺旋或回转结构，骨架主要是以扩展构象的分子间氢键驱动，形成二维组装结构，再进一步簇集形成各种复杂的纳米及微米尺度的组装结构。两端的氨基和羧基形成分子间盐桥，有助于反平行β-折叠形式的排列。通过改变 pH，可以控制这一作用，从而调控主链的自组装行为。当两个基团被酰化后，端基也表现为正常的酰胺行为。由于氨基酸侧链及骨架内手性中心的存在，通过反平行β-折叠形状排列产生的带状结构并不是平面的，而是扭曲的二维结构，并可以发生单方向扭曲形成螺旋形状。这类带状的螺旋体在很多情况下可以产生手性偏差，进一步的堆积可以形成手性纤维。由于氨基酸结构的多样性及肽链长度的巨大差异，理论上可以设计出数量巨大的肽链。因此，肽和蛋白质的自组装表现出其它生物大分子少有的结构多样性。

在肽链的一端引入疏水脂肪链可以提高分子的两亲性[31]。在水溶液中，疏水的脂肪链堆积，可以驱动整个分子形成球形的组装体，也可以首先形成一维组装结构，再进一步堆积形成纤维结构。疏水的脂肪链处于纤维的内部，亲水的肽链在外部排列。脂肪链的长度及支化程度，肽链的长度和侧链的大小与亲水性等对于组装体形成不同的形状有决定性影响。例如，化合物 **45** 和 **46** 的 N-端引入一个十六烷基酸，C-端分别引入大的亲水性谷氨酸、赖氨酸和精氨酸等残基，整个分子呈锥形形状[32]。在水中这两个肽衍生物都能够形成柱状组装结构，脂肪链处于内部，而亲水的肽链处于外侧与水接触（图 7-10）。

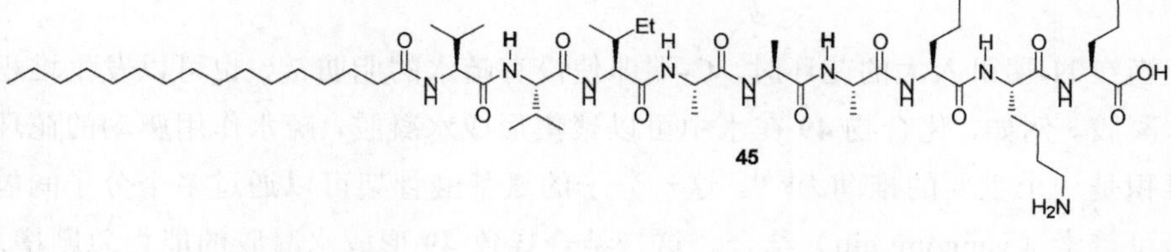

45

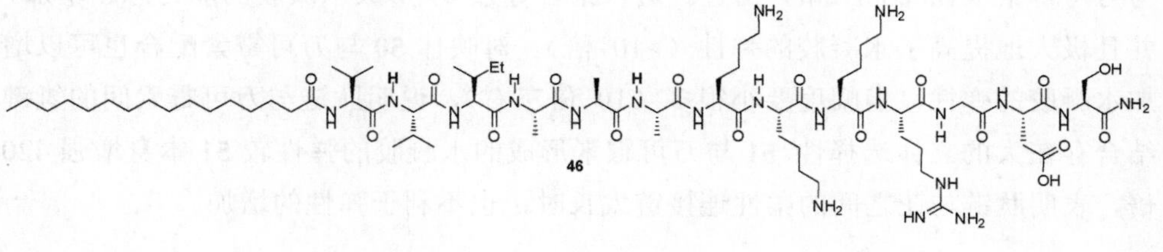

46

图 7-10 (a) 化合物 **46** 的 CPK 模型；(b) 化合物 **46** 在水中的柱状自组装结构（见彩图）

当肽链的另一侧引入疏水的芳香基团时，在水等极性溶剂中的簇集进一步增强。由于脂肪链和芳环各自的堆积存在正交性，这类分子的堆积可以形成平行并列的阵列。丙氨酸衍生物 **47** 的组装是一个有趣的例子[33]，N-端保护基团 Fmoc 是一个芳香基团，对于增强分子堆积起到非常重要的作用。*R*-型和 *S*-型的对映体分子都分别形成纳米纤维或纳米带。但消旋体却能通过自我分类形成具有相反手性的扭曲的丝带型纳米结构。稍微过量的手性氨基酸即能诱导产生大的手性偏差，意味着手性的纳米结构一旦形成，即可作为手性种子诱导、传递并放大最初产生的手性核[34]。更长的二肽骨架 **48** 也可以自组装形成各种不同的纳米结构[35]。并且，Fmoc 基团可以被苯、萘、偶氮苯及芘等芳环片段取代，相应的肽衍生物可以展现出不同的自组装行为。

47

48

当在 N-端引入大的芘环时，C-端即使没有疏水的脂肪链，也可以发生堆积形成水凝胶。例如，化合物 **49** 在水中可以聚集形成水凝胶，疏水作用驱动的芘环间的堆积是一个主要的推动力[36]。这一分子的氨基酸骨架可以通过多个分子间氢键与万可霉素（vancomycin）结合。这一结合导致 **49** 形成水凝胶的能力急剧增加，并且极大地提高了水凝胶的弹性（$>10^6$ 倍）。对映体 **50** 与万可霉素配合也可以增加水凝胶的弹性，但幅度要小很多（10 倍左右），说明肽链与万可霉素间的氢键结合存在大的立体选择性。**51** 与万可霉素形成的水凝胶的弹性较 **51** 本身增强 420 倍，表明肽链与芘之间的柔性连接链太长时，也不利于弹性的增加。

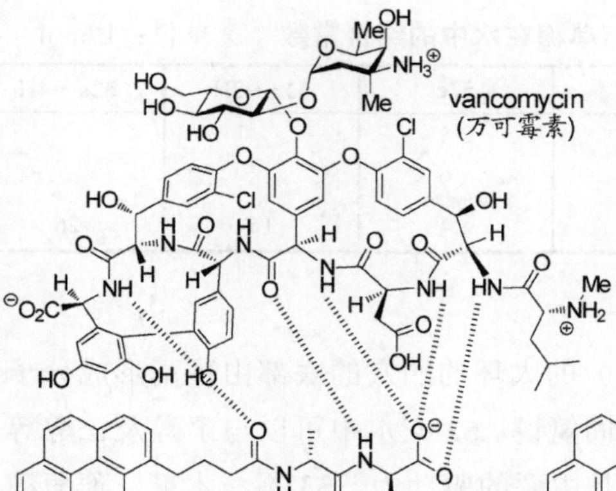

49

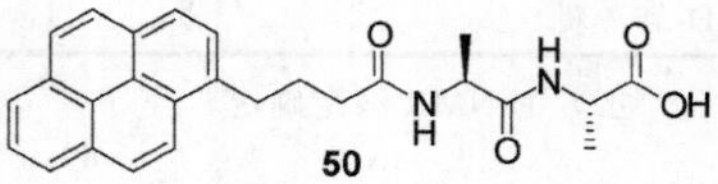

50

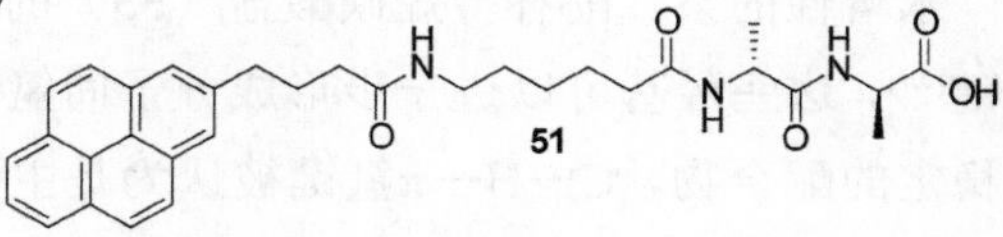

51

7.4 糖的识别

在生命体系中，糖不仅作为能源和结构物质，也在信息传导及通过形成糖蛋白等发挥重要的生物功能。由于糖分子的多羟基特征，在水中发展高选择性和高灵敏的糖结合受体一直是分子识别研究的挑战性课题[37]。通过硼酸与糖形成硼酸酯是在水相设计糖人工受体的有效方法。当以氢键为结合驱动力时，需要考虑利用疏水作用及离子对静电作用等的协同作用。但糖单元骨架的类似性也增加了选择性识别的难度。杯芳烃衍生物 **52a**～**52c** 由于引入磺酸根负离子具有很好的水溶性，在水中可以通过杯芳烃的凹穴结合阿拉伯糖、脱氧核糖及岩藻糖等单糖[38]，但选择性及结合强度都较低（表 7-1）。**52a** 双磺酸及四磺酸化后与岩藻糖的结合有明显提高。但这些磺酸根负离子或磺酸基团都处于杯芳烃凹穴的另一侧，所以这一增强效应的原因还不清楚。这些杯芳烃衍生物与糖的结合驱动力主要来自两个方面：糖的疏水区域与杯芳烃凹穴内疏水区域的接触——C—H…π作用及二者羟基间的 O—H…OH 氢键。

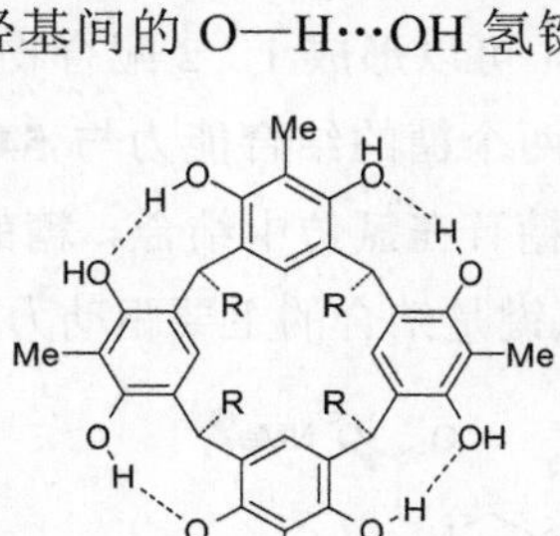

52a

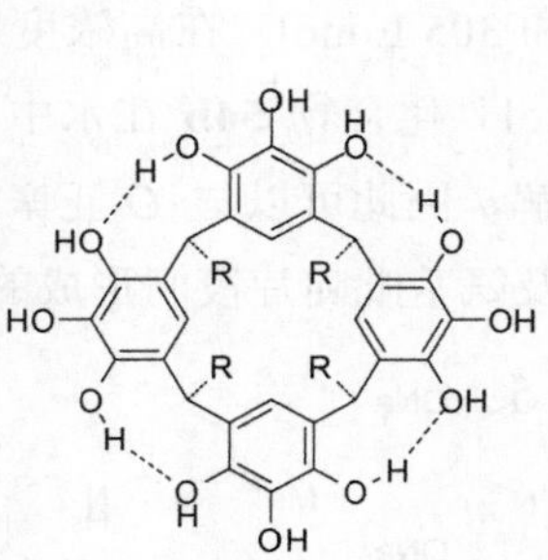

52b

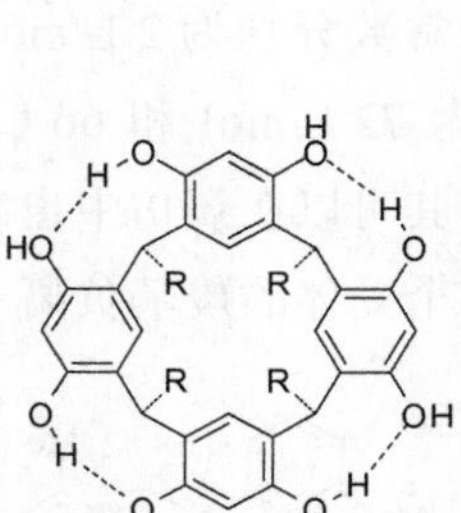

52c　R = $CH_2CH_2SO_3Na$

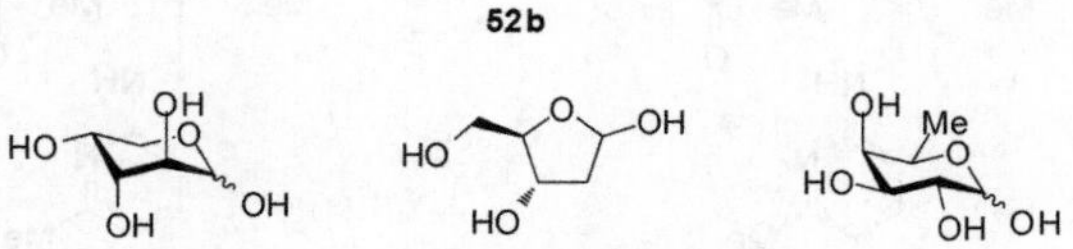

D-阿拉伯糖　D-2-脱氧核糖　D-岩藻糖

表 7-1　杯芳烃（52a～52c）与单糖在水中的结合常数[①]　单位：L/mol

单　糖	52a	52b	52c	52a・2H	52a・4H
D-阿拉伯糖	0.85	2.1	2.5		
D-2-脱氧核糖	1.2	4.9	3.9		
D-岩藻糖	1.8	6.0	8.4	16	26

① 通过 ^{1}H NMR 滴定确定。

水溶性的萘二酚杯芳烃磺酸盐（**53**）的大环的凹穴的底部由羟基形成分子内氢键[39]，这些羟基可以进一步形成分子间氢键。**53** 在水中可以与丁醇及己醇等形成稳定的配合物，C—H⋯π氢键被认为是主要的驱动力。**53** 不与木糖、葡萄糖及甘露糖结合，但可以结合甲基*α*-D-葡萄糖苷、*β*-D-葡萄糖苷和*α*-D-甘露糖苷，结合常数分别为 28 L/mol、6　L/mol 和 75 L/mol，并能与环糊精形成 1∶1 配合物，结合常数为 80～140 L/mol。O—H⋯OH 氢键和 O—H⋯π及 C—H⋯π作用应是主要的驱动力。后两种作用也可以认为是一种较弱的氢键作用力。

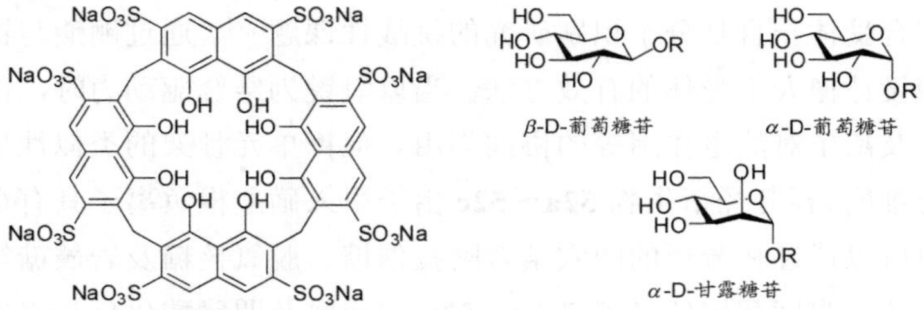

53　*β*-D-葡萄糖苷　*α*-D-葡萄糖苷　*α*-D-甘露糖苷

另一个设计糖受体的策略是在一个刚性骨架的一侧引入多个结合位点。例如，**54a** 和 **54b** 的苯环上三个甲基的位阻效应使得三个柔性支链处于苯环的一侧[40]。化合物 **54a** 在水中可以结合*β*-D-甲基葡萄糖苷和二糖。在低浓度下形成 1∶1 配合物，结合常数分别为 2 L/mol 和 305 L/mol。在高浓度下，可以形成 1∶2 配合物，K_{a2} 分别为 72 L/mol 和 66 L/mol。化合物 **54b** 在水中与两个糖的结合能力与 **54a** 近似，但其可以在氯仿中也溶解，因此可以与 *O*-正辛基糖苷在氯仿中结合。糖的羟基与两个受体的羧基负离子及氨基吡啶片段间形成的氢键是结合的主要驱动力。

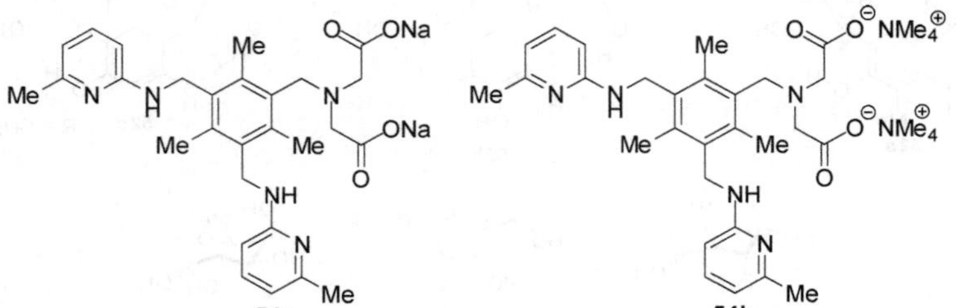

54a　**54b**

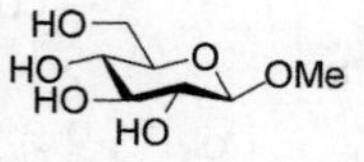

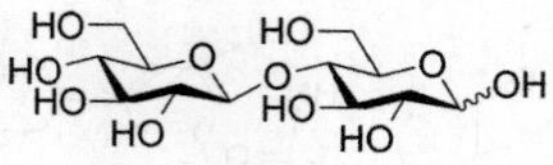

β-D-甲基葡萄糖苷　　D-纤维二糖

上述三头基的主体分子的离子结合位点可以用很多基团取代。一个有效的策略是利用胍基正离子或质子化的杂环基团，**55**～**57**即是成功的例子[41]。它们都能通过分子间氢键及静电作用驱动配合糖类分子，特别是负离子型的糖衍生物。例如，胍盐主体（**55**）在水-DMSO（1∶9）中与*N*-乙酰基神经胺（糖）酸负离子可以形成1∶2型的配合物，K_{a1}和K_{a2}分别达到1.5×10^5 L/mol和3.2×10^4 L/mol。

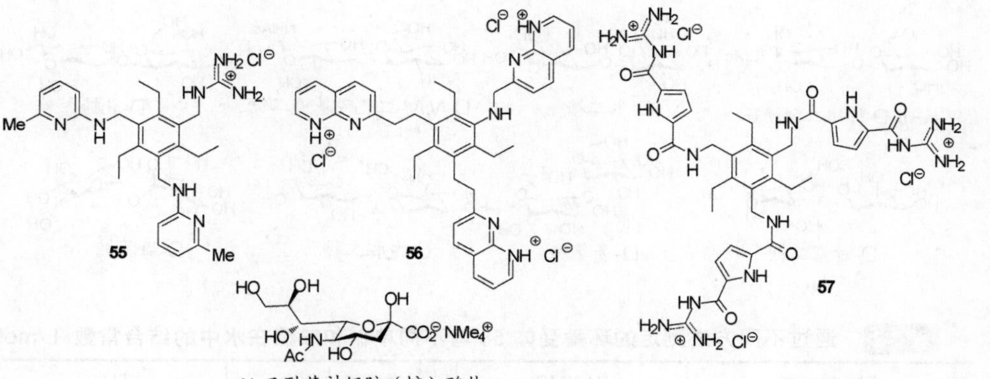

N-乙酰基神经胺（糖）酸盐

除了稳定性低外，对糖识别的另一个挑战是提高结合选择性。水溶性的刚性环番对糖的结合相对较高。例如，并入多个亲水侧链的刚性环蕃（**58**）具有很好的水溶性。环蕃的内部有一个疏水空腔，可以与糖形成C—H…π作用，而酰胺则可以与糖的羟基形成氢键[42]。**58**与13个单糖和二糖在水中形成的配合物的结合常数通过不同方法被测定出来（表7-2）。总体上，单糖的结合稳定性较低，而二糖表现出显著的亲和性差异。D-纤维二糖、甲基-β-D-纤维二糖糖苷、D-木二糖及D-*N*,*N*'-二乙酰基壳二糖的结合常数比其它二糖及其衍生物要高一个数量级。对于人工糖受体，这是一个很大的选择性差异。不同于多臂形受体**54**～**57**，环番受体**58**与糖选择性地形成1∶1配合物。这可以归结于环番的刚性特征及相对固定的内穴。熵焓分析表明，**58**与糖的结合主要是焓驱动，而不是由很多其他受体表现出的熵控制（疏水效应），这一结果与天然的糖受体凝集素相似。

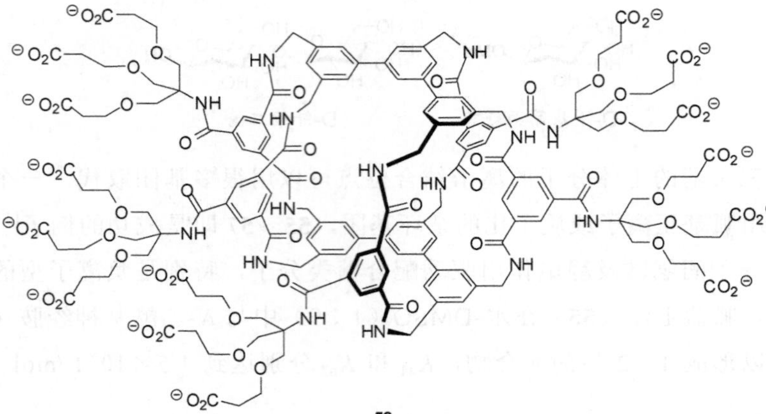

58

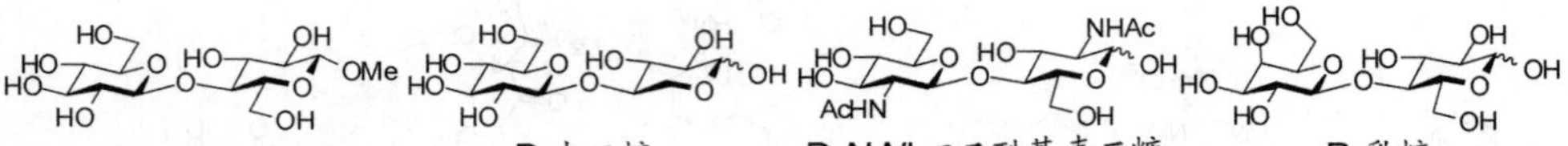

甲基-β-D-纤维二糖糖苷　D-木二糖　D-N,N'-二乙酰基壳二糖　D-乳糖

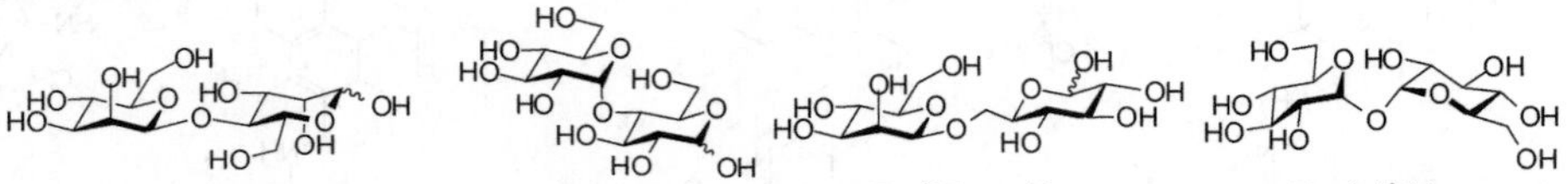

D-甘露二糖　D-麦芽糖　D-龙胆二糖　D-海藻糖

表 7-2　通过不同方法测定的环番受体 58 与不同单糖和二糖在水中的结合常数　L/mol

单糖和二糖	^{1}H NMR	诱导圆二色谱	荧光
D-纤维二糖	600	580	560
甲基-β-D-纤维二糖糖苷	*	910	850
D-木二糖	*	250	270
D-N,N'-二乙酰基壳二糖	120	—	120
D-乳糖	*	11	12
D-甘露二糖	*	13	9
D-麦芽糖	*	15	11
D-龙胆二糖	—	12	5
D-海藻糖	**	**	—
D-蔗糖	—	**	**
D-葡萄糖	11	12	—
D-核糖	—	**	**
D-N-乙酰氨基葡萄糖	24	—	19

注：* 分辨率低；** 加入糖后光谱无变化。

参考文献

[1] D. Philp, J. F. Stoddart, Self-assembly in natural and unnatural systems. *Angew. Chem. Int. Ed. Engl.* **1996**, *36*, 1154-1196.

[2] J. S. Nowick, J. S. Chen, G. Noronha, Molecular recognition in micelles: The roles of hydrogen bonding and hydrophobicity in adenine-thymine base-pairing in SDS micelles. *J. Am. Chem. Soc.* **1993**, *115*, 7636-1644.

[3] J. S. Nowick, T. Cao, G. Noronha, Molecular recognition between uncharged molecules in aqueous micelles. *J. Am. Chem. Soc.* **1994**, *116*, 3285-3289.

[4] T. Sawada, M. Yoshizawa, S. Sato, M. Fujita, Minimal nucleotide duplex formation in water through enclathration in self-assembled hosts. *Nat. Chem.* **2009**, *1*, 53-56.

[5] T. Sawada, M. Fujita, A single Watson-Crick G • C base pair in water: Aqueous hydrogen bonds in hydrophobic cavities. *J. Am. Chem. Soc.* **2010**, *132*, 7194-7201.

[6] Y. Kato, M. M. Conn, J. Rebek, Jr. Hydrogen bonding in water using synthetic receptors. *Proc. Natl. Acad. Sci. USA* **1995**, *92*, 1208-1212.

[7] M. W. Hosseini, A. J. Blacker, J.-M. Lehn, Multiple molecular recognition and catalysis. A multifunctional anion receptor bearing an anion binding site, an intercalating group, and a catalytic site for nucleotide binding and hydrolysis. *J. Am. Chem. Soc.* **1990**, *112*, 3896-3904.

[8] M. Winnacker, E. T. Kool, Artificial genetic sets composed of size-expanded base pairs. *Angew. Chem. Int. Ed.* **2013**, *52*, 12498-12508.

[9] B. D. Heuberger, C. Switzer, An alternative nucleobase code: Characterization of purine-purine DNA double helices bearing guanine-isoguanine and diaminopurine 7-deazaxanthine base pairs. *ChemBioChem* **2008**, *9*, 2779-2783.

[10] N. Minakawa, N. Kojima, S. Hikishima, T. Sasaki, A. Kiyosue, N. Atsumi, Y. Ueno, A. Matsuda, *J. Am. Chem. Soc.* **2003**, *125*, 9970-9982.

[11] N. Minakawa, S. Ogata, M. Takahashi, A. Matsuda, *J. Am. Chem. Soc.* **2009**, *131*, 1644-1645.

[12] P. B. Dervan, Molecular recognition of DNA by small molecules. *Bioorg. Med. Chem.* **2001**, *9*, 2215-2235.

[13] J. G. Pelton, D. E. Wemmer, Structural characterization of a 2:1 distamycin A·d(CGCAAATTGGC) complex by two-dimensional NMR. *Proc. Natl. Acad. Sci. USA* **1989**, *86*, 5723-5727.

[14] P. E. Nielsen, G. Haairna, Peptide nucleic acid (PNA). A DNA mimic with a pseudopeptide backbone. *Chem. Soc. Rev.* **1997**, 73-78.

[15] P. E. Nielsen, Peptide nucleic acid. A molecule with two identities. *Acc. Chem. Res.* **1999**, *32*, 624-630.

[16] P. E. Nielsen, Peptide nucleic acids (PNA) in chemical biology and drug discovery. *Chem. Biodiversity* **2010**, *7*, 786-804.

[17] J. T. Davis, G-Quartets 40 years later: From 5'-GMP to molecular biology and supramolecular chemistry. *Angew. Chem. Int. Ed.* **2004**, *43*, 668-698.

[18] J. T. Davis, G. P. Spada, Supramolecular architectures generated by self-assembly of guanosine derivatives. *Chem. Soc. Rev.* **2007**, *36*, 296-313.

[19] H. Fenniri, P. Mathivanan, K. L. Vidale, D. M. Sherman, K. Hallenga, K. V. Wood, J. G. Stowell, Helical rosette nanotubes: Design, self-assembly, and characterization. *J. Am. Chem. Soc.* **2001**, *123*, 3854-3855.

[20] G. Borzsonyi, R. L. Beingessner, T. Yamazaki, J.-Y. Cho, A. J. Myles, M. Malac, R. Egerton, M. Kawasaki, K. Ishizuka, A. Kovalenko, H. Fenniri, Water-soluble J-type rosette nanotubes with giant molar ellipticity. *J. Am. Chem. Soc.* **2010**, *132*, 15136-15139.

[21] L. Xu, D. Liu, Functional evolution on the assembled DNA template. *Chem. Soc. Rev.* **2010**, *39*, 150-155.

[22] C. K. McLaughlin, G. D. Hamblin, H. F. Sleiman, Supramolecular DNA assembly. *Chem. Soc. Rev.* **2011**, *40*,

5647-5656.

[23] A. Singh, M. Tolev, M. Meng, K. Klenin, O. Plietzsch, C. I. Schilling, T. Muller. M. Nieger, S. Bräse, W. Wenzel, C. Richert, Branched DNA that forms a solid at 95 °C. *Angew. Chem. Int. Ed.* **2011**, *50*, 3227-3231.

[24] C. Schmuck, Carboxylate binding by 2-(guanidiniocarbonyl)pyrrole receptors in aqueous solvents: improving the binding properties of guanidinium cations through additional hydrogen bonds. *Chem. Eur. J.* **2000**, *6*, 709-718.

[25] C. Schmuck, M. Heil, Using combinatorial methods to arrive at a quantitative structure-stability relationship for a new class of one-armed cationic peptide receptors targeting the C-terminus of the amyloid β-peptide, *Org. Biomol. Chem.* **2003**, *1*, 633-636.

[26] M. A. Hossain, H.-J. Schneider, Sequence-selective evaluation of peptide side-chain interaction. New artificial receptors for selective recognition in water. *J. Am. Chem. Soc.* **1998**, *120*, 11208-11209.

[27] S. Maude, L. R. Tai, R. P. W. Davies, B. Liu, S. A. Harris, P. J. Kocienski, A. Aggeli, Peptide synthesis and self-Assembly. *Top. Curr. Chem.* **2012**, *310*, 27-70.

[28] X. Tian, F. Sun, X.-R. Zhou, S.-Z. Luo, L. Chen, Role of peptide self-assembly in antimicrobial peptides. *J. Pept. Sci.* **2015**, *21*, 530-539.

[29] R. Ravichandran, M. Griffith, J. Phopase, Applications of self-assembling peptide scaffolds in regenerative medicine: the way to the clinic. *J. Mater. Chem. B* **2014**, *2*, 8466-8478.

[30] L. Liu, K. Busuttil, S. Zhang, Y. Yang, C. Wang, F. Besenbacher, M. Dong, The role of self-assembling polypeptides in building nanomaterials. *Phys. Chem. Chem. Phys.* **2011**, *13*, 17435-17444.

[31] J. B. Matson, S. I. Stupp, Self-assembling peptide scaffolds for regenerative medicine. *Chem. Commun.* **2012**, *48*, 26-33.

[32] J. B. Matson, R. H. Zha, S. I. Stupp, Peptide self-assembly for crafting functional biological materials. *Curr. Opin. Solid State & Mater. Sci.* **2011**, *15*, 225-235.

[33] L. Zhang, L. Qin, X. Wang, H. Cao, M. Liu, Supramolecular chirality in self-assembled soft materials: Regulation of chiral nanostructures and chiral functions. *Adv. Mater.* **2014**, *26*, 6959-6964.

[34] H. Cao, X. Zhu, M. Liu, Self-sssembly of racemic alanine derivatives: Unexpected chiral twist and enhanced capacity for the discrimination of chiral species. *Angew. Chem. Int. Ed.* **2013**, *52*, 4122-4126.

[35] S. Fleming, R. V. Ulijn, Design of nanostructures based on aromatic peptide amphiphiles. *Chem. Soc. Rev.* **2014**, *43*, 8150-8177.

[36] Y. Zhang, Z. Yang, F. Yuan, H. Gu, P. Gao, B. Xu, Molecular recognition remolds the self-assembly of hydrogelators and increases the elasticity of the hydrogel by 10^6-fold. *J. Am. Chem. Soc.* **2004**, *126*, 15028-15029.

[37] 熊雨婷，李闵闵，熊鹏，杨梦，卿光焱，孙涛垒，水相中糖识别人工受体. *化学进展* **2014**, *26*, 48-60.

[38] K. Kobayashi, Y. Asakawa, Y. Kato, Y. Aoyama, Complexation of hydrophobic sugars and nucleosides in water with tetrasulfonate derivatives of resorcinol cyclic tetramer having a polyhydroxy aromatic cavity: Importance of guest-host CH-π interaction. *J. Am. Chem. Soc.* **1992**, *114*, 10307-10313.

[39] B.-L. Poh, C. M. Tan, Contribution of guest-host CH-π interaction to the stability of complexes formed from cyclotetrachromotropylene as host and alcohols and sugars as guests in water. *Tetrahedron* **1993**, *49*, 9581-9592.

[40] M. Mazik, H. Cavga, Carboxylate-based receptors for the recognition of carbohydrates in organic and aqueous media. *J. Org. Chem.* **2006**, *71*, 2957-2963.

[41] M. Mazik, H. Cavga, Molecular recognition of N-acetylneuraminic acid with acyclic benzimidazolium- and aminopyridine/guanidinium-based receptors. *J. Org. Chem.* **2007**, *72*, 831-838.

[42] Y. Ferrand, M. P. Crump, A. P. Davis, A synthetic Lectin analog for biomimetic disaccharide recognition. *Science* **2007**, *318*, 619-622.

第8章

互锁和缠结结构与分子机器：轮烷、索烃和分子结

8.1 引言

互锁和缠结结构主要包括轮烷（rotaxane）、索烃（catenane）和分子结（knot），是分子自组装研究的重要对象[1-5]。轮烷由一个哑铃形的线性分子和被其穿过的环形分子形成［图 8-1（a）］[1-3]。线性分子的两端带有大的基团，可以阻止环组分从线性分子上滑脱。由一个环组分形成的体系称为“[2]轮烷”，多环分子（数量为 *n*）体系则称为“[*n*+1]轮烷”。如果不存在位阻基团或其体积不足以阻止环组分滑脱，相应的互穿型配合物被称为拟轮烷（pseudorotaxane），是一类类似于羊肉串型的自组装结构。绝大多数轮烷由一个线性分子形成，但并入两个线性分子的拟轮烷组装也有报道[6]。索烃由两个或更多环组分通过机械互锁形成［图 8-1（b）］[1-3]。在环组分的化学键不被破坏的情况下，相互间不能分离。由 *n*（$n\geqslant 2$）个环形成的轮烷被命名为“[*n*]索烃”。分子结（knot）是指一个大环分子自身通过机械互锁形成的互穿结构［图 8-1（c）］[3,4]。简单的三叶草式的分子结可以产生拓扑手性［图 8-1（c）：Ⅰ和Ⅱ］。图 8-1 提供的各类互锁结构可以进一步修饰。例如，组分间可以通过共价键相连接，多个互锁结构可以合并在一起，不同的互锁结构可以杂交，轮烷和索烃还可以并入到聚合物骨架或侧链上等，从而构成了一大类结构独特的自组装结构。

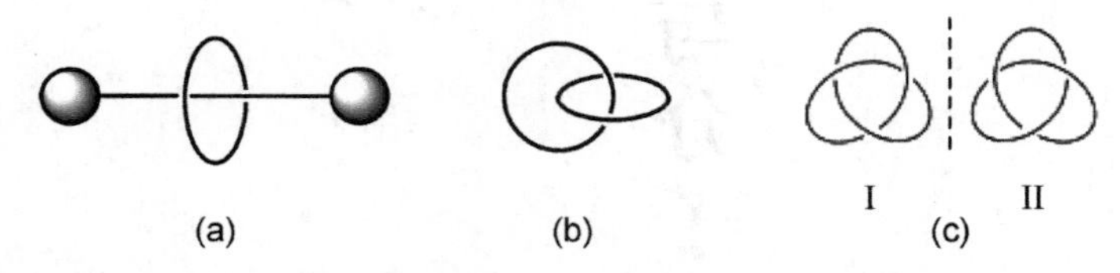

图 8-1 （a）[2]轮烷；（b）[2]索烃；（c）三叶草式分子结拓扑手性异构体Ⅰ和Ⅱ

化学家对互锁结构的兴趣最初产生于其独特的结构拓扑美学和发展挑战性的合成方法[7]。早期轮烷和索烃的合成主要是利用统计意义上的互穿结构，通过形成稳定的共价键制备，因此产率很低。超分子化学和分子识别研究的进展，导致了新的模板合成策略的发展[3,8,9]。通过配位作用、氢键及供体-受体相互作用等把两个分子前体配合形成预组织结构，进一步形成稳定的共价键，可以极大地促进互锁型结构合成的产率。由于轮烷和索烃的互锁组分间的相对运动可以通过改变 pH、分子间相互作用、引入位阻基团及光致偶氮异构化等控制，轮烷和索烃近年来广泛应用于各种分子器件如逻辑门、分子开关和分子梭等的构筑[10-14]。

8.2 模板合成策略

基于共价键构筑互锁结构需要至少两个分子组分相互靠近。因此，互锁结构的形成是一个熵不利的过程。如果前体通过非共价键相互作用结合在一起，形成预组织的配合物，可以拉近成键官能团的距离，将有利于形成互锁结构。这一策略被称为模板合成（templated synthesis）[3,8,9,15-17]，近年来报道的绝大多数互锁结构都是利用这一动力学控制的合成策略制备的[3]。[2]轮烷和[2]索烃的合成可以利用一个共性的[2]拟轮烷（[2]pseudorotaxane）型配合物前体（图 8-2）。这一[2]拟轮烷前体的线性组分可以在端基连接大的位阻基团，英文中有时被称为“塞塞子”（stoppering），形成[2]轮烷［图 8-2（a）］，也可以成环形成[2]索烃，这一过程英文中有时被称为“夹住”（clipping）［图 8-2（b）］。这一“夹住”成环策略也可以用于合成[2]轮烷，即一非环的前体围绕一个哑铃形模板成环［图 8-2（c）］。另一个合成轮烷的方法是所谓的“滑入”（slippage）策略［图 8-2（d）］，即在加热状态下让环组分滑过哑铃形组分一侧的位阻基团，产生热力学有利的轮烷结构。一般需要引入组分间的非共价键作用力稳定轮烷结构。降低温度后，环组分不能从位阻基团上滑出，从而形成稳定的轮烷结构。

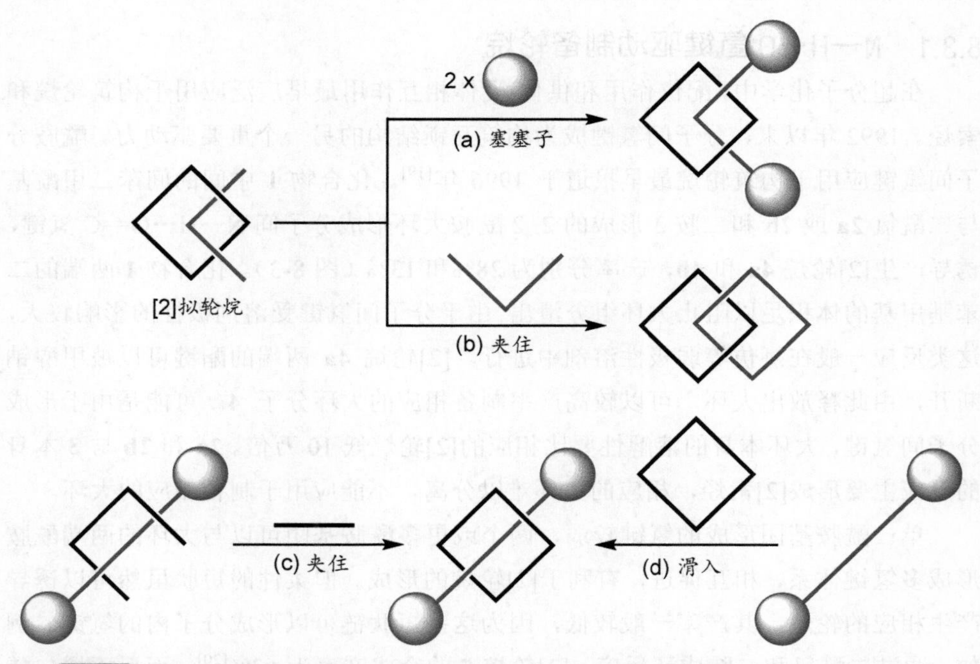

图 8-2 （a）[2]轮烷合成的“塞塞子策略”；（b）[2]索烃合成的“夹住”策略；（c）[2]轮烷合成的“夹住”策略；（d）[2]轮烷合成的“滑入”策略

上述前三个策略都需要有适当的分子间相互作用驱动两组分配合物的形成。对于利用“滑入”策略构筑轮烷，当大环和哑铃形之间存在较强的非共价键相互作用时，在加热状态下轮烷一旦形成，其滑出过程的能垒要高于滑入过程的能垒，即滑出过程较慢，从而能以较高的产率形成轮烷。若不存在这一分子间相互作用，轮烷两组分间会产生净的空间排斥效应，滑出过程快于滑入过程，因此也就不能利用这一策略制备轮烷。

上述策略所使用的反应都是动力学控制的，在多数反应过程中会产生不需要的不可逆形成的副产物。利用形成可逆的共价键或配位键成环或形成哑铃形组分，可以实现互锁结构构筑的热力学控制。如果互锁结构比其它可能的副产物更加稳定，在达到热力学平衡时，有可能定量地形成需要的互锁结构。图 8-2 总结的所有动力学控制的反应途径都可以利用热力学控制的反应实现。

各种不同的非共价键作用力都可以作为驱动力应用于上述动力学和热力学控制的合成策略。本章将主要讨论以氢键为驱动力构筑互锁结构。在很多例子中，不同的驱动力共同作用，驱动互锁结构的形成[3,18]。本章只讨论氢键为主要驱动力的互锁结构的构筑。

8.3 酰胺和脲氢键模板

8.3.1 N—H…O 氢键驱动制备轮烷

在超分子化学中，配位作用和供体-受体相互作用最早广泛应用于构筑轮烷和索烃。1992 年以来，分子间氢键成为构筑互锁结构的另一个重要驱动力。酰胺分子间氢键应用于构筑轮烷最早报道于 1996 年[19]。化合物 **1** 中间的间苯二甲酰基与二酰氯 **2a** 或 **2b** 和二胺 **3** 形成的 2+2 酰胺大环形成分子间 N—H…O═C 氢键，诱导产生[2]轮烷 **4a** 和 **4b**，产率分别为 28%和 13%（图 8-3）。化合物 **1** 两端的二苯基甲基的体积足以阻止大环组分滑出。由于分子间氢键受溶剂极性的影响较大，这类反应一般在氯仿等弱极性溶剂中进行。[2]轮烷 **4a** 两端的酯键可以被甲醇钠断开，由此释放出大环，可以较高产率制备相应的大环分子 **4**。可能是由于形成分子间氢键，大环本身的溶解性要比相应的[2]轮烷低 10 万倍。**2a** 和 **2b** 与 **3** 本身的反应主要形成[2]索烃，相应的大环难以分离，不能应用于制备相应的大环。

单一酰胺基团形成的氢键较弱，两个或更多酰胺基团可以与大环的两端酰胺形成多氢键体系，相互促进，有利于[2]轮烷的形成。但柔性的短肽虽然可以诱导产生相应的轮烷，其产率一般较低，因为这些短肽链可以形成分子内的氢键。例如，通过二酰氯和二胺成环反应，[2]轮烷 **5** 的合成产率为 63%[20]。而反丁烯二酸二酰胺由于结构刚性不能形成分子内氢键，位阻较小，模板效率与间苯二甲酰胺相

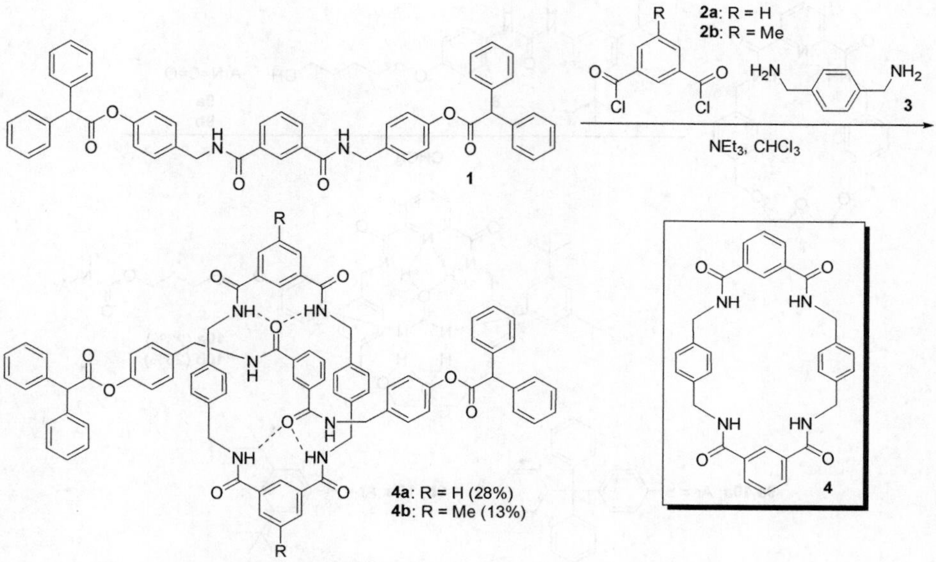

图 8-3 [2]轮烷 **4a** 和 **4b** 的制备

比显著提高。例如，在相同条件下，相应线性分子通过氢键模板诱导形成[2]轮烷 **6a**，产率可以达到 97%[21]。当其中一个酰胺替换为酯基时，相应的[2]轮烷 **6b** 的产率下降到 35%，当替换为两个酯基时，[2]轮烷的产率仅为 3%。可见酯只能作为氢键受体，相对于酰胺，其通过形成氢键模板诱导形成轮烷的能力要弱很多。

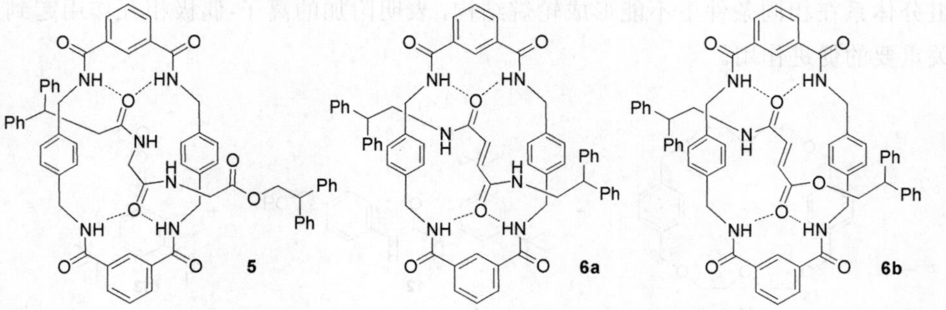

形成氢键的大环并不局限于上述酰胺大环，脲基也可以通过形成氢键诱导形成轮烷结构。例如，大环 **7** 的酰胺和化合物 **8** 的脲基可以形成氢键，脲基与大环的乙氧基 O 原子也可以形成氢键（图 8-4）[22]。两者协同驱动形成互穿配合物，再与异氰酸酯 **9a** 和 **9b** 反应形成相应的[2]轮烷 **10a** 和 **10b**，产率分别为 23%和 20%。大环 **7** 可以形成两个分子内氢键，其可以把两个酰胺 H 固定在穴的内部，又不影响其形成分子间氢键，从而达到促进轮烷形成的目的。

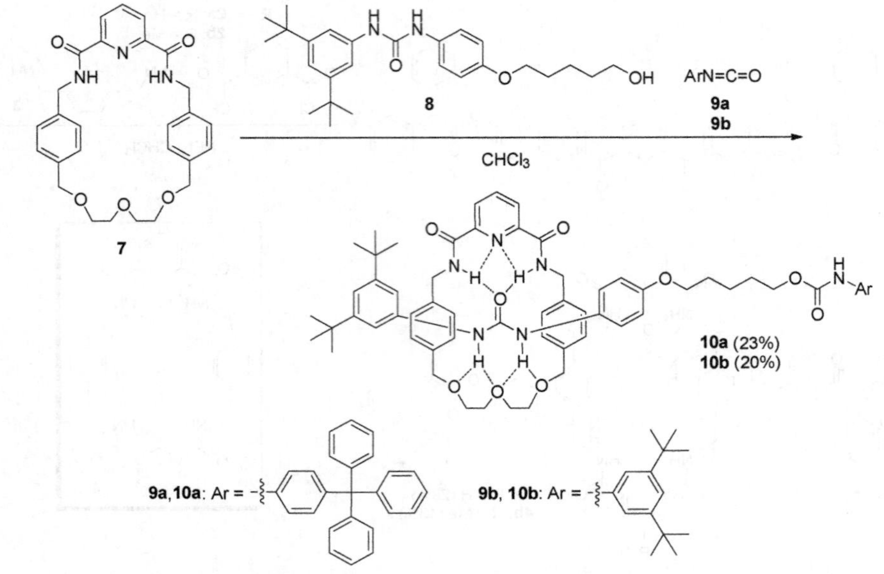

图 8-4 [2]轮烷 **10a** 和 **10b** 的制备

大环 **11** 的醚 O 原子作为受体可以与酰胺及脲等形成氢键，也可以与 Na^+等金属离子［四(3,5-三氟甲基苯基)硼盐］形成离子-偶极相互作用。这两种相互作用力互相促进，在氯仿中可以诱导 **11** 与 **12** 形成互穿型配合物，**12** 的端位羟基与 **13** 反应，可以形成[2]轮烷 **14**，产率为 40%（图 8-5）[23]。Na^+不存在时，相应的三组分体系在相同条件下不能形成轮烷结构，表明附加的离子-偶极相互作用起到至关重要的促进作用。

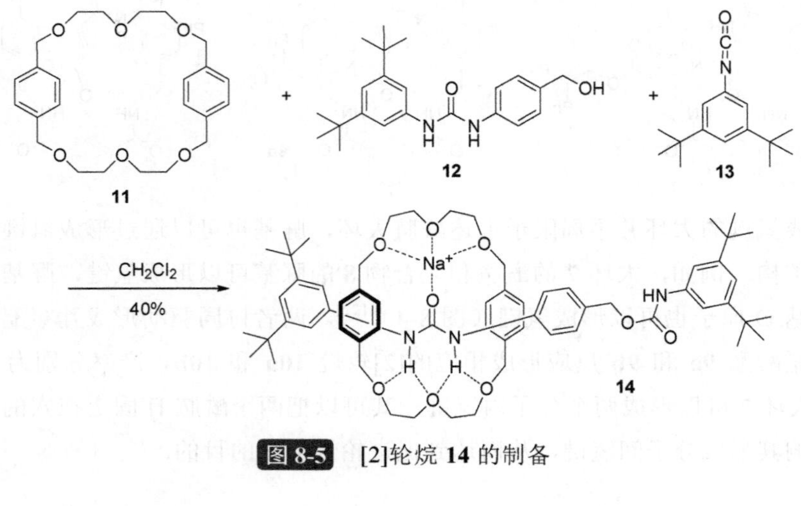

图 8-5 [2]轮烷 **14** 的制备

在弱极性溶剂中，酰胺可以与酚氧负离子形成 N—H…O^-氢键。这一氢键模式也被用于模板形成[2]轮烷[8,24]。例如，酰胺大环 **15** 在二氯甲烷中配合醋酸根负离子，结合常数达到 1.5×10^5 L/mol。以二氯甲烷为溶剂，三个前体都在 5 mmol/L 的浓度下，**16a** 或 **16b** 在 **15** 的存在下与 **17** 反应形成醚键。尽管形成醚键后其只能与酰胺形成非常弱的氢键，该反应生成[2]轮烷 **18a** 和 **18b**，产率分别为 95%和 57%（图 8-6）[25]。较高的产率表明酚负离子与大环形成配合物后，产生空间位阻，使得溴代物 **17** 只能从酰胺大环的另一面接近酚负离子，从而有利于形成轮烷。并入磺酰胺基团的类似大环也可以形成相应的[2]轮烷，但产率较低。对称的苯酚负离子衍生物也可以通过氢键配合在大环的内穴，形成[2]拟轮烷。例如，化合物 **19** 和 **20** 可以通过氢键形成这类互穿配合物（图 8-6），**20** 两端的氨基与三苯基乙酰氯（**21**）反应，即可形成[2]轮烷 **22**，产率在 20%～30%[26]。

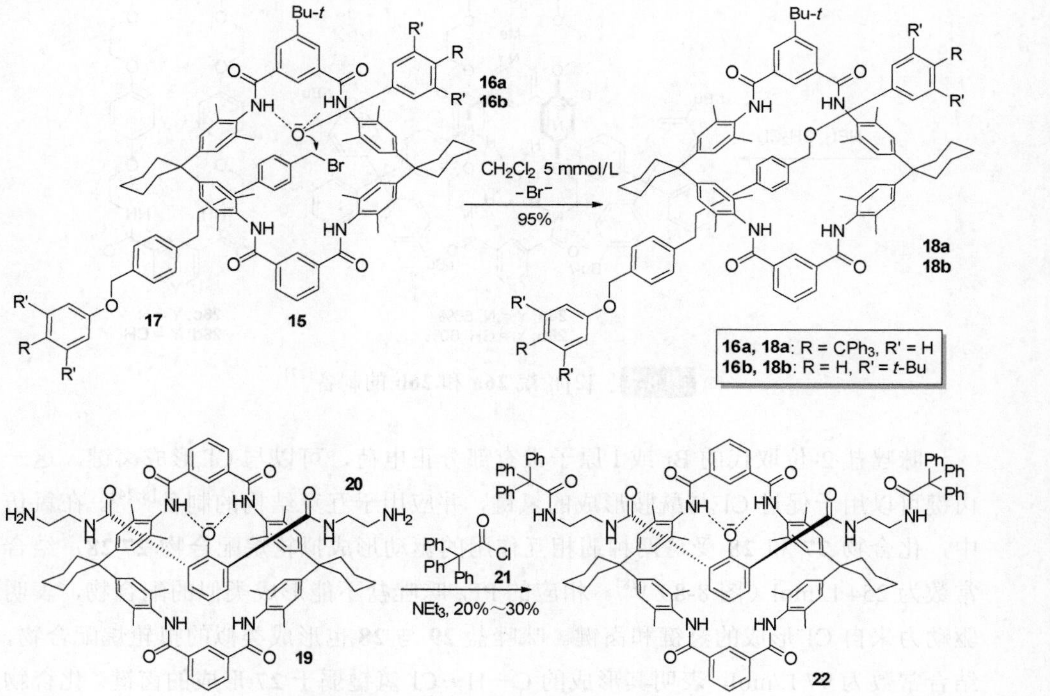

图 8-6 [2]轮烷 **18** 和 **22** 的制备

8.3.2 N—H…Cl^-和 N—H…Br^-氢键驱动制备轮烷

卤素负离子特别是 Cl^-与酰胺形成氢键可以用来构筑轮烷和索烃[8,24]。例如，

从化合物 **23**、**24** 和 **25a** 或 **2a** 出发，可以 56%和 60%的产率制备[2]轮烷 **26a** 和 **26b**（图 8-7），反应中也生成大环产物 **26c** 和 **26d**。**23** 的吡啶 N 上甲基 H 具有一定的酸性，可以与乙氧基链 O 原子形成 C—H···O 氢键，能够促进轮烷的形成。负离子可以在分离纯化过程中用水洗去，也可以通过离子交换形成 PF_6^-的盐，以提高在有机溶剂中的溶解性。并入磺酰胺基团的类似大环也可以通过与 Cl^-的结合，模板诱导形成类似的轮烷结构[24]。

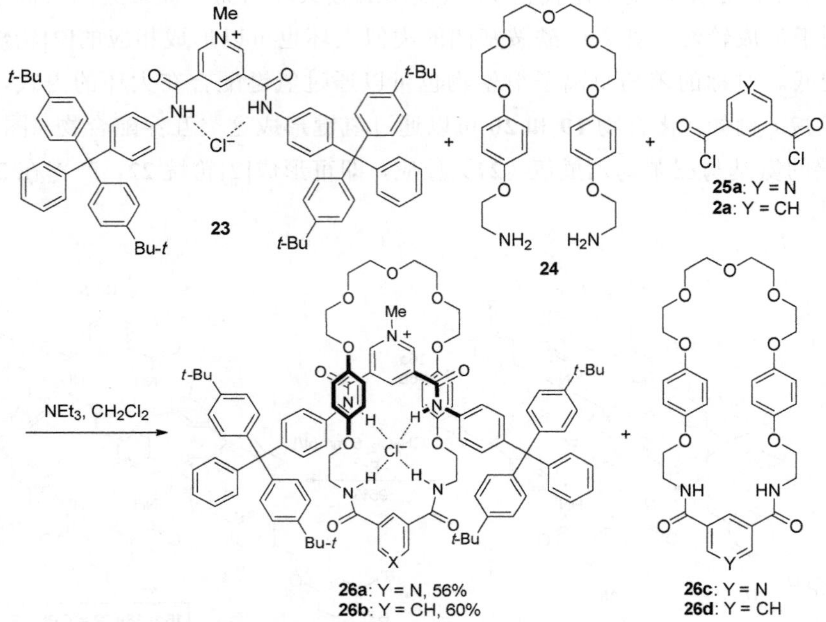

图 8-7 [2]轮烷 **26a** 和 **26b** 的制备[27]

咪唑盐 2-位取代的 Br 或 I 原子带有部分正电荷，可以与 Cl^-形成卤键。这一卤键可以用于促进 Cl^-与酰胺形成的氢键，并应用于互穿结构的制备[8,24]。在氯仿中，化合物 **27** 和 **28** 受这两种弱相互作用的驱动形成拟轮烷配合物 **27·28**，结合常数为 254 L/mol（图 8-8）[28]。相应的 PF_6^-咪唑盐不能形成类似的配合物，表明驱动力来自 Cl^-形成的氢键和卤键。咪唑盐 **29** 与 **28** 也形成类似的拟轮烷配合物，结合常数为 97 L/mol，表明其形成的 C—H···Cl^-氢键弱于 **27** 形成的卤键。化合物 **30** 不能与 **28** 形成类似的配合物，可以认为其两个 Br 原子不能形成卤键。**31** 与 **28** 形成较为稳定的配合物，结合常数为 245 L/mol。三氮唑盐 **32** 和 **33** 也可以与 **28** 形成拟轮烷型配合物，结合常数分别为 1188 L/mol 和 610 L/mol，表明其 5-C 上 I 和 H 原子能分别形成更为稳定的 I···Br^-和 C—H···Br^-氢键[29]。**32** 的这一协同结合模式已经被应用于构筑[2]轮烷 **34**[29]。两端并入两个烯丙基的线性酰胺前体通过与 Br^-形成氢键，形成拟轮烷配合物，在 Grubbs 催化剂的存在下，发生分子内烯烃复分解反应成环，形成[2]轮烷 **34**。

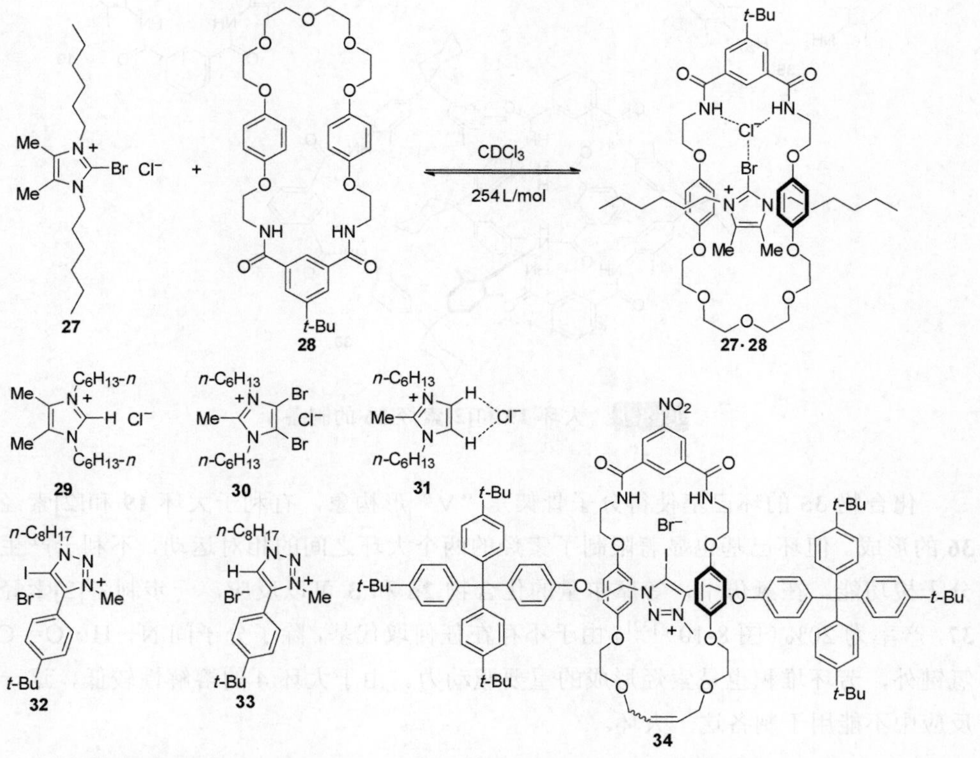

图 8-8　[2]拟轮烷 **27**、**28** 的形成和咪唑盐 **29**～**33** 及[2]轮烷 **34** 的结构

8.3.3　N—H…O 氢键驱动制备索烃

芳香酰胺前体间氢键也可以诱导制备索烃。第一个例子报道于 1992 年[30]。等摩尔量的二胺（**35**）和二酰氯（**2a**）反应形成 1+1 大环 **19**（51%）和[2]索烃 **36**（34%）及少量的 2+2 大环（5%）（图 8-9）。甲基的引入使得相邻的酰胺基团与苯环扭曲，有利于分子间氢键的形成。在间苯二甲酰胺的 5-位引入甲氧基，利用同样的前体缩合也可以形成[2]索烃，但产率显著降低（8.4%）[31]。处于另一个大环的穴内的甲氧基产生空间位阻，弱化了分子间氢键可能是重要原因。

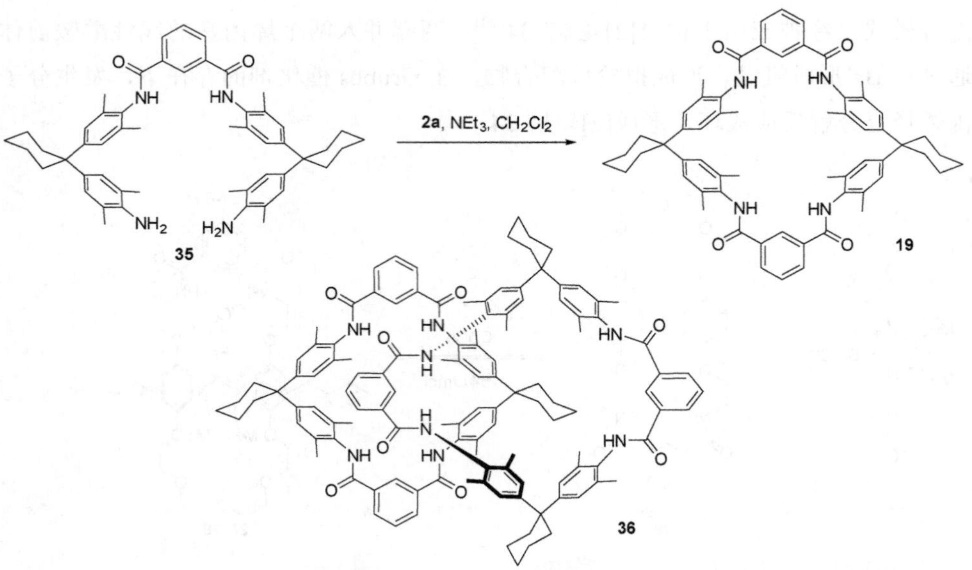

2a, NEt_3, CH_2Cl_2

35

19

36

图 8-9 大环 **19** 和[2]索烃 **36** 的制备

化合物 **35** 的环己基使得分子骨架呈"V"形构象，有利于大环 **19** 和[2]索烃 **36** 的形成。但环己基也显著限制了索烃的两个大环之间的相对运动，不利于产生分子梭功能。在氯仿中，等摩尔量的化合物 **2a** 和 **3** 可以反应，一步制备[2]索烃 **37**，产率为 20%（图 8-10）[32]。由于不存在任何取代基，除了分子间 N—H···O═C 氢键外，芳环堆积也是索烃形成的重要驱动力。由于大环 **4** 的溶解性较低，这一反应中不能用于制备这一大环。

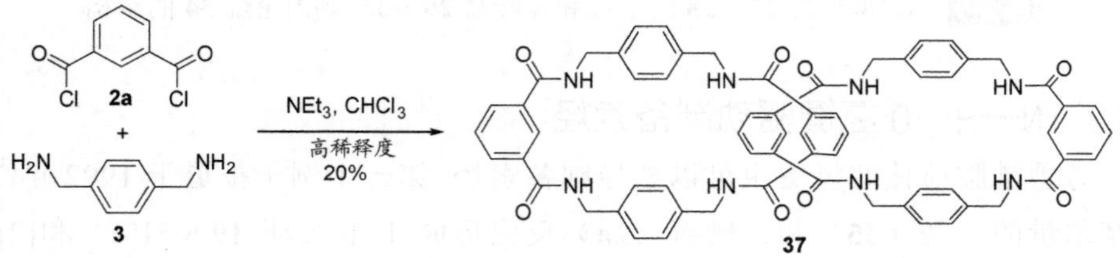

NEt_3, $CHCl_3$
高稀释度
20%

2a

3

37

图 8-10 [2]索烃 **37** 的制备

8.3.4 N—H···Cl^-和 N—H···O—SO_3^{2-}氢键驱动制备索烃

在干燥的二氯甲烷和三乙胺中，在大环 **38** 的存在下，化合物 **2a** 和 **24** 或 **24′** 反应，可以形成[2]索烃 **39a** 和 **39b**，产率分别为 35%和 29%（图 8-11）[33]。尽管 **38** 的负离子为 I^-，酰氯与胺反应形成的 Cl^-被认为是形成氢键的模板。大环 **38** 吡啶 N 上的甲基 H 具有一定的酸性，也可以与乙氧基 O 原子形成 C—H···O 氢键，促进索烃的形成。这两个[2]索烃（PF_6^-盐）与 Cl^-、Br^-、$H_2PO_4^-$及 AcO^-都能通过氢键结合形成 1∶1 配合物，但稳定性逐渐降低。在氯仿-甲醇（1∶1）溶液中，与 Cl^-形成的配合物的结合常数分别为 1550 L/mol 和 650 L/mol。

图 8-11　[2]索烃 **39a** 和 **39b** 的制备

Cl^-作为模板在索烃制备中已经得到广泛应用。利用烯烃复分解成环是这类制备的一个有效策略，**40** 和 **41** 是两个代表性的例子[24]。后者三氮唑 C-5 位 H 原子形成的 C—H···Cl^-氢键较 **40** 的相应位置酰胺形成的 N—H···Cl^-氢键更强，而与 $H_2PO_4^-$形成的氢键较弱。SO_4^{2-}也可以用于模板制备[2]索烃 **42**。通过与脲基形成氢键，更为复杂的三重互锁的胶囊型索烃 **43** 也可以在二氯甲烷中通过 Click 反应制备[34]。这一过程一步形成六个三氮唑，**43** 的产率达到 21%。

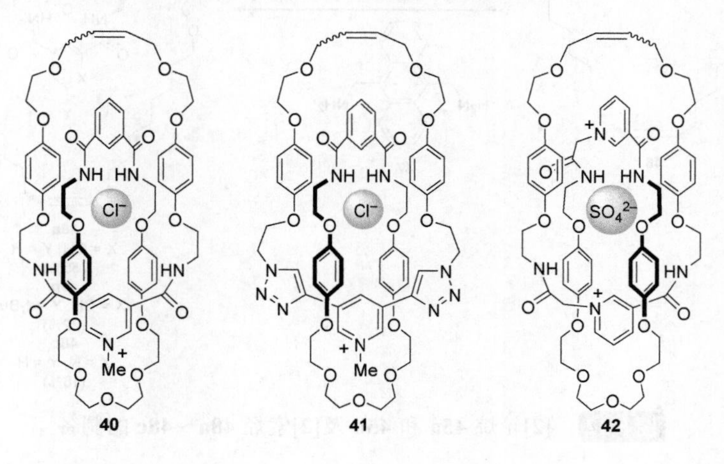

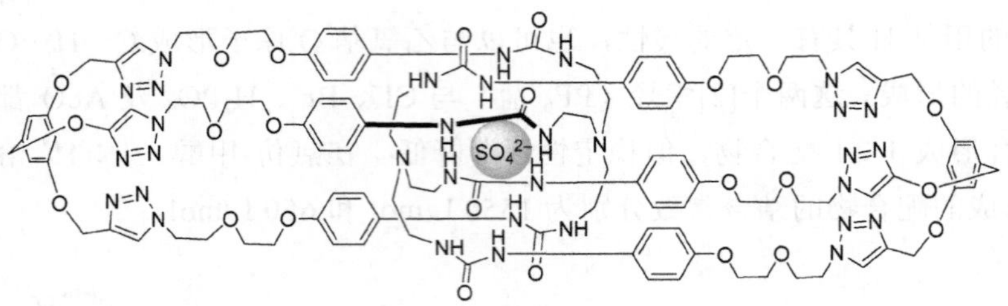

8.3.5 N—H···O⁻（方酸）氢键驱动制备索烃

刚性共平面的方酸的两个 O 原子平行反向排列，与酰胺形成稳定的 N—H···O⁻氢键[35]。利用这一氢键模式，在 **44** 的存在下，化合物 **2a** 和 **2c** 与 **3** 反应，可以形成相应的[2]轮烷 **45a** 和 **45b**，产率分别为 28%和 30%（图 8-12）[36]。大环一

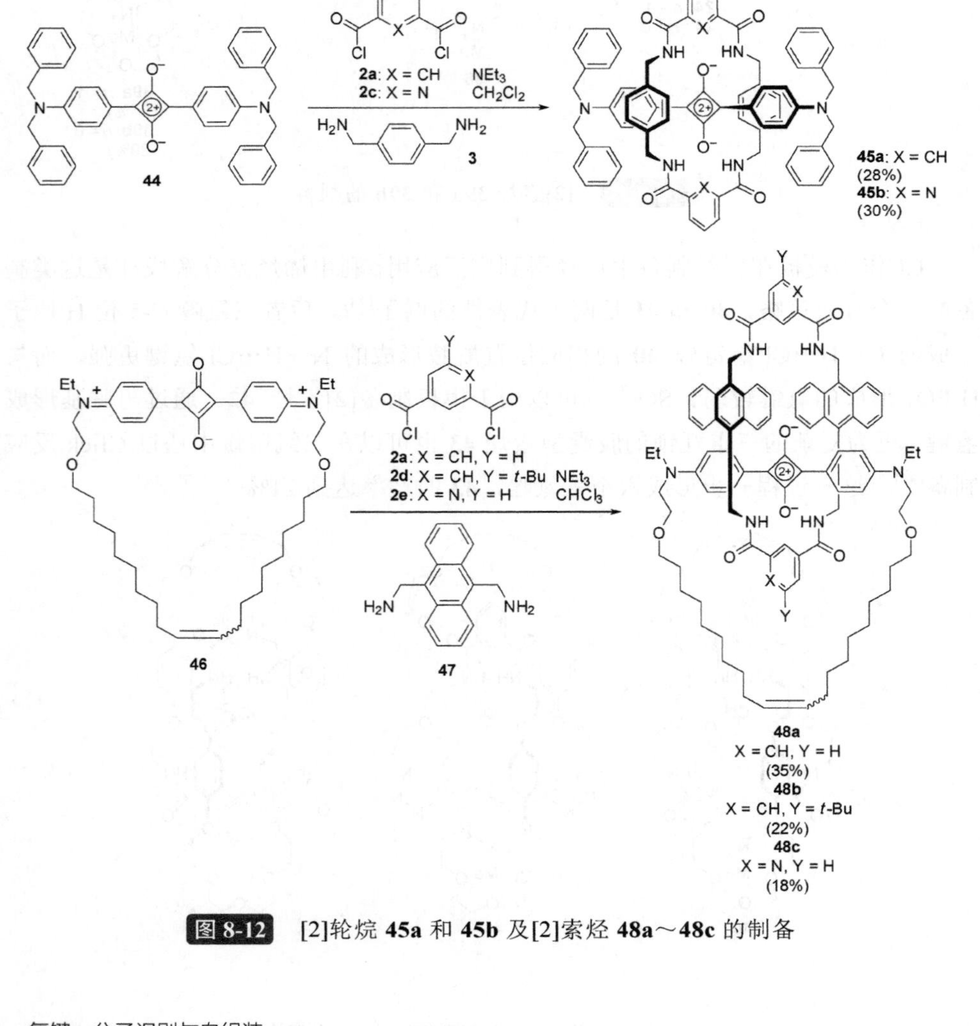

图 8-12 [2]轮烷 **45a** 和 **45b** 及[2]索烃 **48a**～**48c** 的制备

方面可以提高中间方酸的化学稳定性，还可以抑制方酸的堆积，从而保持其吸收光谱谱带不至于因为堆积而变宽。基于同一氢键模式，在大环 **46** 的存在下，二酰氯 **2a**、**2d** 和 **2e** 与二胺 **47** 反应成环，可以形成[2]索烃 **48a～c**，产率分别为 35%、22%和 18%（图 8-12）[37]。

8.4 N⁺—H···O 氢键模板制备轮烷和索烃

18-冠-6 和 24-冠-8 等冠醚可以与伯胺和仲胺离子形成 N⁺—H···O 氢键，从而形成拟轮烷型配合物。这一氢键模式也被广泛应用于构筑轮烷和索烃[3,38,39]。保持伯胺或仲胺盐与大环冠醚的配合，反应需要在极性较弱的溶剂中进行，反应温度尽可能低，并且避免使用需要碱的反应。一个早期的例子是利用二苯并-24-冠-8（**51**）对 **49** 的配合作用，在 **49** 的一侧醇羟基与 **50** 通过酯化反应形成[2]轮烷 **52**（图 8-13），产率达到 90%[40]。三丁基膦作为催化剂避免了使用 DMAP 等有机碱，后者会中和铵离子，不利于轮烷的产生。本反应也可在苯和乙腈等溶剂中进行，但使用 3,5-二甲基苯甲酰氯只得到少量的轮烷。反应中产生的 Cl^- 与铵离子形成氢键弱化互穿[2]拟轮烷配合物，可能是产率降低的一个原因。二苄基铵离子与 **51** 的这一配合模式还可以扩展到其它反应，如可以用异氰酸酯与醇羟基反应，引入第二个位阻基团，通过氧化巯基形成双硫键引入位阻基团等[38]。

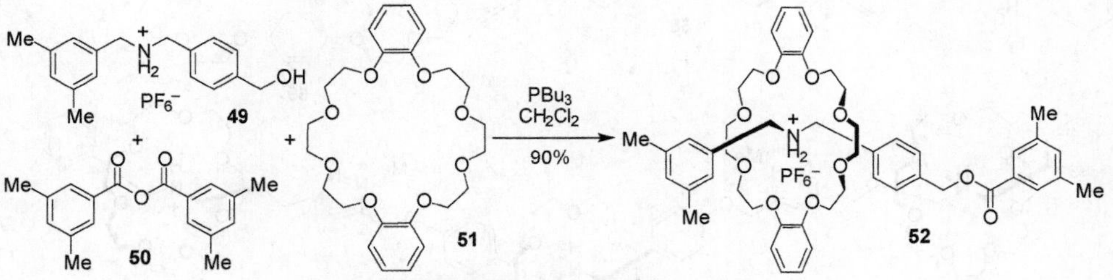

图 8-13 [2]轮烷 **52** 的制备

较小的苯并-21-冠-7（**55**）也可以通过与二级铵形成拟轮烷结构制备[2]轮烷[41]。例如，从 **53** 和 **54** 出发，通过形成酯键可以 72%的产率制备[2]轮烷 **56**（图 8-14）。21-冠-7 的内径较小，苯环即可阻止其滑出。因此，**53** 的羟基一侧不引入苯环，从而可以形成互穿配合物。

如果有足够的乙氧基 O 原子形成氢键，冠醚内可以引入不同的基团，并由此构筑更为复杂的互穿体系[3,38,39]。例如，大环 **59** 可以配合两个二级铵离子[42]，在

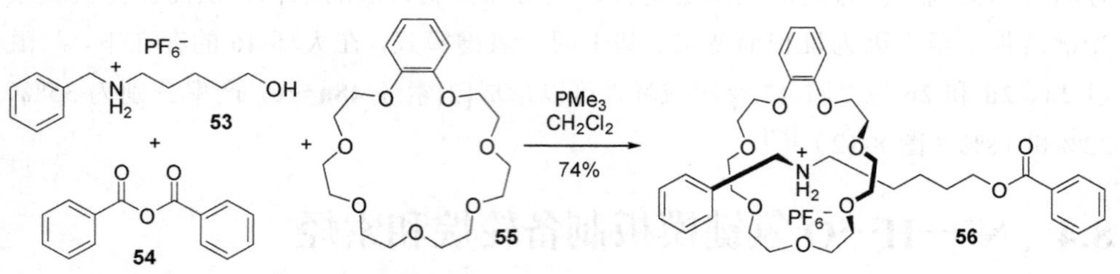

图 8-14 [2]轮烷 **56** 的制备

二氯甲烷中把化合物 **55**、**57**、**58** 和 **59**（4∶4∶2∶1）混合在一起，发生碘化亚铜催化的点击反应，形成四个三氮唑环，可以 42%的产率制备双股的杂[7]轮烷(hetero[7]rotaxne) **60**（图 8-15）[43]。四个三氮唑环形成后锁住 **55**，从而形成四个轮烷塞子。两个轮烷塞子相互排斥，整体上形成一个更大的塞子，阻止了中间的大环 **59** 滑出。并入四个苯环的更大冠醚 **61** 配合四个二苄基铵 **62**，形成四股[5]拟轮烷结构 **63**[44]。晶体结构揭示，四个二级铵与 **61** 的乙氧基 O 原子形成 N^+—H···O 氢键，穴内配合一个 PF_6^-，其与周围苯环和亚甲基 H 原子形成 C—H···F 氢键。

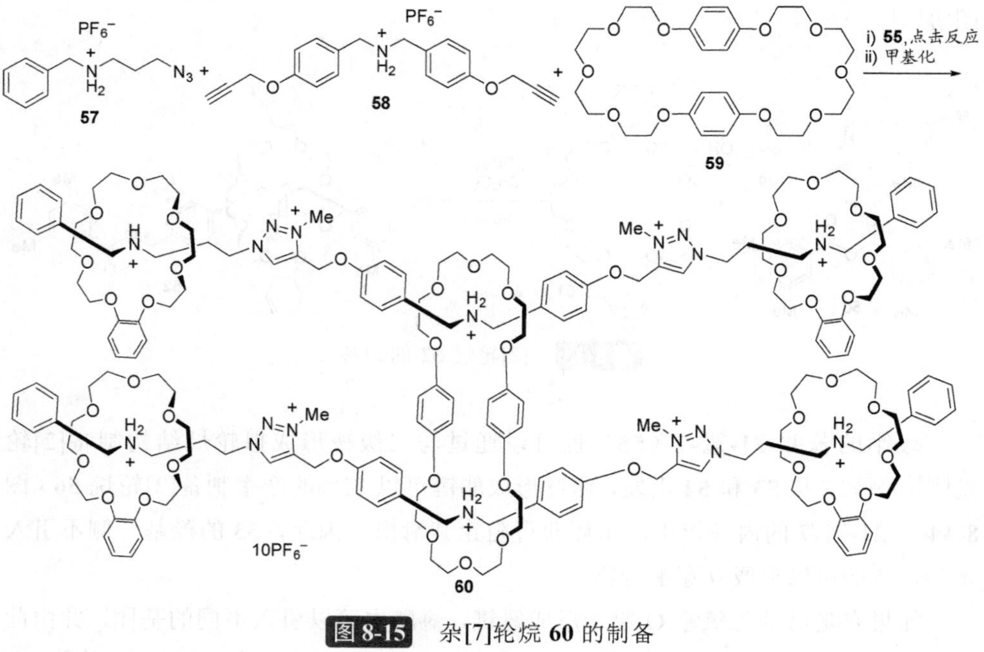

图 8-15 杂[7]轮烷 **60** 的制备

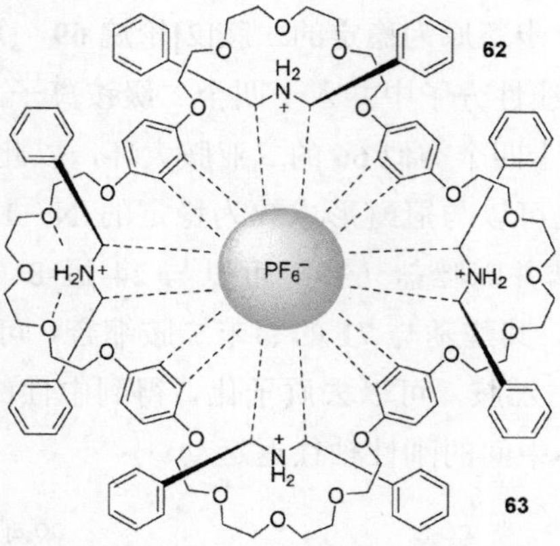

制备[2]索烃 **41**～**43** 所使用的 C 末端烯烃复分解反应是一类热力学控制的反应，在反应达到平衡后，不同产物的分别取决于相对的稳定性。如果轮烷和索烃产物较其它副产物更稳定，可以较高产率甚至于定量的合成。另一类广泛应用于制备轮烷和索烃的反应是醛-胺缩合形成亚胺键[38,45,46]。[2]轮烷 **68** 和 **69** 的制备即是早期利用这一策略的成功例子（图 8-16）[47]。**64** 和 **65** 缩合，除了形成大环 **66** 外，还生成其它大环和非环产物。但在加入二级铵盐 **67** 后，由于形成了[2]轮烷 **68**，其它的亚胺成分可以进一步转化为大环 **66** 与 **67** 配合。由于 **68** 的大环内径不能允许二甲基苯穿过，**68** 的形成实际上是以“夹住”过程［图 8-2（c）］，通过形成一个亚胺键实

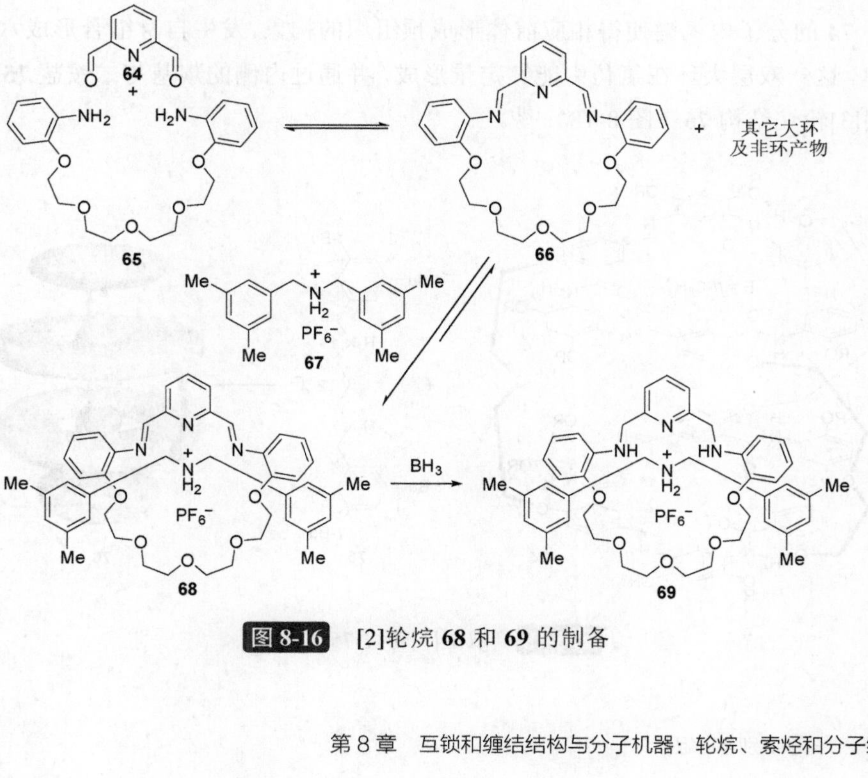

图 8-16 [2]轮烷 **68** 和 **69** 的制备

现的。**68** 可以由硼烷进一步还原为稳定的二胺[2]轮烷 **69**，并可以加碱除去质子形成中性的轮烷结构。当在线性分子中并入十四个二级铵离子，它们被对苯二亚甲基分开，可以同时模板诱导十四个类似 **66** 的二亚胺大环，以此构筑[15]轮烷[46]。

质子化的咪唑杂环也可以与冠醚形成较为稳定的 N—H···O 氢键，并用于构筑轮烷。例如，刚性的苯并咪唑盐（**70**）可以与 24-冠-8（**72**）形成互穿配合物（图 8-17）[48]。在氯仿中，其醛基与 **71** 的邻苯二胺缩合，可以 80%的产率制备[2]轮烷 **73**。反应结束后加三乙胺，可以去质子化，得到中性的互穿结构。相应的氢键消除后，大环冠醚可沿中间的刚性轴往返运动。

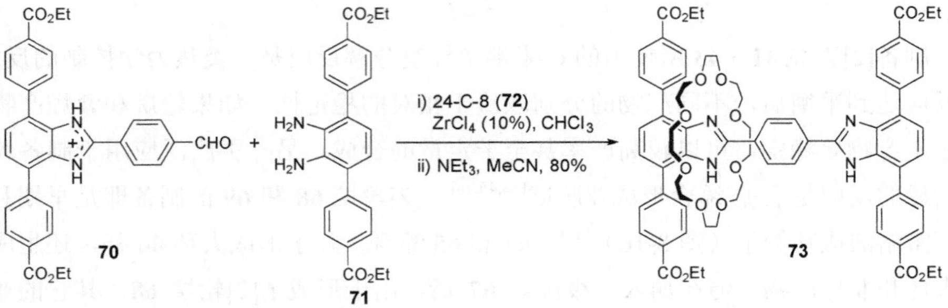

图 8-17 [2]轮烷 **73** 的制备

大环内的亚胺键可以通过分子内 N—H···O 氢键的引入提高稳定性[49]。例如，大环 **74** 的分子内氢键使得相应前体形成预组织的构象，发生自身缩合形成六个亚胺键。这一双层大环在氯仿中能够定量形成，并通过内侧的羰基与二铵盐 **75** 形成双层[3]轮烷结构 **76**（图 8-18）[50]。

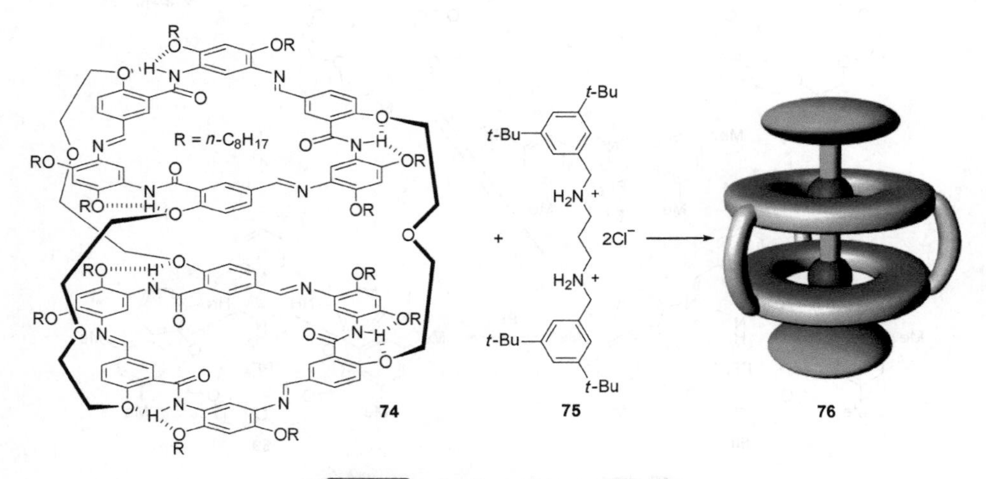

图 8-18 双层[3]轮烷 **76** 的制备

二苄基铵盐与冠醚及其类似物的配合作用也可以用于构筑索烃[51]。例如，大环**77**与开链冠醚**78**在二氯甲烷中通过N^+—H···O氢键形成互穿配合物，在Grubbs催化剂的催化下，**78**的两个乙烯片段发生分子内复分解反应，可以52%～75%的产率形成[2]索烃**79**（图8-19）[52]。**78**也可以首先转化为大环**80**，在同样的反应条件下，**80**开环配合再成环，可以75%的产率形成**79**。

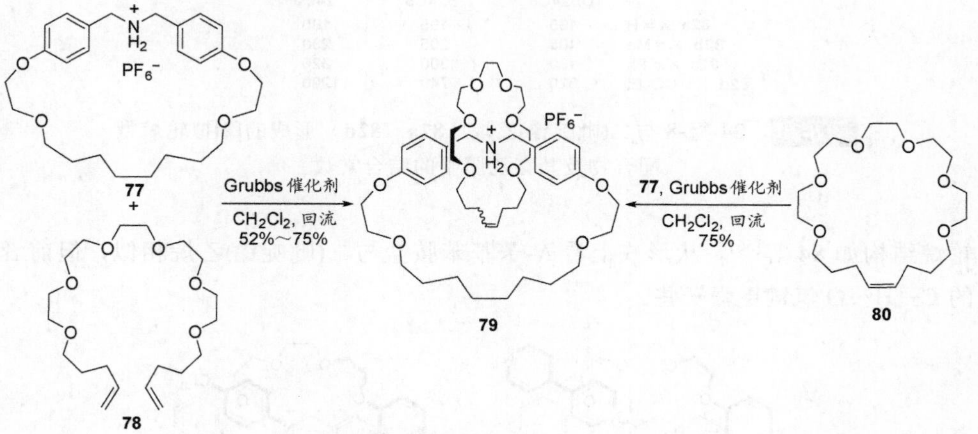

图8-19 [2]索烃**79**的制备

8.5 其它模板策略

8.5.1 二(吡啶鎓)乙烷C—H···O氢键模板构筑轮烷

二(吡啶鎓)乙烷中间的两个亚甲基受吡啶鎓离子拉电子效应的影响，具有一定的酸性，可以与冠醚形成C—H···O氢键，利用这一氢键模式也可以构筑轮烷[53]。二苯并-24-冠-8（**51**）、苯并-24-冠-8（**81**）和24-冠-8（**72**）在乙腈中与二(吡啶鎓)乙烷（**82a～d**）都可以形成1∶1配合物，结合常数在105～1200 L/mol（图8-20）[54]。**51**与**82d**形成的配合物的晶体结构揭示，**82d**的四个亚甲基H原子与周围的冠醚O原子都形成C—H···O氢键，两边吡啶鎓与相邻的苯环还产生堆积作用，进一步稳定了这类氢键。

由4,4′-联二吡啶与二苯并-24-冠-8（**51**）形成的相应的拟轮烷配合物**83**由于与冠醚的两个苯环间存在一定程度的供体-受体作用，堆积更强，配合物也更为稳定。这类互穿配合物能够被用于构筑互穿型配位聚合物，互穿结构能够增加中间的柔性连接链的刚性，形成类似金属有机框架型的空穴自组装结构[55]。绝大多数轮烷的线性组分有苄基和烷基构筑，但*N*-苄基苯胺盐可以作为模板，形成[2]拟

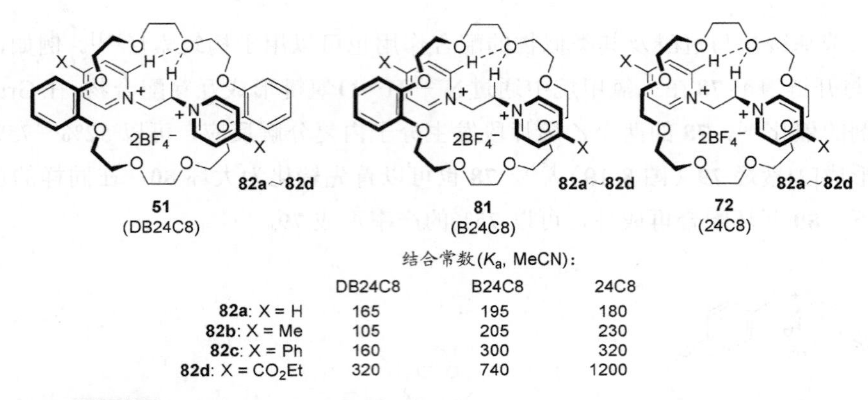

结合常数(K_a, MeCN)：

	DB24C8	B24C8	24C8
82a: X = H	165	195	180
82b: X = Me	105	205	230
82c: X = Ph	160	300	320
82d: X = CO_2Et	320	740	1200

图 8-20 24-冠-8 与二(吡啶鎓)乙烷（**82a**～**82d**）形成的[2]拟轮烷型配合物及其在乙腈中的结合常数

轮烷结构如 **84** 等[56]。从形式上看 *N*-苄基苯胺盐与二(吡啶鎓)乙烷相似，但前者的 C—H···O 氢键更强一些。

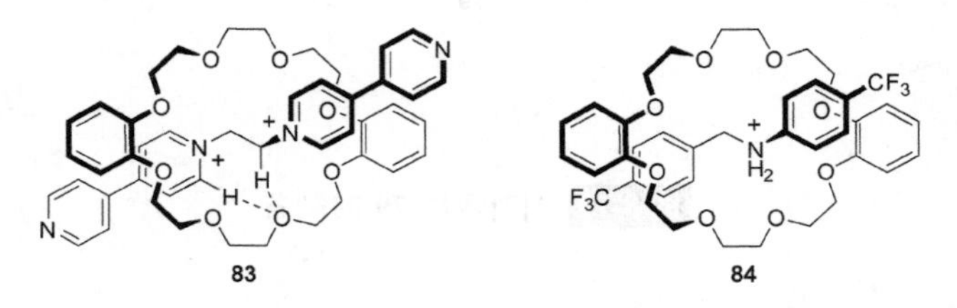

8.5.2 胍-羧酸 N—H···O 氢键（盐桥）模板构筑轮烷

碱性的胍和酸性的羧酸结合后会发生质子转移形成两个 N—H···O 强氢键盐桥[57]。胍衍生物 **85** 和羧酸衍生物 **86** 在甲苯中可以通过这一盐桥形成稳定配合物，其端基乙烯基在 Grubbs 催化剂的存在下发生复分解反应成环，可以 68%的产率制备[2]索烃 **87**（图 8-21）[58]。在氯仿中，产率降低为 28%。加入酸或 Zn^{2+}盐可以破坏盐桥。胍和羧基由此相互远离，以此可以可逆控制两个大环的相对定位。

8.5.3 脲基嘧啶 DDAA · AADD 四重氢键驱动构筑动态[2]拟轮烷和[2]索烃

以亚胺、双硫键和烯烃复分解反应构筑动态共价键轮烷和索烃，虽然理论上存在发生可逆反应的可能性，但逆过程的反应速率可以控制，因此可以分离相应的互穿结构。基于脲基嘧啶的 DDAA 四重氢键在弱极性溶剂中非常稳定，但其形成仍然是一个动态过程[59]。这一氢键模式可以驱动不同供体-受体相互作用稳定的互穿结构，形成通过非共价键连接的互穿结构。例如，从相应的互补前体出发，通过氢键和供体-受体作用相互协同，单一的类回转型的动态[2]拟轮烷 **88** 和[2]索烃 **89** 可以选择性地形成[60,61]。

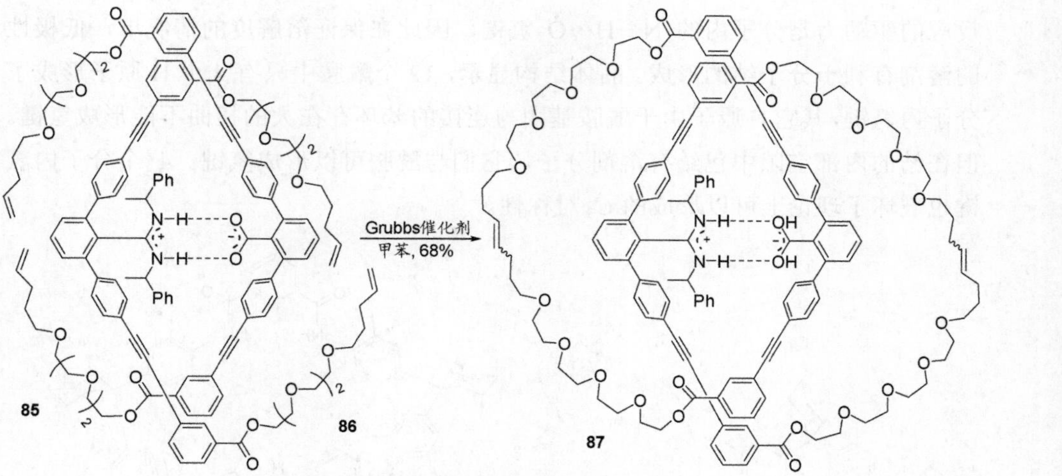

Grubbs催化剂
甲苯, 68%

图 8-21 [2]索烃 **87** 的制备

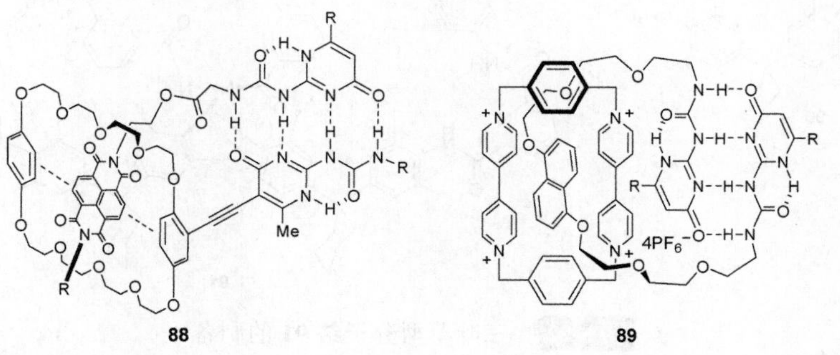

8.6 分子结

化学家研究分子结以获得对立体化学、拓扑手性和控制分子构型和构象复杂性等更为深入的认识[3-5,62,63]。天然 DNA 和蛋白质可以形成结结构，它们不但具有纳米尺度的体积，还具有一些重要的生化活性。例如，与线性类似物相比，形成结的乳铁传递蛋白和抗坏血酸氧化酶表现出显著增强的输送 Fe^{3+}及酶氧化能力。一些蛋白酶和毒素也存在结的结构域。结还可以提高蛋白三维结构的刚性等，结蛋白如圈杆蛋白等的结构刚性和手性对于其产生抗病毒活性起到非常关键的作用。

化学合成分子结最初是利用过渡金属离子与配体间的配位作用，形成分子结后再通过更强的配位作用去除金属离子[4]。在高度稀释条件下，10^{-3} mmol/L 的二胺（**90**）与二酰氯（**2c**）在氯仿中反应形成 1+1 及 2+2 大环和分子结（**91**），产率分别为 15%、23%和 20%（图 8-22）[64]。反应中没有形成类似 **36** 的[2]索烃，反应的驱动力是分子内的 N—H⋯O 氢键，因此在保证溶解度的情况下，低极性的溶剂有利于分子结的形成。晶体结构显示，12 个酰胺中只有 4 个 H 原子形成了分子内氢键，其它 H 原子由于酰胺基团与连接的苯环存在大的扭曲不能形成氢键。但在结的内部空隙中包结有溶剂分子，它们与酰胺可以形成氢键。4 个分子内氢键也破坏了理论上可以形成的 C_3 对称性。

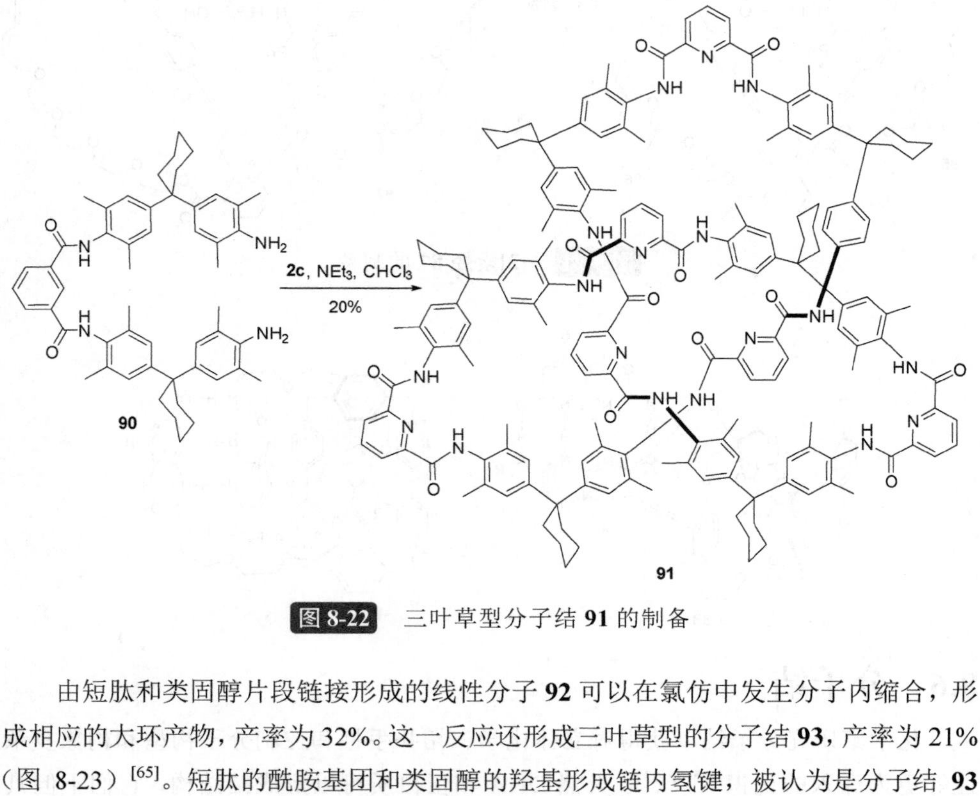

图 8-22 三叶草型分子结 **91** 的制备

由短肽和类固醇片段链接形成的线性分子 **92** 可以在氯仿中发生分子内缩合，形成相应的大环产物，产率为 32%。这一反应还形成三叶草型的分子结 **93**，产率为 21%（图 8-23）[65]。短肽的酰胺基团和类固醇的羟基形成链内氢键，被认为是分子结 **93** 形成的原因。**93** 在 $CDCl_3$ 中的 ^1H NMR 展示一套高分辨率的信号，表明结内各个官能团处于柔性构象。**93** 理论上存在两个拓扑构象异构体，由于缬氨酸和类固醇都是手性片段，这两个异构体为非对映异构体：3_1^{PPP} 和 3_1^{MMM}[65]。但反应中只分离出第一个异构体，其构型得到晶体结构的证实。晶体结构也证实，酰胺和羟基形成了分子内氢键，整个骨架形成一个碗型结构并产生一个内穴包结溶剂分子。

以氢键为驱动力构筑分子结的例子较少。**91** 类型的分子结可以进一步修饰，用于更复杂结构的构筑[4]。例如，其外侧可以引入树枝状结构形成更为复杂的溶解性可调的衍生物，可以作为位阻基团构筑轮烷，把分子结并入到聚合物中也可以调节聚合物的性质等。

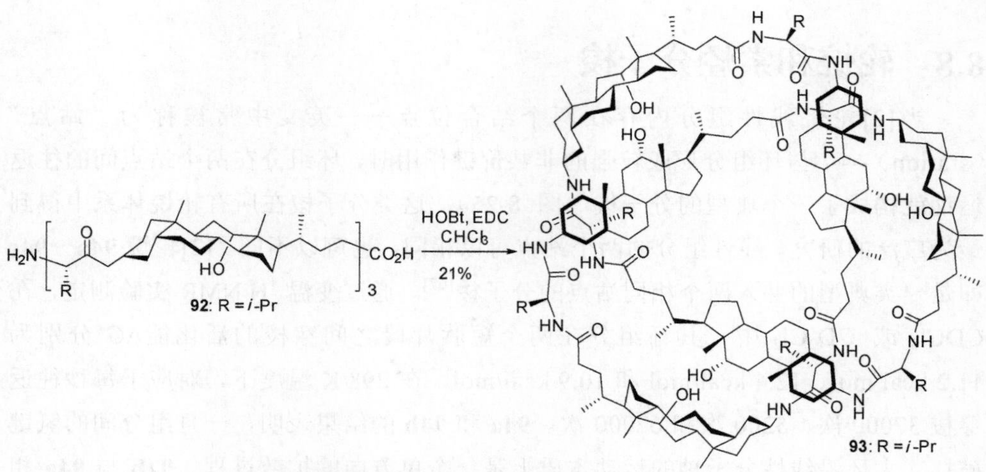

图 8-23 三叶草型分子结 **93** 的制备

8.7 分子机器

以轮烷和索烃构筑分子器件很大程度上是通过环组分沿另一组分的相对运动的动力学实现的。当组分间不存在较强的非共价键作用时，这一运动是随机的，轮烷的环组分可以沿着线性组分运动［图 8-24（a）：Ⅰ］，也可以围绕线性组分转动［图 8-24（a）：Ⅱ］，而索烃的两个环组分则可以沿着另一个环往返运动［图 8-24（b）：Ⅰ］和围绕另一个环转动［图 8-24（b）：Ⅱ］。当存在一个较强的非共价键作用时，两个组分可以形成一个相对低能量的稳态（stable state），其在所有构象态中权重最高。当存在两个及更多作用位点时，每个结合位点都可以形成一个低能量的稳态。一个环组分在两个稳态间可以穿梭运动，其速率受往返运动的能垒控制。引入更多的结合位点可以产生更高级的多重穿梭运动模式[10-14,66]。以氢键驱动构筑的轮烷和索烃广泛应用于这类分子梭的构筑。所有溶液相的分子机器涉及的动力学过程都是在存在布朗运动及溶剂效应的基础上测定的。

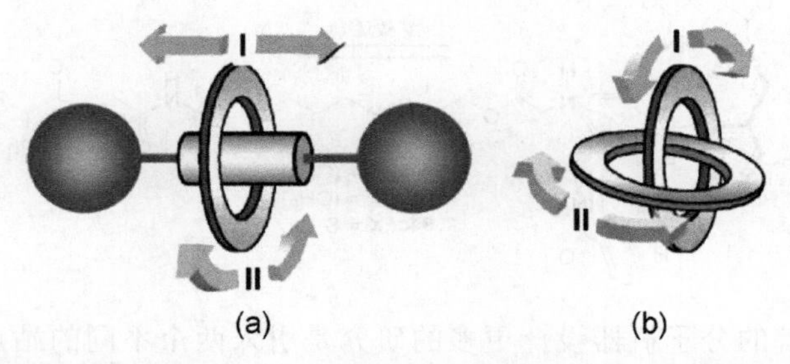

图 8-24 （a）[2]轮烷和（b）[2]索烃组分相对于两个组分的运动或转动

8.8 轮烷和索烃分子梭

当[2]轮烷线性组分内存在两个结合位点——英文中常被称为“站点”(station)——与环组分形成较强的非共价键作用时，环组分在两个站点间的往返运动就构成了一个典型的分子梭（图 8-25），这类分子梭在所有轮烷体系中得到最为广泛的研究。线性组分的两个站点可以相同，也可以不同。[2]轮烷 **94a**～**94c** 即是一类典型的并入两个相同站点的分子梭[67]。通过变温 ^{1}H NMR 实验测定，在 $CDCl_3$ 或 CD_2Cl_2 中，其环组分在两个短肽片段之间穿梭的活化能$\Delta G^{\neq}$分别为 11.2 kcal/mol、12.4 kcal/mol 和 10.9 kcal/mol，在 298 K 温度下，对应于每秒往返穿梭 37000 次、5200 次和 62000 次。**94a** 和 **94b** 的结果表明，一旦组分间的氢键破坏，大环沿线性分子轴的运动本质上是一个单方向的扩散过程。**94b** 与 **94a** 相比高出的 1.2 kcal/mol 活化能反映了大环梭在两个站点运动需要增加的距离。在强极性的 DMSO-d_6 中，组分间氢键被破坏，大环主要占据在中间非极性的脂肪链上。氧化 **94c** 中间的 S 原子为亚砜或砜没有改变大环穿梭的能垒，表明长距离运动需要的能垒大于亚砜或砜基团可能产生的立体位阻。但当把 S 原子转化为更大的 TsN=S 基团后，穿梭运动完全终止。

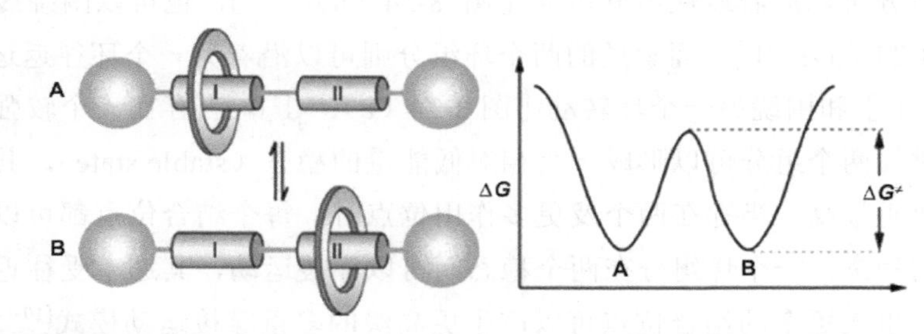

图 8-25 [2]轮烷环组分在线性组分中两个站点间穿梭运动及能垒示意图

穿梭运动

94a: X = $(CH_2)_2$
94b: X = $(CH_2)_{10}$
94c: X = S

基于[2]轮烷的分子机器设计更多的研究是引入两个不同的站点，从而能够通过光照、选择性的离子配合、调节 pH 及化学转化等手段实现运动过程的方向控制[11]。例如，[2]轮烷 **95** 的线性组分并入两个酰胺片段，都能与大环的酰胺形成氢键，但反-丁烯二酰胺片段形成的氢键更为稳定，因此大环组分主要占据在这一站点（图 8-26）[68]。光照导致反-丁烯二酰胺异构化为顺式，由此形成分子内氢键驱赶大环迁移到右侧酰胺站点。大环的氢键对缬氨酸片段的手性环境施加的影响导致其圆二色谱强度发生很大变化。进一步改变照射光的波长可以使丁烯二酰胺重新异构化为反式异构体，从而实现一个循环。这一过程可以操作多次，形成一个光驱动的分子梭。

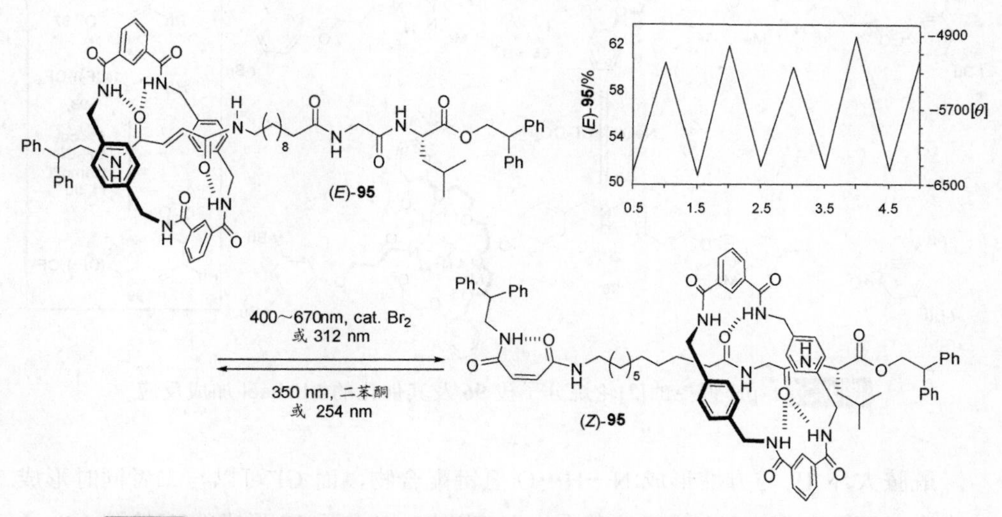

图 8-26 光诱导的[2]轮烷 **95** 的手性切换：通过不同波长的光诱导丁烯二酰胺顺-反异构化，可以调节大环在两个酰胺片段上的定位。与大环形成氢键会影响缬氨酸片段的手性环境，从而可逆调控其圆二色谱强度

[2]轮烷 **96** 的线性组分在氨基质子化后有三个结合站点，大环冠醚（**51**）与中间的二苄基铵形成的 N—H…O 氢键强于与两侧的三氮唑盐形成的 C—H…O 氢键，因此其主要占据中间的铵基位点（图 8-27）[69]。去质子化后，氨基形成的 N—H…O 氢键大幅度弱化，其强度低于两端三氮唑盐形成的 C—H…O 氢键，导致大环冠醚定位于两侧的三氮唑盐站点。加入三氟乙酸质子化氨基，大环冠醚可以重新回到铵基站点，形成一个循环。**96** 的线性组分及线性组分本身中间的氨基无论质子化和非质子化，都可以催化 **97** 与 **98** 的 Michael 加成反应（图 8-27）。在非质子化状态下，两者的催化活性相同，表明轮烷的大环定位于侧位的三氮唑盐上，不施加位阻效应。但质子化后，轮烷失去催化活性，表明冠醚配合中间的铵基，阻止了其催化功能。在氨基的一个取代基上引入手性中心，相应的[2]轮烷可

以进一步实现 Michael 加成反应的不对称催化[70,71]。把方酸酰胺和氨基并入到一个[2]轮烷，可以产生两个催化位点，通过改变 pH 可以让大环冠醚组分选择性地配合其中一个位点，从而实现不同底物的 Michael 加成反应的选择性[72]。

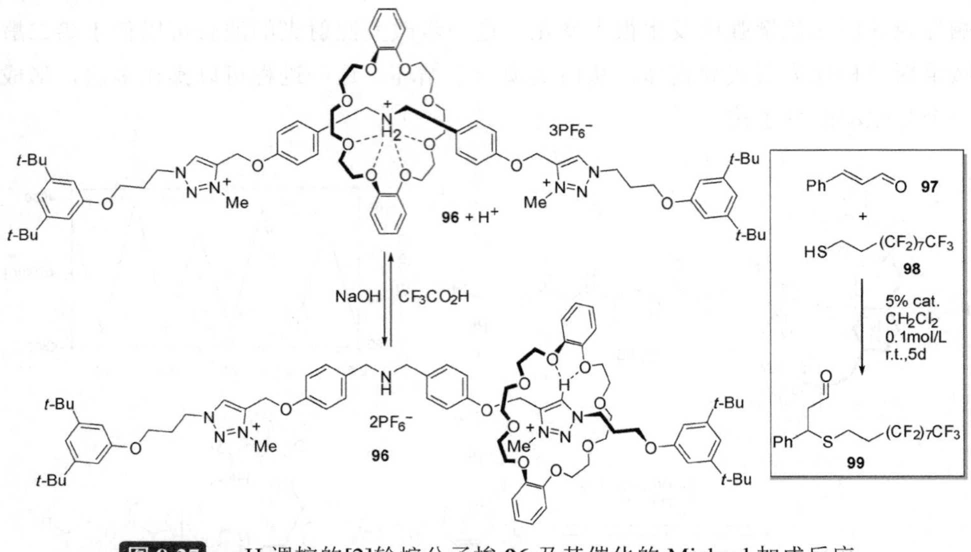

图 8-27　pH 调控的[2]轮烷分子梭 **96** 及其催化的 Michael 加成反应

酰胺大环 **19** 与方酸形成 N—H···O 氢键配合物，而 Cl^-可以与二者同时形成 N—H···Cl^-和 C—H···Cl^-氢键。在不加入 Cl^-时，由大环 **19** 形成的[2]轮烷 **100** 通过前一氢键模式配合形成低能态 I，当存在 Cl^-时则主要以后一种结合模式存在形成低能态 II（图 8-28）[73]。在前一种状态下，大环通过氢键作用能有效猝灭方酸的红光发射。当 Cl^-驱动形成第二状态时，红光发射得以恢复。加入 Ag^+盐去除 Cl^-可以再次猝灭方酸的荧光，从而实现负离子调控的分子梭运动及染料荧光猝灭与恢复，构成一个轮烷分子梭荧光显示器。把[2]轮烷 **100** 负载到 C_{18} 表面修饰的硅胶逆向色谱板上，可以实现肉眼识别的溶液 Cl^-检测。[2]轮烷 **96** 和 **100** 都并入两个三氮唑站点。这应该主要是出于合成方便的考虑。如果去掉一个三氮唑，应可以实现类似的酸碱和 Cl^-调控分子梭。

循环的多步化学反应也可以用于实现[2]轮烷的分子梭性质。例如，[2]轮烷 **101** 的酰胺大环与偶氮二甲酰胺形成更为稳定的 N—H···O 氢键，因此主要占据该站点（图 8-29）[74]。偶氮与三苯基膦加成形成内盐后产生立体位阻效应，大环受较弱的 N—H···O 氢键驱动迁移到丁二酰胺站点形成[2]轮烷 **101a**。**101a** 质子化后形成 **101b**，其在醇的存在下进一步还原形成[2]轮烷 **101c**。最后加入醋酸碘氧化

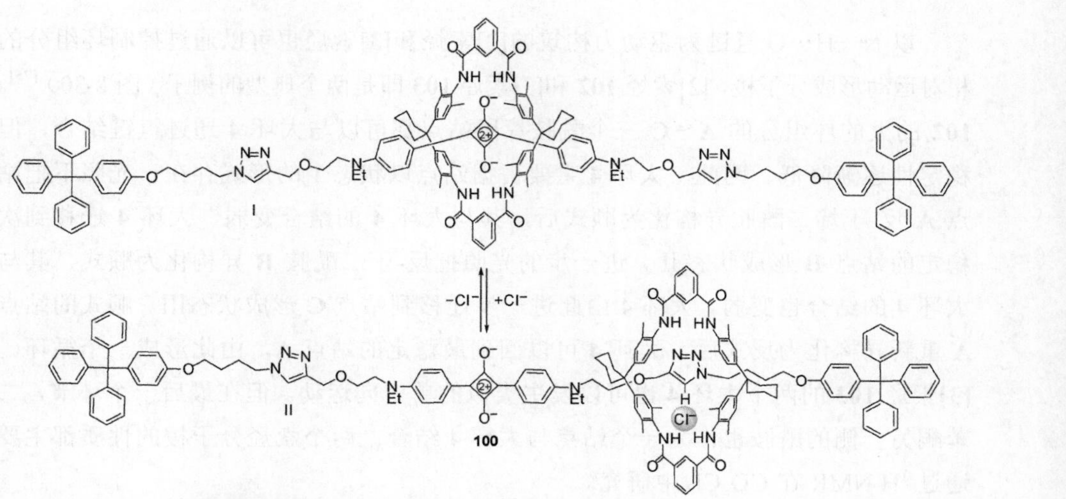

图 8-28 N—H⋯Cl$^-$氢键调控的[2]轮烷 **100** 分子梭行为

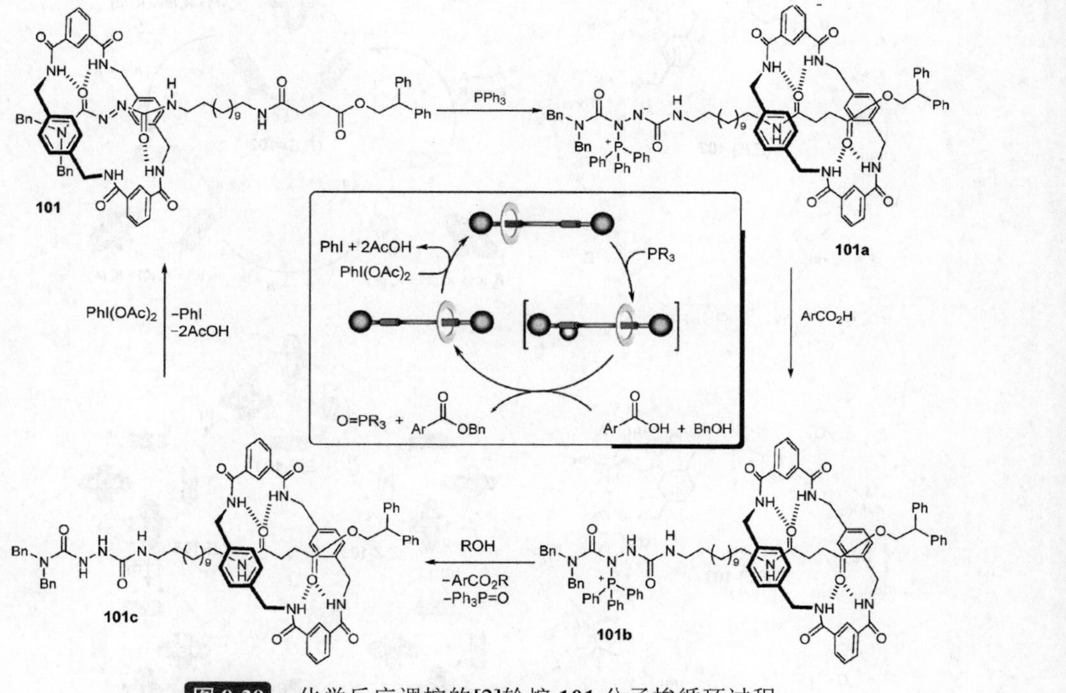

图 8-29 化学反应调控的[2]轮烷 **101** 分子梭循环过程

物氧化 **101c** 可以再次形成偶氮[2]轮烷 **101**，形成一个循环。由于每个反应不一定都是定量的，这一循环的几个反应实际上都是非完全转化的过程，但转化的比例可以通过 ^{1}H NMR 确定。大环在不同站点的定位也主要是通过 ^{1}H NMR 确定的。

以 N—H⋯O 氢键为驱动力构筑的[2]索烃和[3]索烃也可以通过控制环组分的相对运动形成分子梭，[2]索烃 **102** 和[3]索烃 **103** 即是两个典型的例子（图 8-30）[75]。**102** 的大的环组分的 **A**～**C** 三个酰胺片段站点都可以与大环 **4** 通过氢键结合，但稳定性逐渐降低。因此，大环 **4** 主要占据站点以状态Ⅰ的形式存在。光照下把站点 **A** 反-丁烯二酰胺异构化为顺式后，其与大环 **4** 的结合变弱，大环 **4** 迁移到次稳定的站点 **B** 形成状态Ⅱ。进一步的光照把反-丁二酰胺 **B** 异构化为顺式，其与大环 **4** 的结合也变弱。大环 **4** 由此进一步迁移到站点 **C** 形成状态Ⅲ。顺式的站点 **A** 重新异构化为反式后，大环 **4** 可以回到最稳定的站点 **A**，由此形成一个循环。[3]索烃 **103** 的两个大环 **4** 也可以发生类似的单方向运动。但在最后一个环节，二苯酮另一侧的酰胺也作为一个站点与大环 **4** 结合。两个索烃分子梭的性质都主要通过 ^{1}H NMR 在 CD_2Cl_2 中研究。

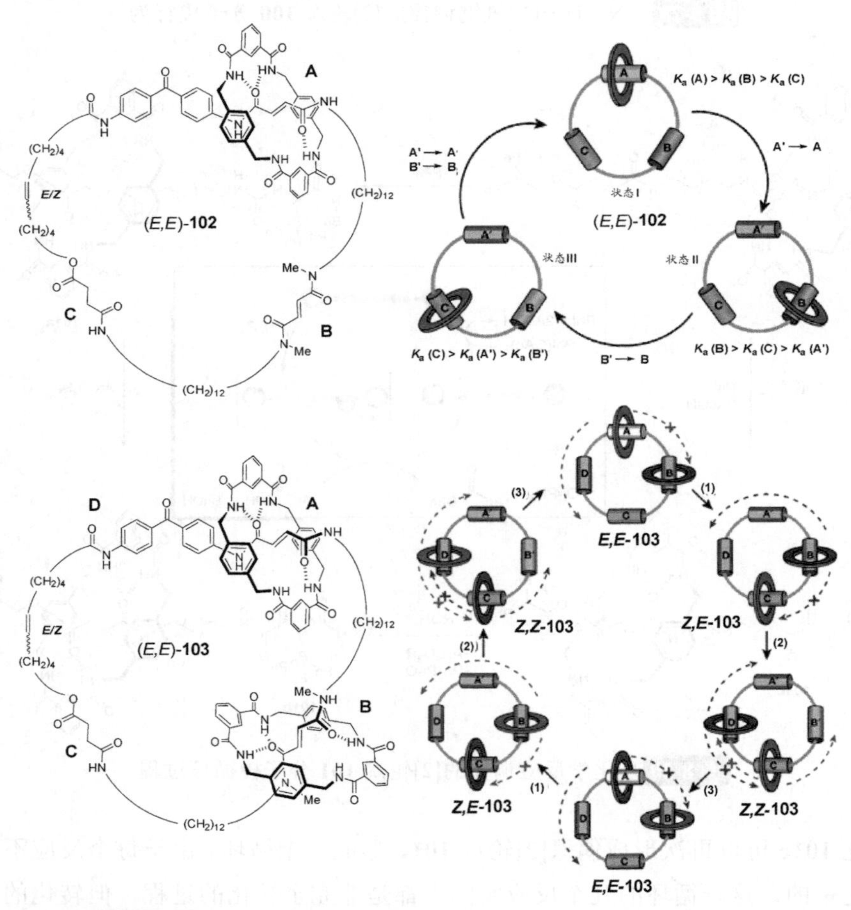

图 8-30 光控的[2]索烃 **102** 和[3]索烃 **103** 单方向分子梭循环过程

[2]轮烷 **104** 的单方向分子梭运动受化学反应和光诱导结合控制（图 8-31）[76]。在 ***succ-(Z)*-104** 异构状态下，大环 **4** 被更大的环组分上 Si(t-Bu)Me_2 和 CPh_3 两个大的基团所在丁二酰胺站点上，分别去除这两个基团，大环 **4** 可以逆时针和顺时针两个方向迁移到反式-丁烯二酰胺站点上，以形成更稳定的氢键。再分别引入这两个位阻基团，可以重新锁住大环 **4**，在光照驱使反-丁烯二酰胺异构成顺式时，可以避免大环 4 迁移到丁二酰胺站点，尽管顺-丁烯二酰胺形成的氢键更弱。当再次分别去除和重新引入 Si(t-Bu)Me_2 和 CPh_3 两个基团时，可以再次把大环 **4** 定位在丁二酰胺站点，实现一个循环。通过选择性地去除和引入 Si(t-Bu)Me_2 和 CPh_3 基团，可以控制大环 **4** 的顺时针和逆时针半循环和全循环运动。

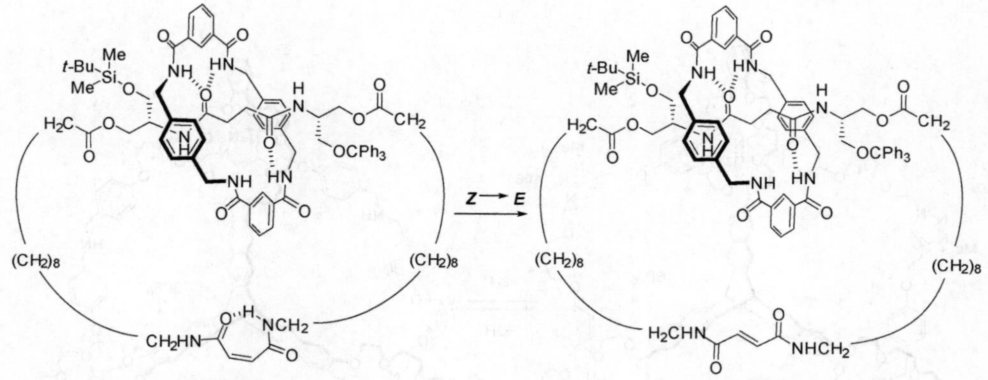

图 8-31 化学反应和光异构化共同控制的[2]索烃 **104** 的半循环和全循环运动

8.9 其它形式的分子机器

把多个拟[2]轮烷片段并入到一个自组装体系中，可以产生不同形式的分子机器，通过调节不同配合站点的相对结合强度，就可以控制组分间循环或单方向运动。例如，并[4]索烃 **107** 的三蝶烯组分 **105** 外侧的三个二苯并-24-冠-8 通过 N—H···O 氢键优先配合另一个大环组分 **106** 的铵基。但铵基去质子化后，二苯并-24-冠-8 会移向 *N*-甲基三氮唑站点，形成较弱的 C—H···O 氢键（图 8-32）[77]。进一步加入酸使氨基质子化，可以让三蝶烯组分再往前走一站，重新占据铵基站点，整个过程如同一个齿轮前行。由于 *N*-甲基三氮唑的结构不对称性，**105** 的迁移具有一定的方向性。

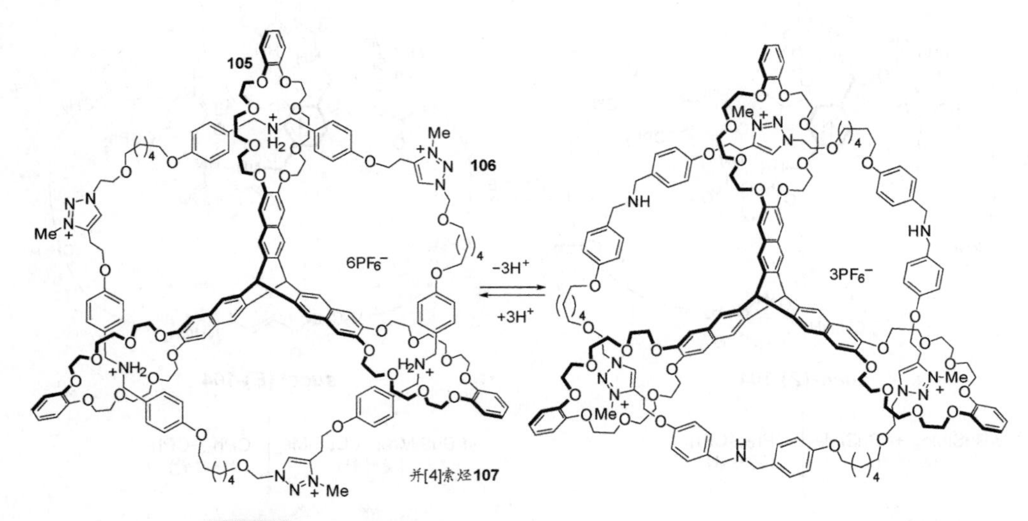

图 8-32 pH 调控的并[4]索烃 **107** 的半循环和全循环运动

三蝶烯衍生物 **108** 也可以与并入二苄基铵基和 *N*-甲基三氮唑盐的线性化合物 **109** 形成并[4]轮烷 **110**[78]。与化合物 **105** 相类似，**108** 的二苯并-24-冠-8 通过 N—H···O 氢键定位在 **109** 的三个铵基站点上（图 8-33），去质子化后迁移到 *N*-甲基三氮唑站点。在用三氟乙酸质子化氨基后，二苯并-24-冠-8 重新回到铵基站点，这样就通过调控溶液的 pH 形成一个分子滑轮的往复运动。

并[4]轮烷 **113** 由并入二苯并-24-冠-8 的平面苯并菲化合物 **111** 和三角形的 **112** 组装而成（图 8-34）[79]。**112** 的三个铵基正离子与 **111** 的三个 24-冠-8 大环形成的 N—H···O 氢键强于联二吡啶盐与后者形成的 C—H···O 氢键。因此，氨基质子化的 **113** 主要以前一氢键模式存在。当三个氨基去质子化后，相应的 N—H···O 氢

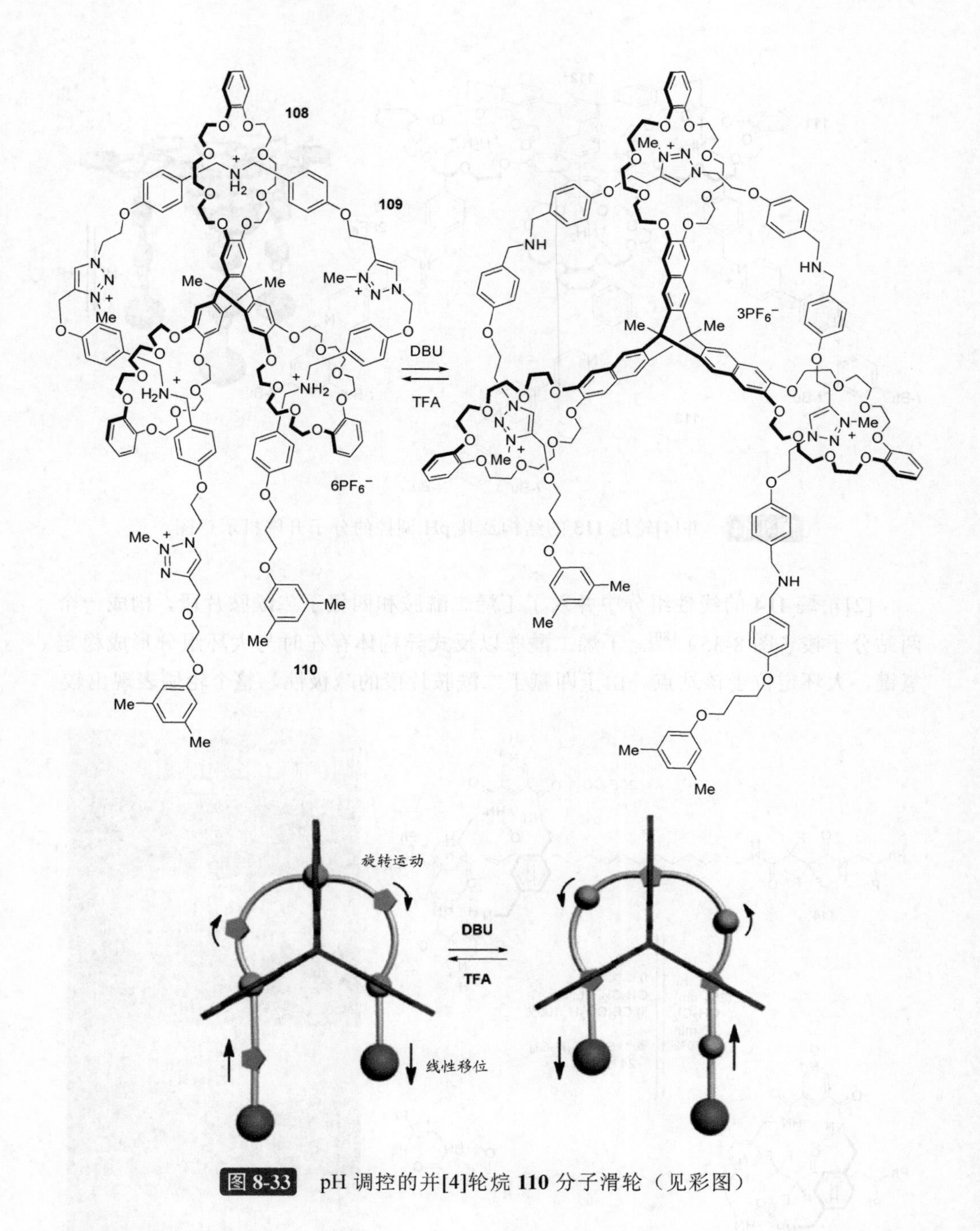

图 8-33　pH 调控的并[4]轮烷 **110** 分子滑轮（见彩图）

键变弱，**111** 下移到联二吡啶盐站点，形成次稳定的 C—H···O 氢键。氨基重新质子化后，其又上移回到铵基站点。通过改变 pH，可以重复这一操作。整个轮烷系统构成一个分子层次的升降机（molecular elevator）。

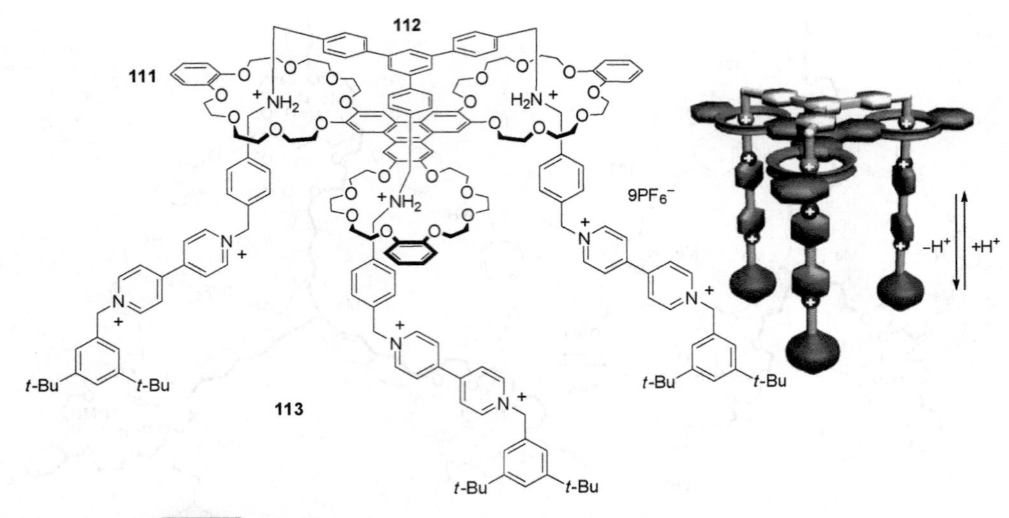

图 8-34 并[4]轮烷 **113** 的结构及其 pH 调控的分子升降机示意图

[2]轮烷 **114** 的线性组分中并入了丁烯二酰胺和四氟丁二酰胺片段，构成一个两站分子梭（图 8-35）[80]。丁烯二酰胺以反式异构体存在时与大环组分形成稳定氢键，大环定位于该站点。由于四氟丁二酰胺片段的疏极性，整个轮烷表现出较

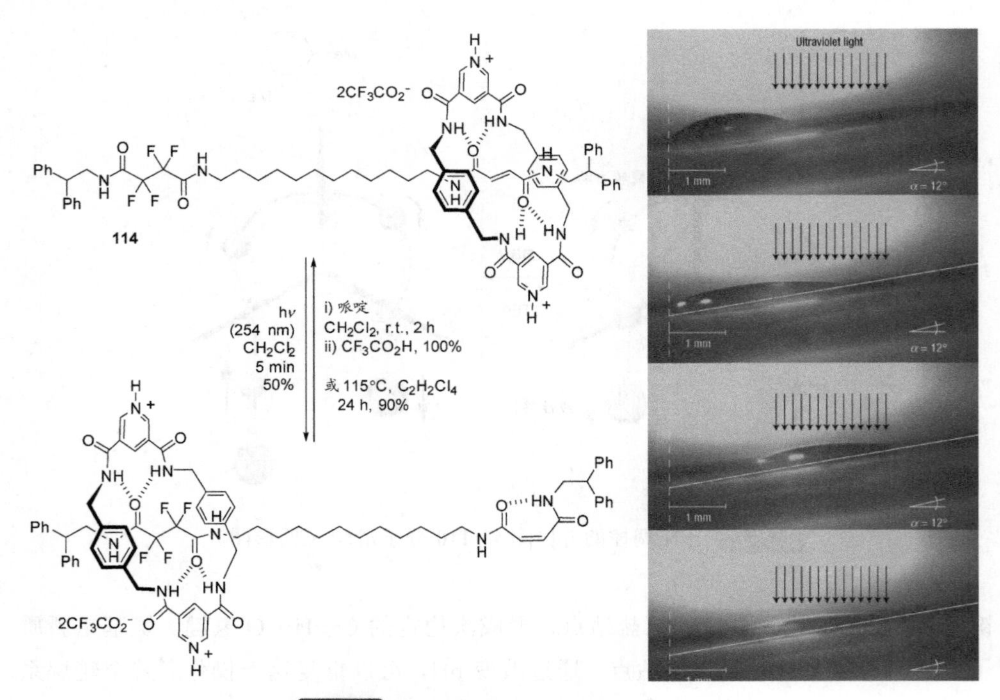

图 8-35 光诱导的[2]轮烷 **114** 分子梭

高的疏极性特征。当通过光照把反-丁烯二酰胺转化为顺式异构体（转化率约50%）时，其形成的组分间氢键的稳定性降低，大环组分移向并定位在四氟丁二酰胺站点，整个轮烷的亲极性特征提高。经过哌啶处理顺式异构体可以重新转化为反式，大环组分回归，整个轮烷重新表现出疏极性特征。当把**114**的二碘甲烷溶液滴在ω-巯基十一酸修饰的极性金表面时（图 8-35），通过光照液滴的一侧可以提高顺式异构体的比例，提高其极性特征，从而降低其与极性表面的接触角，液滴由此发生位移，实现宏观的"行走"，这一过程可以在12°的坡度上实现上坡。

参 考 文 献

[1] J.-P. Sauvage, C. O. Dietrich-Buchecker, (eds) Molecular catenanes, rotaxanes and knots. Wiley-VCH, Weinheim, 1999.

[2] D. B. Amabilino, J. F. Stoddart, Interlocked and intertwined structures and superstructures. *Chem. Rev.* **1995**, *95*, 2725-2828.

[3] F. Aricó, J. D. Badjic, S. J. Cantrill, A. H. Flood, K. C.-F. Leung, Y. Liu, J. F. Stoddart, Templated synthesis of interlocked molecules. *Top. Curr. Chem.* **2005**, *249*, 203-259.

[4] O. Lukin, F. Vögtle, Knotting and threading of molecules: chemistry and chirality of molecular knots and their assemblies. *Angew. Chem. Int. Ed.* **2005**, *44*, 1456-1477.

[5] R. S. Forgan, J.-P. Sauvage, J. F. Stoddart, Chemical topology: complex molecular knots, links, and entanglements. *Chem. Rev.* **2011**, *111*, 5434-5464.

[6] A. Harada, J. Li, M. Kamachi, Double-stranded inclusion complexes of cyclodextrin threaded on poly(ethylene glycol). *Nature* **1994**, *370*, 126-128.

[7] G. Schill, *Catenanes, rotaxanes and knots*. Academic, New York, 1971.

[8] M. S. Vickers, P. D. Beer, Anion templated assembly of mechanically interlocked structures. *Chem. Soc. Rev.* **2007**, *36*, 211-225.

[9] T. J. Hubin, D. H. Busch, Template routes to interlocked molecular structures and orderly molecular entanglements. *Coord. Chem. Rev.* **2000**, *200-202*, 5-52.

[10] V. Balzani, M. Venturi, A. Credi, *Molecular devices and machines - a journey into the nano world.* Wiley-VCH, Weinheim, 2003.

[11] S. Erbas-Cakmak, D. A. Leigh, C. T. McTernan, A. L. Nussbaumer, Artificial molecular machines. *Chem. Rev.* **2015**, *115*, 10081-10206.

[12] H. Li, D.-H. Qu, Recent advances in new-type molecular switches. *Sci. China Chem.* **2015**, 58, 916-921.

[13] V. Balzani, A. Credi, F. M. Raymo, J. F. Stoddart, Artificial molecular machines. *Angew. Chem., Int. Ed.* **2000**, *39*, 3348-3391.

[14] J.-P. Sauvage, Transition metal-containing rotaxanes and catenanes in motion: toward molecular machines and motors. *Acc. Chem. Res.* **1998**, *31*, 611-619.

[15] J. E. Beves, B. A. Blight, C. J. Campbell, D. A. Leigh, R. T. McBurney, Strategies and tactics for the metal-directed synthesis of rotaxanes, knots, catenanes, and higher order links. *Angew. Chem., Int. Ed.* **2011**, *50*, 9260-9327.

[16] P. D. Beer, M. R. Sambrook, D. Curiel, Anion-templated assembly of interpenetrated and interlocked structures. *Chem. Commun.* **2006**, 2105-2117.

[17] J.-P. Collin, V. Heitz, J.-P. Sauvage, Transition-metal-complexed catenanes and rotaxanes in motion: towards molecular machines. *Top. Curr. Chem.* **2005**, *262*, 29-62.

[18] K. N. Houk, S. Menzer, S. P. Newton, F. M. Raymo, J. F. Stoddart, D. J. Williams, [C–H···O] Interactions as a control element in supramolecular complexes: experimental and theoretical evaluation of receptor affinities for the binding of bipyridinium-based guests by catenated hosts. *J. Am. Chem. Soc.* **1999**, *121*, 1479-1487.

[19] A. G. Johnston, D. A. Leigh, A. Murphy, J. P. Smart, M. D. Deegan, The Synthesis and solubilization of amide macrocycles via rotaxane formation. *J. Am. Chem. Soc.* **1996**, *118*, 10662-10663.

[20] D. A. Leigh, A. Murphy, J. P. Smart, A. M. Z. Slawin, Glycylglycine rotaxanes—the hydrogen bond directed assembly of synthetic peptide rotaxanes. *Angew. Chem. Int. Ed. Engl.* **1997**, *36*, 728-732.

[21] J. S. Hannam, T. J. Kidd, D. A. Leigh, A. J. Wilson, "Magic rod" rotaxanes: the hydrogen bond-directed synthesis of molecular shuttles under thermodynamic control. *Org. Lett.* **2003**, *5*, 1907-1910.

[22] Y.-L. Huang, W.-C. Hung, C.-C. Lai, Y.-H. Liu, S.-M. Peng, S.-H. Chiu, Using acetate anions to induce translational isomerization in a neutral urea-based molecular switch. *Angew. Chem. Int. Ed.* **2007**, *46*, 6629-6633.

[23] Y.-H. Lin, C.-C. Lai, Y.-H. Liu, S.-M. Peng, S.-H. Chiu, Sodium ions template the formation of rotaxanes from BPX26C6 and nonconjugated amide and urea functionalities. *Angew. Chem. Int. Ed.* **2013**, *52*, 10231-10236.

[24]G. T. Spence, P. D. Beer, Expanding the scope of the anion templated synthesis of interlocked structures. *Acc. Chem. Res.* **2013**, *46*, 571-586.

[25] G. M. Hübner, J. Gläser, C. Seel, F. Vögtle, High-yielding rotaxane synthesis with an anion template. *Angew. Chem. Int. Ed.* **1999**, *38*, 383-386.

[26] P. Ghosh, O. Mermagen, C. A. Schalley, Novel template effect for the preparation of [2]rotaxanes with functionalised centre pieces. *Chem. Commun.* **2002**, 2628-2629.

[27] J. A. Wisner, P. D. Beer, M. G. B. Drew and M. R. Sambrook, Anion-templated rotaxane formation. *J. Am. Chem. Soc.* **2002**, *124*, 12469-12476.

[28] C. J. Serpell, N. L. Kilah, P. J. Costa, V. Felix, P. D. Beer, Halogen bond anion template assembly of an imidazolium pseudorotaxane. *Angew. Chem. Int. Ed.* **2010**, *49*, 5322-5326.

[29] N. L. Kilah, M. D. Wise, C. J. Serpell, A. L. Thompson, N. G. White, K. E. Christensen, P. D. Beer, Enhancement of anion recognition exhibited by a halogen-bonding rotaxane host system. *J. Am. Chem. Soc.* **2010**, *132*, 11893-11895.

[30] C. A. Hunter, Synthesis and structure elucidation of a new [2]-catenane. *J. Am. Chem. Soc.* **1992**, *114*, 5303-5311.

[31]F. Vögtle, S. Meier, R. Hoss, One-step synthesis of a fourfold functionalized catenane. *Angew. Chem. Int. Ed. Engl.* **1992**, *31*, 1619-1622.

[32] A. G. Johnston, D. A. Leigh, R. J. Pritchard, M. D. Deegan, Facile synthesis and solid-state structure of a benzylic amide [2]catenane. *Angew. Chem. Int. Ed. Engl.* **1995**, *34*, 1209-1212.

[33] L. M. Hancock, L. C. Gilday, N. L. Kilah, C. J. Serpell, P. D. Beer, A new synthetic route to chloride selective [2]catenanes. *Chem. Commun.* **2011**, *47*, 1725-1727.

[34] Y. Li, K. M. Mullen, T. D. W. Claridge, P. J. Costa, V. Felix, P. D. Beer, Sulfate anion templated synthesis of a triply interlocked capsule. *Chem. Commun.* **2009**, 7134-7136.

[35] J. J. Gassensmith, J. M. Baumes, B. D. Smith, Discovery and early development of squaraine rotaxanes. *Chem. Commun.* **2009**, 6329-6338.

[36] E. Arunkumar, C. C. Forbes, B. C. Noll, B. D. Smith, Squaraine-derived rotaxanes: sterically protected fluorescent near-IR dyes. *J. Am. Chem. Soc.* **2005**, *127*, 3288-3289.

[37] J.-J. Lee, J. M. Baumes, R. D. Connell, A. G. Oliver, B. D. Smith, Squaraine [2]catenanes: synthesis, structure and molecular dynamics. *Chem. Commun.* **2011**, *47*, 7188-7190.

[38] D. Thibeault, J.-F. Morin, Recent advances in the synthesis of ammonium-based rotaxanes. *Molecules* **2010**, 15, 3709-3730.

[39] Z.-J. Zhang, Y. Li, Construction and function of interpenetrated molecules based on the positively charged axle components. *SYNLETT* **2012**, *23*, 1733-1750.

[40] H. Kawasaki, N. Kihara, T. Takata, High yielding and practical synthesis of rotaxanes by acetylative end-capping catalyzed by tributylphosphine. *Chem. Lett.* **1999**, 1015-1016.

[41] C. Zhang, S. Li, J. Zhang, K. Zhu, N. Li, F. Huang, Benzo-21-crown-7/secondary dialkylammonium salt [2]pseudorotaxane- and [2]rotaxane-type threaded structures. *Org. Lett.* **2007**, *9*, 5553-5556.

[42] P. R. Ashton, E. J. T. Chrystal, P. T. Glink, S. Menzer, C. Schiavo, N. Spencer, J. F. Stoddart, P. A. Tasker, A. J. P. White, D. J. Williams, Pseudorotaxanes formed between secondary dialkylammonium salts and crown ethers. *Chem. Eur. J.* **1996**, *2*, 709-728.

[43] Z.-J. Zhang, H.-Y. Zhang, H. Wang, Yu Liu, A twin-axial hetero[7]rotaxane. *Angew. Chem. Int. Ed.* **2011**, *50*, 10834-10838.

[44] M. C. T. Fyfe, P. T. Glink, S. Menzer, J. F. Stoddart, A. J. P. White, D. J. Williams, Anion-assisted self-assembly. *Angew. Chem. Int. Ed. Eng.* **1997**, *36*, 2068-2070.

[45] C. D. Meyer, C. S. Joiner, J. F. Stoddart, Template-directed synthesis employing reversible imine bond formation. *Chem. Soc. Rev.* **2007**, *36*, 1705-1723.

[46] M. E. Belowich, J. F. Stoddart, Dynamic imine chemistry. *Chem. Soc. Rev.* **2012**, *41*, 2003-2024.

[47] P. T. Glink, A. I. Oliva, J. F. Stoddart, A. J. P. White, D. J. Williams, Template-directed synthesis of a [2]rotaxane by the clipping under thermodynamic control of a crown ether like macrocycle around a dialkylammonium ion. *Angew. Chem. Int. Ed* **2001**, *40*, 1870-1874.

[48] K. Zhu, C. A. O'Keefe, V. N. Vukotic, R. W. Schurko, S. J. Loeb, A molecular shuttle that operates inside a metal-organic framework. *Nat. Chem.* **2015**, *7*, 514-519.

[49] D.-W. Zhang, X. Zhao, J.-L. Hou, Z.-T. Li, Aromatic amide foldamers: structures, properties, and functions. *Chem. Rev.* **2012**, *112*, 5271-5316.

[50] X.-N. Xu, L. Wang, G.-T. Wang, J.-B. Lin, G.-Y. Li, X.-K. Jiang, Z.-T. Li, Hydrogen-bonding-mediated dynamic covalent synthesis of macrocycles and capsules: new receptors for aliphatic ammonium ions and the formation of pseudo[3]rotaxanes. *Chem. Eur. J.* **2009**, *15*, 5763-5774.

[51] N. H. Evans, P. D. Beer, Progress in the synthesis and exploitation of catenanes since the Millennium. *Chem. Soc. Rev.* **2014**, *43*, 4658-4683.

[52] E. N. Guidry, S, J. Cantrill, J. F. Stoddart, R. H. Grubbs, Magic ring catenation by olefin metathesis. *Org. Lett.* **2005**, *7*, 2129-2132.

[53] S. J. Loeb, Rotaxanes as ligands: from molecules to materials. *Chem. Soc. Rev.* **2007**, *36*, 226-235.

[54] S. J. Loeb, J. A. Wisner, A new motif for the self-assembly of [2]pseudorotaxanes; 1,2-bis(pyridinium) ethane axles and [24]crown-8 ether wheels. *Angew. Chem. Int. Ed.* **1998**, *37*, 2838-2830.

[55] V. N. Vukotic, S. J. Loeb, Coordination polymers containing rotaxane linkers. *Chem. Soc. Rev.* **2012**, *41*, 5896-5906.

[56] S. J. Loeb, J. Tiburcio, S. J. Vella, [2]Pseudorotaxane formation with *N*-benzylanilinium axles and 24-crown-8 ether wheels. *Org. Lett.* **2005**, *7*, 4923-4926.

[57] E. Yashima, K. Maeda, H. Iida, Y. Furusho, K. Nagai, Helical polymers: synthesis, structures, and functions. *Chem. Rev.* **2009**, *109*, 6102-6211.

[58] Y. Nakatani, Y. Furusho, E. Yashima, Amidinium carboxylate salt bridges as a recognition motif for mechanically interlocked molecules: synthesis of an optically active [2]catenane and control of its structure. *Angew. Chem. Int. Ed.* **2010**, *49*, 5463-5467.

[59] R. P. Sijbesma, E. W. Meijer, Quadruple hydrogen bonded systems. *Chem. Commun.* **2003**, 5-16.

[60] X.-Z. Wang, X.-Q. Li, X.-B. Shao, X. Zhao, P. Deng, X.-K. Jiang, Z.-T. Li, Y.-Q. Chen, Selective rearrangements of quadruply hydrogen-bonded dimer driven by donor-acceptor interaction. *Chem. Eur. J.*

2003, *9*, 2904-2913.

[61] T. Xiao, S.-L. Li, Y. Zhang, C. Lin, B. Hu, X. Guan, Y. Yu, J. Jiang, L. Wang, Novel self-assembled dynamic [2]catenanes interlocked by the quadruple hydrogen bonding ureidopyrimidinone motif. *Chem. Sci.* **2012**, *3*, 1417-1421.

[62] J.-P. Sauvage, D. B. Amabilino, The beauty of knots at the molecular level. *Top. Curr. Chem.* **2012**, *323*, 107-126.

[63]J.-F. Ayme, J. E. Beves, C. J. Campbell, D. A. Leigh, Template synthesis of molecular knots. *Chem. Soc. Rev.* **2013**, *42*, 1700-1712.

[64] O. Safaorwsky, M. Nieger, R. Fröhlich, F. Vögtle, A molecular knot with twelve amide groups—one-step synthesis, crystal structures, chirality. *Angew. Chem. Int. Ed.* **2000**, *39*, 1616-1618.

[65] M. Feigel, R. Ladberg, S. Engels, R. Herbst-Irmer, R. Fröhlich, A trefoil knot made of amino acids and steroids. *Angew. Chem. Int. Ed.* **2006**, *45*, 5698-5702.

[66] E. R. Kay, D. A. Leigh, Hydrogen bond-assembled synthetic molecular motors and machines. *Top. Curr. Chem.* **2005**, *262*, 133-177.

[67] A. S. Lane, D. A. Leigh, A. Murphy, Peptide-based molecular shuttles. *J. Am. Chem. Soc.* **1997**, *119*, 11092-11093.

[68] G. Bottari, D. A. Leigh, E. M. Perez, Chiroptical switching in a bistable molecular shuttle. *J. Am. Chem. Soc.* **2003**, *125*, 13360-13361.

[69] V. Blanco, A. Carlone, K. D. Hanni, D. A. Leigh, B. Lewandowski, A rotaxane-based switchable organocatalyst. *Angew. Chem., Int. Ed.* **2012**, *51*, 5166-5169.

[70] V. Blanco, D. A. Leigh, V. Marcos, J. A. Morales-Serna, A. L. Nussbaumer, A switchable [2]rotaxane asymmetric organocatalyst that utilizes an acyclic chiral secondary amine. *J. Am. Chem. Soc.* **2014**, *136*, 4905-4908.

[71] V. Blanco, D. A. Leigh, V. Marcos, Artificial switchable catalysts. *Chem. Soc. Rev.* **2015**, *44*, 5341-5370.

[72] J. Beswick, V. Blanco, G. De Bo, D. A. Leigh, U. Lewandowska, B. Lewandowski, K. Mishiro, Selecting reactions and reactants using a switchable rotaxane organocatalyst with two different active sites. *Chem. Sci.* **2015**, *6*, 140-143.

[73] S. Y. Hsueh, C. C. Lai, S. H. Chiu, Squaraine-based [2]rotaxanes that functionas visibly active molecular switches. *Chem. Eur. J.* **2010**, *16*, 2997-3000.

[74] J. Berna, M. Alajarin, R. A. Orenes, Azodicarboxamides as template binding motifs for the building of hydrogen-bonded molecular shuttles. *J. Am. Chem. Soc.* **2010**, *132*, 10741-10747.

[75] D. A. Leigh, J. K. Y. Wong, F. Dehez, F. Zerbetto, Unidirectional rotation in a mechanically interlocked molecular rotor. *Nature* **2003**, *424*, 174-179.

[76] J. V. Hernandez, E. R. Kay, D. A. Leigh, A reversible synthetic rotary molecular motor. *Science* **2004**, *306*, 1532-1537.

[77] Z. Meng, Y. Han, L.-N. Wang, J.-F. Xiang, S.-G. He, C.-F. Chen, Stepwise motion in a multivalent [2](3)catenane. *J. Am. Chem. Soc.* **2015**, *137*, 9739-9745.

[78] Z. Meng, C.-F. Chen, A molecular pulley based on a triply interlocked [2]rotaxane. *Chem. Commun.* **2015**, *51*, 8241-8244.

[79] J. D. Badjic, V. Balzani, A. Credi, S. Silvi, J. F. Stoddart, A molecular elevator. *Science* **2004**, *303*, 1845-1849.

[80] J. Berna, D. A. Leigh, M. Lubomska, S. M. Mendoza, E. M. Perez, P. Rudolf, G. Teobaldi, F. Zerbetto, Macroscopic transport by synthetic molecular machines. *Nat. Mater.* **2005**, *4*, 704-710.

第9章 自组装有机纳米管

9.1 引言

在生命体中，蛋白质可以通过自组装形成管状结构，其一个非常重要的功能是在膜内形成通道，实现离子传输，氢键是形成这些管状组装体的重要驱动力。有机分子也通过氢键形成管状结构[1]。环肽通过氢键驱动自组装形成纳米管结构是早期分子自组装研究的经典例子［图 9-1（a）］[2-4]。很多其它的大环也可以通过堆积形成管状结构，驱动力来自于疏溶剂作用或大环或侧链之间形成的氢键等[5,6]。有机分子还可以通过氢键首先形成环形（三聚、四聚和六聚等）组装体[7]，再进一步堆积形成管状结构［图 9-1（b）］。具有伸展形状的分子也可以通过分子间氢键形成“箍桶”型管结构［图 9-1（c）］[8]。对一些具有柱型孔结构的大环骨架修饰，也可以产生长度确定的单分子管［图 9-1（d）］[9]。一些寡聚体受分子内氢键驱动可以形成螺旋管，通过巧妙的单体设计和控制骨架的寡聚度，也可以产生内径和长度确定的单分子管［图 9-1（e）］[10,11]。两亲性的柔性分子在水中也可以发生簇集，形成非常复杂的纳米管结构[12]。这类自组装纳米管没有固定的堆积模式。在多数情况下，通过单分子大环或多组分大环堆积形成的管结构，其长度很难实现精确控制。而单分子管及伸展型分子形成的“箍桶”型管的深度取决于分子的长度。无论对于哪一种管，其内径大小受很多因素影响，包括结构本身、浓度、介质、温度、添加组分及被包结的客体等。这些由氢键驱动的有机纳米管已经在作为反应模板和催化、分子吸收和包结、离子输送等方面得到广泛应用。

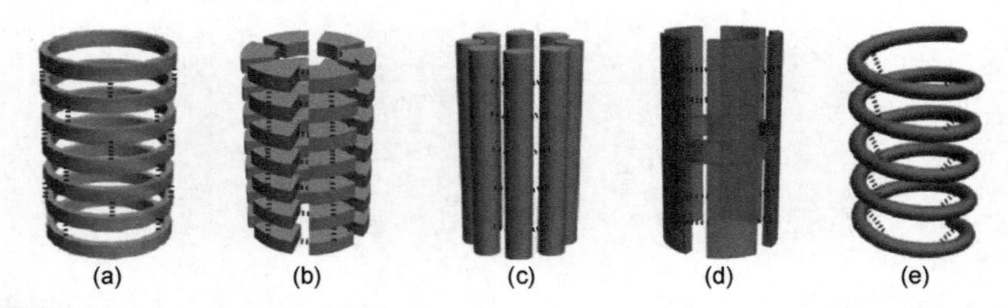

图 9-1 有机分子形成管状结构的自组装策略：（a）环分子堆积；（b）分子单元自组装形成环结构，再进一步堆积；（c）柱型分子间结合形成“箍桶”型管结构；（d）单分子柱结构；（e）单分子螺旋管

9.2 大环自组装纳米管

9.2.1 环肽自组装

很多天然的环肽具有重要的生物功能，但在生物体内它们的环肽骨架一般不堆积形成管结构。Ghadiri 等合成了一系列环肽，通过环骨架间的多氢键作用诱导

其发生一维堆积，形成管结构[1,13]。化合物 **1** 和 **2** 是两个代表性的例子（图 9-2）。前者由 D-和 L-型α-氨基酸残基交替构建，整个环骨架形成平面结构，而所有侧链都能够处于环骨架的外侧，有利于产生空穴并降低堆积位阻[14]。这种排列可以让酰胺 C═O 基团上下交替排列，形成交替氢键阵列。环肽 **2** 由 L-β-氨基酸构建，其所有 C═O 取向一致，形成单向分子间氢键。当环肽骨架采取平面大环构象时，其内径大小可以通过调控氨基酸残基的数量控制[15]。这两类环肽都可以在脂双层中堆积形成管结构，实现 K^+离子传输。

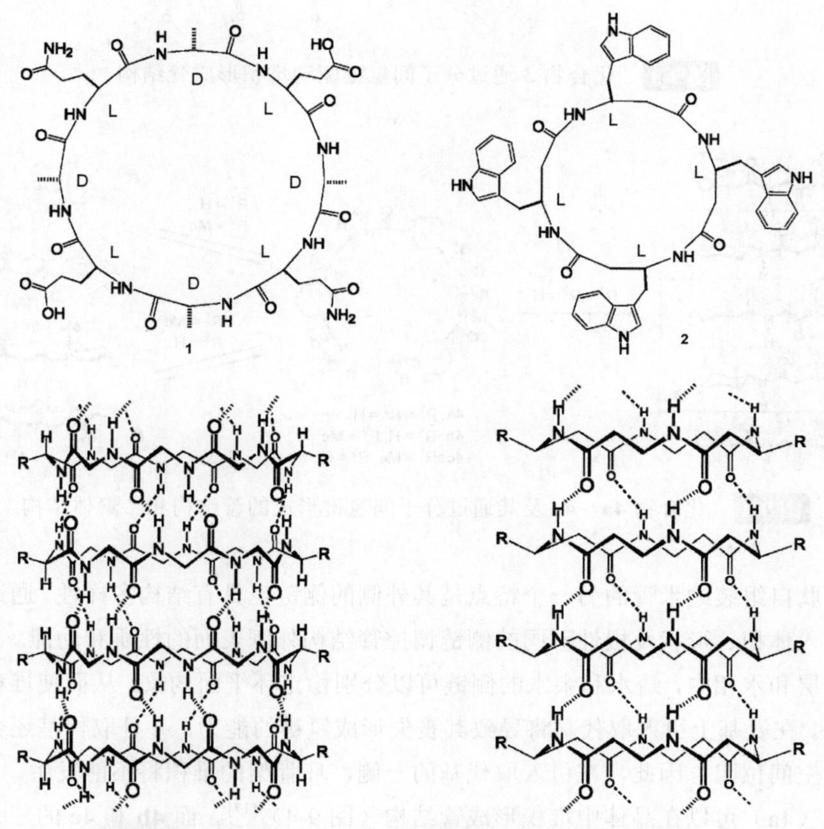

图 9-2　化合物 **1** 和 **2** 及其受氢键驱动堆积形成的管结构

不同的氨基酸可以通过适当的排列构建不同的环肽。因此，环肽骨架具有广泛的结构多样性。在骨架内引入刚性基团可以降低大环的柔性，从而有利于分子间氢键的形成。例如，大环 **3** 由三个δ-氨基酸参加组成，亚甲基的引入增加了骨架柔性。但其三个 C═C 双键降低了骨架柔性，因此能够形成堆积管结构（图 9-3）[16]。

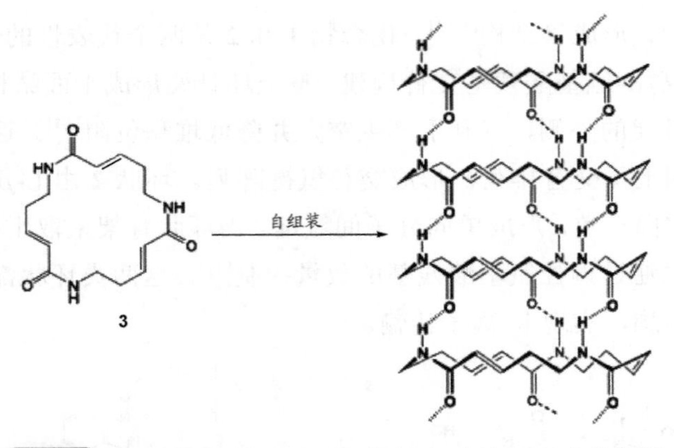

图 9-3 化合物 **3** 通过分子间氢键驱动堆积形成管结构

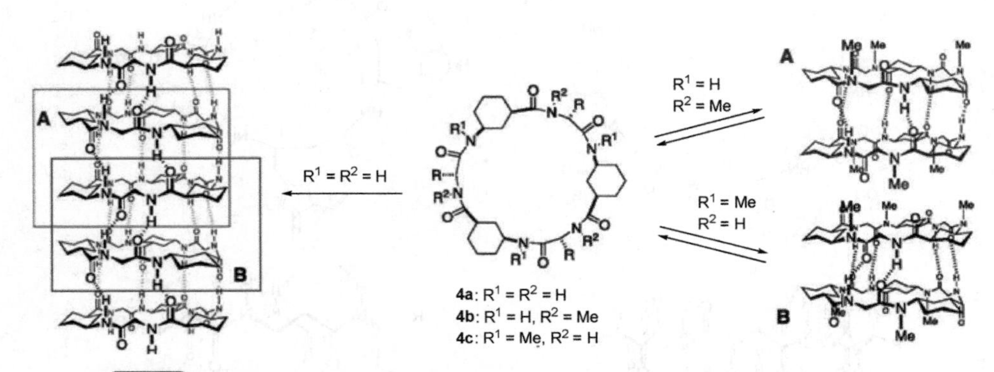

图 9-4 化合物 **4a**～**4c** 及其通过分子间氢键形成的管结构和二聚体结构

环肽自组装纳米管的另一个特点是其外侧的侧链也具有结构多样性。通过选择性地引入体积、形状及极性不同的侧链调控管结构外侧表面的性质和功能。例如，在脂双层和水相中，疏水和亲水的侧链可以分别稳定环平面构象，从而使堆积都可以发生。在氨基上引入取代基将导致其丧失形成氢键的能力，并且取代基还会产生额外的空间位阻，因此，在引入取代基的一侧，环骨架的堆积将不能发生。例如，环六肽（**4a**）可以在晶体中堆积形成管结构（图 9-4）[17]。而 **4b** 和 **4c** 的三个氨基甲基化，其形成分子间氢键的数量减半。这两个环肽在晶体中通过六个氢键形成面-面相向的二聚结构，其甲基分别指向二聚体的上下方，因此不能形成管结构。

1,2,3-三氮唑的偶极矩（5.5 D）比酰胺的高（3.7 D）。因此，三氮唑被认为可作为酰胺的替代基团并入到肽链中产生新的肽模拟结构[2]。作为这类模拟结构的例子，大环化合物 **5** 和 **6** 确实也可以形成分子间氢键产生堆积管结构。不同的是两个堆积结构中酰胺的取向相反，由此产生显著不同的净偶极矩（图 9-5）[18]。

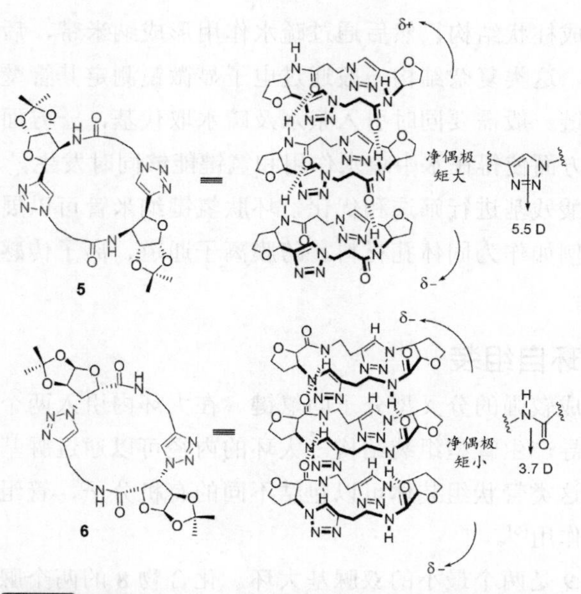

图 9-5　化合物 **5** 和 **6** 及其形成的氢键自组装管结构

小的环肽分子通过分子间氢键形成柱状组装体后，受疏溶剂作用的驱动，还可以进一步堆积形成管型结构[19,20]。例如，环肽 **7** 在水中可以通过疏水作用驱动形成厚壁纳米管种子，再通过相互间氢键形成厚壁纳米管（图 9-6）。也可能首先

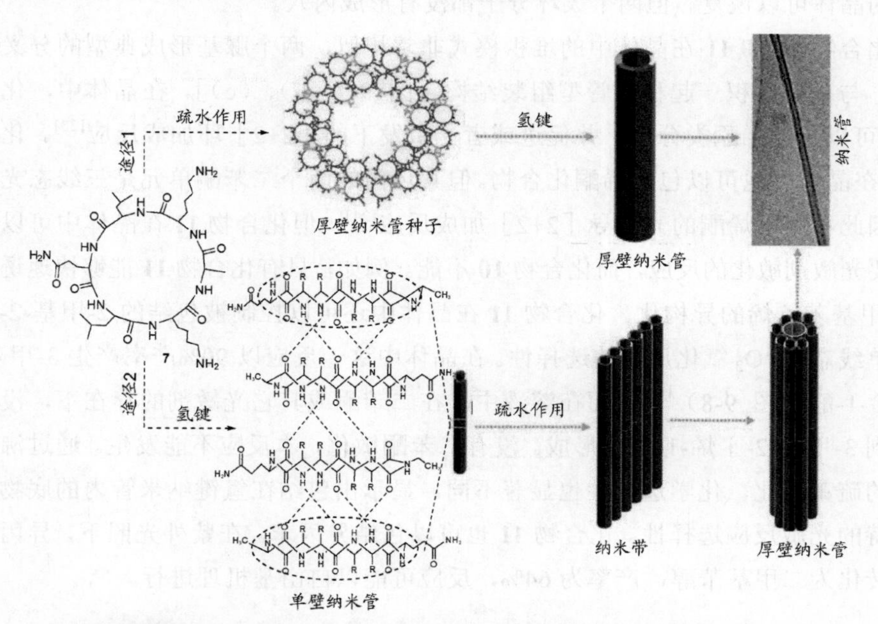

图 9-6　环肽 **7** 通过形成柱状结构堆积形成厚壁纳米管（见彩图）

通过环间氢键形成柱状结构，然后通过疏水作用形成纳米带，后者再进一步簇集形成厚壁纳米管。这类复杂结构一般通过电子显微镜测定其管壁的厚度及纳米管的内径。环肽侧链一般需要同时引入亲水及疏水取代基，一方面分子本身有一定的水溶性，另一方面使得在水中疏水作用和氢键能够同时发生。

通过对氨基酸残基进行筛选和优化，环肽氢键纳米管可以展示很多独特的材料和生物功能，例如作为固体孔材料、跨膜离子通道、离子传感器、抗微生物及细胞毒性试剂等。

9.2.2 双脲大环自组装

脲基能够形成较强的分叉型分子间氢键。在大环内引入两个脲基，通过其分子间氢键可以诱导产生管型组装结构。大环的内径可以通过脲基间的连接片段调节。在晶体中，这类管状组装体可以包结不同的有机分子，管组装结构由此可以起到微反应器的作用[6]。

化合物 **8** 和 **9** 是两个最小的双脲基大环。化合物 **8** 的两个脲基在晶体中形成两个分叉型氢键链，而苯环之间没有堆积作用［图 9-7（a）］[21]。化合物 **9** 的吡啶 N 在晶体中与脲基形成氢键，而在层间脲基间只形成一个氢键[22]。因此，当其晶体浸泡在三氟乙醇中时，三氟乙醇可以扩散到晶体中并与羰基 O 形成氢键。这一扩散作用也导致晶体产生溶胀作用，但仍能保持其晶体特征。当溶剂挥发后，溶胀的晶体可以恢复。但两个大环分子都没有形成内穴。

化合物 **10** 和 **11** 在晶体中的堆积模式非常相似，两个脲基形成典型的分叉型氢键，与苯环堆积一起稳定管型组装结构［图 9-7（b）、（c）］。在晶体中，化合物 **10** 可以包结烯酮类分子，并促进或者光引发下的［2+2］环加成反应[23]。化合物 **11** 在晶体中也可以包结烯酮化合物。但其环内的两个二苯酮单元是三线态光敏剂，因此不利于烯酮的光诱导［2+2］加成反应[24]。但化合物 **11** 在晶体中可以促进需要光敏剂敏化的反应，而化合物 **10** 不能。例如，只有化合物 **11** 能够快速诱导反-β-甲基苯乙烯的异构化。化合物 **11** 在晶体中还可以控制被包结的 2-甲基-2-丁烯的单线态氧 $^1O_2$ 氧化反应的选择性。在晶体中这一反应以 90%产率产生 3-甲基-2-丁烯-1-醇（图 9-8）[25]。而在溶液中，在二苯酮或其它光敏剂的存在下，没有观察到 3-甲基-2-丁烯-1-醇的形成。没有二苯酮敏化，本反应不能发生。通过沸石负载的硫堇敏化，化学选择性也显著不同，显示出包结在氢键纳米管内的底物具有独特的光敏反应选择性。化合物 **11** 也可以包结异丙苯。在紫外光照下，异丙苯氧化转化为二甲基苄醇，产率为 64%，反应可能以自由基机理进行。

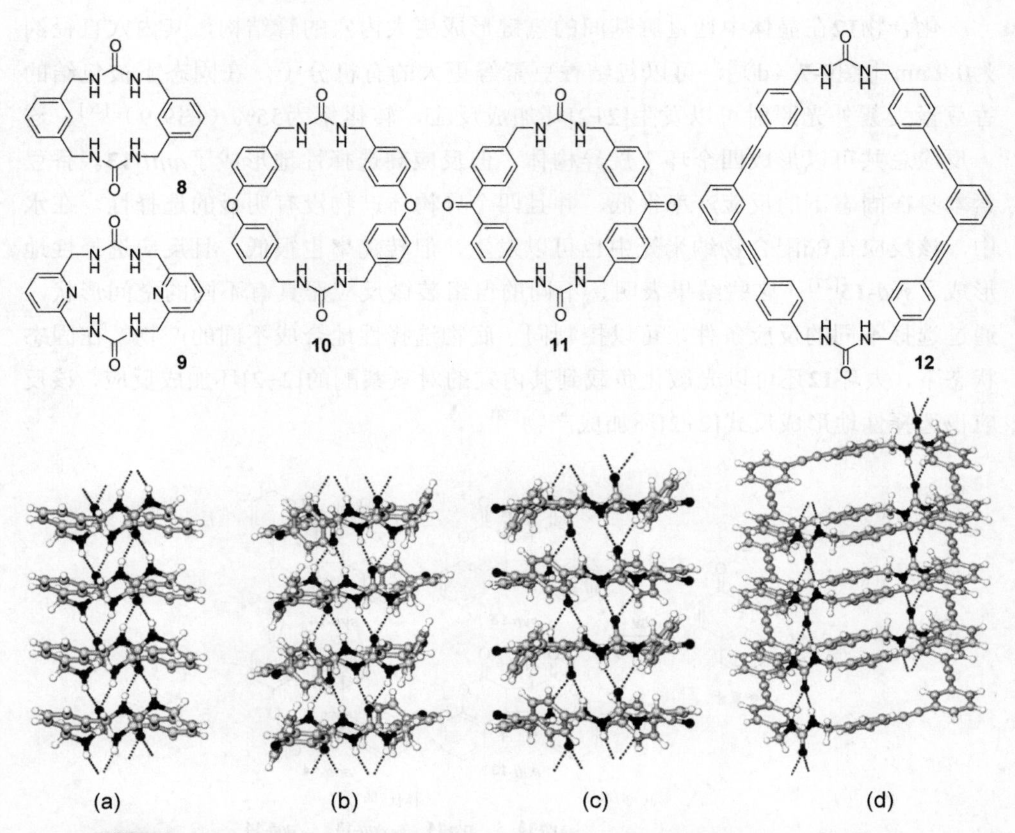

图 9-7　化合物 **8**～**12** 的结构和化合物 **8**、**10**～**12** 的晶体结构。在所有四个晶体中，脲基都形成典型的分叉型氢键

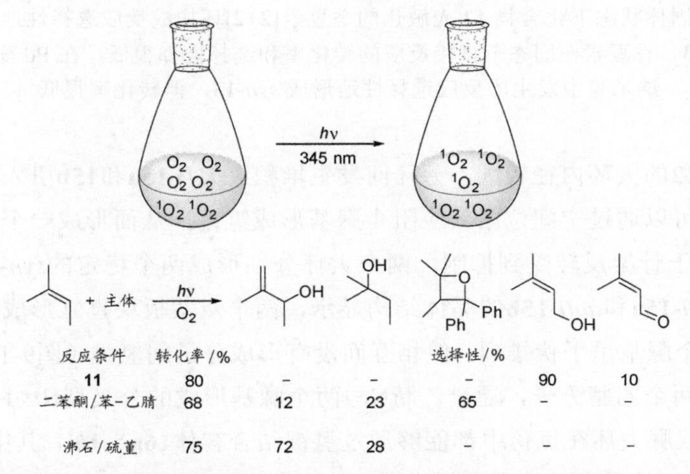

反应条件	转化率/%	选择性/%				
11	80	–	–	–	90	10
二苯酮/苯-乙腈	68	12	23	65	–	–
沸石/硫堇	75	72	28	–	–	–

图 9-8　大环 **11** 在固态下促进被包结的 2-甲基-2-丁烯的光氧化反应（λ_{ex} = 345 nm）

化合物**12**在晶体中通过脲基间的氢键形成更大内穴的管结构，其内穴直径约为0.9 nm［图9-7（d）］，可以包结香豆素等更大的有机分子。在固态下被包结的香豆素受紫外光照射可以发生[2+2]环加成反应，转化率为55%（图9-9）[26]。这一反应总共可以形成四个环丁烷异构体，但反应高选择性地形成了*anti*-**13**。香豆素本身在固态下的反应产率很低，并且四个异构体产物没有明显的选择性。在水中，该反应在Pd配合物纳米笼中也可以发生，但转化率也很低，且反应选择性地形成了*syn*-**13**[27]。这些结果表明，不同的自组装微反应器具有不同的空间形状，通过选择不同的反应条件，可以控制同一底物选择性地合成不同的产物。在固态状态下，大环**12**还可以光敏化负载到其内穴的对氧萘酮的[2+2]环加成反应，该反应也选择性地形成反式[2+2]环加成产物[28]。

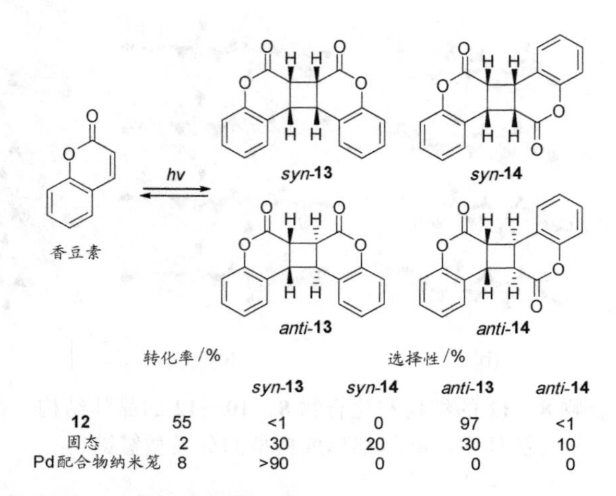

	转化率/%	选择性/% *syn*-13	*syn*-14	*anti*-13	*anti*-14
12	55	<1	0	97	<1
固态	2	30	20	30	10
Pd配合物纳米笼	8	>90	0	0	0

图9-9 固体状态下化合物**12**光敏化的香豆素[2+2]环加成反应选择性地形成产物*anti*-**13**。香豆素在固态下直接反应的转化率和选择性都很低，在Pd配合物纳米笼中发生的反应选择性地形成*syn*-**13**，但转化率很低

化合物**12**的大环内径较大，芳环间发生堆积。大环**15a**和**15b**引入预组织的刚性双萘片段可以通过空间位阻效应阻止脲基形成氢键，从而形成一个孤立的单分子孔[29]。由于骨架反转受到抑制，两个大环分别形成两个稳定的*syn*-和*anti*-异构体。大环*anti*-**15a**和*anti*-**15b**的晶体结构显示，两个双萘板块直立形成一定深度的管结构，两个脲基呈平伏排列，但相互间没有形成分子间氢键（图9-10）。每个环内分别包含两个乙腈分子，通过乙腈N与两个脲基形成的分叉型N…H—N氢键稳定。这四个双脲大环在氯仿中都能够通过氢键结合客体**16a**～**16i**，其中*anti*-**15b**对**16d**的结合稳定性最高，结合常数达到7.2×10^5 L/mol。

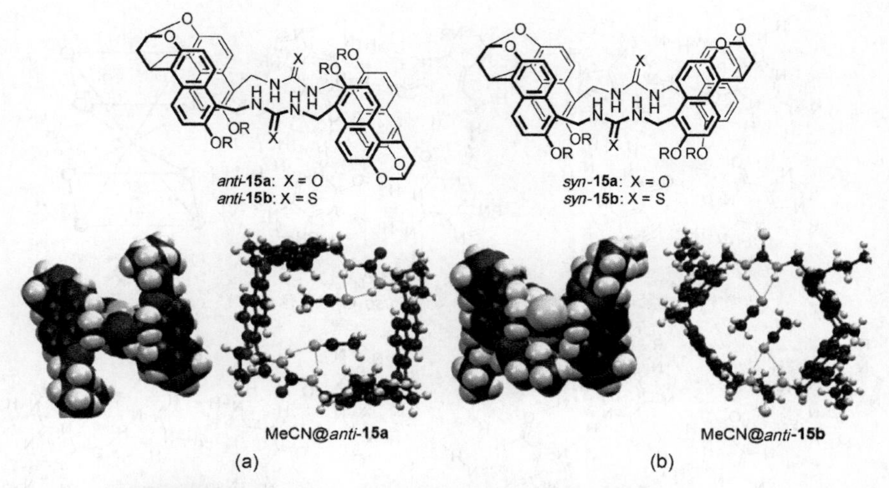

图 9-10 大环 *anti*-**15a** 和 *anti*-**15b** 的晶体结构，两个大环内穴都包结乙腈分子（见彩图）

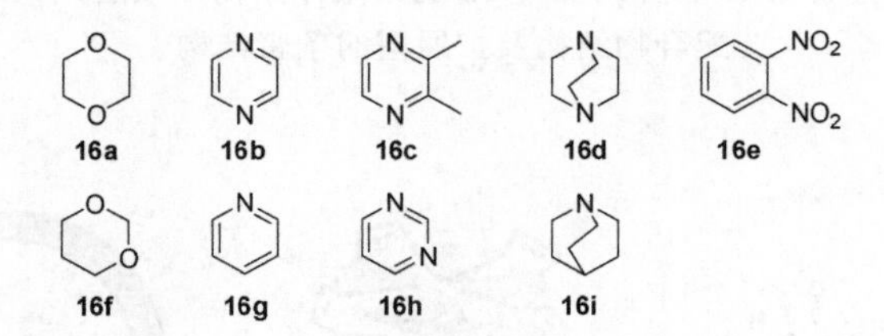

9.3 自组装多组分大环及其堆积形成纳米管

鸟嘌呤（G）衍生物 **17** 和异鸟嘌呤（*iso*-G）衍生物 **18** 在弱极性溶剂中形成四聚体大环（G-quartet/*iso*-G-quartet），相邻分子间形成两个氢键（图 9-11）[30]。在 K^+等离子的存在下，两种四聚体都能够通过内侧的羰基 O 与金属离子的静电作用，形成八聚体夹心结构[31,32]。鸟嘌呤也可以形成条带 A 和 B 两种扩展型组装结构（图 9-11）。金属离子只能与环状组装体结合，因此有利于四聚体的形成。对鸟嘌呤和异鸟嘌呤的取代基进行修饰，可以得到很多衍生物。把这些碱基并入到线型分子中，可以促进其形成的氢键四聚体的堆积，从而有利于形成管型结构。例如，化合物 **19** 可以通过复分解反应形成烯烃聚合物，由此产生单分子通道，实现 Na^+的跨膜输送（图 9-12）[33]。

鸟苷的核糖可以形成硼酸酯（**20**）[34]，其羟基也可以与 Cl^-等负离子形成氢键，堆积的鸟嘌呤外侧氨基也可与多受体分子形成氢键。因此，通过外加试剂，可以形成附加的相互作用力。这些附加的作用力有利于堆积体形成交联网络结构，从而形成水凝胶（图 9-13）。

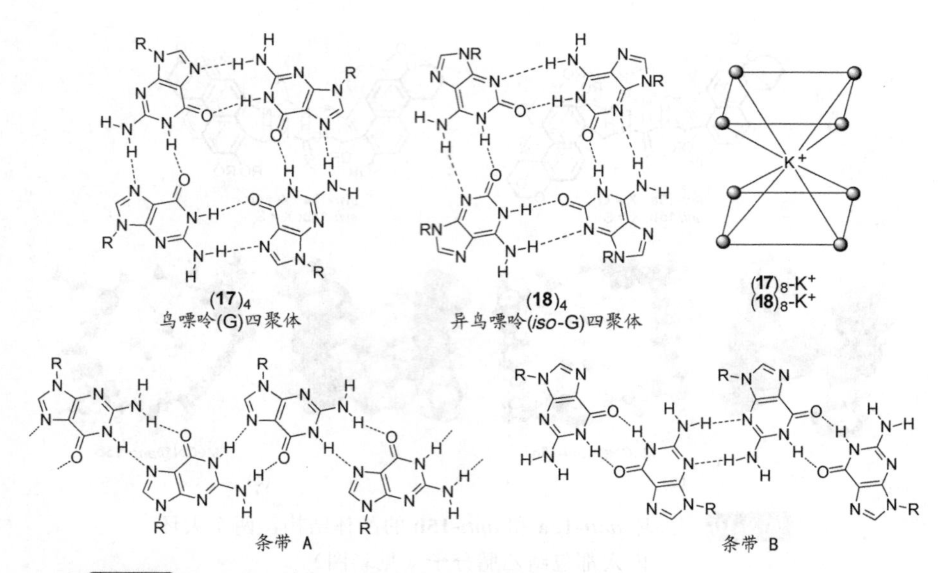

图 9-11 鸟嘌呤 **17** 和异鸟嘌呤 **18** 的四聚体结构、双层八聚体-K^+夹心配合物结构及扩展型的条带结构

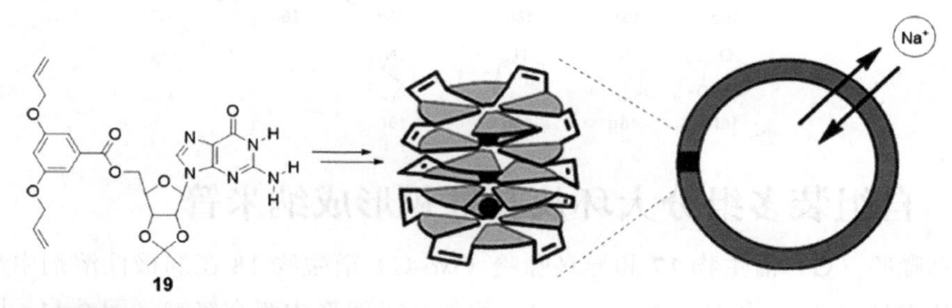

图 9-12 化合物（**19**）通过烯烃复分解反应形成聚合物，实现跨膜 Na^+输送

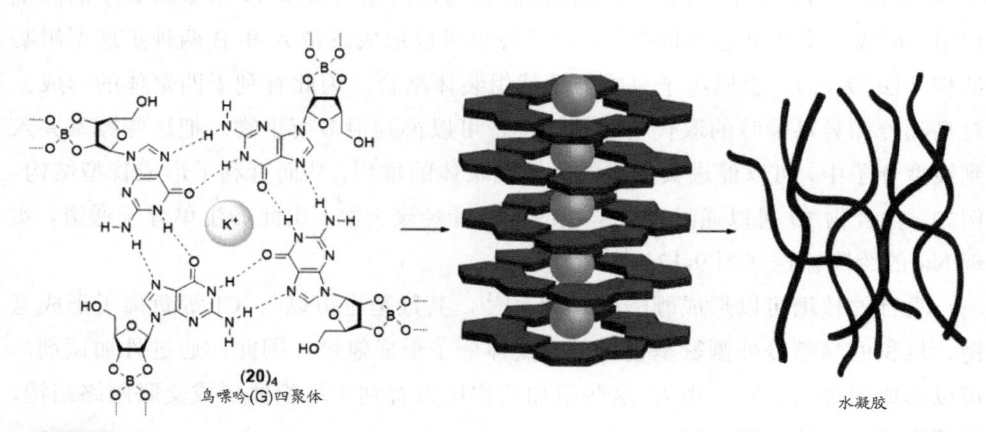

图 9-13 化合物 **20** 通过硼酸酯交联，促进四聚体堆积并产生网络结构，形成水凝胶

叶酸衍生物 **21** 也可以形成四聚体大环（图 9-14）[35]，其内部通过羰基 O 结合 K^+。这一结合对四聚体大环也具有稳定作用。在脂双层中，大环四聚体堆积形成跨膜通道，可以输送 K^+等金属离子。

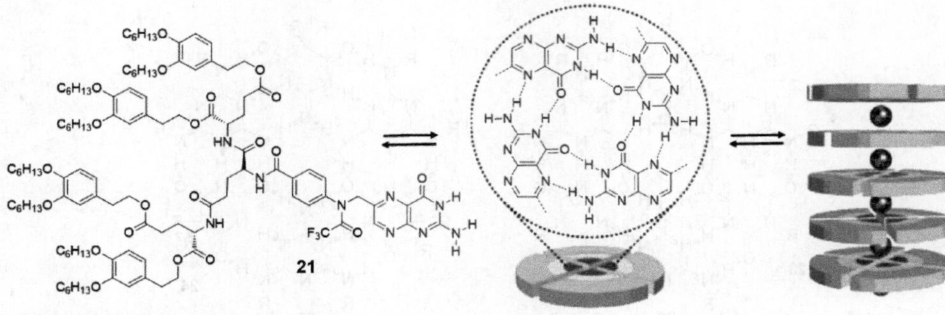

图 9-14　叶酸衍生物 **21** 形成四聚体，在脂双层中堆积形成 K^+通道（见彩图）

金属离子模板也可以诱导异鸟嘌呤（**18**）形成环状五聚体$(\mathbf{18})_5$（图 9-15），而鸟嘌呤（**17**）则不能[36]。这一差异归结于前者形成氢键的杂环单元的二面角为 67°，而后者为 90°。两类分子的氢键二面角的差异也可以解释它们对金属离子的结合选择性。异鸟嘌呤对最大的碱金属离子 Cs^+有选择性，二者形成的双层夹心结构得到晶体结构的证实。而鸟嘌呤对 K^+的结合能力最强。在二氯甲烷中的定量研究表明[37]，Ba^{2+}也可以选择性地诱导 **18** 形成双层五聚体夹心结构（图 9-15）。而 **17** 在 Ba^{2+}的存在下，仍只能形成四聚体夹心结构。

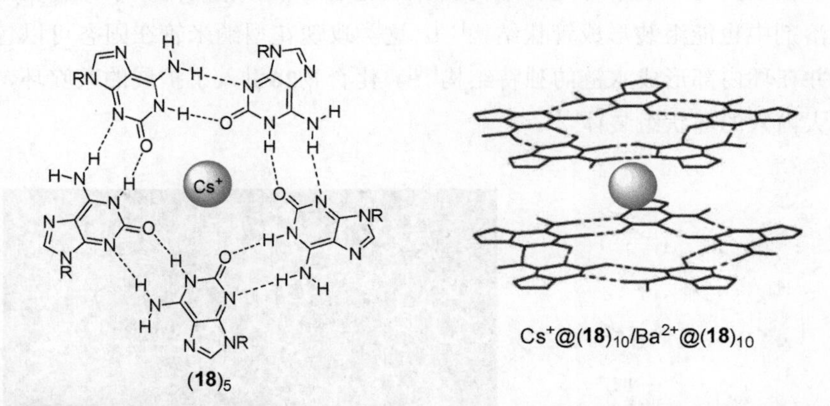

图 9-15　异鸟嘌呤（**18**）五聚体及 Cs^+或 Ba^{2+}诱导产生的双层夹心配合物

等摩尔量的三聚氰胺（**22**）和三聚氰酸（**23**）通过互补的 DAD·ADA 三氢键模式可以形成 3+3 玫瑰花瓣型的平面大环组装体（图 9-16）[38]。**22** 的一个或两个氨基可以烷基化或酰化，**23** 的一个 N 上也可以引入取代基。巴比妥酸及其衍生物（**24**）也可以与三聚氰胺形成类似结构。不同的单体组合从而形成一大类平面氢键自组装结构。但这类组装体内部的空穴很小，不能容纳任何的客体。

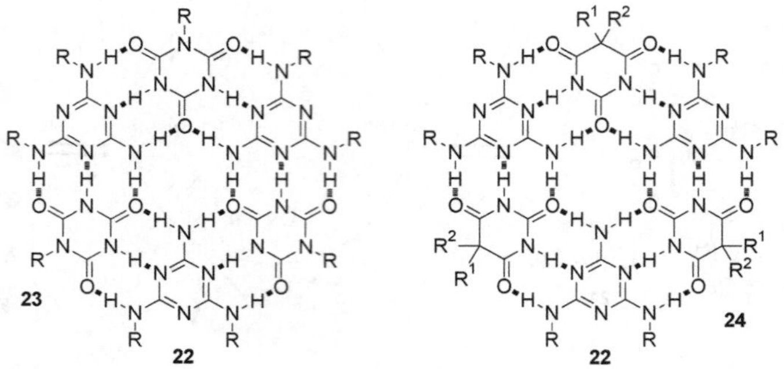

图 9-16 三聚氰胺（**22**）和三聚氰酸（**23**）或巴比妥酸（**24**）及其衍生物形成的 3+3 玫瑰花瓣型环组装体

化合物**25**的两侧分别带有DDA和AAD结合位点，因此可以通过分子间互补三氢键模式结合[7]，这一结合模式与DNA的G・C结合模式相似。由于赖氨酸侧链的引入，这一分子具有水溶性，在水中通过这一三氢键模式形成[3+3]自组装大环，再进一步堆积形成管结构(图9-17)。在TEM图上可以观察到直线形的自组装结构。圆二色谱（CD）在286 nm处产生一个明显的诱导CD信号，表明堆积管结构具有螺旋手性偏差，即形成了螺旋管结构。并入疏水的脂肪链的同一杂环骨架在己烷等有机溶剂中也能组装形成管状结构[39]。这类玫瑰花型纳米管在固态可以包结水分子，并在环内部形成水链的独特结构[40]。化合物**26**引入了扩展的萘啶环，可以形成更大内穴的环状组装体[41]。

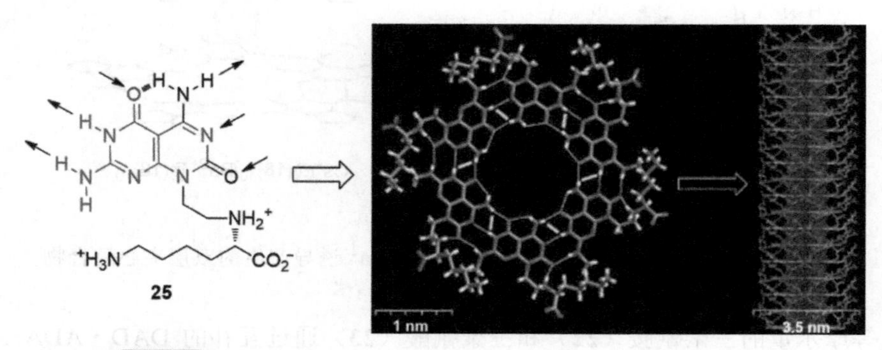

图 9-17 化合物 **25** 形成[3+3]自组装大环及堆积纳米管模型

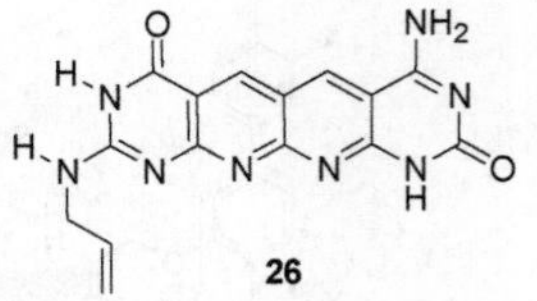

26

9.4 箍桶型自组装纳米管

脂双层的厚度为 3.0～3.5 nm。如果一个刚性棒状分子的长度与此匹配，有可能嵌入膜内，单分子跨越脂双层。在此分子上引入离子载体，就可以产生离子通道。形成这种离子通道的一个有效方法是在八联苯上引入肽链[8]。八联苯的长度约为 3.4 nm，可以实现单分子的跨膜定位。在八联苯上引入多个肽链，通过肽链的分子间多氢键，可以在脂双层内形成由四个分子形成的箍桶型纳米管道（图 9-18）。第一个八联苯衍生物 **27** 带有六个肽链[42]，这一不对称的分子在膜内形成一个四聚体。四个分子可以平行排列，也可以交替反平行排列，实验支持后一种排列更稳定。在 100 nmol/L 浓度下，**27** 能够识别极化的双层膜，即嵌入到膜内形成纳米管通道。与前述基于大环自组装形成的纳米管不同，这类基于寡聚苯的肽自组装纳米管具有确定的长度，其稳定性取决于肽链长度和序列等。由于肽链是以类β-折叠形式交替定位的，桶的内外表面可以通过选择不同的氨基酸残基及控制序列加以调控。在外侧引入亲水的氨基酸侧链和在内侧引入疏水的氨基酸侧链，相应的组装体具有水溶性，类似脂质载运蛋白，可以包合类胡萝卜素[43]。两类氨基酸残基的相反定位会形成两亲性的纳米管，能够嵌入到双层膜中，实现离子输送[44]。

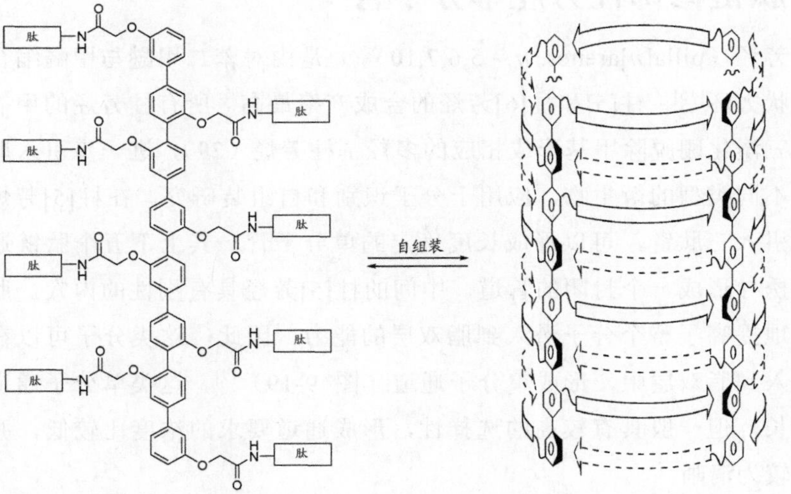

肽 肽 肽 肽 肽 肽 自组装

图 9-18 连接多个肽链的八联苯通过肽链间多氢键自组装形成箍桶型四聚体纳米管

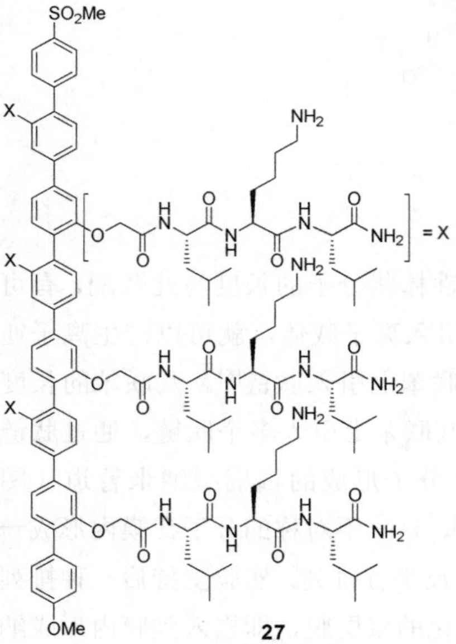

27
三氟乙酸盐

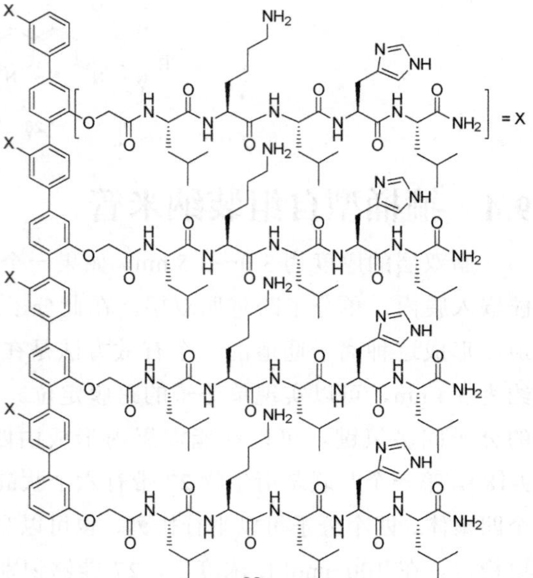

28
三氟乙酸盐

化合物 **28** 引入了 8 个更长的肽链[45]。这一分子本身不能形成稳定的箍桶型纳米管，但在平面和球形脂双层中则可以形成四聚体纳米管，并分别包裹 8-羟基-1,3,6-芘磺酸盐和 L-谷氨酸肽链。这一在脂双层中形成的自组装纳米管还可以通过包含 8-乙酰氧基-1,3,6-芘三磺酸盐催化后者的酯水解。

9.5 肽链修饰柱芳烃单分子管

柱芳烃（pilla[*n*]arenes, *n* = 5,6,7,10 等）是由对苯二甲醚与甲醛缩合形成的刚性柱状大环[46]，柱[5]和柱[6]芳烃的合成产率最高。所有柱芳烃的甲氧基都可以通过三溴化硼脱除甲基形成相应的多羟基柱芳烃（**29**），进一步引入取代基可以产生不同类型的衍生物，应用于分子识别和自组装研究。在柱[5]芳烃的十个羟基上引入三肽链，可以形成长度确定的单分子管，其上下五个肽链通过分子内氢键诱导形成一个封闭的管道，中间的柱[5]芳烃具有刚性的内穴。肽链的引入极大地提高了整个分子潜入到脂双层的能力，因此，这类分子可以在很低浓度下嵌入到脂双层中，形成单分子通道（图 9-19）[9]。这类单分子通道的合成步骤较长，但一般具有较高的选择性，形成通道要求的浓度比较低，并且通道机理也较为清晰。

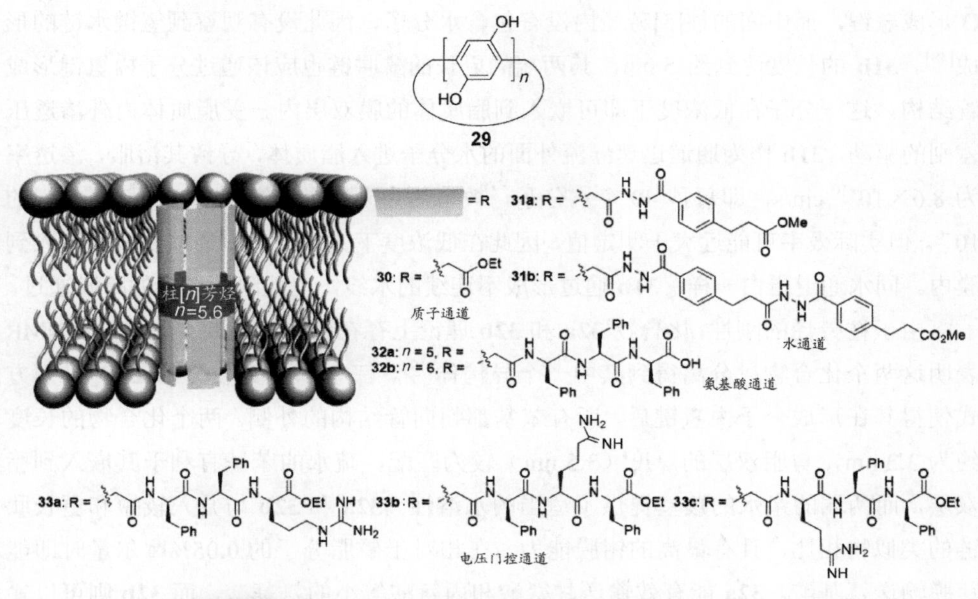

图 9-19 柱芳烃单分子通道示意图及相应的引入肽链的柱[5]芳烃通道 30～33 结构

化合物 **30** 的晶体结构显示其中间的柱[5]芳烃和两端的十个酯取代基形成一个管结构，内部由形成氢键的水分子链占据（图 9-20）[47]。尽管羰基 O 是很强的氢键受体，在水分子和羰基之间并没有形成氢键，表明水分子之间形成的氢键更强。相邻的分子在一维空间呈交替但线性排列，保证了内部水链的连续性。这一在管道内部形成的水链具有生物体质子通道的结构特征。在盐酸水溶液中的膜片钳实验证实化合物 **30** 可以作为质子通道，但由于其较低的水溶性，其钳膜能力很低。当把两个 **30** 分子通过脂肪链连在一起时，相应的双柱芳烃衍生物的质子通道能力大幅度提高，表明 **30** 是通过两个分子对接在膜内形成通道的[9]。

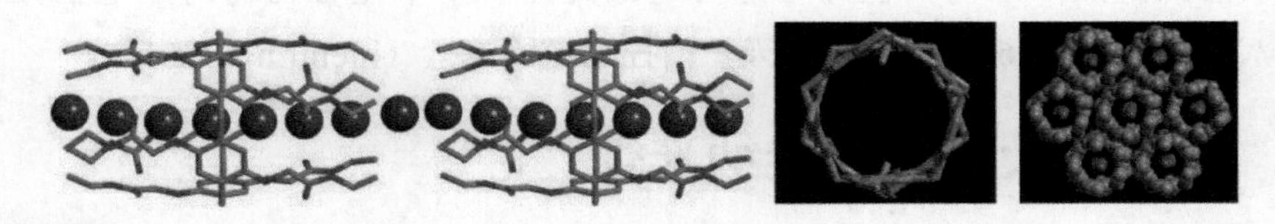

图 9-20 化合物 **30** 的晶体结构，相邻分子错位对接形成管道。其内部形成氢键稳定的水链，水的 H 原子没有显示（见彩图）

化合物 **31a** 的晶体结构显示，其两端的五个酰肼链通过分子内氢键形成一个管结构。每一段的酰肼形成的管内包含两个水分子，二者自身并和相邻的酰肼羰基

O 形成氢键，而中间的柱[5]芳烃内没有包含水分子，因此没有观察到氢键水链的形成[48]。**31b** 的长度达到约 5 nm，其两端的更长的酰肼链也应该通过分子内氢键形成管结构。这一分子在低浓度下即可嵌入到脂质体的膜双层内。受脂质体内外渗透压差别的驱动，**31b** 作为通道迅速导流外面的水分子进入脂质体，导致其溶胀，渗透率为 8.6×10^{-10} cm/s，即每秒 40 个水分子，效率约为天然水通道蛋白（aquaporin）的 10^{-6}。但实际效率可能远大于测定值，因此在低浓度下大部分人工通道都没有嵌入到膜内。同水通道蛋白一样，**31b** 通过形成不连续的水线，也能阻止质子的跨膜通过。

由于柱芳烃的刚性，化合物 **32a** 和 **32b** 理论上存在两个非对映异构体，^{1}H NMR 表明这两个化合物只分离得到其中一个异构体[49]。三个苯丙氨酸的 D-L-D 排列方式使得其在形成分子内氢键后，所有苯基都朝向管结构的外侧。两个化合物的长度约为 3.2 nm，与脂双层的厚度（3.5 nm）较为匹配，疏水的苯基有利于其嵌入到脂双层，而两端的亲水的羧基提供了适当的水溶性。**32a** 和 **32b** 与并入较短和更长肽链的类似物相比，具有最高的钳膜能力，在相对于磷脂分子的 0.05%摩尔量时即能跨膜输送氨基酸。**32a** 能有效输送甘氨酸和丙氨酸等小的氨基酸，而 **32b** 则可以输送苯丙氨酸等更大的氨基酸。**32b** 还展示出对 L-型氨基酸的输送选择性，并且对于较大的氨基酸，这一选择性更为明显。这一结果也表明 **32b** 是一个手性纯化合物。

通过引入不同的氨基酸对两端的肽链筛选发现，并入精氨酸的三肽衍生物 **33a**～**33c** 显示出电压门控的通道性能[50]。这三个化合物分别并入了十个不同序列的三肽，十个精氨酸残基理论上可以携带十个正电荷，用于模拟天然电压门控 K^+ 通道的 S4 区域，后者共计携带八个精氨酸残基。由于引入了十个亲水性的精氨酸，三个化合物的嵌膜能力都很低，但在存在负的膜电位的情况下，**33a** 的嵌膜能力显著提高，从而能够使极化的脂质体膜去极化。而施加正的膜电位则提高其嵌膜能力。通过交替施加−100 mV 和+100 mV 的电压，**33a** 可以可逆地插入和离开脂双层，由此可以开关 K^+输送，从而模拟天然门控 K^+通道的类似可逆功能。化合物 **33b** 和 **33c** 也可以潜入到脂双层内，但却不能可逆地离开。三个化合物的门控电压分别为 1.82 V、2.70 V 和 1.64 V，都高于天然门控通道蜂毒素（melittin，1.5 V）。

9.6 分子和大分子螺旋纳米管

α-螺旋是多肽和蛋白质最重要的二级结构，但这类螺旋结构没有能包结客体的内穴。芳香骨架的螺旋体具有较为确定的内径。寡聚体作为单一分子内穴深度固定，聚合物骨架与同系列的寡聚体内径类似，但具有更深的平均内穴。基于芳香酰胺骨架的寡聚体和聚合物可以通过分子内氢键或疏溶剂作用驱动形成螺旋管结构，代表一类具有多种功能的有机纳米管[11,51-53]。

基于苯环间位取代的二酰胺衍生物可以形成较小的折叠骨架。酰胺 NH 通过与邻位的氢键受体形成分子内氢键，稳定相应的折叠和螺旋结构，当骨架足够长时可以形成多轮次的螺旋管结构。**34**～**37** 是由苯二甲酰胺骨架形成的典型的折叠骨架，骨架的延长将会构成不同系列的螺旋管结构，其中 X 为 O 和 F 等氢键受体。此位置也可以有吡啶等杂化 N 作为受体形成稳定氢键，产生类似的螺旋管结构[54]。引入对位取代的苯二甲酰胺分子单元、更大的萘环、蒽环及相应的 N 杂芳环等可以扩展骨架的内径[55]。以吡啶为芳环形成的螺旋结构内径较小，但这类骨架倾向于形成双螺旋、三螺旋乃至于四螺旋自组装结构[56]。

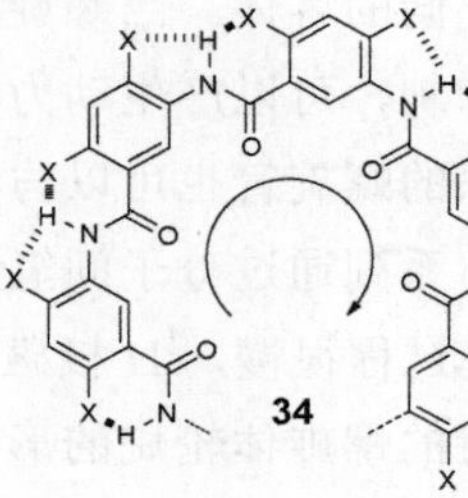

34 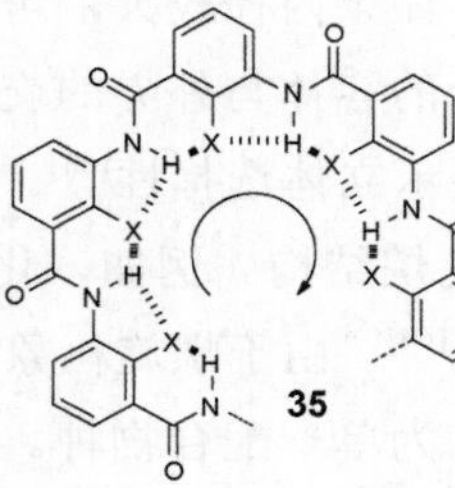 35

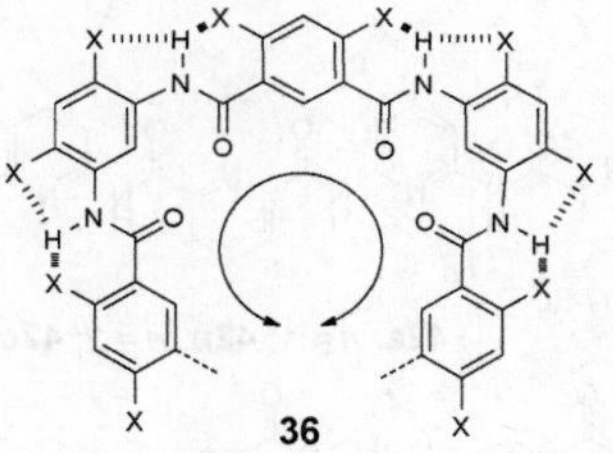

36 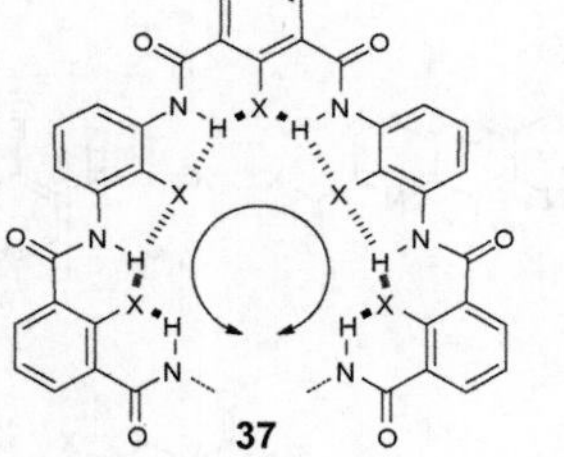 37

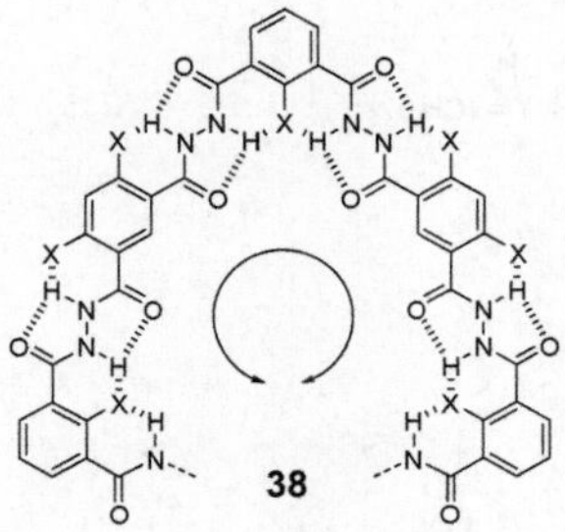

38 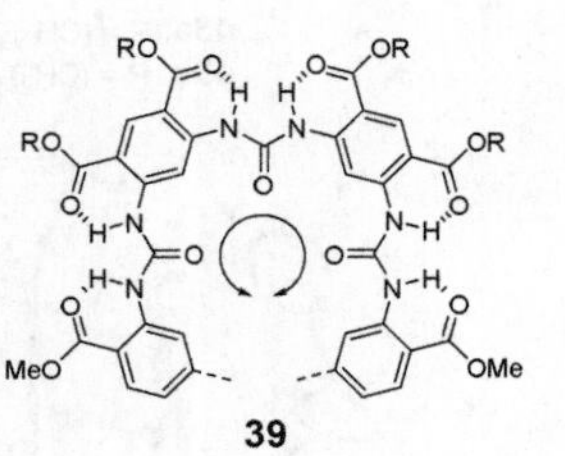 39

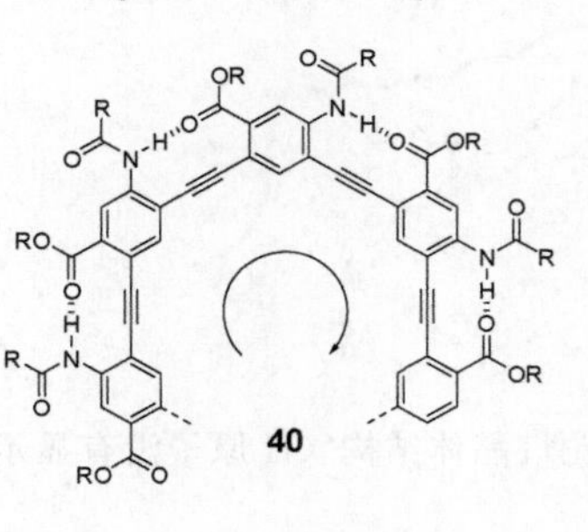

40 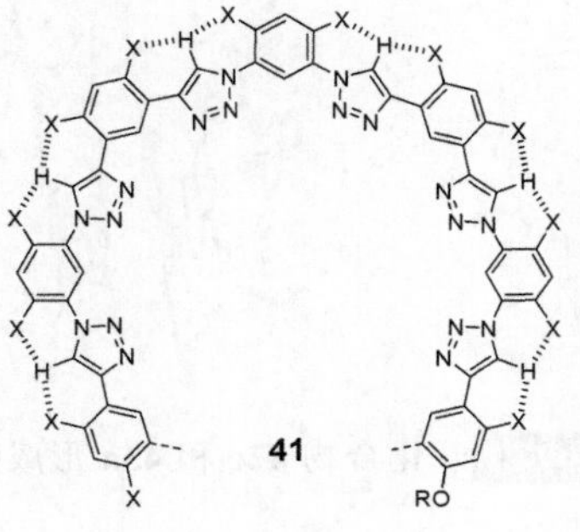 41

芳香酰肼和脲序列骨架也可以用于构建螺旋管结构，**38** 和 **39** 是两个代表性结构[11,57]。在间苯乙炔寡聚体（**40**）的外侧连续引入氢键供体和受体也可以诱导骨架产生螺旋结构[58]。苯和三氮唑交替连接的寡聚体 **41** 也可以通过分子内氢键诱导产生螺旋管结构[59,60]。理论上可以把不同的氢键连接单元并入到一个骨架中，其位置也可以精确控制，由此可以产生数量巨大的序列结构。

文献报道的上述骨架大部分都是较短的寡聚体，只形成弯月形折叠构象或1～2 轮的螺旋构象。这类结构可以堆积形成管结构，内部也可以包结不同的客体，驱动力主要来自于客体与螺旋体内部官能团形成的氢键[61,62]。较长的寡聚体可以形成较深的内穴。如果内径较大，可以包合不同的客体。当螺旋体两端具有收缩的内径时，被包合的客体与外界的交换受到抑制，可以产生动力学上稳定的动态配合物，乃至于展示立体选择性[63]。这类较深的螺旋管也可以与哑铃形的线性分子形成互穿拟[2]轮烷结构。例如，化合物 **42** 系列通过分子间氢键配合线性分子 **43**，形成互穿结构[64]。由于螺旋构象的去折叠过程很慢，^{1}H 核磁实验表明，在室温下这一互穿结构为单一配合物种。这类独特的螺旋体轮烷的形成得到晶体结构验证（图 9-21）。

42a: n = 1; **42b**: n = 2; **42c**: n = 4

43a: R = $(CH_2)_3CHPh_2$, X = Y = CH_2
43b: R = $(CH_2)_3CHPh_2$, X = NH, Y = $(CH_2)_3$

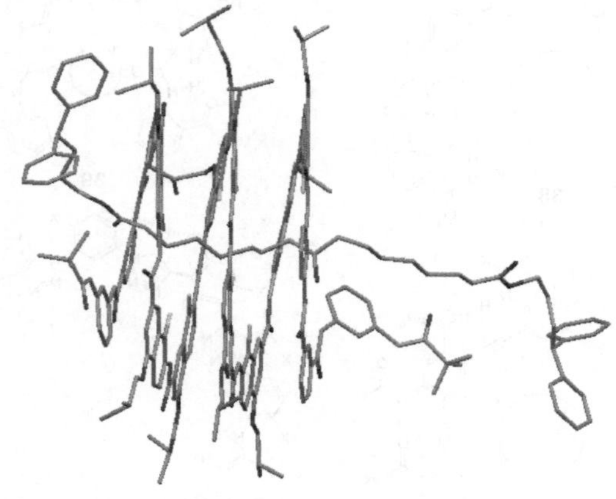

图 9-21 化合物 **42c** 和 **43a** 形成的轮烷晶体结构（H 原子没有显示）

由聚合物形成的螺旋管具有更长的深度。聚合物骨架 **P44** 和 **P45** 分别引入了连续的分子内氢键，二者在不同溶剂中都能形成螺旋管结构。前者可以配合手性有机铵离子，并产生螺旋手性偏差[65]。后者当侧链为两亲性的苯丙氨酸三肽时，可以嵌入到脂双层内，形成单大分子螺旋跨膜通道输送 K^+[66]。**P45** 骨架形成的螺旋管内径在 1 nm 左右，作为跨膜通道其表现出对 K^+的选择性，显示其在嵌入膜内后，中间的通道孔径变小，这被归结为周围的三肽链上下排列，受外围的磷脂脂肪链挤压收缩形成较小的内管。**P46** 的脲基由于具有刚性平面构象，在分子内氢键的诱导下形成螺旋管结构。当侧链上引入手性基团时，螺旋管能够展示出手性偏差[67]。

聚合物 **P47** 和 **P48** 骨架中只有一个芳环引入了氢键受体可以形成分子内氢键。**P47** 在氯仿中形成螺旋管结构，当 R 为手性基团时产生螺旋手性偏差[68]。**P48** 的侧链为水溶性的三缩乙氧基链，在水中发生分子内堆积形成螺旋管结构[69]。当在侧链上引入手性中心后，其也能够产生手性偏差。在非极性溶剂中加入手性的氨基酸客体，也可以诱导产生螺旋手性[70]。聚合物 **P49** 的骨架上没有引入附加的氢键受体[10]。但在水和不同极性的有机溶剂中，其骨架都发生分子内堆积，形成螺旋管结构。在酰胺氨基甲基化后，相应聚合物在甲醇等极性溶剂中仍能堆积形成螺旋管。因此，疏溶剂作用是这一螺旋管结构形成的主要驱动力。在弱极性溶剂中，相邻“轮”之间形成的分子内氢键也可能进一步稳定螺旋构象。

连接在萘二甲酰亚胺衍生物 **50** 两端的羧基可以形成分子间氢键[71]。在晶体中，这一线性序列通过萘二甲酰亚胺的堆积作用形成管型结构，每三个重复分子单元形成一圈（图 9-22）。在溶液中，CD 光谱显示出诱导 CD 信号，表明这一自组装结构具有螺旋手性。这一自组装管结构可以包结 C_{60}、C_{70} 及各种芳烃类客体，分子间堆积是其主要的驱动力[72,73]，客体的引入也能够稳定纳米管结构。

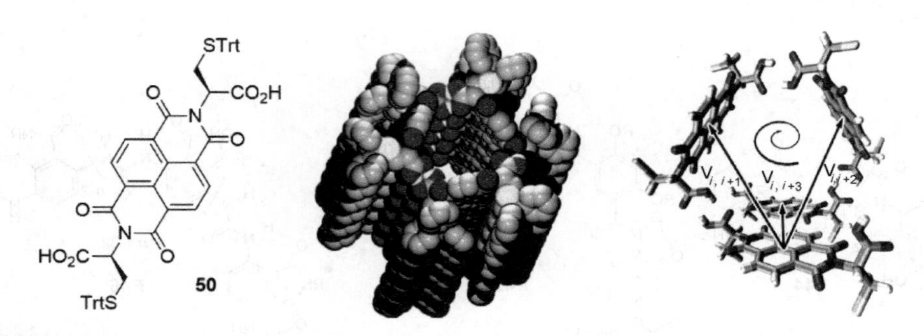

图 9-22　化合物 **50** 和其通过分子间氢键和π-π堆积驱动形成的管型自组装结构（见彩图）。右图标注表示沿顺时针方向依次增加一个芳环单元

9.7　两亲分子自组装纳米管

化合物 **51a**～**51e** 作为双头基两亲性分子，在水中形成自组装纳米管（图 9-23）[12,74]。双头基结构受疏水作用驱动形成不对称膜结构，亲水性的糖单元通过分子间氢键排列在一起，另一端的羧基也通过氢键定向排列。分子不对称结构使得单层膜形成曲面，多层膜堆积形成厚的组装结构。通过控制脂肪链的长度可以调控膜的曲率，由此控制纳米管的直径。脂肪链中还可以引入烯烃双键以提高链的刚性，由此可以提高组装体的稳定性。

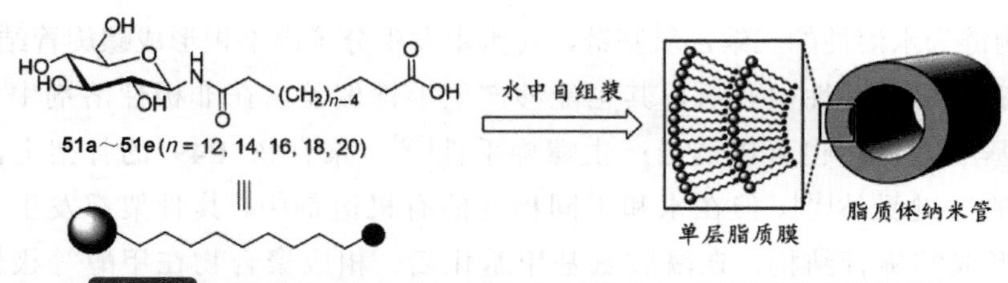

图 9-23　化合物 **51a**～**51e** 结构及其在水中自组装形成纳米管

参考文献

[1] D. Bong, T. Clark, J. Granja, M. R. Ghadiri, Self-assembling organic nanotubes. *Angew. Chem., Int. Ed.* **2001**, *40*, 988-1011.

[2] A. Ghorai, B. Achari, P. Chattopadhyay, Self-assembly of cyclic peptides and peptidomimetic macrocycles: linking structure with function. *Tetrahedron* **2016**, *72*, 3379-3387.

[3] J. Montenegro, M. R. Ghadiri, J. R. Granja. Ion channel models based on self-assembling cyclic peptide nanotubes. *Acc. Chem. Res.* **2013**, *46*, 2955-2965.

[4] R. Chapman, M. Danial, M. L. Koh, K. A. Jolliffe, S. Perrier, Design and properties of functional nanotubes from the self-assembly of cyclic peptide templates. *Chem. Soc. Rev.* **2012**, *41*, 6023-6041.

[5] L. S. Shimizu, A. D. Hughes, M. D. Smith, S. A. Samuel, D. Ciurtin-Smith, Assembled columnar structures from bis-urea macrocycles. *Supramol. Chem.* **2005**, *17*, 27-30.

[6] L. S. Shimizu, S. R. Salpage, A. A. Korous, Functional materials from self-assembled bis-urea macrocycles. *Acc. Chem. Res.* **2014**, *47*, 2116-2127.

[7] H. Fenniri, P. Mathivanan, K. L. Vidale, D. M. Sherman, K. Hallenga, K. V. Wood, J. G. Stowell, Helical rosette nanotubes: design, self-assembly, and characterization. *J. Am. Chem. Soc.* **2001**, *123*, 3854-3855.

[8] N. Sakai, J. Mareda, S. Matile, Rigid-rod molecules in biomembrane models: from hydrogen-bonded chains to synthetic multifunctional pores. *Acc. Chem. Res.* **2005**, *38*, 79-87.

[9] W. Si, P. Xin, Z.-T. Li, J.-L. Hou, Tubular unimolecular transmembrane channels: construction strategy and transport activities. *Acc. Chem. Res.* **2015**, *48*, 1612-1619.

[10] P. Zhang, L. Zhang, H. Wang, D.-W. Zhang, Z.-T. Li, Helical folding of an arylamide polymer in water and organic solvents of varying polarity. *Polym. Chem.* **2015**, *6*, 2955-2961.

[11] D.-W. Zhang, X. Zhao, J.-L. Hou, Z.-T. Li, Aromatic amide foldamers: Structures, properties, and functions. *Chem. Rev.* **2012**, *112*, 5271-5316.

[12] T. Shimizu, Self-assembled lipid nanotube hosts: the dimension control for encapsulation of nanometer-scale guest substances. *J. Polym. Sci. A* **2006**, *44*, 5137-5152.

[13] J. D. Hartgerink, T. D. Clark, M. R. Ghadiri, M. Peptide nanotubes and beyond. *Chem. Eur. J.* **1998**, *4*, 1367-1372.

[14] J. D. Hartgerin, J. R. Granja, R. A. Milligan, M. R. Ghadiri, Self-assembling peptide nanotubes. *J. Am. Chem. Soc.* **1996**, *118*, 43-50

[15] T. D. Clark, L. K. Buehler, M. R. Ghadiri, Self-assembling cyclic β3-peptide nanotubes as artificial transmembrane ion channels. *J. Am. Chem. Soc.* **1998**, *120*, 651-656.

[16] D. Gauthier, P. Baillargeon, M. Drouin, Y. L. Dory, Self-assembly of cyclic peptides into nanotubes and then into highly anisotropic crystalline materials. *Angew. Chem. Int. Ed.* **2001**, *40*, 4635-4638.

[17] T. D. Clark, J. M. Buriak, K. Kobayashi, M. P. Isler, D. E. McRee, M. R. Ghadiri, Cylindrical β-sheet peptide assemblies. *J. Am. Chem. Soc.* **1998**, *120*, 8949-8962.

[18] A. Ghorai, E. Padmanaban, C. Mukhopadhyay, B. Achari, P. Chattopadhyay, Design and synthesis of regioisomeric triazole based peptidomimetic macrocycles and their dipole moment controlled self-assembly. *Chem. Commun.* **2012**, *48*, 11975-11977.

[19] L. Li, H. Zhan, P. Duan, J. Liao, J. Quan, Y. Hu, Z. Chen, J. Zhu, M. Liu, Y.-D. Wu, J. Deng, Self-assembling nanotubes consisting of rigid cyclic γ-peptides. *Adv. Funct. Mater.* **2012**, *22*, 3051-3056.

[20] S.-Y. Qin, H.-F. Jiang, X.-J. Liu, Y. Pei, H. Cheng, Y.-X. Sun, X.-Z. Zhang, High length-diameter ratio nanotubes self-assembled from a facial cyclopeptide. *Soft Matter* **2014**, *10*, 947-951.

[21] L. S. Shimizu, M. D. Smith, A. D. Hughes, K. D. Shimizu, Self-assembly of a bis-urea macrocycle into a columnar nanotube. *Chem. Commun.* **2001**, 1592-1593.

[22] K. Roy, C. Wang, M. D. Smith, M. B. Dewal, A. C. Wibowo, J. C. Brown, S. Ma, L. S. Shimizu, Guest induced transformations of assembled pyridyl bis-urea macrocycles. *Chem. Commun.* **2011**, *47*, 277-279.

[23] J. Yang, M. B. Dewal, S. Profeta, M. D. Smith, Y. Li, L. S. Shimizu, Origins of selectivity for the [2 + 2] cycloaddition of α,β-unsaturated ketones within a porous self-assembled organic framework. *J. Am. Chem. Soc.* **2008**, *130*, 612-621.

[24] M. B. Dewal, Y. Xu, J. Yang, F. Mohammed, M. D. Smith, L. S. Shimizu, Manipulating the cavity of a porous material changes the photoreactivity of included guests. *Chem. Commun.* **2008**, 3909-3911.

[25] M. F. Geer, M. D. Walla, K. M. Solntsev, C. A. Strassert, L. S. Shimizu, Self-assembled benzophenone bis-urea macrocycles facilitate selective oxidations by singlet oxygen. *J. Org. Chem.* **2013**, *78*, 5568-5578.

[26] S. Dawn, M. B. Dewal, D. Sobransingh, M. C. Paderes, A. C. Wibowo, M. D. Smith, J. A. Krause, P. J. Pellechia, L. S. Shimizu, Porous crystals from self-assembled phenylethynylene bis-urea macrocycles facilitate the selective photodimerization of coumarin. *J. Am. Chem. Soc.* **2011**, *133*, 7025-7032.

[27] S. Karthikeyan, C. Ramamurthy, Templating photodimerization of coumarins within a water soluble nano reation vessel. *J. Org. Chem.* **2006**, *71*, 6409-6413.

[28] S. R. Salpage, L. S. Donevant, M. D. Smith, A. Bick, L. S. Shimizu, Modulating the reactivity of chromone and its derivatives through encapsulation in a self-assembled phenylethynylene bis-urea host. *J. Photochem. Photobiol. A* **2016**, *315*, 14-24.

[29] G. Huang, A. Valkonen, K. Rissanen, W. Jiang, endo-Functionalized molecular tubes: selective encapsulation of neutral molecules in non-polar media. *Chem. Commun.* **2016**, *52*, 9078-9081.

[30] J. T. Davis, G. P. Spada, Supramolecular architectures generated by self-assembly of guanosine derivatives. *Chem. Soc. Rev.* **2007**, *36*, 296-313.

[31] G. Gottarelli, S. Masiero, G. P. Spada, Self-assembly in organic solvents of a deoxyguanosine derivative induced by alkali metal picrates. *J. Chem. Soc. Chem. Commun.* **1995**, 2555–2557.

[32] S. Tirumala, J. T. Davis, Self-assembled ionophores. an isoguanosine-K^+ octamer. *J. Am. Chem. Soc.* **1997**, *119*, 2769-2776.

[33] M. S. Kaucher, W. A. Harrell, J. T. Davis, A unimolecular G-quadruplex that functions as a synthetic trans-membrane Na^+ transporter. *J. Am. Chem. Soc.* **2006**, *128*, 38-39.

[34] G. M. Peters, L. P. Skala, T. N. Plank, H. Oh, G. N. M. Reddy, A. Marsh, S. P. Brown, S. R. Raghavan, J. T. Davis, G_4-quartet • M^+ borate hydrogels. *J. Am. Chem. Soc.* **2015**, *137*, 5819-5827.

[35] N. Sakai, Y. Kamikawa, M. Nishii, T. Matsuoka, T. Kato, S. Matile, Dendritic folate rosettes as ion channels in lipid bilayers. *J. Am. Chem. Soc.* **2006**, *128*, 2218-2219.

[36] X. D. Shi, J. C. Fettinger, M. M. Cai and J. T. Davis, Enantiomeric self-recognition: cation-templated formation of homochiral isoguanosine pentamers. *Angew. Chem. Int. Ed.* **2000**, *39*, 3124-3127.

[37] M. M. Cai, X. D. Shi, V. Sidorov, D. Fabris, Y. F. Lam, J. T. Davis, Cation-directed self-assembly of lipophilic nucleosides: the cation's central role in the structure and dynamics of a hydrogen-bonded assembly. *Tetrahedron* **2002**, *58*, 661-671.

[38] G. M. Whitesides, E. E. Simanek, J. P. Mathias, C. T. Seto, D. N. Chin, M. Mammen, D. M. Gordon, Non-covalent synthesis: using physical organic chemistry to make aggregates. *Acc. Chem. Res.* **1995**, *28*, 37-44.

[39] G. Tikhomirov, M. Oderinde, D. Makeiff, A. Mansouri, W. Lu, F. Heirtzler, D. Y. Kwok, H. Fenniri, Synthesis of hydrophobic derivatives of the G∧C base for rosette nanotube self-assembly in apolar media. *J. Org. Chem.* **2008**, *73*, 4248-4251.

[40] H. Fenniri, G. A. Tikhomirov, D. H. Brouwer, S. Bouatra, M. E. Bakkari, Z. Yan, J.-Y. Cho, T. Yamazaki, High field solid-state NMR spectroscopy investigation of ^{15}N-labeled rosette nanotubes: hydrogen bond network and channel-bound water. *J. Am. Chem. Soc.* **2016**, *138*, 6115-6118.

[41] G. Borzsonyi, A. Alsbaiee, R. L. Beingessner, H. Fenniri, Synthesis of a tetracyclic G∧C scaffold for the assembly of rosette nanotubes with 1.7 nm inner diameter. *J. Org. Chem.* **2010**, *75*, 7233-7239.

[42] N. Sakai, S. Matile, Recognition of polarized bilayer membranes by p-oligophenyl ion channels: from push-pull rods to push-pull β-barrels. *J. Am. Chem. Soc.* **2002**, *124*, 1184-1185.

[43] B. Baumeister, S. Matile, Rigid-rod β-barrels as lipocalin models: probing confined space by carotenoid encapsulation. *Chem. Eur. J.* **2000**, *6*, 1739-1749.

[44]N. Sakai, S. Matile, Synthetic multifunctional pores: lessons from rigid-rod β-barrels. *Chem. Commun.* **2003**, 2514-2523.

[45] S. Litvinchuk, G. Bollot, J. Mareda, A. Som, D. Ronan, M. Raza Shah, P. Perrottet, N. Sakai, S. Matile. Thermodynamic and kinetic stability of synthetic multifunctional rigid-rod β-barrel pores: evidence for supramolecular catalysis. *J. Am. Chem. Soc.* **2004**, *126*, 10067-10075.

[46] Y. Yue, Y. Zhou, Y. Yao, M. Xue, Pillar[n]arenes: from synthesis, host-guest chemistry to self-assembly properties and applications. *Huaxue Xuebao* **2014**, *72*, 1053-1069.

[47] W. Si, X.-B. Hu, X.-H. Liu, R. Fan, Z. Chen, L. Weng, J.-L. Hou, Self-assembly and proton conductance of organic nanotubes from pillar[5]arenes. *Tetrahedron Lett.* **2011**, *52*, 2484-2487.

[48] X.-B. Hu, Z. Chen, G. Tang, J.-L. Hou, Z.-T. Li, Singlemolecular artificial transmembrane water channels. *J. Am. Chem. Soc.* **2012**, *134*, 8384-8387.

[49] L. Chen, W. Si, L. Zhang, G. Tang, Z.-T. Li, J.-L. Hou, Chiral selective transmembrane transport of amino acids through artificial channels. *J. Am. Chem. Soc.* **2013**, *135*, 2152-2155.

[50] W. Si, Z.-T. Li, J.-L. Hou, Voltage-driven reversible insertion into and leaving from a lipid bilayer: tuning transmembrane transport of artificial channels. *Angew. Chem. Int. Ed.* **2014**, *53*, 4578-4581.

[51] D. J. Hill, M. J. Mio, R. B. Prince, T. S. Hughes, J. S. Moore, A field guide to foldamers. *Chem. Rev.* **2001**, *101*, 3893-4011.

[52] B. Gong, Crescent oligoamides: from acyclic "macrocycles" to folding nanotubes. *Chem. Eur. J.* **2001**, *7*, 4336-4342.

[53] Y. Gao, J. Hu, Y. Ju, Supramolecular self-assembly based on natural small molecules. *Huaxue Xuebao* **2016**, *74*, 312-329.

[54] Y. Huo, H. Zeng, "Sticky"-ends-guided creation of functional hollow nanopores for guest encapsulation and water transport. *Acc. Chem. Res.* **2016**, *49*, 922-930.

[55] X. Li, T. Qi, K. Srinivas, S. Massip, V. Maurizot, I. Huc, Synthesis and multibromination of nanosized helical aromatic amide foldamers via segment-doubling condensation. *Org. Lett.* **2016**, *18*, 1044-1047.

[56] Q. Gan, F. Li, G. Li, B. Kauffmann, J. Xiang, I. Huc, H. Jiang, Heteromeric double helix formation by cross-hybridization of chloro-and fluoro-substituted quinoline oligoamides. *Chem. Commun.* **2010**, *46*, 297-299.

[57] J.-L. Hou, X.-B. Shao, G.-J. Chen, Y.-X. Zhou, X.-K. Jiang, Z.-T. Li, Hydrogen bonded oligohydrazide foldamers and their recognition for saccharides. *J. Am. Chem. Soc.* **2004**, *126*, 12386-12394.

[58] X. Yang, L. Yuan, K. Yamato, A. L. Brown, W. Feng, M. Furukawa, X. C. Zeng, B. Gong, Backbone-rigidified oligo(*m*-phenylene ethynylenes). *J. Am. Chem. Soc.* **2004**, *126*, 3148-3162.

[59] L.-Y. You, S.-G. Chen, X. Zhao, Y. Liu, W.-X. Lan, Y. Zhang, H.-J. Lu, C.-Y. Cao, Z.-T. Li, C—H···O Hydrogen bonding-induced triazole foldamers: efficient halogen bonding receptors for organohalogens.

Angew. Chem. Int. Ed. **2012**, *51*, 1657-1661.

[60] Y.-H. Liu, L. Zhang, X.-N. Xu, Z.-M. Li, D.-W. Zhang, X. Zhao, Z.-T. Li, Intramolecular C—H···F hydrogen bonding-induced 1,2,3-triazole-based foldamers. *Org. Chem. Front.* **2014**, *1*, 494-500.

[61] D.-W. Zhang, X. Zhao, Z.-T. Li, Aromatic amide and hydrazide foldamer-based responsive host-guest systems. *Acc. Chem. Res.* **2014**, *47*, 1961-1970.

[62] D.-W. Zhang, W.-K. Wang, Z.-T. Li, Hydrogen bonding-driven aromatic foldamers: the structural and functional evolution. *Chem. Rec.* **2015**, *15*, 233-251.

[63] Y. Ferrand, A. M. Kendhale, B. Kauffmann, A. Grélard, C. Marie, V. Blot, M. Pipelier, D. Dubreuil, I. Huc, Diastereoselective encapsulation of tartaric acid by a helical aromatic oligoamide. *J. Am. Chem. Soc.* **2010**, *132*, 7858-7859.

[64] Q. Gan, Y. Ferrand, C. Bao, B. Kauffmann, A. Grélard, H. Jiang, I. Huc, Helix-rod host-guest complexes with shuttling rates much faster than disassembly. *Science* **2011**, *331*, 1172-1175.

[65] Y.-X. Lu, Z.-M. Shi, Z.-T. Li, Z. Guan, Helical polymers based on intramolecularly hydrogen-bonded aromatic polyamides. *Chem. Commun.* **2010**, *46*, 9019-9021.

[66] P. Xin, P. Zhu, P. Su, J.-L. Hou, Z.-T. Li, Hydrogen bonded helical hydrazide oligomers and polymer that mimic the ion transport of Gramicidin A. *J. Am. Chem. Soc.* **2014**, *136*, 13078-13081.

[67] J. J. van Gorp, J. A. J. M. Vekemans, E. W. Meijer, Facile synthesis of a chiral polymeric helix; folding by intramolecular hydrogen bonding. *Chem. Commun.* **2004**, 60-61.

[68] J. Cao, M. Kline, Z. Chen, B. Luan, M. Lü, W. Zhang, C. Lian, Q. Wang, Q. Huang, X. Wei, J. Deng, J. Zhu, B. Gong, Preparation and helical folding of aromatic polyamides. *Chem. Commun.* **2012**, *48*, 11112-11114.

[69] R. Guo, L. Zhang, H. Wang, D.-W. Zhang, Z.-T. Li, Hydrophobically driven twist sense bias of hollow helical foldamers of aromatic hydrazide polymers in water. *Polym. Chem.* **2015**, *6*, 2382-2385.

[70] P. Zhang, L. Zhang, Z.-K. Wang, Y.-C. Zhang, R. Guo, H. Wang, D.-W. Zhang, Z.-T. Li, Guest-induced arylamide polymer helicity: twist-sense bias and solvent-dependent helicity inversion. *Chem. Asian J.* **2016**, *11*, 1725-1730.

[71]G. D. Pantos, P. Pengo, J. K. M. Sanders, Hydrogen-bonded helical organic nanotubes. *Angew. Chem. Int. Ed.* **2007**, *46*, 194-197.

[72] E. Tamanini, N. Ponnuswamy, G. D. Pantos, J. K. M. Sanders, New host-guest chemistry of supramolecular nanotubes. *Faraday Discuss.* **2010**, *145*, 205-218.

[73] N. Ponnuswamy, A. R. Stefankiewicz, J. K. M. Sanders, G. D. Pantos, Supramolecular naphthalenediimide nanotubes. *Top. Curr. Chem.* **2012**, *322*, 217-260.

[74] M. Masuda, T. Shimizu, Lipid nanotubes and microtubes: experimental evidence for unsymmetrical monolayer membrane formation from unsymmetrical bolaamphiphiles. *Langmuir* **2004**, *20*, 5969-5977.

第10章 超分子胶囊与客体包结

10.1 引言

受体对目标分子或离子的识别很大程度上取决于二者之间的接触面积和时间。对于球形的客体，凹形的主体提供了合适的形状让二者在接触面互补，从而实现结合的高稳定性和高选择性。因此，相对于“平面”的冠醚，“三维”的穴醚能更有效地配合金属离子。主体对客体全覆盖的包裹提供了最大的接触面积，也能够完全避免溶液中存在的溶剂效应，理论上能实现最高效的分子间作用。永久性的分子在分子内排列可以通过共价键或配位键实现[1,2]。通过氢键构建动态的胶囊型自组装主体，则可以产生可逆的分子包结[3-6]。当胶囊型主体分子间的作用力较弱时，胶囊的形成与打开是一个迅速交换的平衡过程，被包结的客体能够快速的进出。如果主体分子间的作用力足够强，这一过程可变得很慢，从而能够形成可观察到的包结配合物。被包结的客体暂时被隔离，展示出分离的、与在溶液相中不同的性质特征。在固态，晶体结构分析提供最直接的包结证据。但对于氢键驱动的分子包结配合物，文献报道的晶体结构与金属配位包结配合物相比要少很多[7,8]。在液相，^{1}H NMR 和质谱可以提供有力的证据，支持包结配合物是否形成[9,10]。在核磁图谱中，受主体分子的屏蔽效应影响，被包结的分子会在高场区出现新的信号。在内外客体交换较慢时，这一信号一般为尖峰，通过积分可以确定包结计量比，并能够通过改变温度、浓度及溶剂等研究包结热力学和动力学。而质谱则可以给出包结配合物的离子峰，也有助于确定包结配合物的计量比[3]。

氢键驱动的分子胶囊的形成和解离是一个典型的动态可逆过程。胶囊在溶液中的形成及对客体的包结能够快速的达到热力学平衡。一个分子胶囊内可以包结一个客体或两个及更多相同或不同的客体[11]。包结的效率取决于二者的相对大小和形状、被包结分子间的相互作用及与主体间的作用，以及溶剂的性质（如极性、体积及形状）等。理论上，溶剂分子也可以进入胶囊内与目标客体竞争，因此溶液相的分子包结高度依赖于溶剂的选择。一个总体的思路是选择体积较大、形状不匹配的不能产生较强作用力的低极性溶剂，如氘代间三甲苯[11]。胶囊内的分子包结提供一种独特的分子识别模式，能够探索在小的分子尺度空间内分子间相互作用的规律、溶剂效应、分子极性、形状及柔韧性等对分子识别的影响，研究特殊反应中间体、反应活性和选择性等。

10.2 胶囊结构与包结

10.2.1 网球型双分子胶囊

化合物 **1** 是最早报道的利用氢键构建溶液相分子胶囊的有机单体[9]。**1** 具有凹形构象，在低极性溶剂中，两个分子通过八个分子间 N—H···O═C 氢键结合在一起，形成一个网球型的二聚体胶囊结构（图 10-1）。在氯仿中，胶囊 $\mathbf{1}_2$ 的形成大约需要 1 s。在 $CDCl_3$ 中的 ^1H NMR 显示，这一胶囊结构能够包结一个乙烷或甲烷分子，它们分别在−0.4 和−0.9 处产生一个尖锐的信号，而没有被包结的乙烷和甲烷的信号分别在+0.85 和+0.2 处。两个小分子内外交换的能量障碍在 15～20 kcal/mol，^1H NMR 跟踪这一包结及交换过程。

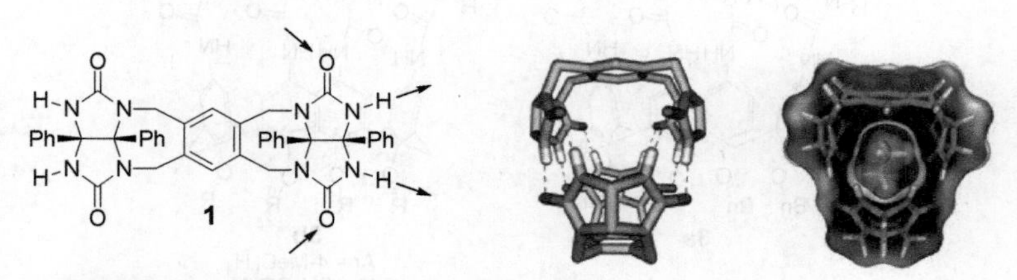

图 10-1 化合物 **1** 和其通过氢键形成的网球型分子胶囊及乙烷包结配合物的模拟结构。箭头代表氢键结合位点（见彩图）

化合物 **2** 具有扩展的刚性骨架[12]。其两个甘脲与另一个分子中间部位两侧的羟基和羰基通过互补的 DAAD・ADDA 四氢键形成双分子胶囊 $\mathbf{2}_2$（图 10-2）。这一双分子胶囊具有 400 Å^3 的空间，能够包结两个苯分子或一个更大的金刚烷分子。对两个苯分子的包结意味着这类自组装的氢键分子胶囊有可能用作微反应器。但化合物 **2** 的合成步骤很长，其组装体球形空间的形状也不易改变。

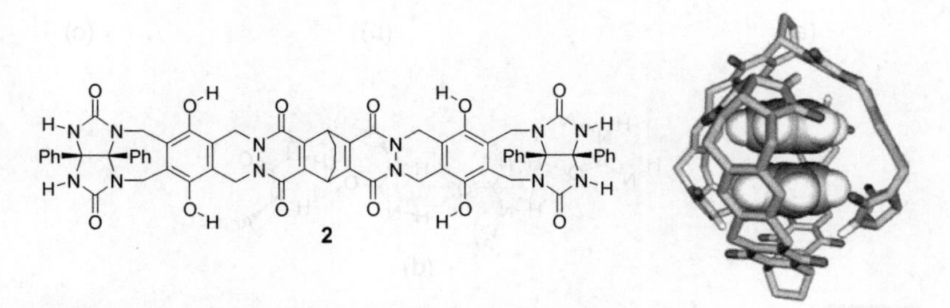

图 10-2 化合物 **2** 和其形成的双分子胶囊 $\mathbf{2}_2$ 包结两个苯分子的模拟结构

10.2.2 半球型分子二聚体胶囊

杯[4]芳烃的下缘羟基烷基化后可以固定苯环的翻转，使得其四个苯环固定为锥式构象[4,13-15]。在杯[4]芳烃上缘引入四个脲基，相应的化合物 **3a** 可以通过脲基间的分叉型氢键形成球形二聚体胶囊 $\mathbf{3a}_2$（图 10-3）[13]。形成二聚体后，单个分子的脲基旋转受到抑制，单体产生 C_4 对称性构象，而二聚体则产生 S_8 对称性。在氘代甲苯的溶液中加入氘代苯的溶液，^{1}H NMR 出现两组信号，证明 **3a**$_2$ 可以包结两个溶剂，形成两个不同的包结配合物 $C_7D_8 \subset$**3a**$_2$ 和 $C_6D_6 \subset$**3a**$_2$。NMR 实验还表明，在客体浓度一致时，**3a**$_2$ 展示以下包结顺序：乙苯<对二甲苯<邻二甲苯<甲苯<苯≈氯仿。

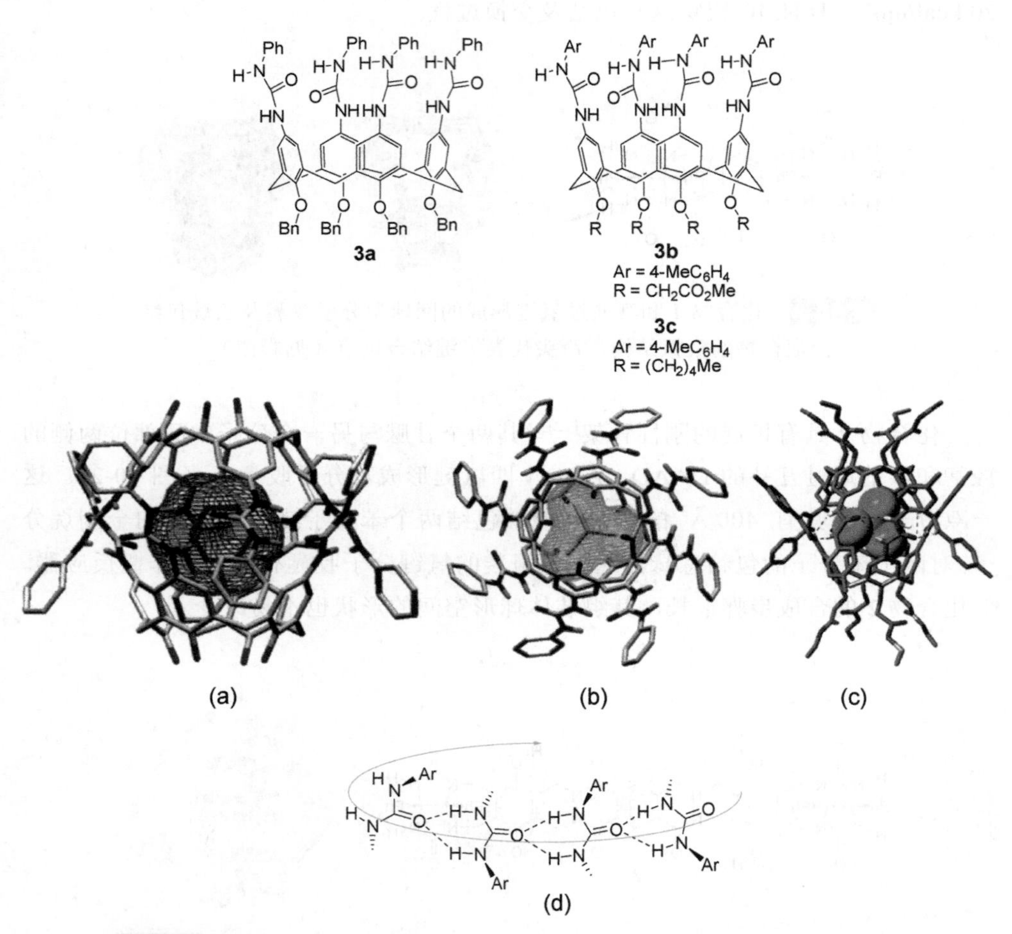

图 10-3 双分子胶囊 **3a**$_2$ 包结（a）苯和（b）氯仿的配合物模拟结构；（c）双分子胶囊 **3b**$_2$ 包结氯仿配合物的晶体结构；（d）双分子胶囊组装体的脲基氢键结合模式（见彩图）

化合物 **3b** 的晶体结构清楚地显示双分子胶囊的形成，两个分子共计八个脲基形成一个分叉型环形氢键带，像拉链一样把两个分子连接在一起（图 10-3）[15]。但其中的溶剂分子完全无序，即使在低温下也不能解析，表明被包结的分子在固态仍能自由旋转。单体分子中所有极性的脲基都介入到氢键带，因此被包结的分子不能与周围的主体分子形成有效的相互作用，这被认为是内穴里溶剂分子不能固定的重要原因。这一脲基氢键驱动形成的二聚体还可以作为模板构建复杂的互穿结构。例如，在端基苯环的间位引入带有末端烯烃的脂肪链，通过烯烃复分解反应，可以形成一类结构独特的双交叉互锁索烃[16]。

雷琐酚杯[4]芳烃 **4** 带有四个苯丙氨酸，其杯[4]芳烃骨架具有半球形或碗形刚性构象。在晶体中，两个分子通过氨基酸之间的盐桥型氢键形成双分子球型胶囊 $\mathbf{4}_2$，如同两只碗扣在一起（图 10-4）[17]。两个分子的四个氨基酸分别以 M 和 P“环手性构象异构体”（cyclochiral conformer）形式存在[4]，形成单方向环形氢键带。由于氨基酸的部分极性基团指向胶囊的内部，在晶体中这一二聚体胶囊可以包结两个极性的 L-苹果酸（**5**）。两个客体分别处于两个半球形分子的内穴，其羧基与主体分子的铵基正离子和羧基负离子形成氢键。由极性氨基酸单元形成

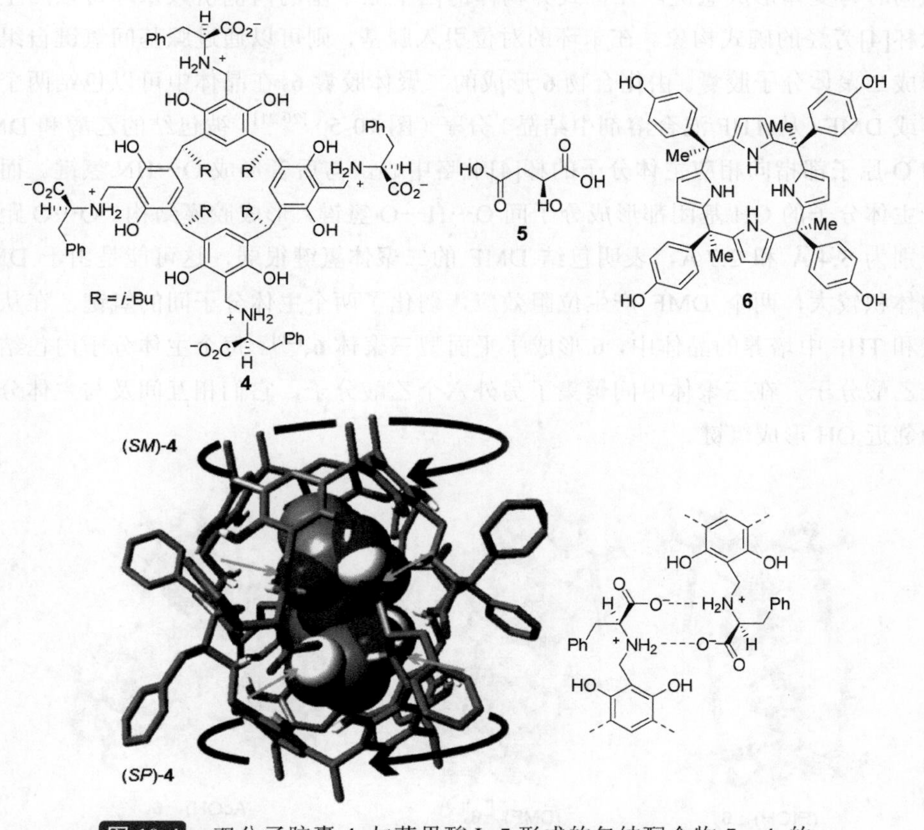

图 10-4 双分子胶囊 $\mathbf{4}_2$ 与苹果酸 L-**5** 形成的包结配合物 $\mathbf{5}_2\subset\mathbf{4}_2$ 的晶体结构及 $\mathbf{4}_2$ 的氢键模式

的氢键在丙酮等极性溶剂中仍稳定存在。在丙酮中，$\mathbf{4}_2$与$\mathbf{5}_2$形成1∶1配合物，结合常数为76 L/mol。$\mathbf{4}_2$在溶液中也可以包结其它有机酸。基于不同的实验条件，$\mathbf{4}_2$可以包结一个或两个有机酸。**4**从含有水的硝基甲烷中培养的晶体同时包结两个硝基甲烷和四个水分子[18]。两个硝基甲烷的甲基分别指向杯芳烃的底部，而硝基与水分子定位在中间，与外侧的主体分子氨基酸片段形成氢键。在氯仿中，这一二聚体胶囊非常稳定，分别并入由*S*-苯丙氨酸和*R*-苯丙氨酸单体形成的同体二聚体，在氯仿中室温放置两周仍不发生交换产生异体二聚体。加入10%甲醇可以促使两个同体二聚体全部转化为异体二聚体，表明后者的稳定性显著高于两个同体二聚体。

杯[4]吡咯是一类由四个吡咯通过2,5-位由四个亚甲基连接而成的刚性大环结构[19]。亚甲基上引入两个取代基，可以避免大环骨架被氧化形成卟啉环。杯[4]吡咯最稳定的构象是1,3-交替构象，但在氢键受体如Cl^-等的存在下，锥式构象由于能够形成氢键而变得最稳定。锥式构象的四个吡咯NH定位于骨架的一侧，可以同时与受体形成氢键。在锥式异构体的四个亚甲基的内侧引入苯环可以产生类似杯[4]芳烃的碗式构象。在苯环的对位引入脲基，则可以通过脲基间氢键自组装形成二聚体分子胶囊。由化合物**6**形成的二聚体胶囊$\mathbf{6}_2$在晶体中可以包结两个乙醇或DMF（从THF混合溶剂中结晶）分子（图10-5）[20,21]。被包结的乙醇和DMF的O原子都指向相应主体分子的杯[4]吡咯中心，与后者形成O…HN氢键。而两个主体分子的OH基团都形成分子间O…H—O氢键，形成胶囊结构。O…O距离分别为3.4 Å和2.7 Å，表明包结DMF的二聚体氢键很弱，这可能是由于DMF的体积较大，两个DMF产生位阻效应，弱化了两个主体分子间的氢键。在从乙酸和THF中培养的晶体中，**6**形成了平面型三聚体$\mathbf{6}_3$[20]。每个主体分子内包结一个乙酸分子，在三聚体中间聚集了另外六个乙酸分子，它们相互间及与主体分子的邻近OH形成氢键。

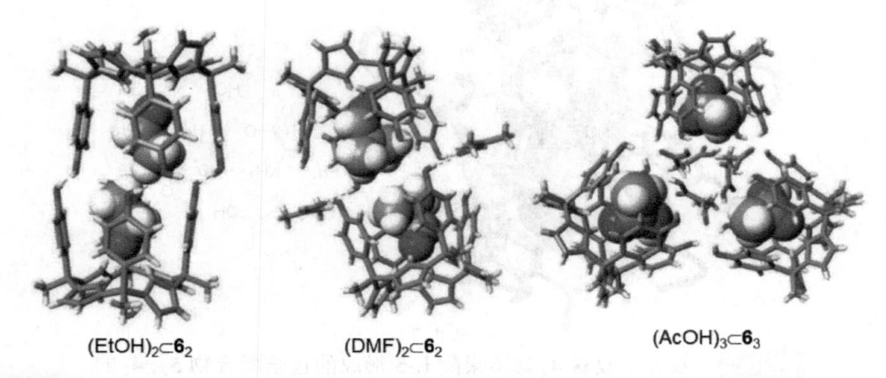

图10-5 化合物**6**形成的包结不同溶剂分子的氢键二聚体和三聚体晶体结构（见彩图）

化合物 **7** 和 **8** 的四个脲基也可以形成环形分叉型氢键带，形成双分子胶囊[4,22]。化合物 **7** 在 DMSO-d_6 中的 NMR 显示一套尖峰，但在 CD_2Cl_2 中，NMR 信号的分辨率很低，表明形成了不同形式的寡聚体。但加入 0.5 倍量的氮氧化物（**9**）后，NMR 显示一套尖峰，支持形成了包结配合物 $\mathbf{9{\subset}7_2}$。晶体结构揭示了 **9** 的两个 O 原子与两个主体分子的四吡咯大环形成了强的氢键，并且 **9** 的长度与 $\mathbf{7_2}$ 的内穴高度非常匹配［图 10-6（a）］。两个主体分子分别以 P 和 M 构象存在，以使得其脲基形成单一方向氢键带。室温下 NMR 相应苯环及亚甲基（图 10-6 中箭头所

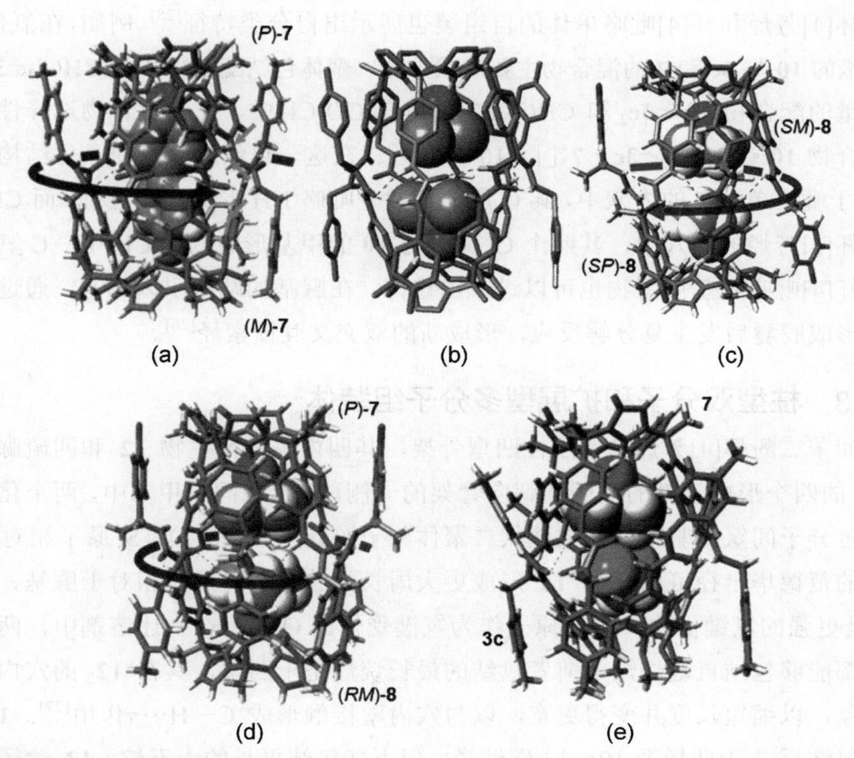

图 10-6 包结配合物晶体结构：（a）$\mathbf{9{\subset}7_2}$；（b）$\mathbf{10\cdot11{\subset}7_2}$；（c）$\mathbf{10_2}{\subset}(SM\cdot SP)\text{-}\mathbf{8_2}$；（d）$\mathbf{10_2}{\subset}(P\cdot RM)\text{-}\mathbf{7{\cdot}8}$；（e）$\mathbf{10}\cdot CD_2Cl_2{\subset}\mathbf{3c}\cdot\mathbf{7}$（见彩图）

指）H 原子信号并没有分裂，但在−78℃时，确实观察到这些信号的分裂。化合物 **10** 和 **11** 也可以诱导 **7** 形成二聚体，形成包结配合物 $\mathbf{10_2}\subset\mathbf{7_2}$ 和 $\mathbf{11_2}\subset\mathbf{7_2}$[23]。前者的稳定性更高，但两个配合物都没有 $\mathbf{9}\subset\mathbf{7_2}$ 的稳定性高，表明 **9** 的双头基刚性结构具有包结协同性。当把 **10** 和 **11** 与 **7** 混合在一起时，培养的晶体揭示了异体包结配合物 $\mathbf{10{\cdot}11}\subset\mathbf{7_2}$ 的形成［图 10-6（b）］，两个客体的 O 原子也与吡咯 NH 形成了氢键。

化合物 *S*-**8** 带有四个手性基团，从其与化合物 **10** 的等摩尔量溶液中生长的晶体显示二者形成了包结配合物 $\mathbf{10_2}\subset(SM\cdot SP)\text{-}\mathbf{8_2}$［图 10-6（c）］，两个手性主体实际上形成了一个非对映体胶囊[24]。两个环非对映异构体半球的结合导致了环手性匹配而点手性中心不匹配，意味着其中一个主体分子的自由能要高于另一个分子。这一现象被进一步用于设计自分类包结配合物。例如，非手性的 **7** 和手性的 *R*-**8** 的 1∶1 混合物中加入客体 **10**，可以选择性地形成异体二聚体胶囊包结配合物 $\mathbf{10_2}\subset(P\cdot RM)\text{-}\mathbf{7{\cdot}8}$［图 10-6（d）］[24]，其结构得到晶体分析证实。在溶液中，这一三组分混合物中也没有观察到两个同体二聚体的形成，说明 *R*-**8** 的点手性控制了二聚体的环手性，导致脲基氢键带的单方向形成。

杯[4]芳烃和杯[4]吡咯单体的自组装也展示出自分类特征[25]。例如，在氯仿中，等当量的 **10** 与 **3c** 和 **7** 的混合物主要形成异体二聚体包结配合物 $\mathbf{10}\cdot CHCl_3\subset\mathbf{3c}\cdot\mathbf{7}$ 及少量的配合物 $\mathbf{10_2}\subset\mathbf{3c_2}$ 和 $CHCl_3\subset\mathbf{7_2}$。但在 CD_2Cl_2 中，三个化合物选择性地形成配合物 $\mathbf{10}\cdot CD_2Cl_2\subset\mathbf{3c}\cdot\mathbf{7}$［图 10-6（e）］。在这一包结配合物的晶体结构中，**10** 处于吡咯单体 **7** 的内穴中，其 O 原子与四个吡咯 NH 形成稳定氢键，而 CD_2Cl_2 处在杯[4]芳烃的内穴中，其两个 Cl 原子与 **10** 的甲基形成弱的 Cl…H—C 氢键。上述杯[4]吡咯脲基衍生物也可以进一步修饰，在脲基的端位引入烯基，通过两个分子形成胶囊后发生复分解反应，形成新的双交叉互锁索烃[26]。

10.2.3 柱型双分子和扩展型多分子组装体

间苯二酚杯[4]芳烃具有刚性凹型骨架，其四内酰胺衍生物 **12** 和四硫脲衍生物 **13** 的四个形成氢键的基团都朝向骨架的一侧。在氘代间三甲苯中，两个化合物都通过分子间氢键驱动，形成柱状二聚体分子胶囊（图 10-7）。S 原子相对于 O 更大的范德华半径可以使得 **13** 形成更大周长的胶囊。另外，相对于脲基，硫脲 NH 是更强的氢键供体，而 S 原子作为氢键受体比 O 弱。在上述溶剂中，两个组装体都能够包结直链烷烃，前者包结的最长烷烃是十四烷，其在 $\mathbf{12_2}$ 的穴内呈弯曲构象，以缩短长度并变得更宽，以与穴内壁接触形成 C—H…π作用[27]。$\mathbf{12_2}$ 还能够包结反-7-十四烯及 10～13 碳烷烃，但不能包结更长的十五烷。$\mathbf{13_2}$ 除了能够包结上述烃类外，还能够包结更长的十五烷[28]。同样，包结的十四烷和十五烷呈不同的折叠构象，并且不同构象异构体在NMR时间规模上快速交换。两个分子胶囊对长的烷烃包结性能的差异归结为后者中部具有更大的周长，能够容许烷烃在中间折叠，从而能容纳更长的十五烷。不同的分子也可以同时被 $\mathbf{12}_2$ 包结。一个极端的例子是，共轭芳烃蒽和甲烷可以同时被配合在其内穴中。二者加合的体积正好与 $\mathbf{12}_2$ 胶囊的内穴相匹配，蒽占据内穴大部分空间，而小的甲烷则处于穴的一端。

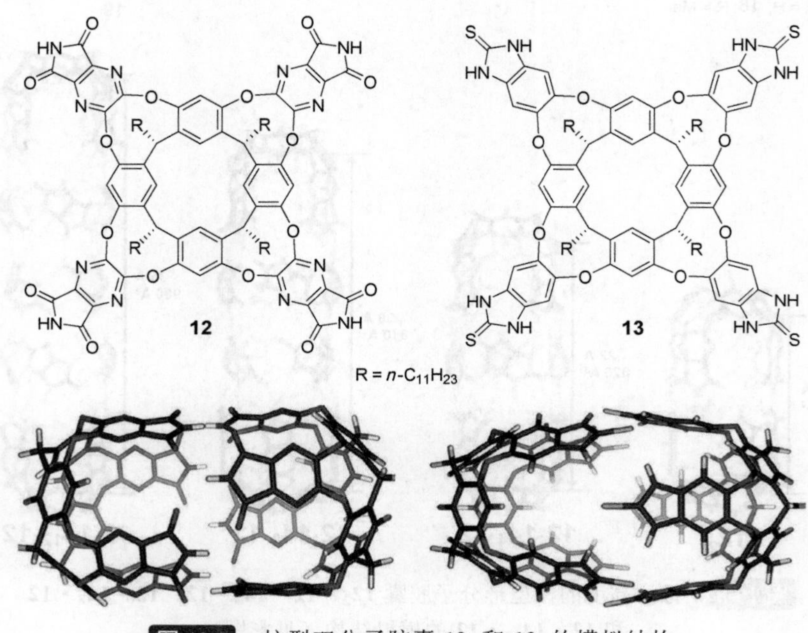

图 10-7　柱型双分子胶囊 $\mathbf{12}_2$ 和 $\mathbf{13}_2$ 的模拟结构

10.2.4　扩展的柱型组装体

化合物 **12** 的 4 个内酰胺都指向同一个方向，在其二聚体胶囊组装体 $\mathbf{12}_2$ 的中间插入能上下形成互补氢键的另一个环形结构，就可能延长组装体的长度，而保持其直径[29,30]。化合物 **14** 的两个脲基夹角约为 113°，可以通过氢键形成环形四聚体 $\mathbf{14}_4$，其直径与 $\mathbf{12}_2$ 二聚体胶囊中间部位的直径相近。四聚体 $\mathbf{14}_4$ 的稳定性较低，但 **14** 与 **12** 的 2∶1 混合溶液中可以形成加长型胶囊 $\mathbf{12}\cdot\mathbf{14}_4\cdot\mathbf{12}$（图 10-8），意味着这一多组分胶囊的形成提高了四聚体 $\mathbf{14}_4$ 的稳定性。进一步增加化合物 **14** 的量到 4∶1 和 6∶1，二者可以形成更长的四层胶囊 $\mathbf{12}\cdot\mathbf{14}_8\cdot\mathbf{12}$ 和五层胶囊 $\mathbf{12}\cdot\mathbf{14}_{12}\cdot\mathbf{12}$（图 10-8）。由于 $\mathbf{14}_4$ 大环的 C_4 结构对称性，四个分子单方向排列，三个多层胶囊组装体可以产生两个对映手性异构体。当被包结的分子具有刚性的弯曲构象时，包结还会诱导多层组装体扭曲，形成“V”字形胶囊，以适应与客体的配合。

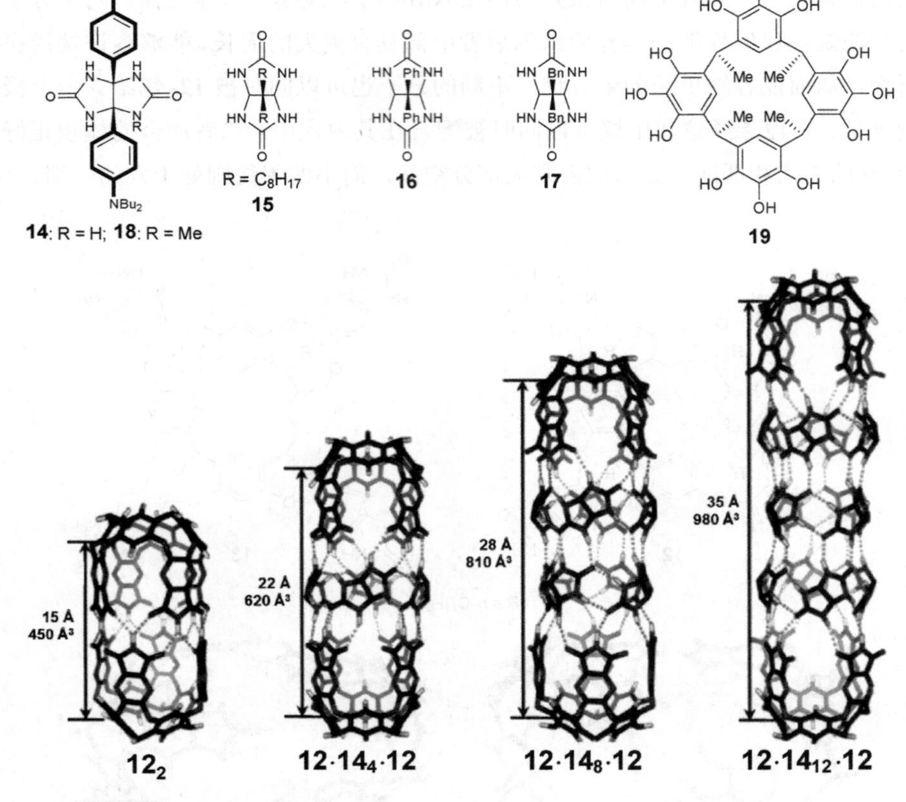

图 10-8 标注高度的柱型形分子胶囊 12_2、$12\cdot14_4\cdot12$、$12\cdot14_8\cdot12$ 和 $12\cdot14_{12}\cdot12$ 的模拟结构（见彩图）

化合物 **15**～**17** 的两个脲基夹角约为 99°。把这些分子的环形氢键组装体插入到二聚体胶囊 $\mathbf{12_2}$ 的中间，可以产生其它形式的多层型分子胶囊[30]。而 3∶1 摩尔比的 **14** 和 **18** 可以通过氢键诱导形成一个四组分大环 $\mathbf{14_3\cdot18}$。这一大环与 **12** 的结合产生一个深度加长的开口型管结构 $\mathbf{(14_3\cdot18)\cdot12_2}$。**18** 分子内引入的甲基阻止了四聚体从同一侧与 **12** 的结合，因此不能形成类似 $\mathbf{12\cdot14_4\cdot12}$ 的封闭型胶囊[30]。

10.2.5 排球型组装体

从 1,2,3-苯三酚和醛缩合一步可以制备雷琐酚杯[4]芳烃 **19**，其羟基形成分子间氢键[4,31-33]。在含有痕量水的苯中，六个 **19** 分子形成一个对称的排球型分子胶囊，分别占据立方体胶囊的六个侧面，而八个水分子占据胶囊的各个角落，与相邻羟基形成氢键（图 10-9）。这一组装体内穴体积在 1300 Å^3，内部可以包裹六到八个氯仿分子[31]。在不存在水的情况下，化合物 **19** 中间的一个羟基也可以形成氢键，六个分子同样形成一个立方体结构，其内部可以包结四个正庚烷。根据不同的实验条件，这一六聚体分子胶囊还可以包结季铵盐等其它客体。这一类型的六聚体分子胶囊是少有的一类得到晶体结构证实的氢键有机分子空穴组装体。NMR 实验表明，被包结的溶剂分子在胶囊内处于不同的位置[32]。在金刚烷羧酸的存在下，这一分子也可以被胶囊分子包结。通过各种核磁实验可以确定穴内溶剂分子的位置。

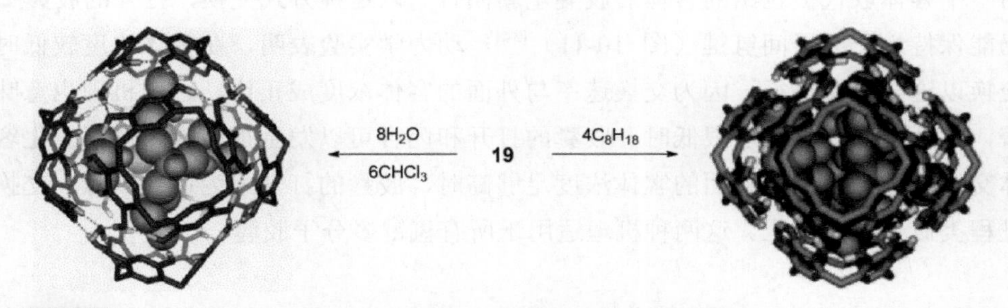

图 10-9 化合物 **19** 及其形成的六聚体分子胶囊 $\mathbf{19}_6$。左侧结构与八个水分子形成，两个分子胶囊分别包结四到八个氯仿分子或四个正辛烷分子（见彩图）

晶体结构显示，化合物 **19** 的所有羟基都在胶囊层形成氢键，意味着单体分子与被包结的客体间不能形成有效的氢键。与 **19** 相比，化合物 **20** 的一个苯环只携带两个羟基。这一化合物仍能形成六聚体胶囊，但胶囊层内的氢键由于少了一个羟基而产生“缺陷”。即部分羟基没有在胶囊层形成氢键，而是指向了胶囊的内部（图 10-10）[33]。因此，在包结六个乙醚分子的配合物内，这些羟基与乙醚形成了 OH…O 氢键，从而有利于这些乙醚分子在胶囊内的定位。

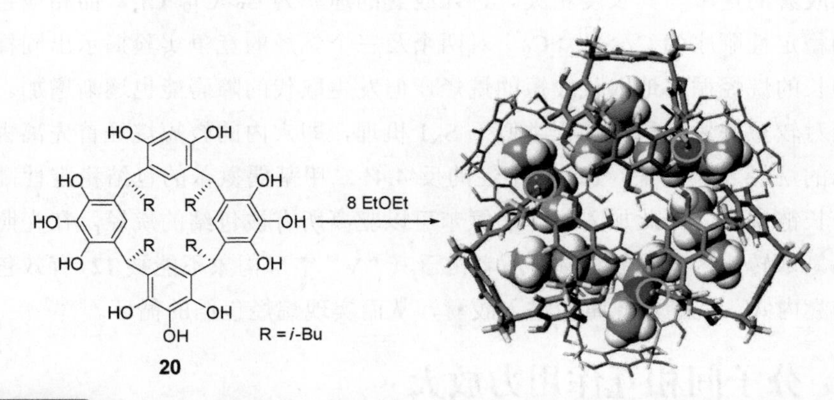

图 10-10 化合物 **20** 与其形成的包结八个乙醚分子的胶囊晶体结构。圈注部分显示 O 原子朝上的三个乙醚与邻近的主体分子的羟基形成 O…H—O 氢键

10.3 客体进出机理与速率

客体分子进出氢键胶囊的最简单机理是胶囊开裂成碎片，即解离为单体然后再组装成胶囊。但这一过程需要破坏所有分子间氢键及主体和客体之间的相互吸引力，因此在能量上是最不利的一种方式。一种合理的耗能较低的机理是，通过打开胶囊的一面，使被包结的客体暴露于溶剂，然后发生类似于 S_N2 反应的过程，另一个客体取代被包结的客体后胶囊重新闭合。以这种方式交换，打开的胶囊 $\mathbf{2}_2$ 仍能保持六个分子间氢键（图 10-11）[34]。动力学实验表明，在客体浓度较低时交换以这一机理进行，因为交换速率与外面的客体浓度成正比。这一机理也意味着，在外面的客体浓度很低时，胶囊的打开和闭合可以发生很多次，而不发生客体交换。但当溶液中外面的客体浓度足够高时，胶囊的打开成为速决步骤，交换过程类似于 S_N1 反应。这两种机理适用于所有氢键多分子胶囊。

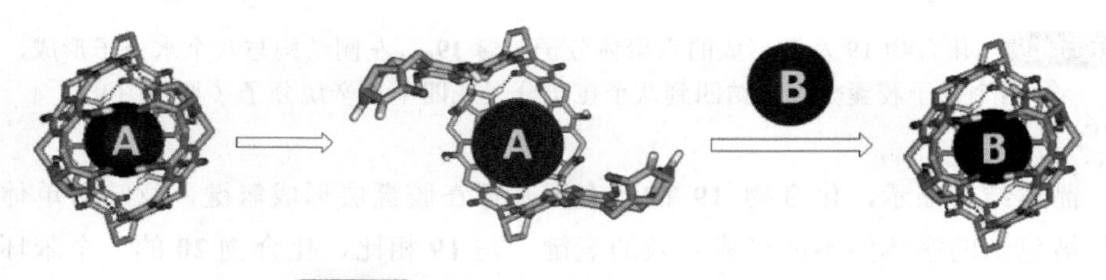

图 10-11 胶囊分子 $\mathbf{2}_2$ 的客体交换机理

柱型二聚体胶囊 $\mathbf{12}_2$ 提供了一个内穴，允许直链烷烃通过伸展或压缩的扭曲构象进入形成包结配合物[35]。对一系列直链烷烃的包结动力学研究揭示，这些烷烃进入胶囊的速率与其长度相关。进入胶囊的速率为 $C_9>C_{10}>C_{11}$，而相应包结配合物的稳定性顺序为 $C_{11}>C_{10}>C_9$。对两个及三个烷烃的竞争实验揭示出同样的结果，即长的烷烃循序地取代较短的烷烃，但发生取代的障碍能也逐渐增加。较长的烷烃对较短烷烃取代的过程类似于 S_N1 机理，即穴内的较短烷烃首先离去，然后较长的烷烃才能进来。$\mathbf{12}_2$ 对刚性的反-4,4′-二甲基偶氮苯的包结稳定性高于任何一个长链烷烃，因此加入这一偶氮苯可以驱离所有被包结的烷烃。在光照下，反式偶氮苯转化为顺式异构体，后者由于其“V”字形构象不能被 $\mathbf{12}_2$ 有效包结而逃离胶囊内穴，烷烃由此重新进入胶囊，从而实现烷烃包结的循环。

10.4 分子间相互作用力放大

被分子胶囊包结的分子在时间和空间上都处于隔离状态，时间跨度在 1 s 左右[34]。与在胶囊外的溶液中发生的快速随机碰撞（每秒 10^9 次）相比，被包结的分子与胶囊分子及与被包结的其它分子间的相互作用在时间和空间尺度上都增加很多。在柱型胶囊中，还有可能实现两个被包结分子的特定区域表面接触。因此，分子胶囊提供了一个特殊的没有溶剂效应的空间，用以研究弱的分子间相互作用力在一对一情况下的增强作用。

卤键是卤素原子作为缺电子组分（供体）与富电子组分（受体）间形成的静电作用[36]。典型的卤键供体包括全氟碘代或溴代烷烃和芳烃（R_F—X，Ar_F—X，X═I，Br）等，其碘和溴原子通过缺电性的局部δ-洞（hole）与 O 和 N 等杂原子（B）产生静电吸引，形成卤键。卤键具有方向性，当 R_F 或 Ar_F、X 和 B 三者平行，即以 180°角排列时，形成的卤键最强。有关卤键的大部分研究都是通过晶体结构分析完成的，而在溶液相由于卤键一般较弱，定量的研究相对较少[37]。^{19}F NMR 是研究溶液中卤键的有效手段，通过测定卤键对于底物中 F 原子化学位移的影响，可以评估形成的卤键的强度。分子胶囊提供了一种提高卤键强度的独特空间。例如，在芳烃溶剂中，4-甲基吡啶（**21**）与全氟碘丙烷（**22**）形成卤键，诱导后者的α-位亚甲基上 F 原子化学位移向高场移动近 2[38]。而在二聚体分子胶囊 $\mathbf{12_2}$ 中，二者形成共包结卤键配合物（图 10-12），这一 F 原子化学位移向高场移动超过 12。β-位和γ-位 F 原子信号也向高场移动 3.3 和 5.5。很显然，在分子胶囊内，由于屏蔽了所有可能的溶剂化作用，两个裸露的分子间形成的卤键得到大幅度的增强。3-甲基吡啶（**23**）和 2-甲基吡啶（**24**）则不能与 **22** 形成共包结配合物，而δ-戊内酯（**25**）则可以通过羰基 O 原子形成类似配合物，表明 $\mathbf{12_2}$ 的内部空间从形状上看适合于 4-甲基吡啶（**21**）和δ-戊内酯（**25**）。

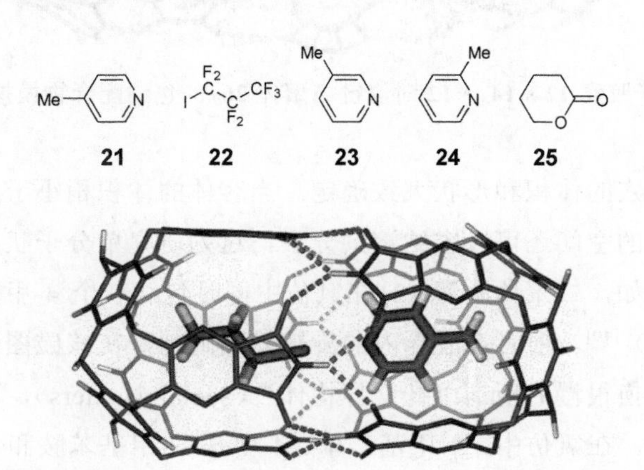

图 10-12 双分子胶囊 $\mathbf{12_2}$ 对 4-甲基吡啶（**21**）和全氟碘丙烷（**22**）的共包结配合物模拟结构。包结增强了两个分子间形成的 N…I 卤键（见彩图）

硼酸羟基相互间理论上可以形成氢键。但单个硼酸基团在溶液中的氢键相对较弱，难以直接观测。这一氢键在溶液中导致两个分子纳秒级的接触寿命和快速交换。在氘代间三甲基苯中，双分子胶囊 **12 · 14$_4$ · 12** 对两个 4-乙基苯基硼酸（**26**）的包结在胶囊内形成寿命达数小时的硼酸二聚体 **26$_2$**（图 10-13）[39]。4-乙基苯甲酸（**27**）和 4-乙基苯甲酰胺（**28**）也可以在胶囊内形成相应的二聚体 **27$_2$** 和 **28$_2$**。在两个客体的混合溶液中，**26** 与 **27** 及 **28** 组分形成的异体二聚体 **26 · 27** 和 **26 · 28** 也可以通过 NMR 直接观察到。很显然，在胶囊内，溶剂化产生的弱化得到抑制，共包结的两个组分相互接触的时间提高，都有利于两个组分间形成更强的氢键相互作用。多层的分子胶囊可以同时包结三个及更多的客体[30]。不同类型的客体可以形成共包结配合物，包括离子对配合物等。在胶囊内，这些客体之间的相互作用都得到显著增强，并通过 NMR 实验证实。当所有客体为手性分子时，两个或三个分子在胶囊内的不同位置和排列方向的差异，可以产生非对映异构体。

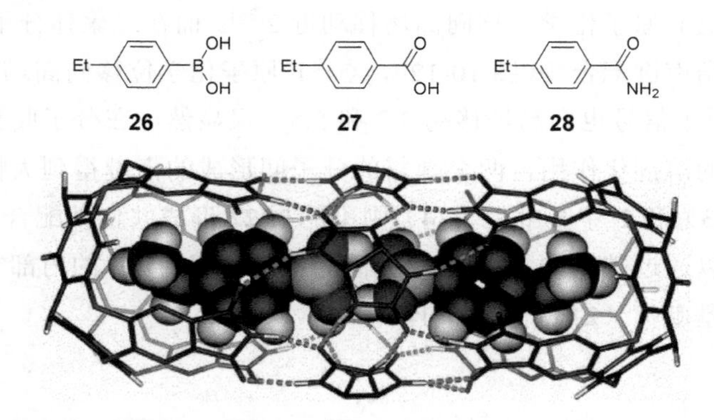

图 10-13　多分子胶囊 **12 · 14$_4$ · 12** 对氢键二聚体 **26$_2$** 的包结配合物模拟结构（见彩图）

分子胶囊内穴的体积和形状大致确定。当客体的体积稍小于其内穴体积时，包结客体后剩余的空间还可以容纳溶剂分子。这为研究单分子状态下的溶剂效应提供了可能。例如，二聚体胶囊 **12$_2$** 在氯仿中同时包结一个 4-甲基乙苯和一个苯分子（图 10-14）[40]。前者在胶囊内的旋转受到限制，在核磁图谱上显示两套信号，形成两个交换很慢的所谓“社交异构体”（social isomers），而乙基指向端位的异构体占优势。在氯仿中，4-甲基乙苯、4-甲基-*N*-甲基苯胺和 4-甲基苯甲醚等也可以与氯仿形成共包结配合物，并产生类似的定位差别。苯和氯仿在这两个胶囊内与客体的作用可以看作是单分子的溶剂化。

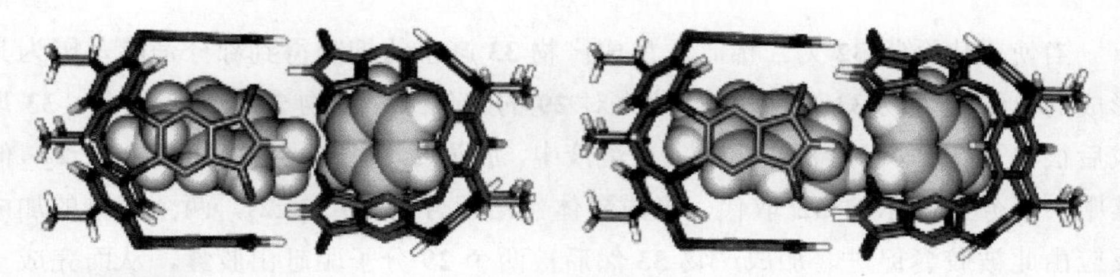

图 10-14　4-甲基乙苯与苯在 12_2 穴内形成的两个“社交异构体”。乙基分别指向胶囊的端位和中间（见彩图）

10.5　反应加速与催化

分子胶囊内客体共包结提供了一个促进双分子反应的微环境[41,42]。如果排列错误，两个分子的反应位点不能接触，分子胶囊也可以阻止反应的发生。网球型胶囊 $\mathbf{2}_2$ 可以包结对苯醌（**29**）和 1,3-环己二烯（**30**）。二者在氘代对二甲苯中可以发生 Diels-Alder 反应生成 **31**，但在毫摩尔浓度下，这一反应的半衰期超过一年。在 $\mathbf{2}_2$ 存在下，同样浓度的两个底物在胶囊内反应，在胶囊内浓度提高到 4 mol/L，一天后即可观察到产物 **31** 的形成，反应速率提高了约 170 倍［图 10-15（a）］[43]。但 $\mathbf{2}_2$ 对这一反应的影响是促进而不是催化，因为胶囊对产物 **31** 的包结更强，**31** 的生成抑制胶囊对底物的包结，因此不能形成反应器的循环。

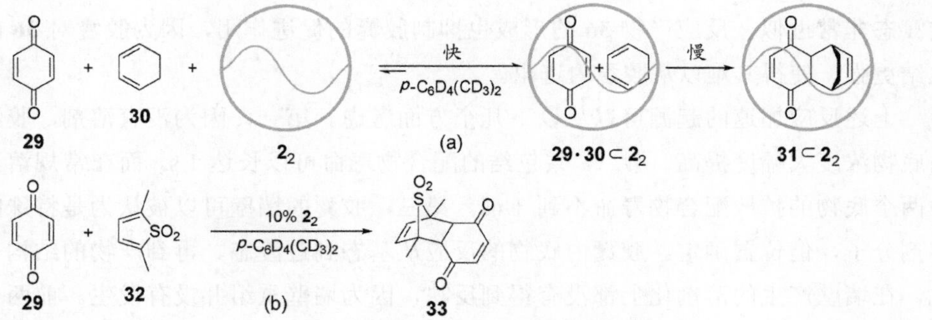

图 10-15　胶囊 $\mathbf{2}_2$ 促进和催化的 Diels-Alder 反应

当使用化合物**32**为二烯时，加成产物**33**产生的抑制得到部分消除，因为其形成的包结配合物$\mathbf{33 \subset 2_2}$的稳定性比对**29**的双包结配合物$\mathbf{29_2 \subset 2_2}$低很多，**33**形成后很快被**29**取代离开胶囊[44]。在溶液中，胶囊$\mathbf{2_2}$主要包结**29**形成$\mathbf{29_2 \subset 2_2}$，但其中一个分子偶尔被**32**取代，形成异体包结配合物$\mathbf{29 \cdot 32 \subset 2_2}$，两个底物的加成反应由此被胶囊促进。加成产物**33**然后被两个**29**分子驱赶出胶囊，从而完成一个循环[图10-15(b)]。因此，这一促进是一个催化过程。在底物浓度为10 mmol/L时，10%的胶囊分子**2**可以产生10倍的速率增强。但由于胶囊内主要包结不能发生反应的两个**21**分子，大部分的胶囊$\mathbf{2_2}$没有发挥催化效用。

在间三甲苯溶液中，毫摩尔浓度的苯乙炔（**34**）与叠氮苯（**35**）的环加成反应生成大致等量的两个区域异构体。但这一反应非常缓慢，在室温下可以忽略不计。在$\mathbf{12_2}$存在下，三天后即能检测到胶囊内形成环加成产物，并且是单一的1,4-二苯基-1,2,3-三氮唑［**36**，图10-15（c）］[45]。NMR显示，对于等摩尔量的**34**和**35**，$\mathbf{12_2}$选择性地各包结一个底物分子，形成一个类似于Michaelis配合物（酶-底物配合物）的包结配合物$\mathbf{34 \cdot 35 \subset 12_2}$，因为这一包结配合物的结构与$\mathbf{36 \subset 12_2}$非常接近。基于胶囊内穴的体积计算，包结在胶囊内部的两个底物浓度高到4 mol/L，因此胶囊并没有加速二者的反应，而只是起到富集底物、并让二者定位于有利于反应的作用。在不加Cu催化剂的条件下，和胶囊外发生的加成反应相比（底物浓度为25 mmol/L），胶囊内发生的反应被加速了约3万倍。但因为反应的产物与过渡态非常近似，反应产物**36**的形成也抑制胶囊的促进作用，因为胶囊对**36**的包结更强，使得其难以从胶囊内逃出。

上述反应加速的起源可以从以下几个方面考虑。第一，因为没有溶剂，胶囊内底物浓度大幅度提高。第二，共包结的配合物寿命可以长达1 s，而在常规溶液中两个底物的扩散配合物寿命不到1 ns。第三，胶囊的墙壁可以被认为是特殊的溶剂分子，但位置确定。胶囊内底物的反应从基态到过渡态、再到产物的结构变化，在墙壁产生的溶剂化上都没有得到反映，因为墙壁重组并没有发生。前两个因素很明显促进了反应，而后一个因素的影响还不能得到很好的阐明。在反应过渡态和产物结构非常相近的情况下，胶囊在反应不同阶段产生的溶剂化作用可以被认为大致相同。

10.6　底物稳定化及反应中间体捕集

在分子胶囊内形成的反应中间体由于不能很快的与底物接触，其稳定性和反应活性也会发生很大变化。例如，过氧苯甲酰（**37**）作为自由基引发剂，加热到70℃，3 h 内完全分解，形成两个苯甲酰基自由基，然后脱二氧化碳形成苯基自由基。**37** 的体积和形状与双分子胶囊 **12_2** 的内穴非常匹配，能形成稳定的包结配合物 **$37 \subset 12_2$**[46]。在氘代间三甲苯中，在形成上述包结配合物后，**37** 的稳定性得到明显提高，在室温下可保持数周，加热到 70℃，3 天内也不发生分解。作为氧化剂，**37** 能很快氧化三苯基膦，而在被包结后，**37** 失去氧化性，即使在 70℃及三苯基膦过量十倍时也是如此。而在被其它客体取代离开胶囊后，其活性恢复正常。在胶囊内由于能量障碍升高而不发生分解，或分解为苯甲酰基自由基后，重新结合的速率高于脱去二氧化碳形成苯基自由基的速率，可能是 **37** 在胶囊内稳定性提高的两种机理。

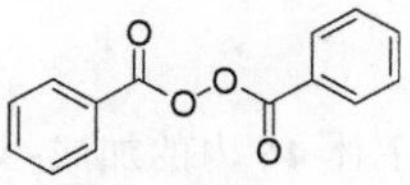

37 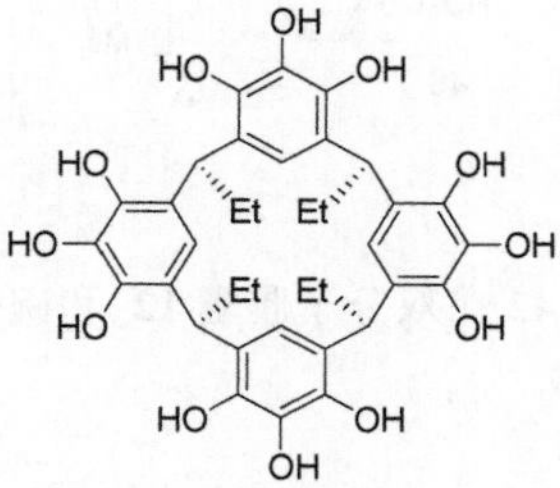　38 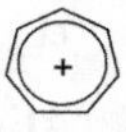　39 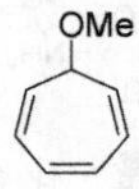　40

杯芳烃（**19**）的类似物 **38** 可以形成“碗对碗”型的氢键二聚体 **38_2**，其中间的羟基通过与多个甲醇或水等形成氢键链。在甲醇中，这一二聚体可以配合草鎓正离子（**39**）形成包结配合物 **$39 \subset 38_2$**，并抑制 **39** 与甲醇反应形成相应的甲氧基环庚三烯（**40**）[47]。**38_2** 对 **39** 的包结可以被认为是稳定了后者。当增加 **38** 至 **39** 的四倍量时，二者形成 1∶1 配合物，**39** 由此暴露在甲醇溶剂中，能够很快与甲醇反应形成 **40**。

化合物 **41** 和 **42** 生成 **48** 的反应在正常条件下需要加热才能进行。在氘代间三甲苯中的 NMR 实验揭示，这一反应可以通过二聚体胶囊 **12_2** 或碗形分子 **46** 对两个底物的包结在室温下进行，但两个反应生成了截然不同的产物（图 10-16）[48]。在胶囊 **12_2** 的存在下，等摩尔量的 **41** 和 **42** 完全以 1∶1 形式被二聚体胶囊 **12_2** 包结，形成 **$41 \cdot 42 \subset 12_2$**，而不形成相应的同体双分子包结物。二者在胶囊内发生加成反应形成异酰亚胺中间体（**43**）。这一中间体受胶囊空间限制不能重排形成 **47**，而只能慢慢泄漏出胶囊，然后与外面游离的 **41** 反应，生成酸酐（**44**）和甲酰胺（**45**）。当反应在碗型主体 **46** 的存在下进行时，两个化合物也可以被配合在 **46** 的穴内反应，生成中间体 **43**。但由于 **46** 为一开口主体，**43** 可以进一步重排形成中间体 **47**，然后再重排生成稳定的酰亚胺（**48**）。两个主体分子都可以加速 **41** 和 **42** 的反应，但产物却完全不同，显示出氢键自组装分子胶囊可以作为一种独特的微反应器，揭示其它途径不能实现的新的反应。

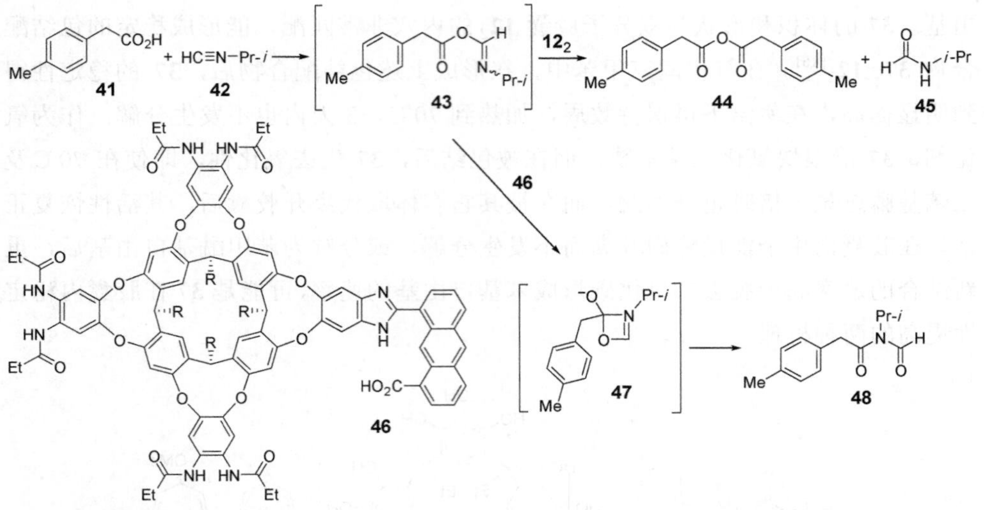

图 10-16 化合物 **41** 和 **42** 在双分子胶囊 $\mathbf{12_2}$ 和碗型主体 **46** 内的加成-重排反应

参考文献

[1] D. J. Cram, The design of molecular hosts, guests, and their complexes. *Angew. Chem. Int. Ed. Engl.* **1988**, *27*, 1009-1020.

[2] K. Harris, D. Fujita, M. Fujita, Giant hollow M_nL_{2n} spherical complexes: structure, functionalisation and applications. *Chem. Commun.* **2013**, *49*, 6703-6712.

[3] J. Rebek, Jr. Simultaneous encapsulation: molecules held at close range. *Angew. Chem. Int. Ed. Engl.* **2005**, *44*, 2068-2078.

[4] L. Adriaenssens, P. Ballester, Hydrogen bonded supramolecular capsules with functionalized interiors: the controlled orientation of included guests. *Chem. Soc. Rev.* **2013**, *42*, 3261-3277.

[5] D. Ajami, J. Rebek, Jr. Expanding capsules. *Supramol. Chem.* 2009, 21, 103-106.

[6] H. Kumari, C. A. Deakyne, J. L. Atwood, Solution structures of nanoassemblies based on pyrogallol[4] arenes. *Acc. Chem. Res.* **2014**, *47*, 3080-3088.

[7] L. R. MacGillivray, J. L. Atwood, Cavity-containing materials based upon resorcin[4]arenes by discovery and design. *J. Solid State Chem.* **2000**, *152*, 199-210.

[8] L. J. Barbour, G. W. Orr, J. L. Atwood, An intermolecular $(H_2O)_{10}$ cluster in a solid-state supramolecular complex. *Nature* **1998**, *393*, 671-673.

[9] R. Wyler, J. de Mendoza, J. Rebek, Jr. A synthetic cavity assembles through self-complementary hydrogen bonds. *Angew. Chem. Int. Ed. Engl.* **1993**, *32*, 1699-1701.

[10] L. Avram, Y. Cohen, Diffusion NMR of molecular cages and capsules. *Chem. Soc. Rev.* **2015**, *44*, 586-602.

[11] D. Ajami, J. Rebek, Reversibly expanded encapsulation complexes. *Top. Curr. Chem.* **2012**, *319*, 57-78.

[12] J. Meissner, J. Rebek, Jr. J. de Mendoza, Autoencapsulation through intermolecular forces: a synthetic self-assembling spherical complex. *Science* **1995**, *270*, 1485-1488.

[13] K. D. Shimizu, J. Rebek, Jr. Synthesis and assembly of self-complementary calix[4]arenes. *Proc. Natl. Acad. Sci. U. S. A.* **1995**, *92*, 12403-12407.

[14] O. Mogck, V. Böhmer, W. Vogt, Hydrogen bonded homo-and heterodimers of tetraurea derivatives of calix[4]arenes. *Tetrahedron* **1996**, *52*, 8489-8496.

[15] O. Mogck, E. F. Paulus, V. Böhmer, I. Thondorf, W. Vogt, Hydrogen-bonded dimers of tetraurea calix[4] arenes: unambiguous proof by single crystal X-ray analysis. *Chem. Commun.* **1996**, 2533-2534.

[16] L. Wang, M. O. Vysotsky, A. Bogdan, M. Bolte, V. Böhmer, Multiple catenanes derived from calix[4]arenes. *Science* **2004**, *304*, 1312-1314.

[17] A. Szumna, Chiral encapsulation by directional interactions. *Chem. Eur. J.* **2009**, *15*, 12381-12388.

[18] B. Kuberski, A. Szumna, A self-assembled chiral capsule with polar interior. *Chem. Commun.* **2009**, 1959-1961.

[19] P. A. Gale, P. Anzenbacher, J. L. Sessler, Calixpyrroles Ⅱ. *Coord. Chem. Rev.* **2001**, *222*, 57-102.

[20] L. Bonomo, E. Solari, G. Toraman, R. Scopelliti, M. Latronico, C. Floriani, A cylindrical cavity with two different hydrogen-binding boundaries: the calix[4]arene skeleton screwed onto the meso-positions of the calix[4]pyrrole. *Chem. Commun.* **1999**, 2413-2414.

[21] P. Anzenbacher, K. Jursíkova, V. M. Lynch, P. A. Gale, J. L. Sessler, Calix[4]pyrroles containing deep cavities and fixed walls. synthesis, structural studies, and anion binding properties of the isomeric products derived from the condensation of p-hydroxyacetophenone and pyrrole. *J. Am. Chem. Soc.* **1999**, *121*, 11020-11021.

[22] P. Ballester, G. Gil-Ramirez, Self-assembly of dimeric tetraurea calix[4]pyrrole capsules. *Proc. Natl. Acad. Sci. U. S. A.* **2009**, *106*, 10455-10459.

[23] G. Gil-Ramirez, M. Chas, P. Ballester, Selective pairwise encapsulation using directional interactions. *J. Am. Chem. Soc.* **2010**, *132*, 2520-2521.

[24] M. Chas, G. Gil-Ramirez, E. C. Escudero-Adan, J. Benet-Buchholz, P. Ballester, Efficient self-sorting of a racemic tetra-urea calix[4]pyrrole into a single heterodimeric capsule. *Org. Lett.* **2010**, *12*, 1740-1743.

[25] M. Chas, G. Gil-Ramirez, P. Ballester, Exclusive self-assembly of a polar dimeric capsule between tetraurea calix[4]pyrrole and tetraurea calix[4]arene. *Org. Lett.* **2011**, *13*, 3402-3405.

[26] M. Chas, P. Ballester, A dissymmetric molecular capsule with polar interior and two mechanically locked hemispheres. *Chem. Sci.* **2012**, *3*, 186-191.

[27] A. Scarso, L. Trembleau, J. Rebek, Jr. Helical folding of alkanes in a self-assembled, cylindrical capsule. *J. Am. Chem. Soc.* **2004**, *126*, 13512-13518.

[28] A. Asadi, D. Ajami, J. Rebek, Bent alkanes in a new thiourea-containing capsule. *J. Am. Chem. Soc.* **2011**, *133*, 10682-10684.

[29] J. Rebek, Jr. Molecular behavior in small spaces. *Acc. Chem. Res.* **2009**, *42*, 1660-1668.

[30] D. Ajami, J. Rebek, Jr. More chemistry in small spaces. *Acc. Chem. Res.* **2013**, *46*, 990-999.

[31] L. R. MacGillivray, J. L. Atwood, A chiral spherical molecular assembly held together by 60 hydrogen bonds. *Nature* **1997**, *389*, 469-472.

[32] V. Guralnik, L. Avram, Yoram Cohen, Unique organization of solvent molecules within the hexameric capsules of pyrogallol[4]arene in solution. *Org. Lett.* **2014**, *16*, 5592-5595.

[33] J. L. Atwood, L. J. Barbour, A. Jerga, Organization of the interior of molecular capsules by hydrogen bonding. *Proc. Natl. Acad. Sci. U.S.A.* **2002**, *99*, 4837-4841.

[34] L. J. Liu, J. Rebek, Jr. Hydrogen bonded supramolecular structures. *Lecture Notes Chem.* **2015**, *87*, 227-248.

[35] W. Jiang, D. Ajami, J. Rebek, Jr. Alkane lengths determine encapsulation rates and equilibria. *J. Am. Chem. Soc.* **2012**, *134*, 8070-8073.

[36] G. Cavallo, P. Metrangolo, R. Milani, T. Pilati, A. Priimagi, G. Resnati, G. Terraneo. The halogen bond.

Chem. Rev. **2016**, *116*, 2478-2601.

[37] T. M. Beale, M. G. Chudzinski, M. G. Sarwar, M. S. Taylor, Halogen bonding in solution: thermodynamics and applications. *Chem. Soc. Rev.* **2013**, *42*, 1667-1680.

[38] M. G. Sarwar, D. Ajami, G. Theodorakopoulos, I. D. Petsalakis, J. Rebek, Jr. Amplified halogen bonding in a small space. *J. Am. Chem. Soc.* **2013**, *135*, 13672-13675.

[39] D. Ajami, H. Dube, J. Rebek, Jr. Boronic acid hydrogen bonding in encapsulation complexes. *J. Am. Chem. Soc.* **2011**, *133*, 9689-9691.

[40] A. Scarso, A. Shivanyuk, J. Rebek, Jr. Individual solvent/solute interactions through social isomerism. *J. Am. Chem. Soc.* **2003**, *125*, 13981-13983.

[41] T. S. Koblenz, J. Wassenaar, J. N. H. Reek, Reactivity within a confined self-assembled nanospace. *Chem. Soc. Rev.* **2008**, *37*, 247-262.

[42] A. Galana, P. Ballester, Stabilization of reactive species by supramolecular encapsulation. *Chem. Soc. Rev.* **2016**, *45*, 1720-1737.

[43] J. Kang, J. Rebek, Jr. Acceleration of a Diels-Alder reaction by a self-assembled molecular capsule. *Nature* **1997**, *385*, 50-52.

[44] J. Kang, J. Santamaria, G. Hilmersson, J. Rebek, Jr. Self-assembled molecular capsule catalyzes a Diels-Alder reaction. *J. Am. Chem. Soc.* **1998**, *120*, 7389-7390.

[45] J. Chen, J. Rebek, Jr. Selectivity in an encapsulated cycloaddition reaction. *Org. Lett.* **2002**, *4*, 327-329.

[46] S. K. Körner, F. C. Tucci, D. M. Rudkevich, T. Heinz, J. Rebek, A self-assembled cylindrical capsule: new supramolecular phenomena through encapsulation. *Chem. Eur. J.* **2000**, *6*, 187-195.

[47] A. Shivanyuk, J. C. Friese, S. Doring, J. Rebek, Solvent-stabilized molecular capsules. *J. Org. Chem.* **2003**, *68*, 6489-6496.

[48] J. L. Hou, D. Ajami, J. Rebek, Reaction of carboxylic acids and isonitriles in small spaces. *J. Am. Chem. Soc.* **2008**, *130*, 7810-7811.

第11章

氢键超分子聚合物

11.1 引言

常规聚合物通过共价键重复连接单体分子而形成，利用两个或更多不同的单体可以形成嵌段共聚物，在聚合物骨架之间进一步引入连接链，可以产生交联聚合物等。超分子聚合物通过可逆的和高度方向性的非共价键作用力连接单体分子或聚合物骨架，并能在稀的和浓的溶液中展示出与单体分子或聚合物骨架不同的宏观性质特征[1-10]。超分子聚合物单体不一定拥有重复的结构单元，其作用力的方向性和高强度是两个重要的特征，使得整体结构可以被当作“聚合物”，其性质并服从现有的聚合物物理理论。形成超分子聚合物的非共价键作用力可以是氢键、配位作用、离子间静电作用及供体-受体相互作用等。超分子聚合物的一个典型特征是其聚合物结构形成的高度可逆性[2-4]。这一特征一方面为不同单体间结合的自我分类（self-sorting）提供了可能[11,12]，可用于设计自修复（self-healed）材料[13,14]，也使得超分子聚合物的结构和性质具有外界刺激响应性[15,16]，即可以通过改变温度、浓度及溶剂极性等调控其结构和性质等。氢键具有较高的方向性并且种类众多，单体间的结合强度可以通过控制氢键的数量和结合单元的结构调控，因此，氢键在超分子聚合物的构筑中应用最广[17-19]。

有关利用氢键提高热塑弹性体性能的研究可以被认为是构建氢键超分子交联聚合物的最早工作[20,21]。第一个主链超分子聚合物的构筑则是以 ADA·DAD 三氢键模式为驱动力，由两个双头基线性单体 **1** 和 **2** 组装形成的[22]。也是基于这一工作，Lehn 明确提出了超分子聚合物的概念。但这一三氢键结合模块在氯仿中的结合常数在 10^2 L/mol，相应的超分子聚合物的聚合度很低，只是在固态表现出聚合物的形状特征，特别是能够产生超分子液晶相。而基于单体 **3** 和 **4** 等的高稳定的脲基嘧啶酮（UPy）的自我匹配的 AADD·DDAA 四氢键二聚作用，化学家开始能够在低极性有机溶剂——特别是氯仿——中构建高聚合度的超分子聚合物[23]。之后，不同的非共价键作用力相继应用于构筑不同类型的超分子聚合物。

氢键超分子聚合物是典型的动态可逆的自组装结构。不同于传统的共价聚合物，超分子聚合物的分子量和聚合度不但取决于单体间的结合强度，还依赖于浓度、溶剂极性和温度等。因此，超分子聚合物的分子量和聚合度是对应于特定实验条件下的聚合物的参数，而不是一个固定的数值[6]。黏度等其它表征聚合物性质的参数也是如此。氢键超分子聚合物种类繁多，但其结构及性质主要取决于单体结构。因此，本章将主要基于单体结构特征分类介绍几种重要的氢键超分子聚合物。

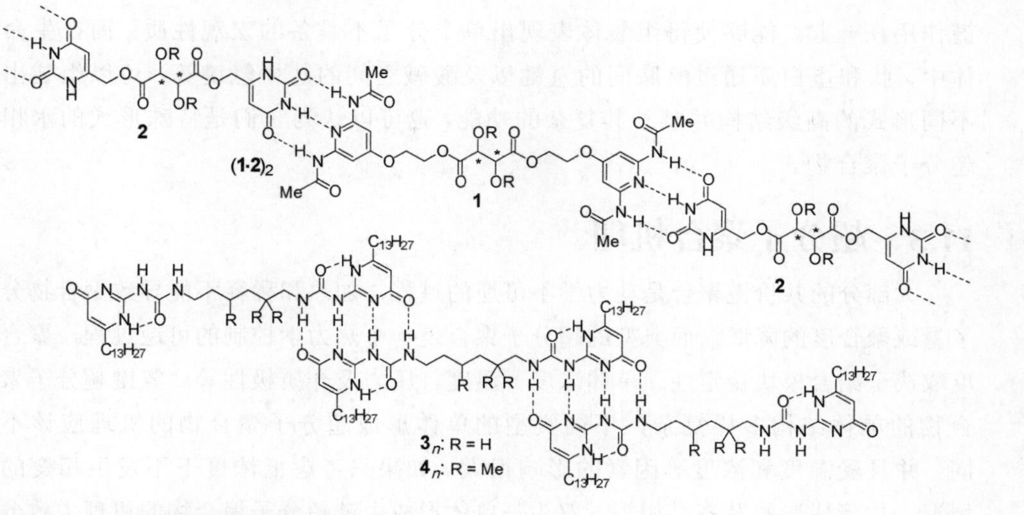

11.2 氢键结合模式

超分子聚合物的聚合度强烈依赖于单体间相互作用力的强度，而一个氢键的强度有限，因此一般需要多个氢键组合在一起协同作用，或利用其它作用力，如静电作用和疏溶剂作用等的协同支持，以达到提高单体间结合强度的目的[24-26]。就多氢键组合体系的设计来说，首先需要通过刚性骨架把氢键供体或受体近距离的固定在一起，形成互补的结合模式。第二，尽可能产生有利的相互吸引的二级静电作用，即尽可能把供体和受体分别并列在两个单体中。第三，利用分子内氢键诱导结合模块的结构预组织，促进氢键供体和受体形成高效的平行排列，降低分子间作用的熵不利效应。第四，多氢键体系构型异构体数量少，而结合强度高的异构体选择性高。第五，结合模块合成简单，结构稳定，溶解性好，易于修饰等。多数用于超分子聚合物构建的氢键模块是基于氮杂环设计的，主要原因是氮杂环单体的设计最容易满足上述各个有利因素[24,25]。

化合物 **1** 和 **2** 是有目的构建首例氢键超分子聚合物的两个单体[22]，而利用高稳定的 UPy 同体 AADD 四氢键结合模块设计的双头基单体 **3** 和 **4**[23]，化学家能够首次在氯仿等有机溶剂中构筑高聚合度的主链超分子聚合物。这一氢键结合模块的构建也是一个典型的例子，反应上述单体模块设计中需要考虑的多种因素。DNA 碱基对是自然界利用氢键在水中构建天然超分子聚合物的典型例子。除了杂环结合模块外，两个及更多的脲基及酰胺基团的协同驱动也是产生氢键超分子聚合物的常用手段[27,28]。对于在固相或凝胶相构建超分子聚合物来说，脂肪类酰胺也是有效的形成氢键的基团[29,30]。这些超分子组装体内供受体就近结合形成氢键，形成的结构一般不具备长程有序性，但众多的分子间氢键作用在一起，能够使得组装体表现出单个分子不具备的宏观性质。而在生命体中，肽和蛋白质通过酰胺间的氢键以及酸碱之间的盐桥氢键等，可以组装出不同形式的高级结构并赋予其复杂的功能，也可以认为它们是特殊形式的水相超分子聚合物。

11.3 超分子聚合机理

大部分的共价键聚合是动力学不可逆的过程，加热和稀释不能导致聚合物分子量或聚合度的降低。而典型的超分子聚合是一个热力学控制的可逆过程，聚合度取决于结合模块稳定性、单体浓度、温度、压力及介质极性等。氢键超分子聚合物的单体结构多样复杂，不同类型的单体形成超分子聚合物的机理应该不同，并且受温度和浓度等因素的影响很大。如果只考虑低浓度下不发生相变的情况，如形成凝胶及液晶相等，双头基单体形成主链超分子聚合物的机理大致分为三种：等链、环-链及协同生长（图 11-1）[26]。等链超分子聚合类似于聚酯

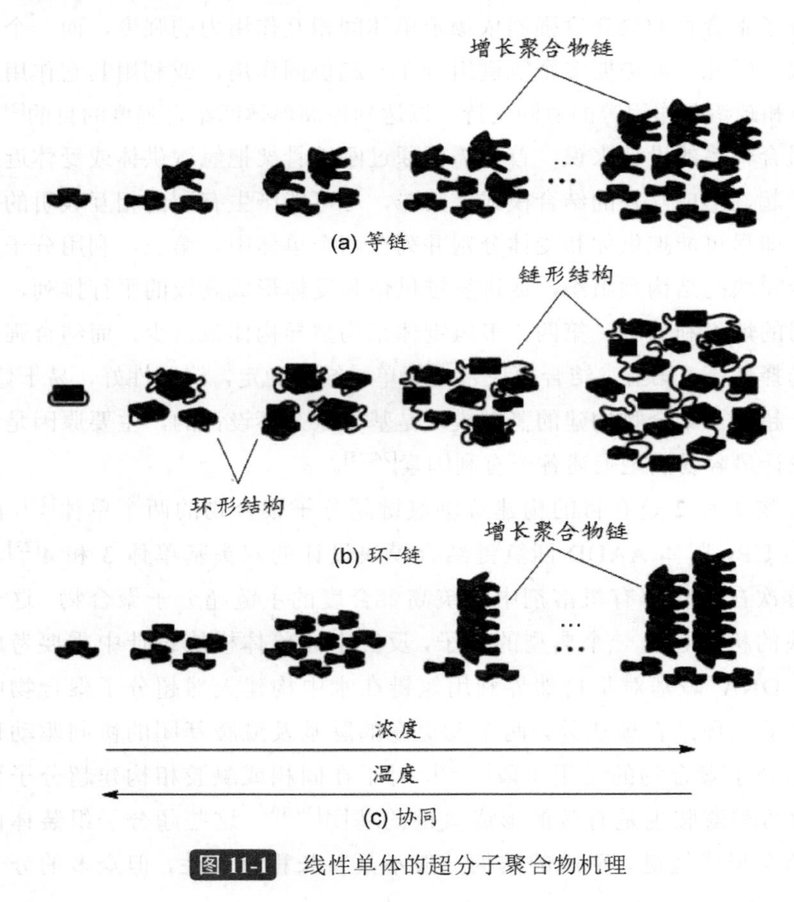

图 11-1 线性单体的超分子聚合物机理

的分步聚合，单体间非共价键作用的强度不受链长增长的影响。因此，每个链的增长过程都是一样的，不产生临界单体浓度或温度。相应的超分子聚合物具有高分散性特征，聚合度依赖于单体间的结合稳定性。浓度增加及温度降低都有利于聚合度的增加。环-链超分子聚合取决于线型聚合物和环形组装结构间的平衡，单体分子的长度、刚性及优势构象的形状等对线型聚合物的选择性产生有重要影响。环-链机理有一个临界浓度，低于此浓度时，单体只结合形成环结构。高于此浓度下，线性链结构的形成会越来越有利，引发聚合物增长，并有一个快速增加的阶段。而协同超分子聚合具有非线性的生长特征，一般先有一个成核期，之后发生链的快速生长。协同聚合机理都可能有一个临界点，聚合度在此快速变化。协同聚合一般发生在有序超分子聚合物如一维螺旋结构的生长过程中，并需要有附加的相互作用力促进。协同聚合的单体间作用较弱，因此最初阶段不能发生聚合，需要经历一个成核期形成一定体积的聚集体。之后单体的进一步加成变得有利，引发聚合物的增长，在高于一定浓度及低于一定温度时，能够形成长的聚合物链。因此，协同聚合机理会产生一个显著的转变点，在越过此转变点后，自由的单体和小的简单聚集体能形成大的聚合物。

11.4 主链超分子聚合物

前面提到的$(\mathbf{1}\cdot\mathbf{2})_n$和$(\mathbf{3}\cdot\mathbf{4})_n$是主链氢键超分子聚合物的典型例子。UPy 单元形成稳定的自我匹配型氢键结合模块，很多异体四氢键模块（见第 2 章）也可以用于单体设计。例如，聚合物 **5a** 和 **6a** 可以通过 DAAD·ADDA 结合模式形成主链超分子聚合物[31]。在 **3a** 的氯仿溶液中逐渐加入 **5a**，溶液的黏度逐渐增加，并在摩尔比 1∶1 时达到最高。进一步增加 **5a** 的量，溶液黏度反而降低。因此，1∶1 摩尔比的混合物形成最高聚合度的氢键超分子聚合物。等量的化合物 **5b** 和 **6b** 在氯仿中则不能形成超分子聚合物，二者倾向于形成 3∶3 的环形氢键组装体。这两个化合物的连接链较短，有利于氢键寡聚体的头尾结合。

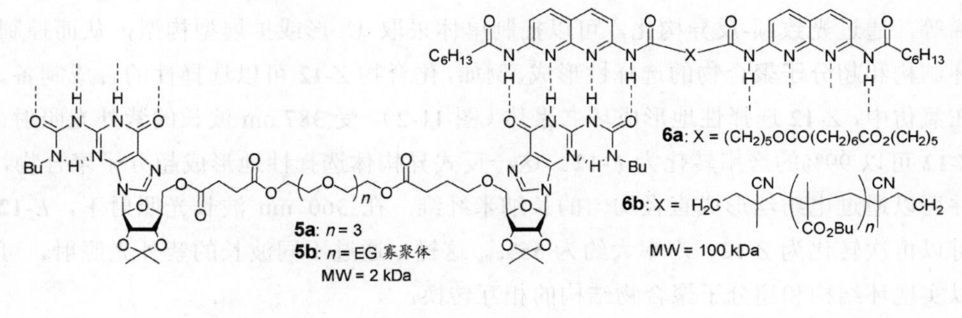

5a: $n = 3$
5b: n = EG 寡聚体
MW = 2 kDa

6a: X = $(CH_2)_5OCO(CH_2)_6CO_2(CH_2)_5$
6b: X = H_2C–…–CH_2（含 CN、CO_2Bu 重复单元，n）
MW = 100 kDa

异体双头基单体也常被用于构建超分子聚合物。例如，Lehn 等曾合成了双头基化合物 **7** 和 **8**，分别引入了两个 Hamilton 楔形氢键单元，通过双重 DAD•ADA 三氢键结合模式形成主链超分子聚合物，在四氯乙烯中可以形成纤维结构[32]。上述异体四氢键结合模块与 Hamilton 楔型氢键结合模块也可以并入到一个体系中，实现正交自组装。以这种方式，聚合物 **P9**～**P11** 可以产生一类结构独特的三嵌段超分子共聚物[33]。**P9** 和 **P11** 为两个单遥爪型聚合物，而 **P10** 是一个杂遥爪聚合物，在两端携带两个分别与 **P9** 和 **P11** 对接的氢键结合模块。^{1}H NMR 实验表明，等量的三个单体分步或一锅混合都能产生同样的三嵌段氢键超分子聚合物，相应的结合模块全部形成氢键二聚体。聚合物 **P10** 和 **P11** 的氢键结合有两种形式，即 **P11** 的聚合物链可以定位于 **P10** 聚合物链的两侧。这两种异构体的结合稳定性大致相同，对宏观性质的影响应显著不同。但在动态的氢键超分子聚合物中，这种差异很难被分解。

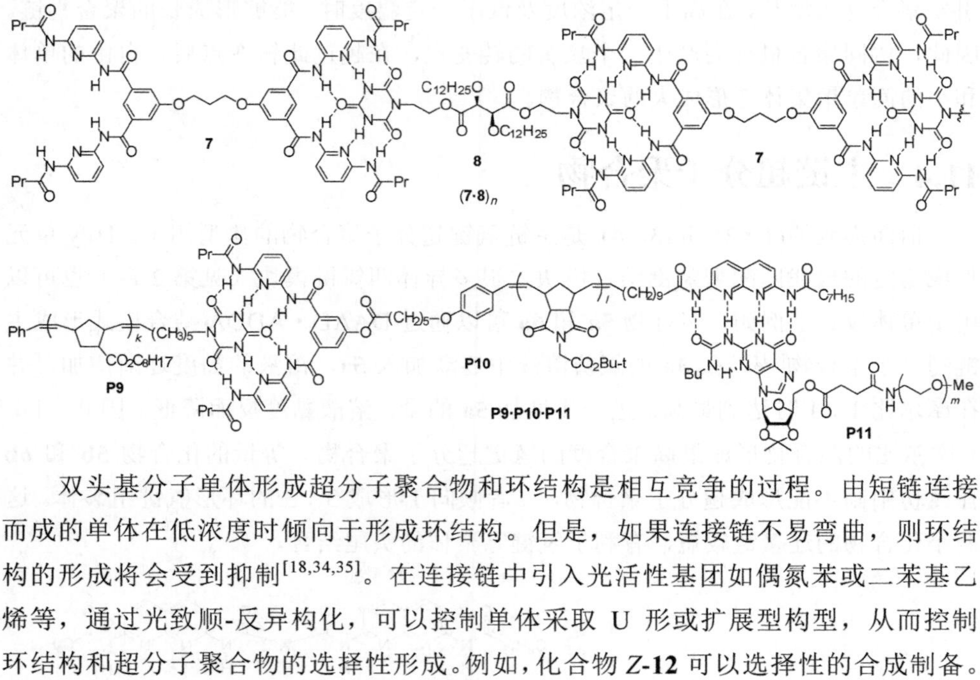

双头基分子单体形成超分子聚合物和环结构是相互竞争的过程。由短链连接而成的单体在低浓度时倾向于形成环结构。但是，如果连接链不易弯曲，则环结构的形成将会受到抑制[18,34,35]。在连接链中引入光活性基团如偶氮苯或二苯基乙烯等，通过光致顺-反异构化，可以控制单体采取 U 形或扩展型构型，从而控制环结构和超分子聚合物的选择性形成。例如，化合物 *Z*-**12** 可以选择性的合成制备。在氯仿中，*Z*-**12** 选择性地形成环二聚体（图 11-2）。受 387 nm 波长的紫外光照射，*Z*-**12** 可以 99%的产率转化为 *E*-**12**。这一反式异构体选择性地形成超分子聚合物，并可以通过电纺丝形成直径均匀的长纳米纤维。在 360 nm 波长光照射下，*E*-**12** 可以再次转化为 *Z*-**12**，产率大约为 65%。这样，通过不同波长的紫外光照射，可以实现环结构和超分子聚合物结构的相互转换。

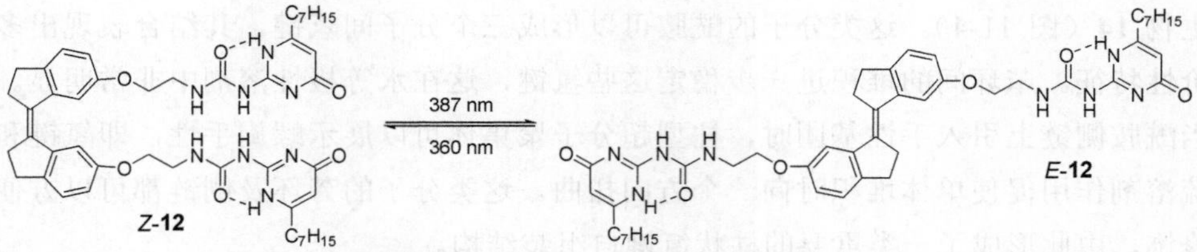

图 11-2 *Z*-12 和 *E*-12 的光致转换

11.5 堆积或簇集型超分子聚合物

大多数双头基主链超分子聚合物的单体为柔性链，不能形成有序的长程组装结构。在结合单元上引入芳环基团通过其疏溶剂作用驱动的堆积，可以促进形成一维柱状结构。例如，化合物 **13** 的三嗪杂环可以形成 ADAD·DADA 四氢键二聚体，但稳定性明显低于 UPy 四氢键二聚体[36]。但苯环的引入增加了共轭基团的面积，在水中受氢键和疏水作用的协同驱动，这一化合物在浓度达到 0.1 mmol/L 时可以形成一维螺旋柱状堆积型超分子聚合物（图 11-3）。由于侧链引入了手性中心，圆二色谱实验揭示，堆积体还表现出螺旋手性偏差和“军士-士兵效应”，即侧链长度相同但不带手性中心的类似单体与 **13** 共同堆积，在后者的诱导下也能形成手性的螺旋柱状聚合物。

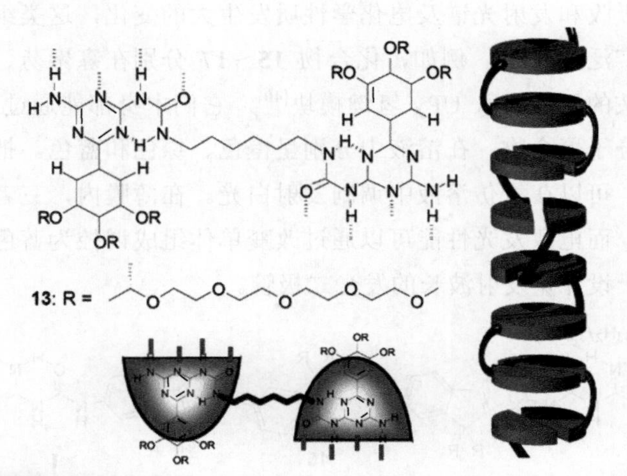

图 11-3 化合物 **13** 在水中通过氢键和疏水作用驱动形成手性螺旋柱状堆积结构（见彩图）

利用多个酰胺分子间的协同氢键，结合芳香基团受疏溶剂作用驱动的堆积作用，可以形成另一类柱型氢键超分子聚集体[28]。最典型的例子是间苯三甲酰胺衍

生物 **14**（图 11-4）。这类分子的酰胺可以形成三个分子间氢键，其结合表现出多价性特征。苯环间的堆积进一步稳定这些氢键，这在水等极性溶剂中非常明显。当酰胺侧链上引入手性基团时，柱型超分子聚集体可以展示螺旋手性，即氢键和疏溶剂作用促使单体堆积时向一个方向扭曲。这类分子的芳环及侧链都可以方便修饰，由此形成了一类重要的柱状氢键自组装结构。

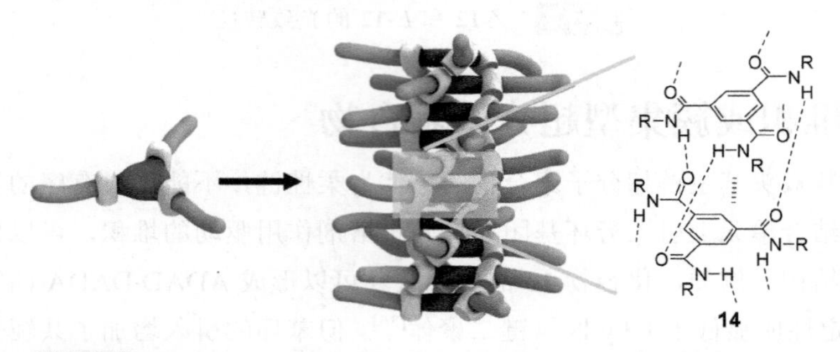

图 11-4 间苯三甲酰胺衍生物 **14** 通过氢键和疏溶剂作用驱动的芳环堆积形成柱状螺旋超分子聚集体

利用多氢键体系结合其它弱相互作用力，可以设计出许多类型的自组装单体。不同作用力正交组合，相互间不加干扰，可以形成数量众多的自组装结构[18,37-39]。这其中氢键与疏溶剂作用驱动的芳环堆积应用最为广泛。由于大的芳环结构的堆积可以引起其吸收和发射光谱及电化学性质发生大的变化，这类组装结构的光电材料性质受到广泛重视[18]。例如，化合物 **15**～**17** 分别在寡聚芴、寡聚苯乙烯和苝四甲酰二亚胺的两端引入 UPy 氢键模块[40]，它们本身都能通过 UPy 四氢键二聚作用形成超分子聚合物，在溶液中分别呈橙色、绿色和蓝色。把适当比例的三个化合物混合，可以在氯仿溶液中调制发射白光。在薄膜内，三者的混合材料也不产生相分离，而电致发光性能可以通过改变单体组成调控为蓝色、绿色、红色及白色，可用于设计宽发射波长的发光二极管。

15

16

化合物**18**等间苯二脲基衍生物的两个脲基形成较强的分叉型氢键，它们可以诱导产生另一类堆积型超分子聚合物（图11-5）[27,41]。不同于**15**～**17**单体中的大共轭体系，这类化合物的苯环并没有发生堆积，因为两个脲基形成氢键需要与苯环发生大的扭曲，从而拉开了相邻苯环间的距离。**18**的苯环上引入的甲基能够促进邻位脲基的扭曲，有利于其形成氢键，脲基上分叉型脂肪链的引入能够提高这类分子在长链烷烃等非极性溶剂中的溶解性。在低浓度或高温下，**18**形成细薄的长纤维组装体，溶液黏度也较低。在高浓度或低温下，则形成了高黏度的管型结构。在侧链上引入手性基团，可以诱导整个管型组装体产生手性偏差，与非手性单体混合则可以观察到手性传递的“军士-士兵效应”。

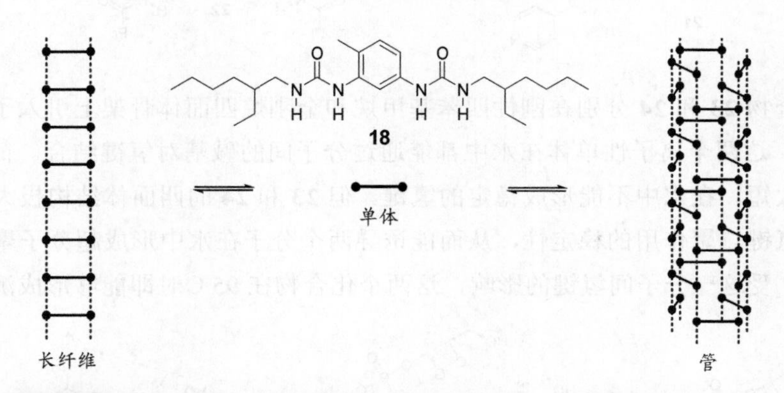

图 11-5 化合物 **18** 通过脲基分子间氢键形成长纤维和管结构示意图

11.6 基于多头基单体构建超分子聚合物

多头基单体的结合可以在三维空间形成网络状结构。在溶液中，受溶剂的影响，结合力相对较弱，一般形成动态无序组装结构，而在固态则可能形成有序的结构。早期研究的一个例子是四头基吡啶衍生物（**19**）与二酸（**20**）的结合[42]。二者 1∶2

混合物在高温下形成的吡啶-羧基盐桥氢键很弱。但在低温下，混合物能表现出聚合物特征，并且有明显的玻璃化转变温度，在形成熔融状态后降温可以形成纤维结构，再升温形成各向同性的低黏度液体。而化合物**21**与**20**的1∶2混合物则形成液晶相。Lehn等合成了三头基单体**22**[32]，其与双头基单体**8**的2∶3混合物可以通过端基的ADA-DAD双三氢键二聚作用，形成自组装团簇结构。而前面所述的等摩尔量的双头基单体**7**与**8**结合，则形成超分子纤维结构。加入20%摩尔量的**22**可以完全抑制这一纤维结构的产生，说明**22**与**8**的结合稳定性更高。

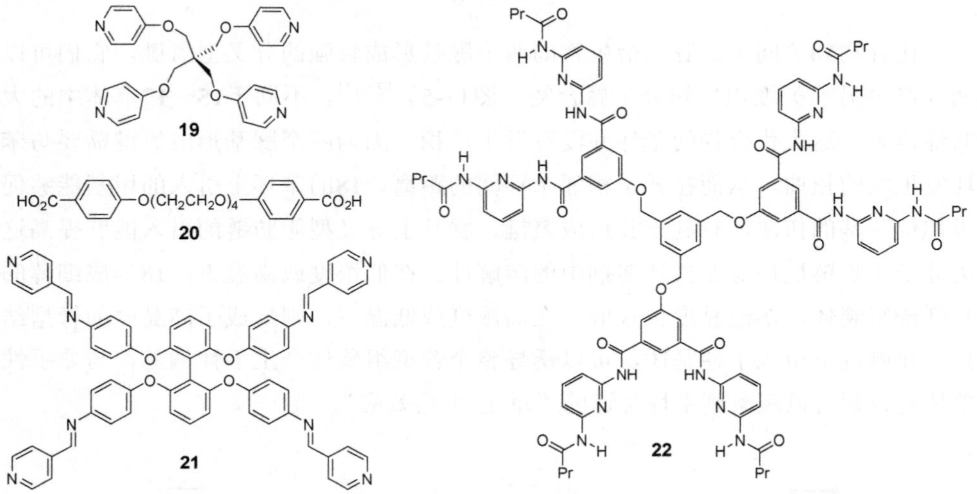

化合物**23**和**24**分别在刚性四苯基甲烷和金刚烷四面体骨架上引入了GC核苷链[43]。这两个离子性单体在水中都能通过分子间的碱基对氢键结合。简单GC核苷链太短，在水中不能形成稳定的氢键。但**23**和**24**的四面体结构极大地增强了这一氢键二聚作用的稳定性，从而能诱导两个分子在水中形成超分子聚合物网络结构。受这一分子间氢键的影响，这两个化合物在95℃时即能够形成沉淀。

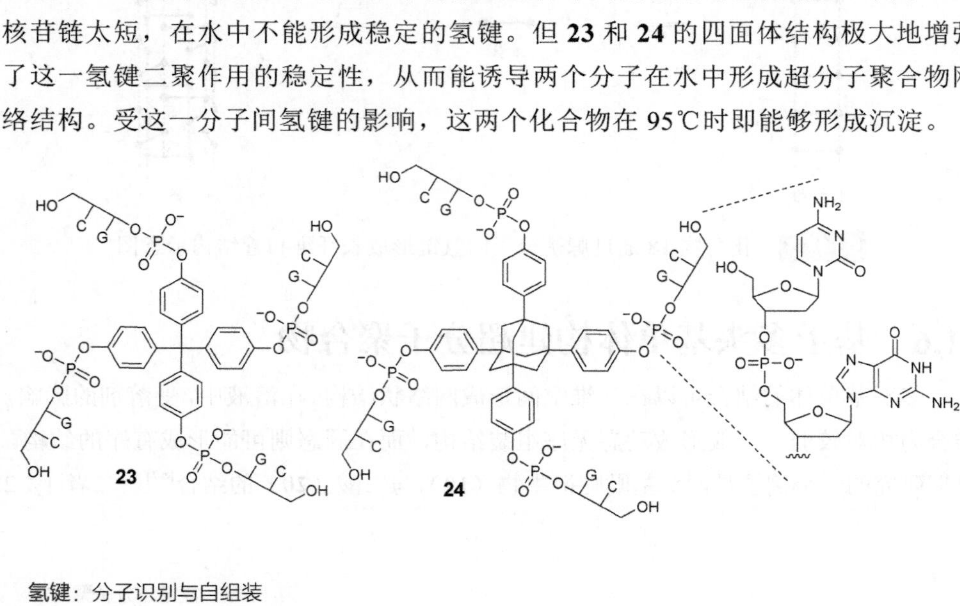

上述两个四面体分子在溶液相的自组装结构没有形成有序的孔道[44]。一些刚性的多臂单体可以通过分子间氢键作用诱导，在固态形成周期性的孔道结构。这些孔道具有确定的内径，可以在常温常压下分离气体小分子，被称为 HOF（Hydrogen Bonded Organic Framework）。例如，四面体形分子 **25** 形成的晶态孔结构可以分离乙烯和乙炔[45]，而三角形化合物 **26** 的晶态结构可以分离乙炔和二氧化碳[46]。这类晶态孔结构可以认为是特殊的超分子聚合物，尽管这些单体的溶解性很低，不能在溶液中形成相应的超分子孔结构。

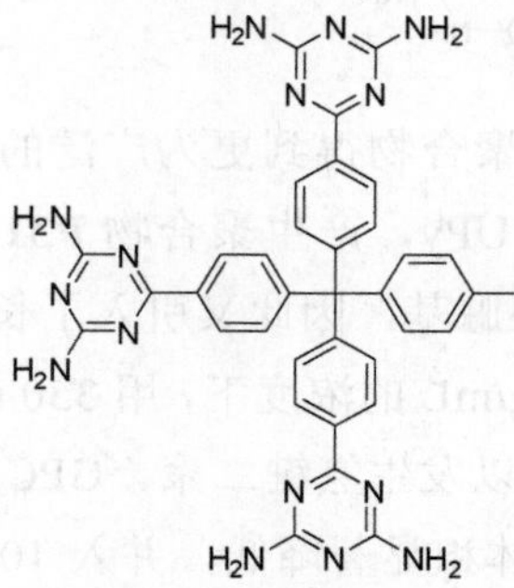

11.7 交联超分子聚合物

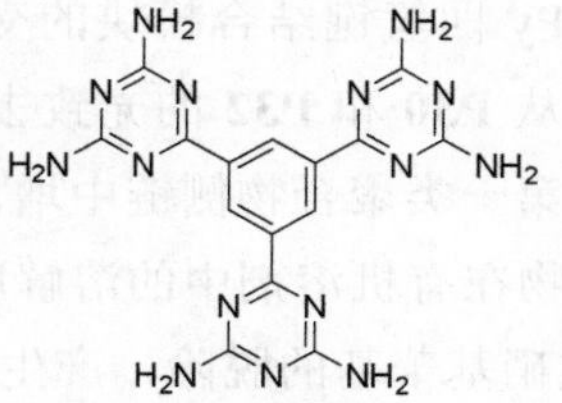

在主链聚合物的主链上引入形成氢键的侧链，可以通过侧链间的附加的相互作用形成交联超分子聚合物。简单的改变交联侧链与主链单体间的比例，可以调控氢键对聚合物性质的影响。例如，苯乙烯聚合物 **P27** 的侧链上引入了萘啶二酰胺，而聚丙烯酸酯 **P28** 的侧链上引入了脲基鸟嘌呤，二者可以形成高度稳定的 ADDA・DAAD 四氢键二聚体，在氯仿中 K_a 高达 3×10^8 L/mol[47]。选择聚苯乙烯和聚丙烯酸酯作为两个前体的主链聚合物可以避免两个本体聚合物形成共混体，有利于探索交联氢键的影响。两个聚合物在氯仿中的混合溶液去溶剂挥发后在玻璃表面形成透明薄膜。由等重量的两个聚合物（侧链相对重量分别为 7%和 10%）形成的共混物的薄膜相变温度为 73℃，在两个单体聚合物的中间（104℃和 43℃），证实了共混体的形成。在氯仿中 1∶1 共混物的数均分子量 M_n 在浓度为 2.5 g/L 时约为 170 kD，其比黏度 η_{SP} 随浓度的增加而快速增加，证明了交联氢键的影响。**P27** 和 **P29** 在氯仿中的 1∶1 共混物的黏度也随浓度的增加而增加，但幅度明显降低。**P29** 的较短的连接链及其 UPy 单元的自身结合——特别是分子内的自结合，是造成这一差异的重要原因。

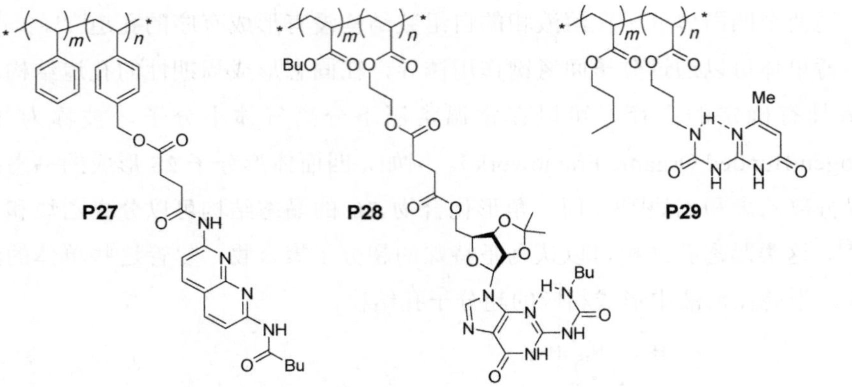

P27　　P28　　P29

基于 UPy 四氢键结合模块的交联超分子聚合物得到更为广泛的研究。一个例子涉及到从 **P30** 和 **P32** 的光致去保护活化 UPy，产生聚合物 **P31** 和 **P33**（图 11-6）[48]。第一类聚合物侧链中增加一个极性脲基，因此又引入了长的脂肪链，以提高聚合物在有机溶剂中的溶解度。在 1 mg/mL 的浓度下，用 350 nm 光照 **P31** 和 **P33** 导致硝基苄基的脱除，产生的 UPy 可以发生氢键二聚。GPC 实验表明，相应的超分子聚合物 **P31** 和 **P33** 的流体力学体积显著降低，并入 10%的 UPy 连接链的聚合物表观分子量降低了约 20%，增加浓度则 **P33** 降低得更加明显。**P31** 和 **P33** 的氯仿溶液在玻璃上挥发溶剂后产生颗粒型组装体，这些组装体可以再溶解于氯仿。但在 80℃加热 20 min 后，这些粒子变得不可溶，表明室温下形成的颗粒结构处于一种亚稳态超分子聚合物，加入溶剂后可以溶解。加热后形成不溶性颗粒作为一个不可逆过程，类似于蛋白质和核酸的变性行为。

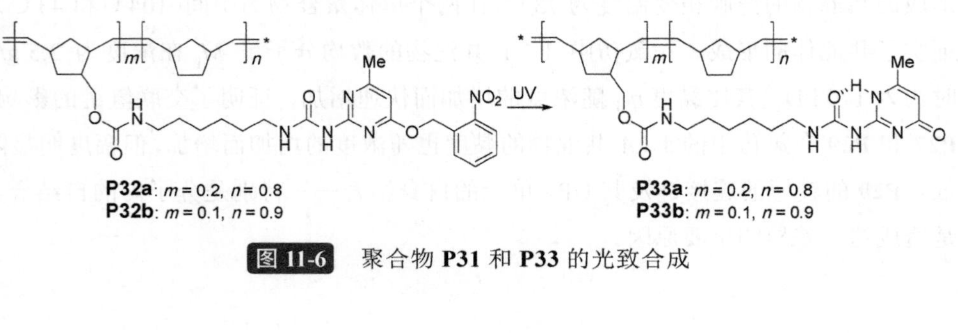

P30a: $m = 0.2$, $n = 0.8$
P30b: $m = 0.1$, $n = 0.9$

P31a: $m = 0.2$, $n = 0.8$
P31b: $m = 0.1$, $n = 0.9$

P32a: $m = 0.2$, $n = 0.8$
P32b: $m = 0.1$, $n = 0.9$

P33a: $m = 0.2$, $n = 0.8$
P33b: $m = 0.1$, $n = 0.9$

图 11-6　聚合物 **P31** 和 **P33** 的光致合成

基于UPy四氢键二聚作用的交联超分子聚合物还可用于构建自修复材料[49-51]。例如，丙烯酸酯共聚物 **P34** 引入了亲水性的二甲基氨基乙基，质子化后具有水溶性[50]，中和到 pH = 8 时形成黏性水溶液，进而形成可注射性的水凝胶，表明 UPy 氢键二聚促进其形成了三维网络结构（图 11-7）。在室温下，这一水凝胶受拉后能够伸展与变形，在被切开后 5 min 内切口能够自我修复，而在 50℃时 30 min 后切口仍不能复合。这一超分子聚合物和由共价键交联的聚丙烯酰胺水凝胶也能够自动融合，产生自修复效果。聚丙烯酸酯共聚物 **P35** 被嫁接到纤维素纳米晶或纳米棒表面[51]，共聚物侧链上引入 UPy 形成四氢键二聚，一方面可以在纳米晶或纳米棒之间产生交联作用，另一方面，在应力下，UPy 可以作为牺牲键，在纳米晶或纳米棒之间提供黏附固定作用，又能固定这些纳米结构的位置，并允许它们逐渐相互滑动而驱散破裂能，避免相应聚合物膜整体性的撕裂。

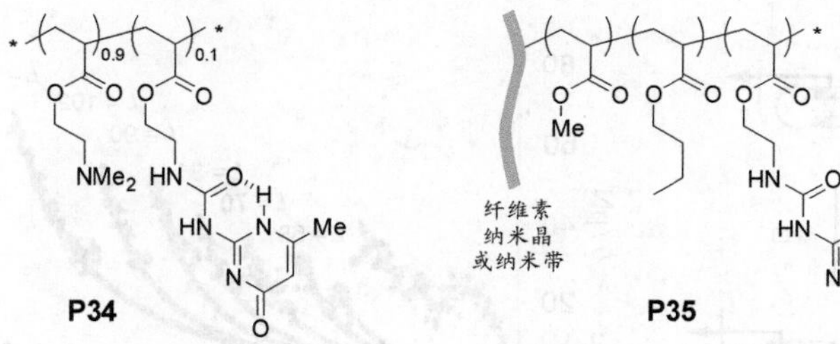

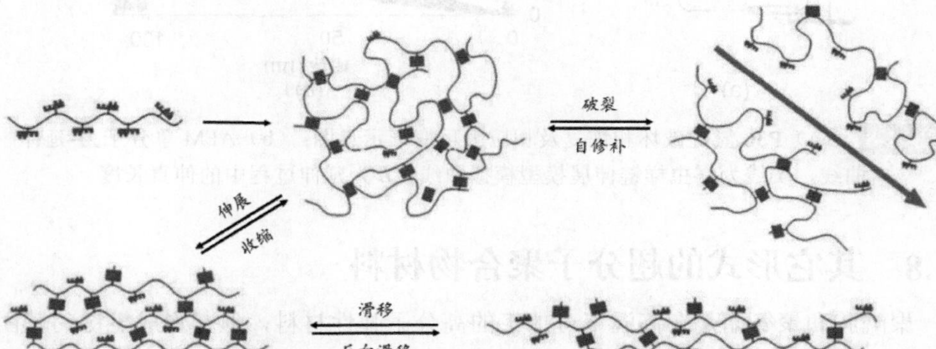

图 11-7　交联超分子聚合物 **P34** 的自修复和可逆变形机制

氢键二聚体也可以并入到主链聚合物内形成主链交联聚合物[52,53]。例如，聚合物 **P36** 主链内并入了一个模拟肽β-折叠结构的双股氢键二聚单元（见第 2 章），形成一个可操纵的大环。当聚合物被拉伸时，作用力剪切破坏氢键，导致大环扩展和聚合物的延展。在外力去除后氢键恢复，导致大环恢复到原来的形状，聚合物得以收缩。单分子力谱实验揭示出外力-伸展曲线呈锯齿形状（图 11-8），表明聚合物链内氢键二聚体随外力的增加逐个被破坏，而不是所有氢键二聚体一起逐渐地被破坏。这一结构表明，这类并入氢键二聚大环的主链聚合物的伸展过程与传统单链聚合物的蠕虫样伸展模式相一致。利用 UPy 四氢键二聚也可以构建类似的主链内交联超分子聚合物[52]。

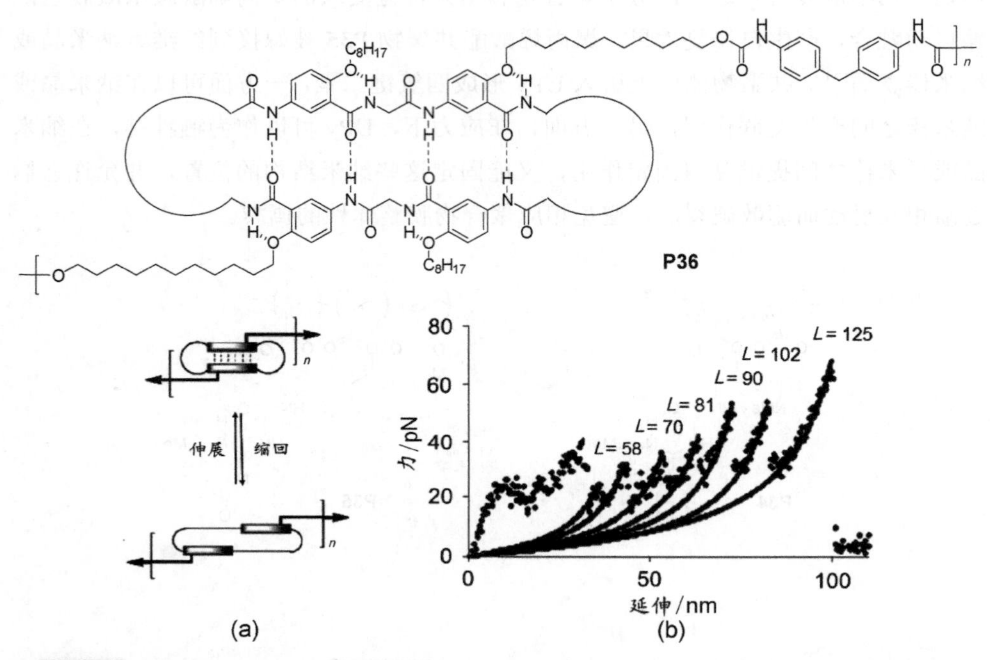

图 11-8 （a）**P36** 氢键破坏和恢复及相应大环变形示意图；（b）AFM 单分子力-延伸曲线，实线为蠕虫样链伸展模型模拟曲线，L 为延伸过程中的伸直长度

11.8 其它形式的超分子聚合物材料

聚酰胺和聚氨酯是在高温下可加工的高分子弹性材料，但其形成氢键的基团密度较高，一般不具备生物兼容性。很多脂肪链大分子并入了低比例的形成氢键的脲基和酰胺等基团，它们形成的氢键强度较弱，但形成氢键后可以进一步簇集产生微结晶相。这些氢键在加热时变弱或被破坏，会导致聚合物的黏度显著降低，表现出热塑性弹性体行为，可以被认为是广义的氢键超分子聚合物材料。例如，双脲基聚合物 **P37** 即是通过分子间氢键诱导形成的纤维状热塑性弹性材料[54]。两个脲基的分子间氢键具有协同性，诱导高分子间堆积形成束状长纤维。不同链长的聚合物混在一起时，各自的脲基形成的氢键还具有自分类能力。这些纳米尺度

的长纤维具有良好的力学性能，由其制备的生物活性材料具有较高的细胞黏附和增殖能力，可用于医学组织工程研究。

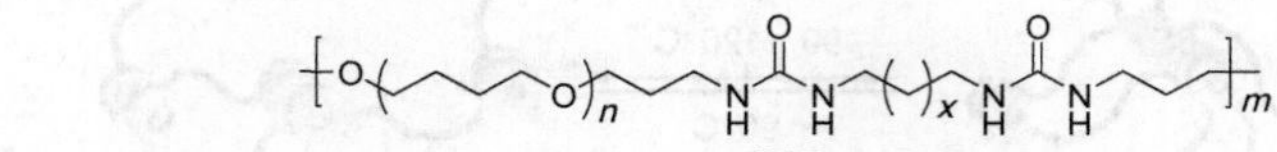

P37

遥爪型聚合物 **P38** 和 **P39** 的两端分别引入了两个相同的核酸碱基，它们分别形成互补的双氢键二聚体，在氯仿中的结合常数约为 20 L/mol。这些弱的氢键模块仍能诱导聚合物形成热塑性的弹性体，而相应的没有引入碱基的聚合物则不具备类似性能。这种热塑弹性体的形成被认为是由于氢键碱基对的堆积在软的寡聚物基质中产生了相分离。这种相分离通过碱基对堆积产生超分子交联效果，并诱导聚合物形成晶相结构，分别在 108℃和 135℃熔化。两个聚合物的碱基对堆积产生的相分离，提高了局部浓度，也导致了更高的聚合度，超分子聚合过程也从氢键各相同性转变为协同作用的过程。温度较低时，氢键二聚体的堆积程度较大，逐渐升高温度，堆积作用减弱而氢键增强。在 90℃时 **P38** 经历了一个由线型聚合（形成长的碱基对堆积体）到交联型类凝胶结构的转变。在类凝胶结构中，只存在一些较为松散的小的堆积体（图 11-9）。在 130℃以上，则不再存在微相分离，整个结构不再表现出聚合物的性质，意味着碱基二聚体不再堆积，但可能还存在一定程度的氢键。两端并入 UPy 单元的遥爪聚合物也可以形成类似的热塑性弹性体，高稳定的 UPy 氢键二聚体的堆积也起到了重要的作用[55,56]。不同于上述两个聚合物，聚合物 **P40** 在不同温度范围内都主要表现出凝胶性质，表明其更倾向于形成三维网络型的氢键结构。

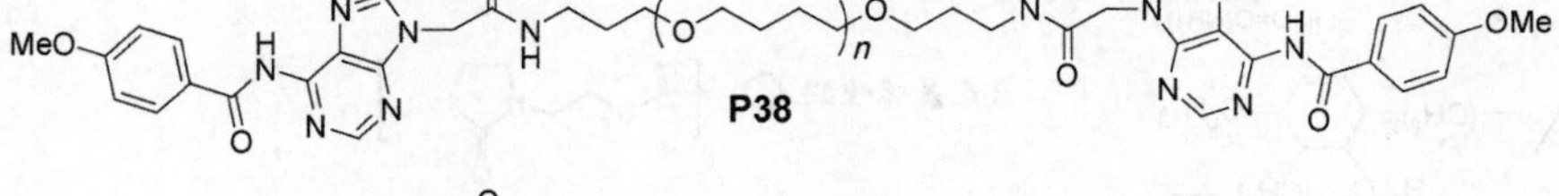

P38

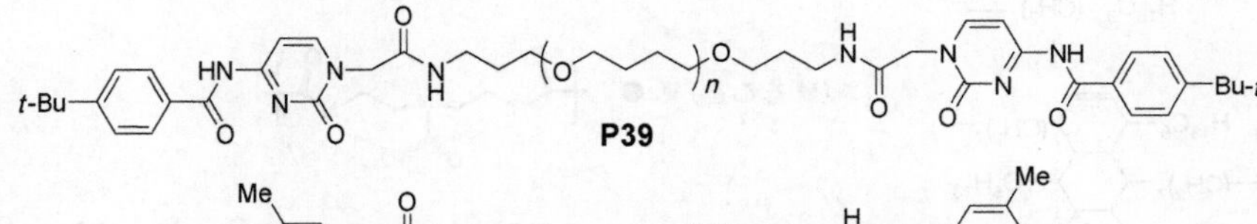

P39

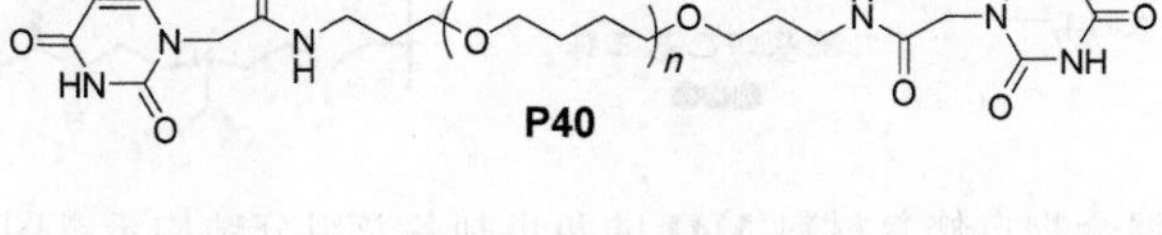

P40

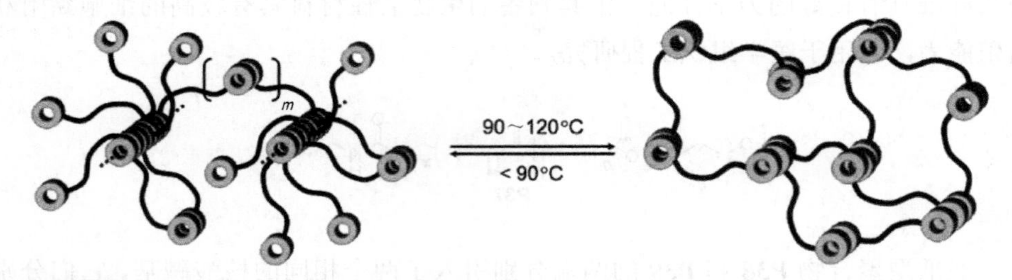

图 11-9　聚合物 **P38** 的组装模型：在 90℃经历从碱基对堆积作用强的线性体系到堆积作用变弱、氢键增强的凝胶样结构的转变

上述脲基和核酸碱基氢键诱导产生的热塑性弹性体的熔点都较高，在室温下氢键二聚体缺乏流动性，使得这些超分子材料在室温下不具有自修复性能。通过相应的脂肪二酸和三酸与一缩乙二胺反应后再与尿素反应制备一类分子和大分子混合体系 **M41**（图 11-10）[29]，其分子和大分子组分都并入了不同的酰胺和脲基，可以形成多种形式的氢键。**M41** 在室温不产生结晶相，表现出典型的软性橡胶的性质特征。混合物的玻璃化温度为 28℃，与水或十二烷混合后玻璃化温度可以进一步降低。在高温下，分子间的氢键被破坏，混合物超分子橡胶转变为黏性液体，可以模塑、挤压及再成型。由于玻璃化温度低于室温，并且不存在结晶行为，以十二烷为塑化剂的混合物在室温下表现出优良的自修复性能，尽管完全恢复需要一定的时间。当用水作为塑化剂时，玻璃化温度可以降低至−15℃。相应的超分子橡胶表现出优良的弹性性能，应力释放后 500%的应变可以在几秒钟内完全恢

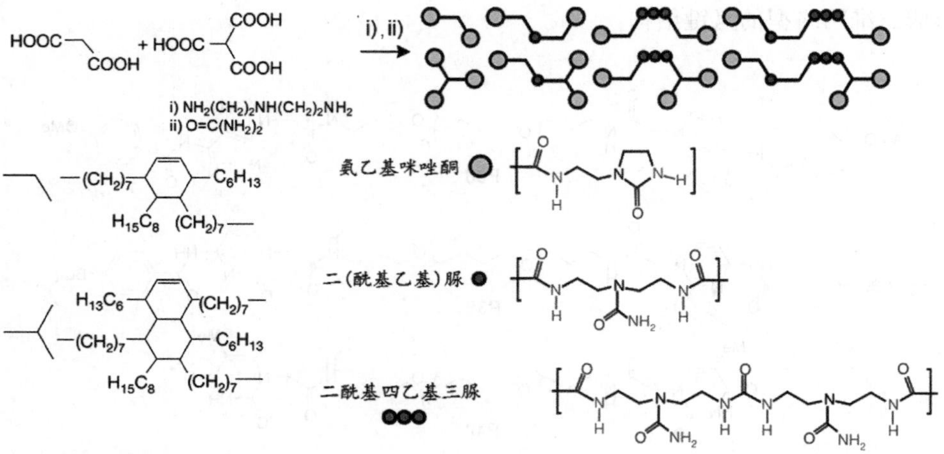

HOOC—COOH + HOOC—(COOH)—COOH

i),ii)

i) $NH_2(CH_2)_2NH(CH_2)_2NH_2$

ii) $O{=}C(NH_2)_2$

氨乙基咪唑酮

二(酰基乙基)脲

二酰基四乙基三脲

图 11-10　混合物自修复材料 **M41** 的两步制备及组分结构示意图（见彩图）

复，拉伸的样品也可以在数小时内保持应力而不发生蠕变。

玻璃化温度或熔点是氢键超分子材料的重要参数。玻璃化温度高于室温的超分子材料，氢键单元在室温不能有效的流动，氢键的恢复不能发生或很慢，因此也就不具备自修复性能。但高的玻璃化温度有利于提高超分子材料的力学性能。因此，具体的材料设计需要基于不同的用途。结合分子间氢键和其它的非共价键作用，如共轭基团的堆积等，是设计氢键超分子材料的重要思路，所谓正交自组装策略应可以发挥更大的作用。

参考文献

[1] J.-M. Lehn, Supramolecular polymer chemistry-scope and perspectives. *Polym. Int.* **2002**, *51*, 825-839.

[2] L. Brunsveld, B. J. B. Folmer, E. W. Meijer, R. P. Sijbesma, Supramolecular polymers. *Chem. Rev.* **2001**, *101*, 4071-4097.

[3] D. van der Zwaag, T. F. A. de Greef, E. W. Meijer, Programmable supramolecular polymerizations. *Angew. Chem. Int. Ed.* **2015**, *54*, 8334-8336.

[4] F. Wang, S. Dong, B. Zheng, F. Huang, Supramolecular polymers based on crown ether derivatives. *Gaofenzi Xuebao* **2011**, 956-964.

[5] B. Zheng, F. Wang, S. Dong, F. Huang, Supramolecular polymers constructed by crown ether-based molecular recognition. *Chem. Soc. Rev.* **2012**, *41*, 1621-1636.

[6] Y. Liu, Z. Wang, X. Zhang, Characterization of supramolecular polymers. *Chem. Soc. Rev.* **2012**, *41*, 5922-5932.

[7] Q. Wang, M. Cheng, Y. Cao, J. Qiang, L. Wang, Design and construction of supramolecular assemblies containing bis(m-phenylene)-32-crown-10-based cryptands. *Huaxue Xuebao* **2016**, *74*, 9-16.

[8] D.-S. Guo, Y. Liu, Calixarene-based supramolecular polymerization in solution. *Chem. Soc. Rev.* **2012**, *41*, 5907-5921.

[9] L. Chen, Y.-C. Zhang, W.-K. Wang, J. Tian, L. Zhang, H. Wang, D.-W. Zhang, Z.-T. Li, Conjugated radical cation dimerization-driven generation of supramolecular architectures. *Chin. Chem. Lett.* **2015**, *26*, 811-816.

[10] H. Wang, D.-W. Zhang, X. Zhao, Z.-T. Li, Supramolecular organic frameworks (SOFs): water-phase periodic porous self-assembled architectures. *Huaxue Xuebao* **2015**, *73*, 471-479.

[11] X.-Q. Wang, W. Wang, Y.-X. Wang, H.-B. Yang, Supramolecular polymers constructed through self-sorting host-guest interactions. *Chem. Lett.* **2015**, *44*, 1040-1046.

[12] Q. Zhang, H. Tian, Effective integrative supramolecular polymerization. *Angew. Chem. Int. Ed.* **2014**, *53*, 10582-10584.

[13] F. Tournilhac, P. Cordier, D. Montarnal, C. Soulie-Ziakovic, L. Leibler, Self-healing supramolecular networks. *Macromol. Symp.* **2010**, *291-292*, 84-88.

[14] D.-H. Park, S.-J. Hwang, J.-M. Oh, J.-H. Yang, J.-H. Choy, Polymer-inorganic supramolecular nanohybrids for red, white, green, and blue applications. *Prog. Polym. Sci.* **2013**, *38*, 1442-1486.

[15] X. Ma, H. Tian, Stimuli-responsive supramolecular polymers in aqueous solution. *Acc. Chem. Res.* **2014**, *47*, 1971-1981.

[16] X. Yan, F. Wang, B. Zheng, F. Huang, Stimuli-responsive supramolecular polymeric materials. *Chem. Soc. Rev.* **2012**, *41*, 6042-6065.
[17] S. K. Yang, S. C. Zimmerman, Hydrogen bonding modules for use in supramolecular polymers. *Israel J. Chem.* **2013**, *53*, 511-520.
[18] D. Gonzalez-Rodriguez, A. P. H. J. Schenning, Hydrogen-bonded supramolecular π-functional materials. *Chem. Mater.* **2011**, *23*, 310-325.
[19] L.-m. Tang, Multiple hydrogen bonding supramolecular polymers. *Gaofenzi Tongbao* **2011**, 126-135.
[20] R. Stadler, J. Burgert, Influence of hydrogen bonding on the properties of elastomers and elastomeric blends. *Makromol. Chem.* **1986**, *187*, 1681-1690.
[21] W. P. J. Appel, M. M. L. Nieuwenhuizen, E. W. Meijer, Multiple hydrogen-bonded supramolecular polymers. in *Supramolecular Polymer Chemistry* (ed. by A. Harada), Wiley, 2012.
[22] J.-M. Lehn, Perspectives in supramolecular chemistry—from molecular recognition towards molecular information processing and self-organization. *Angew. Chem. Int. Ed.* **1990**, *26*, 1304-1319.
[23] R. P. Sijbesma, F. H. Beijer, L. Brunsveld, B. J. B. Folmer, J. H. K. K. Hirschberg, R. F. M. Lange, J. K. L. Lowe, E. W. Meijer, Reversible polymers formed from self-complementary monomers using quadruple hydrogen bonding. *Science* **1997**, *278*, 1601-1604.
[24] S. C. Zimmerman, P. S. Corbin, Heteroaromatic modules for self-assembly using multiple hydrogen bonds. *Struct. Bond.* **2000**, *96*, 63-94.
[25] R. P. Sijbesma, E. W. Meijer, Quadruple hydrogen bonded systems. *Chem. Commun.* **2003**, 5-16.
[26] T. F. A. De Greef, M. M. J. Smulders, M. Wolffs, A. P. H. J. Schenning, R. P. Sijbesma, E. W. Meijer, Supramolecular polymerization. *Chem. Rev.* **2009**, *109*, 5687-5754.
[27] B. Isare, S. Pensec, M. Raynal, L. Bouteiller, Bisurea-based supramolecular polymers: from structure to properties. *C. R. Chim.* **2016**, *19*, 148-156.
[28] S. Cantekin, T. F. A. de Greef, A. R. A. Palmans, Benzene-1,3,5-tricarboxamide: a versatile ordering moiety for supramolecular chemistry. *Chem. Soc. Rev.* **2012**, *41*, 6125-6137.
[29] P. Cordier, F. Tournilhac, C. Soulié-Ziakovic, L. Leibler, Self-healing and thermoreversible rubber from supramolecular assembly. *Nature* **2008**, *451*, 977-980.
[30] A. M. Kushner, Z. Guan, Modular design in natural and biomimetic soft materials. *Angew. Chem. Int. Ed.* **2011**, *50*, 9026-9057.
[31]T. Park, S. C. Zimmerman, A supramolecular multi-block copolymer with a high propensity for alternation. *J. Am. Chem. Soc.* **2006**, *128*, 13986-13987.
[32] V. Berl, M. Schmutz, M. J. Krische, R. G. Khoury, J.-M. Lehn, Supramolecular polymers generated from heterocomplementary monomers linked through multiple hydrogen-bonding arrays-formation, characterrization, and properties. *Chem. Eur. J.* **2002**, *8*, 1227-1244.
[33] S. K. Yang, A. V. Ambade, M. Weck, Supramolecular ABC triblock copolymers via one-pot, orthogonal self-assembly. *J. Am. Chem. Soc.* **2010**, *132*, 1637-1645.
[34] S.-L. Li, T. Xiao, W. Xia, X. Ding, Y. Yu, J. Jiang, L. Wang, New light on the ring-chain equilibrium of a hydrogen-bonded supramolecular polymer based on a photochromic dithienylethene unit and its energy-transfer properties as a storage material. *Chem. Eur. J.* **2011**, *17*, 10716-10723.
[35] J.-F. Xu, Y.-Z. Chen, D. Wu, L.-Z. Wu, C.-H. Tung, Q.-Z. Yang, Photoresponsive hydrogen-bonded supra-

molecular polymers based on a stiff stilbene unit. *Angew. Chem. Int. Ed.* **2013**, *52*, 9738-9742.

[36] L. Brunsveld, J. A. J. M. Vekemans, J. H. K. K. Hirschberg, R. P. Sijbesma, E. W. Meijer, Hierarchical formation of helical supramolecular polymers via stacking of hydrogen-bonded pairs in water. *PNAS* **2002**, *99*, 4977-4982.

[37] S.-L. Li, T. Xiao, C. Lin, L. Wang, Advanced supramolecular polymers constructed by orthogonal self-assembly. *Chem. Soc. Rev.* **2012**, *41*, 5950-5968.

[38] X.-Y. Hu, T. Xiao, C. Lin, F. Huang, L. Wang, Dynamic supramolecular complexes constructed by orthogonal self-assembly. *Acc. Chem. Res.* **2014**, *47*, 2041-2051.

[39] E. Elacqua, D. S. Lye, M. Weck, Engineering orthogonality in supramolecular polymers: from simple scaffolds to complex materials. *Acc. Chem. Res.* **2014**, *47*, 2405-2416.

[40] D. González-Rodríguez, A. P. H. J. Schenning, Hydrogen-bonded supramolecular π-functional materials. *Chem. Mater.* **2011**, *23*, 310-325.

[41] L. Bouteiller, O. Colombani, F. Lortie, P. Terech, Thickness transition of a rigid supramolecular polymer. *J. Am. Chem. Soc.* **2005**, *127*, 8893-8898.

[42] C. B. St. Pourcain and A. C. Griffin, Thermoreversible supramolecular networks with polymeric properties. *Macromolecules* **1995**, *28*, 4116-4121.

[43] A. Singh, M. Tolev, M. Meng, K. Klenin, O. Plietzsch, C. I. Schilling, T. Muller, M. Nieger, S. Bräse, W. Wenzel, C. Richert, Branched DNA that forms a solid at 95℃. *Angew. Chem. Int. Ed.* **2011**, *50*, 3227-3231.

[44] H. Wang, D.-W. Zhang, X. Zhao, Z.-T. Li, Supramolecular organic frameworks (SOFs): water-phase periodic porous self-assembled architectures. *Huaxue Xuebao* **2015**, *73*, 471-479.

[45] Y. He, S. Xiang, B. Chen, A microporous hydrogen-bonded organic framework for highly selective C_2H_2/C_2H_4 separation at ambient temperature. *J. Am. Chem. Soc.* **2011**, *133*, 14570-14573.

[46] P. Li, Y. He, Y. Zhao, L. Weng, H. Wang, R. Krishna, H. Wu, W. Zhou, M. O'Keeffe, Y. Han, B. Chen, A rod-packing microporous hydrogen-bonded organic framework for highly selective separation of C_2H_2/CO_2 at room temperature. *Angew. Chem. Int. Ed.* **2015**, *54*, 574 -577.

[47] T. Park, S. C. Zimmerman, S. Nakashima, A highly stable quadruply hydrogen-bonded heterocomplex useful for supramolecular polymer blends. *J. Am. Chem. Soc.* **2005**, *127*, 6520-6521.

[48] E. J. Foster, E. B. Berda, E. W. Meijer, Metastable supramolecular polymer nanoparticles via intramolecular collapse of single polymer chains. *J. Am. Chem. Soc.* **2009**, *131*, 6964-6966.

[49] J. Hentschel, A. M. Kushner, J. Ziller, Z. Guan, Self-healing supramolecular block copolymers. *Angew. Chem. Int. Ed.* **2012**, *51*, 10561-10565.

[50] J. Cui, A. del Campo, Multivalent H-bonds for self-healing hydrogels. *Chem. Commun.* **2012**, 48, 9302-9304.

[51] J. R. McKee, J. Huokuna, L. Martikainen, M. Karesoja, A. Nykänen, E. Kontturi, H. Tenhu, J. Ruokolainen, O. Ikkala, Molecular engineering of fracture energy dissipating sacrificial bonds into cellulose nanocrystal nanocomposites. *Angew. Chem. Int. Ed.* **2014**, *53*, 5049-5053.

[52] A. M. Kushner, Z. Guan, Modular design in natural and biomimetic soft materials. *Angew. Chem. Int. Ed.* **2011**, *50*, 9026-9057.

[53] J. T. Roland, Z. Guan, Synthesis and single-molecule studies of a well-defined biomimetic modular multidomain polymer using a peptidomimetic β-sheet module. *J. Am. Chem. Soc.* **2004**, *126*, 14328-14329.

[54] N. E. Botterhuis, S. Karthikeyan, A. J. H. Spiering, R. P. Sijbesma, Self-Sorting of guests and hard blocks in bisurea-based thermoplastic elastomers. *Macromolecules* **2010**, *43*, 745-751.

[55] S. Sivakova, D. A. Bohnsack, M. E. Mackay, P. Suwanmala, S. J. Rowan, Utilization of a combination of weak hydrogen-bonding interactions and phase segregation to yield highly thermosensitive supramolecular polymers. *J. Am. Chem. Soc.* **2005**, *127*, 18202-18211.

[56] B. J. B. Folmer, R. P. Sijbesma, R. M. Versteegen, J. A. J. van der Rijt, E. W. Meijer, Supramolecular polymer materials: chain extension of telechelic polymers using a reactire hydrogen-bonding synthon. *Adv. Mater.* **2000**, *12*, 874-878.

第12章 氢键促进及催化有机反应

12.1 引言

通过氢键可以拉近两个反应位点间的距离，可以使相互反应的位点在空间上处于有利的取向和定位。氢键还可以活化反应位点，提高底物的有效浓度等，从而达到促进反应及提高反应选择性的目的。氢键可以是分子内或分子间的，促进的反应也可以是分子内或分子间的。分子内的反应受浓度的影响较小，而分子间的反应与浓度密切相关。氢键介质的有机分子催化是近年来受到重视的有机合成新方法，涉及的催化剂和反应类型众多，本章将不涵盖这类反应。以下主要根据反应类型分类介绍重要和代表性进展。

12.2 氢键促进大环合成

环状化合物代表一大类有机分子结构形式。很多天然产物和生物活性分子如环肽等都是单环、双环乃至于多环体系，而合成的大环如冠醚、穴醚及各种环番等是分子识别和自组装化学研究的非常重要的主体分子。因此，环状化合物的合成一直是合成化学的重要研究领域。环状化合物的形成始终面临着线性副产物的竞争。小环分子（3～6 个原子）的合成可以达到较高的产率，但更大环的形成与线性副产物的形成相比，是一个熵不利的过程。随着环体积的增加，这种熵不利效应还进一步增强，导致成环化逐渐降低。化学家发展出了高度稀释法[1]、模板法[2]及结构预组织[3]等策略，来合成原子数目较多的大环化合物。

结构预组织策略通过控制单体及中间体的几何形状或构象，使得最后一步成环前体自发形成折叠构象，从而促进大环结构的形成。结构预组织策略成功的关键是线性前体采取折叠的构象，促进两个反应位点在空间上相互接近反应成环[4,5]。当形成的是不可逆共价键时，反应受动力学控制，大环产物的产率可能很高，但不能完全避免线性副产物的产生。若形成的是可逆共价键，则如果反应时间足够长，在反应达到平衡后产物比例受热力学控制[6]。如果目标大环产物的稳定性明显高于其它副产物，有可能选择性地形成大环产物。氢键可以诱导线性芳香分子产生折叠或其它构象。在这些预组织构象的分子的两端引入适当的反应位点，或利用氢键诱导多组分反应形成的线性分子形成折叠的构象，可以有效促进大环的形成[7]。

12.2.1 通过酰胺键形成大环

在甲苯中，间苯二甲酰氯和间苯二胺反应可以形成酰胺大环[8]。但这一反应即使在高度稀释条件下，以氯化钙的钙离子为模板，反应的选择性也很低。质谱显示，这一反应形成了并入 6～20 个苯环的不同大小的芳酰胺大环 **1**（$n = 1～8$），其中六苯环大环的产率最高，但也仅在 4%～11%。为了提高成环产物的产率，其它一些芳酰胺大环的形成是在高度稀释条件下制备的[9,10]。从相应的三聚体氨基酸前体出发，在高度稀释条件下，大环 **2a** 和 **2b** 可以 40%～60%的产率形成[9]。而从相应的二苯基甲烷氨基酸单体出发，化合物 **3** 可以 20%的产率形成[10]。这一大环内四个酰胺与相邻的醚 O 原子可以形成分子内氢键，对于最后一步线性四聚体的成环反应，这些分子内氢键可能会起到一定的促进作用。

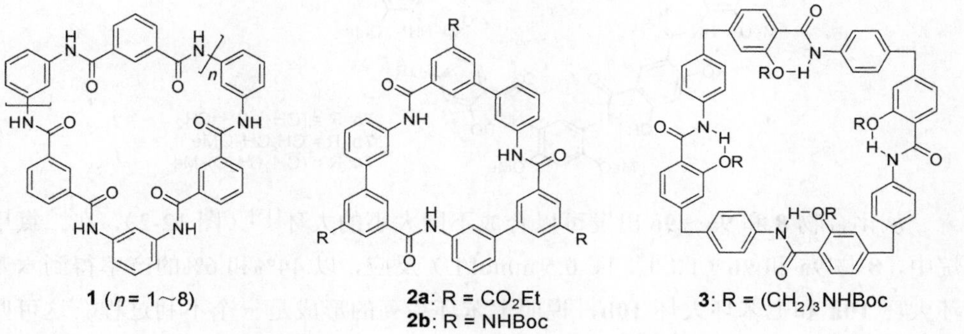

1 (n = 1～8)　　**2a**: R = CO_2Et　**2b**: R = NHBoc　　**3**: R = $(CH_2)_3NHBoc$

在两个间苯二酰氯和二胺单体的 4,6-位引入两个烷氧基氢键受体，相应前体 **4a**～**4d** 和 **5** 在二氯甲烷中反应，不需要高度稀释条件，即可选择性地形成六苯环酰胺大环 **6a**～**6d**，产率达到 69%～82%[11]（图 12-1）。很明显，这样一个多组分多步反应在成环前形成的线性六聚体中间体通过连续的分子内氢键诱导产生了螺旋构象[7]，拉近了端基酰氯和氨基的距离，极大地促进了六苯环酰胺大环的选择性合成。这一螺旋构象不但降低了线性寡聚物形成的可能性，而且也抑制了体积更大的环状结构的产生。通过改变反应温度和浓度，相应的二酰氯和二胺反应可以形成并入八个苯环的大环 **7a**～**7c**，产率最高为 30%，但是并入六个苯环的大环仍然是主要产物[12]。而通过分步反应，**7c** 可以从相应二酸和二胺前体的 1+1 反应以 40%～75%的产率制备。

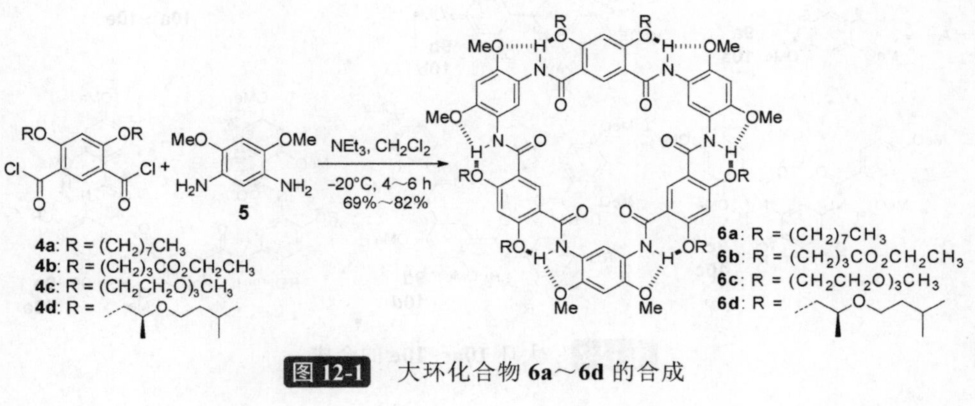

NEt_3, CH_2Cl_2, −20°C, 4～6 h, 69%～82%

4a: R = $(CH_2)_7CH_3$
4b: R = $(CH_2)_3CO_2CH_2CH_3$
4c: R = $(CH_2CH_2O)_3CH_3$
4d: R =

6a: R = $(CH_2)_7CH_3$
6b: R = $(CH_2)_3CO_2CH_2CH_3$
6c: R = $(CH_2CH_2O)_3CH_3$
6d: R =

图 12-1　大环化合物 **6a**～**6d** 的合成

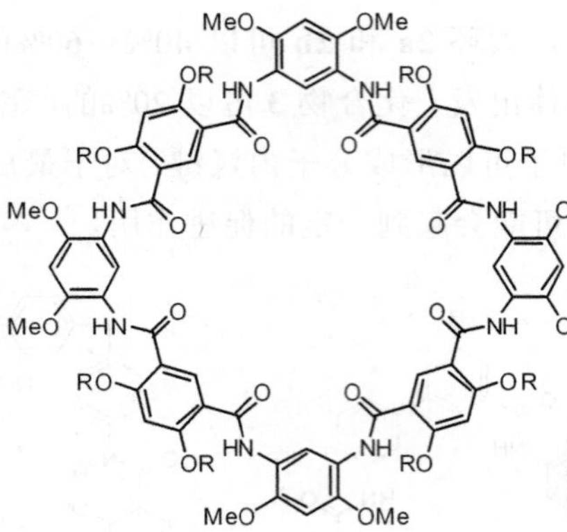
7a: R = (CH2)9CH=CH2
7b: R = CH2CH2OMe
7c: R = (CH2CH2O)3Me

从化合物 **8** 和 **9a**～**9e** 出发可以合成不同大小的大环[13]（图 12-2）。在二氯甲烷中，**8** 与 **9a** 和 **9b**（1∶1∶1，0.5 mmol/L）反应，以 44%和 6%的产率得到六苯环大环 **10a** 和七苯环大环 **10b**，说明七苯环系列的形成是一个不利过程。这可归因于这一大环存在较大的成键扭曲。当 **8** 分别与 **9b**～**9e**（1∶1，0.5 mmol/L）反应时，形成大环 **10b**～**10e** 的产率分别为 50%、14%、10%和 6%，也说明六苯环大环的形成最为有利，而其它大环则存在扭曲张力。

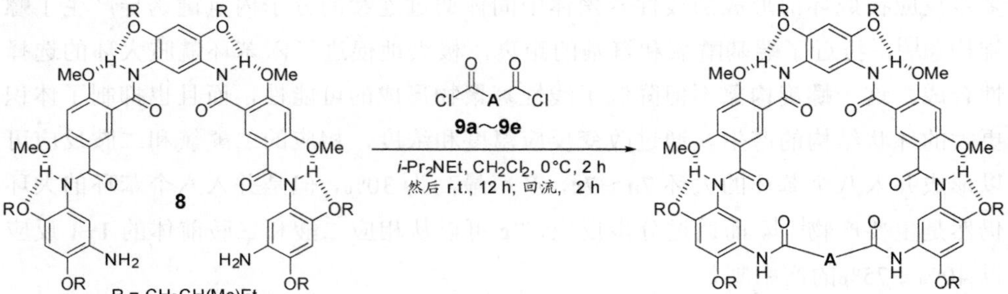
9a～9e
i-Pr2NEt, CH2Cl2, 0°C, 2 h
然后 r.t., 12 h; 回流，2 h
R = CH2CH(Me)Et
8
10a～10e
9a
10a
9b
10b
9c
10c
9d
10d
9e
10e

图 12-2 大环 **10a**～**10e** 的合成

以 2,3-二甲氧基-1,4-苯二甲酰氯（**11**）取代间苯二甲酰氯，可以制备更大的酰胺大环[14]（图 12-3）。**11** 与二胺 **12a**～**12c** 的反应主要生产十六苯酰胺大环 **13-II** 及少量十四、十八和二十苯酰胺大环（**13-I**、**13-III** 和 **13-IV**）等，总产率可达到 84%。重结晶（甲醇/二氯甲烷，然后 DMF/丙酮）纯化后，**13-II** 可以 81%的产率分离。所有这些大环应该都具有一定的扭曲张力，但高产率的形成 **13-II** 表明，分子内氢键在大环成环这一步仍发挥了重要的促进作用。

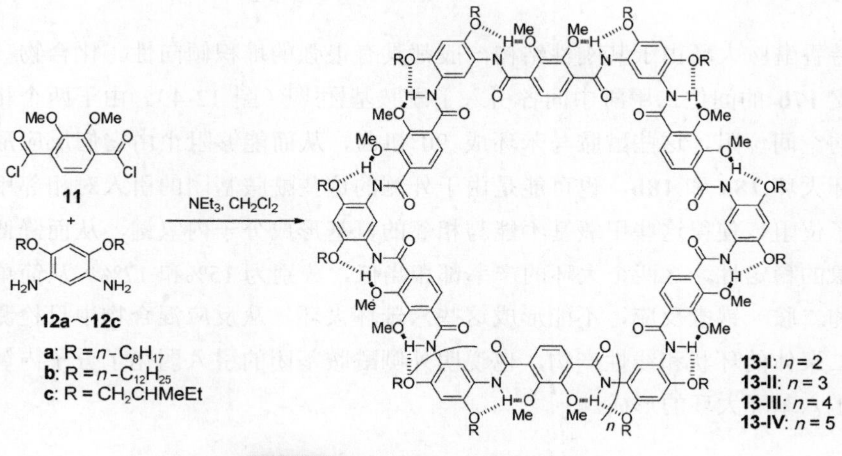

图 12-3 大环 **13-I**～**IV** 的合成

从相应的氟代或甲氧基取代的二酰氯和二胺出发，六苯酰胺大环 **14a** 和 **14b** 可以 40%～45%的产率形成[15]。但从吡啶-2,6-二甲酰氯和 2-甲氧基-1,3-苯二胺出发，类似的反应只分离得到四芳环大环 **14c**，产率约为 40%，表明吡啶环的收缩性骨架及其形成的五元环氢键促进形成内敛性折叠构象，有利于 2+2 成环产物的形成。而吡啶二酰氯与氟代二胺的反应形成了 1+1、2+2 和 3+3 大环 **15a**～**c**，总产率为 80%。从相应的五聚体二胺与氟代苯二甲酰氯和吡啶二甲酰氯的反应中，大环 **14a** 和 **15c** 可以 55%和 54%的产率生成，进一步揭示了分子内氢键控制五聚体折叠构象的有效性。

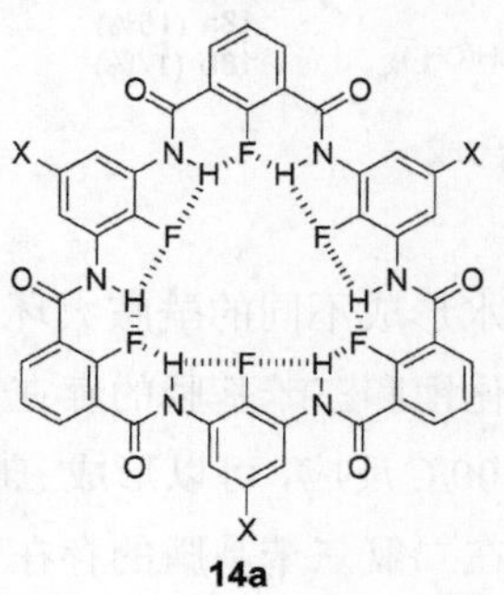

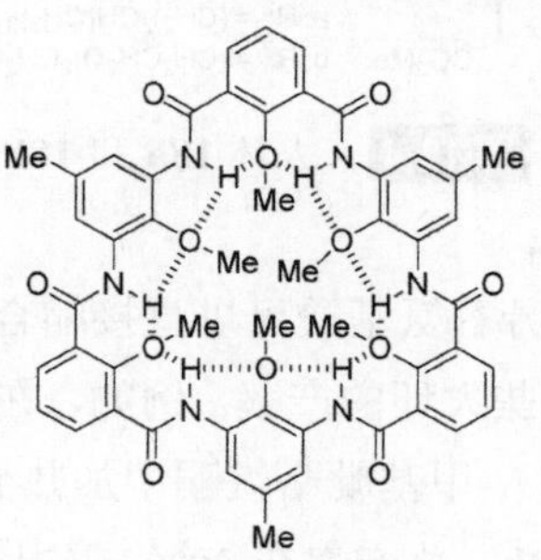

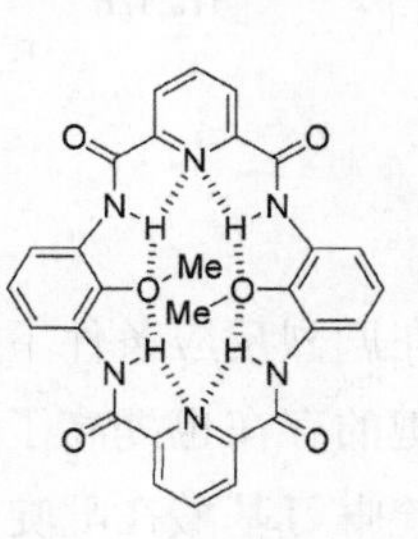

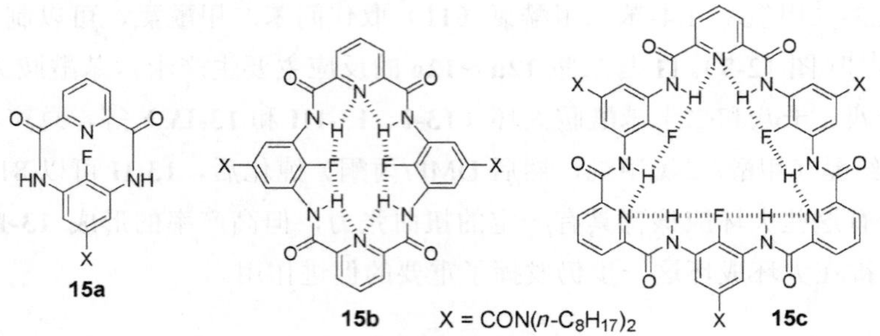

15a

15b　X = CON(n-C_8H_{17})$_2$　15c

芳香酰胺大环由于其刚性结构一般都具有很强的堆积倾向性。化合物 **16** 和 **17a** 及 **17b** 的间位二甲醚中间各引入了酰胺基团[16]（图 12-4）。由于两个相邻甲氧基的空间位阻，这些酰胺与苯环成 90°扭曲，从而能够阻止由它们反应形成的六苯环大环 **18a** 和 **18b**。也可能是由于外侧的这些酰胺基团的引入对相邻甲氧基施加了位阻，使得这些甲氧基不能与相邻的氨基形成分子内氢键，从而降低了折叠构象的稳定性，这两个大环的产率都相当低，分别为15%和 17%。从简单的二酰氯和二胺一锅煮反应，不能形成这些六苯环大环。从反应混合物中只检测到四到十二聚体的环状和线性产物，也说明外侧酰胺基团的引入弱化了分子内氢键，不利于六苯环大环的形成。

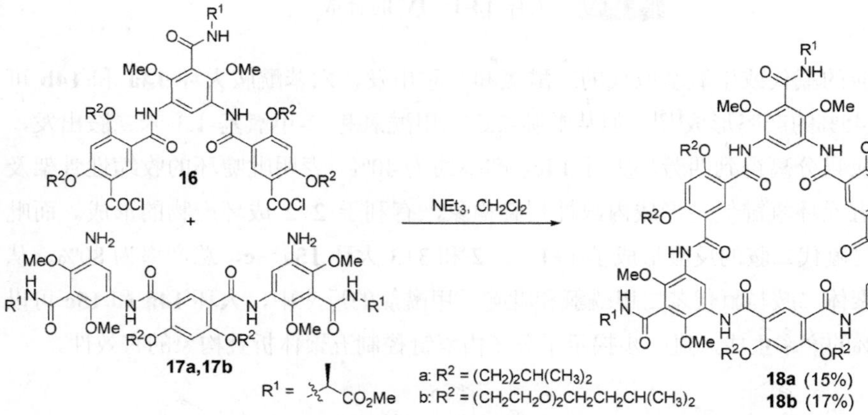

图 12-4　大环 **18a** 和 **18b** 的合成

在剧烈反应条件下，芳香氨基酸可以直接缩合脱水形成不同的酰胺大环。分子内氢键的存在也提高了这些大环的产率。例如，在氯化锂和三苯基膦的存在下，相应的喹啉氨基酸在吡啶和 *N*-甲基吡咯烷酮中加热到 100℃反应，可以形成三喹啉和四喹啉酰胺大环 **19a** 和 **19b**，总产率在 20%左右[17]。在二氯三苯基膦的存在下，相应的喹啉氨基酸在 THF 中回流缩合，也可以形成四喹啉大环 **20a** 和 **20b**，产率分别为 46%和 53%[18]。在 BOP 和 DIEA 的存在下，相应的线性五聚体氨基酸前体在二氯甲烷中发生分子内缩合可以形成五聚体酰胺大环 **21a**，产率为 62%[19]。在类似的反应条件下，氟代五聚体前体分子内缩合可以形成 **21b**，产率为 11%[20]。以同样的方式，吡啶酮酰胺大环 **21c** 也可以从相应氨基酸前体的缩合反应中以 10%～26%的产率合成[21]。这种直接从相应芳香氨基酸前体多步缩合形成的大环由不同数量的单体构成。受分子内氢键的驱动，形成大环的折叠型的前体形状应该都最接近于这些大环，从而相对于其它寡聚体最有利于缩合成环。由于是一个单体自身缩合成环，五芳环大环 **21a**～**21c** 的选择性形成表明，这些五芳环大环比可能形成的六芳环大环要更稳定，反映了连续的分子内氢键驱动前体线性骨架形成了更为收缩的折叠构象。

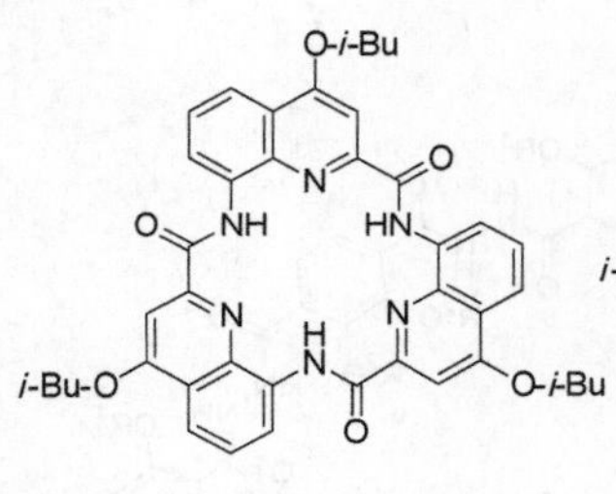

19a 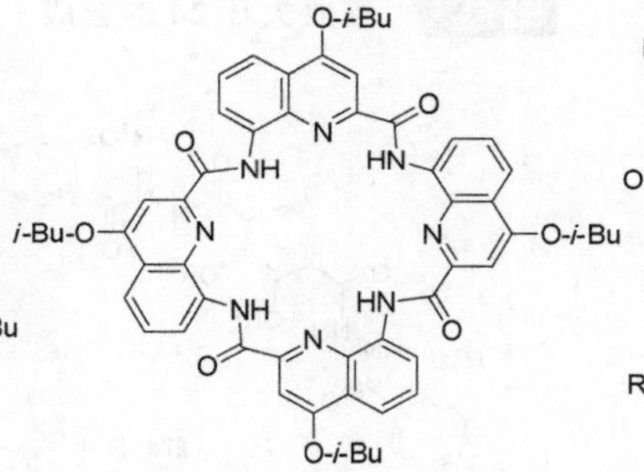 **19b** 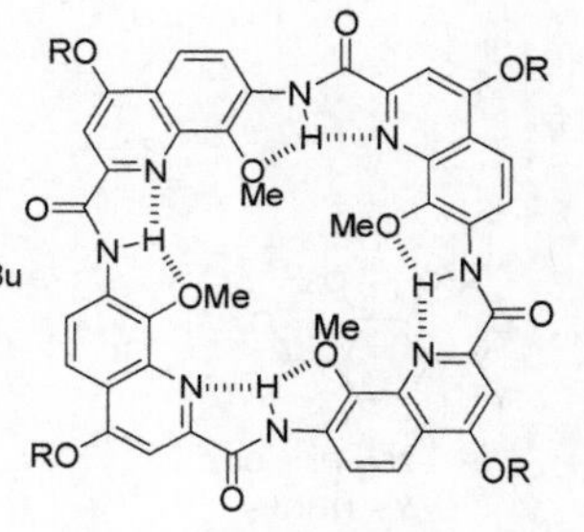 **20a**: R = *i*-Bu **20b**: R = *n*-$C_{12}H_{25}$

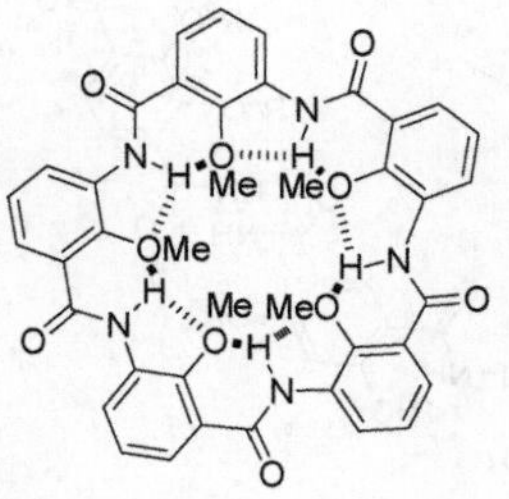

21a 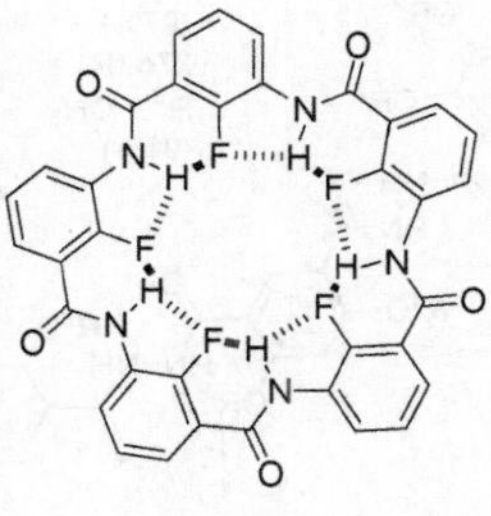 **21b** 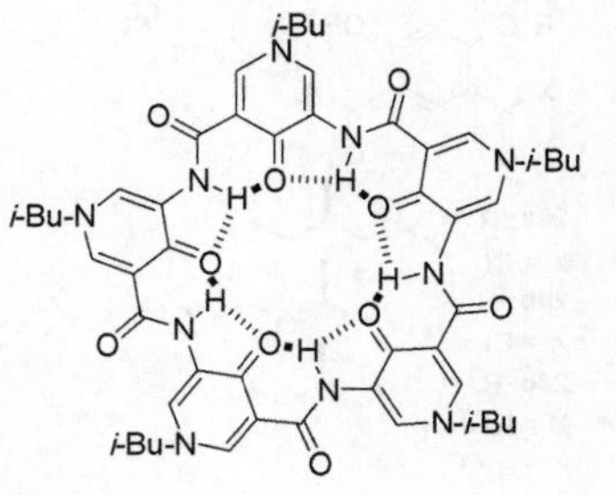 **21c**

12.2.2 通过酰肼键和脲形成大环

酰肼从形式上看是由两个酰胺基团通过 N—N 键连接而成的，单酰肼氨基的活性比芳环上氨基更高，因此也可以与酰氯反应形成大环[7]。例如，受连续的分子内氢键诱导，等当量的化合物 **22** 和 **23** 反应，即能以 73%的产率形成六芳环大环 **24**[22]（图 12-5）。而从对位取代的前体 **25a** 或 **25b** 出发，与 **26a**～**26c** 的反应都高产率（54%～99%）地形成十芳环大环（**27a**～**27c**）（图 12-6），再次证明了分子内氢键控制成环反应选择性的有效性。

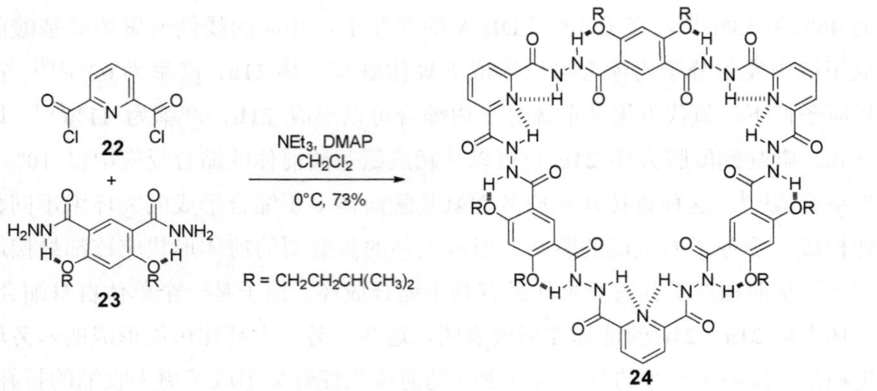

图 12-5 酰肼大环 **24** 的合成

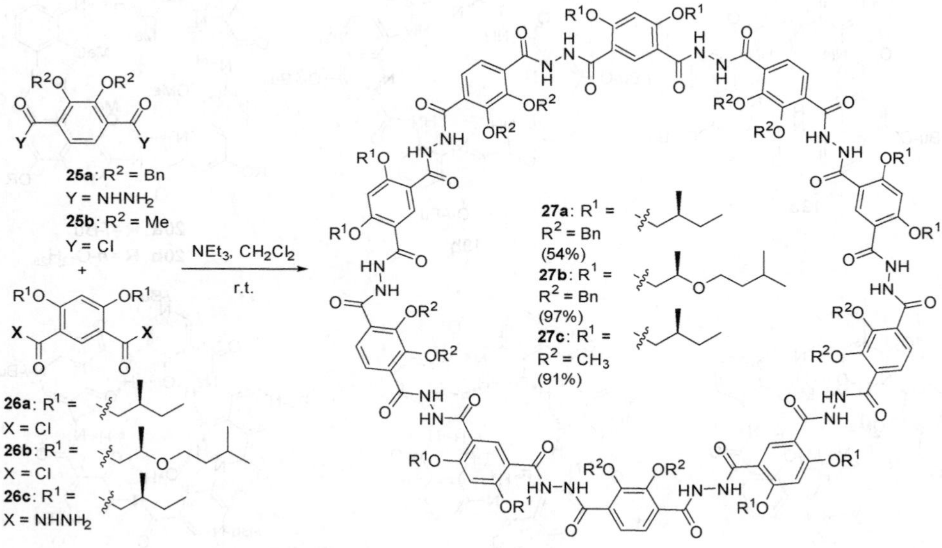

图 12-6 酰肼大环 **27a**～**27c** 的合成

大环 **28a**～**28c** 也可以由相应的二酰氯和二单酰肼前体缩合形成，产率分别为 88%、84%和 91%[23]。后两个大环的间苯二甲酰氯和萘二甲酰氯前体并不能形成分子内氢键，但成环效率仍然很高，除了另一芳环前体形成的分子内氢键的促进外，外侧短肽链形成的分子内氢键也被认为是有利于线性前体形成折叠构象，促进了两个大环的形成。这三个大环都能够嵌入到磷脂双层膜内形成单分子人工离子通道，跨膜输送 K^+和乙酰胆碱等正离子。

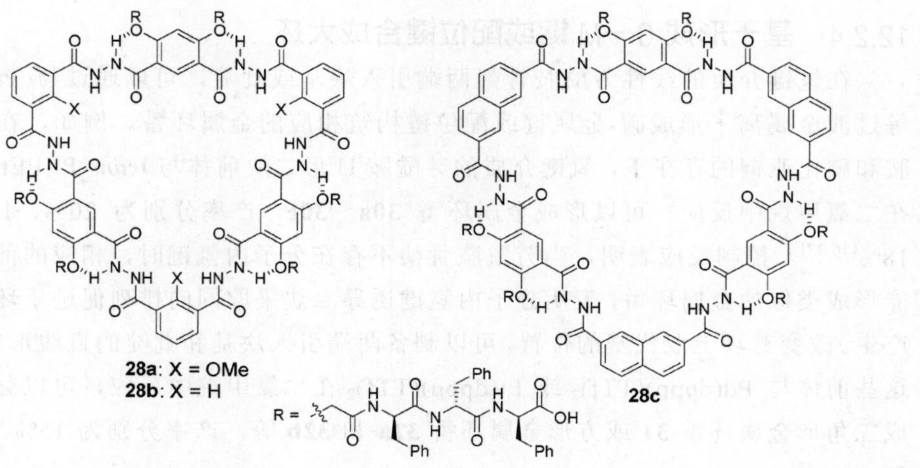

28a: X = OMe
28b: X = H

28c

R = Phe-Phe-Phe tripeptide (Ph)

当用二异氰酸酯和二胺为前体时，分子内氢键也可以诱导前体形成折叠构象，从而促进相应的脲基大环的产生[24]。

12.2.3 基于 1,3-偶极环加成反应合成大环

利用分子内氢键可以控制芳酰胺分子骨架形成 U 形构象，在两端分别引入两个炔基和两个叠氮基团，可以通过 1,3-环加成反应形成两个 1,2,3-三氮唑环，从而制备大环化合物。在碘化亚铜和 DIPEA 的存在下，基于这一策略可以在乙腈中从相应的双头基前体制备大环化合物 **29a**～**29c**[25]，产率分别为 20%、82%和 25%。大环 **29a** 的体积最小，但产率最低，表明前体的分子内氢键诱导其形成预组装构象，从而促进后两个大环的形成。大环 **29c** 的产率相对较低，但当把其二叠氮前体中间的甲氧基水解为羟基时，该羟基衍生物二叠氮前体与相应的二炔在同样条件下反应，只能形成微量的类似大环，说明前体连续的分子内氢键诱导产生的预组装构象对于促进大环形成是非常重要的。

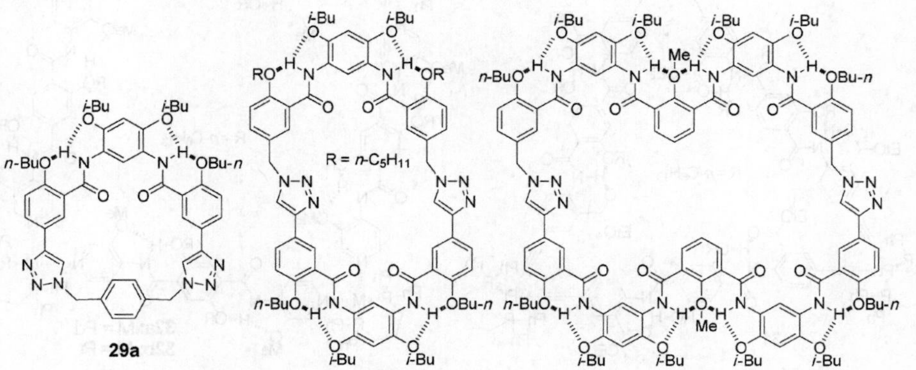

R = n-C_5H_{11}

29a　　29b　　29c

12.2.4 基于形成 C—M 键或配位键合成大环

在氢键介质的线性芳酰胺骨架两端引入炔基或吡啶，可以通过与 Pt、Pd 等过渡金属离子形成碳-金属键或配位键构筑相应的金属环番。例如，在二乙胺和碘化亚铜的存在下，氢键介质的芳酰胺 U 形二炔前体与 *trans*-$Pt(PEt_3)_2Cl_2$ 在二氯甲烷中反应，可以形成金属环番 **30a**～**30c**，产率分别为 20%、15%和 18%[26,27]。控制反应表明，当芳酰胺骨架不存在分子内氢键时，相应的前体不能形成类似的金属环番，表明分子内氢键诱导二炔采取同向排列促进了环番的产生。改变芳环上取代基的位置，可以制备两端引入炔基和吡啶的直线形前体。这些前体与 $Pd(dppp)(TTf)_2$ 或 $Pt(dppp)(TTf)_2$ 在二氯甲烷中反应，可以分别形成三角形金属环番 **31** 或方形金属环番 **32a** 和 **32b** 等，产率分别为 15%、70% 和 40%[28]。

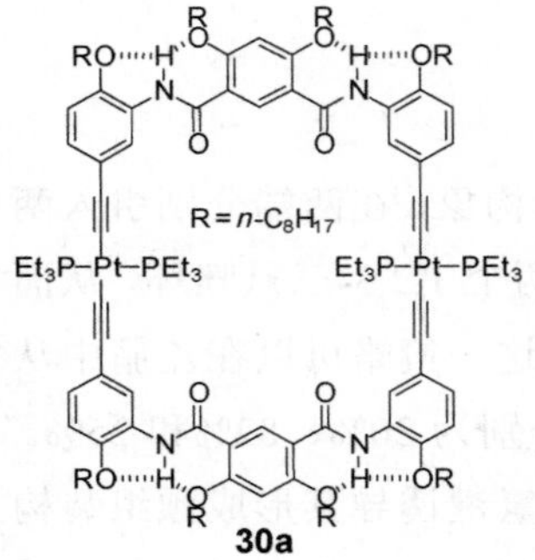
R = n-C8H17
30a

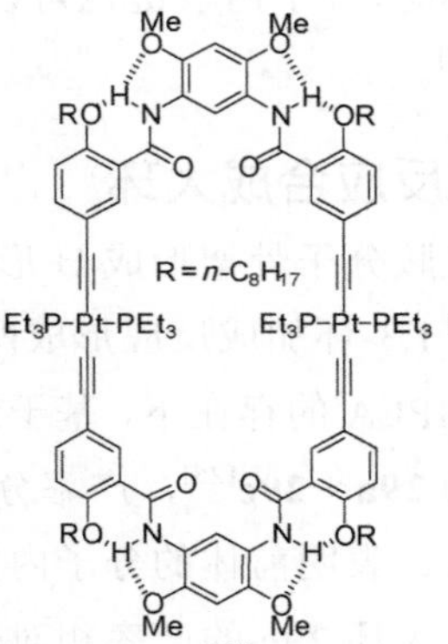
R = n-C8H17
30b

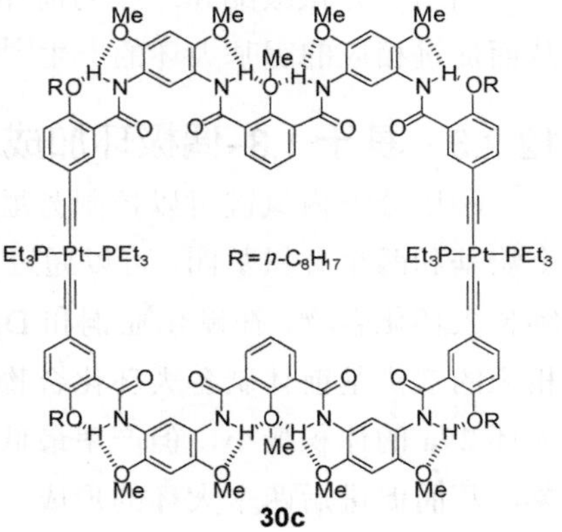
R = n-C8H17
30c

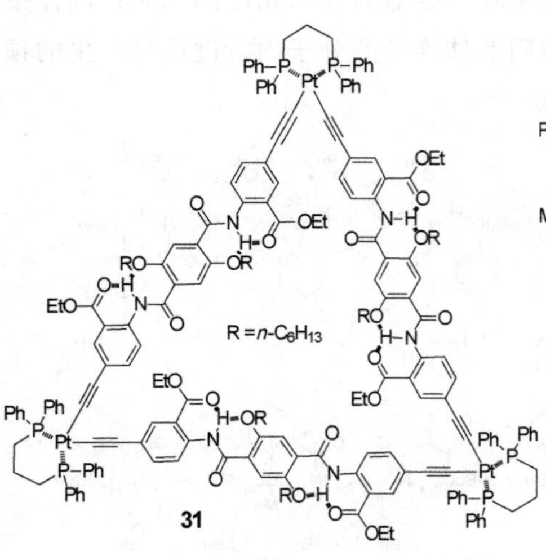
R = n-C6H13
31

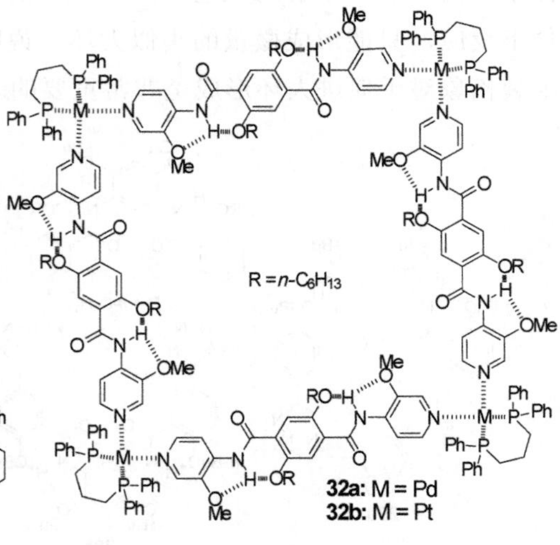
R = n-C6H13
32a: M = Pd
32b: M = Pt

12.2.5 通过亚胺键形成大环

上述不同类型的反应成环形成的都是不可逆的共价键、碳-金属键或配位键，反应是动力学控制的。这些反应可以达到很高的产率，但不能选择性地形成大环产物。结合氢键诱导的芳香酰胺骨架结构预组织和动态共价键化学反应的热力学控制特征，可以定量构建结构复杂的大环分子。例如，化合物 **33** 和 **34** 通过形成亚胺键可以选择性地形成大环 **35**[29]（图 12-7）。晶体结构显示，这两个化合物皆形成 U 形构象，并且两个醛基和氨基间的距离非常接近，成环反应的熵效应非常有利。^{1}H NMR 跟踪表明，在氘代氯仿中二者反应首先形成复杂的产物，但随着反应时间的延长，复杂的信号逐渐转变为一组信号，表明反应达到了热力学平衡，最初形成的其它动力学亚胺产物选择性地转化为二亚胺大环 **35**。反应结束后，除去溶剂即得到纯的大环 **35**，其结构得到晶体结构分析验证。该反应不需要除去形成的水即定量地形成 **35**，也表明了这一大环的高度稳定性。

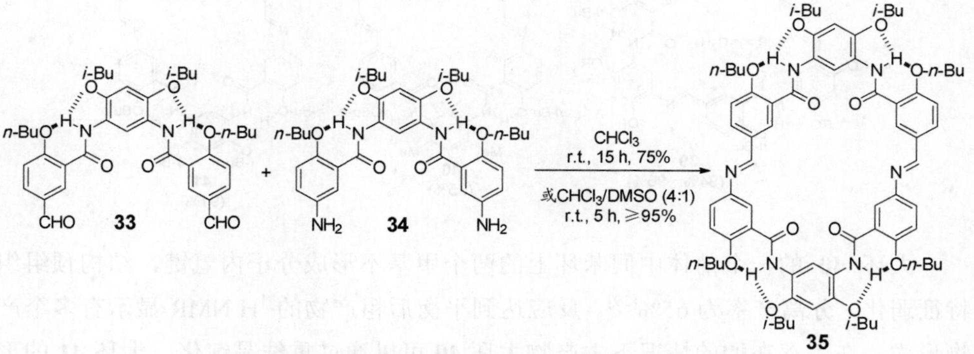

图 12-7 亚胺大环 35 的合成

从其它氢键诱导的结构预组装前体出发，很多亚胺大环如 **36**～**41** 等能以良好及定量的产率形成[29-31]。这些大环分子的产生需要形成两个至八个亚胺键，但也不需除去反应中生成的水，反应达到平衡后仍能够选择性的生成，充分显示出氢键驱动的前体结构预组织诱导形成大环及促进其稳定性的作用。用均苯三甲醛取代三羟基均苯三甲醛反应，不能形成类似 **38** 的双环结构，表明三个羟基形成的分子内氢键对于稳定大环结构也起到重要的作用。大环 **39** 的前体的氨基和醛基成 120°夹角，因此三个单体缩合可以形成一个环结构。大环 **39** 和 **40** 的前体氨基需要用 Boc 保护，在 TFA 存在下脱 Boc 反应成环。大环 **37** 和 **38** 具有较大的平面，具有较大的堆积倾向性，在氘代氯仿及氘代二甲亚砜中其 ^{1}H NMR 谱图的分辨率很低，其结构主要通过质谱、红外光谱及 TLC 等验证。

36 (≥95%)

37a: n = 0; **37b**: n = 1; **37c**: n = 2 (>95%)

R' = n-Bu, R'' = n-C_8H_{17}

38 (>95%) R' = n-Bu, R'' = n-C_8H_{17}

39 (94%～96%) R = n-C_8H_{17}

40 (65%)

41 (91%)

大环 **40** 的一个前体中间苯环上的两个甲基不形成分子内氢键，结构预组织特征弱化，分离产率为 65%[29]。反应达到平衡后粗产物的 ^{1}H NMR 显示有多个产物形成，在不存在酸的情况下主产物大环 **40** 可以通过重结晶纯化。大环 **41** 的形成涉及四个亚胺键的形成，产率仍高达 91%[29]。比较 **38** 和 **40** 的结果显示，双环结构具有更高的稳定性，第一个环的形成可能产生了预组织效应，促进第二个环的产生，二者进一步相互稳定。

把两个成环单体并入到一个分子中，相应的双头基前体也可以缩合形成双层环结构，连接链可以是柔性的脂肪链，也可以是刚性的芳基片段。基于这一策略可以高产率构建双环 **42a**～**42d**[31-33]。详细的 ^{1}H NMR 研究表明，这一双环结构中两个大环以相反的方向定位。当在连接链中引入手性片段时，可以选择性地形成单一手性的异构体 **42d**。这类双层结构的羰基都朝向环的内侧，因此可以通过分子间氢键配合线性铵或双铵分子，形成独特的拟轮烷配合物[33]。大环和双环内的亚胺可以被氰基硼氢化钠定量还原为胺，其质子化或全部甲基化后形成的正离子双环结构是一类新的两亲性分子，在氯仿中可以形成反相囊泡[34]。在环三藜芦醇骨架上引入三个单体，在 TFA 的存在下可以选择性地形成胶囊形大环 **43a** 和 **43b**[35]。这类胶囊分子在氯仿等低极性溶剂中可以包结 C_{60} 和 C_{70}，形成稳定的 1：1 的配合物。

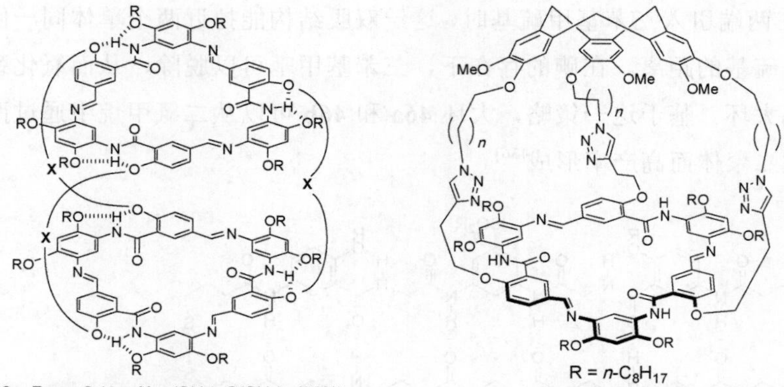

42a: R = *n*-C_8H_{17}, X = $(CH_2)_2O(CH_2)_2$ (95%)
42b: R = *n*-C_8H_{17}, X = *p*-$CH_2C_6H_4CH_2$ (95%)
42c: R = $(CH_2CH_2O)_3Me$, X = $(CH_2)_2C(Me)_2(CH_2)_2$ (82%)
42d: R = *n*-C_8H_{17}, X = 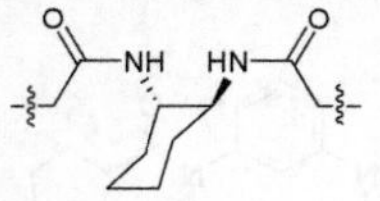 (>95%)

R = *n*-C_8H_{17}
43a: *n* = 1 (95%)
43b: *n* = 3 (95%)

12.2.6 通过腙键形成大环

大环 **44** 的骨架与 **39** 类似，相应前体在 TFA 的存在下去保护缩合形成三个腙键，定量形成该大环结构[29]。这一反应达到平衡需要的时间较 **39** 为短，大环 **44** 的稳定性也更好，在酸存在下在水中搅拌 24 h 也不分解。大环 **45a** 和 **45b** 由相应的二醛和二单酰肼在氯仿和 DMSO 中反应定量产生[32]。由于相应的二单酰肼不需要 Boc 保护，这一反应不需要酸催化，在 20 h 后可以达到反应平衡。

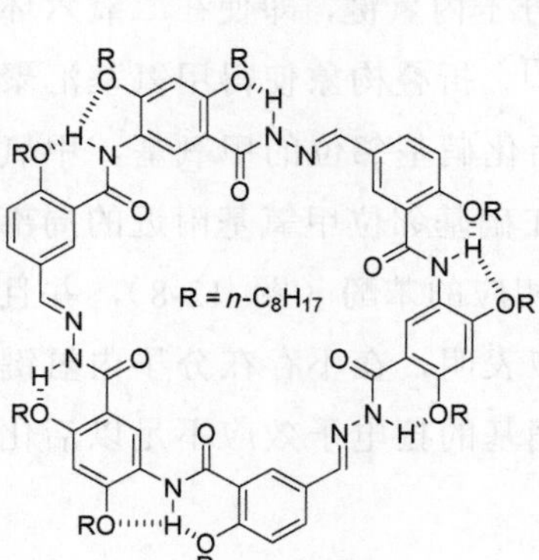

R = *n*-C_8H_{17}
44
(≥95%)

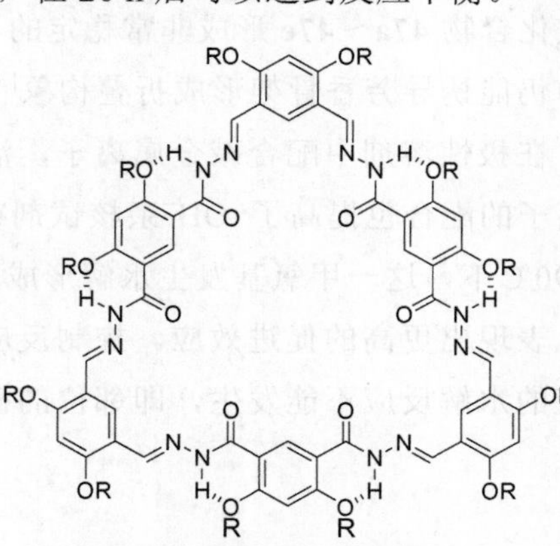

45a: R = *n*-$C_{10}H_{21}$(>95%)
45b: R = $(CH_2CH_2O)_3Me$ (>95%)

12.2.7 通过双硫键形成大环

脂肪和芳香氨基酸残基构建的线性氨基酸分子可以形成自互补的双股二聚体结构，芳香酰胺片段的分子内氢键有效增强这类二聚体的稳定性（见第 2 章 2.9.3 节）。当在两端引入三苯基甲硫基时，这一双股结构能拉近两个单体同一侧的两个三苯基甲硫基的距离。在碘的存在下，三苯基甲基可以脱除，从而氧化巯基成双硫键形成大环。基于这一策略，大环 **46a** 和 **46b** 可以从二氯甲烷中通过两个前体分子形成二聚体而高产率形成[36]。

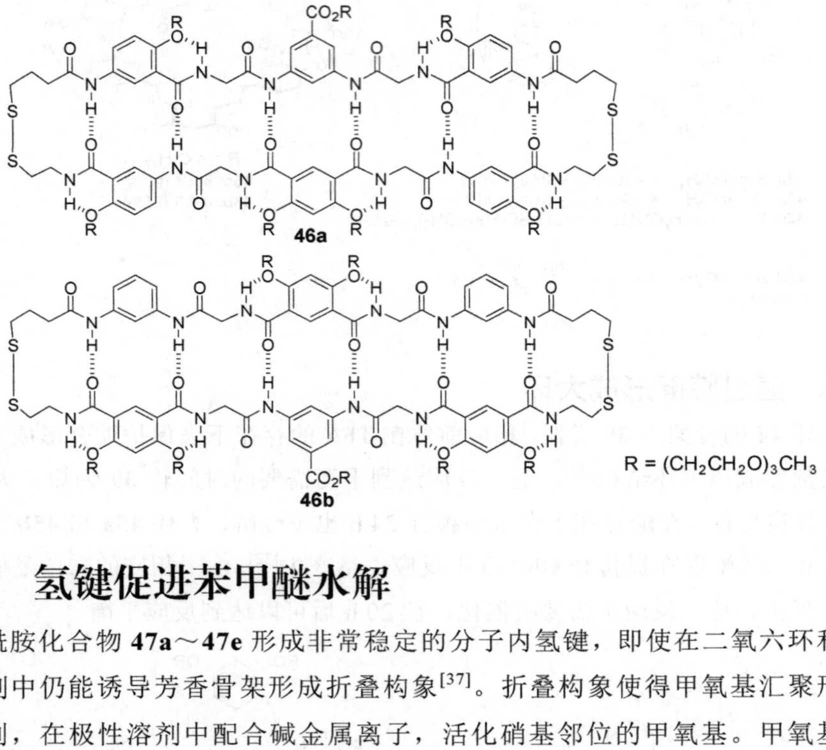

46a

46b

R = $(CH_2CH_2O)_3CH_3$

12.3 氢键促进苯甲醚水解

酰胺化合物 **47a**～**47e** 形成非常稳定的分子内氢键，即使在二氧六环和水混合溶剂中仍能诱导芳香骨架形成折叠构象[37]。折叠构象使得甲氧基汇聚形成环形排列，在极性溶剂中配合碱金属离子，活化硝基邻位的甲氧基。甲氧基协同对金属离子的配合也提高了 OH^-亲核试剂在硝基邻位甲氧基附近的局部浓度。在 60～90℃下，这一甲氧基发生水解形成相应的苯酚（图 12-8），并且长的骨架总体上表现出更高的促进效应。控制反应表明，在不存在分子内氢键的情况下，相应的水解反应不能发生，即邻位的硝基的拉电子效应不足以活化甲氧基的水解。

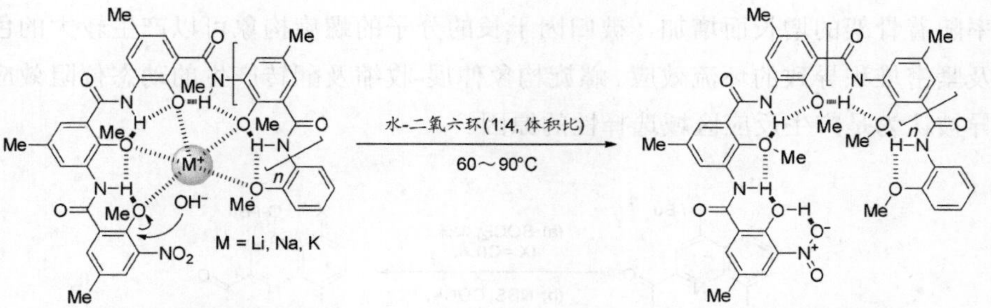

47a (n = -2) **47b** (n = -1)
47c (n = 0) **47d** (n = 1)
47e (n = 2)

48a (n = -2) **48b** (n = -1)
48c (n = 0) **48d** (n = 1)
48e (n = 2)

图 12-8 氢键促进的苯甲醚水解

12.4 氢键促进吡啶氧化

线性吡啶衍生物 **49a** 和 **49b** 在氯仿中室温可以被间氯过氧苯甲酸氧化为 **50a** 和 **50b**，氧化只发生在两个端位的二氨基吡啶[38]。这类吡啶酰胺骨架都通过连续的分子内氢键形成折叠或螺旋结构，再通过分子间氢键形成稳定的双股螺旋体。这一氧化促进现象的机理尚不清楚。与氧化剂形成分子间氢键诱导氧化剂被配合在螺旋构象的内部可能是一个原因。另外，正离子-π作用和螺旋体内的偶极作用也可能是驱动力。酰胺和吡啶基团都拥有很高的偶极矩，氧化可能释放堆积的吡啶环间的偶极排斥作用。骨架内部的二氨基吡啶不发生氧化则可能是由于内侧具有较大的空间位阻。

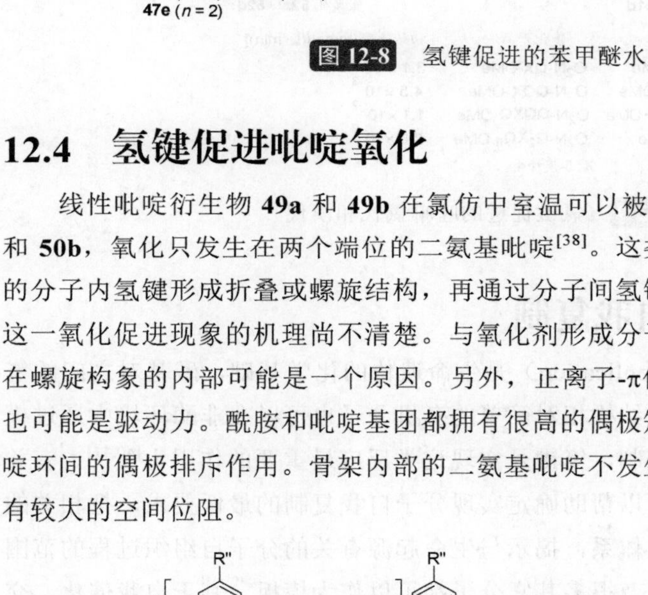

49a: n = 2, R' = n-C_9H_{19}, R'' = $OC_{10}H_{21}$
49b: n = 1, R' = OBn, R'' = H

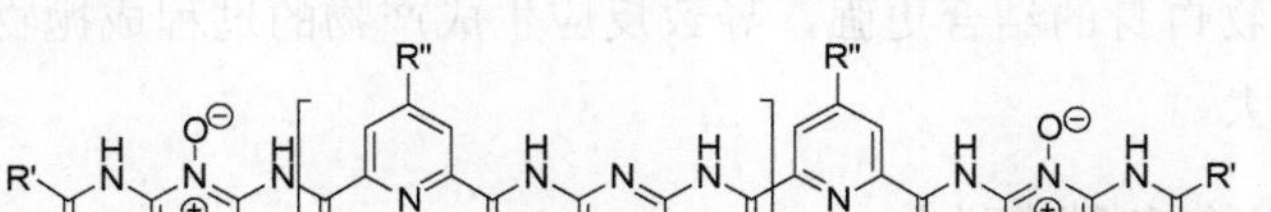

50a: n = 2, R' = n-C_9H_{19}, R'' = $OC_{10}H_{21}$
50b: n = 1, R' = OBn, R'' = H

12.5 氢键促进喹啉氯代和溴代

喹啉酰胺衍生物**51a**～**51d**在二氯亚砜中回流可以导致一个喹啉环在5-位发生氯代[39]（图12-9）。而在40°C的氯仿中，它们也可以被*N*-溴代丁二酰亚胺溴代，反应也选择性地发生在一个喹啉环的5-位。对于所有底物，带有硝基的端位喹啉不发生反应，这可以归因于硝基的强拉电子效应。而对于较长的寡聚体**52b**～**52d**，溴代则都发生在第三个喹啉环，尽管第二个环的位阻相对较小。溴代反应的初始速率随着骨架的增长而增加，被归因于长的分子的螺旋构象可以产生较大的色散力及紧密堆积导致的环流效应。螺旋构象伸展-收缩及翻转产生的动态位阻效应的差异被认为是产生反应区域选择性的原因。

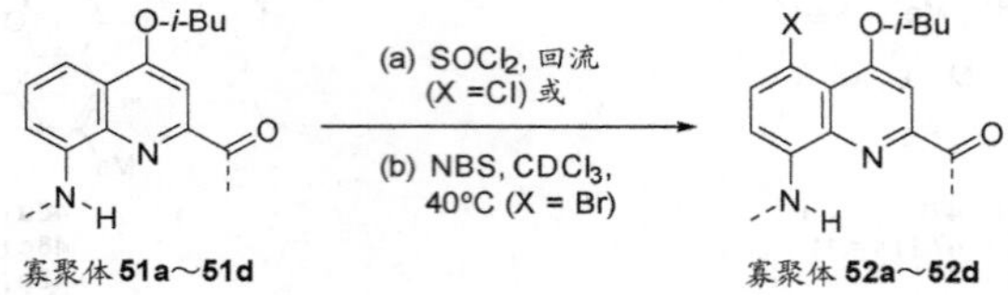

(a) $SOCl_2$, 回流 (X =Cl) 或

(b) NBS, $CDCl_3$, 40°C (X = Br)

寡聚体 **51a**～**51d** → 寡聚体 **52a**～**52d**

底物	溴化产品	初始速率[mmol/(L·min)]
a: O_2N-**QQ**-OMe	O_2N-**QX**-OMe	3.1×10^{-4}
b: O_2N-**QQQ**-OMe	O_2N-**QQX**-OMe	4.5×10^{-3}
c: O_2N-**QQQQ**-OMe	O_2N-**QQXQ**-OMe	1.1×10^{-2}
d: O_2N-$\mathbf{Q_8}$-OMe	O_2N-$\mathbf{Q_2XQ_5}$-OMe	2.6×10^{-2}

Q: 喹啉　X: 5-溴喹啉

图 12-9　氢键促进的喹啉氯代和溴代

12.6　氢键介质的自我复制

DNA 自我复制（self-replication）是生命遗传的化学基础，碱基对之间的氢键是最重要的驱动力之一。结构相对简单的有机分子也可以在非酶环境中通过模板导向的自催化实现自我复制，氢键是实现这类反应最重要的作用力[40,41]。有关化学自我复制体系的研究可以帮助确定实现分子自我复制的最低要求，把相关的生物原理转移到人工超分子体系，揭示与生命起源有关的分子自组织过程的范围与局限等。寡核苷酸、短肽及很多其它分子都可以作为模板，基于自我催化、交叉催化及集成催化等途径实现自我复制。但目前发展的所有人工自我复制体系都存在产物抑制的问题，即产物自身的结合更强，导致反应生成产物的过程成抛物线增长，而不是指数性的放大。

12.6.1　寡核苷酸及类似物自我复制

生命体内核酸的自我复制需要酶的协助，但化学家发现，寡核苷酸也能够通过模板导向的自我催化实现自我复制。例如，在 EDC 的存在下，5′-端位保护的三聚脱氧核苷-3′-磷酸盐 d(Me-CCG-p) **53** 和互补的 3′-保护的三聚脱氧核苷 d(CGG-p′) **54** 反应，通过中性的磷酸二酯连接，生成自互补的六聚脱氧核苷(Me-CCG-CGG-p′) **55** 以及 **53** 的 3′-3′-连接的焦磷酸酯[40,42]（图 12-10）。化合物 **53** 和 **54** 设计的出发点是它们形成的产物 **55** 可以作为二者反应的模板催化自身的形成。**55** 模板效应通过 **53** 和 **54** 与其形成的三组分配合物实现。这一三组分配合

物使得化合物 **53** 和 **54** 的反应位点在空间上相互接近，以利于连接。反应过程中 **53** 的活化的 3′-磷酸根被相邻的 **54** 的 5′-羟基进攻，形成 3′-5′-核苷间连接键。

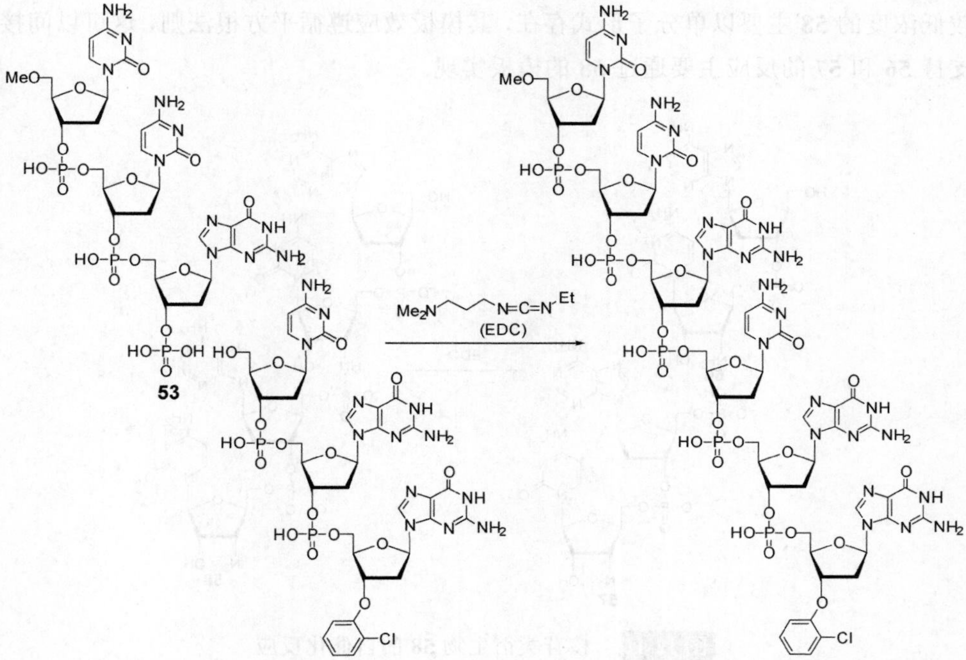

图 12-10 寡核苷 **55** 的自催化反应

六聚体 **55** 的二聚体解聚后产生的两个游离的单分子可以再引发新的复制循环。这样就产生了两个平行存在的六聚体模板。但是，**55** 自身的二聚比一个六聚体与两个三聚体结合形成三组分配合物更有利，因此模板效应产生的自我复制并不是一个线性增长的过程。**53** 和 **54** 的反应还存在着不需要模板的非自我催化途径。这一过程与更短的模型分子反应过程一样，速率较低。因为 **55** 主要以不产生模板作用的二聚体形式存在。非自我催化途径实际上处于支配地位。自催化合成的初始速率与模板浓度的平方根成正比，被称为是自催化的平方根法则。因此，在自催化自我复制体系中，反应级数是 1/2 而不是 1，反映了自催化和由于二聚导致的产物抑制的双重效应。在两个底物溶液中加入 **55** 也不能产生线性提高自催化模板形成的速率。

更短的前体 **56** 和 **57** 的反应初始速率也遵循平方根法则[43]（图 12-11）。同样在水溶性的 EDC 的存在下，二者反应生成四聚体的磷酰胺衍生物 **58**。这一自互补结合的四聚体也可以作为模板促进 **56** 与 **57** 的反应，从而实现自我复制。与 **53**

和 **54** 不同，**56** 和 **57** 是化学合成的非生物分子，产物 **58** 的骨架也是生命体中不存在的。完全自催化体系的速率应该产生 S 形的浓度-时间关系曲线。但因为非自催化反应途径是支配性的，实际产生的不是 S 形的关系曲线。在初始反应阶段，较低浓度的 **58** 主要以单分子形式存在，其模板效应遵循平方根法则，这可以间接支持 **56** 和 **57** 的反应主要通过 **58** 的模板实现。

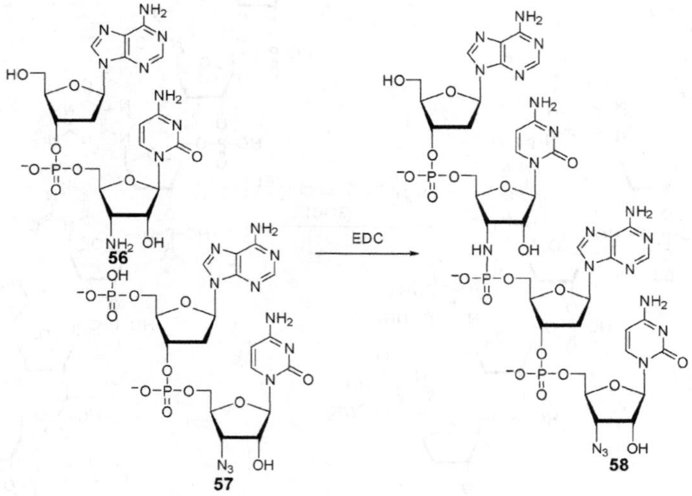

图 12-11　核苷类衍生物 **58** 的自催化反应

12.6.2　非核苷类底物反应的自我复制

几类结构更为简单的有机分子也可以通过产物模板实现自我复制。一个早期的例子是 **59** 和 **60** 反应形成 **61** 的自催化过程[44,45]（图 12-12）。由于骨架内环己烷上三个羧基的直立排列，相应的内酰亚胺和酯官能团呈同向定位。因此，**61** 可以通过两个氢键分别结合 **59** 和 **60**，拉近了后两者氨基和活化酯的距离，从而加速 **61** 的生成。这一过程也被认为不是由于 **61** 的模板作用，而是通过酰胺的催化实现的[46,47]。但详细的动力学研究支持自我复制机理[48]。

亚胺（**62**）与丙酮的加成反应，在手性异构体产物 *R*-**63**（30 mol%）或 *S*-**63**（15 mol%）的存在下，相应的加成产物展示优良的手性放大[49,50]。扣除所加的手性模板产物，二者反应形成产物的产率中等，但 *ee* 值分别达到 96%和 85%（图 12-13）。两个手性分子自催化的效率与外加的等当量的手性脯氨酸的催化效率相近。手性的 **63** 与 **62** 通过两个分子间氢键形成 1∶1 配合物，从而诱导丙酮以烯醇异构体的形式与 **62** 加成，形成手性的 **63**，达到自催化的目的。环己酮和异丁醛等也能够发生类似的产物自催化反应，手性产物可以实现优良的自我复制[41]。

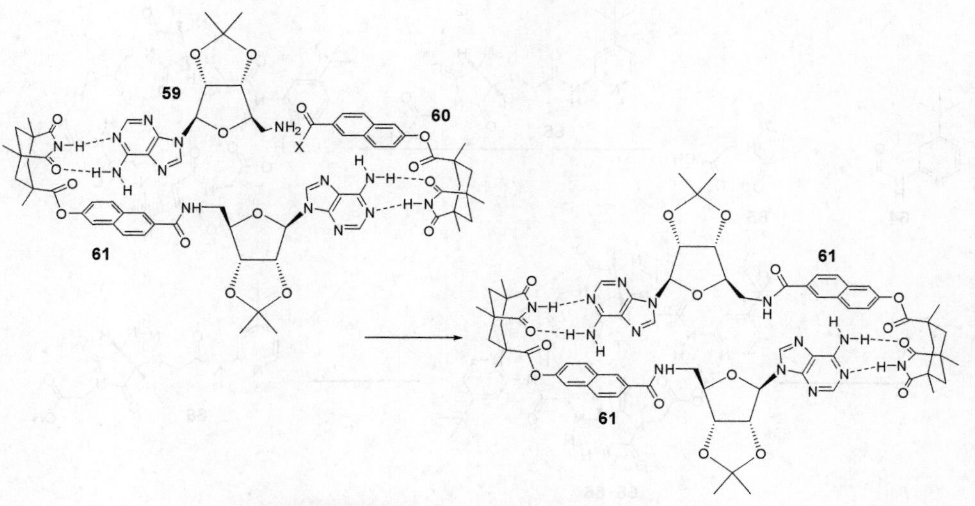

图 12-12 化合物 **61** 的自催化反应

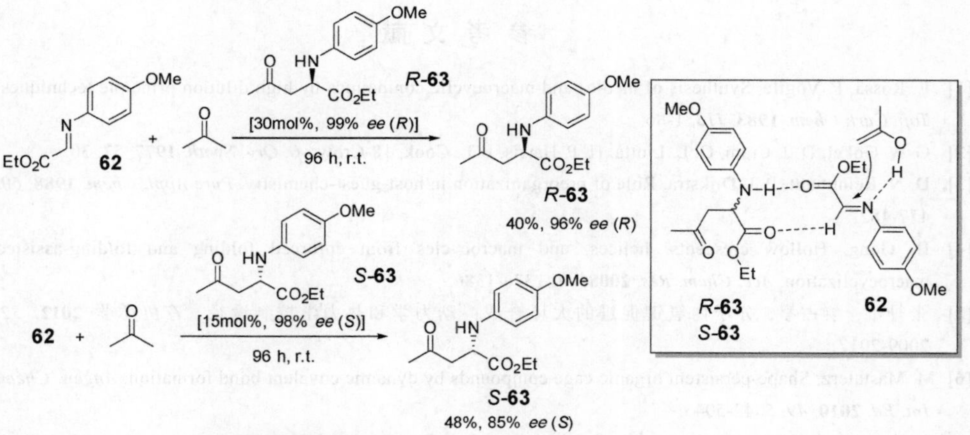

图 12-13 化合物 **63** 的手性自催化反应

化合物 **64** 和 **65** 发生 1,3-环加成反应，产物 **66** 也可以催化这一过程[51]（图 12-14）。催化机制与前面的 Mannich 加成反应类似，即三者通过分子间氢键形成三组分配合物，进而促进环加成反应形成产物二聚体，其解离形成单个分子后可以进行下一轮配合催化过程。由于这一反应没有形成手性中心，自催化机理也可以解释上述 Mannich 加成自催化反应手性诱导的机制：手性模板催化同一手性的新产物分子的形成可以产生两个同手性分子的二聚体，在动力学上这是一个比产生异手性分子二聚体更有利的过程[49]。

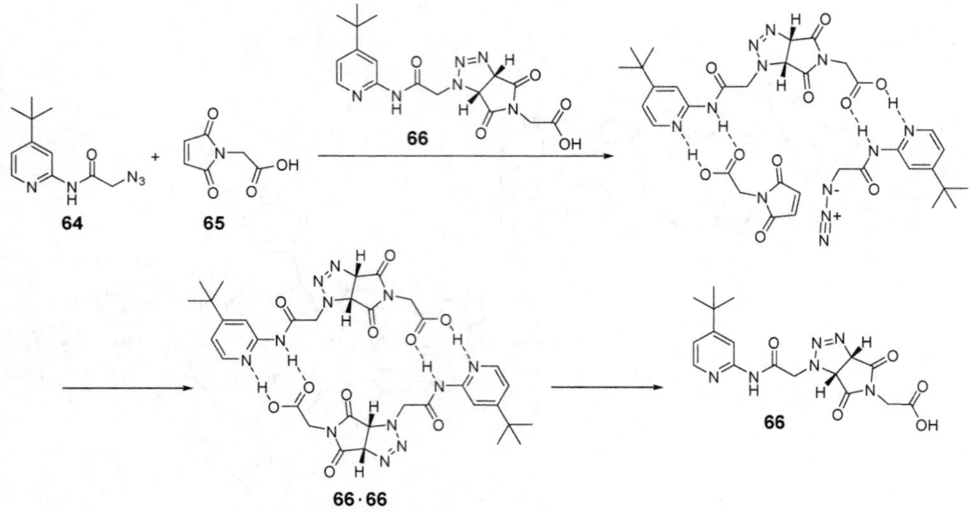

图12-14 化合物**66**的自催化反应

参考文献

[1] L. Rossa, F. Vögtle, Synthesis of medio- and macrocyclic compounds by high dilution principle techniques. *Top. Curr. Chem.* **1983**, *113*, 1-86.

[2] G. W. Gokel, D. J. Cram, C. L. Liotta, H. P. Harris, F. L. Cook, 18-Crown-6. *Org. Synth.* **1977**, 57, 30.

[3] D. N. Reinhoudt, P. J. Dijkstra, Role of preorganization in host-guest-chemistry. *Pure Appl. Chem.* **1988**, *60*, 477-482.

[4] B. Gong, Hollow crescents, helices, and macrocycles from enforced folding and folding-assisted macrocyclization. *Acc. Chem. Res.* **2008**, *41*, 1376-1386.

[5] 张丹维，黎占亭，分子内氢键促进的大环合成：动力学和热力学控制途径. *有机化学* **2012**, *32*, 2009-2017.

[6] M. Mastalerz, Shape-persistent organic cage compounds by dynamic covalent bond formation. *Angew. Chem. Int. Ed.* **2010**, *49*, 5042-5043.

[7] D.-W. Zhang, X. Zhao, J.-L. Hou, Z.-T. Li, Aromatic amide foldamers: structures, properties, and functions. *Chem. Rev.* **2012**, *112*, 5271-5316.

[8] Y. H. Kim, J. Calabrese, C. McEwen, $CaCl_3^-$ or Ca_2Cl_4 complexing cyclic aromatic amide. Template effect on cyclization. *J. Am. Chem. Soc.* **1996**, *118*, 1545-1546.

[9] K. Choi, A. D. Hamilton, Rigid macrocyclic triamides as anion receptors: anion-dependent binding stoichiometries and ^1H chemical shift changes. *J. Am. Chem. Soc.* **2003**, *125*, 10241-10249.

[10] S.-W. Kang, C. M. Gothard, S. Maitra, Atia-tul-Wahab, J. S. Nowick, A new class of macrocyclic receptors from *iota*-peptides. *J. Am. Chem. Soc.* **2007**, *129*, 1486-1487.

[11] L. Yuan, W. Feng, K. Yamato, A. R. Sanford, D. Xu, H. Guo, B. Gong, Efficient, one-step macrocyclizations assisted by the folding and preorganization of precursor oligomers *J. Am. Chem. Soc.* **2004**, *126*, 11120-11121.

[12] S. Zou, Y. He, Y. Yang, Y. Zhao, L. Yuan, W. Feng, K. Yamato, B. Gong, Improving the efficiency of forming 'unfavorable' products: Eight-residue macrocycles from folded aromatic oligoamide precursors. *Synlett* **2009**,

1437-1440.

[13] L. Yang, L. Zhong, K. Yamato, X. Zhang, W. Feng, P. Deng, L. Yuan, X. C. Zeng, B. Gong, Aromatic oligoamide macrocycles from the bimolecular coupling of folded oligomeric precursors. *New J. Chem.* **2009**, *33*, 729-733.

[14] W. Feng, K. Yamato, L. Yang, J. S. Ferguson, L. Zhong, S. Zou, L. Yuan, X. C. Zeng, B. Gong, Efficient kinetic macrocyclization. *J. Am. Chem. Soc.* **2009**, *131*, 2629-2637.

[15] Y.-Y. Zhu, C. Li, G.-Y. Li, X.-K. Jiang, Z.-T. Li, Hydrogen-bonded aryl amide macrocycles: synthesis, single-crystal structures, and stacking interactions with fullerenes and coronene. *J. Org. Chem.* **2008**, *73*, 1745-1751.

[16] X. Wu, G. Liang, G. Ji, H.-K. Fun, L. He, B. Gong, Non-aggregational aromatic oligoamide macrocycle. *Chem. Commun.* **2012**, *48*, 2228-2230.

[17] H. Jiang, J.-M. Léger, P. Guionneau, I. Huc, Strained aromatic oligoamide macrocycles as new molecular clips. *Org. Lett.* **2004**, *6*, 2985-2988.

[18] F. Li, Q. Gan, L. Xue, Z.-m. Wang, H. Jiang, H-bonding directed one-step synthesis of novel macrocyclic peptides from -aminoquinolinecarboxylic acid. *Tetrahedron Lett.* **2009**, *50*, 2367-2369.

[19] B. Qin, X. Chen, X. Fang, Y. Shu, Y. K. Yip, Y. Yan, S. Pan, W. Q. Ong, C. Ren, H. Su, H. Zeng, Crystallographic evidence of an unusual, pentagon-shaped folding pattern in a circular aromatic pentamer. *Org. Lett.* **2008**, *10*, 5127-5130.

[20] B. Qin, C. Sun, Y. Liu, J. Shen, R. Ye, J. Zhu, X.-F. Duan, H. Zeng, One-pot synthesis of hybrid macrocyclic pentamers with variable functionalizations around the periphery. *Org. Lett.* **2011**, *13*, 2270-2273.

[21] Z. Du, C. Ren, R. Ye, J. Shen, V. Maurizot, Y. Lu, J. Wang, H. Zeng, BOP-mediated one-pot synthesis of C_5-symmetric macrocyclic pyridone pentamers. *Chem. Commun.* **2011**, *47*, 12488-12490.

[22] J. S. Ferguson, K. Yamato, R. Liu, L. He, X. C. Zeng, B. Gong, One-pot formation of large macrocycles with modifiable peripheries and internal cavities. *Angew. Chem. Int. Ed.* **2009**, *48*, 3150-3154.

[23] P. Xin, L. Zhang, P. Su, J.-L. Hou, Z.-T. Li, Hydrazide macrocycles as effective transmembrane transporters for ammonium and acetylcholine cations. *Chem. Commun.* **2015**, *51*, 4819-4822.

[24] A. M. Zhang, Y. H. Han, K. Yamato, X. C. Zeng, B. Gong, Aromatic oligoureas: enforced folding and assisted cyclization. *Org. Lett.* **2006**, *8*, 803-806.

[25] Y.-Y. Zhu, G.-T. Wang, Z.-T. Li, Synthesis of macrocycles from hydrogen bonding-mediated preorganized precursors by “Click” chemistry. *Org. Biomol. Chem.* **2009**, *7*, 3243–3250.

[26] J. Zhu, X.-Z. Wang, Y.-Q. Chen, X.-K. Jiang, X.-Z. Chen, Z.-T. Li, Hydrogen-bonding-induced planar, rigid, and zigzag oligoanthranilamides. Synthesis, characterization, and self-assembly of a metallocyclophane. *J. Org. Chem.* **2004**, *69*, 6221-6227.

[27] Y.-Q. Chen, X.-Z. Wang, X.-B. Shao, J.-L. Hou, X.-Z. Chen, X.-K. Jiang, Z.-T. Li, Hydrogen bonding-mediated self-assembly of rigid and planar metallocyclophanes and their recognition for mono- and disaccharides. *Tetrahedron* **2004**, *60*, 10253-10260.

[28] Z.-Q. Wu, X.-K. Jiang, Z.-T. Li, Hydrogen bonding-mediated self-assembly of square and triangular metallocyclophanes *Tetrahedron Lett.* **2005**, *46*, 8067-8070.

[29] J.-B. Lin, X.-N. Xu, X.-K. Jiang, Z.-T. Li, Hydrogen bonding-directed multicomponent dynamic covalent assembly of mono- and bimacrocycles. self-sorting and macrocycle exchange. *J. Org. Chem.* **2008**, *73*, 9403-9410.

[30] J. Lin, J. Wu, X. Jiang, Z. Li, Dynamic covalent self-assembly of mono-, bi- and trimacrocycles from hydrogen bonded preorganized templates. *Chin. J. Chem.* **2009**, *27*, 117-122.

[31] X.-N. Xu, L. Wang, J.-B. Lin, G.-T. Wang, X.-K. Jiang, Z.-T. Li, Hydrogen-bonding-mediated dynamic covalent synthesis of macrocycles and capsules: new receptors for aliphatic ammonium ions and the

formation of pseudo[3]rotaxanes. *Chem. Eur. J.* **2009**, *15*, 5763-5774.

[32] B.-Y. Lu, G.-J. Sun, J.-B. Lin, X.-K. Jiang, X. Zhao, Z.-T. Li, Hydrogen-bonded benzylidenebenzohydrazide macrocycles and oligomers: testing the robust capacity of an amide chain in promoting the formation of vesicles. *Tetrahedron Lett.* **2010**, *51*, 3830-3835.

[33] X.-N. Xu, L. Wang, X. Zhao, Z.-T. Li, Hydrogen-bonding-mediated dynamic covalent synthesis of two chiral capsular compounds. *Gaodeng Xuexiao Huaxue Xuebao* **2011**, *32*, 2162-2168.

[34] X.-N. Xu, L. Wang, Z.-T. Li, Reverse vesicles formed by hydrogen bonded arylamide-derived triammonium cyclophanes and hexaammonium capsule. *Chem. Commun.* **2009**, 6634-6636.

[35] L. Wang, G.-T. Wang, X. Zhao, X.-K. Jiang, Z.-T. Li, Hydrogen bonding-directed quantitative self-assembly of cyclotriveratrylene capsules and their Encapsulation of C_{60} and C_{70}. *J. Org. Chem.* **2011**, *76*, 3531-3535.

[36] M. Li, K. Yamato, J. S. Ferguson, K. K. Singarapu, T. Szyperski, B. Gong, Sequence-specific, dynamic covalent crosslinking in aqueous media. *J. Am. Chem. Soc.* **2008**, *130*, 491-500.

[37] H.-P. Yi, J. Wu, K.-L. Ding, X.-K. Jiang, Z.-T. Li, Hydrogen bonding-induced aromatic oligoamide foldamers as spherand analogues to accelerate the hydrolysis of nitro-substituted anisole in aqueous media. *J. Org. Chem.* **2007**, *72*, 870-877.

[38] C. Dolain, C. Zhan, J.-M. Léger, L. Daniels, I. Huc, Folding directed *N*-oxidation of oligopyridine-dicarboxamide strands and hybridization of oxidized oligomers. *J. Am. Chem. Soc.* **2005**, *127*, 2400-2401.

[39] K. Srinivas, B. Kauffmann, C. Dolain, J.-M. Léger, L. Ghosez, I. Huc, Remote substituent effects and regioselective enhancement of electrophilic substitutions in helical aromatic oligoamides. *J. Am. Chem. Soc.* **2008**, *130*, 13210-13211.

[40] V. Patzke, G. von Kiedrowski, Self-replicating systems. *ARKIVOC* **2007**, 293-310.

[41] S. B Tsogoeva, Organoautocatalysis: challenges for experiment and theory. *J. Systems Chem.* **2010**, *1*, 8.

[42] G. von Kiedrowski, A Self-Replicating Hexadeoxynucleotide. *Angew. Chem. Int. Ed. Engl.* **1986**, *25*, 932-935.

[43] W. S. Zielinski, L. E. Orgel, Autocatalytic synthesis of a tetranucleotide analogue. *Nature* **1987**, *327*, 346-347.

[44] T. Tjivikua, P. Ballester, J. Rebek, Jr. Small molecule self-replication. *J. Am. Chem. Soc.* **1990**, *112*, 1249-1250.

[45] J. S. Nowick, Q. Feng, T. Tjivikua, P. Ballester, J. Rebek, Jr. Kinetic studies and modeling of a self-replicating system. *J. Am. Chem. Soc.* **1991**, *113*, 8831-8839.

[46] F. M. Menger, A. V. Eliseev, N. A. Khanjin, "A self-replicating system": new experimental data and a new mechanistic interpretation. *J. Am. Chem. Soc.* **1994**, *116*, 3613-3614.

[47] F. M. Menger, A. V. Eliseev, N. A. Khanjin, M. J. Sherrod, Evidence for an alternative mechanism to a previously proposed self-replicating system. *J. Org. Chem.* **1995**, *60*, 2870-2878.

[48] D. N. Reinhoudt, D. M. Rudkevich, F. de Jong, Kinetic analysis of the Rebek self-replicating system: is there a controversy? *J. Am. Chem. Soc.* **1996**, *118*, 6880-6889.

[49] M. Mauksch, S. B. Tsogoeva, I. M. Martynova, S. Wei, Evidence of asymmetric autocatalysis in organocatalytic reactions. *Angew. Chem. Int. Ed.* **2007**, *46*, 393-396.

[50] M. Mauksch, S. Wei, M. Freund, A. Zamfir, S. B. Tsogoeva, Spontaneous mirror symmetry breaking in the aldol reaction and its potential relevance in prebiotic chemistry. *Orig. Life Evol. Biosp.* **2010**, *40*, 79-91.

[51] J. Quayle, A. Slawin, D. Philp, A structurally simple minimal self-replicating system. *Tetrahedron Lett.* **2002**, *43*, 7229-7233.

第13章 氢键介质的有机材料

13.1 引言

分子和大分子的各种性质一方面取决于它们本身的共价结构，另一方面也与其分子间的相互作用和堆积行为密切相关。绝大多数分子都含有氢原子，这意味着它们都是潜在的氢键供体。NH 和 OH 衍生物可以形成较强的氢键，对于中性分子一般产生分子间最强的非共价键作用。而 CH 基团尽管只能形成较弱的氢键或范德华力，但仍然能够对分子堆积产生重要影响。有效控制这些强的和弱的氢键对于实现分子材料的高性能都具有重要意义。以下就材料性质分类介绍氢键在几种重要的有机材料设计与构建中的应用。由于材料的结构和性能种类繁多，本章着重介绍理性设计的材料的氢键功能。基于氢键的分子梭在第 **8** 章已有论述，超分子凝胶及自修复材料在第 11 章已有论述，本章将不再涉及。

13.2 分子构象开关

分子构象开关涉及两个及两个以上稳定构象间的可逆转换，在信息存储转换、传感及分子器件设计等方面具有潜在的应用前景[1-4]。通过调节实现不同构象间的转换是设计分子构象开关的有效策略。例如，化合物 **1** 在中性状态下其腙基团存在两个构型异构体，但主要以 *E*-式存在（图 13-1），因为其形成的 N—H···N(吡啶)氢键比 N—H···O(酯)氢键更稳定[5]。单质子化后则转化为 *Z*-式构型，因为酯的两个 O 原子都可以形成一个分子内氢键。再进一步质子化后，这一分子的吡啶和

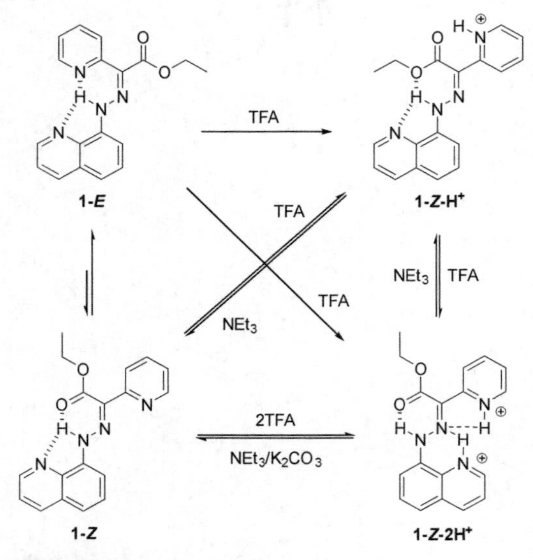

图 13-1 化合物 **1** 在不同质子化状态下的构型

喹啉环又进一步发生构型转换，形成新的异构体，驱动力是质子化的两个杂环 N 原子都能形成稳定的分子内氢键。通过加入三氟乙酸和三乙胺调节杂环 N 原子的质子化，化合物 **1** 实现了三个构型异构体的可逆转换。

线性酰胺可以形成不同形式的分子内氢键，引入酚羟基可以同时作为受体和供体形成氢键，而酚负离子则只能作为氢键受体。因此通过改变羟基的存在形态，可以控制其形成的氢键模式，从而控制分子的构象[6]。例如，化合物 **2** 在中性状态下以扩展型的构象形式存在（图 13-2）[7]。每个苯环单元内形成一组三中心氢键，受酰胺基团固有的构型倾向性控制，相邻芳环定位于骨架的两侧。当羟基转化为氧负离子后，其只能作为受体形成两个稳定氢键，从而诱导酰胺骨架形成螺旋构象。加入酸后，羟基恢复从而诱导酰胺骨架返回扩展构象。

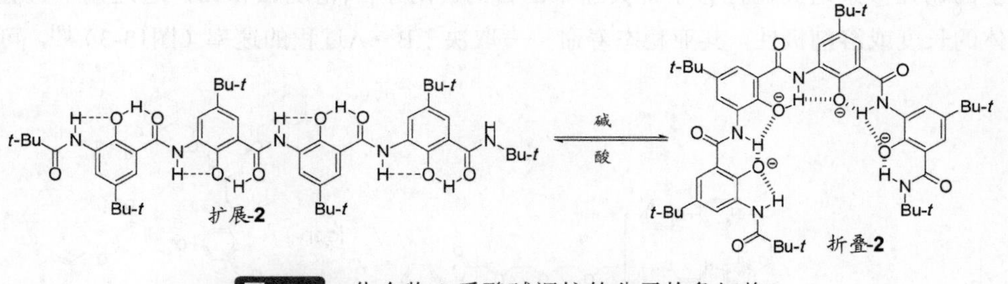

图 13-2 化合物 **2** 受酸碱调控的分子构象切换

氢键介质的芳香酰胺折叠片段还可以作为交联连接链并入到聚合物中控制聚合物的弹性。例如，由三聚体和五聚体片段制备的这类交联聚合物 **P3a** 和 **P3b** 制备的薄膜就展示出显著的力学和蠕变/应力弛豫（恢复）性能[8]。在自然状态下，分子内氢键诱导芳香酰胺寡聚体片段形成折叠构象。当薄膜受到应力拉伸时，薄膜伸展导致分子内氢键破坏，形成扩展构象。这一过程消耗能量。去除外力后，

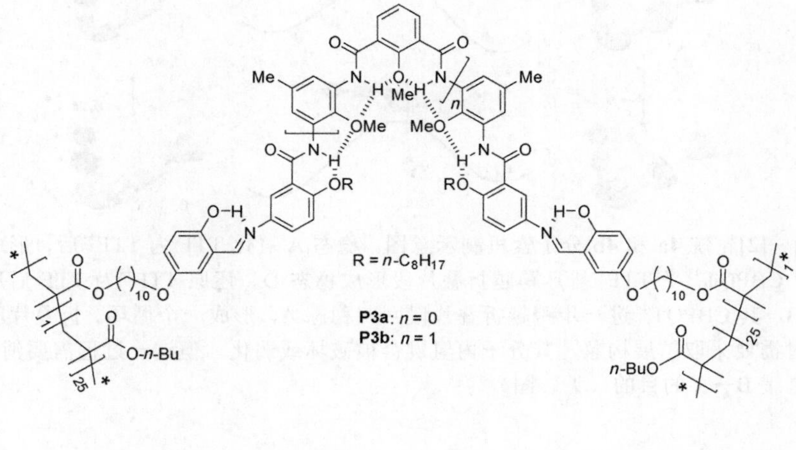

分子内氢键逐渐恢复，导致折叠构象的恢复和薄膜的复原。由于氢键的断裂和形成是一个可逆过程，这类聚合物薄膜的弹性能够得到显著提高。

对于基于[2]轮烷的两态分子开关，一个重要参数是开关在基态和亚稳态之间变换的速率。利用大的位阻或静电排斥作用可以调控缺电性的环番$CBPQT^{4+}$在不同富电性的1,5-烷氧基萘酚（DNP）和四硫富瓦烯（TTF）之间的移动速率。分子内氢键诱导的芳酰胺折叠体作为位阻基团，提供了新的选择，其优势在于：首先，折叠体的尺寸大小可以方便地通过增加或减少芳酰胺骨架的长度来调控；其次，氢键的可逆性使得芳酰胺折叠体对环境变化具有一定的响应性，在一定条件下可使折叠结构分子内氢键断裂，从而打开折叠构象，有效体积降低，环番穿梭速率升高。因此，通过调节折叠体的长度或改变[2]轮烷体系所处的环境，就可以实现对轮烷穿梭动力学的调控，来达到调控分子开关速率的目的。对于[2]轮烷**4a**和**4b**，通过调节折叠体的长度或溶剂极性，其亚稳态寿命——取决于B→A过程的速率（图13-3）[9]，可

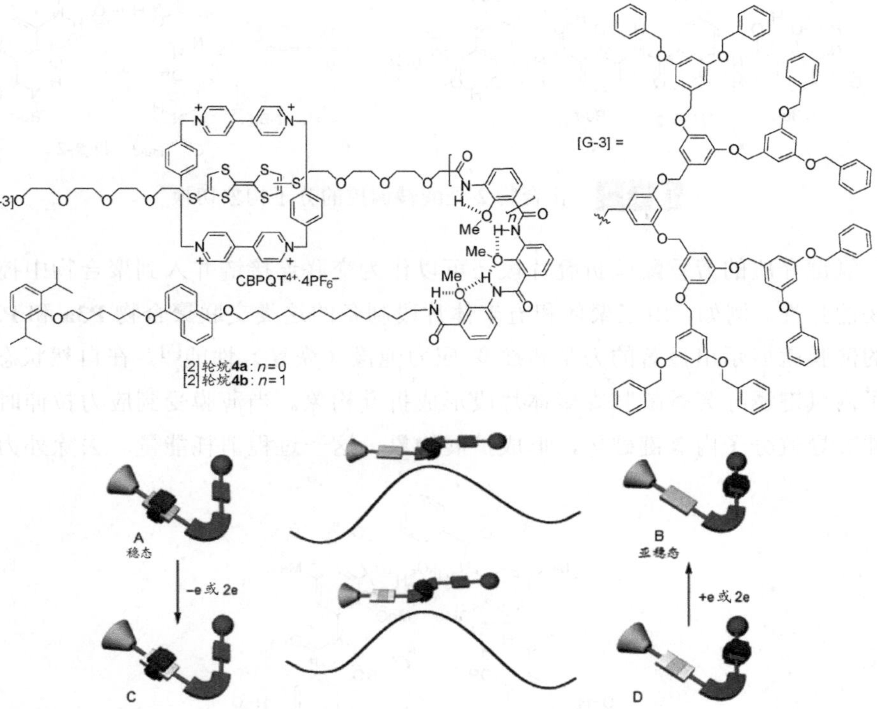

图 13-3 [2]轮烷 **4a** 和 **4b** 分子索机制示意图。稳态 A 氧化 TTF 为 $TTF^{+\bullet}$后，形成亚稳态 C。之后 $CBPQT^{4+}$受 $TTF^{+\bullet}$排斥跨越折叠片段形成稳态 D。还原 $TTF^{+\bullet}$为 TTF 后形成另一亚稳态 B，其 $CBPQT^{4+}$进一步跨越折叠片段回归稳态 A，形成一个循环。折叠片段在被环番跨越时需要采取扩展构象，其分子内氢键会被破坏或弱化。但这一过程需要消耗能量，起到了延缓 B→A 的目的（见彩图）

相应地在几分钟到几天的时间尺度上发生改变，这对于发展基于轮烷结构的分子储存器件是非常有意义的。在线性组分内TTF的两侧引入两个DNP单元，可以构建三稳态轮烷，芳香酰胺折叠体片段同样可以调控环番组分在三个站点间的穿梭速率[10]。

13.3 超分子液晶

液晶结合了分子的有序性和流动性。向列相液晶的商业用途广泛[11]，其它类似的液晶也得到广泛研究。利用氢键可以把两个或更多的有机分子连接在一起，形成超分子液晶[12-14]。配合物 **5·6** 和 **7·8** 是最早报道的氢键超分子液晶[15,16]，前者展示近晶和向列相，后者形成柱状相。第 11 章描述的配合物 **1·2** 和配合物 **9·10** 是典型的主链液晶超分子聚合物[17]，而 **11·12** 是典型的侧链超分子液晶聚合物[18]。氢键超分子液晶的分子组织可以根据氢键的位置分为封闭和开放两种形式[12]。前者具有封闭的非常确定的氢键结构，由不同的分子单元配合形成。后者则具有开放的带状或层状结构，由连续的氢键或氢键网络稳定。总体来说，氢键把有机分子拉近在一起，使它们表现出类似于单一分子的性质。单个氢键之所以能够发挥作用，是因为在液晶相介于液相和晶体相之间，但不存在溶剂的竞争作用。卤键也可以像氢键那样发挥作用[19,20]。

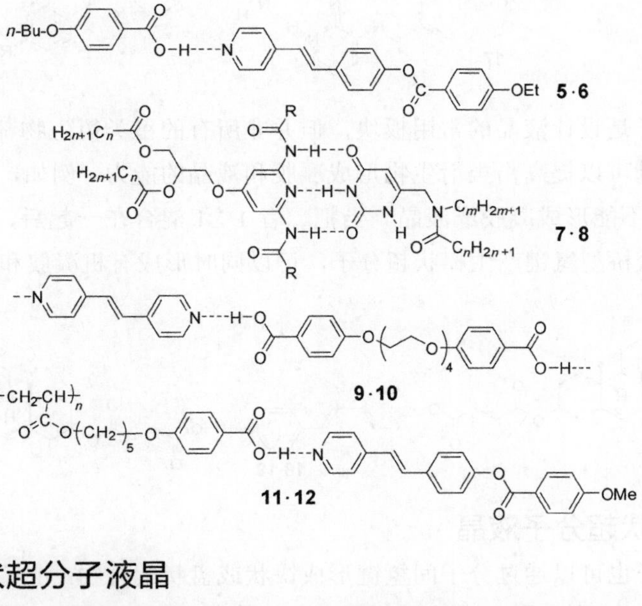

13.3.1 棒状超分子液晶

棒状结构是最普通的超分子液晶，上述配合物 **5·6**、**7·8** 和 **9·10** 即是典型的双组分例子。而配合物 **13·14·13**[21]和 **15·14·15**[22]则可以形成三组分超分子液晶。当利用间位取代的芳香基团构建单体分子时，也可以产生弯曲型介晶性。吡啶和羧酸形成的盐桥型氢键较强，一个氢键即可产生显著的结合效应。化合物 **16** 和 **17** 可以形成八元环双氢键形成超分子液晶[23]。**16** 的内酰胺羰基 O 也可以进一步与酸形成氢键，产生新的液晶相。

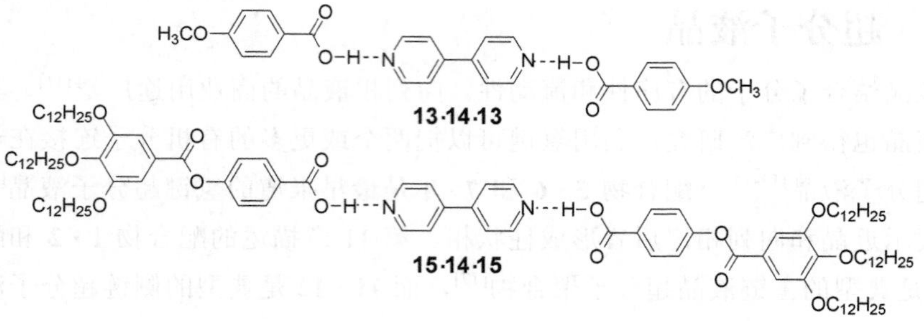

13·14·13

15·14·15

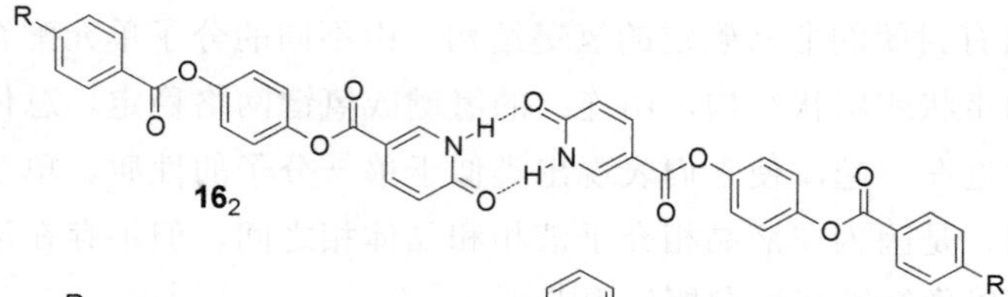

$\mathbf{16}_2$

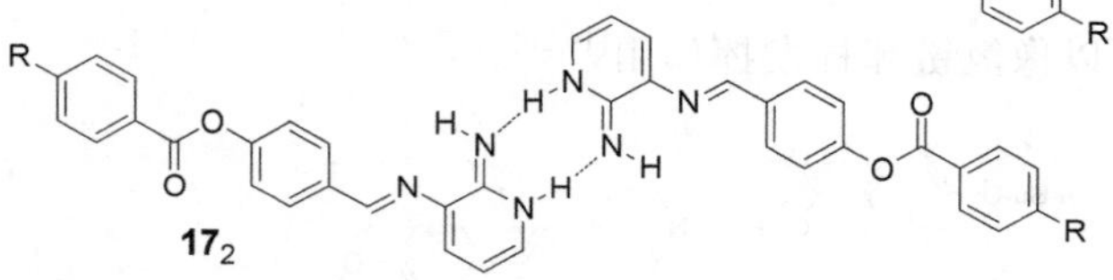

$\mathbf{17}_2$

甾类分子是设计液晶的常用板块，但并非所有的甾类衍生物都能形成液晶。通过形成氢键可以提高甾类衍生物形成凝胶和液晶的能力。例如，甾类衍生物 **18** 和 **19** 本身都不能形成凝胶或液晶。当把二者 1∶1 混合在一起后，通过吡啶和羧基之间形成盐桥型氢键产生棒状超分子，可以同时形成有机凝胶和液晶[24]。

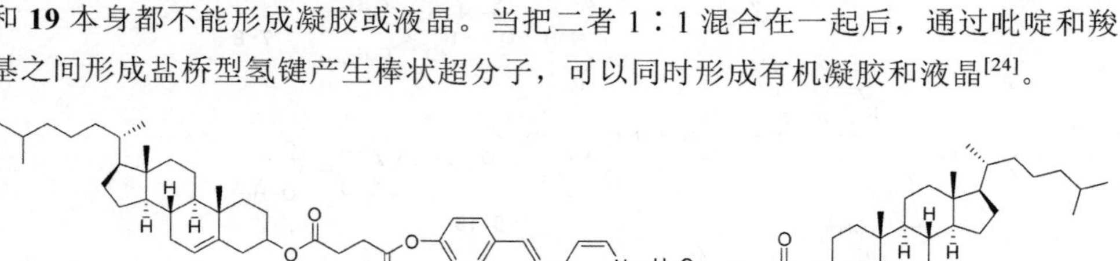

18·19

13.3.2 柱状超分子液晶

有机分子也可以通过分子间氢键形成饼状或盘状配合物，它们可以堆积形成柱状簇集体，构成了另一大类封闭型和开放型的柱状超分子液晶。就封闭型的结构来说，化合物 **20**～**22** 通过形成二聚体 $\mathbf{20}_2$、三聚体 $\mathbf{21}_3$ 和四聚体 $\mathbf{22}_4$ 形成盘状结构产生液晶相[25-27]。后者需要利用 Na^+等金属离子诱导。在不加金属离子的情况下，**22** 更倾向于形成一维的“之”字形氢键带。前者形成柱状液晶相，后者则产生近晶相液晶。

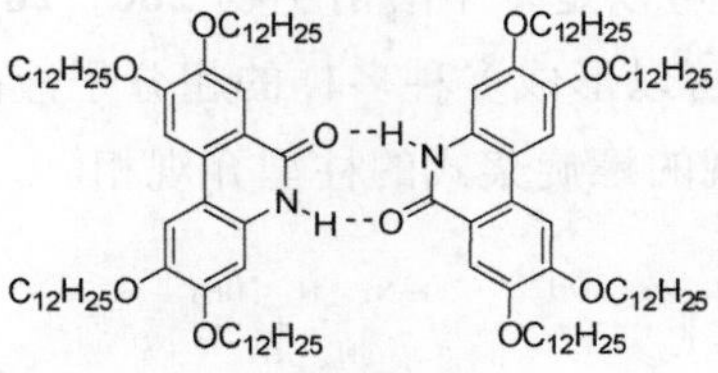

$\mathbf{20}_2$ 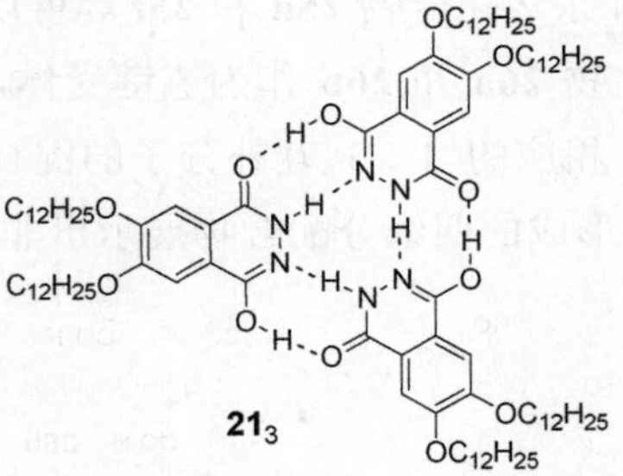　　$\mathbf{21}_3$

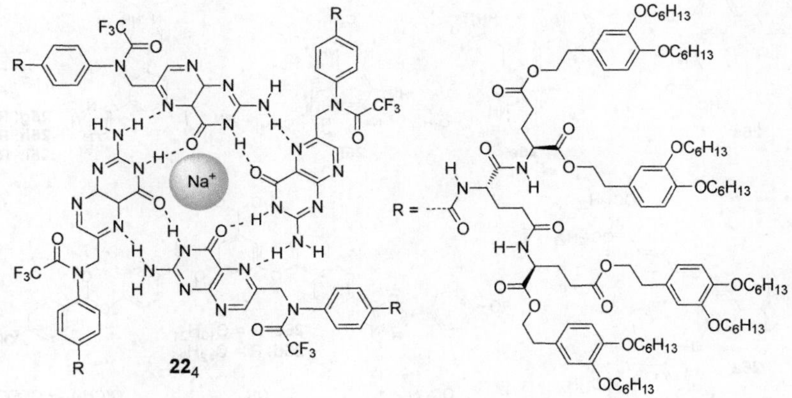

$\mathbf{22}_4$

三角形的分子 **23a** 和 **23b** 可以通过扭曲一个外侧的芳环形成氢键二聚体，当与苯甲酸衍生物 **24** 以 1∶1 的比例混合时，二者可以形成更为稳定的异体二聚体 **23·24**[28]。这两类二聚体都可以形成封闭型的柱状液晶，但后者可能由于堆积产生错位介观相有序性较低。

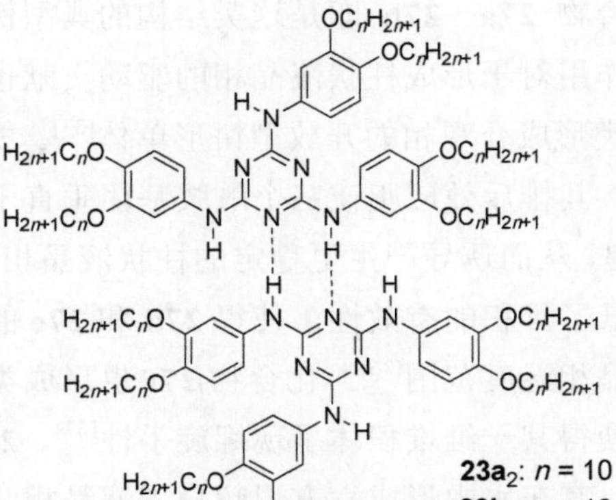

$\mathbf{23a}_2$: $n = 10$
$\mathbf{23b}_2$: $n = 12$
24

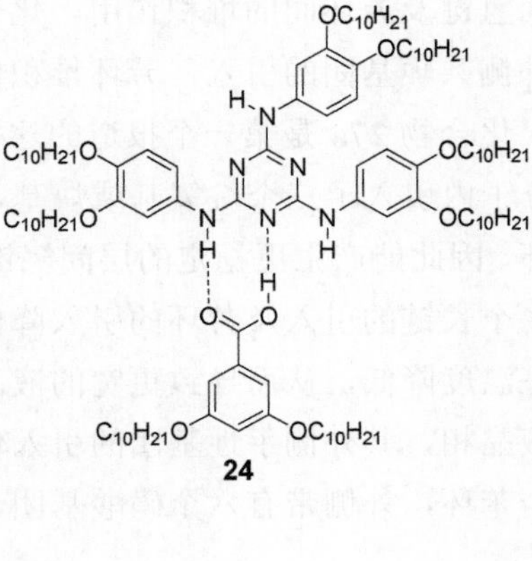

另一个产生盘状封闭型的超分子配合物的重要思路是，在三角形分子的外侧通过氢键与三个互补单体分子结合[29-32]。处于中间的三角形分子可以是结构柔韧性的三酸化合物**25a**和**25b**以及间苯三酚（**25c**），这些分子为氢键供体，而刚性共平面N杂环化合物**25d**和**25i**等可以作为氢键受体。"挂"在外侧的分子可以是吡啶衍生物**26a**和**26b**作为氢键受体，也可以是苯甲酸衍生物**26c**～**26h**作为氢键供体。相应的1∶3互补分子的混合物可以形成多种多样的超分子液晶。其中**25**和**26**形成的四组分配合物展示出非常规的螺旋桨式的柱型介观相。

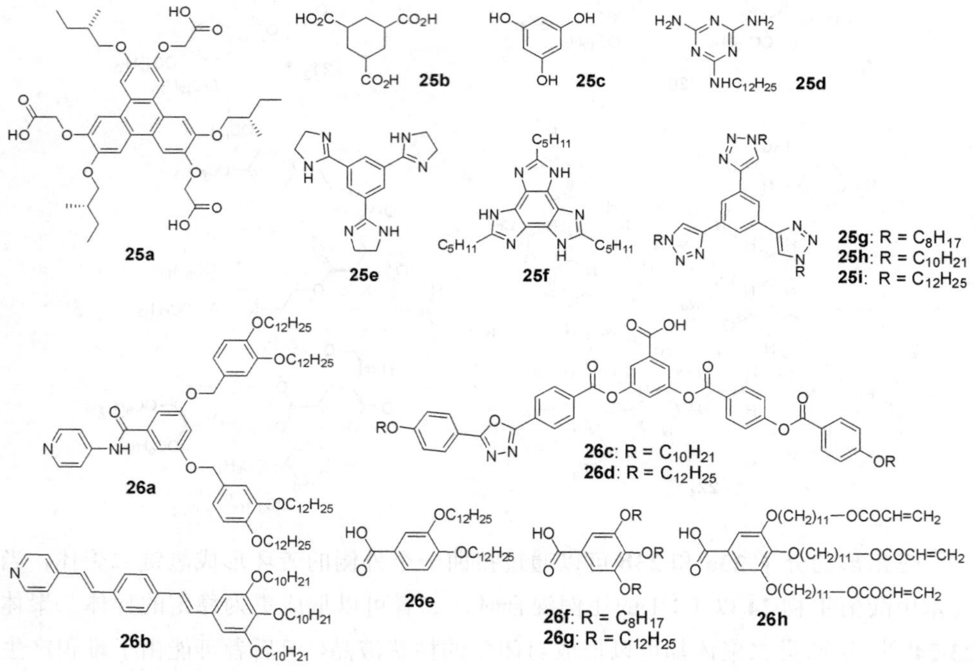

25a 25b 25c 25d 25e 25f

25g: R = C_8H_{17}
25h: R = $C_{10}H_{21}$
25i: R = $C_{12}H_{25}$

26a

26c: R = $C_{10}H_{21}$
26d: R = $C_{12}H_{25}$

26b 26e

26f: R = C_8H_{17}
26g: R = $C_{12}H_{25}$

26h

开放型的饼形单体设计的一个重要策略是利用间苯三甲酸的酰胺衍生物形成的层间氢键及芳环间的堆积作用。化合物**27a**～**27h**即是这类结构的典型例子。随着外侧共轭基团的引入，芳环堆积作用对于形成柱状液晶相的驱动贡献也越来越大。化合物**27a**是第一个报道的这类形成介观相的开放型饼形单体[33]。**27b**和**27c**分子内引入了三个烷氧基或炔基，其排斥效应驱使三个酰胺基团垂直于中间的苯环，因此能产生更稳定的层间氢键，从而诱导产生更稳定的柱状液晶相[34,35]。外侧多个长链的引入及芳环的引入降低了堆积的有效性，使得**27d**和**27e**的熔点和清亮温度降低，从而导致更宽的液晶相温度范围[36]。化合物**27f**也形成类似的柱状液晶相，其外侧手性基团的引入使得其一维堆积体呈现螺旋手性[37]。**27g**共有十个苯环，外侧带有六个磺酸基团，其在水中形成六方形超分子液晶相，直径约为分子平面构象直径的 3 倍，其簇集机理是七个分子在二维空间排列在一起形成一个更大的六方形阵列，再堆积形成柱状结构[38]。由于分子外侧引入了磺酸基团，这一堆积结构也可以展示离子通道功能。

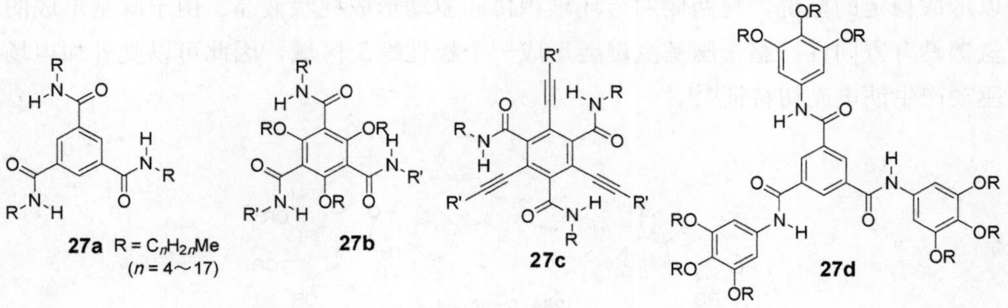

27a R = $C_nH_{2n}Me$ (n = 4～17)　27b　27c　27d

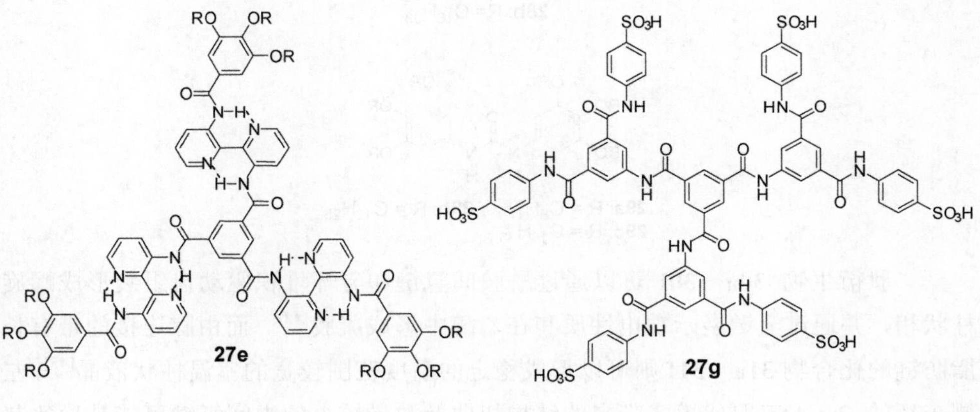

27e　27g

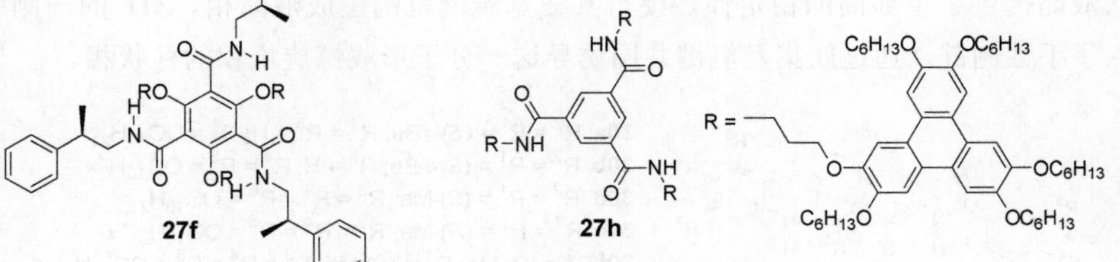

27f　27h

化合物 **27h** 由三个带有己氧基链的三亚苯连接到间苯三甲酰胺内核形成[39]。由于连接链为柔性基团，四个芳环的堆积可以分别发生，但应具有一定的协同性。这一分子也展示出典型的柱状六方形液晶相。对于三亚苯衍生物，该液晶材料显示出最高的载流子迁移率，表明柱状结构具有最低的堆积缺陷和三亚苯高度有序的堆积。

非饼形的分子也可以形成柱状液晶。例如，硅化合物**28a**和**28b**即可以在很宽的温度区间内通过三维堆积形成稳定液晶相[40]。这类分子通过分子间氢键和芳环堆积还可以形成超分子凝胶纤维和二维单层组装体。化合物**29a**～**29c**的脲基可以形成稳定的氢键，与两侧的芳环堆积协同驱动形成柱状液晶。由于脲基形成的氢键具有方向性，整个脲基氢键链形成一个极性螺旋区域，因此可以受外加电场驱动产生铁电光切特征[41]。

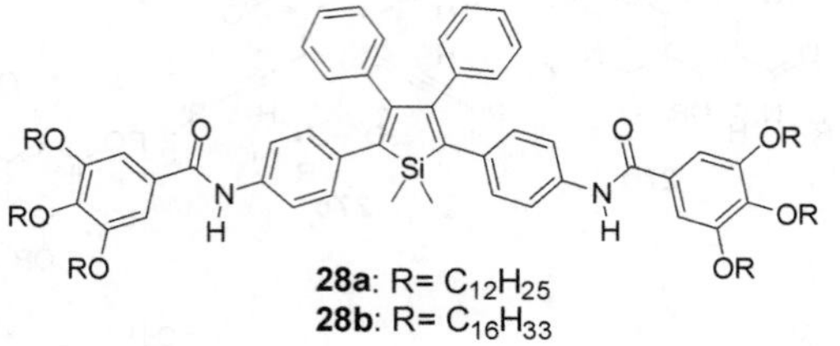

28a: R= $C_{12}H_{25}$
28b: R= $C_{16}H_{33}$

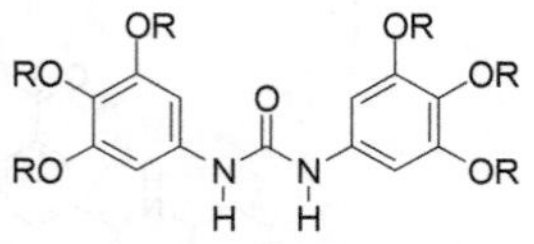

29a: R = C_8H_{17} **29b**: R = $C_{12}H_{25}$
29c: R = $C_{16}H_{33}$

二肽衍生物**30a**～**30i**可以通过酰胺间氢键和芳环堆积驱动自组装形成螺旋柱状相，并通过氢键展示铁电性质和在乙醇中形成凝胶[42]。而由腙连接的带有长脂肪链的化合物**31a**～**31f**则可以形成稳定的温度范围较宽的室温柱状液晶[43]。左侧苯环的2,3,4-三取代模式带来的结构扭曲及数量较少的中间氢键可能是导致其在较低温度下就可以熔化的重要原因。而右侧的3,4,5-三取代苯环通过堆积为柱状液晶提供了足够高的稳定性，使得其在宽温度范围生成液晶相。**31f**的一侧引入了手性侧链，通过簇集及氢键共同诱导这一分子形成螺旋堆积的柱状相。

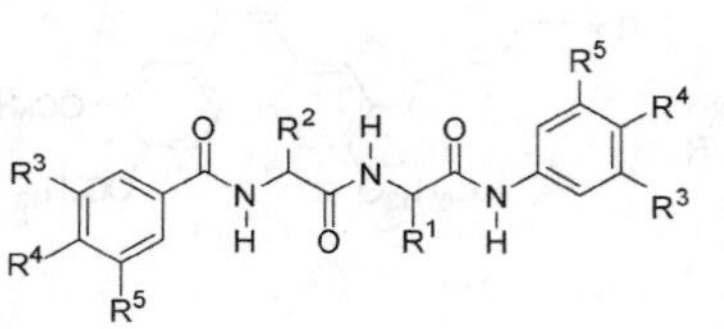

30a: $R^2 = R^1$ = (*S*)-*i*-Bu; $R^3 = R^5$ = H; $R^4 = OC_{10}H_{21}$
30b: $R^2 = R^1$ = (*S*)-*i*-Bu; R^3 = H; $R^4 = R^5 = OC_{10}H_{21}$
30d: $R^2 = R^1$ = (*S*)-Me; $R^3 = R^4 = R^5 = OC_{10}H_{21}$
30e: $R^2 = R^1$ = (*R*)-Me; $R^3 = R^4 = R^5 = OC_{10}H_{21}$
30f: R^2 = (*R*)-Me; R^1 = (*S*)-Me; $R^3 = R^4 = R^5 = OC_{10}H_{21}$
30g: $R^2 = R^1$ = (*S*)-*i*-Bu; $R^3 = R^4 = R^5 = OC_{10}H_{21}$
30h: $R^2 = R^1$ = (*R*)-*i*-Bu; $R^3 = R^4 = R^5 = OC_{10}H_{21}$
30i: R^2 = (*R*)-*i*-Bu; R^1 = (*S*)-*i*-Bu; $R^3 = R^4 = R^5 = OC_{10}H_{21}$

31a: R = C_9H_{19}
31b: R = $C_{10}H_{21}$
31c: R = $C_{11}H_{23}$
31d: R = $C_{12}H_{25}$
31e: R = $C_{16}H_{33}$
31f*: R = (*S*)-3,7-二甲基辛基

六苯并蔻作为典型的六角形大共轭分子具有较强的堆积倾向性。在其一个外侧苯环上引入不同的酰胺和烷基脲基，相应的衍生物 **32a**～**32d** 的酰胺和脲基形成的氢键可以促进芳环的堆积，形成柱状相的荧光有机凝胶[44]。但在六苯并蔻的两侧引入刚性的脲基取代的苯乙炔后，相应化合物 **33** 的两个脲基分子间的氢键反而弱化了这一共轭大环的堆积。刚性骨架使得脲基形成氢键后拉远了相邻蔻板块的堆积并有可能使之错位，应是主要原因。

32a: X= --HN-C(O)-C_8H_{17}　32c: X= --HN-C(O)-NH-C_8H_{17}
32b: X= --HN-C(O)-C(CF_3)(MeO)Ph　32d: X= --HN-C(O)-NH-CH(CH₃)Ph
R =
33: R = $C_{12}H_{25}$

13.3.3 其它类型的超分子液晶

各种形式的两亲性有机分子可以通过氢键和非极性区域的堆积形成不同类型的超分子液晶。这其中醇类衍生物的应用最为广泛。例如，线性化合物 **34a**～**34e** 的多羟基区域可以形成多氢键簇集极性微区域，而其芳环另一侧的脂肪链则堆积形成非极性微区域，中间的苯环避免了两类不同极性基团相互接近[45-47]。由于两部分的体积和形状多不同，受两相分离及其进一步的区域簇集驱动，这些分子可以形成胶束形立方相、六边形柱状相、双连续型立方相和层列相液晶等，而侧链间的氢键是这些分子最强的分子间作用力。

34a　34b　34c

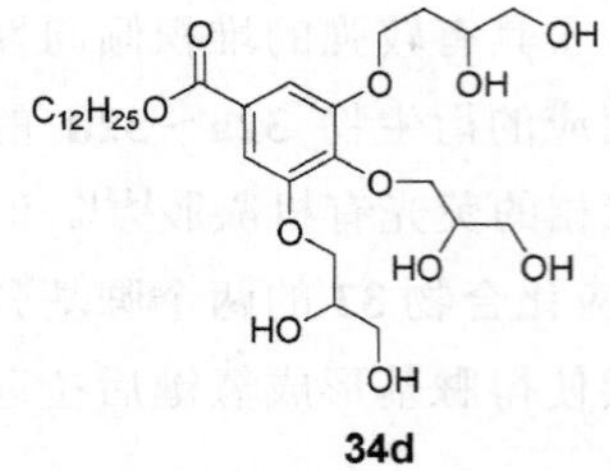

34d 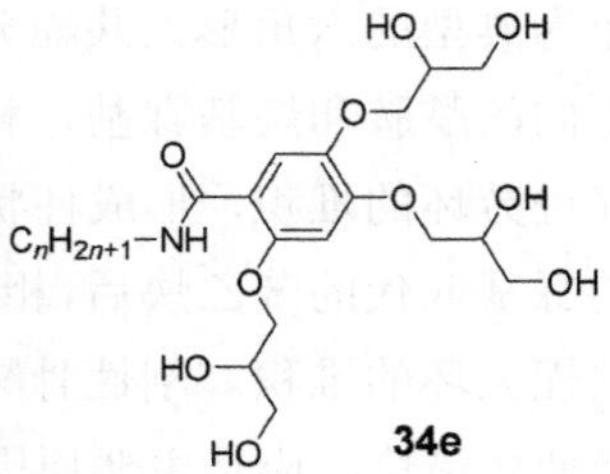　34e

另一类重要的两亲性液晶单体由一个共轭基团两端引入两个醇羟基亲水链和中间引入疏水链形成。这类 T 形的双亲水两亲性分子中间的芳环片段长度可调，侧位可以引入不同数量的疏水链，它们可以形成各种形式的蜂窝形液晶相及 lamellar 和三维有序的介观相[48]，**35** 是最早报道的这类分子[49]。以寡聚噻吩为内核的这类分子（**36a**～**36f**）的液晶性质也得到了系统研究[50-54]。由于噻吩具有半导体性能，这类分子可以用于有机场效应晶体管和太阳能电池 p-n 异质结的活化层。对于骨架弯曲的 **36a** 来说，随着脂肪链的延长，其堆积可以形成四方、五方及六方形的柱状液晶相。二噻吩（**36b**）形成了双层的四方柱状相，而其同分异构体 **36d** 则只形成单层三角形柱状相，表明脂肪链的长度和位置对芳环骨架的堆积有很多分影响，**36d** 的两个脂肪链显著降低了骨架的堆积。引入更长脂肪链的 **36e**（$n = 8,14,16,18$）展示出更复杂多样的多变形柱状相，化合物 **36f** 形成纳米尺度的准无限的蜂窝形柱状液晶相。中间的芳环骨架可以换为其它基团，两边的侧链也可以换为疏水的脂肪链，从而构建其它的液晶分子[55]。

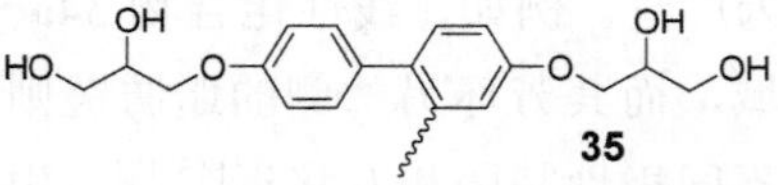

35 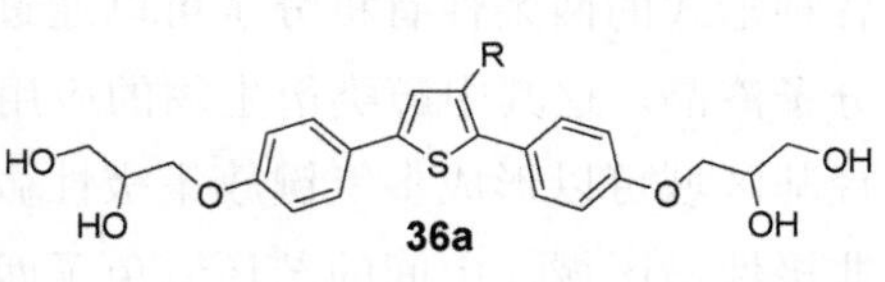　36a 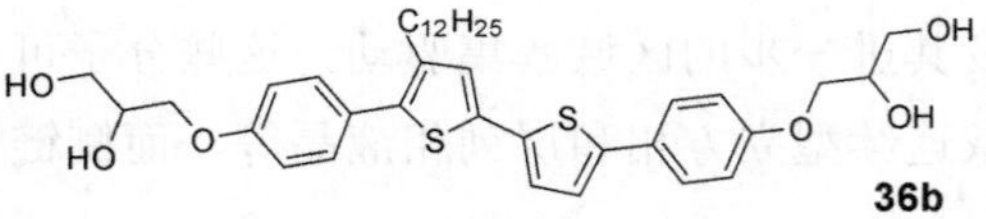　36b 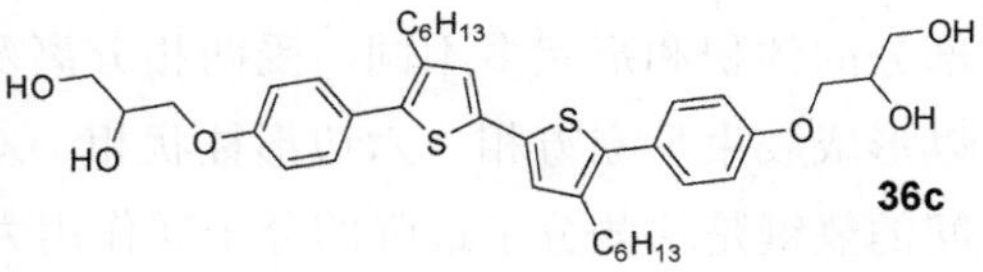　36c 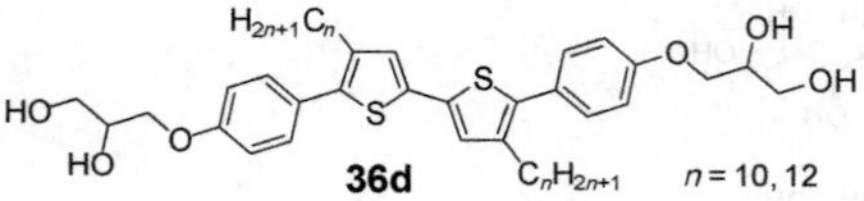　36d ($n = 10, 12$) 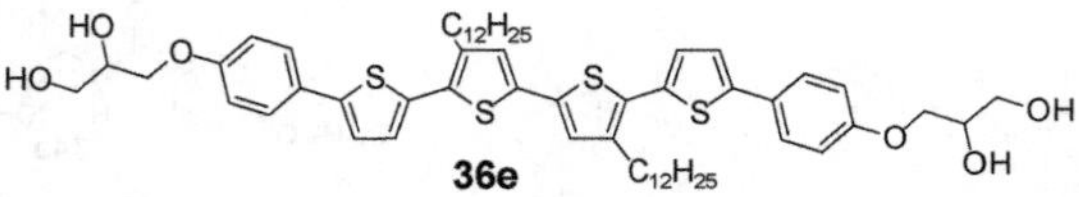　36e 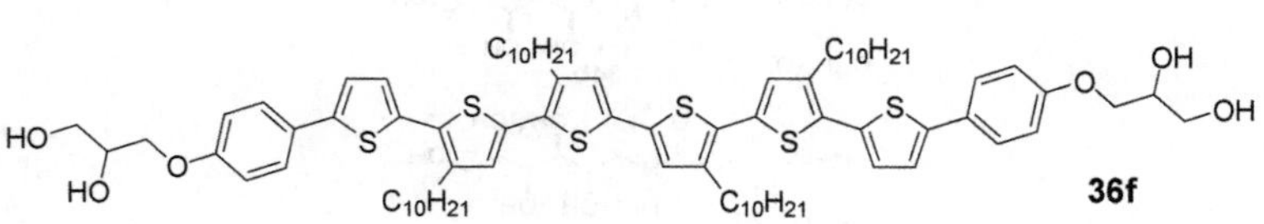　36f

13.4 人工天线和光合作用体系

光合作用天线和反应中心蛋白把太阳能转化为化学能。利用氢键可以设计人工天线，拉近组成分子间的距离并诱导它们形成特定的阵列结构，从而促进供受体之间的电子转移和能量传递[56]。配合物 **37** 是早期报道的一个例子，两个组分间形成两个氢键，从而促进了从一个分子的光捕获配合物 $Ru(bpy)_3^{2+}$单元到另一个分子的 $Ru[bpy(CN)_4]^{2-}$的能量转移[57]。

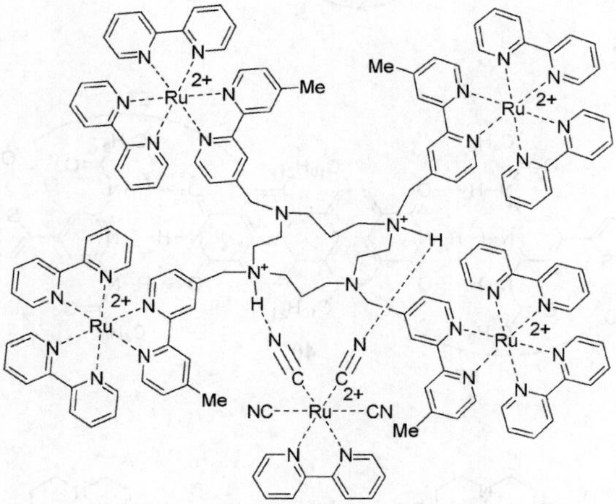

37

锌卟啉是典型的电子供体。利用多氢键体系把并入到两个分子的锌卟啉和其它电子受体如萘四甲酰二亚胺[58]、C_{60}[59]及苝四甲酰二亚胺[60]等拉近，可以有效促进锌卟啉向这些受体的电子转移，实现快速的电荷分离。配合物 **38**～**40** 即是代表性的例子。互补三氢键体系可以实现这一目的，但都需要在弱极性溶剂如苯、甲苯及氯仿中进行。胍基和羧基之间的盐桥型氢键也可以用于设计超分子供受体配合物。例如，配合物 **41** 和 **42** 在甲苯中非常稳定，能够实现通过化学键和空间的从四硫富瓦烯到 C_{60} 的电子转移[61]。

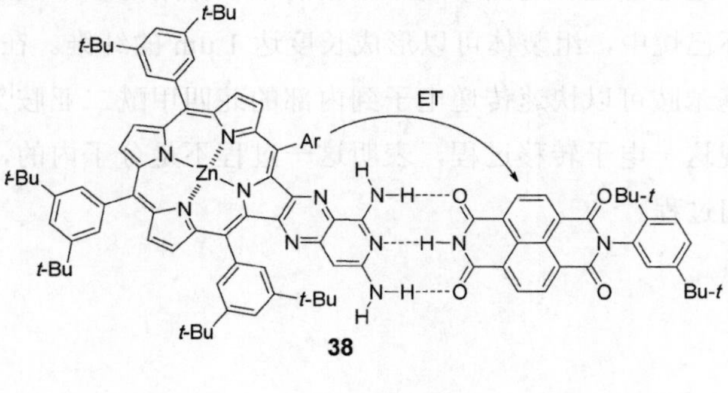

38

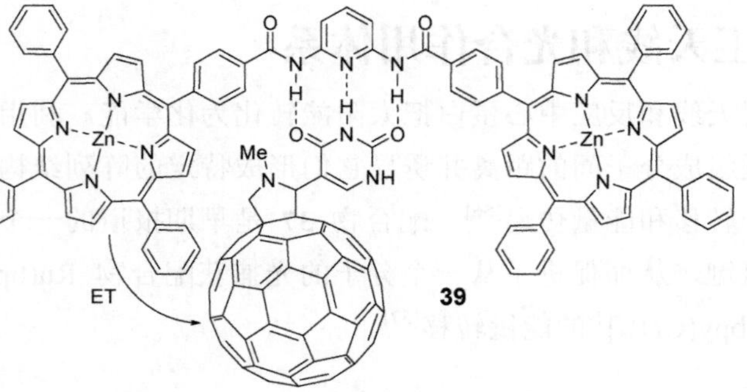

化合物 **43** 通过氢键和苝四甲酰二亚胺的堆积作用可以形成螺旋形超分子组装体，在甲基环己烷中，组装体可以形成长度达 1 μm 的纤维。在这一组装体内，外侧的三烷氧基苯胺可以快速传递电子到内部的苝四甲酰二亚胺[61]。而单个分子本身则不能实现这一电子转移过程，表明这一过程不是分子内的，而是通过组装体实现的分子间过程。

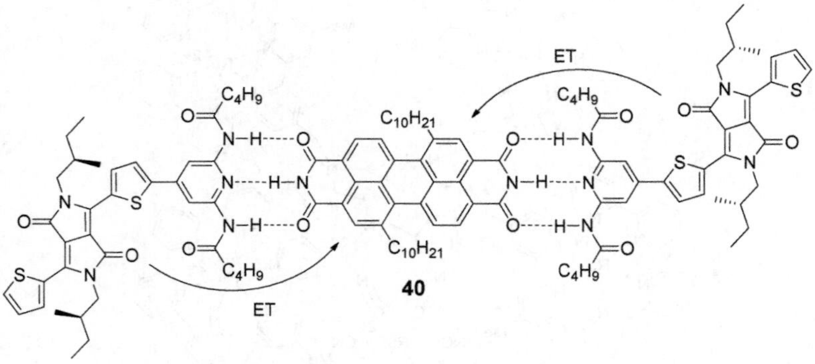

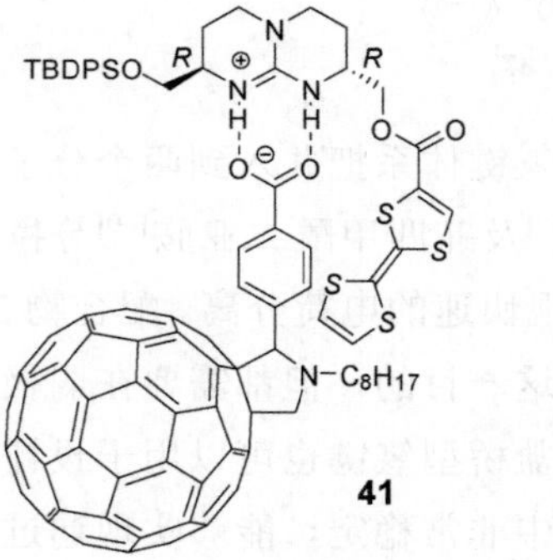

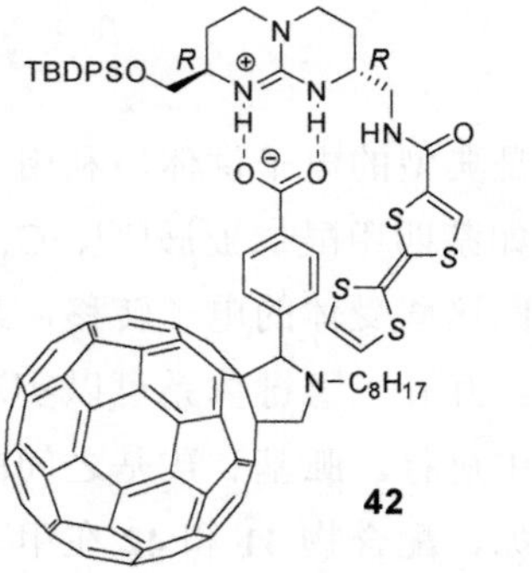

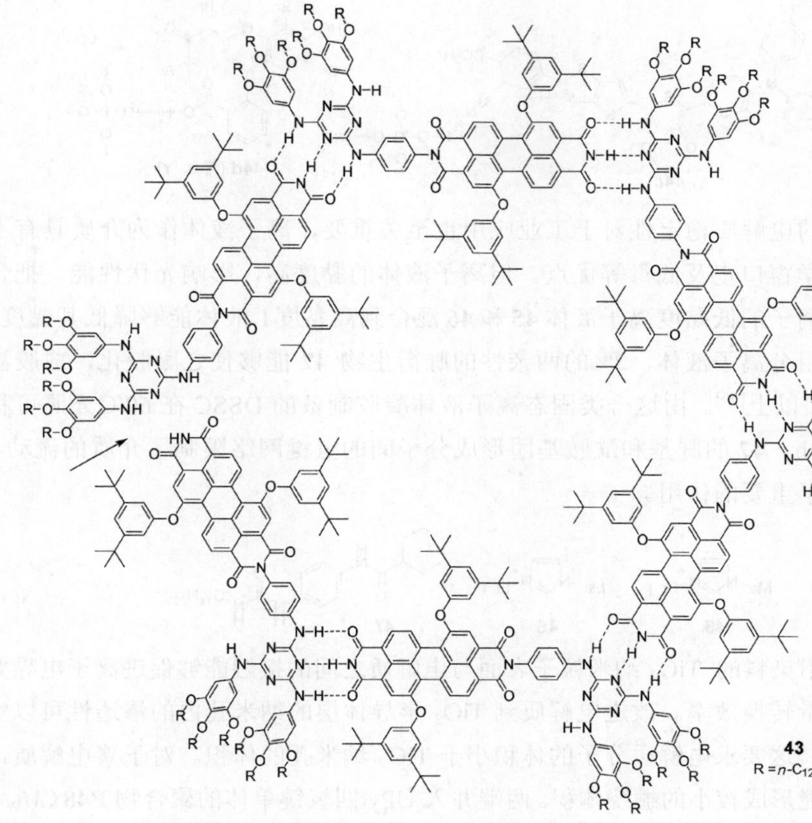

$R = n\text{-}C_{12}H_{25}$

43

13.5 染料敏化太阳能电池

染料敏化太阳能电池（DSSC）由有机染料、介孔 TiO_2 等光电极、反电极和含有氧化还原电对（如 I_3^-/I_2 等）的电解质构成，是一类具有重要应用潜力的新型电池。对 DSSC 性能的改进可以从发展新的原理和方法，开发新的组成成分及优化组分间的相互作用入手。为有效的注入电子到 TiO_2 的传导带，染料分子必须铆钉在电极的表面，氢键提供了一种重要的途径，使得化合物 **44a**～**d** 能够附着在 TiO_2 的表面[62-65]。化合物 **44a**、**44c** 和 **44d** 能够形成分子间氢键，但在强极性电解质溶液中，这类氢键对电池性能不能产生重要影响。

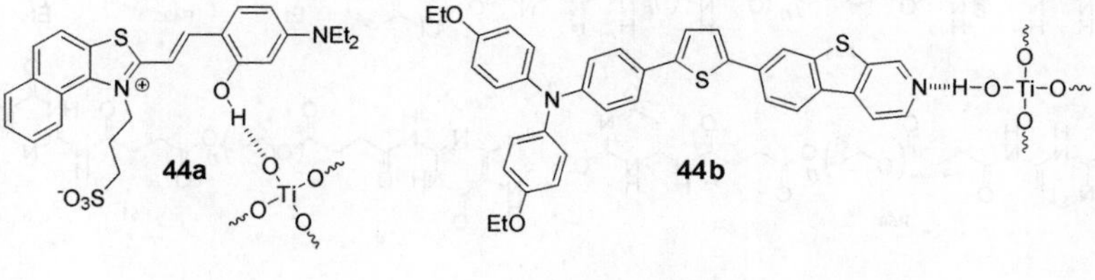

44a　　44b

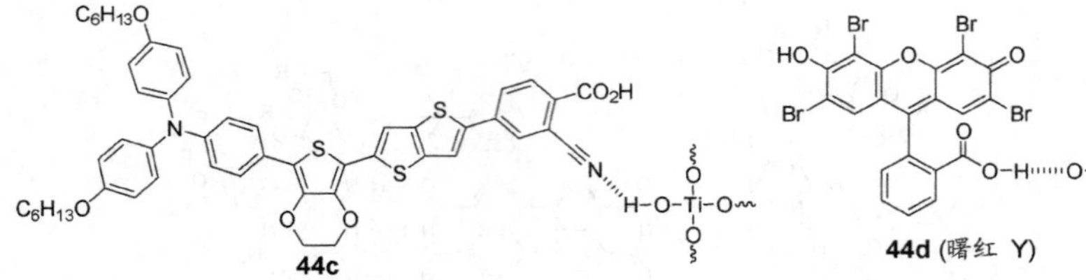

44c

44d (曙红 Y)

DSSC 的电解质稳定性对于工业应用也至关重要，离子液体作为介质具有不挥发、电化学窗口宽及低毒等优点。但离子液体的黏度高，影响光伏性能。把含有低碱性负离子的低黏度离子液体 **45** 和 **46** 混合到高黏度I^-液体能够降低其黏度。对于这一双组分离子液体，2%的两亲性的脲衍生物 **47** 能够使之凝胶化，成胶温度达到 100℃以上[66]。由这一类固态离子液体凝胶制备的 DSSC 在 60℃光照可稳定存在 1000 h。**47** 的脲基和酰胺基团形成分子间的氢键网络限制了介质的流动，被认为发挥了重要的作用。

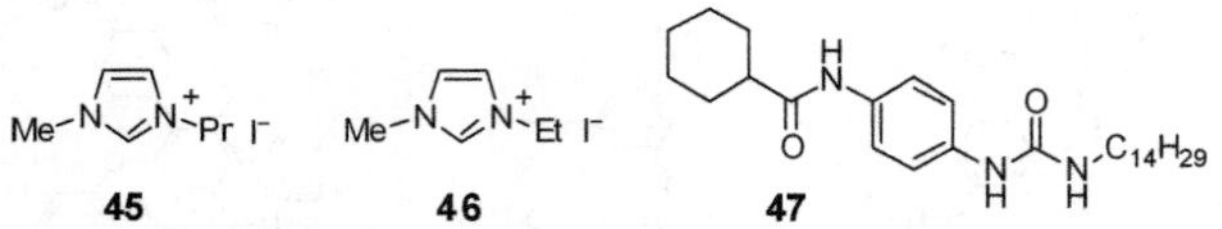

45　46　47

增强吸附染料的 TiO_2 纳米粒子表面与电解质之间的接触能够促进离子电导并由此提高能量转换效率。改进电解质到 TiO_2 半导体层的纳米孔内的渗透性可以实现这一目的，这要求电解质分子的体积小于 TiO_2 纳米孔的体积。对于聚电解质，就需要其只能形成较小的缠绕体积。两端并入 UPy 四氢键单体的聚合物 **P48**（M_W = 1000 g/mol）即可以通过形成四氢键改进咪唑盐离子液体电解质的界面接触和相应 DSSC 的离子电导[67]。通过氢键形成超分子聚合物被认为是起到关键作用的。超分子聚合物的缠绕体积较小，既能允许电解质接触吸附染料的 TiO_2 半导体层表面，又能限制其流动性，固化电解质达到必要的力学强度，而离子导电性与不加 **P48** 的电解质相当。聚合物 **P49** 的两端 N 杂环可以形成自结合双氢键，而聚合物 **P50** 和 **P51** 两端的 N 杂环则可以形成异体三氢键二聚体[68]。在固态这些双氢键和三氢键超分子聚合物都能用于提高固态 DSSC 的能量转换效率，其性能比 **P48** 更好，被归因于在这些聚合物体系中电子重组的速率更低及电解质的离子电导更快。

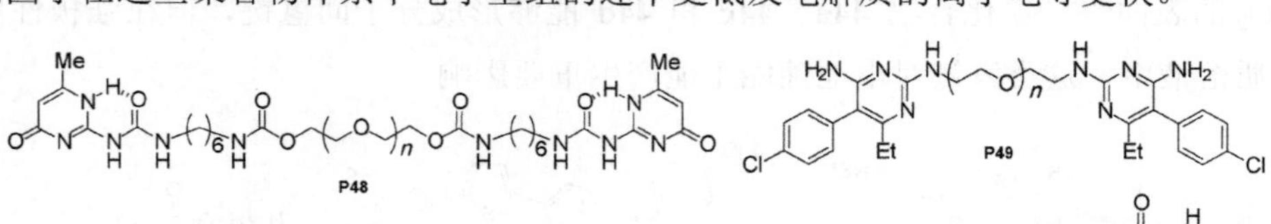

P48　P49

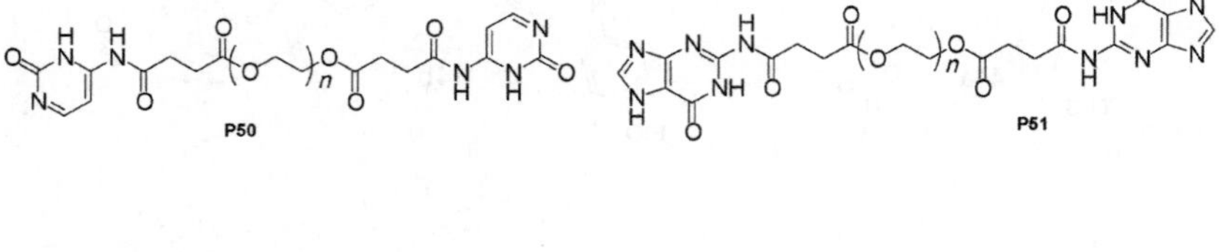

P50　P51

很多染料分子包括 **52a**～**52h**[69]、**53**[70]和 **54**[71]及类似物等，都可以用于构建DSSC。这些染料都带有一个或两个羧基，它们本身可以形成八元环双氢键，也可以与溶剂、电解质及光电极形成氢键。氢键对于它们构建的光伏电池的性能影响显著，但这种影响可以是正面的，也可能是负面的。**53** 和 **54** 分别被称为 D149和 N719，是应用最广泛的商品化的有机染料。

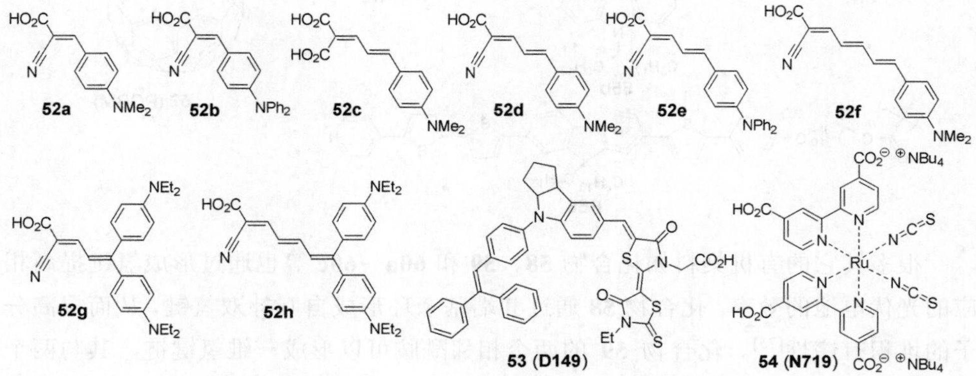

13.6 有机光伏（OPV）材料

有机光伏电池本体异质结（BHJ）的能量转换效率取决于很多因素，就有机共轭供受体来说，与其光吸收、HOMO 和 LUMO、能带隙关系以及相互作用等密切相关。为了进一步改进这些因素以获得更高的光伏效率，除了理性的分子设计外，提高 BHJ 的效率还需要供受体分子或大分子形成具有最大接触界面的复合体，以产生激子分离和与激子扩散长度相当的平均区域尺度。因此，有机共轭供受体复合体应该产生适当尺度规模的相分离，以使每一相区内产生最大结构有序性，从而有利于向电极的连续电荷传输及降低自由电荷的重新结合[72]。对于很多供受体体系，氢键可以用于提高分子水平的有序性、增强分子的刚性、促进界面电子转移、减少电荷陷阱位点以及延长装置寿命等[73]。

两端并入噻吩氰基丙烯酸的咔唑分子 **55a** 和 **55b** 可作为供体光伏染料，其两端的羧基与异丁烯酸酯聚合物 **P56** 侧链端位的吡啶可以形成氢键，从而形成有序的双螺旋交联超分子聚合物组装体，咔唑单元在一维空间堆积形成层状结构[74]。这一氢键组装体作为 BHJ OPV 电池器件的活化层与作为电子受体的被称为PCBM 的商品化试剂 **57** 掺杂，能够展示较高的能量转换效率，与不加聚合物 **P56** 的相应装置相比，效率显著提高。

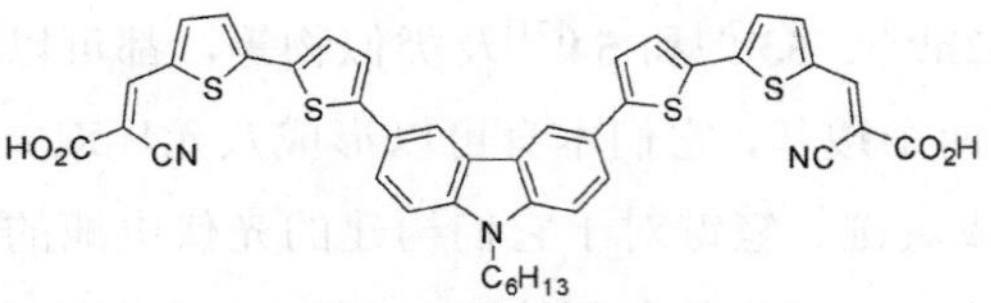

55a

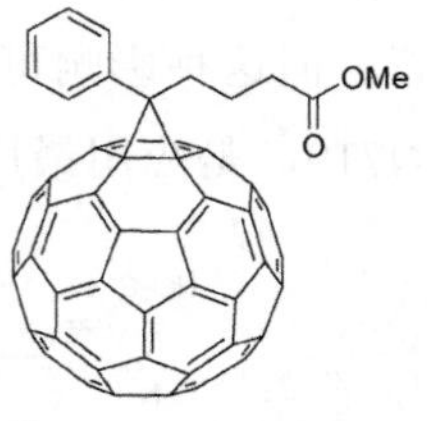

57 (PCBM)

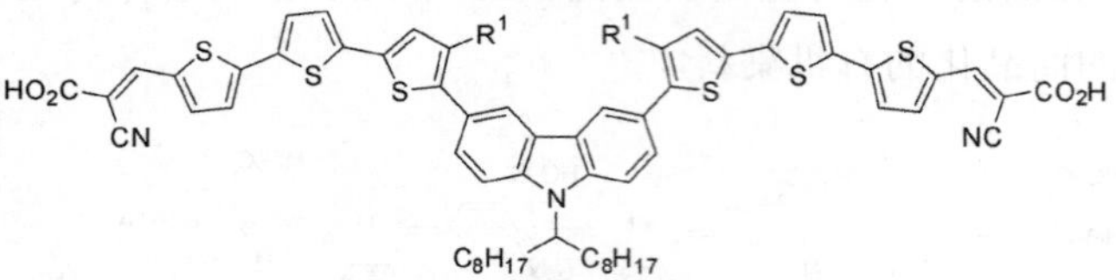

55b

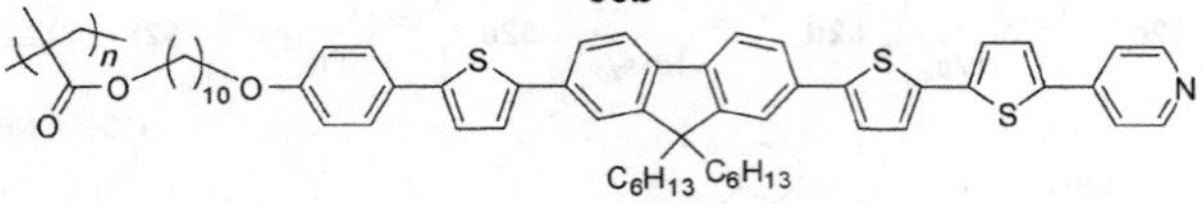

P56

很多其它的有机染料如化合物 **58**、**59** 和 **60a**～**60c** 等也通过形成氢键提高相应的光伏电池的效率。化合物 **58** 通过其端基杂环形成自互补双氢键，从而提高分子的堆积有序性[75]。化合物 **59** 的两个相邻酰胺可以形成一维氢键链，其与两个共轭基团的分子间堆积作用协同诱导产生长的超分子纳米线[76]。化合物 **60a**～**60c** 的两端的酰胺通过分子间氢键诱导线性骨架形成一维堆积[77]。在所有这些分子构建的 OPV 装置中，氢键诱导产生的增强的有序结构都能够提高相应器件的能量转换效率。

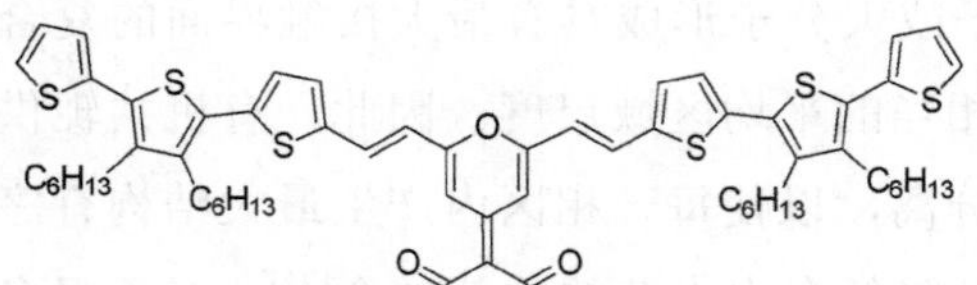

58

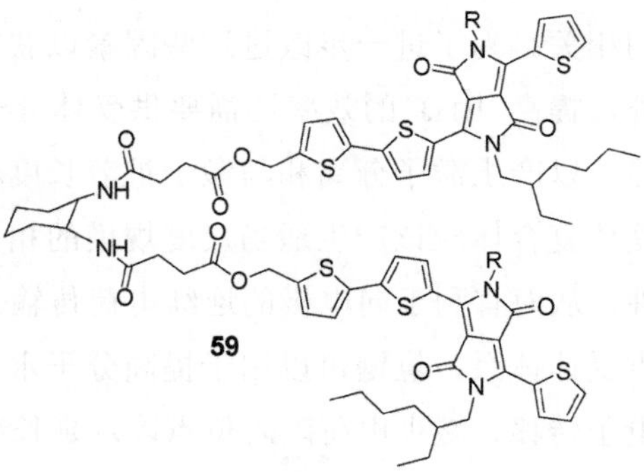

59

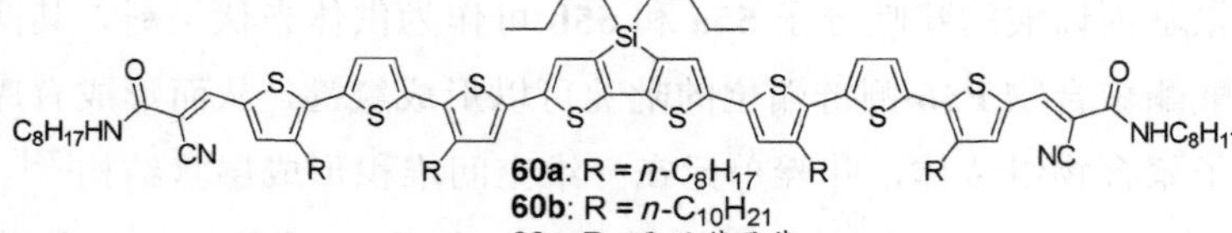

60a: R = n-C_8H_{17}
60b: R = n-$C_{10}H_{21}$
60c: R = 2-乙基己基

共轭寡聚体具有确定的电子和光物理性质，但缺乏相应聚合物结构拥有的链缠绕特性。并入寡聚苯乙烯的 UPy 分子 **61** 可以通过四氢键结合模式形成超分子聚合物，其与 PCBM 电子受体形成的 OPV 电池的短路电流和开路电压与相应的不能形成超分子聚合物的类似物相比，都得到显著提高[78]。

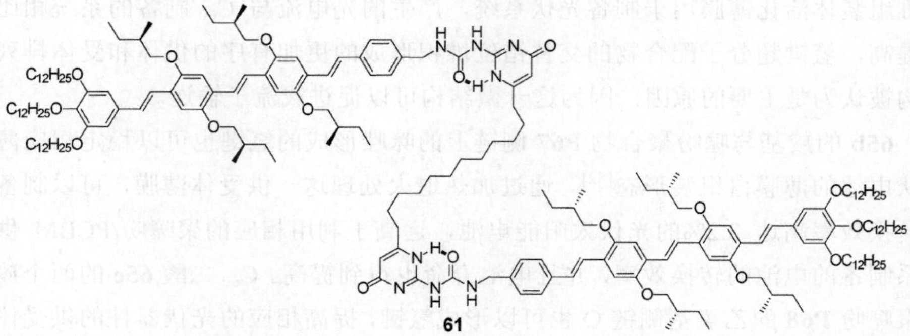

61

方酸染料 **62a** 和 **62b** 也可以作为活性共轭材料用于构建 OPV 装置[79]。这些分子可以与作为电子受体的 C_{70} 衍生物 **63** 混合形成活性层。溶液相处理的 BHJ 光伏电池可以展示 4.0%的能量转换效率。每个分子的四个 OH 基团形成分子内氢键，显著降低了方酸供体的 HOMO 能级，与带有两个 OH 基团或不带 OH 基团的类似物比较，其 OPV 器件能够展示更高的开路电压。

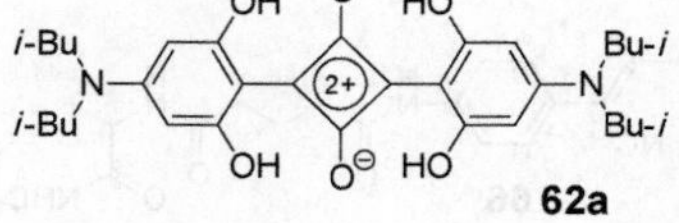

62a

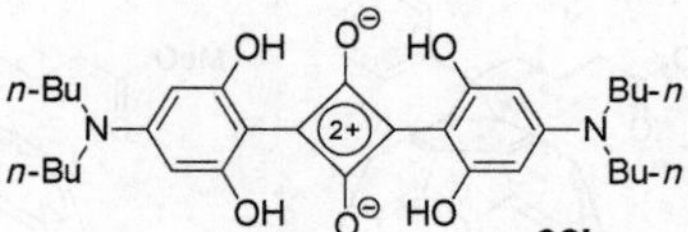

62b

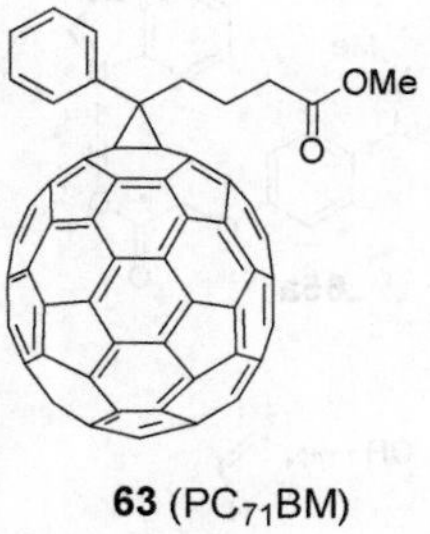

63 ($PC_{71}BM$)

化合物 **57** 是在 BHJ 光伏器件研究中应用最广泛的 C_{60} 电子受体。化合物 **64a**～**64c** 作为电子受体的性能也得到了研究，这些酰胺衍生物可以形成分子间氢键[80]。与 **57** 相比，这些分子间氢键改变了 C_{60} 的簇集，溶解性及旋涂膜的微观形态也发生了变化，但与 **57** 相比，相应的光伏性能没有得到明显提高。

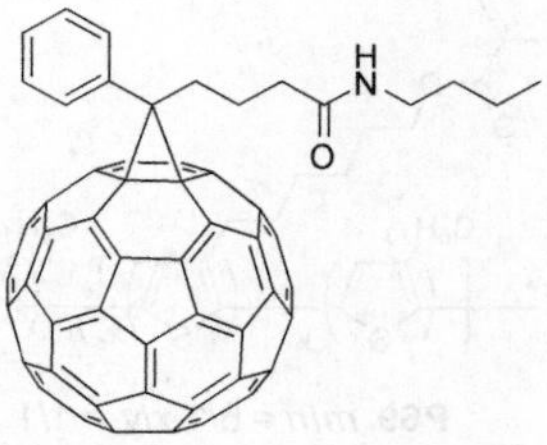

64a 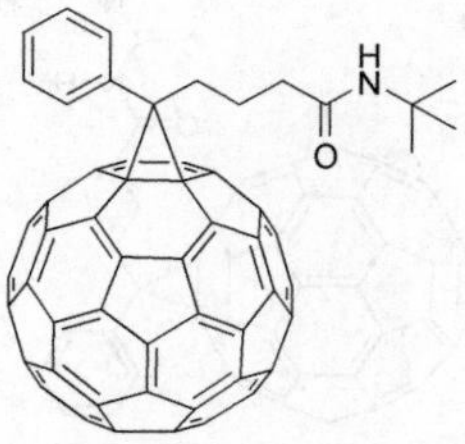 **64b** 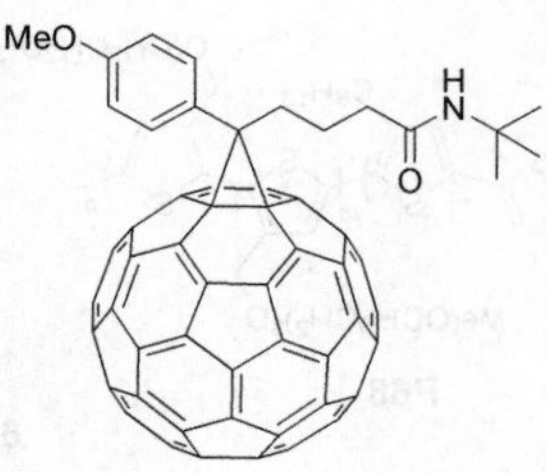 **64c**

很多 C_{60} 酸衍生物也可以作为电子受体构建 BHJ 光伏电子。例如，化合物 **65a** 与共轭电子受体染料 **66** 形成盐桥型氢键，诱导产生超分子凝胶[81]。由此产生的一维组装体活化薄膜用于制备光伏系统，产生的光电流与 C_{60} 制备的系统相比明显提高，氢键超分子配合物的交替错位堆积形成的更加有序的供体和受体排列微结构被认为是主要的原因，因为这一微结构可以促进载流子输送。

65b 的羧基与噻吩聚合物 **P67** 侧链上的咪唑形成的氢键也可以稳定相应薄膜光伏电池的薄膜自组装形态[82]。通过加热退火处理这一供受体薄膜，可以制备能量转换效率高达 3.2%的光伏太阳能电池，远高于利用相应的聚噻吩/PCBM 供受体系制备的电池的转换效率，并且电池寿命也得到提高。C_{60} 二酸 **65c** 的两个羧基与聚噻吩 **P68** 的乙氧基侧链 O 也可以形成氢键，提高相应的光伏器件的供受体层微观有序性和器件稳定性，相应的 BHJ 太阳能电池的光转换效率与由二酯 **65d** 构建的器件相比也得到提升[73]。通过其它的氢键也可以实现类似提高光伏电池能量转换效率的目的[83]。例如，通过互补三氢键二聚体构建的 **P69/65e** 供受体体系，其共混层稳定性得到提高，相应的太阳能电池的热稳定性也得到提高，并且活化层具有长距离的有序性。

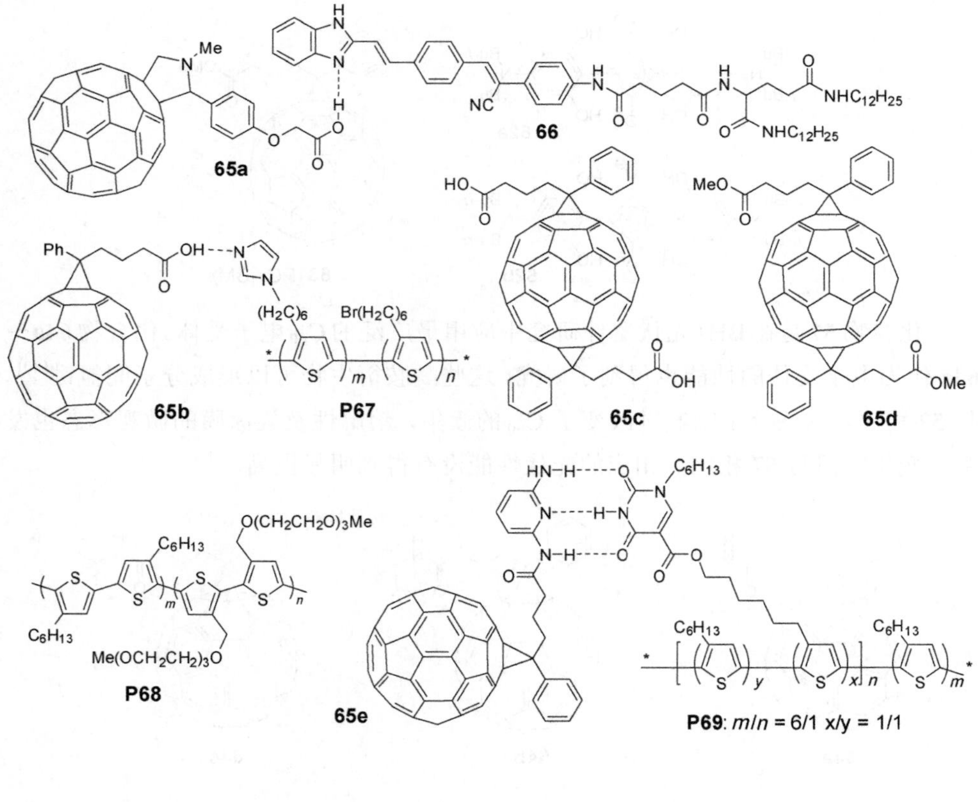

65a　**66**　**65b**　**P67**　**65c**　**65d**　**P68**　**65e**

P69: m/n = 6/1 x/y = 1/1

噻吩聚合物 **P70a**～**P70d** 的侧链端位羧基可以形成八元环双氢键[84]。对这些聚合物的光电和光物理性质的研究表明，它们与 C_{60} 受体 **57** 混合构建的 BHJ 光活性层都可以制备 OPC 器件，其中氢键的调控更适合于制备柔性的器件，这其中 **P70c** 制备的器件的光转换效率最高。

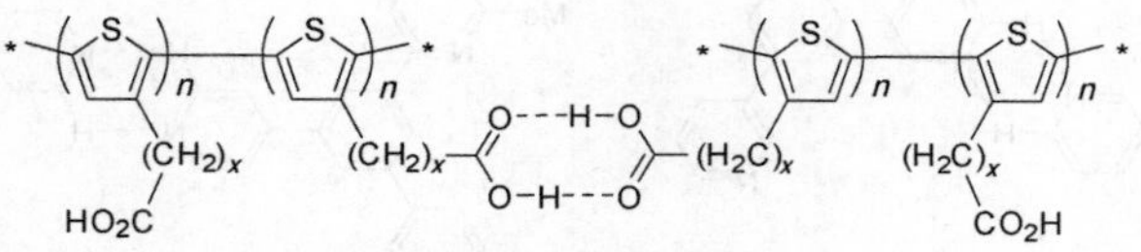

P70a～**P70d**：x = 3, 4, 5, 6

13.7 有机发光二极管

有机发光二极管（OLEDs）利用电压驱动共轭有机或大分子材料发光，有机分子的发光性能主要取决于分子本身，但通过氢键等非共价键作用控制分子的自组装和微观形貌，也可以提高其发光性能。化合物 **71a**～**71f** 的二氟二吡咯硼配合物（Bodipy）是重要的共轭发光染料，最大发射波长在 550 nm 和 635 nm，分别来自于分离分子和由 C—H…F 氢键驱动形成的二聚体[85]。用化合物 **71a** 掺杂三(8-羟基喹啉)铝（Alq_3）配合物薄膜可以制备 OLED 器件，在其 Alq3 和 Bobipy 之间能够实现有效的能量转移。在低掺杂浓度（7 mol%）下，器件可以发射黄光（550 nm），而在高掺杂浓度下（19 mol%），则发出红光，表明掺杂的化合物仍然可以形成氢键二聚体。

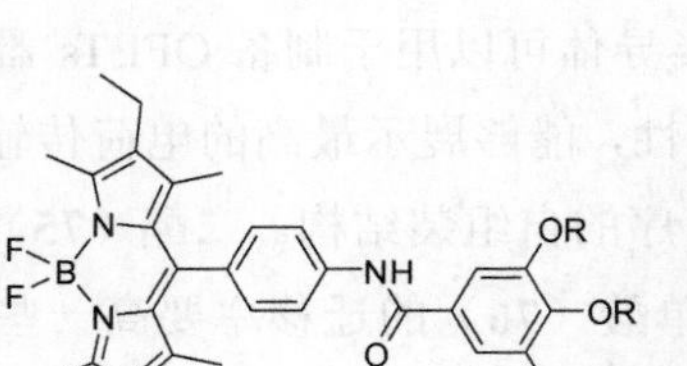

71a: R = Me
71b: R = n-C_8H_{17}
71c: R = n-$C_{10}H_{21}$
71d: R = n-$C_{12}H_{25}$
71e: R = n-$C_{16}H_{33}$
71f: R = n-$C_{20}H_{41}$

化合物 **72a** 和 **72b** 可以形成弱的 C—H…N 氢键[86]。在不存在溶剂的情况下，这一氢键可以在经真空沉积的薄膜内诱导两个分子形成有序的二聚体结构。这一二聚体结构能够提高 OLED 器件内分子的载流子迁移率。

化合物 **73a** 和 **73b** 的两个亚胺通过两个分子内氢键稳定[87]。这两个分子都具有簇集诱导发光性能，两端不同的取代基可以诱导发出不同的光（绿色、黄色和橙色等）和微观形貌，可用于制备 OLED 器件。在水和 THF 混合溶剂中，化合物 **73d** 还可以通过调节两个溶剂的比例控制发射绿色、黄色和橙色等。

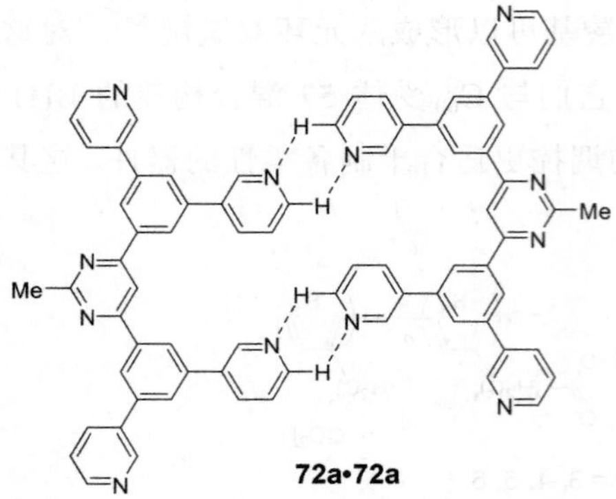

72a•72a 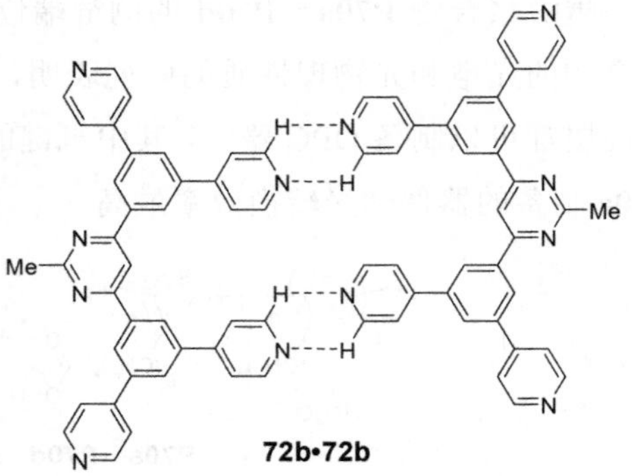　72b•72b

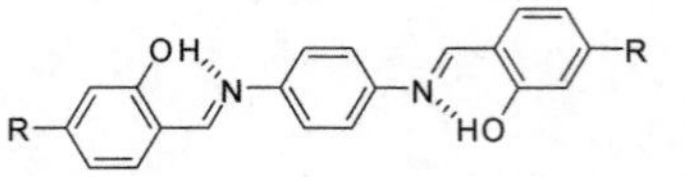

73a: R = OMe, 73b: R = Me
73c: R = H, 73d: R = OH

第 11 章中的化合物 **15**～**17** 可以通过 UPy 四氢键形成超分子聚合物。三个化合物混合在一起形成嵌段型超分子聚合物，通过调节三个分子的比例，可以调制出包括白光的不同的发光组装体，并可以应用于制备 OLED 器件。

13.8 有机场效应二极管

在有机场效应二极管（OFETs）内，共轭有机分子和高分子半导体作为核心组分，起到输送电荷载流子的目的。半导体分子在固态中的排列结构很大程度上决定了相应的 OFETs 器件的热力学、化学稳定性和电荷载流子迁移率等。在一系列有机半导体 OFETs 器件设计中，氢键对于提高其性能都发挥了重要作用。化合物 **74**～**76** 中间的二苯基二噻吩作为有机半导体可以用于制备 OFETs 器件[88]。相对于化合物 **75** 和 **76**，**74** 具有最高的热稳定性，能够展示最高的电荷传输性能，主要是由于其两端的羧基能够促进形成二维有序的自组装结构。二酯（**75**）只给出非常低的场效应迁移率和极低的开-关比，而单酸（**76**）的迁移率要高一些，这也被归因于其通过氢键促进的由单层膜向二维晶体转换的自修复能力。相对于 **75**，**74** 和 **76** 的开启电压值也更接近，也说明这两个分子的羧基形成氢键的作用。

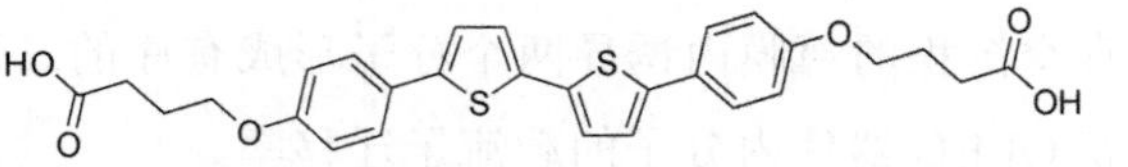

74

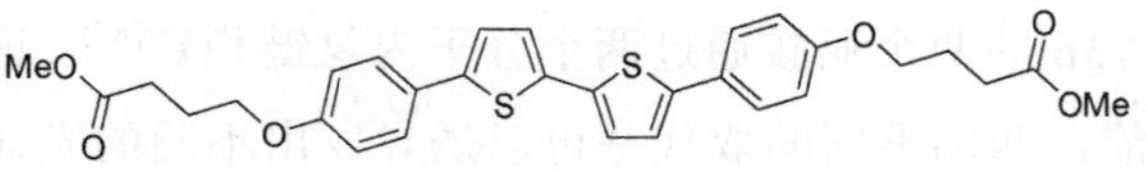

75

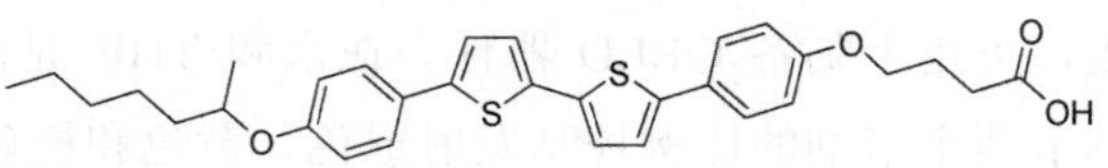

76

化合物 **77** 和 **78** 两端的羧基和羟基也可以通过形成氢键促进共轭板块堆积形成有序的微观结构，从而提高它们的半导体性能[89,90]。对相应的 OFET 器件性能的研究揭示，**77** 的羧基能通过形成氢键促进绝缘层上表面陷阱的钝化，导致结晶性活性通道的形成。与相应的二酯制备的二极管相比，**77** 制备的二极管的阈值电压降低了 9 倍，而空穴迁移率提高了两个数量级，表明氢键促进有序分子组装体对于提高 OFET 器件性能的有效性。利用羟基氢键的促进作用，化合物 **78** 可以实现薄膜晶体的叠层生长，由此构建的薄膜晶体管器件具有比其它六聚噻吩更高的电荷载流子迁移率和开/关比，并且器件稳定性也得到提高。

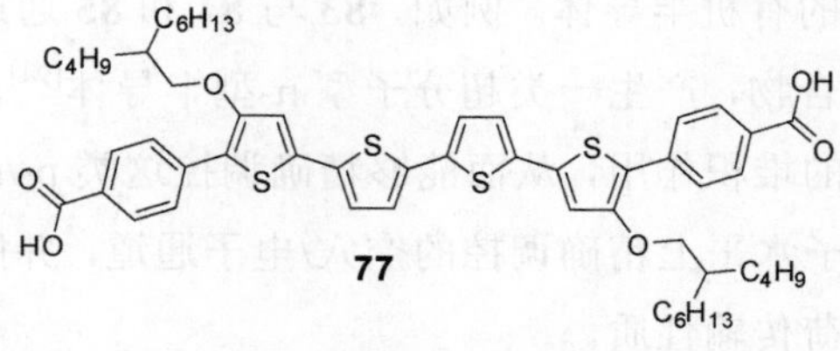

77　**78**　**79**

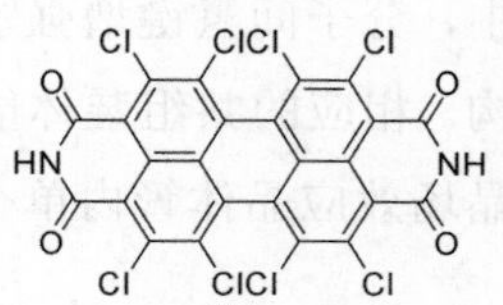

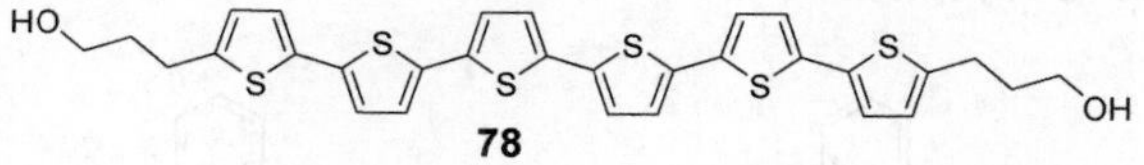

化合物 **79** 八个 Cl 原子的引入使得中间的苝环发生扭曲，而两个内酰胺基团能形成分子间氢键，从而促进骨架的有序堆积，并控制着共轭骨架的层间电子转移的渗透通路[91]。由这一分子作为 n-型半导体制备的场效应晶体管具有空气稳定性，展示出优良的电子迁移率及很高的开/关比。

化合物 **80** 和 **81** 的骨架具有较低的共轭性，但在 OFETs 器件中二者都展示出很好的载流子迁移率和开/关比[92]。一个重要的原因是这两个化合物都能形成较强的分子间氢键，从而诱导其形成高度有序的自组装结构。氢键也提高了分子的稳定性，使得器件能在空气中操纵，并达到超过 140 天的稳定性。化合物 **82a～f** 是典型的缺电性共轭分子，作为 n-型半导体它们可以用于制备 n-通道薄膜晶体管[93]。系统研究表明，引入更多的 F 原子和 N 原子降低了骨架的 LUMO 能级，有利于场效应迁移率的提高。所有这些分子都能形成弱的分子间 C—H···X（X = O, N, F）氢键，这些氢键显著提高了分子的半导体性质。

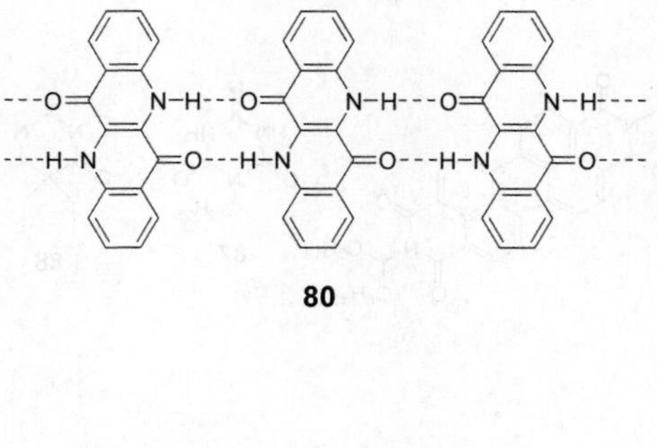

80 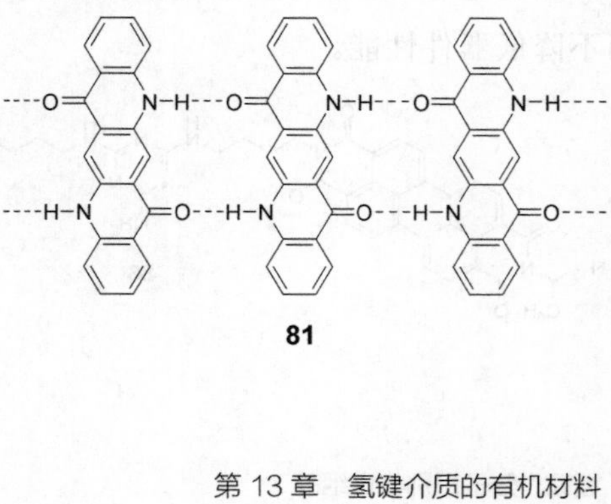　**81**

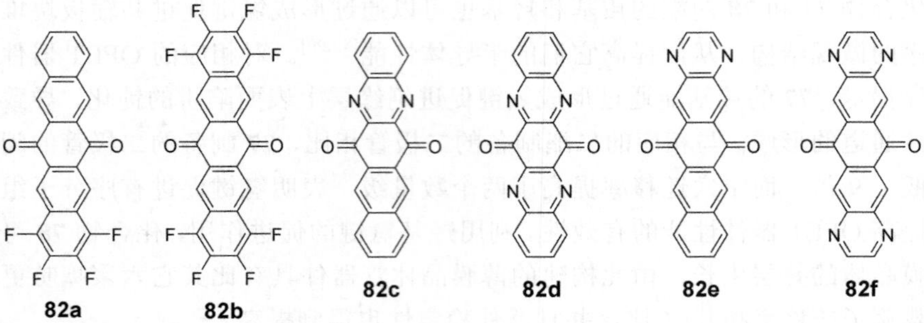

82a 82b 82c 82d 82e 82f

通过氢键还可以设计超分子型的有机半导体。例如，**83**与**84**和**85**通过分子间三氢键形成1∶1和1∶2型的配合物，产生一类超分子型n-型半导体[94]。在晶体中，分子间氢键增强了骨架分子的堆积作用，从而能够精确调控这类p-/n-异质结构。相应的共组装体能够产生分子水平上精确调控的空穴/电子通道，并能保持单晶场效应晶体管内单个组分的电荷传输性质。

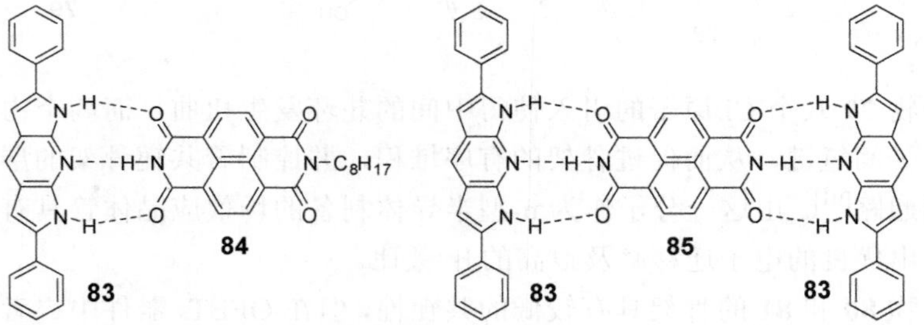

83 84 83 85 83

在低极性有机溶剂中，连有两个苝四甲酰二亚胺电子受体的三聚氰胺（**86**）与三聚氰酸（**87**）和巴比妥酰胺（**88**）结合，通过互补三氢键（**P89**）形成扩展型的超分子聚合物带[95]，这一氢键模式比**86**本身形成的双氢键阵列（**P90**）稳定。相应组装体可以旋涂并经热力学退火后，可以形成层状组装体薄膜，用于构建OFETs器件的电子传输层。尽管器件的电子传输效率较低，化合物**87**和**88**的加入确实通过与**86**形成氢键超分子聚合物提高了混合电荷传输材料的溶液加工性，而不降低器件性能。

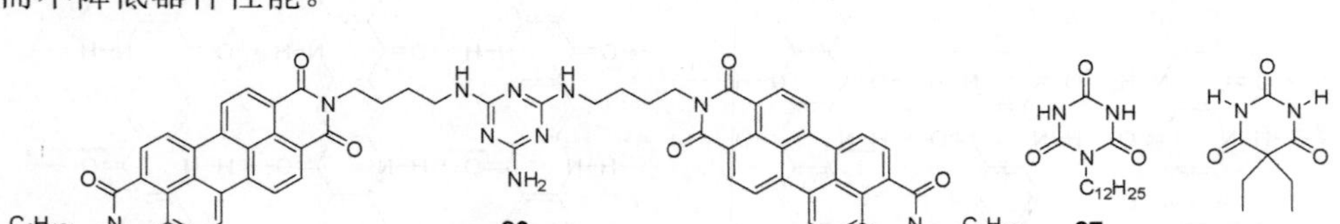

86 87 88

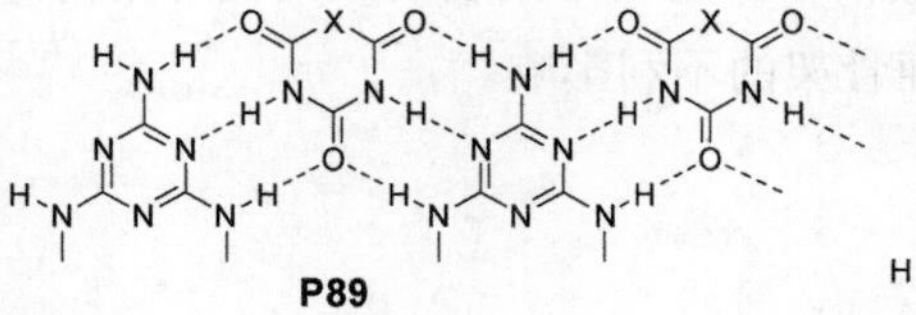

P89 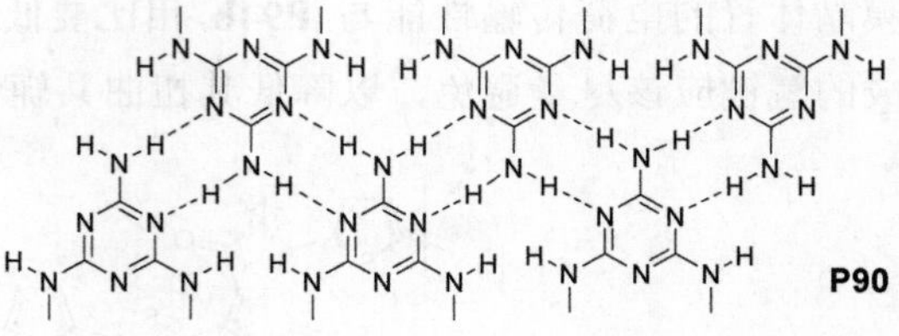　　　　　　P90

化合物 **91a** 和 **91b** 中间的萘四甲酰二亚胺基团是一个 n-型有机半导体，其两端的两个酰胺基团在溶液中和固态都能诱导线性分子堆积形成有序结构[96]。但与相应的二酯相比，这两个酰胺衍生物的电子迁移率反而降低。方向性的酰胺氢键限制了电荷传输的路径被认为是一个重要原因，因为在二酯类似物的晶体三维结构中，二酯之间缺乏重要的作用力，电荷传输路径的自由度反而更高。

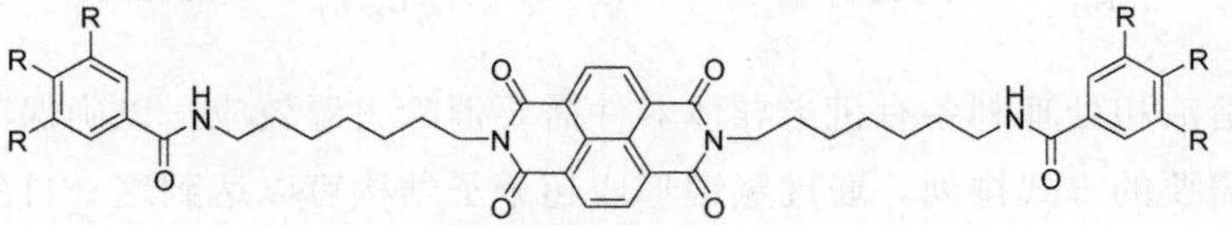

91a: R = H，**91b**: R = $OC_{12}H_{25}$

并入寡聚噻吩和并吡咯酮的共轭分子是优良的 p-型半导体，化合物 **92a** 和 **92b** 即是两个代表性的例子[97]。两端的脂肪链提供了可加工性，而并吡咯酮的酰胺基团可以形成分子间氢键，驱使骨架在薄膜层中有序排列，从而显著改善它们的电子性质和场效应晶体性能。

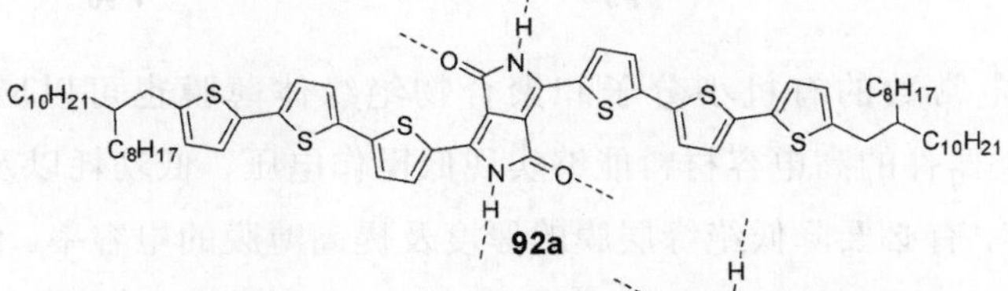

92a

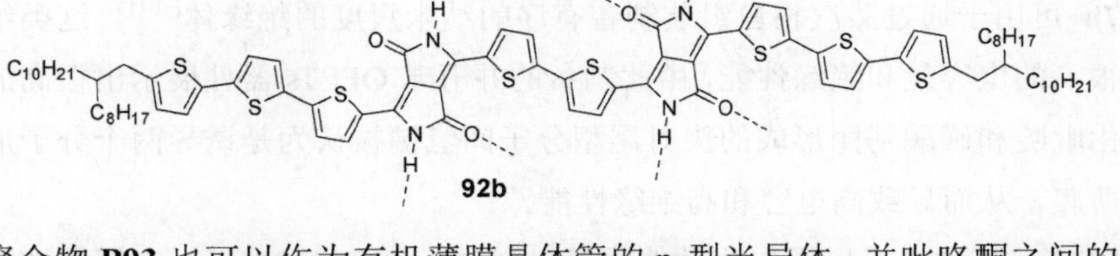

92b

聚合物 **P93** 也可以作为有机薄膜晶体管的 p-型半导体，并吡咯酮之间的氢键有利于骨架形成有序的结晶性结构，从而改变其半导体性能[98]。并入咔唑的聚合物 **P94a** 和 **P94b** 也具有 p-型半导体功能[99]。**P94a** 的咔唑 NH 可以与并吡咯酮羰基 O 形成分子间氢键，这一氢键对薄膜微观形貌和电子传输性能产生重要影响。氢键导致 **P94a** 的共轭骨架更加扭曲及较低的堆积有序性。因此，**P94a** 的有机薄膜晶体管的电荷传输性能与 **P94b** 相比要低很多。这一结果表明，共轭骨架内形成的氢键应该尽量避免，以降低其扭曲共轭骨架的不利影响。

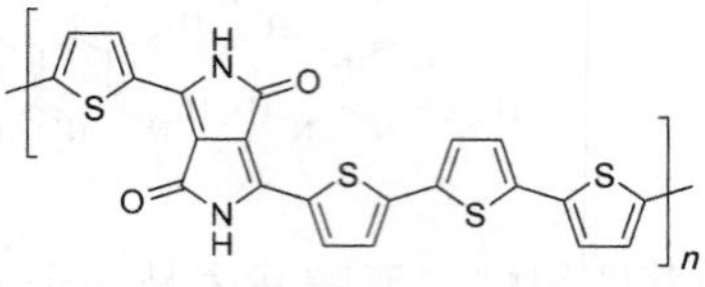

P93

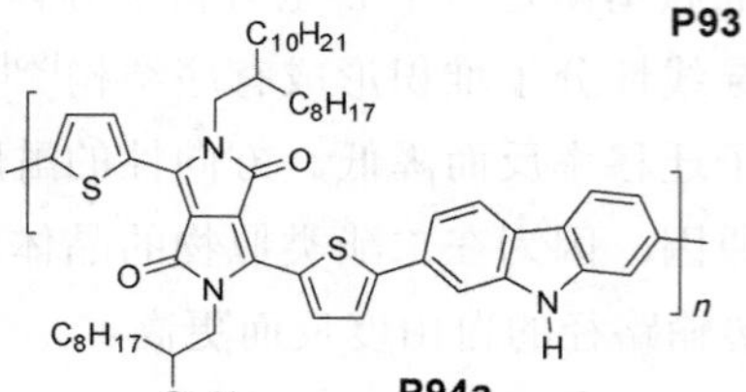

P94a

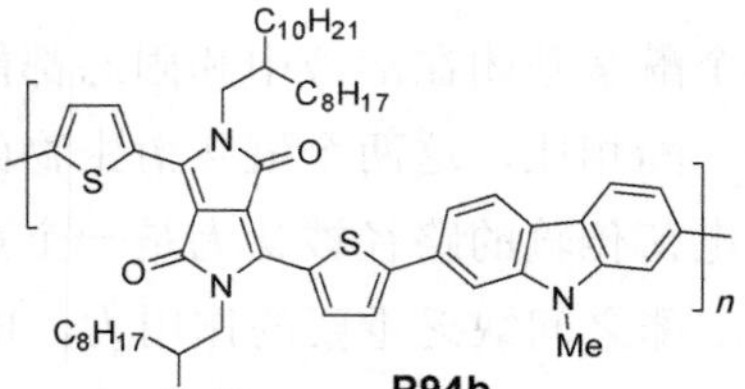

P94b

通过溶液相处理制备有机半导体器件需要消除去湿效应，以确保薄膜均匀性和分子按需要的方式排列。通过氢键形成超分子结构可以达到这一目的。例如，四噻吩 p-型半导体分子 **95** 可以通过 OH 与聚吡啶乙烯（**P96**）形成氢键[100]。在 OFET 器件薄膜中，这一结合诱导混合物组装形成纳米尺度的微区域，并保持 **95** 在器件中的场效应迁移率与纯的样品相当。

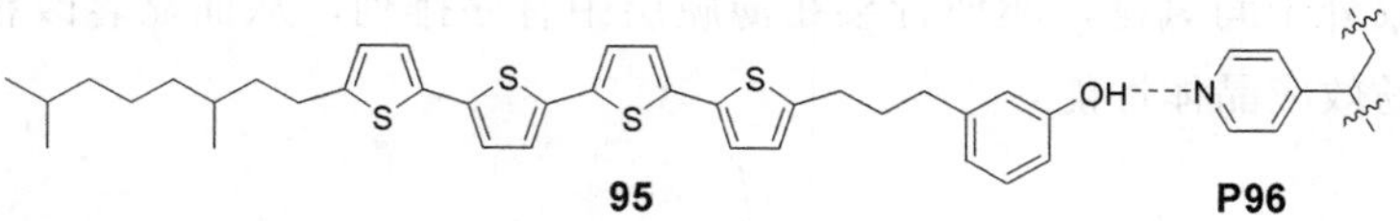

95　P96

具有大的介电常数的有机小分子和聚合物绝缘体薄膜也可以应用于发展 OFETs 器件。这类器件的高电容材料能够实现低操作电压、低功耗以及改进的性能。为获得高电容，有必要降低绝缘层膜的厚度及提高薄膜的电容率。化合物 **97a** 和 **97b** 可用于通过蒸汽相自组装制备有序的纳米尺度的绝缘体[101]。这类绝缘体具有很高的电容量和绝缘性能，由此制备的并五苯 OFETs 器件展示出很高的迁移率。由吡啶和磺酸基团形成的头对尾型分子间氢键被认为是诱导两个分子形成有序的薄膜，从而导致高电容和高绝缘性能。

OFETs 器件也可以用作化学传感器。例如，化合物 **98** 可以与挥发性的神经毒剂类似物二甲基甲基磷酸酯 DMMP 形成氢键[102]。当用 **98** 作为有机半导体 **99** 制备的双层膜器件结构内的岛型重叠层时，受分子间氢键驱动，双层膜器件能够稳定的感应 300×10^{-6} 浓度的 DMMP 蒸汽。

97a　　97b

98　　DMMP　　99

参 考 文 献

[1] L. N. Lucas, J. van Esch, B. L. Feringa, R. M. Kellogg, Photocontrolled self-assembly of molecular switches. *Chem. Commun.* **2001**, 759-760.

[2] T. Fenske, H.-G. Korth, A. Mohr, C. Schmuck, Advances in switchable supramolecular nanoassemblies. *Chem. Eur. J.* **2012**, *18*, 738-755.

[3] I. Pochorovski, M. O. Ebert, J. P. Gisselbrecht, C. Boudon, W. B. Schweizer, F. Diederich, Redox-switchable resorcin[4]arene cavitands: molecular grippers. *J. Am. Chem. Soc.* **2012**, *134*, 14702-14705.

[4] X. Su, I. Aprahamian, Hydrazone-based switches, metallo-assemblies and sensors. *Chem. Soc. Rev.* **2014**, *43*, 1963–1981.

[5] L. A. Tatum, X. Su, I. Aprahamian, Simple hydrazone building blocks for complicated functional materials. *Acc. Chem. Res.* **2014**, *47*, 2141-2149.

[6] D.-W. Zhang, X. Zhao, J.-L. Hou, Z.-T. Li, Aromatic amide foldamers: structures, properties, and functions. *Chem. Rev.* **2012**, *112*, 5271-5316.

[7] D. Kanamori, T. Okamura, H. Yamamoto, N. Ueyama, Linear-to-turn conformational switching induced by deprotonation of unsymmetrically linked phenolic oligoamides. *Angew. Chem. Int. Ed.* **2005**, *44*, 969-972.

[8] Z.-M. Shi, J. Huang, Z. Ma, X. Zhao, Z. Guan, Z.-T. Li, Foldamers as cross-links for tuning the dynamic mechanical property of methacrylate copolymers. *Macromolecules* **2010**, *43*, 6185-6192.

[9] K.-D. Zhang, X. Zhao, G.-T. Wang, Y. Liu, Y. Zhang, H.-J. Lu, X.-K. Jiang, Z.-T. Li, Foldamer-tuned switching kinetics and metastability of [2]rotaxanes. *Angew. Chem. Int. Ed.* **2011**, *50*, 9866-9870.

[10] W.-K. Wang, Z.-Y. Xu, Y.-C. Zhang, H. Wang, D.-W. Zhang, Y. Liu, Z.-T. Li, A tristable [2]rotaxane that is doubly gated by foldamer and azobenzene kinetic barriers. *Chem. Commun.* **2016**, *52*, 7490-7493.

[11] D. Pauluth, K. Tarumi, Advanced liquid crystals for television. *J. Mater. Chem.* **2004**, *14*, 1219-1227.

[12] Takashi Kato, Norihiro Mizoshita, and Kenji Kishimoto, Functional liquid-crystalline assemblies: self-organized soft materials. *Angew. Chem. Int. Ed.* **2006**, *45*, 38-68.

[13] X.-H. Cheng, H.-F. Gao, Hydrogen bonding for supramolecular liquid crystals. *Lecture Notes in Chemistry* **2015**, *88*, 133-183.

[14] D. J. Broer, C. M. W. Bastiaansen, M. G. Debije, A. P. H. J. Schenning, Functional organic materials based on polymerized liquid-crystal monomers: supramolecular hydrogen-bonded systems. *Angew. Chem. Int. Ed.* **2012**, *51*, 7102-7109.

[15] T. Kato, J. M. J. Fréchet, A new approach to mesophase stabilization through hydrogen bonding molecular

interactions in binary mixtures. *J. Am. Chem. Soc.* **1989**, *111*, 8533-8534.

[16] M. J. Brienne, J. Gabard, J.-M. Lehn, I. Stibor, Macroscopic expression of molecular recognition. Supramolecular liquid crystalline phases induced by association of complementary heterocyclic components. *J. Chem. Soc. Chem. Commun.* **1989**, 1868-1870.

[17] C. Alexander, C. P. Jariwala, C. M. Lee, A. C. Griffin, Self-assembly of main chain liquid crystalline polymers via heteromeric hydrogen bonding. *Macromol. Symp.* **1994**, *77*, 283-294.

[18] T. Kato, J. M. J. Fréchet, Stabilization of a liquid-crystalline phase through noncovalent interaction with a polymer side chain. *Macromolecules* **1989**, *22*, 3818-3819.

[19] D. W. Bruce, Halogen-bonded liquid crystals. *Struct. Bond.* **2008**, *126*, 161-180.

[20] D. W. Bruce, P. Metrangolo, F. Meyer, T. Pilati, C. Praesang, G. Resnati, G. Terraneo, S. G. Wainwright, A. C. Whitwood, Structure–function relationships in liquid-crystalline halogen-bonded complexes. *Chem. Eur. J.* **2010**, *16*, 9511-9524.

[21] T. Kato, J. M. J. Frechet, P. G. Wilson, T. Saito, T. Uryu, A. Fujishima, C. Jin, F. Kaneuchi, Hydrogen-bonded liquid crystals. Novel mesogens incorporating nonmesogenic bipyridyl compounds through complexation between hydrogen-bond donor and acceptor moieties. *Chem. Mater.* **1993**, *5*, 1094-1100.

[22] H. Bernhardt, H. Kresse, W. Weissflog, Construction of polycatenar mesogens exhibiting columnar phases by hydrogen-bonds. *Mol. Cryst. Liq. Cryst.* **1997**, *301*, 25-30.

[23] A. Pérez, N. Gimeno, F. Vera, M. B. Ros, J. L. Serrano, R. M. De la Fuente, New H-bonded complexes and their supramolecular liquid-crystalline organizations. *Eur. J. Org. Chem.* **2008**, 826-823.

[24] Q. Hou, S. Wang, L. Zang, X. Wang, S. Jiang, Hydrogen-bonding $A(LS)_2$-type low-molecular-mass gelator and its thermotropic mesomorphic behavior. *J. Colloid. Interf. Sci.* **2009**, *338*, 463-467.

[25] R. Kleppinger, C. P. Lillya, C. Yang, Self-assembling discotic mesogens. *Angew. Chem. Int. Ed. Engl.* **1995**, *34*, 1637-1638.

[26] M. Suárez, J.-M. Lehn, S. C. Zimmerman, A. Skoulios, B. Heinrich, Supramolecular liquid crystals. self-assembly of a trimeric supramolecular disk and its self-organization into a columnar discotic mesophase *J. Am. Chem. Soc.* **1998**, *120*, 9526-9532.

[27] T. Kato, T. Matsuoka, M. Nishii, Y. Kamikawa, K. Kanie, T. Nishimura, E. Yashima, S. Ujii, Supramolecular chirality of thermotropic liquid-crystalline folic acid derivatives. *Angew. Chem. Int. Ed.* **2004**, *43*, 1969-1972.

[28] J. Barberá, L. Puig, P. Romero, J. L. Serrano, T. Sierra, Supramolecular helical mesomorphic polymers. Chiral induction through H-bonding. *J. Am. Chem. Soc.* **2005**, *127*, 458-464.

[29] T. Vera, R. M. Tejedor, P. Romero, J. Barber, M. B. Ros, J. L. Serrano, T. Sierra, Light-driven supramolecular chirality in propeller-like hydrogen-bonded complexes that show columnar mesomorphism. *Angew. Chem. Int. Ed.* **2007**, *46*, 1873-1877.

[30] A. A. Vieira, H. Gallardo, J. Barberá, P. Romero, J. L. Serranob, T. Sierra, Luminescent columnar liquid crystals generated by self-assembly of 1,3,4-oxadiazole derivatives. *J. Mater. Chem.* **2011**, *21*, 5916-5922.

[31] M. Xu, L. Chen, Y. Zhou, T. Yi, F. Li, C. Huang, Multiresponsive self-assembled liquid crystals with azobenzene groups. *J. Colloid. Interf. Sci.* **2008**, *326*, 496-502.

[32] M.-H. Ryu, J.-W. Choi, H.-J. Kim, N. Park, B. Cho, Complementary hydrogen bonding between a clicked C_3-symmetric triazole derivative and carboxylic acids for columnar liquid-crystalline assemblies. *Angew. Chem. Int. Ed.* **2011**, *50*, 5737-5740.

[33] Y. Matsunaga, N. Miyajima, Y. Nakayasu, S. Sakai, M. Yonenaga, Design of novel mesomorphic compounds: *N,N',N''*-trialkyl-1,3,5-benzenetricarboxamides. *Bull. Chem. Soc. Jpn* **1988**, *61*, 207-210.

[34] M. L. Bushey, A. Hwang, P. W. Stephens, C. Nuckolls, Enforced stacking in crowded arenes. *J. Am. Chem. Soc.* **2001**, *123*, 8157-8158.

[35] M. L. Bushey, T. Q. Nguyen, W. Zhang, D. Horoszewski, C. Nuckolls, Using hydrogen bonds to direct the assembly of crowded aromatics. *Angew. Chem. Int. Ed.* **2004**, *43*, 5446-5453.

[36] J. J. van Grop, J. A. J. M. Vekemans, E. W. Meijer, C_3-Symmetrical supramolecular architectures: fibers and organic gels from discotic trisamides and trisureas. *J. Am. Chem. Soc.* **2002**, *124*, 14759-14768.

[37] M. L. Bushey, A. Hwang, P. W. Stephens, C. Nuckolls, The consequences of chirality in crowded arenes—macromolecular helicity, hierarchical ordering, and directed assembly. *Angew. Chem. Int. Ed.* **2002**, *41*, 2828-2831.

[38] Y. Huang, Y. Cong, J. Li, D. Wang, J. Zhang, L. Xu, W. Li, L. Li, G. Pan, C. Yang, Anisotropic ionic conductivities in lyotropic supramolecular liquid crystals. *Chem. Commun.* **2009**, 7560-7562.

[39] I. Paraschiv, K. de Lange, M. Giesbers, B. van Lagen, F. C. Grozema, R. D. Abellon, L. D. A. Siebbeles, E. J. R. Sudhölter, H. Zuilhof, A. T. M. Marcelis, Hydrogen-bond stabilized columnar discotic benzene-trisamides with pendant triphenylene groups. *J. Mater. Chem.* **2008**, *18*, 5475-5481.

[40] J.-H. Wan, L.-Y. Mao, Y.-B. Li, Z.-F. Li, H.-Y. Qiu, C. Wang, G.-Q. Lai, Self-assembly of novel fluorescent silole derivatives into different supramolecular aggregates: fibre, liquid crystal and monolayer. *Soft Matter* **2010**, *6*, 3195-3201.

[41] K. Kishikawa, S. Nakahara, Y. Nishikawa, S. Kohmoto, M. Yamamoto, A ferroelectrically switchable columnar liquid crystal phase with achiral molecules: Superstructures and properties of liquid crystalline ureas. *J. Am. Chem. Soc.* **2005**, *127*, 2565-2571.

[42] C. V. Yelamaggad, G. Shanker, R. V. R. Rao, D. S. S. Rao, S. K. Prasad, V. V. S. Babu, Supramolecular helical fluid columns from self-assembly of homomeric dipeptides. *Chem. Eur. J.* **2008**, *14*, 10462-10471.

[43] G. Shanker, M. Prehm, C. V. Yelamaggad, C. Tschierske, Benzylidenehydrazine based room temperature columnar liquid crystals. *J. Mater. Chem.* **2011**, *21*, 5307-5311.

[44] X. Dou, W. Pisula, J. Wu, G. J. Bodwell, K. Müllen, Reinforced self-assembly of hexa-peri-hexabenzocoronenes by hydrogen bonds: from microscopic aggregates to macroscopic fluorescent organogels. *Chem. Eur. J.* **2008**, *14*, 240-249.

[45] K. Borisch, S. Diele, P. Göring, C. Tschierske, Molecular design of amphitropic liquid crystalline carbohydrates–amphiphilic *N*-methyl-glucamides exhibiting lamellar, columnar or cubic mesophases. *Chem. Commun.* **1996**, 237-238.

[46] K. Borisch, S. Diele, P. Göring, H. Kresse, C. Tschierske, Tailoring thermotropic cubic mesophases: amphiphilic polyhydroxy derivatives. *J. Mater. Chem.* **1998**, *8*, 529-543.

[47] X. Cheng, M. K. Das, U. Baumeister, S. Diele, C. Tschierske, Liquid crystalline bolaamphiphiles with semiperfluorinated lateral chains: competition between layerlike and honeycomb-like organization. *J. Am. Chem. Soc.* **2004**, *126*, 12930-12940.

[48] C. Tschierske, Liquid crystal engineering-new complex mesophase structures and their relations to polymer morphologies, nanoscale patterning and crystal engineering. *Chem. Soc. Rev.* **2007**, *36*, 1930-1970.

[49] X. Cheng, M. Prehm, M. K. Das, J. Kain, U. Baumeister, S. Diele, D. Leine, A. Blume, C. Tschierske, Calamitic bolaamphiphiles with (semi)perfluorinated lateral chains: polyphilic block molecules with new liquid crystalline phase structures. *J. Am. Chem. Soc.* **2003**, *125*, 10977-10996.

[50] S. Sergeyev, W. Pisula, Y. H. Geerts, Discotic liquid crystals: a new generation of organic semiconductors. *Chem. Soc. Rev.* **2007**, *36*, 1902-1929.

[51] M. O'Neill, S. M. Kelly, Ordered materials for organic electronics and photonics. *Adv. Mater.* **2011**, *23*,

566-584.

[52] X. Cheng, X. Dong, R. Huang, X. Zeng, G. Ungar, M. Prehm, C. Tschierske, Polygonal cylinder phases of 3-alkyl-2,5-diphenylthiophene-based bolaamphiphiles: changing symmetry by retaining net topology. *Chem. Mater.* **2008**, *20*, 4729-4738.

[53] X. Cheng, X. Dong, G. Wei, M. Prehm, C. Tschierske, Liquid-crystalline triangle honeycomb formed by a dithiophene-based X-shaped bolaamphiphile. *Angew. Chem. Int. Ed.* **2009**, *48*, 8014-8017.

[54] W. Bu, H. Gao, X. Tan, X. Dong, X. Cheng, M. Prehm, C. Tschierske, A bolaamphiphilic sexithiophene with liquid crystalline triangular honeycomb phase. *Chem. Commun.* **2013**, *49*, 1756-1758.

[55] X. Tan, L. Kong, H. Dai, X. Cheng, F. Liu, C. Tschierske, Triblock polyphiles through click chemistry: self-assembled thermotropic cubic phases formed by micellar and monolayer vesicular aggregates. *Chem. Eur. J.* **2013**, *19*, 16303-16313.

[56] H.-Q. Peng, L.-Y. Niu, Y.-Z. Chen, L.-Z. Wu, C.-H. Tung, Q.-Z. Yang, Biological applications of supramolecular assemblies designed for excitation energy transfer. *Chem. Rev.* **2015**, *115*, 7502-7542.

[57] F. Loiseau, G. Marzanni, S. Quici, M. T. Indelli, S. Campagna, An artificial antenna complex containing four $Ru(bpy)_3^{2+}$-type chromophores as light-harvesting components and a $Ru(bpy)(CN)_4^{2-}$ subunit as the energy trap. A structural motif which resembles the natural photosynthetic systems. *Chem. Commun.* **2003**, 286-287.

[58] J. L. Sessler, C. T. Brown, D. O'Connor, S. L. Springs, R. Wang, M. Sathiosatham, T. Hirose, A rigid chlorin-naphthalene diimide conjugate. a possible new noncovalent electron transfer model system. *J. Org. Chem.* **1998**, *63*, 7370-7334.

[59] S. Gadde, D. M. S. Islam, C. A. Wijesinghe, N. K. Subbaiyan, M. E. Zandler, Y. Araki, O. Ito, F. D'Souza, Light-induced electron transfer of a supramolecular bis(Zinc porphyrin) -fullerene triad constructed via a diacetylamidopyridine/uracil hydrogen-bonding motif. *J. Phys. Chem. C* **2007**, *111*, 12500-12503.

[60] D. Ley, C. X. Guzman, K. H. Adolfsson, A. M. Scott, A. B. Braunschweig, Cooperatively assembling donor-acceptor superstructures direct energy into an emergent charge separated state. *J. Am. Chem. Soc.* **2014**, *136*, 7809-7812.

[61] M. Segura, L. Sánchez, J. de Mendoza, N. Martín, D. M. Guldi, Hydrogen bonding interfaces in fullerene•TTF ensembles. *J. Am. Chem. Soc.* **2003**, *125*, 15093-15100.

[62] Q.-H. Yao, L. Shan, F.-Y. Li, D.-D. Yin, C.-H. Huang, An expanded conjugation photosensitizer with two different adsorbing groups for solar cells. *New J. Chem.* **2003**, *27*, 1277-1283.

[63] Y. Ooyama, T. Sato, Y. Harima, J. Ohshita, Development of a D–π–A dye with benzothienopyridine as the electron-withdrawing anchoring group for dye-sensitized solar cells. *J. Mater. Chem. A* **2014**, *2*, 3293-3296.

[64] M. Katono, T. Bessho, S. Meng, R. Humphry-Baker, G. Rothenberger, S. M. Zakee-ruddin, E. Kaxiras, M. Grätzel, D-π-A Dye system containing cyano-benzoic acid as anchoring group for dye-sensitized solar cells. *Langmuir* **2011**, *27*, 14248-14252.

[65] F. Zhang, F. Shi, W. Ma, F. Gao, Y. Jiao, H. Li, J. Wang, X. Shan, X. Lu, S. Meng, Controlling adsorption structure of Eosin Y dye on nanocrystalline TiO_2 films for improved photovoltaic performances. *J. Phys. Chem. C* **2013**, *117*, 14659-14666.

[66] N. Mohmeyer, D. Kuang, P. Wang, H.-W. Schmidt, S. M. Zakeeruddin, M. Grätzel, An efficient organogelator for ionic liquids to prepare stable quasi-solid-state dye-sensitized solar cells. *J. Mater. Chem.* **2006**, *16*, 2978-2983.

[67] M.-S. Kang, J. H. Kim, J. Won, Y. S. Kang, Oligomer approaches for solid-state dye-sensitized solar cells

employing polymer electrolytes. *J. Phys. Chem. C* **2007**, *111*, 5222-5235.

[68] L. S. Jeon, S.-Y. Kim, S. J. Kim, Y. G. Lee, M.-S. Kang, Y.-S. Kang, Supramolecular electrolytes with multiple hydrogen bonds for solid state dye-sensitized solar cells. *J. Photochem. Photobiol. A* **2010**, *212*, 88-93.

[69] T. Kitamura, M. Ikeda, K. Shigaki, T. Inoue, N. A. Anderson, X. Ai, T. Lian, S. Yanagida, Phenyl-conjugated oligoene sensitizers for TiO_2 solar cells. *Chem. Mater.* **2004**, *16*, 1806-1812.

[70] A. M. El-Zohry, B. Zietz, Concentration and solvent effects on the excited state dynamics of the solar cell dye D149: The Special Role of Protons. *J. Phys. Chem. C* **2013**, *117*, 6544-6553.

[71] M. Cai, X. Pan, W. Liu, J. Sheng, X. Fang, C. Zhang, Z. Huo, H. Tian, S. Xiao, S. Dai, Multiple adsorption of tributyl phosphate molecule at the dyed-TiO_2/electrolyte interface to suppress the charge recombination in dye-sensitized solar cell. *J. Mater. Chem. A* **2013**, *1*, 4885-4892.

[72] S. Ryuzaki, J. Onoe, Basic aspects for improving the energy conversion efficiency of hetero-junction organic photovoltaic cells. *Nano Rev.* **2013**, *4*, 21055.

[73] Y. Lin, J. A. Lim, Q. Wei, S. C. B. Mannsfeld, A. L. Briseno, J. J. Watkins, Cooperative assembly of hydrogen-bonded diblock copolythiophene/fullerene blends for photovoltaic devices with well-defined morphologies and enhanced stability. *Chem. Mater.* **2012**, *24*, 622-632.

[74] D. Sahu, H. Padhy, D. Patra, D. Kekuda, C.-W. Chu, I.-H. Chiang, H.-C. Lin, Synthesis and application of H-Bonded cross-linking polymers containing a conjugated pyridyl H-acceptor side-chain polymer and various carbazole-based H-donor dyes bearing symmetrical cyanoacrylic acids for organic solar cells. *Polymer* **2010**, *51*, 6182-6192.

[75] R. B. K. Siram, K. Tandy, M. Horecha, P. Formanek, M. Stamm, S. Gevorgyan, F. C. Krebs, A. Kiriy, P. Meredith, P. L. Burn, E. B. Namdas, S. Patil, Synthesis and self-assembly of donor–acceptor–donor based oligothiophenes and their optoelectronic properties. *J. Phys. Chem. C* **2011**, *115*, 14369-14376.

[76] A. Ruiz-Carretero, T. A. Aytun, C. J. Bruns, C. J. Newcomb, W.-W. Tsai, S. I. Stupp, Stepwise self-assembly to improve solar cell morphology. *J. Mater. Chem. A* **2013**, *1*, 11674-11681.

[77] K.-H. Kim, H. Yu, H. Kang, D. J. Kang, C. H. Cho, H. H. Cho, J. H. Oh, B. Kim, Influence of intermolecular interactions of electron donating small molecules on their molecular packing and performance in organic electronic devices. *J. Mater. Chem. A* **2013**, *1*, 14538-11547.

[78] A. El-ghayoury, A. P. H. J. Schenning, P. A. van Hal, J. K. J. van Duren, R. A. J. Janssen, E. W. Meijer, Supramolecular hydrogen-bonded oligo(*p*-phenylene vinylene) polymers. *Angew. Chem. Int. Ed.* **2001**, *40*, 3660-3663.

[79] G. Chen, H. Sasabe, Y. Sasaki, H. Katagiri, X.-F. Wang, T. Sano, Z. Hong, Y. Yang, J. Kido, A series of squaraine dyes: effects of side chain and the number of hydroxyl groups on material properties and photovoltaic performance. *Chem. Mater.* **2014**, *26*, 1356-1364.

[80] C. Liu, Y. Li, C. Li, W. Li, C. Zhou, H. Liu, Z. Bo, Y. Li, New methanofullerenes containing amide as electron acceptor for construction photovoltaic devices. *J. Phys. Chem. C* **2009**, *113*, 21970-21975.

[81] P. Xue, P. Lu, L. Zhao, D. Xu, X. Zhang, K. Li, Z. Song, X. Yang, M. Takafuji, H. Ihara, Hybrid self-assembly of a π gelator and fullerene derivative with photoinduced electron transfer for photocurrent generation. *Langmuir* **2010**, *26*, 6669-6675.

[82] K. Yao, L. Chen, F. Li, P. Wang, Y. Chen, Cooperative assembly donor–acceptor system induced by intermolecular hydrogen bonds leading to oriented nanomorphology for optimized photovoltaic performance. *J. Phys. Chem. C* **2012**, *116*, 714-721.

[83] F. Li, K. G. Yager, N. M. Dawson, J. Yang, K. J. Malloy, Y. Qin, Complementary hydrogen bonding and

block copolymer self-assembly in cooperation toward stable solar cells with tunable morphologies. *Macromolecules* **2013**, *46*, 9021-9031.

[84] B. J. Worfolk, D. A. Rider, A. L. Elias, M. Thomas, K. D. Harris, J. M. Buriak, Bulk heterojunction organic photovoltaics based on carboxylated polythiophenes and PCBM on glass and plastic substrates. *Adv. Funct. Mater.* **2011**, *21*, 1816-1826.

[85] L. Bonardi, H. Kanaan, F. Camerel, P. Jolinat, P. Retailleau, R. Ziessel, Fine-tuning of yellow or red photo- and electroluminescence of functional difluoro-boradiazaindacene films. *Adv. Funct. Mater.* **2008**, *18*, 401-413.

[86] D. Yokoyama, H. Sasabe, Y. Furukawa, C. Adachi, J. Kido, Molecular stacking induced by intermolecular C—H···N hydrogen bonds leading to high carrier mobility in vacuum-deposited organic films. *Adv. Funct. Mater.* **2011**, *21*, 1375-1382.

[87] C. Niu, L. Zhao, T. Fang, X. Deng, H. Ma, J. Zhang, N. Na, J. Han, J. Ouyang, Color- and morphology-controlled self-assembly of new electron-donor-substituted aggregation-induced emission compounds. *Langmuir* **2014**, *30*, 2351-2359.

[88] M. Bonini, L. Zalewski, E. Orgiu, T. Breiner, F. Dötz, M. Kastler, P. Samorì, H-bonding tuned self-assembly of phenylene–thiophene–thiophene–phenylene derivatives at surfaces: structural and electrical studies. *J. Phys. Chem. C* **2011**, *115*, 9753-9759.

[89] K. H. Lam, T. R. B. Foong, J. Zhang, A. C. Grimsdale, Y. M. Lam, Carboxylic acid mediated self-assembly of small molecules for organic thin film transistors. *Org. Electronics* **2014**, *15*, 1592-1597.

[90] S.-M. Jeong, T.-G. Kim, E. Jung, J.-W. Park, Hydrogen-bonding-facilitated layer-by-layer growth of ultrathin organic semiconducting films. *ACS Appl. Mater. Interf.* **2013**, *5*, 6837-6842.

[91] M. Gsänger, J. H. Oh, M. Könemann, H. W. Höffken, A.-M. Krause, Z. Bao, F. Würthner, A crystal-engineered hydrogen-bonded octachloroperylene diimide with a twisted core: an n-channel organic semiconductor. *Angew. Chem. Int. Ed.* **2010**, *49*, 740-743.

[92] E. D. Glowacki, M. Irimia-Vladu, M. Kaltenbrunner, J. Gasiorowski, M. S. White, U. Monkowius, G. Romanazzi, G. P. Suranna, P. Mastrorilli, T. Sekitani, S. Bauer, T. Someya, L. Torsi, N. S. Sariciftci, Hydrogen-bonded semiconducting pigments for air-stable field-effect transistors. *Adv. Mater.* **2013**, *25*, 1563-1569.

[93] Z. Liang, Q. Tang, J. Liu, J. Li, F. Yan, Q. Miao, N-Type organic semiconductors based on π-deficient pentacenequinones: synthesis, electronic structures, molecular packing, and thin film transistors. *Chem. Mater.* **2010**, *22*, 6438-6443.

[94] H. T. Black, D. F. Perepichka, Crystal engineering of dual channel p/n organic semiconductors by complementary hydrogen bonding. *Angew. Chem. Int. Ed.* **2014**, *53*, 2138-2142.

[95] T. Seki, Y. Maruya, K. Nakayama, T. Karatsu, A. Kitamura, S. Yagai, Solution processable hydrogen-bonded perylene bisimide assemblies organizing into lamellar architectures. *Chem. Commun.* **2011**, *47*, 12447-12449.

[96] N. B. Kolhe, R. N. Devi, S. P. Senanayak, B. Jancy, K. S. Narayan, S. K. Asha, Structure engineering of naphthalene diimides for improved charge carrier mobility: self-assembly by hydrogen bonding, good or bad? *J. Mater. Chem.* **2012**, *22*, 15235-15246.

[97] Y. Suna, J. Nishida, Y. Fujisaki, Y. Yamashita, Ambipolar behavior of hydrogen-bonded diketopyrrolopyrrole–thiophene co-oligomers formed from their soluble precursors. *Org. Lett.* **2012**, *14*, 3356-3359.

[98] B. Sun, W. Hong, H. Aziz, Y. Li, Diketopyrrolopyrrole-based semiconducting polymer bearing thermocleavable side chains. *J. Mater. Chem.* **2012**, *22*, 18950-18955.

[99] S. Chen, B. Sun, W. Hong, Z. Yan, H. Aziz, Y. Meng, J. Hollinger, D. S. Seferos, Y. Li, Impact of N-substitution of a carbazole unit on molecular packing and charge transport of DPP–carbazole copolymers. *J. Mater. Chem. C* **2014**, *2*, 1683-1690.

[100] B. J. Rancatore, C. E. Mauldin, S.-H. Tung, C. Wang, A. Hexemer, J. Strzalka, J. M. J. Fréchet, T. Xu, Nanostructured organic semiconductors via directed supramolecular assembly. *ACS Nano*. **2010**, *4*, 2721-2729.

[101] S. A. DiBenedetto, D. Frattarelli, M. A. Ratner, A. Facchetti, T. J. Marks, Vapor phase self-assembly of molecular gate dielectrics for thin film transistors. *J. Am. Chem. Soc.* **2008**, *130*, 7528-7529.

[102] K. C. See, A. Becknell, J. Miragliotta, H. E. Katz, Enhanced response of n-channel naphthalenetetra-carboxylic diimide transistors to dimethyl methylphosphonate using phenolic receptors. *Adv. Mater.* **2007**, *19*, 3322-3327.

索　引

（按汉语拼音排序）

T

W

X

Y

Z

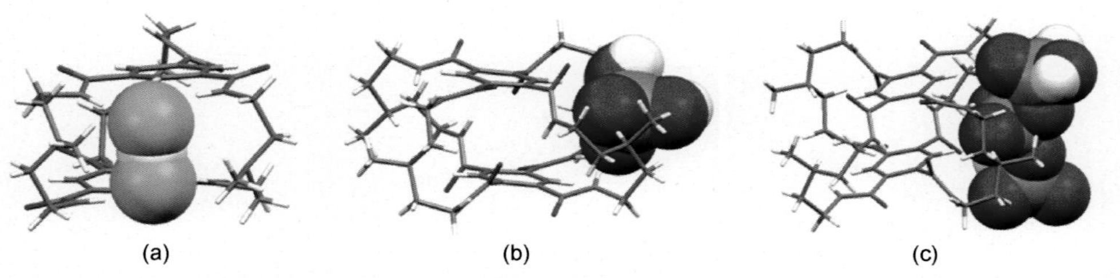

图 5-1 （a）化合物 **23** 与 FHF^- 形成的配合物的晶体结构；（b），（c）化合物 **24** 与 $H_2PO_4^-$ 及三磷酸根形成的配合物的晶体结构

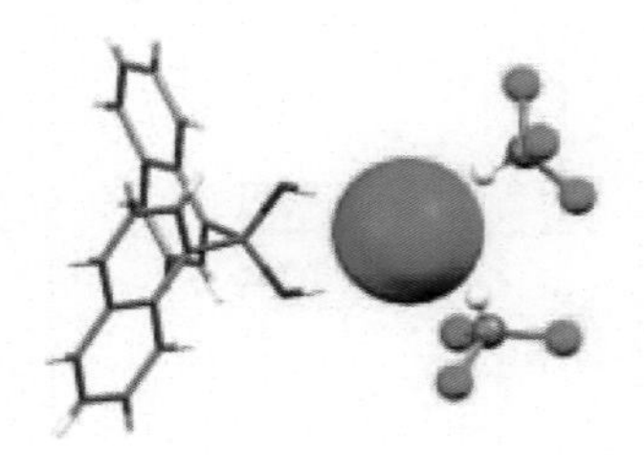

图 5-16 化合物 **107** 与 Cl^- 及两个氯仿分子在晶体结构中形成四个氢键

图 5-17 化合物 **115a** 与 ClO_4^- 形成的 2∶1 夹心型配合物的晶体结构

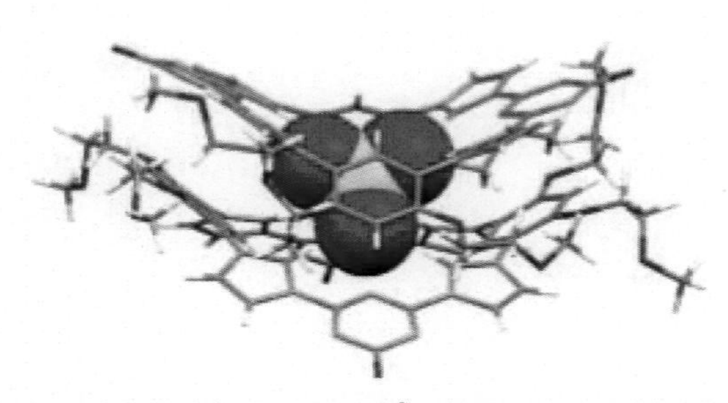

图 5-20 化合物 **137** 与 SO_4^{2-} 形成的 2∶1 配合物的晶体结构

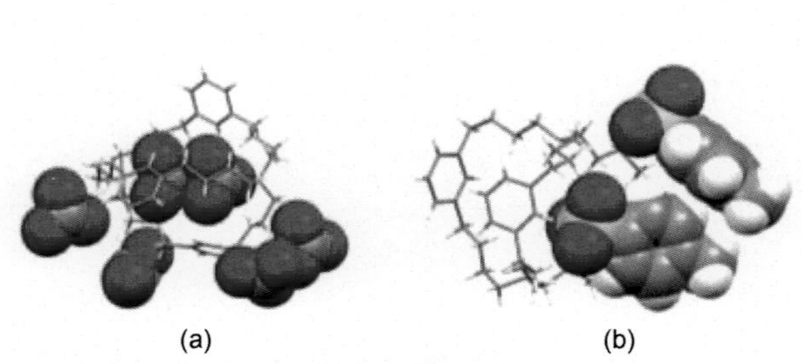

图 5-23 六质子化的双环主体 **149** 与 NO_3^-（a）和 TsO^-（b）通过 N—H⋯O 氢键形成的配合物的晶体结构

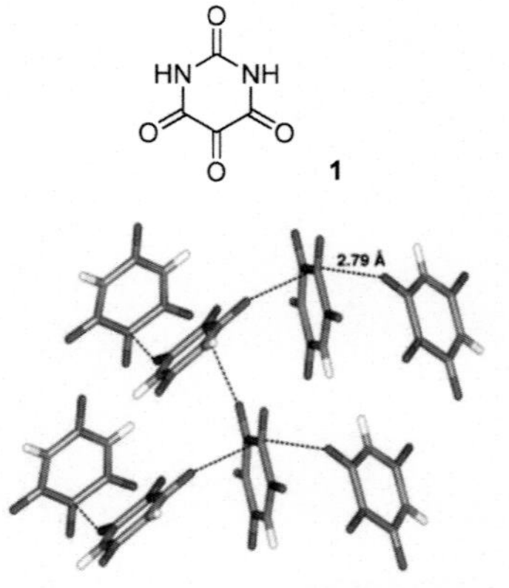

图 6-1 阿脲（**1**）的晶体结构显示分子间 C═O⋯C═O 接触

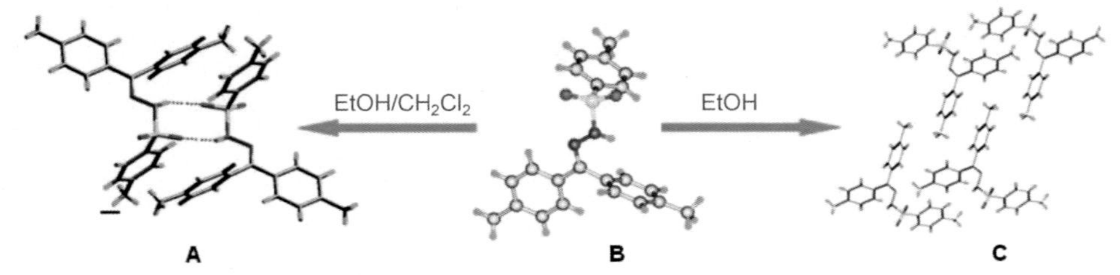

图 6-2　化合物 **2** 的三种晶体结构形式

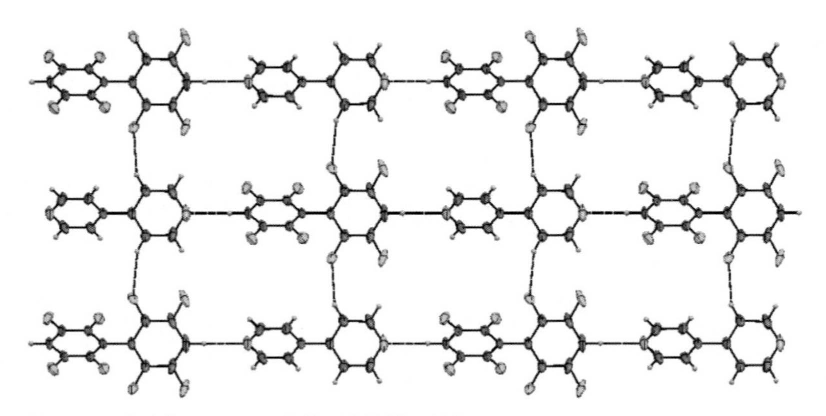

图 6-12　化合物 **12** 和 **13** 在共晶中的堆积结构

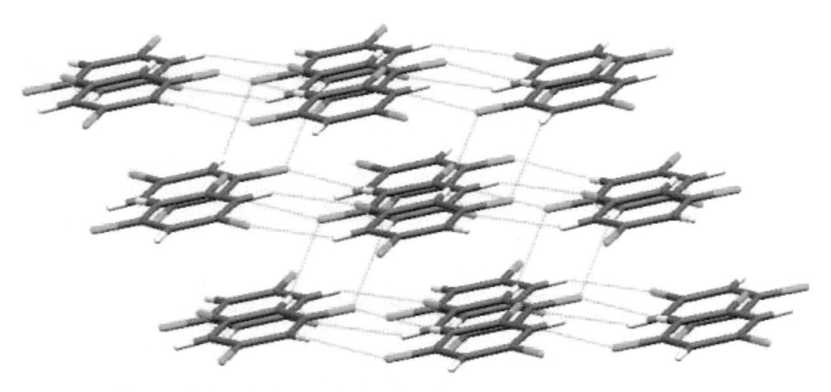

图 6-15　间三氟苯（**16**）在晶体中的堆积结构

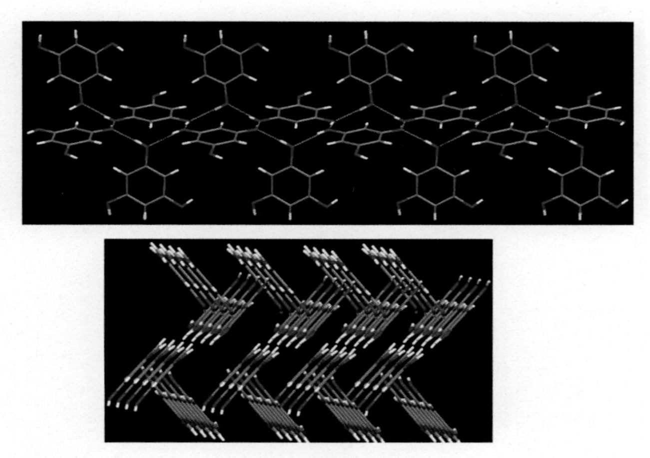

图 6-16　间苯三酚（**17**）在晶体中的堆积结构

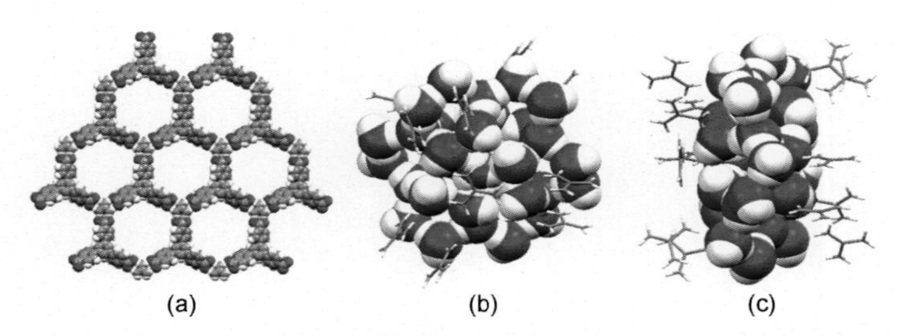

图 6-17　三酸 **18** 和胍的共晶中二维蜂窝形结构（a）及在其相邻层状结构错位堆积形成的空穴中包结的 32 个水分子形成的水簇（b、c）

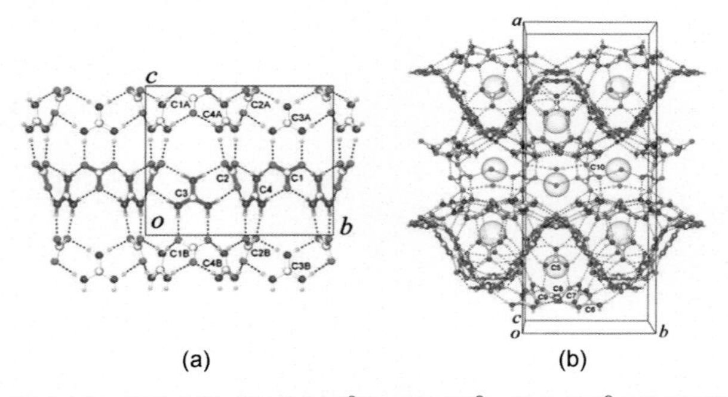

图 6-18　$4[Et_4N^{+}]\cdot 8[C(NH_2)^{3+}]\cdot 3(CO_3)^{2-}\cdot 3(C_2O_4)^{2-}\cdot 2H_2O$ 形成的晶体的投射图（a）及投射图（b）

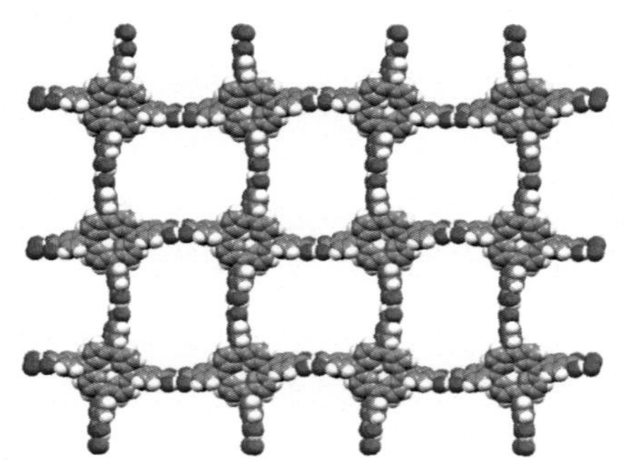

图 6-19　卟啉化合物 **19** 在晶体中的正方形堆积结构

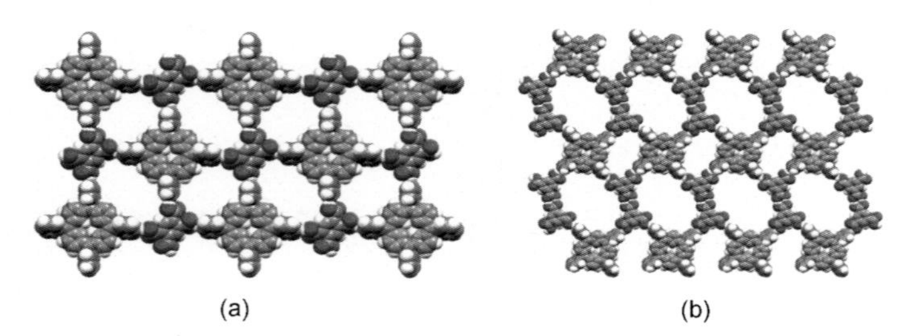

图 6-20　卟啉化合物 **21** 和 **22**（a）及 **21** 和 **15**（b）的共晶结构

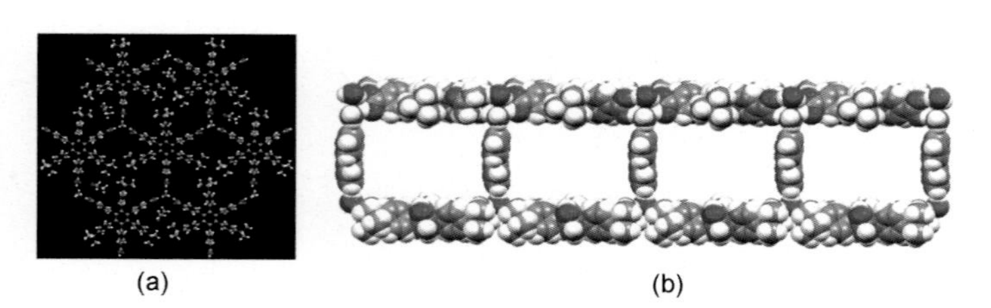

图 6-21 （a）化合物 **23** 通过与水形成氢键形成蜂窝形二维结构；（b）**23** 与 4,4′-联二吡啶（**24**）形成的共晶结构

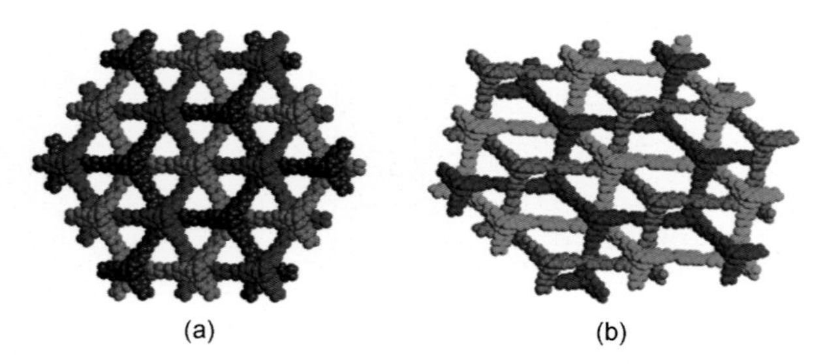

图 6-22 （a）**25** 形成的 Borromean 型互穿结构；（b）**25** 和 **24**（2：3）在共晶中形成的 Borromen 型互穿结构

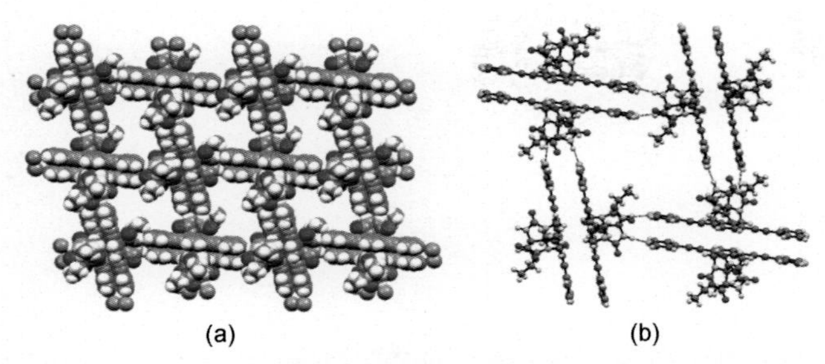

图 6-23 （a）化合物 **26** 在晶体中形成的菱形格子结构；（b）通过 N—H…N 氢键和 π-π 堆积形成的菱形单元

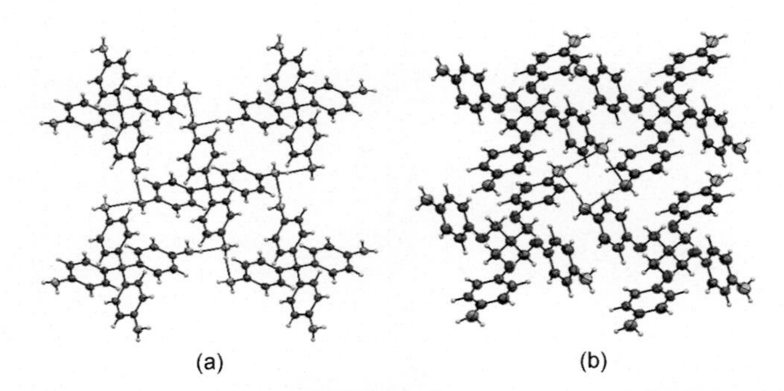

图 6-25 （a）四胺化合物 **29** 的晶体结构；（b）化合物 **30** 的晶体结构

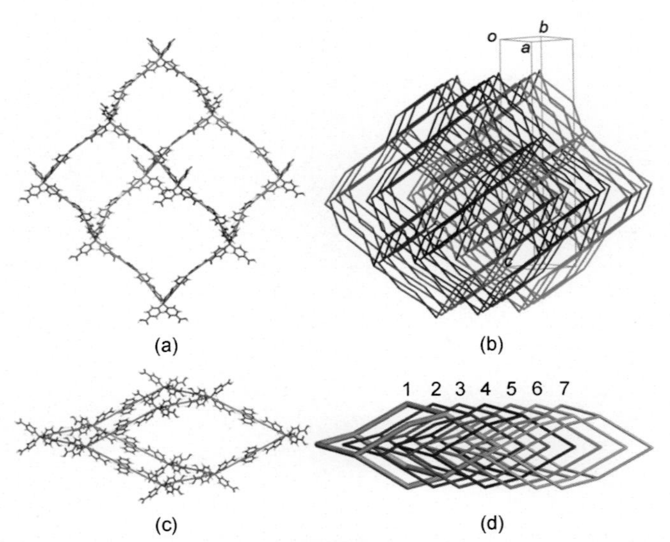

图 6-27 （a）**34** 和 **24** 共晶中形成的金刚石笼结构；（b）三重互穿结构示意图；（c）**34** 和 **35** 共晶中形成的金刚石笼结构；（d）七重互穿结构示意图

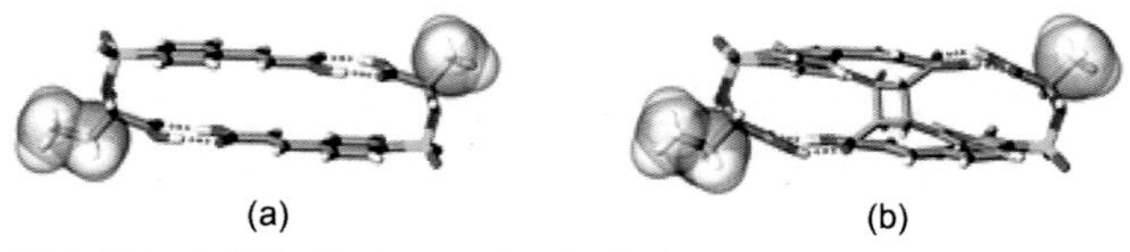

图 6-28　化合物 **38**（a）和 **39**（b）的晶体结构

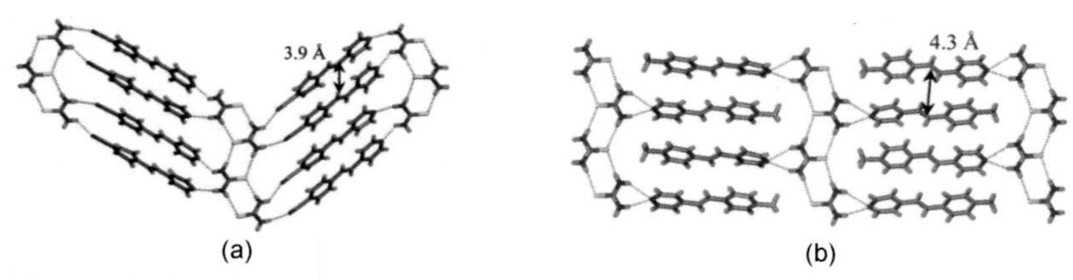

图 6-31 （a）化合物 **52** 和 **53** 受氢键驱动形成的共晶结构；（b）化合物 **52** 和 **55** 受氢键驱动形成的共晶结构

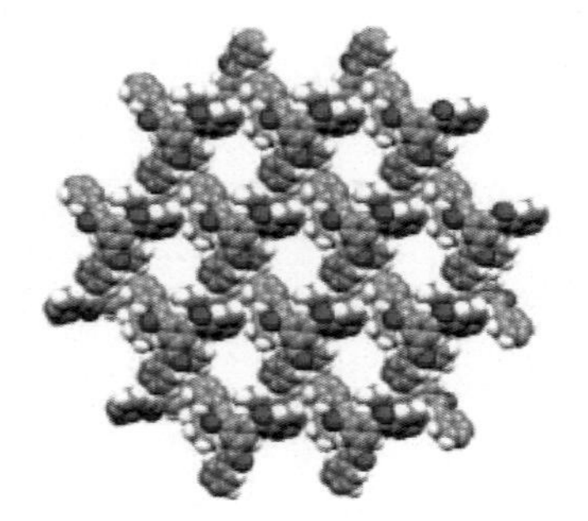

图 6-35　化合物 **78** 在晶体中受氢键驱动形成的蜂窝形 HOF 孔道结构

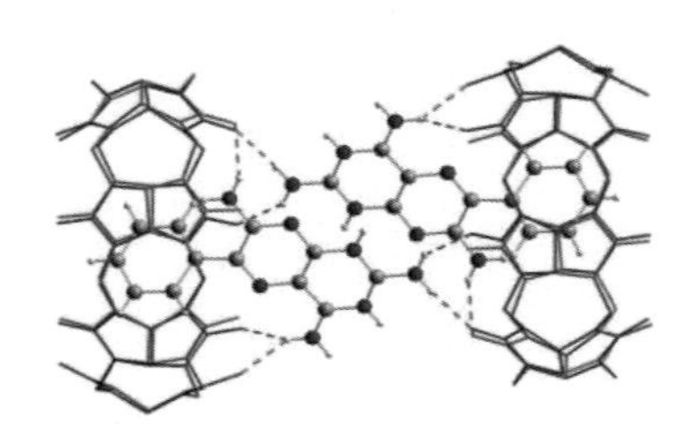

图 6-41　葫芦脲 [7]（**91**）与氨苯蝶啶（**92**）形成的共晶结构

图 7-10 （a）化合物 **46** 的 CPK 模型；（b）化合物 **46** 在水中的柱状自组装结构

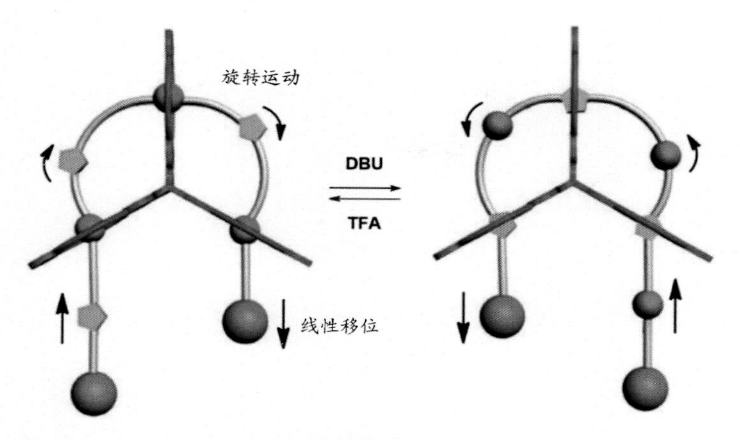

图 8-33　pH 调控的并 [4] 轮烷 **110** 分子滑轮

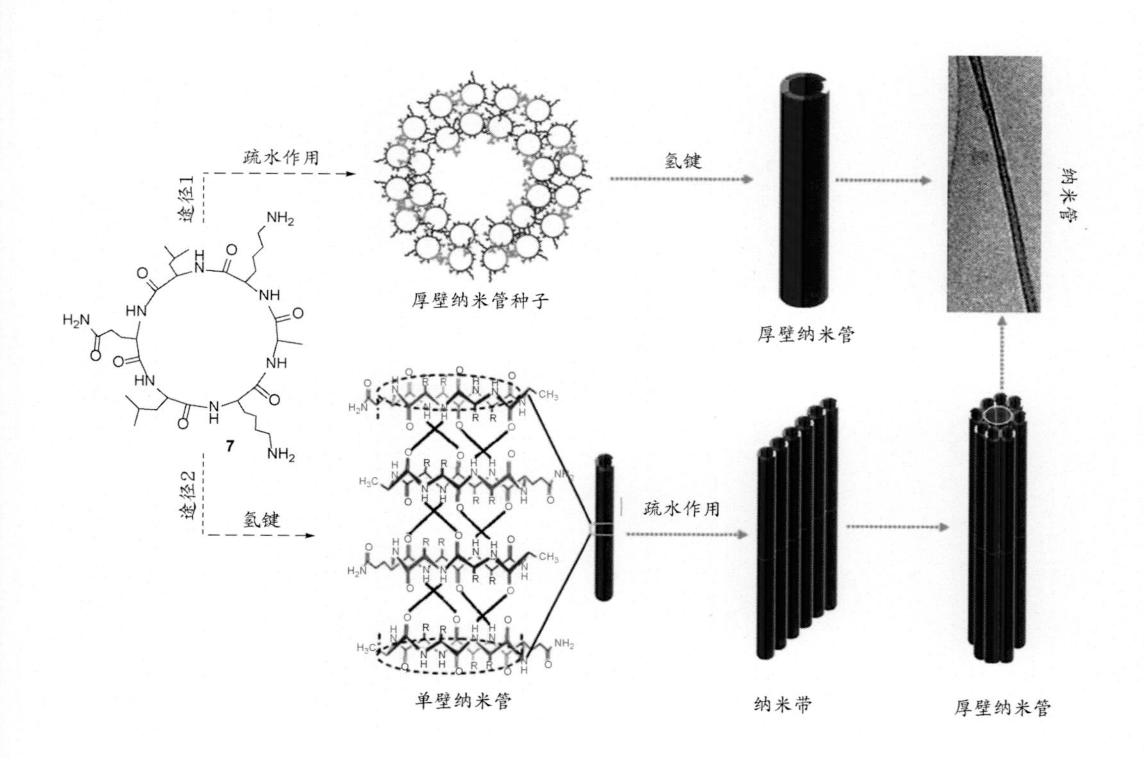

图 9-6　环肽 **7** 通过形成柱状结构堆积形成厚壁纳米管

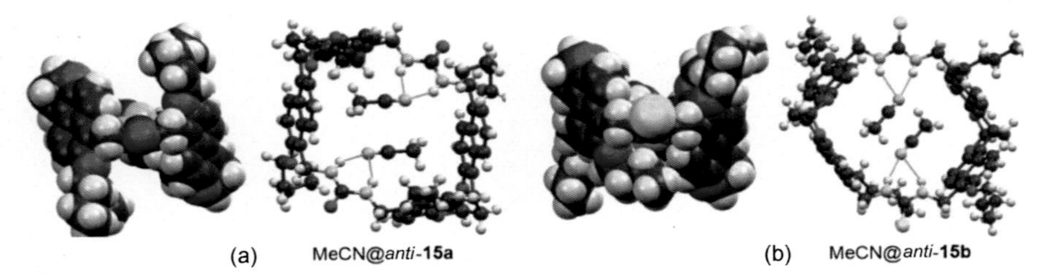

图 9-10　大环 *anti*-**15a** 和 *anti*-**15b** 的晶体结构，两个大环内穴都包结乙腈分子

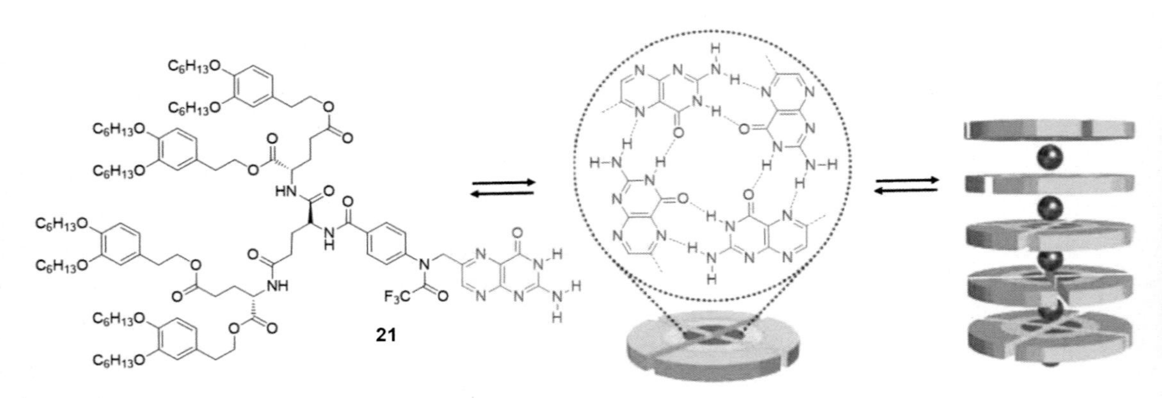

图 9-14　叶酸衍生物 **21** 形成四聚体，在脂双层中堆积形成 K^+ 通道

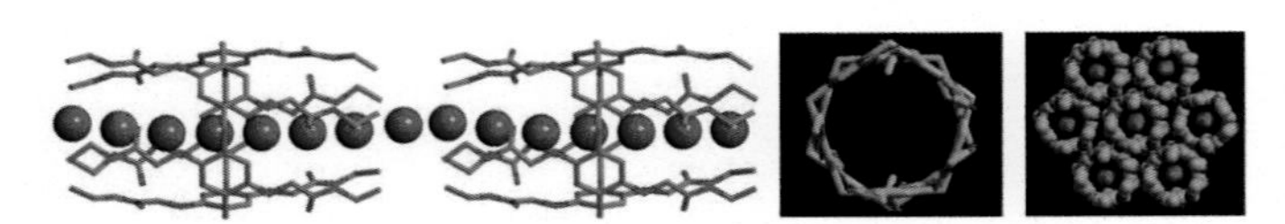

图 9-20　化合物 **30** 的晶体结构，相邻分子错位对接形成管道。其内部形成氢键稳定的水链，水的 H 原子没有显示

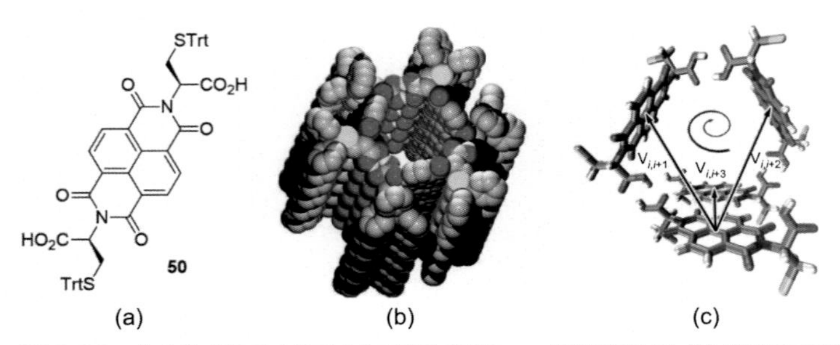

图 9-22　化合物 **50** 和其通过分子间氢键和 π-π 堆积驱动形成的管型自组装结构

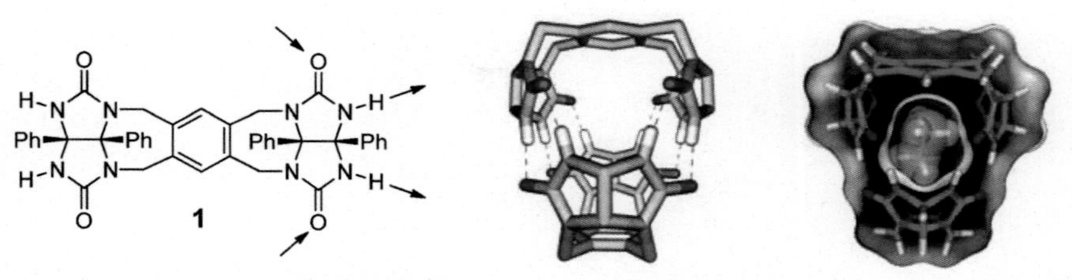

图 10-1　化合物 **1** 和其通过氢键形成的网球型分子胶囊及乙烷包结配合物的模拟结构。箭头代表氢键结合位点

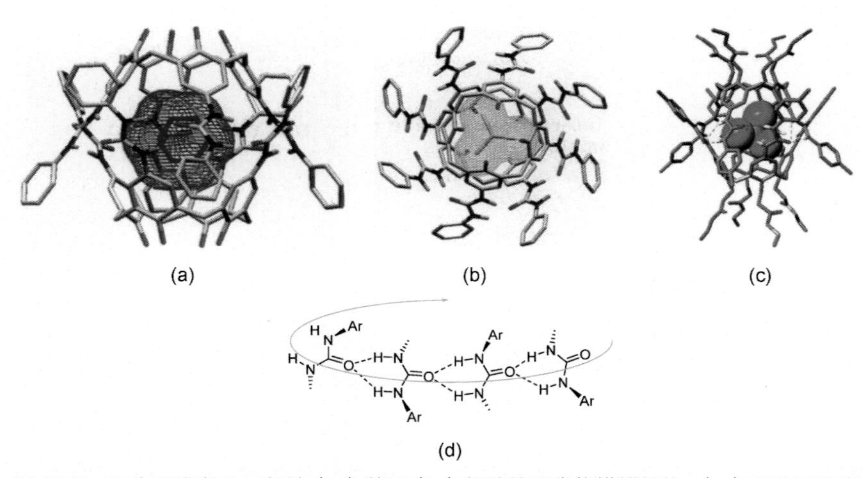

图 10-3　双分子胶囊 $\mathbf{3a}_2$ 包结（a）苯和（b）氯仿的配合物模拟结构；（c）双分子胶囊 $\mathbf{3b}_2$ 包结氯仿配合物的晶体结构；（d）双分子胶囊组装体的脲基氢键结合模式

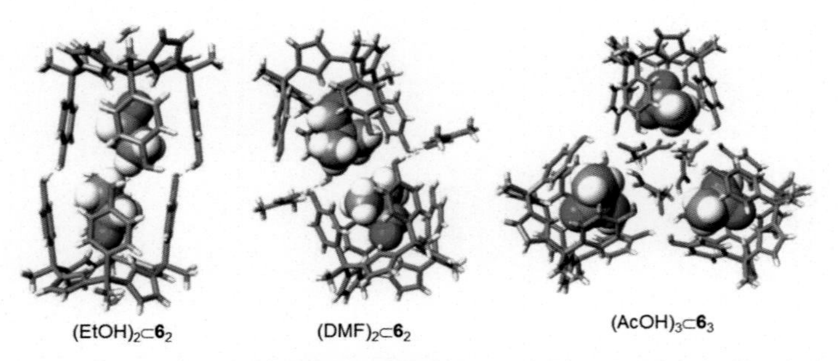

图 10-5　化合物 **6** 形成的包结不同溶剂分子的氢键二聚体和三聚体晶体结构

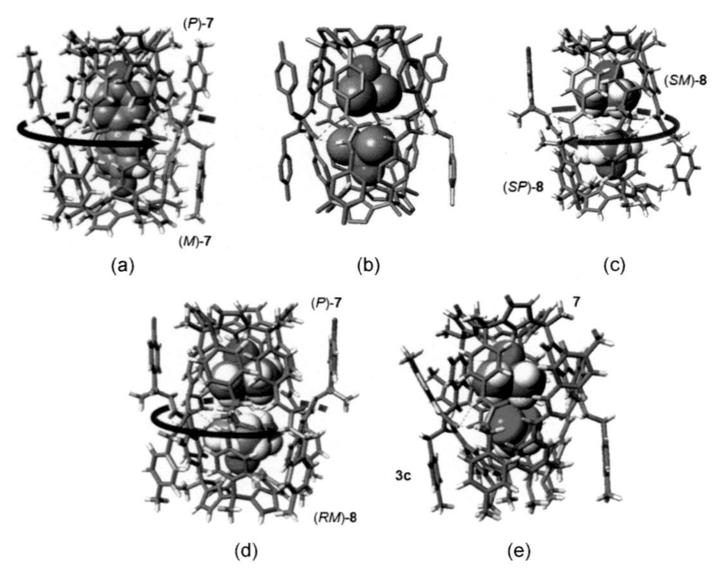

图 10-6　包结配合物晶体结构：(a) **9**⊂**7**$_2$；(b) **10·11**⊂**7**$_2$；(c) **10**$_2$⊂(*SM*·*SP*)-**8**$_2$；(d) **10**$_2$⊂(*P*·*RM*)-**7·8**；(e) **10**·CD_2Cl_2⊂**3c·7**

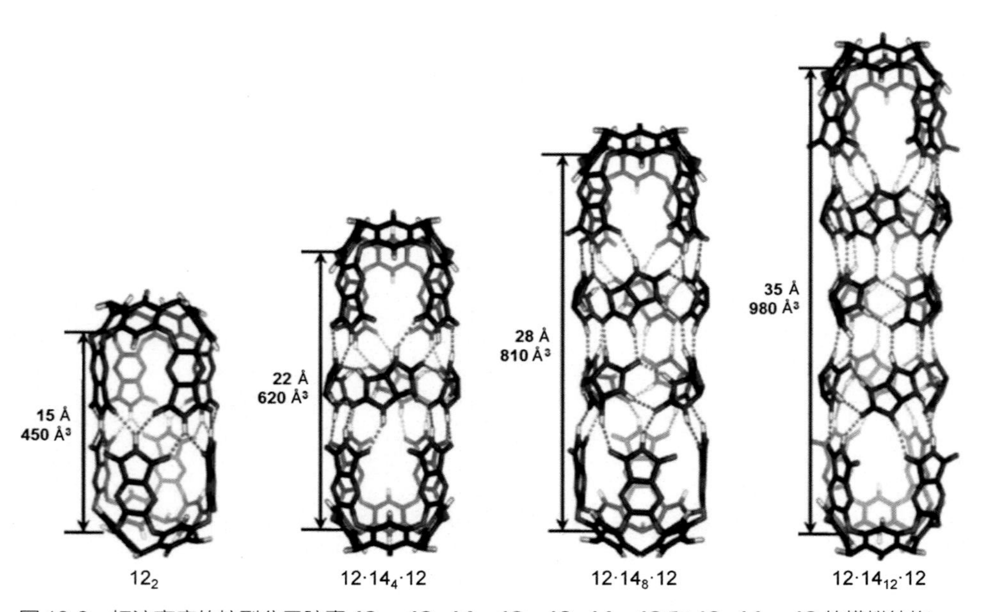

图 10-8　标注高度的柱型分子胶囊 **12**$_2$、**12·14**$_4$**·12**、**12·14**$_8$·**12** 和 **12·14**$_{12}$·**12** 的模拟结构

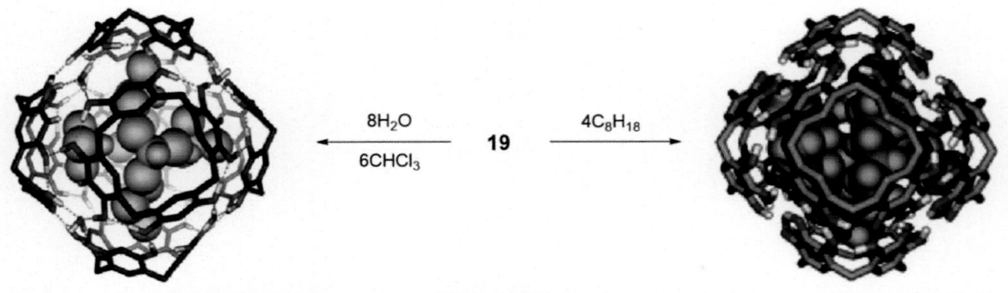

图 10-9　化合物 **19** 及其形成的六聚体分子胶囊 $\mathbf{19}_6$。左侧结构与八个水分子形成，两个分子胶囊分别包结四到八个氯仿分子或四个正辛烷分子

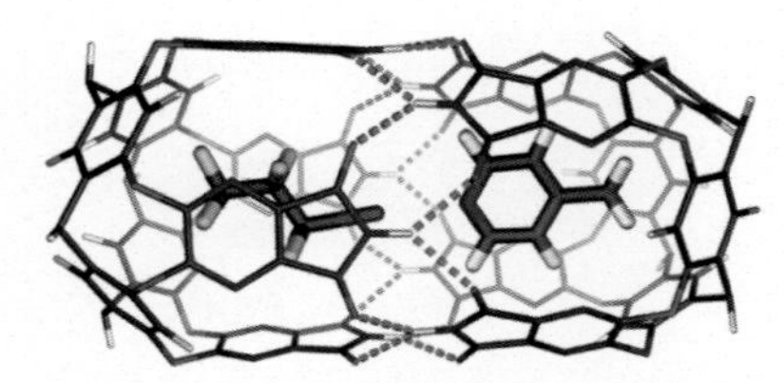

图 10-12　双分子胶囊 $\mathbf{12}_2$ 对 4-甲基吡啶（**21**）和全氟碘丙烷（**22**）的共包结配合物模拟结构。包结增强了两个分子间形成的 N…I 卤键

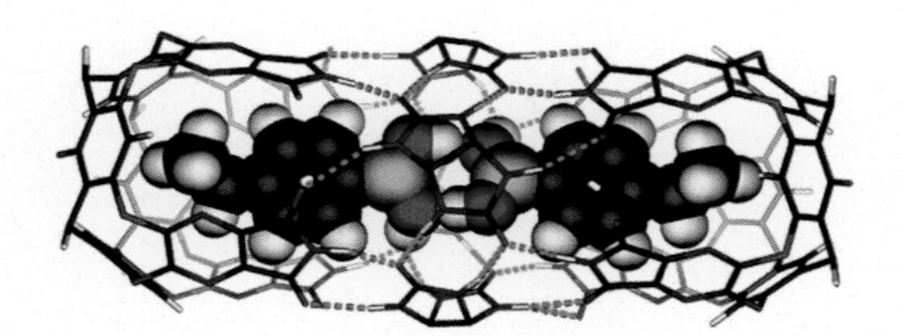

图 10-13　多分子胶囊 $\mathbf{12}\cdot\mathbf{14}_4\cdot\mathbf{12}$ 对氢键二聚体 $\mathbf{26}_2$ 的包结配合物模拟结构

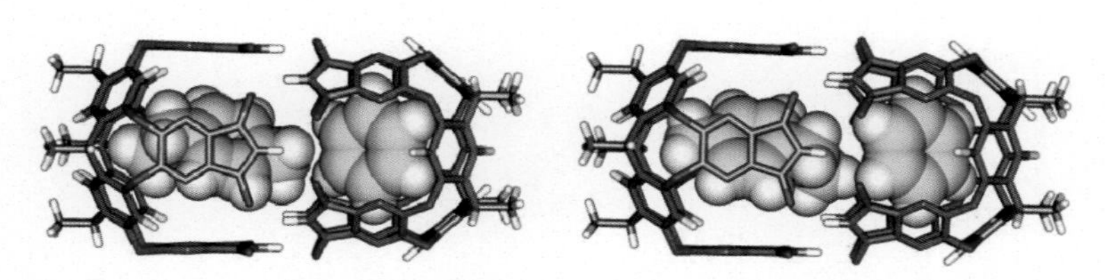

图 10-14　4- 甲基乙苯与苯在 $\mathbf{12}_2$ 穴内形成的两个“社交异构体”。乙基分别指向胶囊的端位和中间

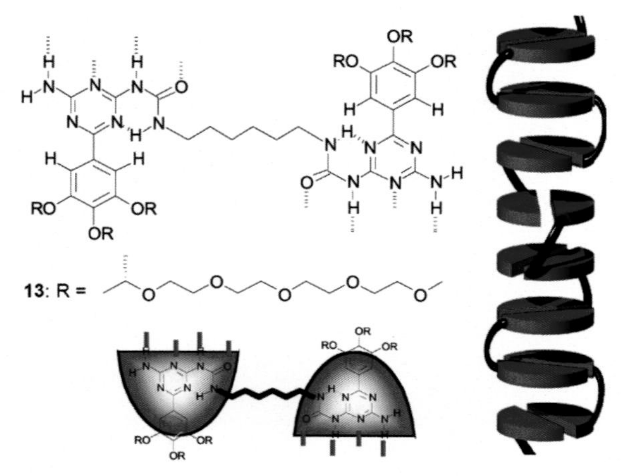

图 11-3 化合物 **13** 在水中通过氢键和疏水作用驱动形成手性螺旋柱状堆积结构

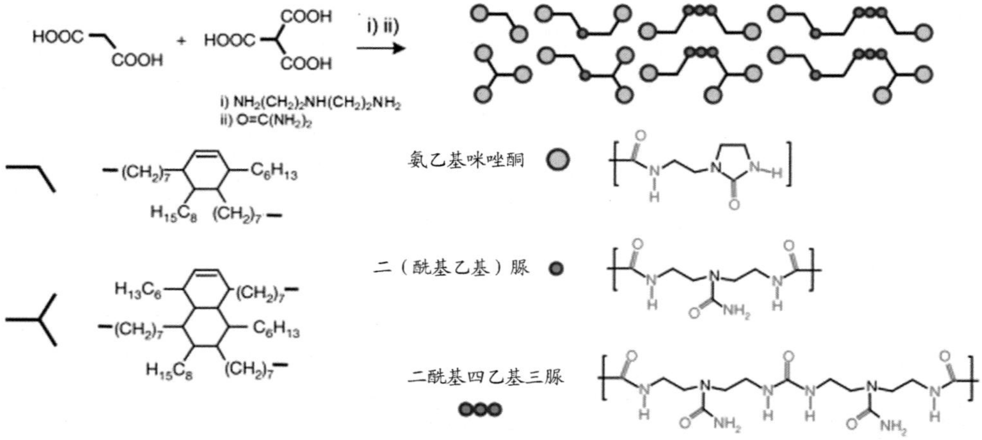

HOOC COOH + HOOC COOH COOH i) ii)

i) $NH_2(CH_2)_2NH(CH_2)_2NH_2$

ii) $O=C(NH_2)_2$

$-(CH_2)_7$ C_6H_{13} $H_{15}C_8$ $(CH_2)_7-$

$H_{13}C_6$ $(CH_2)_7-$ $-(CH_2)_7$ C_6H_{13} $H_{15}C_8$ $(CH_2)_7-$

氨乙基咪唑酮

O N H N N H O

二（酰基乙基）脲

O N H N N H O O NH_2

二酰基四乙基三脲

O N H N O NH_2 N H O N H N O NH_2 N H O

图 11-10 混合物自修复材料 **M41** 的两步制备及组分结构示意图

图 13-3 [2] 轮烷 **4a** 和 **4b** 分子索机制示意图